전력전자 DSP 활용

TMS320F28388 편

이준석 · 박영수 공저

문운당

머리말

INTRODUCTION

전력전자공학은 많은 사람들에게 생소한 분야일 수 있으나, 가전, 전력, 에너지, 자동차 등 다양한 산업 분야에서 이미 많이 활용되는 핵심 기술을 다룬다. 전력전자공학의 목표는 전력변환장치를 설계, 제작, 제어(운영)하는 것이며, 해당 목표를 달성하기 위해서는 제어, 반도체, 회로, 전력, 컴퓨터 등 전자/전기 분야의 기본 지식이 요구된다. 따라서, 전력전자공학은 관련된 기본 지식 분야의 발전에 따라 계속해서 학문의 진화가 이루어지고 있다. 누군가는 이러한 의존적인 성격을 부정적으로 생각할 수 있지만, 저자는 최신 기술의 발전과 밀접한 관련이 있는 만큼 산업계 요구를 가장 잘 반영하는 학문 중의 하나라고 생각한다.

'전력전자 DSP 활용'에서는 전력변환장치를 구현하는 데 필요한 중요한 기술 중 하나인 시스템반도체의 활용법에 대해서 다루고자 하며, 시스템반도체는 전력변환장치의 두뇌역활을 하는 것으로 전압/전류 등 측정값을 입력받고, 제어(운영) 목표 달성을 위해 적절하게 처리하여 전력반도체 소자의 온/오프제어를 위한 신호를 출력한다. 다양한 시스템반도체 중 사용빈도가 높은 TI사의 DSP인 TMS320F28388(Dual-Core)의 기능에 대해 전력전자공학 관점에서 활용법을 심도 있게 설명한다.

본 책은 DSP의 기능을 17개의 절로 나눠서 설명한다. 각 절마다 해당 기능이 전력전자분야에서 어떻게 사용되지를 먼저 정의하고, 다음으로 기능에 대해서 상세하게 설명하며, 예제를 통해 독자들이 기능을 직접 구현해 볼 수 있도록 지원한다. 전력변환장치에서 DSP의 활용방법을 알고자 하는 경우뿐만 아니라, 이 책이 DSP의 기본적인 동작을 상세하게 설명하고 있는 만큼 단순하게 DSP의 구조 및 동작에 대해서 궁금한 경우에도 활용도가 높을 것이다. 무엇보다도 전력전자공학에 대한 기본적인 지식이 있는 경우라면 이 책을 통해 얻어가는 지식이 가장 클 것이라고 생각한다. 학부생 한학기 수업의 경우 1절(System control), 2절(GPIO), 5절(ePWM), 9절(ADC), 10절(DAC), 14절(SCI)을 다루는 것을 추천한다. 또한, 전력전자공학을 전공하는 학생, 산업계 분들이 전력변환장치를 실제 구현화 하는 데 도움이 되었으면 한다.

무엇보다도 저자를 전력전자라는 분야로 인도해주신 이교범 교수님께 감사의 인사를 드리며, 대학원 인턴 세미나에서 활용한 교육자료를 책으로 엮을 수 있도록 2년 동안 많은 도움을 준 단국대학교 전력전자연구실 대학원생들에게 감사의 인사를 전한다.

2024년 11월

저자 이준석

차례

CONTENTS

CHAPTER 01

System Control and Interrupt

1 System Control and Interrupt

1.1 Clocking 개요

Clocking은 디지털 회로를 동작 시키기 위해서 일정한 간격으로 전기적 진동을 공급하는 것이다. DSP는 내부 클럭(INTOSC1, INTOSC2)이나 GPIO Pin을 통하여 입력되는 외부 클럭(AUXCLKIN, XTAL)을 내부 회로를 통해 PLLSYSCLK로 분주하고, 이를 각각의 CPU와 Divider를 통해 CPUxCPUCLK(x=1, 2), CPUxSYSCLK(x=1, 2), PERx.SYSCLK(x=1, 2), LSPCLK 등으로 분주하여 각각의 기능 장치에 입력한다. TMS320F28388의 경우 연산 처리 시간 등의 이유로 PLLSYSCLK를 최대 속도인 200MHz로 사용하게 된다. [그림 1.1]은 클럭 분주의 순서도이다.

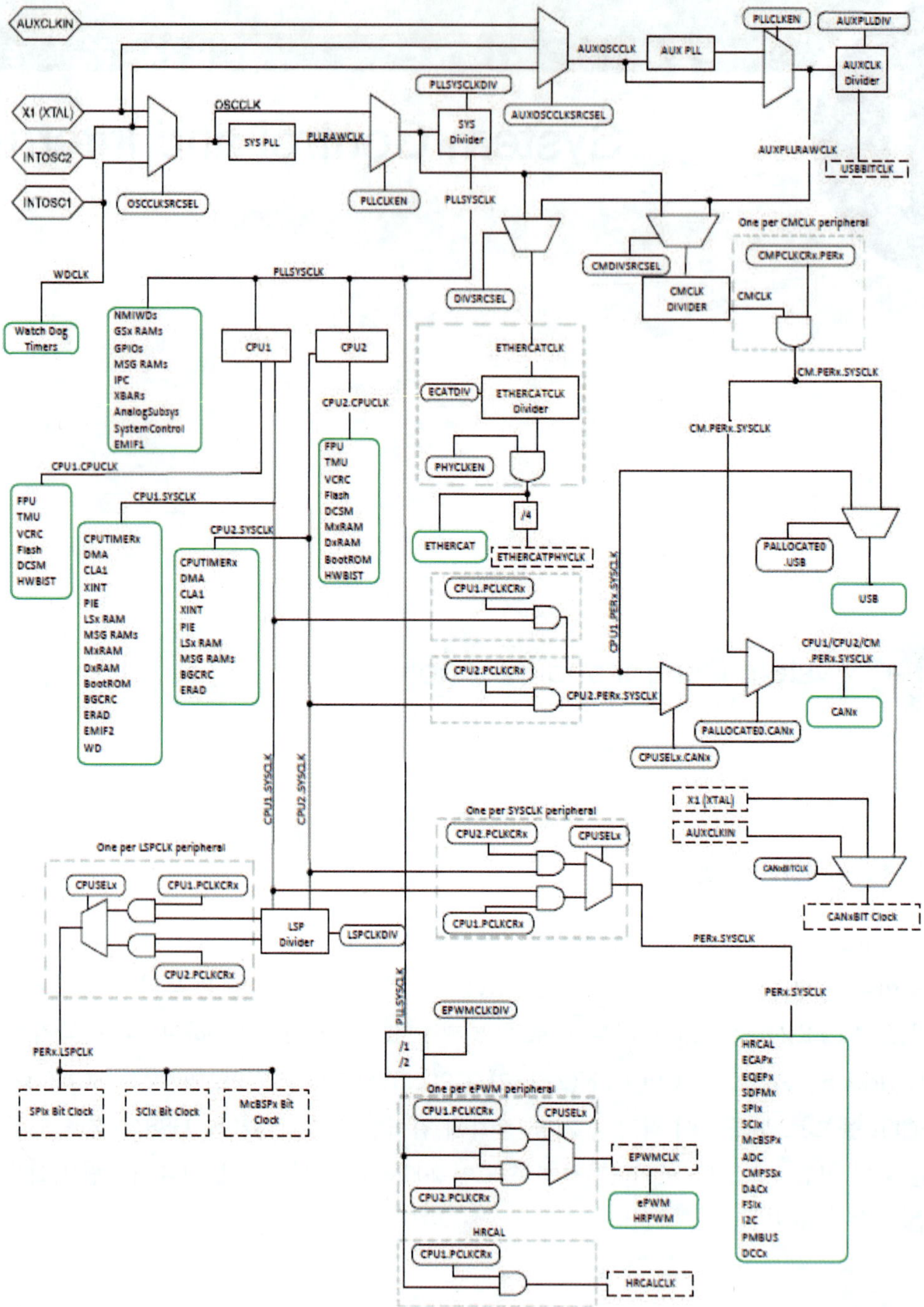

그림 1.1 Clocking system

DSP에서는 XCLKOUT기능을 통해 분주된 클럭을 출력할 수 있다. 해당 기능으로 출력된 클럭은 외부의 IC나 DSP에 클럭을 공급하거나 동기화 시킬 때 사용할 수 있으며, XCLKOUT은 GPIO 73을 MUXing하여 설정 가능하다. XCLKOUT은 레지스터에 따라 PLLSYSCLK, PLLRAWCLK, CPU1.SYSCLK, AUXPLLRAWCLK, CPU2.SYSCLK, INTOSC1, INTOSC2와 연동시킬 수 있다.

1.1.1 주변 모듈에 대한 클럭 인가/비인가

PCLKCRx(x=0~23) 레지스터를 통해 주변 모듈로 입력되는 클럭을 결정할 수 있다. 주변 모듈에 대한 GPIO MUXing으로 인해 모든 주변 모듈을 동시에 사용하는 것은 불가능하며, 모든 주변 모듈에 대해 동시에 클럭을 공급하게 될 경우 그만큼 전력을 많이 소모하게 된다. 그러므로 PCLKCRx 레지스터를 통해 필요한 주변 모듈에만 클럭을 공급하는 것이 바람직하다.

[표 1.1]~[표 1.8]은 PCLKCRx 레지스터 중 주로 사용되는 기능만을 정리한 것이다.

표 1.1 PCLKCR1 레지스터

PCLKCR1		Description
EMIF1	0	EMIF1 모듈 클럭 비인가
	1	EMIF1 모듈 클럭 인가
EMIF2	0	EMIF2 모듈 클럭 비인가
	1	EMIF2 모듈 클럭 인가

표 1.2 PCLKCR2 레지스터

PCLKCR2		Description
EPWM1	0	EPWM1 모듈 클럭 비인가
	1	EPWM1 모듈 클럭 인가
EPWM2	0	EPWM2 모듈 클럭 비인가
	1	EPWM2 모듈 클럭 인가
EPWM3	0	EPWM3 모듈 클럭 비인가
	1	EPWM3 모듈 클럭 인가

EPWM4	0	EPWM4 모듈 클럭 비인가
	1	EPWM4 모듈 클럭 인가
EPWM5	0	EPWM5 모듈 클럭 비인가
	1	EPWM5 모듈 클럭 인가
EPWM6	0	EPWM6 모듈 클럭 비인가
	1	EPWM6 모듈 클럭 인가
EPWM7	0	EPWM7 모듈 클럭 비인가
	1	EPWM7 모듈 클럭 인가
EPWM8	0	EPWM8 모듈 클럭 비인가
	1	EPWM8 모듈 클럭 인가
EPWM9	0	EPWM9 모듈 클럭 비인가
	1	EPWM9 모듈 클럭 인가
EPWM10	0	EPWM10 모듈 클럭 비인가
	1	EPWM10 모듈 클럭 인가
EPWM11	0	EPWM11 모듈 클럭 비인가
	1	EPWM11 모듈 클럭 인가
EPWM12	0	EPWM12 모듈 클럭 비인가
	1	EPWM12 모듈 클럭 인가
EPWM13	0	EPWM13 모듈 클럭 비인가
	1	EPWM13 모듈 클럭 인가
EPWM14	0	EPWM14 모듈 클럭 비인가
	1	EPWM14 모듈 클럭 인가
EPWM15	0	EPWM15 모듈 클럭 비인가
	1	EPWM15 모듈 클럭 인가
EPWM16	0	EPWM16 모듈 클럭 비인가
	1	EPWM16 모듈 클럭 인가

표 1.3 PCLKCR3 레지스터

PCLKCR3		Description
ECAP1	0	ECAP1 모듈 클럭 비인가
	1	ECAP1 모듈 클럭 인가
ECAP2	0	ECAP2 모듈 클럭 비인가
	1	ECAP2 모듈 클럭 인가
ECAP3	0	ECAP3 모듈 클럭 비인가
	1	ECAP3 모듈 클럭 인가
ECAP4	0	ECAP4 모듈 클럭 비인가
	1	ECAP4 모듈 클럭 인가
ECAP5	0	ECAP5 모듈 클럭 비인가
	1	ECAP5 모듈 클럭 인가
ECAP6	0	ECAP6 모듈 클럭 비인가
	1	ECAP6 모듈 클럭 인가
ECAP7	0	ECAP7 모듈 클럭 비인가
	1	ECAP7 모듈 클럭 인가

표 1.4 PCLKCR4 레지스터

PCLKCR4		Description
EQEP1	0	EQEP1 모듈 클럭 비인가
	1	EQEP1 모듈 클럭 인가
EQEP2	0	EQEP2 모듈 클럭 비인가
	1	EQEP2 모듈 클럭 인가
EQEP3	0	EQEP3 모듈 클럭 비인가
	1	EQEP3 모듈 클럭 인가

표 1.5 PCLKCR7 레지스터

PCLKCR7		Description
SCI_A	0	SCI_A 모듈 클럭 비인가
	1	SCI_A 모듈 클럭 인가
SCI_B	0	SCI_B 모듈 클럭 비인가
	1	SCI_B 모듈 클럭 인가
SCI_C	0	SCI_C 모듈 클럭 비인가
	1	SCI_C 모듈 클럭 인가
SCI_D	0	SCI_D 모듈 클럭 비인가
	1	SCI_D 모듈 클럭 인가

표 1.6 PCLKCR10 레지스터

PCLKCR10		Description
CAN_A	0	CAN_A 모듈 클럭 비인가
	1	CAN_A 모듈 클럭 인가
CAN_B	0	CAN_B 모듈 클럭 비인가
	1	CAN_B 모듈 클럭 인가
MCAN_A	0	MCAN_A 모듈 클럭 비인가
	1	MCAN_A 모듈 클럭 인가

표 1.7 PCLKCR13 레지스터

PCLKCR13		Description
ADC_A	0	ADC_A 모듈 클럭 비인가
	1	ADC_A 모듈 클럭 인가
ADC_B	0	ADC_B 모듈 클럭 비인가
	1	ADC_B 모듈 클럭 인가
ADC_C	0	ADC_C 모듈 클럭 비인가
	1	ADC_C 모듈 클럭 인가
ADC_D	0	ADC_D 모듈 클럭 비인가
	1	ADC_D 모듈 클럭 인가

표 1.8 PCLKCR16 레지스터

PCLKCR16		Description
DAC_A	0	DAC_A 모듈 클럭 비인가
	1	DAC_A 모듈 클럭 인가
DAC_B	0	DAC_B 모듈 클럭 비인가
	1	DAC_B 모듈 클럭 인가
DAC_C	0	DAC_C 모듈 클럭 비인가
	1	DAC_C 모듈 클럭 인가

1.1.2 Clock Prescale

SCI, SPI, McBSP등의 통신 모듈이나 EPWM 모듈 같은 경우는 CPU 주파수보다 낮은 클럭에서 동작하게 된다. 이는 일반적으로 레지스터를 통해 분주하여 클럭의 속도를 조절하게 된다. 해당 분주비 설정에서 주로 사용되는 레지스터는 다음과 같다.

표 1.9 PERCLKDIVSEL 레지스터

PERCLKDIVSEL		Description
EMIF1CLKDIV	0	EMIF1CLK=SYSCLK/1
	1	EMIF1CLK=SYSCLK/2
EMIF2CLKDIV	0	EMIF2CLK=SYSCLK/1
	1	EMIF2CLK=SYSCLK/2
EPWMCLKDIV	0	EPWMCLK=PLLSYSCLK/1 분주
	1	EPWMCLK=PLLSYSCLK/2 분주

표 1.10 LOSPCP 레지스터

PERCLKDIVSEL		Description
LSPCLKDIV	000	LSPCLK=SYSCLK/1
	001	LSPCLK=SYSCLK/2
	010	LSPCLK=SYSCLK/4 (default)
	011	LSPCLK=SYSCLK/6
	100	LSPCLK=SYSCLK/8
	101	LSPCLK=SYSCLK/10
	110	LSPCLK=SYSCLK/12
	111	LSPCLK=SYSCLK/14

1.2 32-Bit CPU Timers 0/1/2 개요

TMS320F28388에는 3개의 CPU Timer가 존재한다. CPU Timer2의 경우에는 기본적으로 실시간 운영 체제용으로 사용하나, 실시간 운영 체제에서 사용하지 않는 경우 다른 용도로 사용할 수 있다. CPU Timer0과 CPU Timer1은 SYSCLK를 기반으로 시간을 측정하며, CPU Timer2는 일반적으로는 SYSCLK를 기반으로 시간을 측정하나, INTOSC1, INTOSC2, XTAL 및 AUXPLCLK 등 다른 클럭을 통해서도 시간을 측정할 수 있다. CPU Timer의 구조는 [그림 1.2]와 같으며, Interrupt 신호는 [그림 1.3]과 같다.

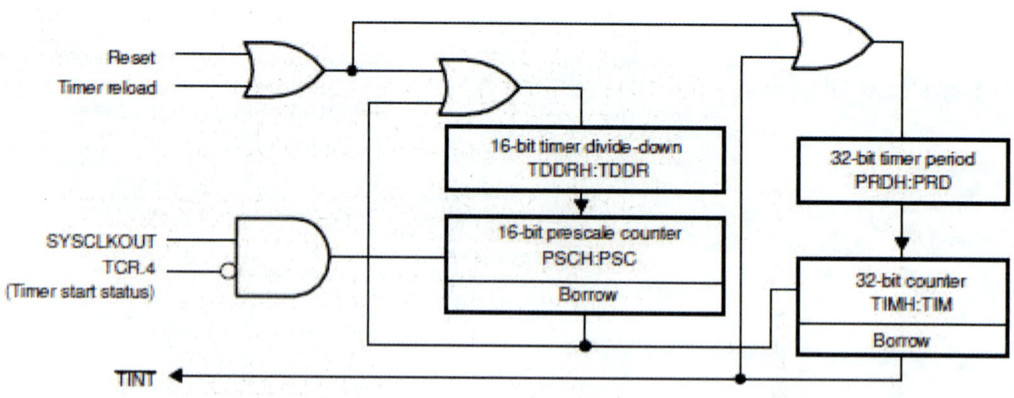

그림 1.2 CPU Timer의 구조

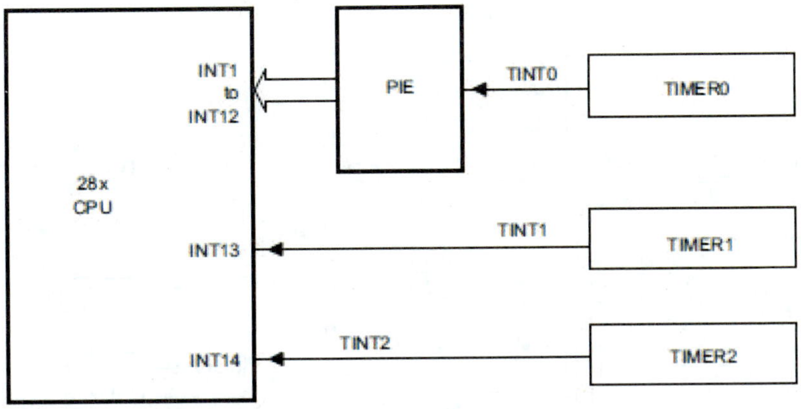

그림 1.3 CPU Timer의 Interrupt 신호 구조

1.3 Interrupt 및 PIE(Peripheral Interrupt Expansion) 개요

Interrupt는 실행 중인 프로그램을 일시 중단하고 다른 프로그램을 끼워 넣어 실행하는 것으로, Interrupt 기능을 통해 프로그램 처리의 효율화, 입출력 장치의 동시 동작 및 온라인 처리의 효율화가 가능하다. TMS320F28388에서 주변 모듈에서 출력되는 Interrupt 신호는 Flag 신호와 Enable 신호를 통해 CPU까지 도달한다. Flag 신호는 해당 Interrupt가 처리될 때까지 Interrupt를 저장하고, Enable 신호는 다른 Interrupt 신호가 입력되지 못하도록 차단한다. Interrupt 신호가 CPU까지 도달하면 CPU는 사전에 정의된 우선순위를 통해 적절한 ISR(Interrupt Service Routine)의 주소를 호출한다. [그림 1.4]는 Interrupt의 신호 처리 구조이며, [그림 1.5]는 Interrupt의 논리회로를 나타낸다.

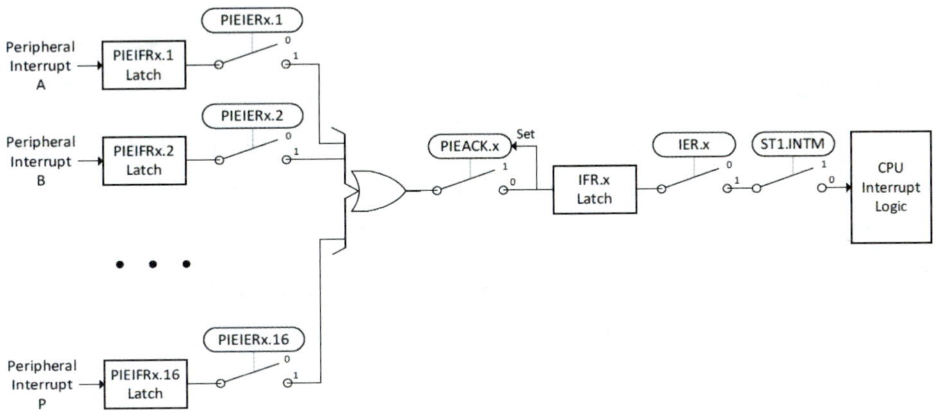

그림 1.4 Interrupt의 신호 처리 구조

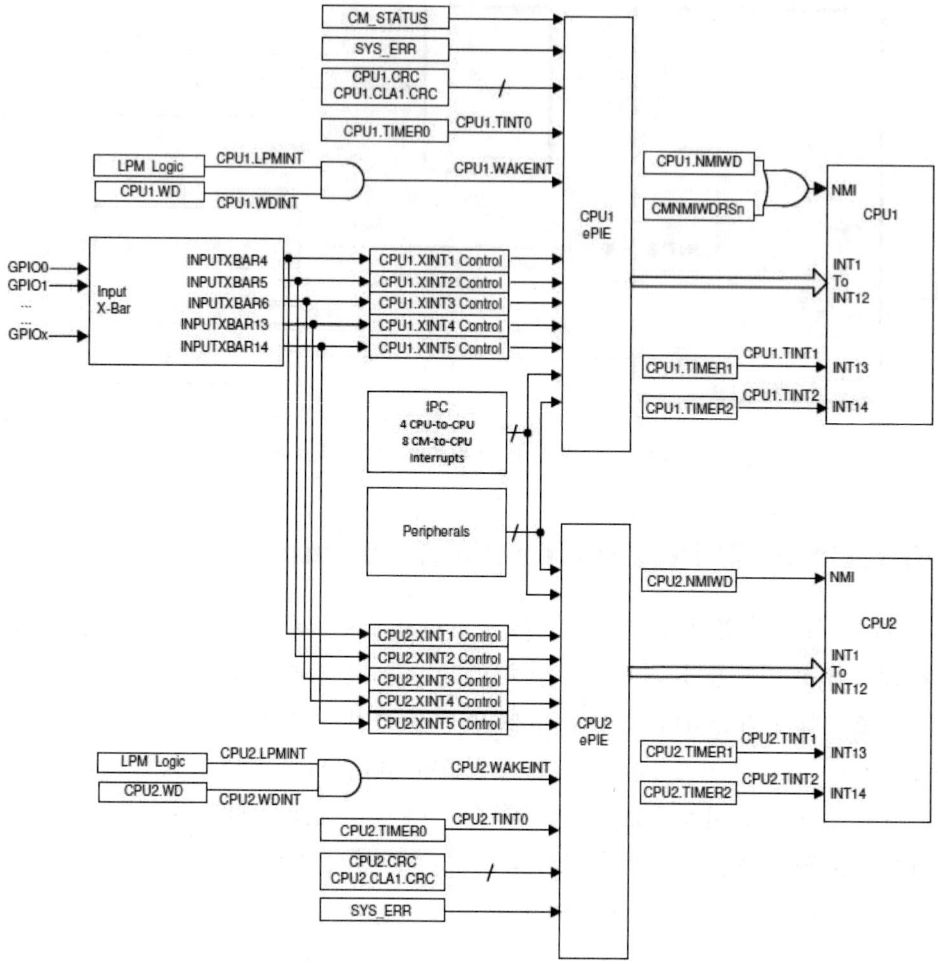

그림 1.5 Interrupt 논리회로

1.3.1 PIE 개요

TMS320F28388에는 14개의 Interrupt 라인이 있으며, 이 중 두 개(INT13 및 INT14)는 각각 CPU Timer1과 Timer2에 바로 연결된다. 나머지 12개는 PIE를 통해 주변 Interrupt 신호에 연결된다. PIE를 이용하면 한 Interrupt 라인에 최대 16개의 Interrupt를 Multiplexing 할 수 있으며, 백터 테이블(Vector Table)을 확장하여 각 Interrupt가 자체 ISR을 가질 수 있도록 한다. 이를 통해 CPU는 다수의 주변 장치를 지원할 수 있다.

Interrupt 경로는 주변 모듈, PIE, CPU의 세 단계로 나뉜다. 각 단계에는 고유한 Enable

레지스터와 Flag 레지스터가 있다. 해당 시스템은 CPU가 다른 Interrupt가 대기 중인 동안 하나의 Interrupt를 처리하고, 소프트웨어에서 중첩된 Interrupt를 구현하고 우선순위를 지정하며, 특정 중요한 작업 동안 Interrupt를 비활성화할 수 있게 한다. 본 교재에서는 PIE를 각각의 단계로 나누어 설명한다.

1.3.2 주변 모듈 단계

각 Peripheral은 고유한 Interrupt 구성이 존재하며, Interrupt 발생 시 Interrupt Flag (IF) Bit가 SET된다. 이 때 IF에 상응하는 Interrupt Enable (IE) Bit가 SET일 경우, 주변 모듈은 PIE controller에 Interrupt 요청신호를 발생시킨다. Interrupt가 Enable 되지 않았을 경우에 IF는 소프트웨어에 의해 CLEAR될 때까지 상태를 유지하며, Interrupt Enable 시 IF는 SET 상태를 유지하고 PIE로 Interrupt 요청을 전달한다. 이 때, Interrupt 이후 소프트웨어를 통해 IF를 수동적으로 CLEAR 해주어야 한다. [그림 1.6]은 Interrupt의 신호 처리 구조에서 주변 모듈 단계를 표시한 것이다.

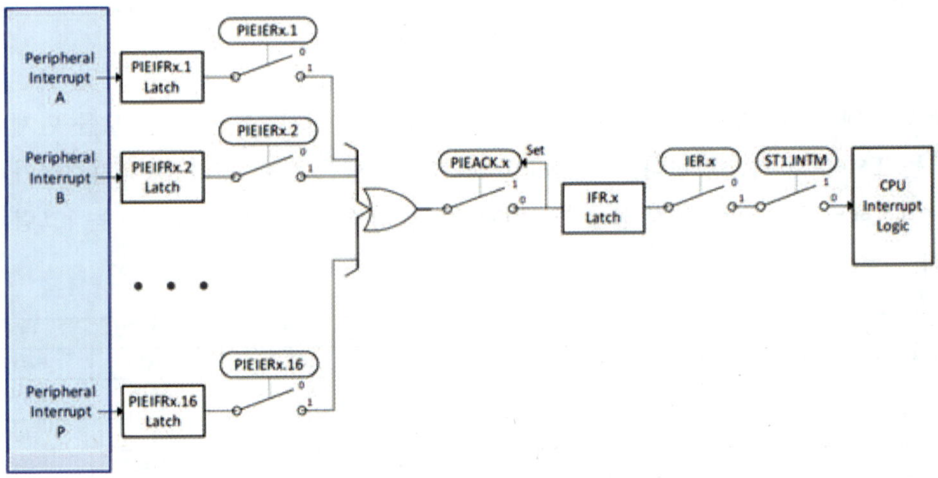

그림 1.6 주변 모듈 단계

1.3.3 PIE 단계

16개의 Peripheral과 External Pin Interrupt를 하나의 CPU Interrupt로 Multiplexing하며, PIE Interrupt Flag Register (PIEIFRx, x=1~12), PIE Interrupt Enable Register (PIEIERx, x=1~12)를 거쳐 한 그룹 전체의 Interrupt를 Enable/Disable하는 PIE Acknowledge Bit (PIEACKx, x=1~12)를 통해 Interrupt 요청을 통과시킨다. 이 때, PIEACKx가 CLEAR 상

태에서 요청 통과시 SET 되고, 다음 Interrupt 통과를 위해 ISR 종료 시 소프트웨어를 통해 CLEAR가 필요하게 된다. [그림 1.7]은 Interrupt의 신호 처리 구조에서 PIE 단계를 표시한 것이다.

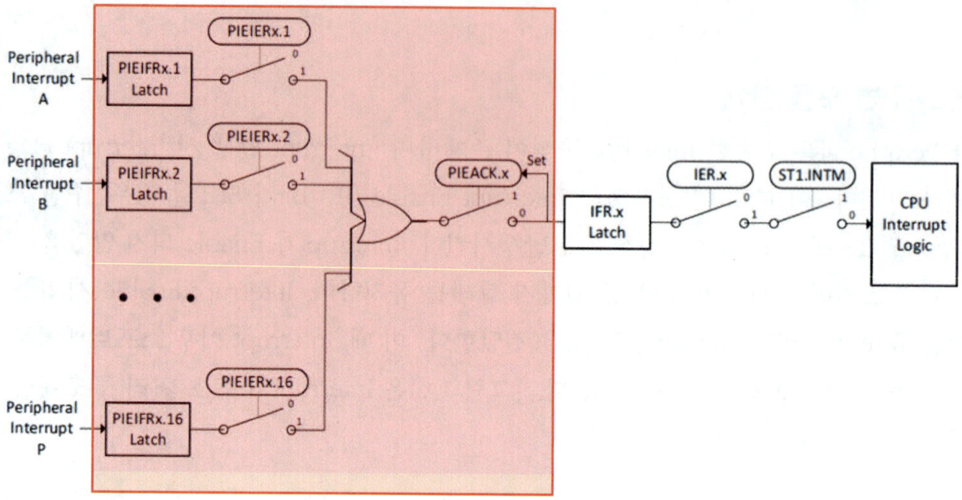

그림 1.7 PIE 단계

해당 단계에서 사용되는 PIEIFRx 레지스터와 PIEIERx 레지스터는 주변 모듈 단계에서 사용하는 IF와 IE의 역할을 한다. 해당 Interrupt가 발생했을 경우 PIEIFRx 레지스터가 SET 되며, 이때 해당 Interrupt 요청을 통과시키게 된다. 관련 레지스터들의 구조는 [그림 1.8]과 같다.

15	14	13	12	11	10	9	8
INTx16	INTx15	INTx14	INTx13	INTx12	INTx11	INTx10	INTx9
R/W-0h	R/W-0h	R/W-0h	R/W-0h	R/W-0h	R/W-0h	R/W-0h	R/W-0h
7	6	5	4	3	2	1	0
INTx8	INTx7	INTx6	INTx5	INTx4	INTx3	INTx2	INTx1
R/W-0h	R/W-0h	R/W-0h	R/W-0h	R/W-0h	R/W-0h	R/W-0h	R/W-0h

그림 1.8 PIEIFRx 레지스터와 PIEIERx 레지스터의 구조

즉, 16개의 주변 모듈 Interrupt 신호를 1개의 PIE 그룹으로 묶어 처리하며, 예를들어, 1번 PIE 그룹의 3번째 Interrupt 채널은 INT1.3으로 표시할 수 있다. PIEACKx는 해당 PIE 그룹의 Interrupt를 Enable/Disable하는 기능이며, Interrupt 요청이 통과될 때, 이에 상응하는 PIEACKx Bit가 0이었을 경우 Interrupt 요청이 CPU 단계로 넘어가게 된다. 이 때, 일반적으

로 PIEACKx Bit는 SET되어 해당 PIE 단계의 Interrupt 요청을 무시하게 되며, Interrupt가 끝나게 될 경우 PIEACKx Bit를 수동적으로 CLEAR 해주어야 한다. PIEACK의 레지스터 구조는 [그림 1.9]와 같다.

15	14	13	12	11	10	9	8
RESERVED				ACK12	ACK11	ACK10	ACK9
R-0h				R/W1S-0h	R/W1S-0h	R/W1S-0h	R/W1S-0h
7	**6**	**5**	**4**	**3**	**2**	**1**	**0**
ACK8	ACK7	ACK6	ACK5	ACK4	ACK3	ACK2	ACK1
R/W1S-0h	R/W1S-0h	R/W1S-0h	R/W1S-0h	R/W1S-0h	R/W1S-0h	R/W1S-0h	R/W1S-0h

그림 1.9 PIEACK 레지스터의 구조

1.3.4 CPU 단계

CPU 단계에서도 PIE 단계에서 사용하는 PIEIFRx, PIEIERx와 동일한 역할을 하는 IFR, IER을 거쳐 Multiplexing하여 DSP의 CPU까지 전달하게 된다. [그림 1.10]은 Interrupt 신호 처리 구조에서 CPU 단계를 표시한 것이다.

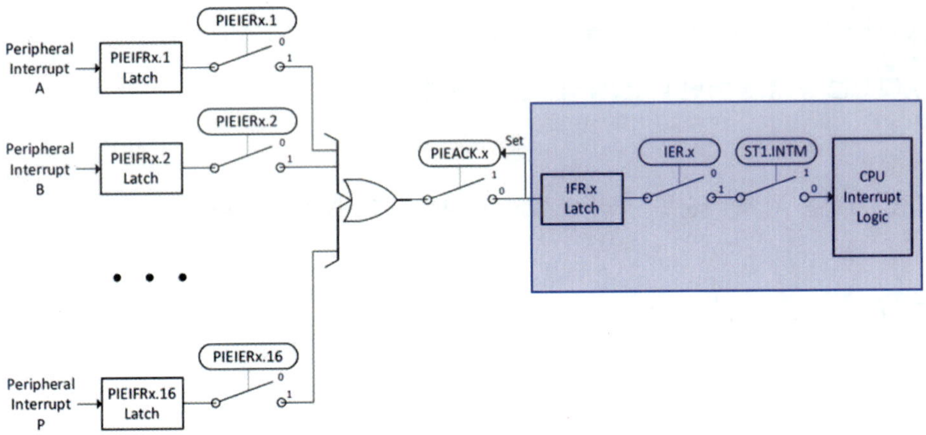

그림 1.10 CPU 단계

해당 단계의 INTM은 Global Interrupt Mask로 PIEACKx와 비슷하게 CPU 단계에서 모든 Interrupt를 Enable/Disable하는 기능으로, 어셈블리어로만 접근 가능하다. 해당 기능은 일반적으로 다른 Interrupt 처리 중에 0 이 되어 Interrupt 간의 간섭을 방지한다.

1.3.5 Interrupt 요청 처리

Peripheral로부터 Interrupt 요청이 발생했을 때, 이를 처리하고 Interrupt를 발생시키는 과정은 아래와 같다.

1) Interrupt 요청 신호가 PIE로 전파되어 PIEIFRx.y (PIE 그룹 x의 채널 y)에 Latch 됨
2) PIEIERx.y가 SET이면 Interrupt 요청 신호는 다음 단계로 전파됨
3) PIEACK.x가 CLEAR이면 Interrupt 요청 신호가 다음 단계로 전파되고, PIEACK.x는 SET 됨
4) Interrupt 요청 신호가 CPU로 전파되어 IFR.x에 Latch 됨
5) IER.x가 SET이면 IFR.x에 Latch 된 Interrupt 요청 신호는 다음 과정으로 전파됨
6) INTM이 CLEAR이면 CPU가 Interrupt 요청 신호를 수신
7) 현재 수행 중이던 작업들은 Interrupt 이후 재개되어야 하므로, CPU는 해당 작업들의 컨텍스트(context)를 스택에 저장
8) IFR.x 및 IER.x는 CLEAR, INTM은 SET, EALLOW는 CLEAR 됨
9) CPU는 PIE로부터 ISR 벡터를 가져오고 PIEIFRx.y는 CLEAR 됨
10) CPU는 수행 중이던 다른 작업들을 중단하고 ISR 수행

[그림 1.11]은 위에 기술한 처리 과정의 흐름을 논리 블록도로 나타낸 것이다.

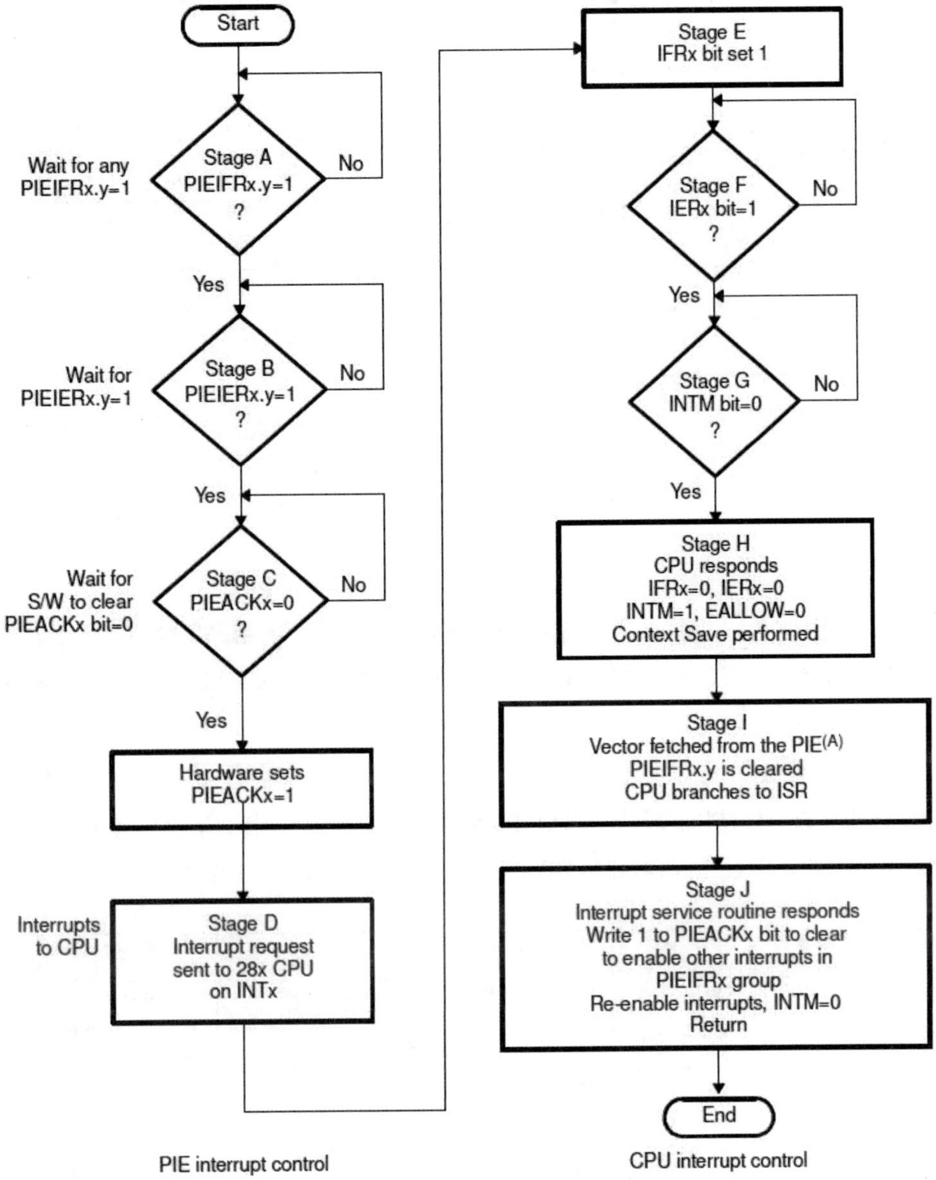

그림 1.11 일반적인 Interrupt 응답 논리 블록도

1.3.6 PIE Vector Table

[그림 1.12]는 PIE 백터 테이블(Vector Table)을 나타낸 것으로 주변 모듈 단계에서 발생한 Interrupt가 각각의 Interrupt Source에 따라 백터(Vector)를 할당하여 어느 PIE 단계와 CPU 단계에 연결되어 있는지와, 해당 Interrupt의 ISR이 어느 주소에 저장되어 있는지 나타낸다.

	INTx.1	INTx.2	INTx.3	INTx.4	INTx.5	INTx.6	INTx.7	INTx.8	INTx.9	INTx.10	INTx.11	INTx.12	INTx.13	INTx.14	INTx.15	INTx.16
INT1.y	ADCA1	ADCB1	ADCC1	XINT1	XINT2	ADCD1	TIMER0	WAKE/ WDINT	I2CA	SYS_ ERR	ECAT SYNC0 (CPU1 only)	ECAT INTn (CPU1 only)	CIPC0	CIPC1	CIPC2	CIPC3
INT2.y	EPWM1_ TZ	EPWM2_ TZ	EPWM3_ TZ	EPWM4_ TZ	EPWM5_ TZ	EPWM6_ TZ	EPWM7_ TZ	EPWM8_ TZ	EPWM9_ TZ	EPWM10_ TZ	EPWM11_ TZ	EPWM12_ TZ	EPWM13_ TZ	EPWM14_ TZ	EPWM15_ TZ	EPWM16_ TZ
INT3.y	EPWM1	EPWM2	EPWM3	EPWM4	EPWM5	EPWM6	EPWM7	EPWM8	EPWM9	EPWM10	EPWM11	EPWM12	EPWM13	EPWM14	EPWM15	EPWM16
INT4.y	ECAP1	ECAP2	ECAP3	ECAP4	ECAP5	ECAP6	ECAP7	-	FSITXA_ INT1	FSITXA_ INT2	FSITXB_ INT1	FSITXB_ INT2	FSIRXA_ INT1	FSIRXA_ INT2	FSIRXB_ INT1	FSIRXB_ INT2
INT5.y	EQEP1	EQEP2	EQEP3	-	CLB1	CLB2	CLB3	CLB4	SDFM1	SDFM2	ECAT RSTINTn (CPU1 only)	ECAT SYNC1 (CPU1 only)	SDFM1 DR1	SDFM1 DR2	SDFM1 DR3	SDFM1 DR4
INT6.y	SPIA_RX	SPIA_TX	SPIB_RX	SPIB_TX	MCBSPA_ RX	MCBSPA_ TX	MCBSPB_ RX	MCBSPB_ TX	SPIC_RX	SPIC_TX	SPID_RX	SPID_TX	SDFM2 DR1	SDFM2 DR2	SDFM2 DR3	SDFM2 DR4
INT7.y	DMA_CH1	DMA_CH2	DMA_CH3	DMA_CH4	DMA_CH5	DMA_CH6	-	-	FSIRXC_ INT1	FSIRXC_ INT2	FSIRXD_ INT1	FSIRXD_ INT2	FSIRXE_ INT1	FSIRXE_ INT2	FSIRXF_ INT1	FSIRXF_ INT2
INT8.y	I2CA	I2CA_ FIFO	I2CB	I2CB_ FIFO	SCIC_RX	SCIC_TX	SCID_RX	SCID_TX	FSIRXG_ INT1	FSIRXG_ INT2	FSIRXH_ INT1	FSIRXH_ INT2	CLB5	CLB6	CLB7	CLB8
INT9.y	SCIA_RX	SCIA_TX	SCIB_RX	SCIB_TX	CANA_0	CANA_1	CANB_0	CANB_1	MCANSS_ INT0 (CPU1 only)	MCANSS_ INT1 (CPU1 only)	MCANSS_ ECC_ CORR_ PUL_INT (CPU1 only)	MCANSS_ WAKE_ AND_TS_ PLS_INT (CPU1 only)	PMBUSA	CM_ STATUS (CPU1 only)	USBA (CPU1 only)	-
INT10.y	ADCA_ EVT	ADCA2	ADCA3	ADCA4	ADCB_ EVT	ADCB2	ADCB3	ADCB4	ADCC_EVT	ADCC2	ADCC3	ADCC4	ADCD_EVT	ADCD2	ADCD3	ADCD4
INT11.y	CLA1_1	CLA1_2	CLA1_3	CLA1_4	CLA1_5	CLA1_6	CLA1_7	CLA1_8	CMTOCPUx IPCINTR0	CMTOCPUx IPCINTR1	CMTOCPUx IPCINTR2	CMTOCPUx IPCINTR3	CMTOCPUx IPCINTR4	CMTOCPUx IPCINTR5	CMTOCPUx IPCINTR6	CMTOCPUx IPCINTR7
INT12.y	XINT3	XINT4	XINT5	MPOST	FMC. DONE	VCRC	FPU OVER FLOW	FPU UNDER FLOW	-	ECAP6 INT2	ECAP7 INT2	-	CPUxCRC_ INT	CLA1CRC_ INT	CLA OVER FLOW	CLA UNDER FLOW

그림 1.12 PIE Vector Table

해당 PIE 벡터 테이블을 통해 우선 순위를 확인할 수 있다. 각 행은 같은 CPU 단계를 나타내며, 각 열을 해당 CPU 단계의 PIE 단계를 나타낸다. 일반적으로 Interrupt 동작 중에는 INTM으로 인해 다른 Interrupt가 차단되는데, 해당 Interrupt 동작이 종료되어 다른 Interrupt를 순차적으로 처리할 경우 낮은 CPU 단계부터 처리되며, 같은 CPU 단계에서는 낮은 PIE 단계부터 처리되게 된다. [그림 1.13]은 CPU 단계의 처리 우선도를 나타낸 것이며, [그림 1.14]는 같은 CPU 레벨에서 PIE 단계의 처리 우선도를 나타낸 것이다.

Name	Vector ID	Address	Size (x16)	Description	Core Priority	ePIE Group Priority
Reset	0	0x0000 0D00	2	Reset is always fetched from location 0x003F_FFC0 in Boot ROM	1 (Highest)	-
INT1	1	0x0000 0D02	2	Not used. See PIE Group 1	5	-
INT2	2	0x0000 0D04	2	Not used. See PIE Group 2	6	-
INT3	3	0x0000 0D06	2	Not used. See PIE Group 3	7	-
INT4	4	0x0000 0D08	2	Not used. See PIE Group 4	8	-
INT5	5	0x0000 0D0A	2	Not used. See PIE Group 5	9	-
INT6	6	0x0000 0D0C	2	Not used. See PIE Group 6	10	-
INT7	7	0x0000 0D0E	2	Not used. See PIE Group 7	11	-
INT8	8	0x0000 0D10	2	Not used. See PIE Group 8	12	-
INT9	9	0x0000 0D12	2	Not used. See PIE Group 9	13	-
INT10	10	0x0000 0D14	2	Not used. See PIE Group 10	14	-
INT11	11	0x0000 0D16	2	Not used. See PIE Group 11	15	-
INT12	12	0x0000 0D18	2	Not used. See PIE Group 12	16	-
INT13	13	0x0000 0D1A	2	CPU TIMER1 Interrupt	17	-

그림 1.13 CPU 단계의 처리 우선도

Name	Vector ID	Address	Size (x16)	Description	Core Priority	ePIE Group Priority
PIE Group 1 Vectors - Muxed into CPU INT1						
INT1.1	32	0x0000 0D40	2	ADCA1 interrupt	5	1 (Highest)
INT1.2	33	0x0000 0D42	2	ADCB1 interrupt	5	2
INT1.3	34	0x0000 0D44	2	ADCC1 interrupt	5	3
INT1.4	35	0x0000 0D46	2	XINT1 interrupt	5	4
INT1.5	36	0x0000 0D48	2	XINT2 interrupt	5	5
INT1.6	37	0x0000 0D4A	2	ADCD1 interrupt	5	6
INT1.7	38	0x0000 0D4C	2	TIMER0 interrupt	5	7
INT1.8	39	0x0000 0D4E	2	WAKE/WD interrupt	5	8
INT1.9	128	0x0000 0E00	2	I2CA interrupt	5	9
INT1.10	129	0x0000 0E02	2	SYS_ERR interrupt	5	10
INT1.11	130	0x0000 0E04	2	ECAT SYNC0 interrupt (CPU1 only)	5	11
INT1.12	131	0x0000 0E06	2	ECAT interrupt n (CPU1 only)	5	12
INT1.13	132	0x0000 0E08	2	CIPC0 interrupt	5	13
INT1.14	133	0x0000 0E0A	2	CIPC1 interrupt	5	14
INT1.15	134	0x0000 0E0C	2	CIPC2 interrupt	5	15
INT1.16	135	0x0000 0E0E	2	CIPC3 interrupt	5	16 (Lowest)
PIE Group 2 Vectors - Muxed into CPU INT2						
INT2.1	40	0x0000 0D50	2	EPWM1_TZ interrupt	6	1 (Highest)
INT2.2	41	0x0000 0D52	2	EPWM2_TZ interrupt	6	2
INT2.3	42	0x0000 0D54	2	EPWM3_TZ interrupt	6	3
INT2.4	43	0x0000 0D56	2	EPWM4_TZ interrupt	6	4
INT2.5	44	0x0000 0D58	2	EPWM5_TZ interrupt	6	5
INT2.6	45	0x0000 0D5A	2	EPWM6_TZ interrupt	6	6
INT2.7	46	0x0000 0D5C	2	EPWM7_TZ interrupt	6	7
INT2.8	47	0x0000 0D5E	2	EPWM8_TZ interrupt	6	8
INT2.9	136	0x0000 0E10	2	EPWM9_TZ interrupt	6	9
INT2.10	137	0x0000 0E12	2	EPWM10_TZ interrupt	6	10
INT2.11	138	0x0000 0E14	2	EPWM11_TZ interrupt	6	11
INT2.12	139	0x0000 0E16	2	EPWM12_TZ interrupt	6	12
INT2.13	140	0x0000 0E18	2	EPWM13_TZ interrupt	6	13
INT2.14	141	0x0000 0E1A	2	EPWM14_TZ interrupt	6	14
INT2.15	142	0x0000 0E1C	2	EPWM15_TZ interrupt	6	15
INT2.16	143	0x0000 0E1E	2	EPWM16_TZ interrupt	6	16 (Lowest)
PIE Group 3 Vectors - Muxed into CPU INT3						

그림 1.14 PIE 단계의 처리 우선도

CHAPTER

02 GPIO (General Purpose Input/Output)

2 GPIO (General Purpose Input/Output)

2.1 GPIO 개요

GPIO (General Purpose Input/Output)는 사용자의 목적에 맞게 각 Pin들을 임의로 설정하여 사용할 수 있는 기능을 의미한다. TMS320F28388에는 총 169개의 GPIO Pin들이 존재하고 6개의 포트(A ~ F)로 구분한다. 예를 들어 포트 A에는 GPIO0 ~ GPIO31이 존재한다. GPIO가 I/O 모드로 사용될 경우 GPIO Pin 방향을 설정하여 입력모드 혹은 출력모드를 설정할 수 있고, GPIO를 입력모드로 사용할 경우 Qualification 기능을 이용하여 불필요한 노이즈를 감소시킬 수 있다. 또한 GPIO의 각 Pin들은 Peripheral 신호들과 연결됨으로써 I/O기능 이외에도 최대 12가지 기능을 사용할 수 있다. 이때 사용자는 GPIO Multiplexing (MUX) 레지스터를 이용하여 GPIO Pin의 기능을 설정할 수 있다. [그림 2.1]은 Single Pin에서 GPIO 설정을 위한 논리 회로이다.

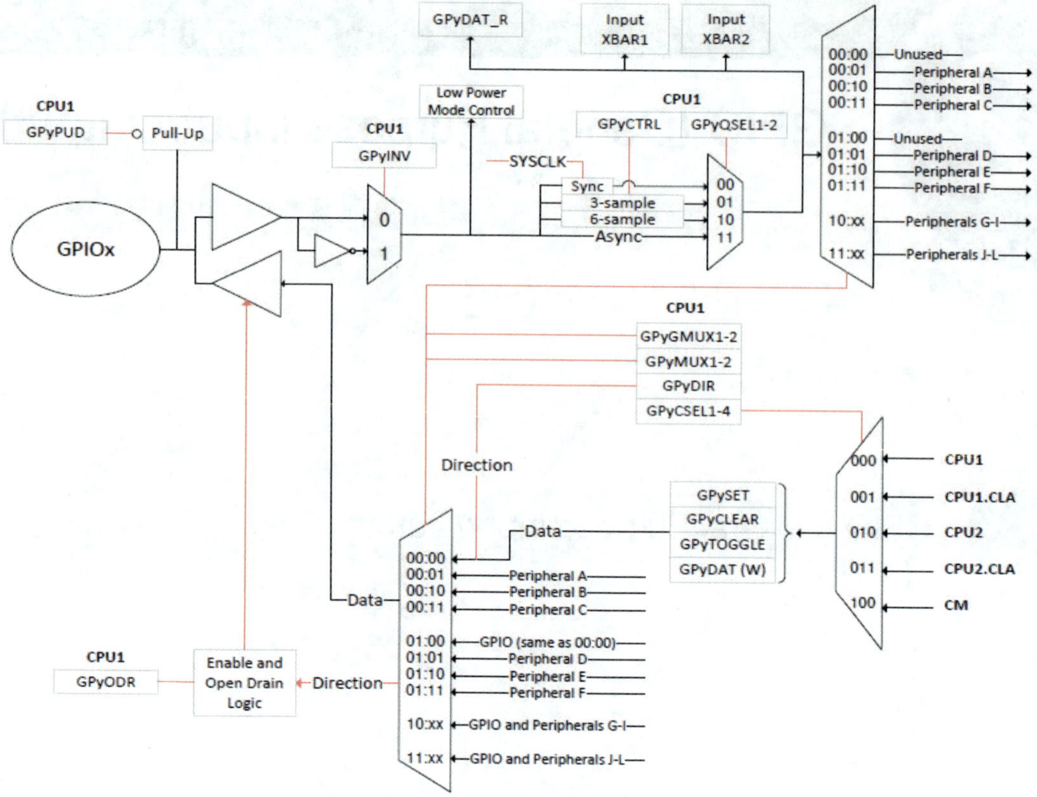

그림 2.1 Single Pin에서 GPIO 논리회로도

[그림 2.1]을 통해 GPIO의 쓰기모드에서 GPySET, GPyCLEAR, GPyTOGGLE, GPyDAT 등의 레지스터를 이용하여 GPIO Pin에 저장된 Data를 변경할 수 있다. 또한 Peripheral 신호로부터 외부 Interrupt를 받을 수 있고, Crossbar(X-BAR) 기능을 이용하여 Interrupt 신호를 발생시키는 것도 가능하다

2.2 전력전자에서 GPIO 기능 활용

2.1절에서 설명하였듯이 GPIO 모듈은 사용자가 사용하고자 하는 기능을 직접 MUXing 하여 입력 및 출력으로 사용할 수 있으며, 해당 절에서는 입력 및 출력 용도로 사용할 때를 다루고 있다. TMS320F28388등의 DSP를 사용한 제어기에는 버퍼, 레벨 시프터, 절연 증폭

기, DAC, 레졸버, 통신용 IC 등의 여러 IC 소자들을 사용하게 되는데, 해당 소자들이 적절히 사용되기 위해서는 GPIO 출력을 통해 사용 시기에 맞게 IC 소자에 Chip Select 신호를 인가할 필요가 있다. 또한 특정 소자에서 FAULT 신호를 출력할 경우나, 스위치로 인한 입력 신호가 발생한 경우 GPIO 입력을 통해 해당 신호를 수신할 수 있다. 아래는 3.3V-5V 입출력 레벨 시프터로, VE2DBUS_OUTEN와 연결된 GPIO를 통해 IC의 Enable을 조절하며, VE2DBUS_DIR과 연결된 GPIO를 통해 IC의 입출력 방향을 조정한 회로이다.

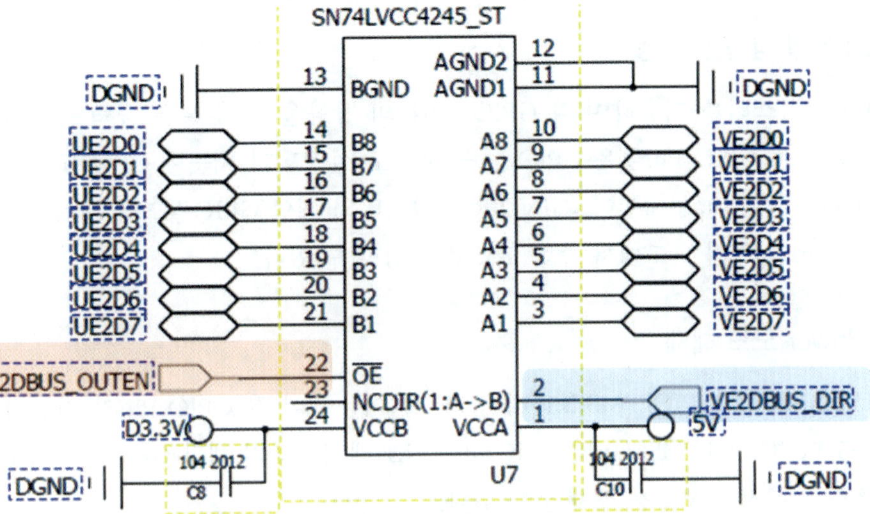

그림 2.2 GPIO를 이용한 레벨 시프터 소자의 제어회로

2.3 GPIO 모듈 구성 단계

1) 디바이스의 Pin-out을 계획

GPIO Pin에 사용 가능한 peripheral 옵션들이 무엇이 있는지 확인하고 CPU에 대한 입력 및 출력으로 사용할 GPIO를 결정한다.

2) (Optional) Internal Pull-up 레지스터의 활성화/비활성화

Internal Pull-up 레지스터(GPyPUD)를 이용하여 GPIO 내부 Pull-up 저항의 사용 여부를 결정한다. Pull-up 기능은 GPIO Pin 신호의 상태를 알 수 없을 때 임의의 상태로 설정하는 데에 사용된다. 만약 GPIO를 ePWM의 출력 Pin으로 사용하면 Internal Pull-up 레지스터의 초기 상태는 Disable 상태가 되어 모든 입력 신호는 SYSCLKOUT과 동기화된다. 기본적으로 모든 GPIO Pin들의 Pull-up상태는 비활성화 되어있다.

3) Input Qualification을 선택

Qualification 기능이란 GPIO Pin을 input모드로 사용할 때, 입력 신호의 노이즈 및 외란을 제거하여 입력 신호의 정확한 값을 읽을 수 있게 하는 기능이다. GPyCTRL 레지스터와 GPyQSELn 레지스터를 통해 설정 가능하다.

4) GPIO Pin의 방향을 설정

GPyDIR 레지스터를 이용하여 각 GPIO Pin들의 방향을 입력 혹은 출력으로 설정한다. 기본적으로 모든 GPIO Pin들은 GPIO 입력 모드로 설정되기 때문에 GPyDIR 레지스터의 해당 GPIO필드의 Data는 0이다. GPyDIR 레지스터의 해당 GPIO필드의 Data를 1로 설정하면 GPIO Pin을 입력 모드에서 출력 모드로 변경할 수 있다.

5) Low-Power 모드 해제

GPIOLPMSEL0 및 GPIOLPMSEL1 레지스터를 이용하여 각 GPIO Pin의 저전력 모드를 해제할 수있다. GPIOLPMSEL0 및 GPIOLPMSEL1 레지스터의 해당 GPIO필드의 Data를 0으로 설정하면 저전력 모드를 해제할 수 있다.

6) 외부 Interrupt Source의 GPIO 극성 선택

GPIO를 외부 Interrupt와 연결하여 사용할 경우 XINTnCR 레지스터를 이용하여 외부 Interrupt를 트리거하는 GPIO의 극성을 선택할 수 있다.

2.4 Digital General-Purpose I/O Control

1) GPyDAT 레지스터

Digital Data는 0과 1의 값 만을 가질 수 있다. 따라서 각각의 GPIO의 I/O Pin은 하나의 Data 레지스터를 가진다. GPyDAT 레지스터 내부의 각 Bit는 GPIO의 Pin 번호를 의미한다. 임의의 GPIO Pin을 가리키는 GPyDAT 레지스터의 Bit에 0을 입력하면 해당 GPIO Pin은 Logic Low(0V)를 출력하고, 1을 입력하면 해당 GPIO Pin은 Logic High(3.3V)를 출력한다. [표 2.1]은 GPADAT 레지스터이다.

31	30	29	28	27	26	25	24
GPIO31	GPIO30	GPIO29	GPIO28	GPIO27	GPIO26	GPIO25	GPIO24
R/W-0h	R/W-0h	R/W-0h	R/W-0h	R/W-0h	R/W-0h	R/W-0h	R/W-0h
23	22	21	20	19	18	17	16
GPIO23	GPIO22	GPIO21	GPIO20	GPIO19	GPIO18	GPIO17	GPIO16
R/W-0h	R/W-0h	R/W-0h	R/W-0h	R/W-0h	R/W-0h	R/W-0h	R/W-0h
15	14	13	12	11	10	9	8
GPIO15	GPIO14	GPIO13	GPIO12	GPIO11	GPIO10	GPIO9	GPIO8
R/W-0h	R/W-0h	R/W-0h	R/W-0h	R/W-0h	R/W-0h	R/W-0h	R/W-0h
7	6	5	4	3	2	1	0
GPIO7	GPIO6	GPIO5	GPIO4	GPIO3	GPIO2	GPIO1	GPIO0
R/W-0h	R/W-0h	R/W-0h	R/W-0h	R/W-0h	R/W-0h	R/W-0h	R/W-0h

표 2.1 GPADAT 레지스터

GPADAT		Description
GPIO0	0	GPIO0 Pin의 data=0 (읽기/쓰기 겸용)
	1	GPIO0 Pin의 data=1 (읽기/쓰기 겸용)
GPIO1	0	GPIO1 Pin의 data=0 (읽기/쓰기 겸용)
	1	GPIO1 Pin의 data=1 (읽기/쓰기 겸용)
GPIO2	0	GPIO2 Pin의 data=0 (읽기/쓰기 겸용)
	1	GPIO2 Pin의 data=1 (읽기/쓰기 겸용)
GPIO3	0	GPIO3 Pin의 data=0 (읽기/쓰기 겸용)
	1	GPIO3 Pin의 data=1 (읽기/쓰기 겸용)
GPIO4	0	GPIO4 Pin의 data=0 (읽기/쓰기 겸용)
	1	GPIO4 Pin의 data=1 (읽기/쓰기 겸용)
GPIO5	0	GPIO5 Pin의 data=0 (읽기/쓰기 겸용)
	1	GPIO5 Pin의 data=1 (읽기/쓰기 겸용)
≈		
GPIO26	0	GPIO26 Pin의 data=0 (읽기/쓰기 겸용)
	1	GPIO26 Pin의 data=1 (읽기/쓰기 겸용)
GPIO27	0	GPIO27 Pin의 data=0 (읽기/쓰기 겸용)
	1	GPIO27 Pin의 data=1 (읽기/쓰기 겸용)
GPIO28	0	GPIO28 Pin의 data=0 (읽기/쓰기 겸용)
	1	GPIO28 Pin의 data=1 (읽기/쓰기 겸용)

GPIO29	0	GPIO29 Pin의 data=0 (읽기/쓰기 겸용)
	1	GPIO29 Pin의 data=1 (읽기/쓰기 겸용)
GPIO30	0	GPIO30 Pin의 data=0 (읽기/쓰기 겸용)
	1	GPIO30 Pin의 data=1 (읽기/쓰기 겸용)
GPIO31	0	GPIO31 Pin의 data=0 (읽기/쓰기 겸용)
	1	GPIO31 Pin의 data=1 (읽기/쓰기 겸용)

2) GPySET 레지스터

GPySET 레지스터는 쓰기 모드 전용 레지스터이며, GPyDAT 레지스터와 동일하게 GPySET 레지스터의 내부 각 Bit는 하나의 GPIO Pin을 가리킨다. 쓰기 모드에서 임의의 GPIO Pin을 가리키는 GPySET 레지스터의 Bit를 1로 설정하면 해당 GPIO는 이전 값과 관계없이 Logical High(3.3V)를 출력하고 이 상태를 유지한다. [표 2.2]는 GPASET 레지스터이다.

31	30	29	28	27	26	25	24
GPIO31	GPIO30	GPIO29	GPIO28	GPIO27	GPIO26	GPIO25	GPIO24
R/W-0h	R/W-0h	R/W-0h	R/W-0h	R/W-0h	R/W-0h	R/W-0h	R/W-0h
23	22	21	20	19	18	17	16
GPIO23	GPIO22	GPIO21	GPIO20	GPIO19	GPIO18	GPIO17	GPIO16
R/W-0h	R/W-0h	R/W-0h	R/W-0h	R/W-0h	R/W-0h	R/W-0h	R/W-0h
15	14	13	12	11	10	9	8
GPIO15	GPIO14	GPIO13	GPIO12	GPIO11	GPIO10	GPIO9	GPIO8
R/W-0h	R/W-0h	R/W-0h	R/W-0h	R/W-0h	R/W-0h	R/W-0h	R/W-0h
7	6	5	4	3	2	1	0
GPIO7	GPIO6	GPIO5	GPIO4	GPIO3	GPIO2	GPIO1	GPIO0
R/W-0h	R/W-0h	R/W-0h	R/W-0h	R/W-0h	R/W-0h	R/W-0h	R/W-0h

표 2.2 GPASET 레지스터

GPASAT		Description
GPIO0	0	변화X
	1	GPIO0 Pin data=1 (쓰기 전용)
GPIO1	0	변화X
	1	GPIO1 Pin data=1 (쓰기 전용)
GPIO2	0	변화X
	1	GPIO2 Pin data=1 (쓰기 전용)

GPIO3	0	변화X
	1	GPIO3 Pin data=1 (쓰기 전용)
GPIO4	0	변화X
	1	GPIO4 Pin data=1 (쓰기 전용)
GPIO5	0	변화X
	1	GPIO5 Pin data=1 (쓰기 전용)

≈

GPIO26	0	변화X
	1	GPIO26 Pin data=1 (쓰기 전용)
GPIO27	0	변화X
	1	GPIO27 Pin data=1 (쓰기 전용)
GPIO28	0	변화X
	1	GPIO28 Pin data=1 (쓰기 전용)
GPIO29	0	변화X
	1	GPIO29 Pin data=1 (쓰기 전용)
GPIO30	0	변화X
	1	GPIO30 Pin data=1 (쓰기 전용)
GPIO31	0	변화X
	1	GPIO31 Pin data=1 (쓰기 전용)

3) GPyCLEAR 레지스터

GPyCLEAR 레지스터는 GPySET 레지스터와 반대되는 개념을 가지고 있다. GPyCLEAR 레지스터 역시 쓰기 모드 전용 레지스터이며, GPyCLEAR 레지스터의 내부 각 Bit는 하나의 GPIO Pin을 가리킨다. 임의의 GPIO Pin을 가리키는 GPyCLEAR 레지스터의 Bit를 1로 설정하면 해당 GPIO Pin의 Data는 이전 값과 관계없이 Logical Low(0V)를 출력하고 이 상태를 유지한다. [표 2.3]은 GPACLEAR 레지스터이다.

31	30	29	28	27	26	25	24
GPIO31	GPIO30	GPIO29	GPIO28	GPIO27	GPIO26	GPIO25	GPIO24
R/W-0h	R/W-0h	R/W-0h	R/W-0h	R/W-0h	R/W-0h	R/W-0h	R/W-0h
23	22	21	20	19	18	17	16
GPIO23	GPIO22	GPIO21	GPIO20	GPIO19	GPIO18	GPIO17	GPIO16
R/W-0h	R/W-0h	R/W-0h	R/W-0h	R/W-0h	R/W-0h	R/W-0h	R/W-0h
15	14	13	12	11	10	9	8
GPIO15	GPIO14	GPIO13	GPIO12	GPIO11	GPIO10	GPIO9	GPIO8
R/W-0h	R/W-0h	R/W-0h	R/W-0h	R/W-0h	R/W-0h	R/W-0h	R/W-0h
7	6	5	4	3	2	1	0
GPIO7	GPIO6	GPIO5	GPIO4	GPIO3	GPIO2	GPIO1	GPIO0
R/W-0h	R/W-0h	R/W-0h	R/W-0h	R/W-0h	R/W-0h	R/W-0h	R/W-0h

표 2.3 GPACLEAR 레지스터

GPACLEAR		Description
GPIO0	0	변화X
	1	GPIO0 Pin data=0 (쓰기 전용)
GPIO1	0	변화X
	1	GPIO1 Pin data=0 (쓰기 전용)
GPIO2	0	변화X
	1	GPIO2 Pin data=0 (쓰기 전용)
GPIO3	0	변화X
	1	GPIO3 Pin data=0 (쓰기 전용)
GPIO4	0	변화X
	1	GPIO4 Pin data=0 (쓰기 전용)
GPIO5	0	변화X
	1	GPIO5 Pin data=0 (쓰기 전용)

≈

GPACLEAR		Description
GPIO26	0	변화X
	1	GPIO26 Pin data=0 (쓰기 전용)
GPIO27	0	변화X
	1	GPIO27 Pin data=0 (쓰기 전용)
GPIO28	0	변화X
	1	GPIO28 Pin data=0 (쓰기 전용)
GPIO29	0	변화X
	1	GPIO29 Pin data=0 (쓰기 전용)

GPIO30	0	변화X
	1	GPIO30 Pin data=0 (쓰기 전용)
GPIO31	0	변화X
	1	GPIO31 Pin data=0 (쓰기 전용)

4) GPyTOGGLE 레지스터

GPyTOGGLE 레지스터는 다른 Pin을 방해하지 않고 지정된 GPIO Pin을 반대 레벨로 구동하는데 사용된다. GPyTOGGLE 레지스터 내부의 각 Bit는 하나의 GPIO Pin을 가리킨다. 쓰기 모드 일 때 임의의 GPIO를 가리키는 GPyTOGGLE 레지스터의 Bit를 1로 설정하면 해당 GPIO의 Data는 이전 Data 값을 반전시킨다. 즉, 해당 GPIO가 0의 값을 가지고 있었다면 1의 값을 저장하고, 1의 값을 가지고 있었다면 0의 값을 저장한다. GPySET 레지스터와, GPyCLEAR 레지스터와 더불어 임의의 Bit에 0의 값을 입력하는 것은 아무 효과가 없다. [표 2.4]는 GPATOGGLE 레지스터이다.

31	30	29	28	27	26	25	24
GPIO31	GPIO30	GPIO29	GPIO28	GPIO27	GPIO26	GPIO25	GPIO24
R/W-0h	R/W-0h	R/W-0h	R/W-0h	R/W-0h	R/W-0h	R/W-0h	R/W-0h
23	22	21	20	19	18	17	16
GPIO23	GPIO22	GPIO21	GPIO20	GPIO19	GPIO18	GPIO17	GPIO16
R/W-0h	R/W-0h	R/W-0h	R/W-0h	R/W-0h	R/W-0h	R/W-0h	R/W-0h
15	14	13	12	11	10	9	8
GPIO15	GPIO14	GPIO13	GPIO12	GPIO11	GPIO10	GPIO9	GPIO8
R/W-0h	R/W-0h	R/W-0h	R/W-0h	R/W-0h	R/W-0h	R/W-0h	R/W-0h
7	6	5	4	3	2	1	0
GPIO7	GPIO6	GPIO5	GPIO4	GPIO3	GPIO2	GPIO1	GPIO0
R/W-0h	R/W-0h	R/W-0h	R/W-0h	R/W-0h	R/W-0h	R/W-0h	R/W-0h

표 2.4 GPATOGGLE 레지스터

GPACLEAR		Description
GPIO0	0	변화X
	1	GPIO0 Pin data 반전 (쓰기 전용)
GPIO1	0	변화X
	1	GPIO1 Pin data 반전 (쓰기 전용)
GPIO2	0	변화X
	1	GPIO2 Pin data 반전 (쓰기 전용)
GPIO3	0	변화X
	1	GPIO3 Pin data 반전 (쓰기 전용)

GPIO4	0	변화X
	1	GPIO4 Pin data 반전 (쓰기 전용)
GPIO5	0	변화X
	1	GPIO5 Pin data 반전 (쓰기 전용)

≈

GPIO26	0	변화X
	1	GPIO26 Pin data 반전 (쓰기 전용)
GPIO27	0	변화X
	1	GPIO27 Pin data 반전 (쓰기 전용)
GPIO28	0	변화X
	1	GPIO28 Pin data 반전 (쓰기 전용)
GPIO29	0	변화X
	1	GPIO29 Pin data 반전 (쓰기 전용)
GPIO30	0	변화X
	1	GPIO30 Pin data 반전 (쓰기 전용)
GPIO31	0	변화X
	1	GPIO31 Pin data 반전 (쓰기 전용)

2.5 Input Qualification

실제 하드웨어를 통해 전달되는 신호는 여러 요인들에 의해 노이즈가 포함되어 전달된다. 이러한 이유로 DSP의 GPIO를 입력모드로 사용할 때, 외란 및 노이즈에 의해 잘못된 값을 받는 경우가 발생할 수 있다. [그림 2.3]에서 A가 가리키는 신호가 노이즈에 의해 발생된 신호라면 중간에 잘못된 신호가 DSP에 입력된다.

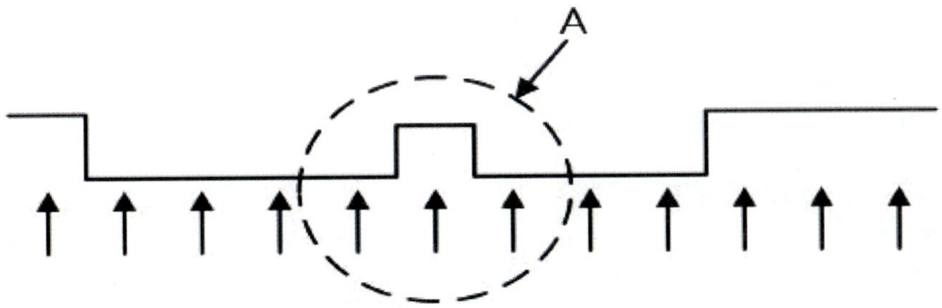

그림 2.3 노이즈에 의해 발생하는 잘못된 신호

노이즈를 줄이기 위해 낮은 대역폭의 LPF (Low-Pass Filter)를 사용한다면 입력 신호가 지연되는 문제가 발생한다. 이때, Input Qualification 회로를 구성하면 위와 같이 노이즈에 의해 잘못된 신호가 전달되는 문제를 해결할 수 있다. Qualification이란 입력된 신호의 유효성을 판단하여 유효한 신호들만 통과시키는 작업을 의미한다. 자세히 설명하자면 유효한 신호들 사이의 최소 펄스 길이를 설정하여 펄스 길이가 최소 값보다 작다면 신호를 무시해버리는 회로이다. 위와 같은 방식을 이용하면 고주파 영역의 노이즈를 제거할 수 있다. [그림 2.4]는 Input Qualification의 구조를 나타낸다.

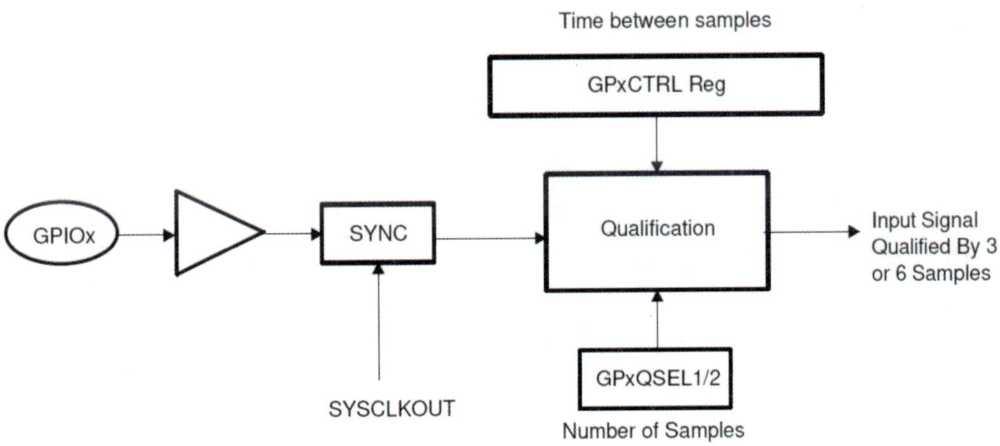

그림 2.4 Input Qualification의 구조

외부로부터 인가되는 신호는 DSP 내부 시스템 클럭(SYSCLKOUT)과 동기가 되어있지 않기 때문에, SYNC 회로를 거쳐 DSP 내부 시스템 클럭과 동기화된다. 동기화된 신호는 Qualification 회로에 전달되어 신호의 Qualification을 검증한다. 이 때, 앞서 설명한 것처럼 동기화된 신호를 일정 주기로 샘플링하게 되는데, 샘플링 주기는 GPxCTRL 레지스터를

통해 1/SYSCLKOUT의 1배부터 510배까지 설정할 수 있다. GPxCTRL 레지스터는 내부에 QUyLPRDn 필드를 가지는데, 각각마다 설정 가능한 GPIO Pin이 구분된다. 이는 [표 2.5]의 GPACTRL 레지스터의 예시로부터 확인할 수 있다.

<table>
<tr><td>31</td><td>30</td><td>29</td><td>28</td><td>27</td><td>26</td><td>25</td><td>24</td><td>23</td><td>22</td><td>21</td><td>20</td><td>19</td><td>18</td><td>17</td><td>16</td><td>15</td><td>14</td><td>13</td><td>12</td><td>11</td><td>10</td><td>9</td><td>8</td><td>7</td><td>6</td><td>5</td><td>4</td><td>3</td><td>2</td><td>1</td><td>0</td></tr>
<tr><td colspan="8">QUALPRD3</td><td colspan="8">QUALPRD2</td><td colspan="8">QUALPRD1</td><td colspan="8">QUALPRD0</td></tr>
<tr><td colspan="8">R/W-0h</td><td colspan="8">R/W-0h</td><td colspan="8">R/W-0h</td><td colspan="8">R/W-0h</td></tr>
</table>

표 2.5 GPACTRL 레지스터

<table>
<tr><th colspan="3">GPACTRL</th><th>Description</th></tr>
<tr><td rowspan="5">QUALPRD0</td><td rowspan="5">GPIO0-GPIO7</td><td>0x00</td><td>QUALPRD0=PLLSYSCLK</td></tr>
<tr><td>0X01</td><td>QUALPRD0=PLLSYSCLK/2</td></tr>
<tr><td>0X02</td><td>QUALPRD0=PLLSYSCLK/4</td></tr>
<tr><td>…</td><td>…</td></tr>
<tr><td>0xFF</td><td>QUALPRD0=PLLSYSCLK/510</td></tr>
<tr><td rowspan="5">QUALPRD1</td><td rowspan="5">GPIO8-GPIO15</td><td>0x00</td><td>QUALPRD1=PLLSYSCLK</td></tr>
<tr><td>0X01</td><td>QUALPRD1=PLLSYSCLK/2</td></tr>
<tr><td>0X02</td><td>QUALPRD1=PLLSYSCLK/4</td></tr>
<tr><td>…</td><td>…</td></tr>
<tr><td>0xFF</td><td>QUALPRD1=PLLSYSCLK/510</td></tr>
<tr><td rowspan="5">QUALPRD2</td><td rowspan="5">GPIO16-GPIO23</td><td>0x00</td><td>QUALPRD2=PLLSYSCLK</td></tr>
<tr><td>0X01</td><td>QUALPRD2=PLLSYSCLK/2</td></tr>
<tr><td>0X02</td><td>QUALPRD2=PLLSYSCLK/4</td></tr>
<tr><td>…</td><td>…</td></tr>
<tr><td>0xFF</td><td>QUALPRD2=PLLSYSCLK/510</td></tr>
<tr><td rowspan="5">QUALPRD3</td><td rowspan="5">GPIO24-GPIO31</td><td>0x00</td><td>QUALPRD3=PLLSYSCLK</td></tr>
<tr><td>0X01</td><td>QUALPRD3=PLLSYSCLK/2</td></tr>
<tr><td>0X02</td><td>QUALPRD3=PLLSYSCLK/4</td></tr>
<tr><td>…</td><td>…</td></tr>
<tr><td>0xFF</td><td>QUALPRD3=PLLSYSCLK/510</td></tr>
</table>

Qualification를 수행하려면 샘플링 주기와 더불어 샘플링 횟수 역시 설정해야 한다. Qualification의 샘플링 횟수는 GPxQSELn 레지스터를 이용하여 설정할 수 있다. GPxQSELn

레지스터 내부의 필드는 해당 GPIO Pin들을 가리키고, 필드 내의 Bit는 샘플링 횟수를 의미한다. 필드 내 Bit가 0,0이면 샘플링하지 않고 입력신호를 SYSCLKOUT에 동기화 한다. 만약 Bit가 0,1이면 3-샘플링마다 Qualification가 실행된다. 마찬가지로 Bit가 1,0이면 6-샘플링마다 Qualification이 실행되고, Bit가 1,1이면 입력신호는 동기화되지 않는다. [표 2.6]은 GPAQSEL1 레지스터이다.

31 30	29 28	27 26	25 24	23 22	21 20	19 18	17 16
GPIO15	GPIO14	GPIO13	GPIO12	GPIO11	GPIO10	GPIO9	GPIO8
R/W-0h	R/W-0h	R/W-0h	R/W-0h	R/W-0h	R/W-0h	R/W-0h	R/W-0h
15 14	**13 12**	**11 10**	**9 8**	**7 6**	**5 4**	**3 2**	**1 0**
GPIO7	GPIO6	GPIO5	GPIO4	GPIO3	GPIO2	GPIO1	GPIO0
R/W-0h	R/W-0h	R/W-0h	R/W-0h	R/W-0h	R/W-0h	R/W-0h	R/W-0h

표 2.6 GPAQSEL1 레지스터

GPAQSEL1		Description
GPIO0	00	GPIO0의 입력신호를 SYSCLKOUT에 동기화
	01	GPIO0의 입력신호를 3-샘플링마다 Qualification가 실행
	10	GPIO0의 입력신호를 6-샘플링마다 Qualification가 실행
	11	GPIO0의 입력신호 동기화 x
GPIO1	00	GPIO1의 입력신호를 SYSCLKOUT에 동기화
	01	GPIO1의 입력신호를 3-샘플링마다 Qualification가 실행
	10	GPIO1의 입력신호를 6-샘플링마다 Qualification가 실행
	11	GPIO1의 입력신호 동기화 x
GPIO2	00	GPIO2의 입력신호를 SYSCLKOUT에 동기화
	01	GPIO2의 입력신호를 3-샘플링마다 Qualification가 실행
	10	GPIO2의 입력신호를 6-샘플링마다 Qualification가 실행
	11	GPIO2의 입력신호 동기화 x

≀

GPIO13	00	GPIO13의 입력신호를 SYSCLKOUT에 동기화
	01	GPIO13의 입력신호를 3-샘플링마다 Qualification가 실행
	10	GPIO13의 입력신호를 6-샘플링마다 Qualification가 실행
	11	GPIO13의 입력신호 동기화 x

GPIO14	00	GPIO14의 입력신호를 SYSCLKOUT에 동기화
	01	GPIO14의 입력신호를 3-샘플링마다 Qualification가 실행
	10	GPIO14의 입력신호를 6-샘플링마다 Qualification가 실행
	11	GPIO14의 입력신호 동기화 x
GPIO15	00	GPIO15의 입력신호를 SYSCLKOUT에 동기화
	01	GPIO15의 입력신호를 3-샘플링마다 Qualification가 실행
	10	GPIO15의 입력신호를 6-샘플링마다 Qualification가 실행
	11	GPIO15의 입력신호 동기화 x

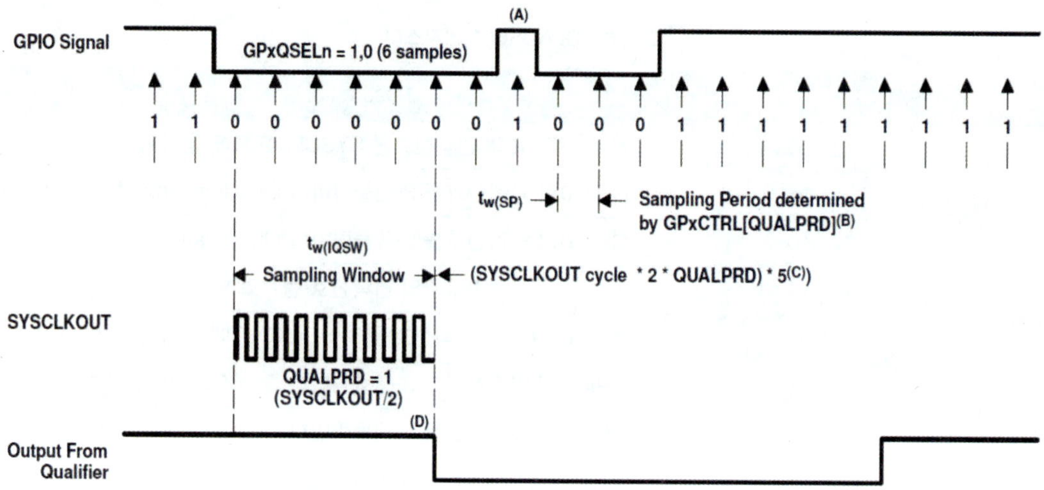

그림 2.5 Qualification 예시 (6-샘플링)

[그림 2.5]는 Qualification의 예시로 샘플링 주기가 1/SYSCLKOUT의 2배이고, 6-샘플링마다 Qualification이 실행되는 상황이다. 앞서 설명한 대로 노이즈 (A)는 펄스 길이가 6-샘플링 보다 짧기 때문에 출력에는 나타나지 않는다.

2.6 GPIO and Peripheral Muxing

GPIO Pin들은 Input/Output 기능 이외에도 최대 12가지의 추가적인 Peripheral 기능을 사용할 수 있다. 사용자는 MUX를 이용하여 GPIO의 Pin을 어떤 기능으로 사용하도록 설정할 수 있다. GPIO MUXing을 위해 GPyMUXn 레지스터와 GPyGMUXn 레지스터를 이용한다. [표 2.7]은 MUXed된 GPIO Pin들의 일부를 나열한 것이고, [표 2.8]은 GPAMUX1 레지스터와 GPAGMUX1 레지스터를 나타낸다. [표 2.8]을 보면 알 수 있듯이 GPyMUXn 레지스터와 GPyGMUXn 레지스터는 각각 y와 n이 동일하다면 두 레지스터 구성은 동일하다. 또한 각각의 레지스터 내부에서 GPIO Pin을 가리키는 Bit는 2개 이므로 각 GPIO Pin 하나당 총 16개의 상태([GPyMUXn=2^2]×[GPyGMUXn=2^2])를 가질 수 있다.

표 2.7 GPIO MUXed Pins

0, 4, 8, 12	1	2	3	5	6	7	9	10	11	13	14	15	ALT
GPIO0	EPWM1A				I2CA_SDA		CM-I2CA_SDA	ESC_GPI0		FSITXA_D0			
GPIO1	EPWM1B		MFSRB		I2CA_SCL		CM-I2CA_SCL	ESC_GPI1		FSITXA_D1			
GPIO2	EPWM2A			OUTPUTXBAR1	I2CB_SDA			ESC_GPI2		FSITXA_CLK			
GPIO3	EPWM2B	OUTPUTXBAR2	MCLKRB	OUTPUTXBAR2	I2CB_SCL			ESC_GPI3		FSIRXA_D0			
GPIO4	EPWM3A			OUTPUTXBAR3	CANA_TX		MCAN_TX	ESC_GPI4		FSIRXA_D1			
GPIO5	EPWM3B	MFSRA	OUTPUTXBAR3		CANA_RX		MCAN_RX	ESC_GPI5		FSIRXA_CLK			
GPIO6	EPWM4A	OUTPUTXBAR4	EXTSYNCOUT	EQEP3_A	CANB_TX			ESC_GPI6		FSITXB_D0			
GPIO7	EPWM4B	MCLKRA	OUTPUTXBAR5	EQEP3_B	CANB_RX			ESC_GPI7		FSITXB_D1			
GPIO8	EPWM5A	CANB_TX	ADCSOCAO	EQEP3_STROBE	SCIA_TX		MCAN_TX	ESC_GPO0		FSITXB_CLK	FSITXA_D1	FSIRXA_D0	
GPIO9	EPWM5B	SCIB_TX	OUTPUTXBAR6	EQEP3_INDEX	SCIA_RX			ESC_GPO1		FSIRXB_D0	FSITXA_D0	FSIRXA_CLK	
GPIO10	EPWM6A	CANB_RX	ADCSOCBO	EQEP1_A	SCIB_TX		MCAN_RX	ESC_GPO2		FSIRXB_D1	FSITXA_CLK	FSIRXA_D1	
GPIO11	EPWM6B	SCIB_RX	OUTPUTXBAR7	EQEP1_B	SCIB_RX			ESC_GPO3		FSIRXB_CLK	FSIRXA_D1		
GPIO12	EPWM7A	CANB_TX	MDXB	EQEP1_STROBE	SCIC_TX			ESC_GPO4		FSIRXC_D0	FSIRXA_D0		
GPIO13	EPWM7B	CANB_RX	MDRB	EQEP1_INDEX	SCIC_RX			ESC_GPO5		FSIRXC_D1	FSIRXA_CLK		
GPIO14	EPWM8A	SCIB_TX	MCLKXB		OUTPUTXBAR3			ESC_GPO6		FSIRXC_CLK			
GPIO15	EPWM8B	SCIB_RX	MFSXB		OUTPUTXBAR4			ESC_GPO7		FSIRXD_D0			
GPIO16	SPIA_SIMO	CANB_TX	OUTPUTXBAR7	EPWM9A		SD1_D1			SSIA_TX	FSIRXD_D1			
GPIO17	SPIA_SOMI	CANB_RX	OUTPUTXBAR8	EPWM9B		SD1_C1			SSIA_RX	FSIRXD_CLK			
GPIO18	SPIA_CLK	SCIB_TX	CANA_RX	EPWM10A		SD1_D2	MCAN_RX	EMIF1_CS2n	SSIA_CLK	FSIRXE_D0			
GPIO19	SPIA_STEn	SCIB_RX	CANA_TX	EPWM10B		SD1_C2	MCAN_TX	EMIF1_CS3n	SSIA_FSS	FSIRXE_D1			
GPIO20	EQEP1_A	MDXA	CANB_TX	EPWM11A		SD1_D3		EMIF1_BA0	TRACE_DATA0	FSIRXE_CLK	SPIC_SIMO		
GPIO21	EQEP1_B	MDRA	CANB_RX	EPWM11B		SD1_C3		EMIF1_BA1	TRACE_DATA1	FSIRXF_D0	SPIC_SOMI		
GPIO22	EQEP1_STROBE	MCLKXA	SCIB_TX	EPWM12A	SPIB_CLK	SD1_D4	MCAN_TX	EMIF1_RAS	TRACE_DATA2	FSIRXF_D1	SPIC_CLK		
GPIO23	EQEP1_INDEX	MFSXA	SCIB_RX	EPWM12B	SPIB_STEn	SD1_C4	MCAN_RX	EMIF1_CAS	TRACE_DATA3	FSIRXF_CLK	SPIC_STEn		
GPIO24	OUTPUTXBAR1	EQEP2_A	MDXB		SPIB_SIMO	SD2_D1	PMBUSA_SCL	EMIF1_DQM0	TRACE_CLK	EPWM13A		FSIRXG_D0	
GPIO25	OUTPUTXBAR2	EQEP2_B	MDRB		SPIB_SOMI	SD2_C1	PMBUSA_SDA	EMIF1_DQM1	TRACE_SWO	EPWM13B	FSITXA_D1	FSIRXG_D1	
GPIO26	OUTPUTXBAR3	EQEP2_INDEX	MCLKXB	OUTPUTXBAR3	SPIB_CLK	SD2_D2	PMBUSA_ALERT	EMIF1_DQM2	ESC_MDIO_CLK	EPWM14A	FSITXA_D0	FSIRXG_CLK	
GPIO27	OUTPUTXBAR4	EQEP2_STROBE	MFSXB	OUTPUTXBAR4	SPIB_STEn	SD2_C2	PMBUSA_CTL	EMIF1_DQM3	ESC_MDIO_DATA	EPWM14B	FSITXA_CLK	FSIRXH_D0	
GPIO28	SCIA_RX	EMIF1_CS4n		OUTPUTXBAR5	EQEP3_A	SD2_D3	EMIF1_CS2n			EPWM15A		FSIRXH_D1	
GPIO29	SCIA_TX	EMIF1_SDCKE		OUTPUTXBAR6	EQEP3_B	SD2_C3	EMIF1_CS3n	ESC_LATCH0	ESC_I2C_SDA	EPWM15B	ESC_SYNC0	FSIRXH_CLK	
GPIO30	CANA_RX	EMIF1_CLK	MCAN_RX	OUTPUTXBAR7	EQEP3_STROBE	SD2_D4	EMIF1_CS4n	ESC_LATCH1	ESC_I2C_SCL	EPWM16A	ESC_SYNC1	SPID_SIMO	

표 2.8 GPAMUX1 레지스터와 GPAGMUX1 레지스터

31 30	29 28	27 26	25 24	23 22	21 20	19 18	17 16
GPIO15	GPIO14	GPIO13	GPIO12	GPIO11	GPIO10	GPIO9	GPIO8
R/W-0h	R/W-0h	R/W-0h	R/W-0h	R/W-0h	R/W-0h	R/W-0h	R/W-0h
15 14	**13 12**	**11 10**	**9 8**	**7 6**	**5 4**	**3 2**	**1 0**
GPIO7	GPIO6	GPIO5	GPIO4	GPIO3	GPIO2	GPIO1	GPIO0
R/W-0h	R/W-0h	R/W-0h	R/W-0h	R/W-0h	R/W-0h	R/W-0h	R/W-0h

[표 2.9]는 GPIO MUXing의 예시로 GPIO6 Pin의 여러가지 기능들을 나열한 것이다. [표 2.9]를 통하여 GPyMUXn의 Bit가 0,0인 경우에 해당 GPIO는 항상 I/O기능을 하는 것을 알 수 있다. 따라서 I/O기능을 나타내는 경우는 총 4가지이기 때문에 I/O기능을 제외하고 최대 12가지의 Peripheral 기능을 사용할 수 있다. [표 2.10]은 동일한 Peripheral 기능을 갖는 GPIO Pin을 나타낸 것으로 GPIO 0과 GPIO 145은 모두 ePWM1A 기능을 수행할 수 있다. 이렇듯 Peripheral 기능이 여러 Pin에 할당된 경우에 동일 기능을 서로 다른 Pin에 중복하여 설정할 경우 오류가 발생할 수 있기 때문에 하나의 Pin만 선택하여 사용해야 한다.

표 2.9 GPIO6 Pin의 Peripheral MUXing

GPAGMUX1[13:12]	GPAMUX1[13:12]	Description
00	00	GPIO6을 GPIO6 기능으로 설정
00	01	GPIO6을 EPWM4_A 기능으로 설정
00	10	GPIO6을 OUTPUTXBAR4 기능으로 설정
00	11	GPIO6을 SYNCOUT 기능으로 설정
01	00	GPIO6을 GPIO6 기능으로 설정
01	01	GPIO6을 EQEP3_A 기능으로 설정
01	10	GPIO6을 CANB_TX 기능으로 설정
01	11	기능없음
10	00	GPIO6을 GPIO6 기능으로 설정
10	01	기능없음
10	10	GPIO6을 ESC_GPI6 기능으로 설정
10	11	기능없음
11	00	GPIO6을 GPIO6 기능으로 설정
11	01	GPIO6을 FSITXB_D0 기능으로 설정
11	10	기능없음
11	11	기능없음

표 2.10 동일한 Peripheral 기능을 갖는 GPIO Pins

0, 4, 8, 12	1	2	3	5	6
GPIO0	EPWM1A				I2CA_SDA
GPIO1	EPWM1B		MFSRB		I2CA_SCL
GPIO2	EPWM2A			OUTPUTXBAR1	I2CB_SDA
GPIO3	EPWM2B	OUTPUTXBAR2	MCLKRB	OUTPUTXBAR2	I2CB_SCL
GPIO4	EPWM3A			OUTPUTXBAR3	CANA_TX
GPIO5	EPWM3B	MFSRA	OUTPUTXBAR3		CANA_RX
GPIO6	EPWM4A	OUTPUTXBAR4	EXTSYNCOUT	EQEP3_A	CANB_TX
GPIO7	EPWM4B	MCLKRA	OUTPUTXBAR5	EQEP3_B	CANB_RX
GPIO8	EPWM5A	CANB_TX	ADCSOCAO	EQEP3_STROBE	SCIA_TX
GPIO9	EPWM5B	SCIB_TX	OUTPUTXBAR6	EQEP3_INDEX	SCIA_RX
GPIO10	EPWM6A	CANB_RX	ADCSOCBO	EQEP1_A	SCIB_TX
≀					
GPIO143	EPWM16A				
GPIO144	EPWM16B				
GPIO145	EPWM1A				
GPIO146	EPWM1B				
GPIO147	EPWM2A				
GPIO148	EPWM2B				
GPIO149	EPWM3A				
GPIO150	EPWM3B				

2.7 Internal Pull-up Configuration

내부 Pull-up 레지스터(GPyPUD)를 이용하여 GPIO 내부 Pull-up 저항의 사용 여부를 결정한다. Internal Pull-up 기능을 이용하면 사용자가 임의로 GPIO의 초기 상태를 설정할 수 있다. GPyPUD 레지스터의 각 필드는 GPIO Pin들을 가리키고 필드 내의 Bit는 Pull-up 기능의 적용 유무를 나타낸다. 만약 Bit가 0이면 Pull-up 기능을 사용하고, Bit가 1이면 Pull-up기능을 사용하지 않는다. [표 2.11]은 GPAPUD 레지스터이다.

31	30	29	28	27	26	25	24
GPIO31	GPIO30	GPIO29	GPIO28	GPIO27	GPIO26	GPIO25	GPIO24
R/W-1h	R/W-1h	R/W-1h	R/W-1h	R/W-1h	R/W-1h	R/W-1h	R/W-1h
23	22	21	20	19	18	17	16
GPIO23	GPIO22	GPIO21	GPIO20	GPIO19	GPIO18	GPIO17	GPIO16
R/W-1h	R/W-1h	R/W-1h	R/W-1h	R/W-1h	R/W-1h	R/W-1h	R/W-1h
15	14	13	12	11	10	9	8
GPIO15	GPIO14	GPIO13	GPIO12	GPIO11	GPIO10	GPIO9	GPIO8
R/W-1h	R/W-1h	R/W-1h	R/W-1h	R/W-1h	R/W-1h	R/W-1h	R/W-1h
7	6	5	4	3	2	1	0
GPIO7	GPIO6	GPIO5	GPIO4	GPIO3	GPIO2	GPIO1	GPIO0
R/W-1h	R/W-1h	R/W-1h	R/W-1h	R/W-1h	R/W-1h	R/W-1h	R/W-1h

표 2.11 GPAPUD 레지스터

GPACLEAR		Description
GPIO0	0	GPIO0 Pull-up 활성화
	1	GPIO0 Pull-up 비활성화
GPIO1	0	GPIO1 Pull-up 활성화
	1	GPIO1 Pull-up 비활성화
GPIO2	0	GPIO2 Pull-up 활성화
	1	GPIO2 Pull-up 비활성화
GPIO3	0	GPIO3 Pull-up 활성화
	1	GPIO3 Pull-up 비활성화
GPIO4	0	GPIO4 Pull-up 활성화
	1	GPIO4 Pull-up 비활성화
GPIO5	0	GPIO5 Pull-up 활성화
	1	GPIO5 Pull-up 비활성화

≈

GPIO26	0	GPIO26 Pull-up 활성화
	1	GPIO26 Pull-up 비활성화
GPIO27	0	GPIO27 Pull-up 활성화
	1	GPIO27 Pull-up 비활성화
GPIO28	0	GPIO28 Pull-up 활성화
	1	GPIO28 Pull-up 비활성화
GPIO29	0	GPIO29 Pull-up 활성화
	1	GPIO29 Pull-up 비활성화

GPIO30	0	GPIO30 Pull-up 활성화
	1	GPIO30 Pull-up 비활성화
GPIO31	0	GPIO31 Pull-up 활성화
	1	GPIO31 Pull-up 비활성화

2.8 GPIO 예제

1) 초기설정

TMS320F28388의 GPIO 모듈을 이용하여 SMC250보드의 LED를 점등하는 실험을 진행한다. 실험 진행에 앞서 초기 설정 과정은 아래와 같다. [그림 2.6]은 SMC250보드에 내장된 범용 LED와 범용 스위치이다.

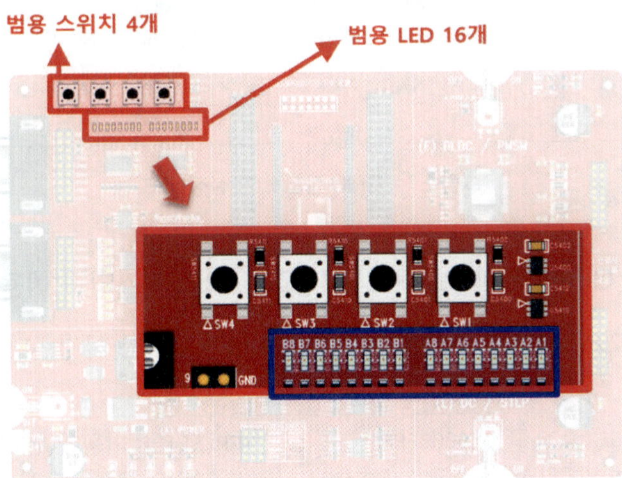

그림 2.6 SMC250 보드에 내장된 범용 LED

(1) 실험에 사용할 GPIO Pin들 각각의 기능을 I/O로 설정

SMC250보드의 LED와 연결된 GPIO Pin은 GPIO64~GPIO71이다. 따라서 GPCMUX1 레지스터의 Bit를 모두 0으로 설정하여 MUX와 연결된 GPIO를 모두 I/O기능으로 설정한다.

(2) Internal Pull-up 설정

GPCPUD 레지스터의 Bit를 모두 0으로 설정하여 해당 GPIO Pin의 Data를 Pull-up 시킨다.

(3) GPIO Pin의 방향 설정

실험에 사용할 GPIO64 ~ GPIO71은 LED 출력을 위해 사용할 Pin들이기 때문에 Pin의 방향을 출력(Output)으로 설정해야 한다. 따라서 GPCDIR 레지스터에서 사용할 GPIO들에 해당하는 Bit를 1로 설정한다.

```
void InitLedGpio(void)
{
    InitGpio();     // GPIO 초기화

    EALLOW;                                   // EALLOW를 통한 레지스터 보호 해제
    GpioCtrlRegs.GPCPUD.all = 0X00000000;     // GPIO64 ~ GPIO79 전체 PULLUP 설정
    GpioDataRegs.GPCCLEAR.all = 0X0000FFFF;   // 출력값을 LOW로 초기화
    GpioCtrlRegs.GPCMUX1.all = 0X00000000;    // GPIO64 ~ GPIO79 기능을 I/O로 설정
    GpioCtrlRegs.GPCDIR.all = 0X0000FFFF;     // GPIO64 ~ GPIO79 output 설정
    EDIS;                                     // 레지스터 재보호
}
```

그림 2.7 GPIO 실험 초기 설정 코드

2) GPIO 실험 -1 : GPySET 레지스터 및 GPyCLEAR 레지스터를 이용한 LED 점등

GPIO64 ~ GPIO79의 LED를 일정시간 간격으로 점등되도록 설정한다.

```
GpioDataRegs.GPCSET.all = 0X0000FFFF;       //GPxSET을 이용하여 LED high 출력
for(Tmp = 0 ; Tmp < DELAY_COUNT ; Tmp++);   //DELAY_COUNT만큼 시스템 공회전
GpioDataRegs.GPCCLEAR.all = 0X0000FFFF;     //GPxCLEAR를 이용하여 LED low 출력
for(Tmp = 0 ; Tmp < DELAY_COUNT ; Tmp++);   //DELAY_COUNT만큼 시스템 공회전
```

그림 2.8 GPIO 실험1 동작 코드

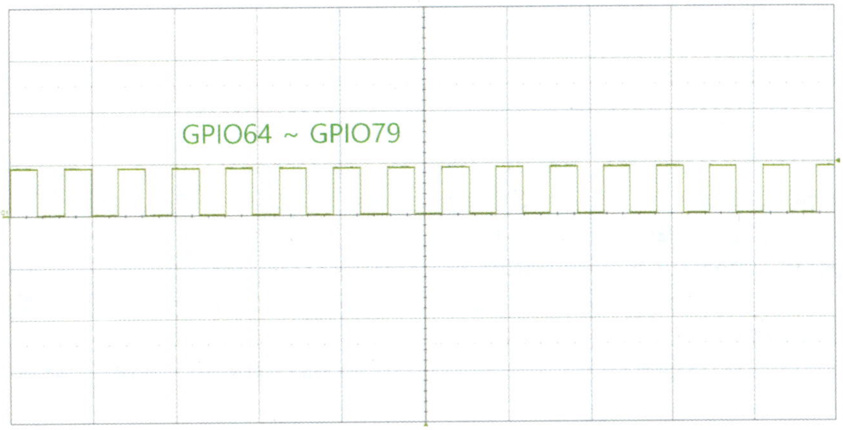

그림 2.9 GPIO 실험 출력 파형

3) GPIO 실험 -2 : GPyDAT 레지스터를 이용한 LED 점등

GPIO64 ~ GPIO79의 LED가 모두 켜지고 일정시간 지연 후에 GPIO64 ~ GPIO71의 LED가 먼저 꺼지고 다시 일정시간 지연 후에 GPIO72 ~ GPIO79의 LED가 꺼지도록 설정한다.

```
GpioDataRegs.GPCDAT.all = 0x0000FFFF;       //GPxDAT을 이용하여 LED 전원 high 출력
for(Tmp = 0 ; Tmp < DELAY_COUNT ; Tmp++); //DELAY_COUNT만큼 시스템 공회전
GpioDataRegs.GPCDAT.all = 0x0000FF00;       //GPxDAT을 이용하여 LED 1~8 low 출력
for(Tmp = 0 ; Tmp < DELAY_COUNT ; Tmp++); //DELAY_COUNT만큼 시스템 공회전
GpioDataRegs.GPCDAT.all = 0x00000000;       //GPxDAT을 이용하여 LED 9~16 low 출력
for(Tmp = 0 ; Tmp < DELAY_COUNT ; Tmp++); //DELAY_COUNT만큼 시스템 공회전
```

그림 2.10 GPIO 실험2 동작 코드

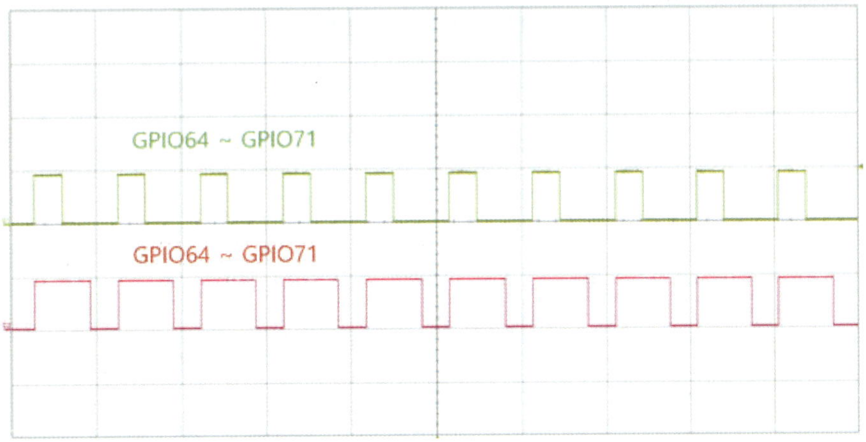

그림 2.11 GPIO 실험2 출력 파형

4) GPIO 실험 -3 : GPyTOGGLE 레지스터를 이용한 LED 점등

GPIO64 ~ GPIO71의 LED 상태를 반전, 일정시간 지연 후에 GPIO72 ~ GPIO79의 LED 상태를 반전시킨 후 다시 일정시간 지연 후에 GPIO64 ~ GPIO79의 LED 상태를 반전시킨다.

```
GpioDataRegs.GPCTOGGLE.all = 0x000000FF; //GPxTOGGLE을 이용하여 LED 1~8 상태 반전
for(Tmp = 0 ; Tmp < DELAY_COUNT ; Tmp++); //DELAY_COUNT만큼 시스템 공회전
GpioDataRegs.GPCTOGGLE.all = 0x0000FF00;//GPxTOGGLE을 이용하여 LED 9~16 상태 반전
for(Tmp = 0 ; Tmp < DELAY_COUNT ; Tmp++);   //DELAY_COUNT만큼 시스템 공회전
GpioDataRegs.GPCTOGGLE.all = 0x0000FFFF; //GPxTOGGLE을 이용하여 LED전원 상태 반전
for(Tmp = 0 ; Tmp < DELAY_COUNT ; Tmp++);   //DELAY_COUNT만큼 시스템 공회전
```

그림 2.12 GPIO 실험3 동작 코드

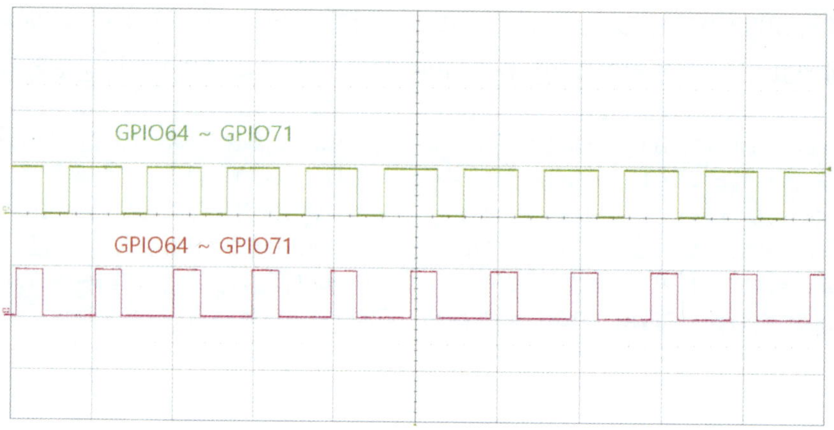

그림 2.13 GPIO 실험3 출력 파형

CHAPTER

03 Crossbar (X-BAR)

3 Crossbar (X-BAR)

3.1 X-BAR 개요

X-BAR는 TMS320F28388에 인가되는 입력과 출력을 내부 신호와 연결하는 역할을 한다. 해당 기능에는 총 6개의 X-BAR가 존재하며, 해당 X-BAR는 다음과 같다.

- 입력 X-BAR
- CLB 입력 X-BAR
- 출력 X-BAR
- CLB 출력 X-BAR
- CLB X-BAR
- ePWM X-BAR

해당 기능을 사용하면 외부 소자에서 인가하는 GPIO로의 입력이나 TMS320F28388에서 출력하는 GPIO신호를 Interrupt와 연결하거나, ADC, ePWM 등의 동기화 신호의 입/출력, 혹은 eCAP의 입/출력으로 사용할 수 있다.

3.2 전력전자에서 X-BAR 기능 활용

일반적으로 전력전자에서는 입력 X-BAR를 외부 소자에서 인가하는 과전류, 과전압, 혹은 과속도 감지로 인한 Fault 신호를 Interrupt와 연결해 시스템을 정지시키거나, 외부에서 동기화 신호를 받아들이는 방식으로 사용하며, 반대로 외부로 동기화 신호를 출력하거나 eCAP 등의 특정한 기능을 사용하기 위해 출력 X-BAR를 사용한다. 해당 절에서는 주로 사용되는 입력/출력 X-BAR에 대하여 중점적으로 설명한다.

3.3 입력 X-BAR

입력 X-BAR는 GPIO의 신호를 ADC, eCAP, EPWM 및 외부 Interrupt(XINT)와 같은 다른 기능과 연결하는데 사용된다. 입력 X-BAR는 모든 GPIO를 통해 사용될 수 있으며, GPIO Multiplexing에 영향을 받지 않기 때문에, 입력 X-BAR와 선택한 GPIO의 기능을 동시에 적용할 수 있다. 예를 들어, ePWM으로 적용한 GPIO를 입력 X-BAR를 통해 eCAP과 연결하여 ePWM의 주파수 확인이 가능하다.

입력 X-BAR는 INPUTxSELECT 레지스터를 통하여 구성되며, 그 구조는 [그림 3.1]과 같다. 해당 X-BAR와 연결가능한 대상은 [표 3.1]과 같다.

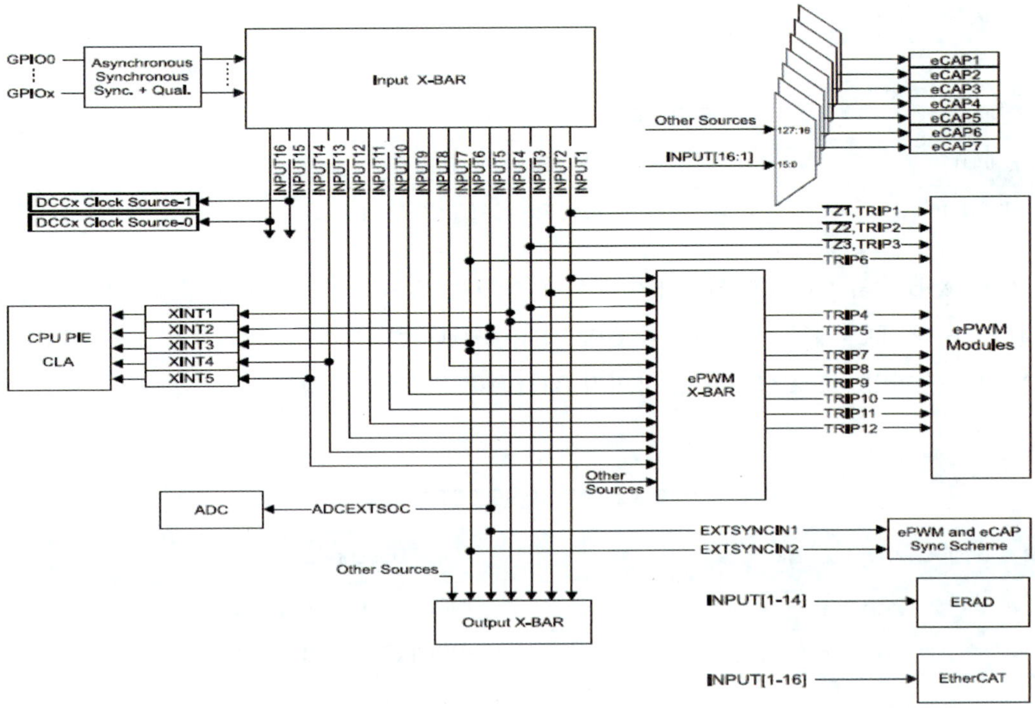

그림 3.1 Input X-BAR 구조

표 3.1 Input X-BAR 기능

Input	Functions using X-BAR
INPUT1	eCAPx, ePWM X-BAR, ePWM[TZ1,TRIP1], Output X-BAR, CLB X-BAR, EtherCAT, ERAD
INPUT2	eCAPx, ePWM X-BAR, ePWM[TZ2,TRIP2], Output X-BAR, CLB X-BAR, EtherCAT, ERAD
INPUT3	eCAPx, ePWM X-BAR, ePWM[TZ3,TRIP3], Output X-BAR, CLB X-BAR, EtherCAT, ERAD
INPUT4	eCAPx, ePWM X-BAR, XINT1, Output X-BAR, CLB X-BAR, EtherCAT, ERAD
INPUT5	eCAPx, ePWM X-BAR, XINT2, ADCEXTSOC, EXTSYNCIN1, ePWM SYNC, eCAP SYNC, Output X-BAR, CLB X-BAR,EtherCAT, ERAD
INPUT6	eCAPx, ePWM X-BAR, XINT3, ePWM[TRIP6], EXTSYNCIN2, Output X-BAR, ePWM SYNC, eCAP SYNC, Output X-BAR, CLB X-BAR, EtherCAT, ERAD
INPUT7	eCAPx, ePWM X-BAR, CLB X-BAR,EtherCAT, ERAD, eCAP1 Capture Input
INPUT8	eCAPx, ePWM X-BAR, CLB X-BAR,EtherCAT, ERAD, eCAP2 Capture Input
INPUT9	eCAPx, ePWM X-BAR, CLB X-BAR,EtherCAT, ERAD, eCAP3 Capture Input
INPUT10	eCAPx, ePWM X-BAR, CLB X-BAR,EtherCAT, ERAD, eCAP4 Capture Input
INPUT11	eCAPx, ePWM X-BAR, CLB X-BAR,EtherCAT, ERAD, eCAP5 Capture Input

INPUT12	eCAPx, ePWM X-BAR, CLB X-BAR,EtherCAT, ERAD, eCAP6 Capture Input
INPUT13	eCAPx, ePWM X-BAR, XINT4, CLB X-BAR, EtherCAT, ERAD
INPUT14	eCAPx, ePWM X-BAR, XINT5, CLB X-BAR, EtherCAT, ERAD
INPUT15	eCAPx, EtherCAT, DCC Clock Source-1
INPUT16	eCAPx, EtherCAT, DCC Clock Source-0

입력 X-BAR와 GPIO를 연결하기 위해 사용하는 INPUTxSELECT의 구조는 [표 3.2]와 같다. 이 때, DSP에서 사용 가능한 GPIO Pin 수보다 큰 Bit를 인가한 경우 0xFFFF Bit는 INPUTx를 항상 0으로 설정하며, 나머지 Bit들은 INPUTx를 항상 1로 설정한다.

표 3.2 INPUTxSELECT의 구조

INPUTxSELECT Bit	Description
0x0	INPUTx를 GPIO0과 연결
0x1	INPUTx를 GPIO1과 연결
0x2	INPUTx를 GPIO2과 연결
≈	
0xFFFD	INPUTx를 1로 설정
0xFFFE	INPUTx를 1로 설정
0xFFFF	INPUTx를 0로 설정

3.4 출력 X-BAR

출력 X-BAR는 TMS320F28388 내부 신호를 GPIO와 연결하여 출력한다. 출력 X-BAR는 총 8개의 출력을 내보낼 수 있으며, 각 출력은 GPIO Multiplexing을 통해 OUTPUTXBARx으로 설정하는 것으로 이루어진다. 하나의 출력 X-BAR는 최대 32개 신호를 논리적 OR을 통해 출력할 수 있다. 이 때, 신호의 선택은 OUTPUTxMUX0TO15CFG 및 OUTPUTxMUX16TO31CFG 레지스터를 통해 할 수 있다. 해당 신호들을 GPIO로 전달하기 위해서는 OUTPUTxMUXENABLE를 활성화 해야하며, OUTPUTINV 레지스터를 통해 신호 출력을 선택적으로 반전시킬 수 있다. [그림 3.2]는 출력 X-BAR의 구조이며, [표 3.3]은 출력 X-BAR에서 가능한 신호 Multiplexing을 나타낸 표이다.

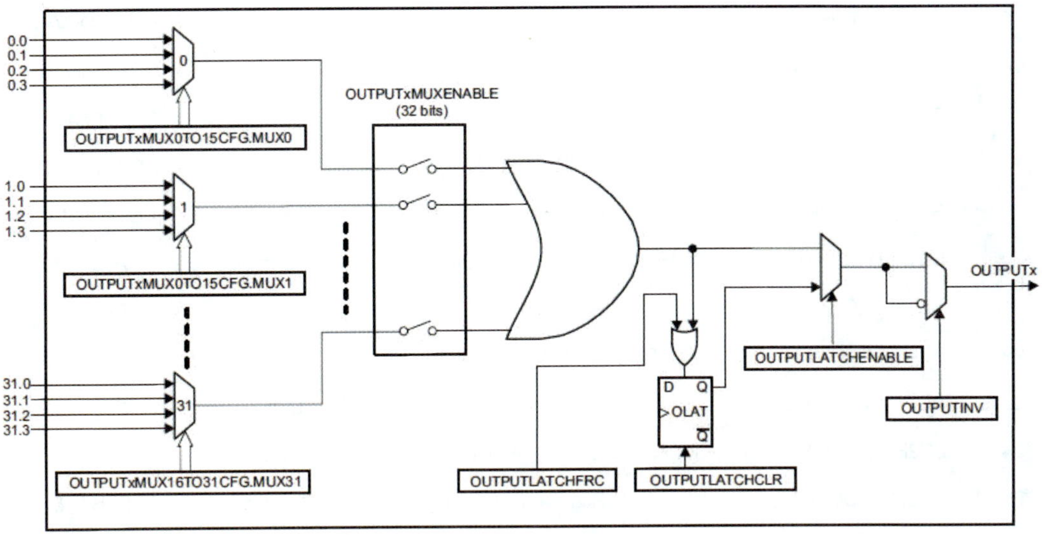

그림 3.2 Output X-BAR의 구조

표 3.3 Output X-BAR 기능 및 Multiplexing

X-BAR	MUX=0	MUX=1	MUX=2	MUX=3
0	CMPSS1.CTRIPOUTH	CMPSS1.CTRIPOUTH_OR_CTRIPOUTL	ADCAEVT1	ECAP1.OUT
1	CMPSS1.CTRIPOUTL	INPUTXBAR1	CLB1_4.1	ADCCEVT1
2	CMPSS2.CTRIPOUTH	CMPSS2.CTRIPOUTH_OR_CTRIPOUTL	ADCAEVT2	ECAP2.OUT
3	CMPSS2.CTRIPOUTL	INPUTXBAR2	CLB1_5.1	ADCCEVT2
4	CMPSS3.CTRIPOUTH	CMPSS3.CTRIPOUTH_OR_CTRIPOUTL	ADCAEVT3	ECAP3.OUT
5	CMPSS3.CTRIPOUTL	INPUTXBAR3	CLB2_4.1	ADCCEVT3
6	CMPSS4.CTRIPOUTH	CMPSS4.CTRIPOUTH_OR_CTRIPOUTL	ADCAEVT4	ECAP4.OUT
7	CMPSS4.CTRIPOUTL	INPUTXBAR4	CLB2_5.1	ADCCEVT4
8	CMPSS5.CTRIPOUTH	CMPSS5.CTRIPOUTH_OR_CTRIPOUTL	ADCBEVT1	ECAP5.OUT
9	CMPSS5.CTRIPOUTL	INPUTXBAR5	CLB3_4.1	ADCDEVT1
10	CMPSS6.CTRIPOUTH	CMPSS6.CTRIPOUTH_OR_CTRIPOUTL	ADCBEVT2	ECAP6.OUT
11	CMPSS6.CTRIPOUTL	INPUTXBAR6	CLB3_5.1	ADCDEVT2
12	CMPSS7.CTRIPOUTH	CMPSS7.CTRIPOUTH_OR_CTRIPOUTL	ADCBEVT3	ECAP7.OUT
13	CMPSS7.CTRIPOUTL	ADCSOCA	CLB4_4.1	ADCDEVT3
14	CMPSS8.CTRIPOUTH	CMPSS8.CTRIPOUTH_OR_CTRIPOUTL	ADCBEVT4	EXTSYNCOUT

15	CMPSS8.CTRIPOUTL	ADCSOCB	CLB4_5.1	ADCDEVT4
16	SD1FLT1.COMPH	SD1FLT1.COMPH_OR_COMPL	Reserved	Reserved
17	SD1FLT1.COMPL	Reserved	CLB5_4.1	CPU1.CLA1HALT
18	SD1FLT2.COMPH	SD1FLT2.COMPH_OR_COMPL	Reserved	ECATSYNC0
19	SD1FLT2.COMPL	Reserved	CLB5_5.1	ECATSYNC1
20	SD1FLT3.COMPH	SD1FLT3.COMPH_OR_COMPL	Reserved	Reserved
21	SD1FLT3.COMPL	Reserved	CLB6_4.1	Reserved
22	SD1FLT4.COMPH	SD1FLT4.COMPH_OR_COMPL	Reserved	Reserved
23	SD1FLT4.COMPL	Reserved	CLB6_5.1	Reserved
24	SD2FLT1.COMPH	SD2FLT1.COMPH_OR_COMPL	Reserved	Reserved
25	SD2FLT1.COMPL	Reserved	Reserved	CLB7_4.1
26	SD2FLT2.COMPH	SD2FLT2.COMPH_OR_COMPL	Reserved	Reserved
27	SD2FLT2.COMPL	Reserved	ERRORSTS.ERROR	CLB7_5.1
28	SD2FLT3.COMPH	SD2FLT3.COMPH_OR_COMPL	XCLKOUT	Reserved
29	SD2FLT3.COMPL	Reserved	Reserved	CLB8_4.1
30	SD2FLT4.COMPH	SD2FLT4.COMPH_OR_COMPL	Reserved	Reserved
31	SD2FLT4.COMPL	Reserved	Reserved	CLB8_5.1

출력 X-BAR를 사용하기 위한 OUTPUTxMUX0TO15CFG, OUTPUTxMUX16TO31CFG, OUTPUTxMUXENABLE 및 OUTPUTINV 레지스터는 [표 3.4]~[표 3.7]과 같다.

표 3.4 OUTPUTxMUX0TO15CFG 레지스터

OUTPUTxMUX0TO15CFG	Description
MUX0	OUTPUTx의 MUX0에 대한 기능 설정
MUX1	OUTPUTx의 MUX1에 대한 기능 설정
MUX2	OUTPUTx의 MUX2에 대한 기능 설정
MUX3	OUTPUTx의 MUX3에 대한 기능 설정
MUX4	OUTPUTx의 MUX4에 대한 기능 설정
MUX5	OUTPUTx의 MUX5에 대한 기능 설정
MUX6	OUTPUTx의 MUX6에 대한 기능 설정

MUX7	OUTPUTx의 MUX7에 대한 기능 설정
MUX8	OUTPUTx의 MUX8에 대한 기능 설정
MUX9	OUTPUTx의 MUX9에 대한 기능 설정
MUX10	OUTPUTx의 MUX10에 대한 기능 설정
MUX11	OUTPUTx의 MUX11에 대한 기능 설정
MUX12	OUTPUTx의 MUX12에 대한 기능 설정
MUX13	OUTPUTx의 MUX13에 대한 기능 설정
MUX14	OUTPUTx의 MUX14에 대한 기능 설정
MUX15	OUTPUTx의 MUX15에 대한 기능 설정

표 3.5 OUTPUTxMUX16TO31CFG 레지스터

OUTPUTxMUX16TO31CFG	Description
MUX16	OUTPUTx의 MUX16에 대한 기능 설정
MUX17	OUTPUTx의 MUX17에 대한 기능 설정
MUX18	OUTPUTx의 MUX18에 대한 기능 설정
MUX19	OUTPUTx의 MUX19에 대한 기능 설정
MUX20	OUTPUTx의 MUX20에 대한 기능 설정
MUX21	OUTPUTx의 MUX21에 대한 기능 설정
MUX22	OUTPUTx의 MUX22에 대한 기능 설정
MUX23	OUTPUTx의 MUX23에 대한 기능 설정
MUX24	OUTPUTx의 MUX24에 대한 기능 설정
MUX25	OUTPUTx의 MUX25에 대한 기능 설정
MUX26	OUTPUTx의 MUX26에 대한 기능 설정
MUX27	OUTPUTx의 MUX27에 대한 기능 설정
MUX28	OUTPUTx의 MUX28에 대한 기능 설정
MUX29	OUTPUTx의 MUX29에 대한 기능 설정
MUX30	OUTPUTx의 MUX30에 대한 기능 설정
MUX31	OUTPUTx의 MUX31에 대한 기능 설정

표 3.6 OUTPUTxMUXENABLE 레지스터

OUTPUTxMUXENABLE		Description
MUX0	0	OUTPUTx를 MUX0으로 미사용
	1	OUTPUTx를 MUX0으로 사용
MUX1	0	OUTPUTx를 MUX1으로 미사용
	1	OUTPUTx를 MUX1으로 사용
MUX2	0	OUTPUTx를 MUX2으로 미사용
	1	OUTPUTx를 MUX2으로 사용
MUX3	0	OUTPUTx를 MUX3으로 미사용
	1	OUTPUTx를 MUX3으로 사용
MUX4	0	OUTPUTx를 MUX4으로 미사용
	1	OUTPUTx를 MUX4으로 사용
MUX5	0	OUTPUTx를 MUX5으로 미사용
	1	OUTPUTx를 MUX5으로 사용
≈		
MUX26	0	OUTPUTx를 MUX26으로 미사용
	1	OUTPUTx를 MUX26으로 사용
MUX27	0	OUTPUTx를 MUX27으로 미사용
	1	OUTPUTx를 MUX27으로 사용
MUX28	0	OUTPUTx를 MUX28으로 미사용
	1	OUTPUTx를 MUX28으로 사용
MUX29	0	OUTPUTx를 MUX29으로 미사용
	1	OUTPUTx를 MUX29으로 사용
MUX30	0	OUTPUTx를 MUX30으로 미사용
	1	OUTPUTx를 MUX30으로 사용
MUX31	0	OUTPUTx를 MUX31으로 미사용
	1	OUTPUTx를 MUX31으로 사용

표 3.7 OUTPUTINV 레지스터

OUTPUTINV		Description
OUTPUT1	0	OUTPUT1 동작 시 연결된 GPIO에 HIGH 신호 출력
	1	OUTPUT1 동작 시 연결된 GPIO에 LOW 신호 출력
OUTPUT2	0	OUTPUT2 동작 시 연결된 GPIO에 HIGH 신호 출력
	1	OUTPUT2 동작 시 연결된 GPIO에 LOW 신호 출력
OUTPUT3	0	OUTPUT3 동작 시 연결된 GPIO에 HIGH 신호 출력
	1	OUTPUT3 동작 시 연결된 GPIO에 LOW 신호 출력
OUTPUT4	0	OUTPUT4 동작 시 연결된 GPIO에 HIGH 신호 출력
	1	OUTPUT4 동작 시 연결된 GPIO에 LOW 신호 출력
OUTPUT5	0	OUTPUT5 동작 시 연결된 GPIO에 HIGH 신호 출력
	1	OUTPUT5 동작 시 연결된 GPIO에 LOW 신호 출력
OUTPUT6	0	OUTPUT6 동작 시 연결된 GPIO에 HIGH 신호 출력
	1	OUTPUT6 동작 시 연결된 GPIO에 LOW 신호 출력
OUTPUT7	0	OUTPUT7 동작 시 연결된 GPIO에 HIGH 신호 출력
	1	OUTPUT7 동작 시 연결된 GPIO에 LOW 신호 출력
OUTPUT8	0	OUTPUT8 동작 시 연결된 GPIO에 HIGH 신호 출력
	1	OUTPUT8 동작 시 연결된 GPIO에 LOW 신호 출력

3.5 Interrupt & X-BAR 예제

본 절에서는 입력 X-BAR를 통해 GPIO와 연결된 스위치 입력을 받아 외부 Interrupt를 발생시켜, 외부 Interrupt를 통해 GPIO로 LED를 점멸시키는 예제를 확인한다. GPIO16을 입력 X-BAR4와 연결하여 외부 Interrupt1(XINT1)를 실행하여 GPIO72~75에 연결된 LED를 점멸시키고, GPIO17을 입력 X-BAR5와 연결하여 외부 Interrupt2(XINT2)를 실행하여 GPIO76~79에 연결된 LED를 점멸시킨다.

해당 예제의 실행을 위한 GPIO 설정은 GPIO 예제와 동일하며, Interrupt와 XINT, X-BAR 설정을 위한 코딩은 아래 그림과 같다.

```
DINT;                                    //Interrupt 비활성화 (INTM SET)
IER = 0x0000;                            //IER 초기화
IFR = 0x0000;                            //IFR 초기화

InitPieVectTable();                      //Pie 벡터 테이블 초기화


EALLOW;                                  //레지스터 보호 해제

PieVectTable.XINT1_INT=&xint1_isr;      //XINT1 벡터 테이블과 ISR 연결
PieVectTable.XINT2_INT=&xint2_isr;      //XINT2 벡터 테이블과 ISR 연결


PieCtrlRegs.PIEIER1.bit.INTx4=1;        //PIEIER 1.4 활성화
PieCtrlRegs.PIEIER1.bit.INTx5=1;        //PIEIER 1.5 활성화

IER|=M_INT1;                             //IER 1번 활성화

InputXbarRegs.INPUT4SELECT = 16;        //Input X-Bar 1 - GPIO16(SW1) 설정
InputXbarRegs.INPUT5SELECT = 17;        //Input X-Bar 2 - GPIO17(SW2) 설정

XintRegs.XINT1CR.bit.ENABLE = 1;        //XINT1 활성화
XintRegs.XINT1CR.bit.POLARITY = 0;     //XINT1의 Trigger를 신호의 하강 Edge로 설정
XintRegs.XINT2CR.bit.ENABLE = 1;        //XINT2 활성화
XintRegs.XINT2CR.bit.POLARITY = 0;      //XINT2의 Trigger를 신호의 하강 Edge로 설정

EDIS;                                    //레지스터 재보호



ERTM;                                   //Enable Global real-time interrupt DBGM
EINT;                                   //Enable INTM (어셈블리어 메크로)
```

그림 3.3 INTERRUPT와 XINT, X-BAR 설정

XINT1과 XINT2에 대한 ISR은 다음과 같다.

```
interrupt void xint1_isr(void)
{
    //SW1 Interrupt 발생시 LED 9~12(GPIO72~GPIO75) 1회 점등
    GpioDataRegs.GPCTOGGLE.all = 0x0000000F;     //LED 9~12 상태 반전(ON)
    DELAY_US(1000000);                           //1초 시간 지연
    GpioDataRegs.GPCTOGGLE.all = 0x0000000F;     //LED 9~12 상태 반전(OFF)
    PieCtrlRegs.PIEACK.all = PIEACK_GROUP1;      //PIE 그룹 1 ACK Bit 초기화
}

interrupt void xint2_isr(void)
{
    //SW2 Interrupt 발생시 LED 9~16(GPIO76~GPIO79) 1회 점등
    GpioDataRegs.GPCTOGGLE.all = 0x000000F0;     //LED 13~16 상태 반전(ON)
    DELAY_US(1000000);                           //1초 시간 지연
    GpioDataRegs.GPCTOGGLE.all = 0x000000F0;     //LED 13~16 상태 반전(OFF)
    PieCtrlRegs.PIEACK.all = PIEACK_GROUP1;      //PIE 그룹 1 ACK Bit 초기화
}
```

그림 3.5 XINT1, 2의 ISR

해당 예제의 실행한 후, SW1과 SW2를 순차적으로 눌렀을 때의 결과는 다음과 같다.

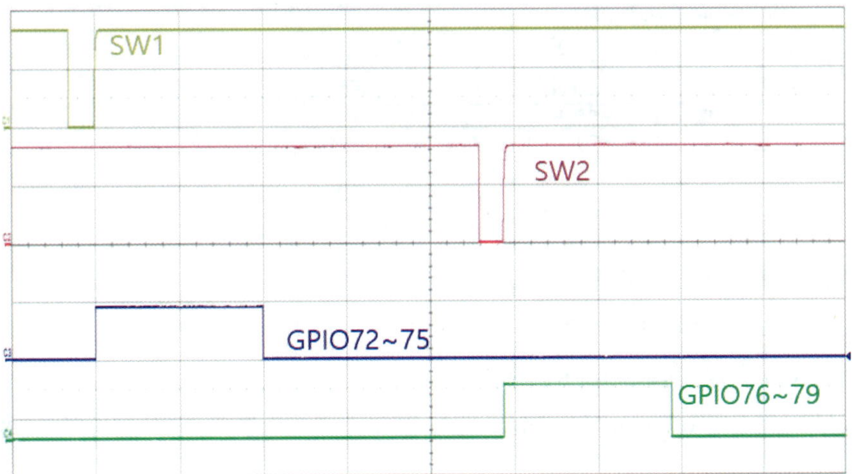

그림 3.5 Interrupt & X-BAR 예제 실행 결과(SW 순차 입력)

해당 예제를 통해 Interrupt의 성질에 대해서 확인한다. 첫번째로는 ISR 진행 중 새

Interrupt 발생(Interrupt 중첩) 시 Interrupt가 어떻게 처리되는지 확인한다. 다음은 SW1을 변화시킨 후 Interrupt 진행 중 다시 SW2를 변화시켜 확인한 결과다.

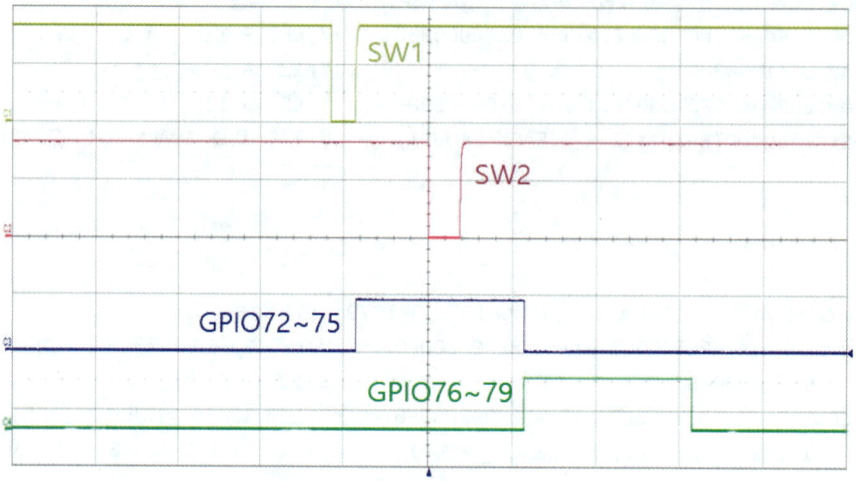

그림 3.6 Interrupt & X-BAR 예제 실행 결과(Interrupt 중첩)

두번째는 Interrupt 중첩 시 대기중인 Interrupt의 처리 순서 확인이다. XINT1과 XINT2는 다음과 같은 우선도를 가진다.

Name	Vector ID	Address	Size (x16)	Description	Core Priority	ePIE Group Priority
PIE Group 1 Vectors - Muxed into CPU INT1						
INT1.1	32	0x0000 0D40	2	ADCA1 interrupt	5	1 (Highest)
INT1.2	33	0x0000 0D42	2	ADCB1 interrupt	5	2
INT1.3	34	0x0000 0D44	2	ADCC1 interrupt	5	3
INT1.4	35	0x0000 0D46	2	XINT1 interrupt	5	4
INT1.5	36	0x0000 0D48	2	XINT2 interrupt	5	5

그림 3.7 XINT1과 XINT2의 우선도

이 때, XINT1이 XINT2보다 우선도가 높은 것을 확인할 수 있다. 이를 예제로 확인하기 위해, SW2을 연속으로 2회 변화시킨 후 SW1을 변화시켜 XINT2 실행 도중 XINT2와 XINT1 순서로 Interrupt를 대기시켰다. 이를 통해 대기중인 Interrupt가 처리될 때, 신호 발생 순서와 상관없이 대기중인 Interrupt의 우선도만이 영향을 끼친다는 것을 확인하였다.

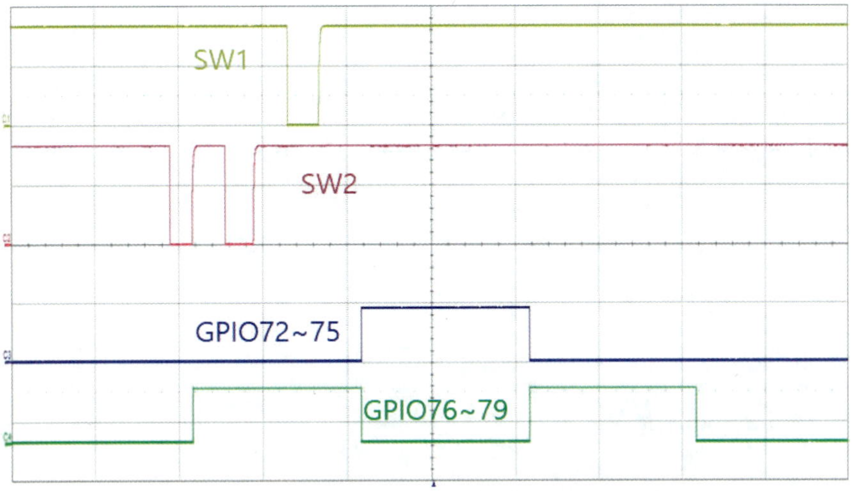

그림 3.8 Interrupt & X-BAR 예제 실행 결과(Interrupt 중첩 시 우선도에 따른 Interrupt 실행)

CHAPTER

04 External Memory Interface(EMIF)

4 External Memory Interface(EMIF)

4.1 External Memory Interface(EMIF) 개요

External Memory Interface(EMIF)는 외부 SDRAM, Flash Memory를 포함한 동기/비동기 Memory, 혹은 Data 버스를 갖는 각종 IC소자와 DSP를 유연하게 연결하기 위한 기능으로, 해당 소자에 대한 주소와 그에 따른 Data를 병렬로 입/출력할 수 있도록 하는 모듈이다. 해당 모듈에는 2개 이상에 Chip Select(CS)를 지원하여, 각각의 CS와 연결된 Pin을 이용해 주소 및 Data를 입/출력할 소자를 선택할 수 있다.

TMS320F28388의 경우 Pin 수에 따라 176Pin에서는 1개의, 337Pin에서는 2개의 EMIF 모듈을 가진다. Pin 수에 상관없이 EMIF1은 최대 32Bit의 Data 길이를 가지고 최대 22Bit의 Address를 가지며, 337Pin에만 있는 EMIF2의 경우 최대 16Bit의 Data 길이와 13Bit의 Address를 가진다. 각각의 EMIF의 CS0은 SDRAM과 연결할 수 있도록 동기로 동작하며, EMIF1은 CS2, CS3, CS4가, EMIF2는 CS2가 비동기로 동작한다. EMIF1은 CPU1과 CPU2 양쪽에서 동작하는 반면, EMIF2의 경우 CPU1에서만 동작한다. 다음은 해당 모듈에 대한 개요도와, EMIF1, EMIF2를 표로 비교한 것이다.

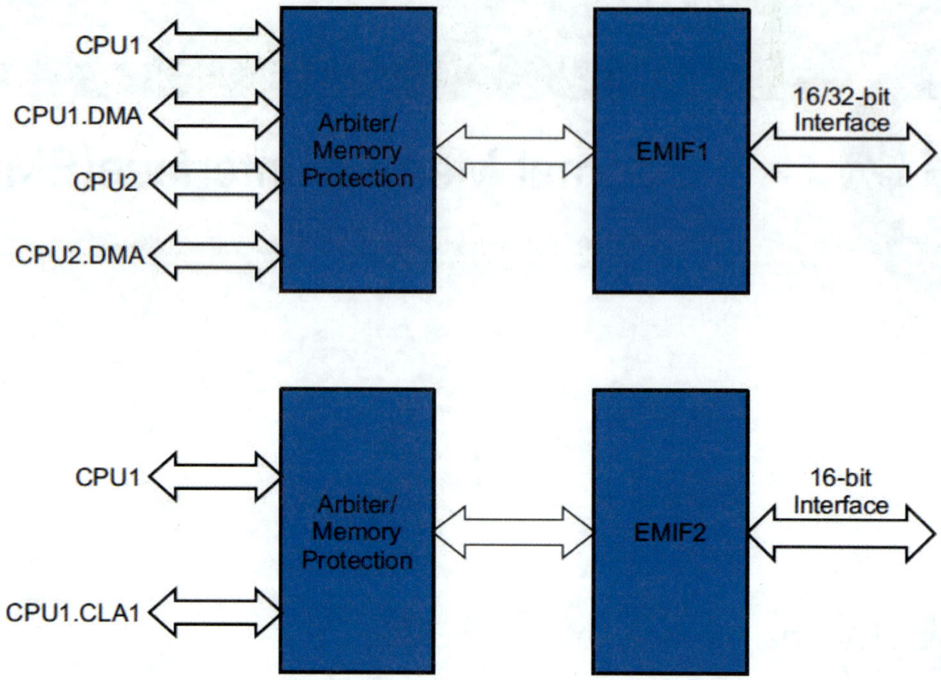

그림 4.1 EMIF 모듈 개요도

표 4.1 EMIF1과 EMIF2의 비교

특성	EMIF1	EMIF2
176-Pin Package	있음	없음
337-Pin Package	있음	있음
최대 Data 길이	32	16
최대 Address 길이	22	13
SDRAM CSx 지원	1(CS0)	1(CS0)
ASRAM CSx 지원	3(CS2/CS3/CS4)	1(CS2)

4.2 전력전자에서 EMIF 활용

EMIF는 4.1절에서 설명했듯 동기 SDRAM과 Flash Memory에 연결하여 사용할 수 있다. 제어기를 설계할 때는 고장에 대한 고려가 필요하다. 환경 변화 및 노후, 사고 등의 이유로 고장이 발생한 경우나 제어에 대해 오류가 발생했을 경우, 실험 중에는 해당 고장의 순간을 확인할 수 있지만 상용화 된 제품의 경우 해당 고장 순간의 Data를 저장하여 그에 대한 후속 조치를 해야 할 필요가 있다. 이런 Data 저장을 위해 SDRAM과 Flash Memory를 사용하는 것이 일반적이다. 혹은, 병렬 Data 버스를 사용하는 레졸버, ADC, DAC, 레벨 시프터 등의 IC소자를 사용할 경우에도 비동기식 EMIF를 사용할 수 있다. 아래는 SDRAM과 레졸버 등의 병렬 Data 버스를 사용하는 IC소자와 그에 대한 회로도이다.

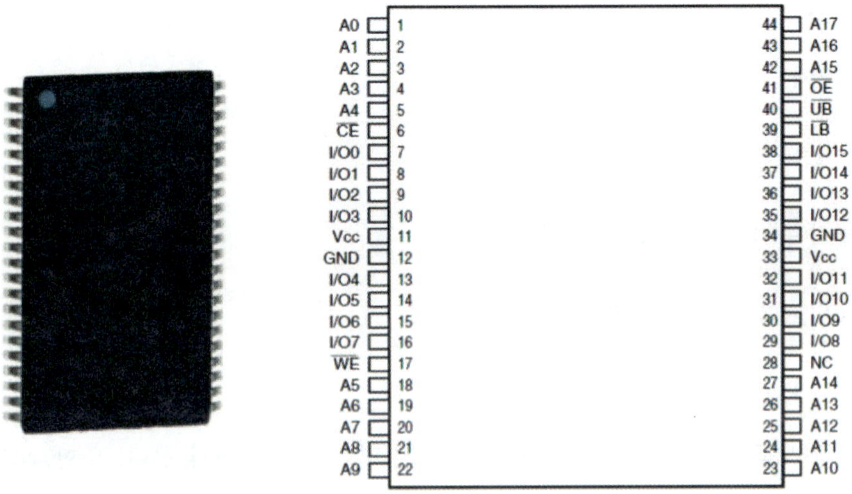

그림 4.2 IS61LV25616(SDRAM) IC(좌), 회로도(우)

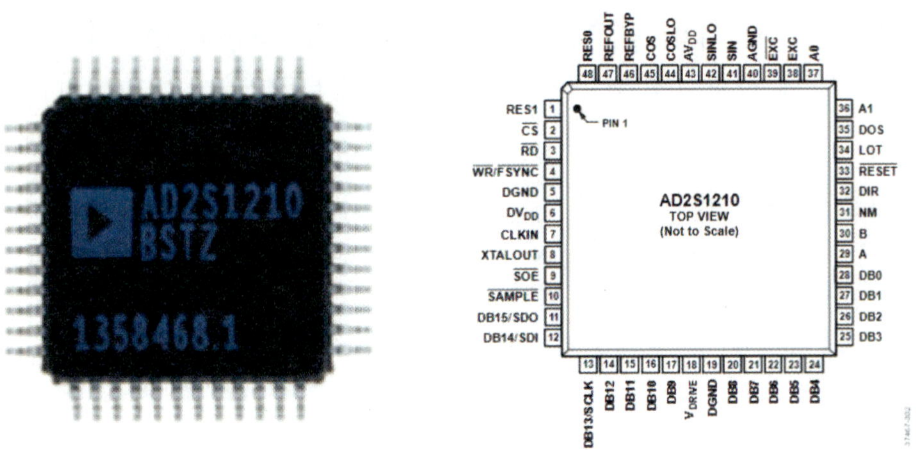

그림 4.3 AD2S1210 IC(좌), 회로도(우)

4.3 EMIF 기능

4.3.1 동기 Memory Support

EMIF는 동기/비동기에 대한 Memory Support를 제공한다. 동기 Memory Support의 경우 16Bit/32Bit SDRAM을 지원하며, 단일 SDRAM 칩 선택이 가능하다. 해당 기능으로 지원가능한 SDRAM의 구성은 다음과 같다.

- 1, 2, 4 Bank SDRAM 장치
- 8, 9, 10 및 11 열 주소를 가진 장치
- 클럭 주기가 2~3회인 CAS 지연 시간
- 16비트/32비트 Data 버스 폭
- 3.3V LVCMOS 인터페이스

단, 해당 모듈은 모바일 SDRAM을 지원하지 않음에 유의해야 한다. 또한, SDRAM을 사용할 때 self-refresh 모드와 power-down 모드를 지원하는데, self-refresh 모드의 경우 마이크로컨트롤러에서 클럭을 인가하지 않아도 계속해서 SDRAM을 Refresh하여 메모리 내용을 보존하면서 전력 소모를 줄일 수 있다. power-down 모드는 절전 상태에서도 Data 갱신이 필요한 경우 주기적으로 절전을 해제하고 SDRAM을 Refresh함으로써 Data를 유지할 수 있기 때문에, 사용 시 전력 소모를 크게 줄일 수 있다.

4.3.2 비동기 Memory Support

비동기식 Memory의 경우 SRAM와 NOR Flash Memory를 지원하며, Memory 액서스 확장을 위한 대기 시간의 인가를 지원한다. EMIF 모듈의 경우 2가지 이상의 CS를 제공하며, 해당 CS마다 개별적으로 다음과 같은 특성을 설정해줄 수 있다.

- Data 버스 길이
- 읽기 사이클 타이밍 : Setup, Hold, Strobe
- 쓰기 사이클 타이밍 : Setup, Hold, Strobe

- 버스 turn-around 시간
- 프로그래밍 가능한 Time-Out 기반의 대기 시간 연장 옵션
- Strobe 옵션

아래는 동기/비동기 Memory Support에 따른 EMIF의 블록도이다.

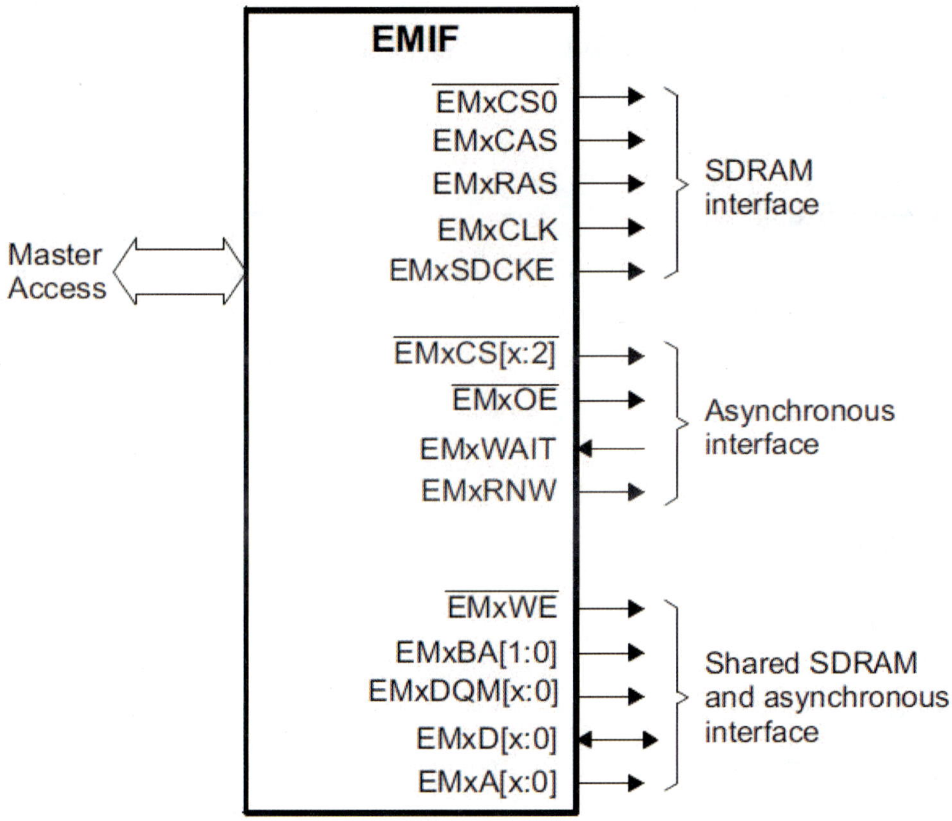

그림 4.4 EMIF 블록도

4.4 EMIF 구조

해당 절에서는 EMIF의 구조와 운영에 대한 세부사항에 대해 다룬다. 동기/비동기 인터페이스 모두 클럭 제어와 같은 시스템 구성을 공유한다.

4.4.1 EMIF 클럭 제어

EMIF 클럭의 경우 EMxCLK Pin을 통해서 출력되며, 외부의 SDRAM등의 소자와 동기화할 때 사용하게 된다. EMIF의 경우 PLLSYSCLK를 기반으로 PERCLKDIVSEL 레지스터에서 EMIFxCLKDIV 필드를 사용하여 EMIF 클럭을 PLLSYSCLK 그대로, 혹은 PLLSYSCLK/2의 주파수로 제어할 수 있다.

4.4.2 EMIF 요청

DSP내부의 특정 소스의 경우 EMIF에 요청을 할 수 있다. 이런 요청을 통해 SDRAM, 비동기 Memory, EMIF 레지스터에 대해 액세스가 가능하며, EMIF 모듈은 해당 요청을 한번에 하나씩 처리하게 된다. 그러므로 DSP 내부에서 해당 요청을 중재하여, 우선도에 따라 요청을 제공한다. 다음과 같은 소스를 이용하여 EMIF에 요청을 처리할 수 있다.

- CPU1
- CPU1.DMA
- CPU2
- CPU2.DMA

해당 요청이 두개 이상의 소스에서 동시에 발생할 경우, 요청의 우선도에 따라 우선순위가 가장 높은 요청을 EMIF로 전달한다. 나머지 요청도 중재 기능을 통해 우선순위대로 처리되게 된다. 해당 중재 기능은 모든 READ 액세스를 허용하나, WRITE 액세스의 경우에는 EMIF1MSEL레지스터를 통해 정의된 EMIF의 마스터 소유권을 가진 CPU 하위 시스템에서만 액세스를 허용한다. EMIF1만이 CPU1과 CPU2에 모두 액세스 할 수 있으므로, 해당 개념은 EMIF1에만 적용된다.

4.4.3 EMIF Pin 신호 설명

다음은 동기/비동기에서 사용되는 EMIF Pin의 기능을 나타내는 표이다.

표 4.2 동기/비동기 모두 사용하는 Pin 기능

Pins	I/O	Description
EM1D[x:0]	I/O	EMIF data bus.
EM1A[x:0]	O	EMIF address bus. - 동기 : 행 및 열 주소 제공에 사용 - 비동기 : 장치를 통해 전송할 주소 형성
EM1BA[1:0]	O	EMIF bank address. - 동기 : Bank 주소 입력 - 비동기 : EM1A와 함께 장치 주소 형성
EM1DQM[x:0]	O	Active-low byte enables. Data Word 바이트 선택
EM1WE	O	Active-low write enable. 쓰기 상태 선택

동기에서만 사용하는 Pin 기능은 다음과 같다.

표 4.3 동기에서 사용하는 Pin 기능

Pins	I/O	Description
EM1CS0	O	Active-low chip enable pin for SDRAM devices.
EM1RAS	O	Active-low row address strobe pin. SDRAM 장치의 nRAS와 연결
EM1CAS	O	Active-low column address strobe pin. SDRAM 장치의 nCAS와 연결
EM1SDCKE	O	Clock enable pin.
EM1CLK	O	SDRAM clock pin.

비동기에서만 사용하는 Pin 기능은 다음과 같다.

표 4.4 비동기에서 사용하는 Pin 기능

Pins	I/O	Description
EM1CS[4:2]	O	Active-low chip enable pins for asynchronous devices.

EM1WAIT	I	Wait input with programmable polarity. 액세스 사이클의 Strobe 기간을 연장
EM1OE	O	Active-low pin enable for asynchronous devices.
EM1RNW	O	EMIF asynchronous read/write control.

4.4.4 동기 인터페이스 구성

4.4.4.1 SDRAM 명령어

EMIF 제어기는 여러가지 SDRAM에 대한 명령어를 제공한다. 아래 표는 SDRAM에 대한 명령어를 나타낸다.

표 4.5 SDRAM 명령어

Command	Description
PRE	Precharge. 모든 Bank나 지정된 Bank의 열린 행 비활성화
ACTV	Activate. 현재 액세스의 특정 Bank 행 활성화
READ	Read. 시작 열 주소 출력 후 읽기 작업 시작
WRT	Write. 시작 열 주소 출력 후 쓰기 작업 시작
BT	Burst terminate. 현재 읽기/쓰기 작업 중단
LMR	Load mode register. SDRAM의 모드 레지스터를 설정
REFR	Auto refresh. 자동 새로 고침 신호 송신
SLFR	Self refresh. SDRAM 자체 새로 고침 모드 전환
NOP	No operation.
PRE	Precharge. 모든 Bank나 지정된 Bank의 열린 행 비활성화
ACTV	Activate. 현재 액세스의 특정 Bank 행 활성화

아래는 SDRAM 명령어에 대한 진리표와 PRE 명령어를 인가하였을 때의 Pin 상태이다.

표 4.6 SDRAM 명령어에 따른 진리표

SDRAM Pins :	CKE	nCS	nRAS	nCAS	nWE	BA[1:0]	A[12:11]	A[10]	A[9:0]
EMIF Pins :	EM1SDCKE	/EM1CS [0]	EM1RAS	EM1CAS	/EM1WE	EM1BA [1:0]	EM1A [12:11]	EM1A [10]	EM1A [9:0]
PRE	H	L	L	H	L	Bank/X	X	L/H	X
ACTV	H	L	L	H	H	Bank	Row	Row	Row
READ	H	L	H	L	H	Bank	Column	L	Column
WRT	H	L	H	L	L	Bank	Column	L	Column
BT	H	L	H	H	L	X	X	X	X
LMR	H	L	L	L	L	X	Mode	Mode	Mode
REFR	H	L	L	L	H	X	X	X	X
SLFR	L	L	L	L	H	X	X	X	X
NOP	H	L	H	H	H	X	X	X	X

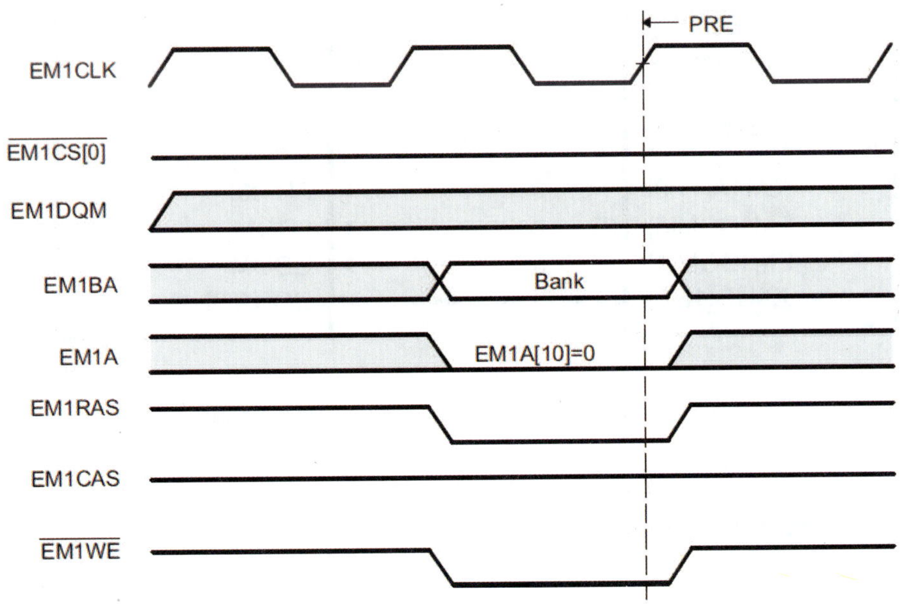

그림 4.5 PRE 명령어에 대한 상태 흐름도

4.4.4.2 SDRAM 인터페이스

EMIF 모듈은 다음과 같은 특징을 가진 SDRAM에 대해 IC 간 추가적인 회로가 필요하지 않는 Glueless 인터페이스를 제공한다.

- 사전 충전 Bit = A[10]
- 열 주소 Bit 수 = 8, 9, 10, 11
- 행 주소 Bit 수 = 13, 14, 15, 16
- 내부 Bank 수 = 1, 2, 4

다음은 2M × 16 × 4 bank의 SDRAM과 EMIF의 인터페이스를 나타낸 그림과 16Bit 인터페이스를 지원하는 SDRAM의 종류에 따른 주소 Pin 연결을 나타낸 표이다.

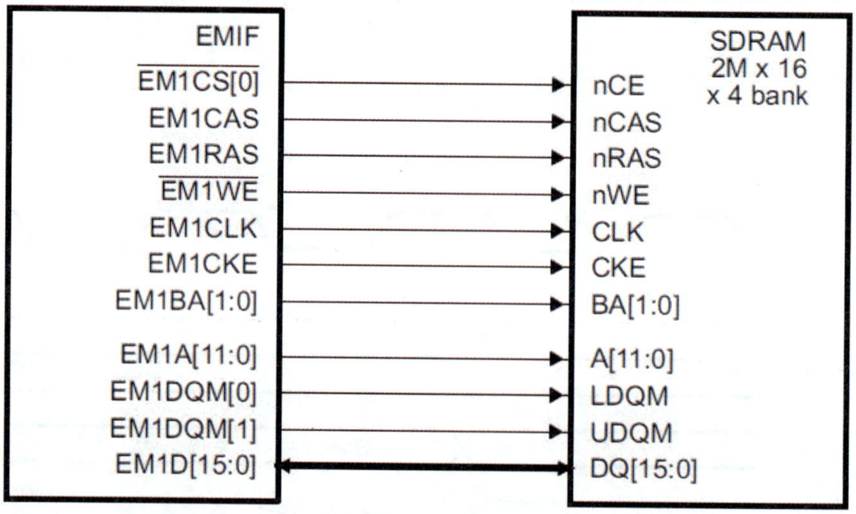

그림 4.6 2M × 16 × 4 bank의 SDRAM과 EMIF 인터페이스

표 4.7 SDRAM의 종류에 따른 주소 Pin 연결

SDRAM Size	Width	Banks	Device	Address Pins
PRE	X16	2	SDRAM EMIF	A[10:0] EM1A[10:0]
ACTV	X16	4	SDRAM EMIF	A[11:0] EM1A[11:0]

READ	X16	4	SDRAM EMIF	A[11:0] EM1A[11:0]
WRT	X16	4	SDRAM EMIF	A[12:0] EM1A[12:0]
BT	X16	4	SDRAM EMIF	A[12:0] EM1A[12:0]

4.4.4.3 SDRAM 레지스터 설정

SDRAM 인터페이스 작동을 위해 레지스터를 적절히 프로그래밍 해야 한다. 아래는 해당 레지스터 중 SDRAM에 대한 설정을 위한 SDRAM_CR의 기능에 대해 설명한 표와 해당 레지스터의 구조이다.

표 4.8 SDRAM_CR 레지스터의 기능

Parameter	Description
SR	self-refresh mode 설정
PD	power-down mode 설정
PDWR	power-down mode 새로고침 실행
NM	Narrow Mode. Data 버스 길이 설정 1 : 16Bit 0 : 32Bit
CL	CAS latency. READ 명령 실행 시 Data 인식까지 클럭 주기 수 설정
IBANK	Number of Internal SDRAM Banks. SDRAM의 내부 Bank 수 설정 0 : 1개의 내부 Bank 1 : 2개의 내부 Bank 2 : 4개의 내부 Bank
PAGESIZE	Page Size. 내부 페이지 크기 설정 0 : 256word 1 : 512word 2 : 1024word 3 : 2048word

31	30	29	28	27	26	25	24
SR	PD	PDWR	RESERVED			RESERVED	
R/W-0h	R/W-0h	R/W-0h	R-0h			R/W-0h	
23	22	21	20	19	18	17	16
RESERVED	RESERVED			RESERVED	RESERVED		RESERVED
R/W-0h	R/W-0h			R/W-0h	R/W-0h		R/W-0h
15	14	13	12	11	10	9	8
RESERVED	NM	RESERVED	RESERVED	CL			BIT_11_9_LOCK
R-0h	R/W-0h	R/W-0h	R/W-0h	R/W-3h			R-0/W1S-0h
7	6	5	4	3	2	1	0
RESERVED	IBANK			RESERVED	PAGESIGE		
R-0h	R/W-2h			R/W-0h	R/W-0h		

그림 4.7 SDRAM_CR 레지스터의 구조

4.4.4.4 SDRAM 자동 초기화 시퀀스

EMIF가 Reset 이후 초기화 시퀀스가 끝날 때까지 동기/비동기 인터페이스 동작이 없거나 SDRAM_CR레지스터의 하위 3Bit에 어떠한 입력이 인가된 경우 자동 초기화 시퀀스가 실행된다. 자동 초기화 시퀀스는 다음과 같은 순서로 진행된다.

1. SDRAM_CR의 하위 3Bit에 신호가 인가되어 자동화 시퀀스 실행 시, EM1A[10]=1인 상태에서 PRE 명령 실행, 모든 Bank 비활성화(ACTV명령과 PRE 명령의 충돌 방지)

2. EM1SDCKE=1인 상태에서, 8회 연속 NOP 명령 실행(SDRAM에 클럭 공급-PRE 실행 간 최소 지연 인가)

3. EM1A[10]=1인 상태에서 PRE 명령 실행, 모든 Bank 비활성화

4. 8개의 REFR 명령 실행

5. LMR 명령을 통해 SDRAM_CR 레지스터의 CL 필드와 NM 필드에 따라 EM1A[6:4] 및 EM1A[2:0] 설정(CL=2/3일 때, EM1A[6:4]=2/3, NM=0/1일때, EM1A[2:0]=2/3)

6. EM1A[10]=1인 상태에서 PRE 명령 실행, 모든 Bank 비활성화 후 REF 반복

4.4.4.5 SDRAM 구성 절차

SDRAM 구성 절차는 자동 초기화 시퀀스를 진행 할 때 SDRAM의 구동 조건을 충족했는지에 따라 두가지 방법으로 나뉘어진다. 자동 초기화 시퀀스 진행 중에 안정적으로 구동전압을 인가하고, CLK를 50MHz(혹은 SDRAM 소자의 종류에 따라 100MHz)이하로 인가하였으며, PRE 명령 실행 사이에 200μs(100MHz 사용시 100μs)의 딜레이가 존재할 경우 구동 조건을 충족한 것이다. 이 때에는 절차A를 따라 SDRAM을 구성하고, 그 외의 경우에는 절차 B를 통해 SDRAM을 구성한다.

절차 A : SDRAM 구동 조건 충족

1. SDRAM_CR의 SR Bit를 1로 설정(주파수 변경을 위해 자체 새로고침 활성화)
2. EMIF1 클럭(EM1CLK) 주파수를 구성
3. SDRAM_CR의 SR Bit를 0으로 설정(자체 새로고침 비활성화)
4. SDRAM에 맞는 타이밍 설정(SDR_TR 및 SDR_EXT_TMNG 사용)
5. SDRAM_RCR의 RR 필드를 통해 새로고침 주기 설정
6. SDRAM_CR레지스터를 이용하여 모듈 설정 완료(클럭 주파수에 맞춰 자동 초기화 시퀀스 재진행)

절차 B : SDRAM 구동 조건 미충족

1. EMIF1 클럭(EM1CLK) 주파수를 구성
2. SDRAM에 맞는 타이밍 설정(SDR_TR 및 SDR_EXT_TMNG 사용)
3. SDRAM_RCR의 RR 필드를 통해 (RR x 8)/(EM1CLK) > 200μs(100μs)로 새로고침 주기 설정
4. SDRAM_CR레지스터를 이용하여 모듈 설정
5. SDRAM 읽기 실행하거나 200μs를 대기
6. SDRAM_RCR의 RR 필드를 통해 SDRAM에 맞는 새로고침 주기 설정

4.4.4.6 SDRAM 읽기 동작

읽기에 대한 요청이 들어오면 1개 이상의 읽기 동작을 실행한다. 해당 읽기 액세스는 ACTV 명령을 실행하여 SDRAM 장치의 원하는 Bank 및 행을 선택하는 것으로 시작하며, 해당 행이 열린 이후에 EMIF는 원하는 Bank 및 열 주소를 지정하면서 READ 명령을 계속 실행한다. EM1A[10]는 PRE 명령어를 방지하기 위해 READ 명령 중에 0으로 유지된다. READ 명령은 EMIF가 NOP 명령을 실행하는 동안 지정된 주소에서 Data를 출력하도록 SDRAM에 신호를 인가한다. SDRAM 구성 레지스터(SDRAM_CR)의 CL 필드는 READ 명령이 적용된 후 Data 버스에 읽기 Data가 인가되는 시간을 정의하며, 이를 CAS 대기 시간이라 부른다.

다음은 SDRAM 읽기 작업에 대한 신호 파형이다.

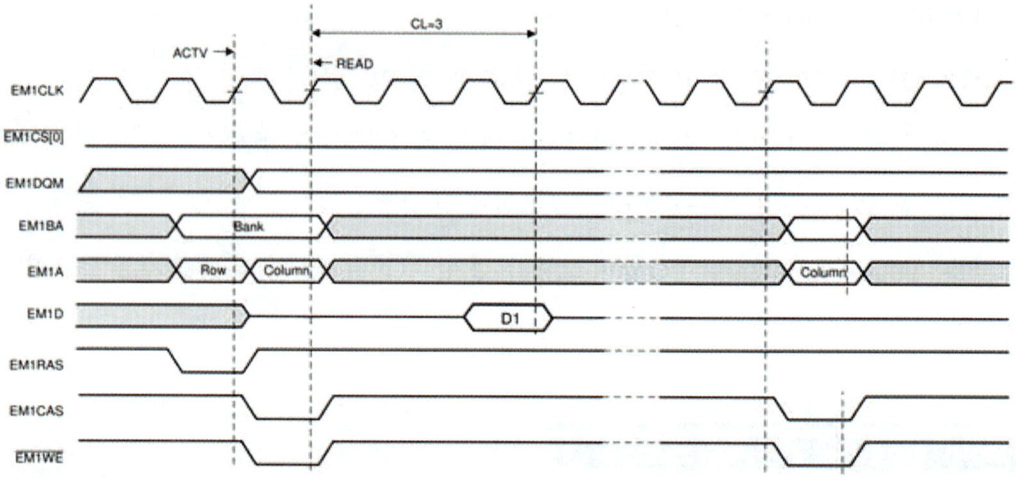

그림 4.8 SDRAM 읽기 동작

4.4.4.7 SDRAM 쓰기 동작

쓰기에 대한 요청이 들어오면 1개 이상의 쓰기 동작을 실행한다. 해당 쓰기 액세스는 ACTV 명령을 실행하여 SDRAM 장치의 원하는 Bank 및 행을 선택하는 것으로 시작하며, 해당 행이 열린 이후에 EMIF는 원하는 Bank 및 열 주소를 지정하면서 WRT 명령을 계속 실행한다. EM1A[10]는 PRE 명령어를 방지하기 위해 WRT 명령 중에 낮게 유지된다. WRT 명령은 EMIF가 NOP 명령을 실행하는 동안 지정된 주소에 쓸 Data를 SDRAM에 인가한다.

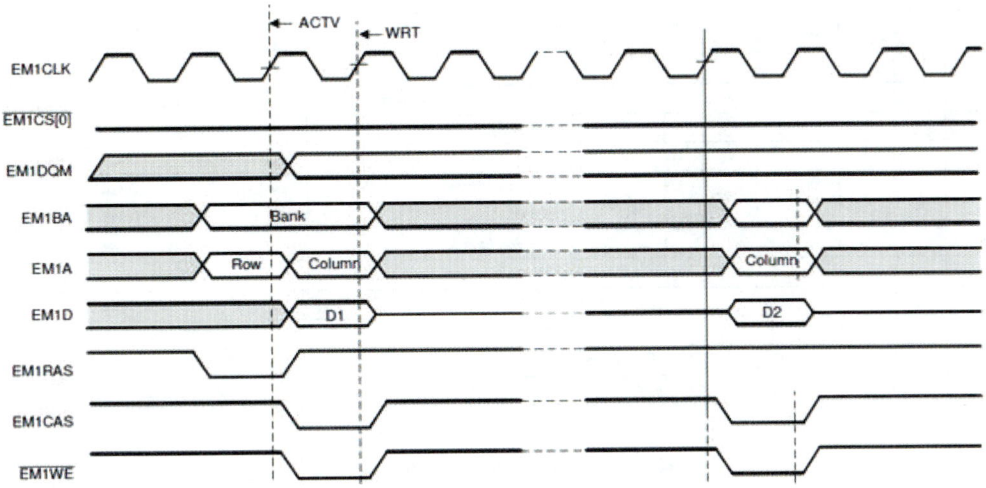

그림 4.9 SDRAM 쓰기 동작

4.4.4.8 주소에 대한 EMIF Pin 맵핑

SDRAM에 대한 액세스 요청을 수신할 경우 그에 대한 신호 전달이 필요하다. SDRAM_CR의 IBANK 및 PAGESIZE 필드의 설정을 이용하여 주소 Pin이 SDRAM의 행, 열, Bank 주소에 어떻게 맵핑되는 지 결정할 수 있다. READ 명령 중에는 EM1DQM[3:0]이 항상 0이며, WRT 명령 중에는 EM1DQM[3:0]을 통해 선택한 바이트나 전체 Word에 대하여 읽기 동작이 수행되지 않도록 처리할 수 있다.

다음은 32/16Bit의 SDRAM의 주소 맵핑을 나타낸다.

<table>
<tr><th rowspan="2">IBANK</th><th rowspan="2">PAGESIZE</th><th colspan="14">Logical Address</th></tr>
<tr><th>31:27</th><th>26</th><th>25</th><th>24</th><th>23</th><th>22</th><th>21:14</th><th>13</th><th>12</th><th>11</th><th>10</th><th>9</th><th>8:1</th><th>0</th></tr>
<tr><td>0</td><td>0</td><td colspan="6">-</td><td colspan="6">Row Address</td><td>Col Address</td><td>EM1DQM[2]/EM1DQM[3]</td></tr>
<tr><td>1</td><td>0</td><td colspan="5">-</td><td colspan="6">Row Address</td><td>EM1BA[0]</td><td>Col Address</td><td>EM1DQM[2]/EM1DQM[3]</td></tr>
<tr><td>2</td><td>0</td><td colspan="4">-</td><td colspan="6">Row Address</td><td colspan="2">EM1BA[1:0]</td><td>Col Address</td><td>EM1DQM[2]/EM1DQM[3]</td></tr>
<tr><td>0</td><td>1</td><td colspan="5">-</td><td colspan="6">Row Address</td><td colspan="2">Column Address</td><td>EM1DQM[2]/EM1DQM[3]</td></tr>
<tr><td>1</td><td>1</td><td colspan="4">-</td><td colspan="6">Row Address</td><td>EM1BA[0]</td><td colspan="2">Column Address</td><td>EM1DQM[2]/EM1DQM[3]</td></tr>
<tr><td>2</td><td>1</td><td colspan="3">-</td><td colspan="6">Row Address</td><td colspan="2">EM1BA[1:0]</td><td colspan="2">Column Address</td><td>EM1DQM[2]/EM1DQM[3]</td></tr>
<tr><td>0</td><td>2</td><td colspan="4">-</td><td colspan="6">Row Address</td><td colspan="3">Column Address</td><td>EM1DQM[2]/EM1DQM[3]</td></tr>
<tr><td>1</td><td>2</td><td colspan="3">-</td><td colspan="6">Row Address</td><td>EM1BA[0]</td><td colspan="3">Column Address</td><td>EM1DQM[2]/EM1DQM[3]</td></tr>
<tr><td>2</td><td>2</td><td colspan="2">-</td><td colspan="6">Row Address</td><td colspan="2">EM1BA[1:0]</td><td colspan="3">Column Address</td><td>EM1DQM[2]/EM1DQM[3]</td></tr>
<tr><td>0</td><td>3</td><td colspan="3">-</td><td colspan="6">Row Address</td><td colspan="4">Column Address</td><td>EM1DQM[2]/EM1DQM[3]</td></tr>
<tr><td>1</td><td>3</td><td colspan="2">-</td><td colspan="6">Row Address</td><td>EM1BA[0]</td><td colspan="4">Column Address</td><td>EM1DQM[2]/EM1DQM[3]</td></tr>
<tr><td>2</td><td>3</td><td>-</td><td colspan="6">Row Address</td><td colspan="2">EM1BA[1:0]</td><td colspan="4">Column Address</td><td>EM1DQM[2]/EM1DQM[3]</td></tr>
</table>

그림 4.10 32Bit SDRAM의 주소 Pin 맵핑

<table>
<tr><th rowspan="2">IBANK</th><th rowspan="2">PAGESIZE</th><th colspan="13">Logical Address</th></tr>
<tr><th>31:26</th><th>25</th><th>24</th><th>23</th><th>22</th><th>21</th><th>20:13</th><th>12</th><th>11</th><th>10</th><th>9</th><th>8</th><th>7:0</th></tr>
<tr><td>0</td><td>0</td><td colspan="6">-</td><td colspan="6">Row Address</td><td>Col Address</td></tr>
<tr><td>1</td><td>0</td><td colspan="5">-</td><td colspan="6">Row Address</td><td>EM1BA[0]</td><td>Col Address</td></tr>
<tr><td>2</td><td>0</td><td colspan="4">-</td><td colspan="6">Row Address</td><td colspan="2">EM1BA[1:0]</td><td>Col Address</td></tr>
<tr><td>0</td><td>1</td><td colspan="5">-</td><td colspan="6">Row Address</td><td colspan="2">Column Address</td></tr>
<tr><td>1</td><td>1</td><td colspan="4">-</td><td colspan="6">Row Address</td><td>EM1BA[0]</td><td colspan="2">Column Address</td></tr>
<tr><td>2</td><td>1</td><td colspan="3">-</td><td colspan="6">Row Address</td><td colspan="2">EM1BA[1:0]</td><td colspan="2">Column Address</td></tr>
<tr><td>0</td><td>2</td><td colspan="4">-</td><td colspan="6">Row Address</td><td colspan="3">Column Address</td></tr>
<tr><td>1</td><td>2</td><td colspan="3">-</td><td colspan="6">Row Address</td><td>EM1BA[0]</td><td colspan="3">Column Address</td></tr>
<tr><td>2</td><td>2</td><td colspan="2">-</td><td colspan="6">Row Address</td><td colspan="2">EM1BA[1:0]</td><td colspan="3">Column Address</td></tr>
<tr><td>0</td><td>3</td><td colspan="3">-</td><td colspan="6">Row Address</td><td colspan="4">Column Address</td></tr>
<tr><td>1</td><td>3</td><td colspan="2">-</td><td colspan="6">Row Address</td><td>EM1BA[0]</td><td colspan="4">Column Address</td></tr>
<tr><td>2</td><td>3</td><td>-</td><td colspan="6">Row Address</td><td colspan="2">EM1BA[1:0]</td><td colspan="4">Column Address</td></tr>
</table>

그림 4.11 16Bit SDRAM의 주소 핀 맵핑

4.4.5 비동기 인터페이스 구성

4.4.5.1 비동기 메모리 인터페이스 모드

EMIF는 NOR Flash, SRAM을 포함한 다양한 비동기 Memory와 인터페이스를 지원하는데, 이때 EMIF는 설정에 따라 Normal mode 또는 Select strobe mode로 동작 가능하다. Normal mode의 경우, EM1DQM Pin이 특정 Byte의 Data에 대한 처리(읽기/쓰기) 여부를 결정하는 Byte enables로 기능한다. 또한 EM1CS[4:2] Pin은 일반적인 Chip select와 같이 동작하며 해당 모드에서는 비동기 액세스가 이루어지는 동안 활성화 상태를 유지한다. 한편 Select strobe mode의 경우, Normal mode 대비 EM1DQM Pin은 동일하게 Byte enables로 동작하지만, EM1CS[4:2] Pin은 액세스 기간 내 Strobe 동작 시에만 활성화된다는 차이점을 가진다. EMIF는 기본적으로 Normal mode로 동작하지만 ASYNC_CSn_CR(n=2, 3, 또는 4) 레지스터의 SS Bit를 1로 인가함으로써 Select strobe mode로 동작이 가능하다.

한편, 두 개의 모드 모두에 대하여 EMIF는 Data 전송에 대한 Error Correction Code (ECC)를 512Byte까지 계산할 수 있는 NAND Flash mode로서 동작할 수 있다. ECC는 Data 송수신 시 오류를 검출하고 수정하는 코드로, 처리된 Data의 높은 신뢰성을 보장할 수 있으므로 상황에 따라 매우 유용하게 사용될 수 있다. 또한 EMIF는 액세스 시 각 동작 구간 주기 및 Strobe 주기에 대한 지연 시간의 설정을 지원하기 때문에 유연한 액세스 구성이 가능하다.

4.4.5.2 비동기 메모리 인터페이스

일반적인 비동기 인터페이스는 다음과 같이 나타난다.

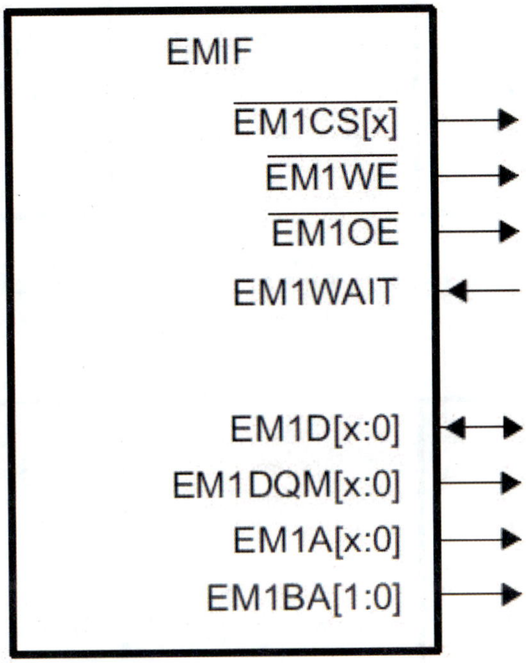

그림 4.12 일반적인 비동기 인터페이스

이 때, 외부 소자와 연결을 해야 할 경우 주소 버스의 연결에 주의해야 한다. EMIF 주소 핀 EM1A[0]의 경우 항상 32Bit Word 주소의 최하위 Bit를 제공하므로, 16Bit나 8Bit 비동기 소자와 인터페이스 할 경우에는 EM1BA[1] 및 EM1BA[0]을 사용하여야 한다. 다음은 16Bit, 8Bit, 일반적인 비동기 소자와 인터페이스 연결을 나타낸 그림이다.

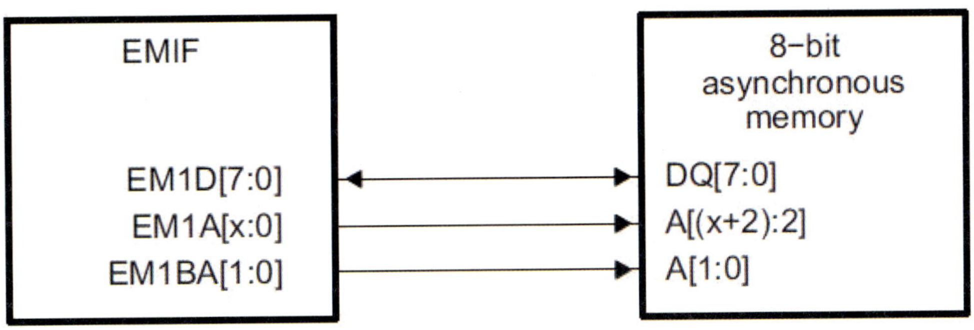

그림 4.13 8Bit 비동기 메모리 소자에 대한 인터페이스

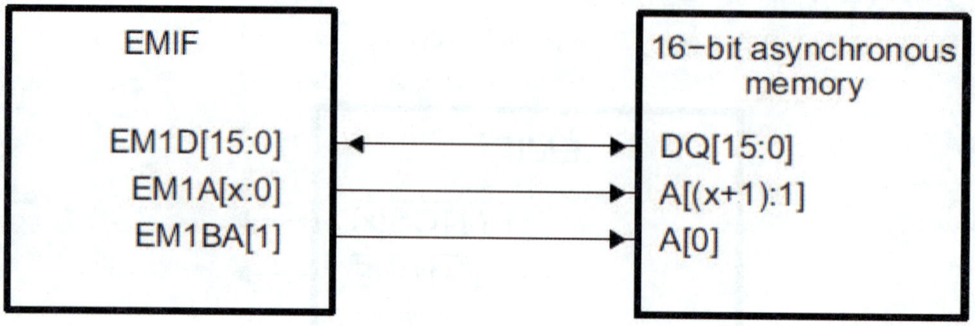

그림 4.14 16Bit 비동기 메모리 소자에 대한 인터페이스

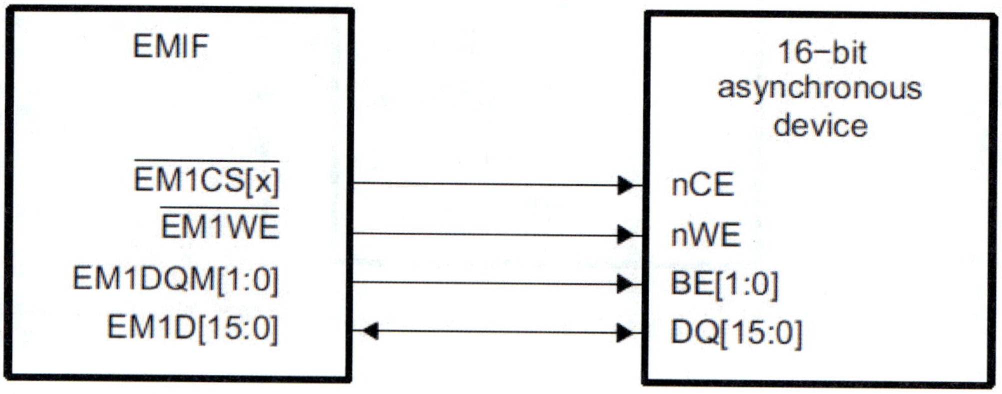

그림 4.15 일반적인 16Bit 비동기 소자에 대한 인터페이스

4.4.5.3 비동기 액세스를 위한 EMIF 설정

비동기 인터페이스 설정을 위해 적절한 레지스터 필드가 필요하다. 해당 레지스터 필드와 그 용도는 다음과 같다.

표 4.9 ASYNC_CSn_CR 레지스터의 기능

Parameter	Description
SS	Select Strobe mode. 0 : 일반 모드 1 : Strobe 모드
EW	Extended Wait Mode enable. 0 : Extended Wait 모드 사용 X 1 : Extended Wait 모드 사용 O
W_SETUP/ R_SETUP	Read/Write setup widths. 읽기/쓰기 시 setup 동작의 EMIF 클럭 주기 수 설정
W_STROBE/ R_STROBE	Read/Write strobe widths. 읽기/쓰기 시 strobe 동작의 EMIF 클럭 주기 수 설정
W_HOLD/ R_HOLD	Read/Write hold widths. 읽기/쓰기 시 hold 동작의 EMIF 클럭 주기 수 설정
TA	Minimum turnaround time. 읽기/쓰기 사이의 간격 클럭 수 설정
ASIZE	Asynchronous Device Bus Width. 비동기 Data 버스 크기 설정 0 : 8Bit bus 1 : 16Bit bus 2 : 32Bit bus

표 4.10 ASYNC_WCCR 레지스터의 기능

Parameter	Description
WPn	EM_WAIT Polarity. 0 : Wait 동작 시 EM1WAIT핀 Low 1 : Wait 동작 시 EM1WAIT핀 High
MAX_EXT_WAIT	Maximum Extended Wait Cycles. Strobe 기간 동안 EM1WAIT 핀이 비활성화될 때까지 대기할 최대 클럭 수를 (MAX_EXT_WAIT + 1) × 16의 공식을 통해 설정

표 4.11 INT_MSK_SET 및 INT_MSK_CLR 레지스터의 기능

Parameter	Description
WR_MASK_SET	Wait Rise Mask Set. 1 : EM1WAIT의 상승 에지에서 인터럽트가 생성
AT_MASK_SET	Asynchronous Timeout Mask Set. 1 : 시간 초과 시 인터럽트 생성
WR_MASK_CLR	Wait Rise Mask Clear. 1 : 인터럽트 비활성화(WR_MASK_SET 비트 클리어)
AT_MASK_CLR	Asynchronous Timeout Mask Clear. 1 : 시간 초과 시 인터럽트 생성 방지

4.4.5.4 Normal Mode 읽기 동작

읽기 동작 요청 시 EM1WEn이 1로 고정되며 해당 동작을 수행한다. 아래는 Normal mode에서 읽기 동작의 시간 간격 구성과 신호 파형을 나타낸다.

표 4.12 비동기 Normal mode 읽기 동작의 시간 간격 구성

Time Interval	Description
Turnaround period	ASYNC_CSN_CR의 TA 필드 값 주기만큼 읽기 대기(최소 2 클럭 대기)
Start of the setup period	주소 버스를 통한 주소 설정 R_SETUP, R_STROBE 및 R_HOLD 필드 값에 따른 주기 설정 EM1CS[4:2]를 통한 장치 설정
Strobe period	EM1OE clear STROBE 동작의 마지막 클럭에 EM1OE SET + EM1Dx 버스에 Data 샘플링
End of the hold period	주소 버스 비활성화 EM1CS[4:2] 초기화(SET)

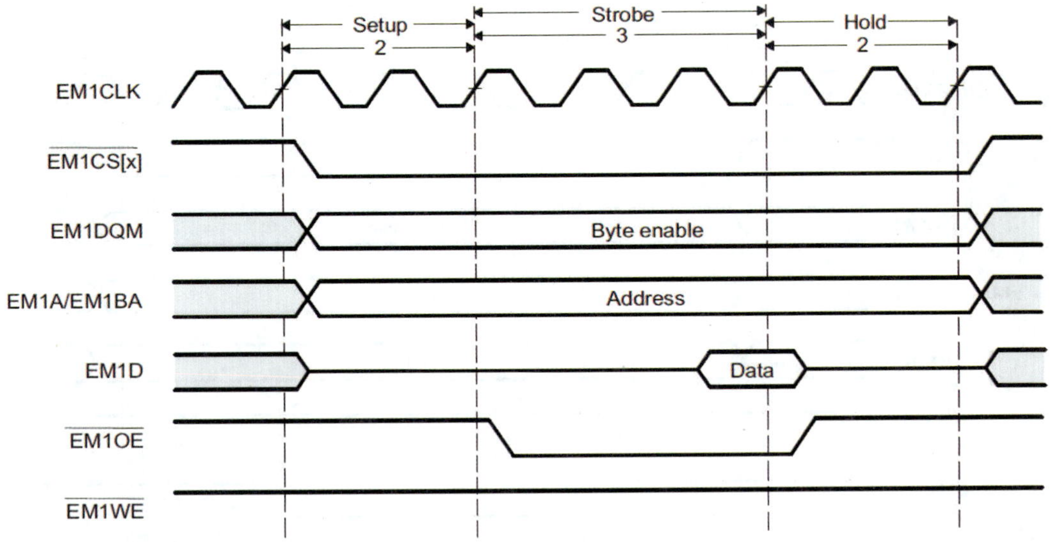

그림 4.16 비동기 Normal mode 읽기 동작

4.4.5.5 Normal Mode 쓰기 동작

쓰기 동작 요청 시 EM1OE이 1로 고정되며 해당 동작을 수행한다. 아래는 Normal mode에서 쓰기 동작의 시간 간격 구성과 신호 파형을 나타낸다.

표 4.13 비동기 Normal mode 쓰기 동작의 시간 간격 구성

Time Interval	Description
Turnaround period	ASYNC_CSN_CR의 TA 필드 값 주기만큼 쓰기 대기(최소 2 클럭 대기)
Start of the setup period	주소 버스를 통한 주소 설정 및 EM1Dx 버스에 Data 샘플링 R_SETUP, R_STROBE 및 R_HOLD 필드 값에 따른 주기 설정 EM1CS[4:2]를 통한 장치 설정
Strobe period	EM1WE clear EM1DQM핀을 통한 바이트 활성화 STROBE 동작의 마지막 클럭에 EM1WE SET + EM1DQM핀 비활성화
End of the hold period	주소 버스 비활성화 EM1CS[4:2] 초기화(SET)

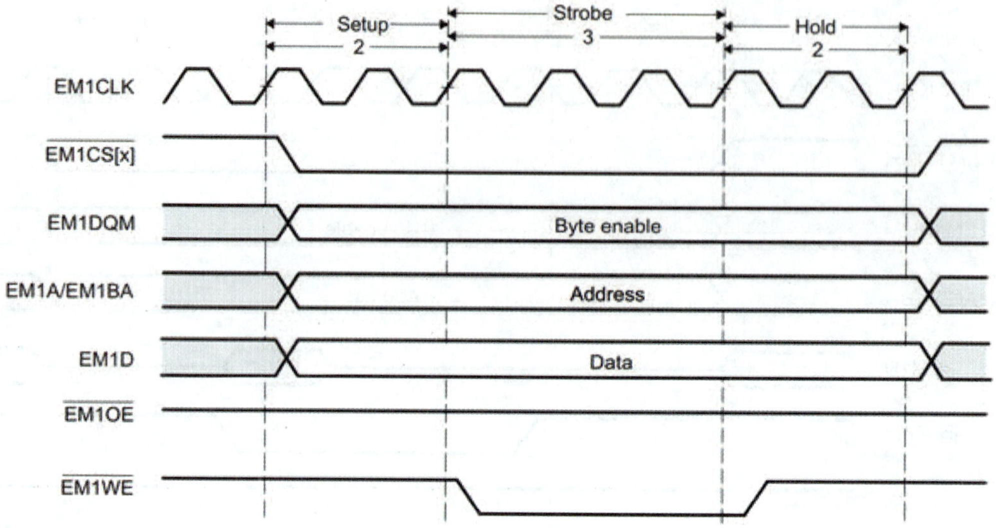

그림 4.17 비동기 Normal mode 쓰기 동작

4.4.5.6 Select Strobe Mode 읽기 동작

Select strobe mode는 ASYNC_CSn_CR레지스터의 SS Bit를 1로 인가하여 설정 가능하며, 해당 모드의 경우 외부 장치에서 요청된 읽기 동작이 처리되지 않으면 전체 동작이 처리될 때까지 연속적으로 액세스 사이클을 수행한다. 이때 읽기 동작 동안에는 EM1WEn이 1로 고정되며, 특히 Select strobe mode의 경우 EM1CS[4:2]는 Strobe 동작 중에만 활성화된다. 아래 [표 4.14]와 [그림 4.18]은 각각 Select strobe mode 읽기 동작의 시간 간격 구성과 신호 파형을 보인다.

표 4.14 비동기 Select strobe mode 읽기 동작의 시간 간격 구성

Time Interval	Description
Turnaround period	ASYNC_CSN_CR의 TA 필드 값 주기만큼 읽기 대기(최소 2 클럭 대기)
Start of the setup period	EM1A/EM1BA를 이용한 주소 설정 R_SETUP, R_STROBE 및 R_HOLD 필드 값에 따른 주기 설정 EM1DQM Pin을 통한 바이트 활성화
Strobe period	EM1OE 및 EM1CS[n] CLEAR STROBE 동작의 마지막 클럭에 EM1OE 및 EM1CS[n] SET + EM1Dx 버스에 Data 샘플링
End of the hold period	주소 버스 비활성화 EM1DQM Pin 비활성화

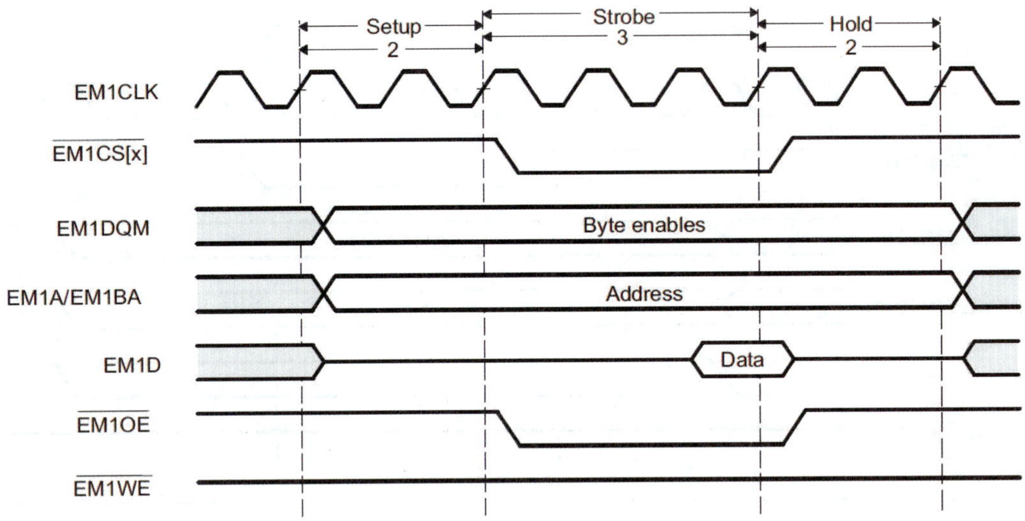

그림 4.18 비동기 Select strobe mode 읽기 동작

4.4.5.7 Select Strobe Mode 쓰기 동작

쓰기 동작 요청 시 EM1OE이 1로 고정되며 해당 동작을 수행한다. 아래는 Select strobe mode에서 쓰기 동작의 시간 간격 구성과 신호 파형이다.

표 4.15 비동기 Select strobe mode 쓰기 동작의 시간 간격 구성

Time Interval	Description
Turnaround period	ASYNC_CSN_CR의 TA 필드 값 주기만큼 쓰기 대기(최소 2 클럭 대기)
Start of the setup period	EM1A/EM1BA를 이용한 주소 설정 및 EM1Dx 버스에 Data 샘플링 R_SETUP, R_STROBE 및 R_HOLD 필드 값에 따른 주기 설정 EM1DQM Pin을 통한 바이트 활성화
Strobe period	EM1CS[n] (n=2, 3, 4) 및 EM1WE CLEAR STROBE 동작의 마지막 클럭에 EM1CS[n] (n=2, 3, 4) 및 EM1WE SET
End of the hold period	주소 버스 및 EM1Dx 버스 비활성화 EM1DQM Pin을 통한 바이트 비활성화

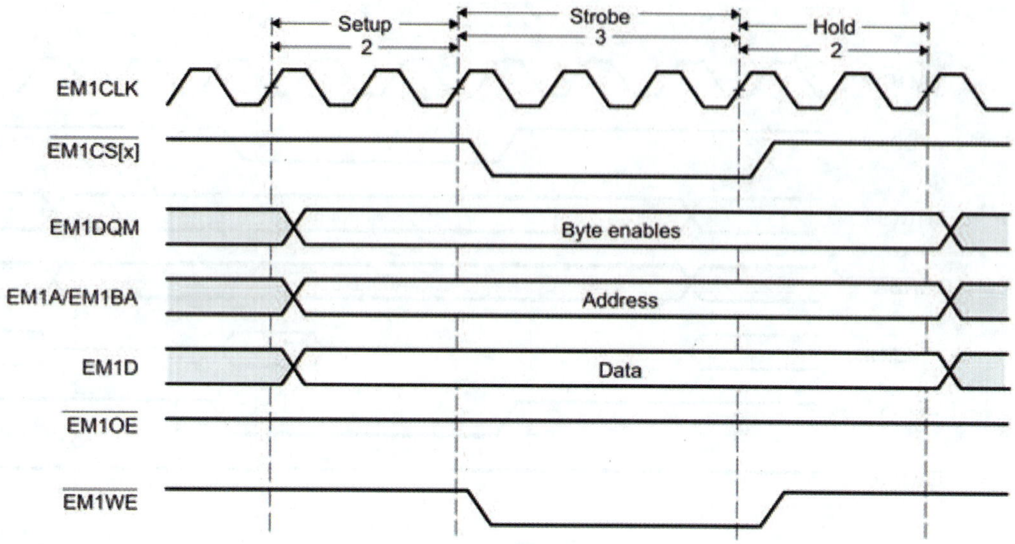

그림 4.19 비동기 Select strobe mode 쓰기 동작

4.5 EMIF 예제

본 절에서는 비동기 쓰기 동작을 통해 EMIF 모듈의 동작을 확인한다. 먼저, 비동기 주소를 지정한 후, 지정된 주소에 Data를 인가하여 쓰기 동작을 확인한다. 100MHz의 EMIF1CLK을 사용하여 제어를 진행하며, ASYNC_CS2_CR레지스터를 통해 16Bit Memory 인터페이스와 HOLD를 4클락, STROBE를 21클락, SETUP을 4클락의 주기로 설정하여 Normal mode에서 쓰기 동작을 확인한다. 다음은 비동기 주소 지정을 위한 예제 코드이다.

```
#define ASRAM_CS2_START_ADDR 0x100000          //시작 Address 지정
#define ASRAM_CS2_SIZE       0x8000            //Address Size 지정

#define FPGA_EOUTa     ASRAM_CS2_START_ADDR     //시작 Address 설정

#define FPGA_EOUT0a     (FPGA_EOUTa+0x00)       //ADDRESS bus 0 설정
#define FPGA_EOUT0      (*(Uint16*)(FPGA_EOUT0a))
#define output_test1    FPGA_EOUT0

#define FPGA_EOUT1a     (FPGA_EOUTa+0x02)       //ADDRESS bus 1 설정
#define FPGA_EOUT1      (*(Uint16*)(FPGA_EOUT1a))
#define output_test2    FPGA_EOUT1

#define FPGA_EOUT2a     (FPGA_EOUTa+0x04)       //ADDRESS bus 2 설정
#define FPGA_EOUT2      (*(Uint16*)(FPGA_EOUT2a))
#define output_test3    FPGA_EOUT2

#define FPGA_EOUT3a     (FPGA_EOUTa+0x06)       //ADDRESS bus 3 설정
#define FPGA_EOUT3      (*(Uint16*)(FPGA_EOUT3a))
#define output_test4    FPGA_EOUT3
```

그림 4.20 비동기 주소 지정을 위한 코드

다음은 CS2 설정 및 EMIF 클럭 설정을 위한 코드이다.

```
EALLOW;
ClkCfgRegs.PERCLKDIVSEL.bit.EMIF1CLKDIV = 0x1;  //EMIF1CLK=100MHz
EDIS;

Emif1Regs.ASYNC_CS2_CR.bit.ASIZE=1;          // 16Bit Memory
                                             // Interface
Emif1Regs.ASYNC_CS2_CR.bit.TA=0;             // Turn Around time
                                             // of 2 Emif Clock
Emif1Regs.ASYNC_CS2_CR.bit.R_HOLD=0;         // Read Hold time
                                             // of 1 Emif Clock
Emif1Regs.ASYNC_CS2_CR.bit.R_STROBE=3;       // Read Strobe time
                                             // of 4 Emif Clock
Emif1Regs.ASYNC_CS2_CR.bit.R_SETUP=0;        // Read Setup time
                                             // of 1 Emif Clock
Emif1Regs.ASYNC_CS2_CR.bit.W_HOLD=3;         // Write Hold time
                                             // of 4 Emif Clock
Emif1Regs.ASYNC_CS2_CR.bit.W_STROBE=20;       // Write Strobe time
                                             // of 21 Emif Clock
Emif1Regs.ASYNC_CS2_CR.bit.W_SETUP=3;        // Write Setup time
                                             // of 1 Emif Clock
Emif1Regs.ASYNC_CS2_CR.bit.EW=0;             // Extended Wait Disable.
Emif1Regs.ASYNC_CS2_CR.bit.SS=0;             // Strobe Select Mode Disable.
```

그림 4.21 비동기 CS2 설정 및 EMIF 클럭 설정을 위한 코드(W_HOLD=3, W_STROBE=20, W_SETUP=3)

다음은 쓰기 동작을 위한 코드이다. k, k1, k2, k3에 입력한 대로 Data 버스가 동작한다. 순차적으로 4회의 쓰기 동작을 시행한 후 지연을 인가한다.

```
for(;;)
  {
     output_test1=k;
     output_test2=k1;
     output_test3=k2;
     output_test4=k3;
     DELAY_US(10);
   }
```

그림 4.22 비동기 쓰기 동작을 위한 메인 루프 코드

k=1, k1=0, k2=1, k3=0을 입력한 예제의 실행 결과는 다음과 같다.

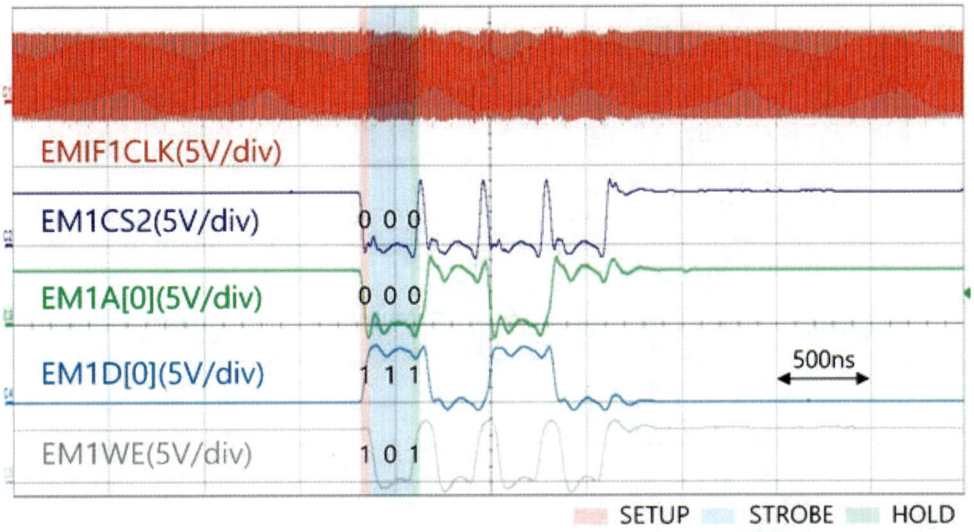

그림 4.23 비동기 쓰기 동작(Normal mode, k=1, k1=0, k2=1, k3=0, W_HOLD=3, W_STROBE=20, W_SETUP=3)

[그림 4.17]과 같이, EM1CS2가 쓰기 동작 내내 0으로 내려가며, Strobe 동작 중에는 EM1WE가 0으로 내려가는 것을 확인할 수 있다. 또한, 홀드 동작 후에 EM1CS2가 다시 1로 변화하는 것을 확인할 수 있다.

W_HOLD, W_STROBE, W_SETUP의 설정에 따른 쓰기 동작의 변화를 확인하기 위해, 다른 조건을 동일하게 한 후 HOLD을 7클락, STROBE을 41클락, SETUP을 7클락으로 설정하고 동일한 예제를 수행하였다. 코드의 변경점은 다음과 같다.

```
Emif1Regs.ASYNC_CS2_CR.bit.W_HOLD=6;          // Write Hold time
                                               // of 7 Emif Clock
Emif1Regs.ASYNC_CS2_CR.bit.W_STROBE=40;        // Write Strobe time
                                               // of 41 Emif Clock
Emif1Regs.ASYNC_CS2_CR.bit.W_SETUP=6;         // Write Setup time
                                               // of 7 Emif Clock
```

그림 4.24 비동기 CS2 설정 및 EMIF 클럭 설정을 위한 코드(W_HOLD=6, W_STROBE=40, W_SETUP=6)

해당 예제의 실행 결과는 다음과 같다.

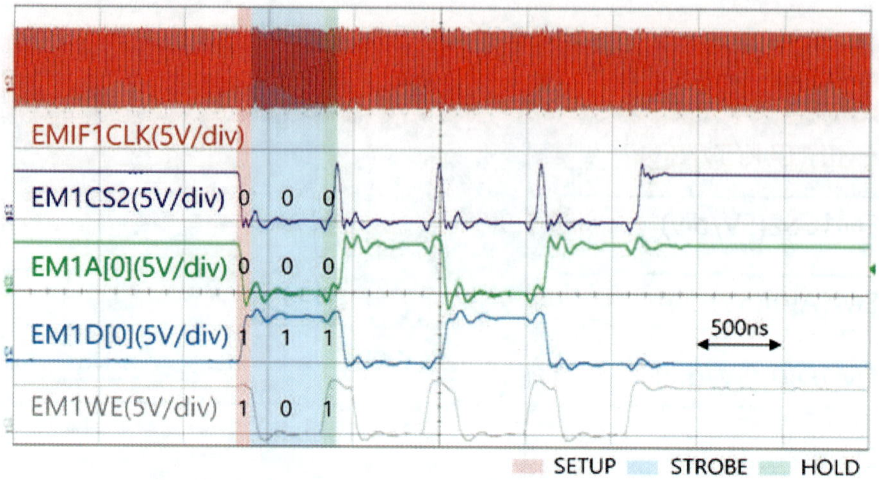

그림 4.25 비동기 쓰기 동작(Normal mode, k=1, k1=0, k2=1, k3=0, W_HOLD=6, W_STROBE=40, W_SETUP=6)

해당 결과를 통해 Strobe 동작을 포함한 전체적인 동작 길이가 2배에 가깝게 증가한 것을 확인할 수 있다.

다음으로 Select strobe mode에서 쓰기 동작을 확인한다. Select strobe mode 전환을 위한 코드의 변경점은 다음과 같다.

```
Emif1Regs.ASYNC_CS2_CR.bit.SS=1;          // Strobe Select Mode Enable.
```

그림 4.26 비동기 CS2의 의 Select strobe mode 설정

해당 예제에서도 동일하게 HOLD를 4클락, STROBE를 21클락, SETUP을 4클락으로 설정했을 때와 HOLD를 7클락, STROBE를 41클락, SETUP을 7클락으로 설정했을 때를 비교한다. 아래는 HOLD를 4클락, STROBE를 21클락, SETUP을 4클락으로 설정했을 때의 결과 파형이다.

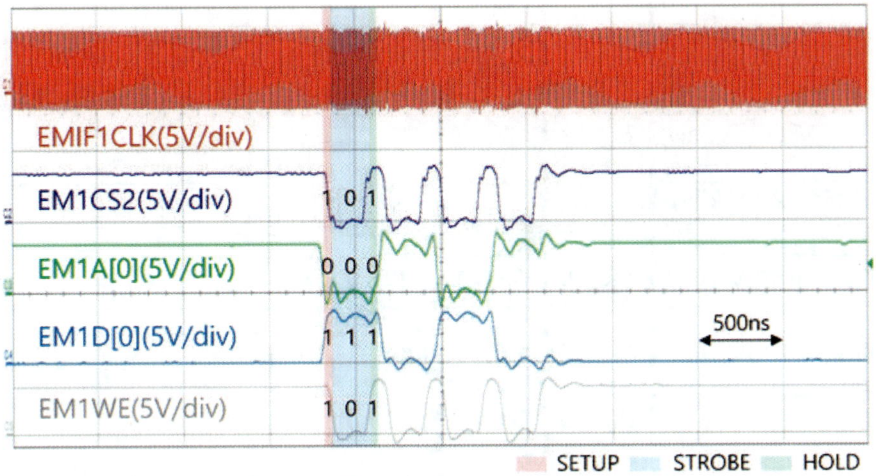

그림 4.27 비동기 쓰기 동작(Strobe mode, k=1, k1=0, k2=1, k3=0, W_HOLD=3, W_STROBE=20, W_SETUP3)

[그림 4.19]과 같이, Strobe 동작 수행시에만 EM1CS2가 0 상태가 되는 것을 확인할 수 있다.

앞서 언급한 대로 클럭을 증가시킨 후 실행시킨 결과물은 다음과 같다.

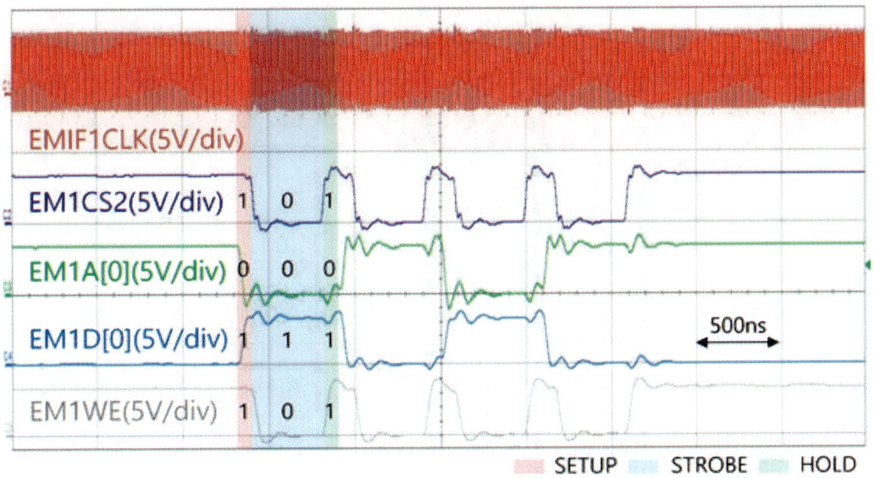

그림 4.28 비동기 쓰기 동작(Strobe mode, k=1, k1=0, k2=1, k3=0, W_HOLD=6, W_STROBE=40, W_SETUP=6)

다음은 Address 버스와 Data 버스를 통한 주소와 Data 출력을 확인한다. Address 버스가 0, 1, 2, 3 상태일 때 Data 버스도 동일하게 0, 1, 2, 3을 각각 인가 한 후, 각각의 동작 사이에 지연을 준 결과는 다음과 같다.

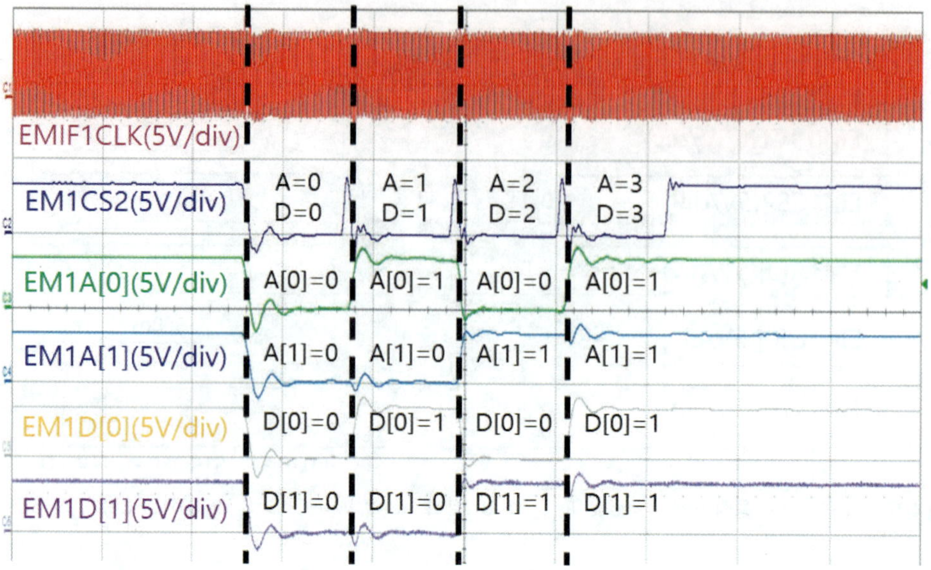

그림 4.29 비동기 쓰기 동작(k=0, k1=1, k2=2, k3=3, W_HOLD=6, W_STROBE=40, W_SETUP=6)

다음은 동일한 조건에서, Address 버스가 0, 1, 2, 3 상태일 때 Data 버스에는 1, 3, 0, 2를 인가한 결과이다.

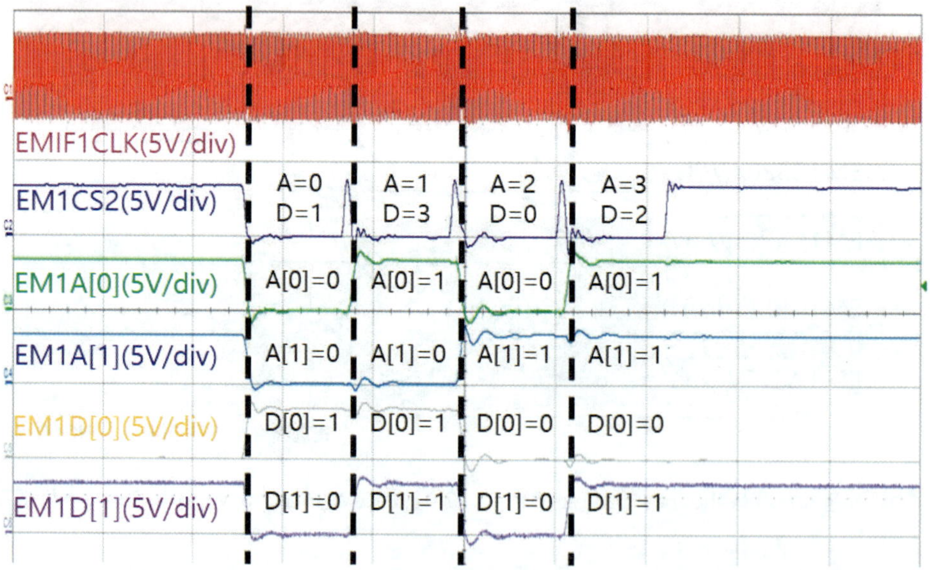

그림 4.30 비동기 쓰기 동작(k=1, k1=3, k2=0, k3=2, W_HOLD=6, W_STROBE=40, W_SETUP=6)

해당 예제를 통해 병렬 Data 버스가 정상적으로 동작하는 것을 확인할 수 있다.

CHAPTER

05 Enhanced Pulse Width Modulator (ePWM)

5 Enhanced Pulse Width Modulator (ePWM)

5.1 ePWM 개요

ePWM은 IGBT, MOSFET 등 전력 반도체 스위치의 동작을 위한 Pulse Width Modulation(PWM), 펄스 폭 변조를 출력하는 기능을 한다. PWM은 [그림 5.1]과 같이 일정한 주기내의 반송파와 지령 전압의 비교를 통해 Duty비를 변화시켜 지령 전압과 동일한 크기 및 주파수를 갖는 기본파 전압을 발생시키는 펄스를 출력한다.

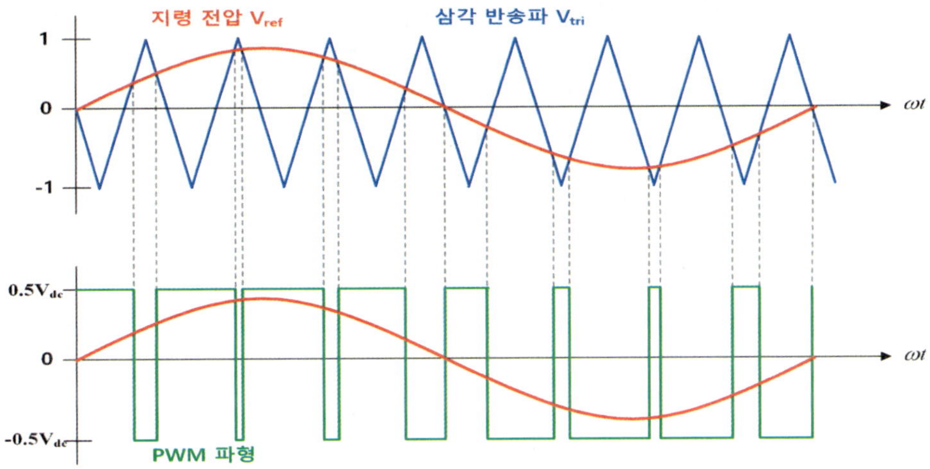

그림 5.1 PWM 생성원리 및 스위칭 파형

ePWM 모듈 특징

- 주기 및 주파수 제어가 가능한 전용 16Bit TB counter
- 각 ePWM 당 1쌍(EPWMxA 및 EPWMxB)의 PWM 출력 가능
    - 한 개의 Edge 동작이 가능한 두 개의 독립적인 PWM
    - 두 개의 대칭 Edge 동작이 가능한 두 개의 독립적인 PWM
    - 두 개의 비대칭 Edge 동작이 가능한 한 개의 독립적인 PWM
- 소프트웨어를 통한 비동기 오버라이드(Override) 제어 가능
- 다른 ePWM 모듈과의 연계를 통한 위상 제어
- Cycle-by-cycle에서 Phase-locked loop (PLL)
- Dead-band에서 상승 Edge와 하강 Edge의 독립적인 지연 제어
- Trip 상태에 따른 PWM 출력 상태(High, Low, High-Impedance) 고정
- 모든 Event는 CPU Interrupt와 ADC 변환 시작(SOC)을 모두 Trigger할 수 있음
- 프로그램 가능한 Event 프리스케일링은 Interrupt의 CPU 오버헤드(Overhead)를 최소화
- 고주파 반송파 신호에 의한 PWM 쵸퍼 기능

5.2 전력전자에서 ePWM 기능 활용

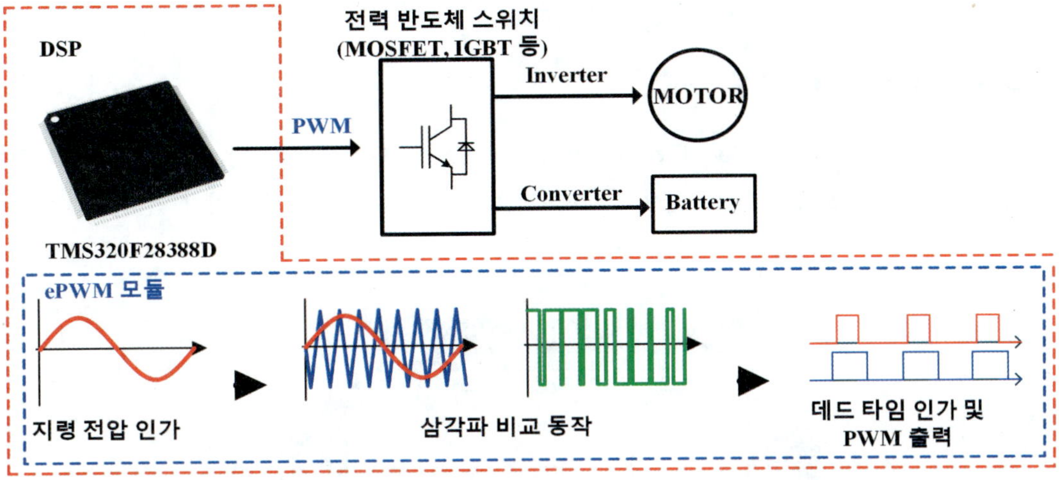

그림 5.2 ePWM 기능을 이용한 인버터, 컨버터 동작 예시

일반 가정에서 사용되는 가전 제품은 변전소를 통해 만들어진 60Hz의 계통 AC 전압을 받아 DC 전압 또는 AC 전압으로 변환하는 전력 변환 시스템이 내장되어 있다. 마찬가지로 산업에서 이용되는 제품이나 모터 또한 계통 AC 전압을 통해 원하는 전압으로 전력 변환하는 시스템을 사용하게 되는데, 이때 전력 변환 스위치가 적용된다.

전력 변환 스위치를 제어하기 위해서는 사용자로부터 제어 정보를 입력 받아 이를 신호 처리하여 스위치에 필요한 제어 신호를 출력하는 과정이 필요하다. 이러한 과정은 ePWM 모듈을 통해 진행할 수 있다. [그림 5.2]와 같이 제어 정보에 따른 지령 전압이 인가되어 삼각파와 비교를 통해 PWM을 출력하게 된다. PWM은 지령 전압과 동일한 평균 전압을 출력하도록 스위치의 동작 상태를 결정한다. 따라서, DC 전압을 AC전압으로 변환하여 모터를 구동하거나 AC 전압을 DC 전압으로 변환하여 배터리 충방전 또는 직류 전원 제품을 구동하는 동작이 가능하게 된다.

이 외에도 ePWM 모듈은 두 개의 스위치가 동시에 ON이 되어 단락 사고를 방지하기 위한 데드 타임(출력 지연) 레지스터, PWM 주기에 맞춰서 동작할 수 있도록 신호를 내보내는 동기화 레지스터, 예상치 못한 동작이 발생했을 때에 스위치 상태를 High 또는 Low로 고정하는 보호 동작 레지스터 등으로 사용자가 시스템의 상황을 판단하고 동작에 용이한 기능들이 내재되어 있다. 앞서 설명된 PWM 동작부터 보호 동작까지 포함된 ePWM 모듈에 대해 설명한다.

5.3 ePWM Pin 설정

[그림 5.3]는 TMS320F28388 176 Pin 칩의 구성도이다. 각 ePWM 당 A, B를 쌍으로 총 32개의 PWM 동작을 진행할 수 있으며, 사용되는 Pin은 [표 5.1]에 보여지고 있다.

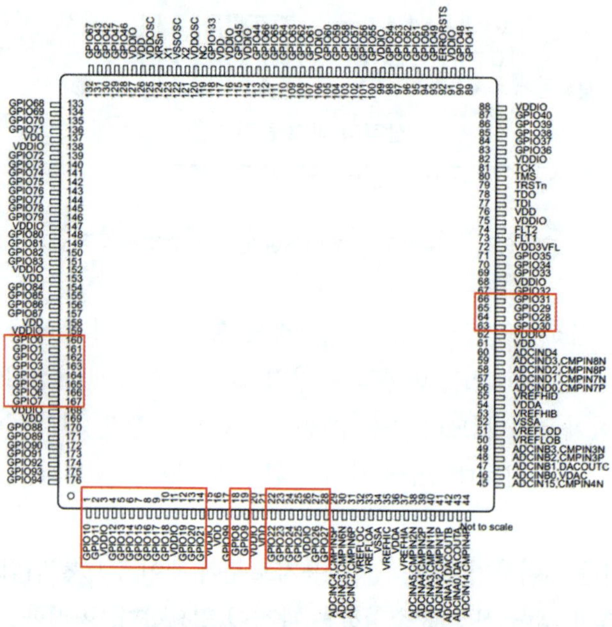

그림 5.3 TMS320F28388 176 Pin 칩의 구성도

표 5.1 기본 ePWM Pin 번호

GPIO	Name	Pin	Mux Position	GPIO	Name	Pin	Mux Position
0	EPWM1A	160	1	16	EPWM9A	8	5
1	EPWM1B	161	1	17	EPWM9B	9	5
2	EPWM2A	162	1	18	EPWM10A	10	5
3	EPWM2B	163	1	19	EPWM10B	12	5
4	EPWM3A	164	1	20	EPWM11A	13	5

5	EPWM3B	165	1	21	EPWM11B	14	5
6	EPWM4A	166	1	22	EPWM12A	22	5
7	EPWM4B	167	1	23	EPWM12B	23	5
8	EPWM5A	18	1	24	EPWM13A	24	13
9	EPWM5B	19	1	25	EPWM13B	25	13
10	EPWM6A	1	1	26	EPWM14A	27	13
11	EPWM6B	2	1	27	EPWM14B	28	13
12	EPWM7A	4	1	28	EPWM15A	64	13
13	EPWM7B	5	1	29	EPWM15B	65	13
14	EPWM8A	6	1	30	EPWM16A	63	13
15	EPWM8B	7	1	31	EPWM16B	66	13

각 ePWM은 GPIO에 할당되어 있으며, GPIO는 ePWM 기능 외에도 여러 가지 기능을 포함하고 있다. GPIO를 ePWM 기능으로 사용하기 위해 레지스터를 설정해주는 과정이 필요하다. 각 ePWM의 출력 신호를 사용하기 위한 GPIO의 설정은 아래 코드와 같다. GPAPUD 레지스터의 값을 0으로 설정하여 PULL-UP을 활성화한다. 다음으로 GPIO를 ePWM기능으로 사용하기 위해서 GPAGMUX와 GPAMUX의 레지스터 값을 설정할 필요가 있다. 이때 GPAGMUX는 상위 2 Bit이며, GPAMUX는 하위 2 Bit로 총 4 Bit로 기능을 설정할 수 있다. 예를 들어 GPIO28을 EPWM15A로서 기능을 설정하기 위해 GPAGMUX=3, GPAMUX=1일 경우 4 Bit 기준으로 1101으로 Mux Position 중 13에 해당하는 EPWM15A 기능이 설정된다. GPIO의 기능 중 ePWM기능이 위치해 있는 레지스터의 값은 [표 5.1]의 Mux Position과 같다.

```
GpioCtrlRegs.GPAPUD.bit.GPIO0 = 0; // Enable pull up on GPIO0
GpioCtrlRegs.GPAPUD.bit.GPIO1 = 0; // Enable pull up on GPIO1
GpioCtrlRegs.GPAPUD.bit.GPIO14 = 0; // Enable pull up on GPIO14
GpioCtrlRegs.GPAPUD.bit.GPIO15 = 0; // Enable pull up on GPIO15
GpioCtrlRegs.GPAPUD.bit.GPIO16 = 0; // Enable pull up on GPIO16
GpioCtrlRegs.GPAPUD.bit.GPIO17 = 0; // Enable pull up on GPIO17
GpioCtrlRegs.GPAPUD.bit.GPIO30 = 0; // Enable pull up on GPIO30
GpioCtrlRegs.GPAPUD.bit.GPIO31 = 0; // Enable pull up on GPIO31
```

```
GpioCtrlRegs.GPAGMUX1.bit.GPIO0 = 0; // GPIO0 = EPWM1A
GpioCtrlRegs.GPAMUX1.bit.GPIO0 = 1;
GpioCtrlRegs.GPAGMUX1.bit.GPIO1 = 0; // GPIO1 = EPWM1B
GpioCtrlRegs.GPAMUX1.bit.GPIO1 = 1;
GpioCtrlRegs.GPAGMUX1.bit.GPIO14 = 0; // GPIO14 = EPWM8A
GpioCtrlRegs.GPAMUX1.bit.GPIO14 = 1;
GpioCtrlRegs.GPAGMUX1.bit.GPIO15 = 0; // GPIO15 = EPWM8B
GpioCtrlRegs.GPAMUX1.bit.GPIO15 = 1;
GpioCtrlRegs.GPAGMUX1.bit.GPIO16 = 1; // GPIO16 = EPWM9A
GpioCtrlRegs.GPAMUX2.bit.GPIO16 = 1;
GpioCtrlRegs.GPAGMUX1.bit.GPIO17 = 1; // GPIO17 = EPWM9B
GpioCtrlRegs.GPAMUX2.bit.GPIO17 = 1;
GpioCtrlRegs.GPAGMUX1.bit.GPIO30 = 3; // GPIO30 = EPWM16A
GpioCtrlRegs.GPAMUX2.bit.GPIO30 = 1;
GpioCtrlRegs.GPAGMUX1.bit.GPIO31 = 3; // GPIO31 = EPWM16B
GpioCtrlRegs.GPAMUX2.bit.GPIO31 = 1;
```

5.4 ePWM 모듈

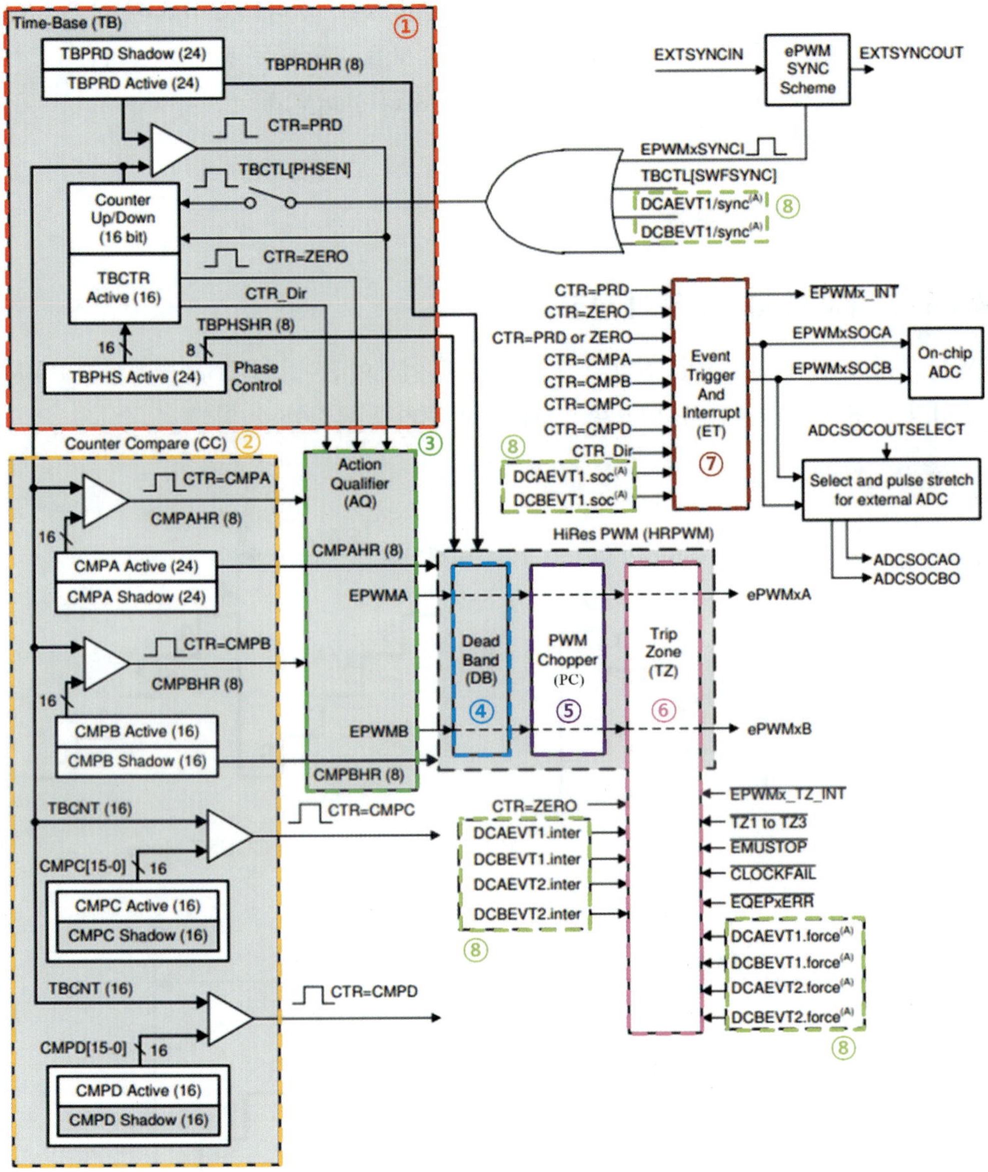

그림 5.4 ePWM 모듈의 주요 내부 동작 및 블록도

ePWM 모듈은 [그림 5.4]와 같이 하위 8가지 서브 모듈로 구성되어 있다. 먼저 TB 모듈에서 삼각 반송파를 생성하여 지령 전압을 CC 모듈을 통해 비교를 진행한다. 비교된 시점에서 PWM 동작 상태를 AQ 모듈에서 출력한다. EPWMxA와 EPWMxB의 지연 동작을 DB

모듈을 통해 설정한다. 추가적으로 출력 펄스를 분할하기 위한 PC 모듈, Error가 발생했을 때의 PWM 동작을 설정하는 TZ 모듈, 아날로그 값을 디지털 값으로 변환하는 ADC 동작을 위한 Interrupt 또는 SOC 신호를 발생하는 ET 모듈이 있다. 그리고 CMPSS와 같은 외부 신호와 비교하여 PWM 동작을 설정하여 ET 모듈, TZ 모듈, TB 모듈 등에 전달하는 DC 모듈이 있다. 이와 같은 8가지 모듈에 대한 내용을 하나하나 살펴보자.

5.4.1 Time Base(TB) 모듈

5.4.1.1 삼각파 Mode 및 주기 설정

PWM 동작은 삼각파와 지령 전압의 비교를 통해 이루어진다. 이 TB모듈에서는 PWM 동작의 삼각파 형태를 결정할 수 있으며, 그에 대한 주기를 설정할 수 있다.

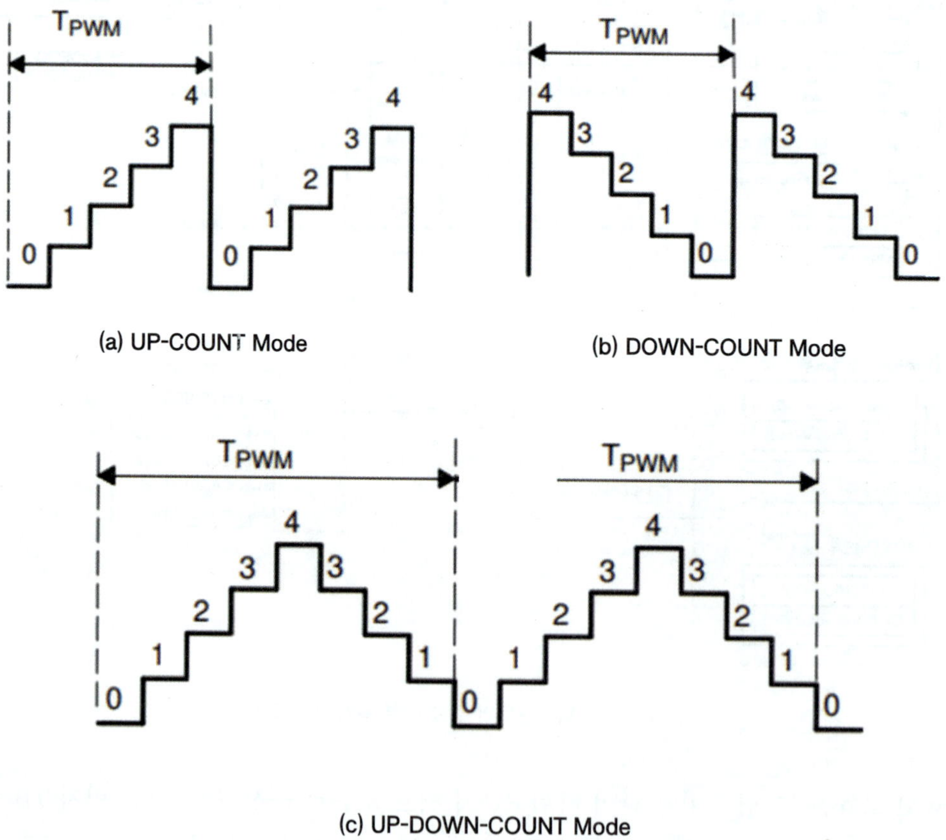

그림 5.5 3가지 형태의 삼각파

[그림 5.5]의 (a) 경우 UP-COUNT Mode, (b) 경우 DOWN-COUNT Mode, (c) 경우 UP-DOWN-COUNT Mode라 불린다. 삼각파의 형태는 TB 모듈의 TBCTL 레지스터 중 CTRMODE를 통해 설정된다. 일반적으로 알고 있는 삼각파의 빗변의 모양은 직선이지만 DSP에서 삼각파는 [그림 5.5]와 같이 계단 형태로 구성된다. [그림 5.5]를 보면, 각 계단은 DSP 클럭 시간(TBCLK)마다 한 칸씩 증가 혹은 감소되어 TB 모듈의 TBPRD 레지스터를 통해 설정된 값을 기준으로 동작한다. 따라서 삼각파의 주기를 TBCLK 값으로 나누어 나온 결과 값(COUNTER = TBPRD)을 사용하여 주기 설정이 가능하다. UP-COUNT Mode와 DOWN-COUNT Mode의 경우 수식 (5.1)을 통해, UP-DOWN-COUNT Mode의 경우 수식 (5.2)를 통해 삼각파 주기를 설정할 수 있다. T_{PWM}은 삼각파의 실제 주기를 의미한다. UP-DOWN-COUNT Mode의 경우 주기를 2로 나누어 계산하는 것은 계단 파형이 0에서 COUNTER = TBPRD 값으로 상승 후 다시 0으로 하강하기 때문이다.

$$TBPRD = \frac{T_{PWM}}{T_{TBCLK}} \tag{5.1}$$

$$TBPRD = \frac{T_{PWM}}{2 \times T_{TBCLK}} \tag{5.2}$$

TB 모듈을 설정할 때, 시스템 클럭값(PLLSYSCLK)을 기준으로 설정하게 된다. 클럭값(PLLSYSCLK)이 200MHz이고 UP-COUNT Mode에서 삼각파의 주기를 10kHz(T_{PWM} = 0.0001)로 설정하고 싶을 때, 위의 계산 값에 의해 TBPRD = 10000이 된다. 이 상황에서 듀티를 0.5로 설정해준 후 PWM 동작 결과를 확인한 결과를 [그림 5.6]에서 보여주고 있다. PWM 한 주기의 결과가 설정해준 10kHz로 출력되는 것을 확인할 수 있다.

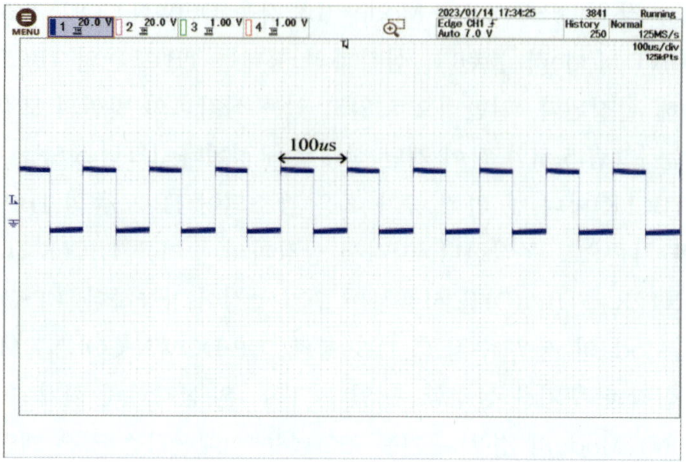

그림 5.6 TB 모듈 - UP-COUNT Mode, 듀티 0.5에서 PWM 결과 파형

위 과정을 통해 기본적인 삼각파 Mode 및 주기 설정 과정을 알아보았다. 추가적으로 [그림 5.7]과 같이 TB 모듈 중 CLKDIV, HSPCLKDIV 레지스터의 분주비 설정을 통한 주기 변경이 가능하다.

TBCTL Register

15	14	13	12	11	10	9	8
FREE_SOFT		PHSDIR	CLKDIV			HSPCLKDIV	
R/W-0h		R/W-0h	R/W-0h			R/W-1h	
7	**6**	**5**	**4**	**3**	**2**	**1**	**0**
HSPCLKDIV	SWFSYNC	RESERVED		PRDLD	PHSEN	CTRMODE	
R/W-1h	R-0/W1S-0h	R-0h		R/W-0h	R/W-0h	R/W-3h	

그림 5.7 TB 모듈 - TBCTL 레지스터 : 삼각파 주기 변경

COUNTER 주기와 CLKDIV, HSPCLKDIV 레지스터의 관계는 수식 (5.3)과 같으며, EPWMCLK 주기는 PLLSYSCLK을 EPWMCLKDIV 레지스터를 통해 수식 (5.4)와 같이 계산된 값이다. 이 때 3개의 레지스터의 값에 따른 분주비는 [표 5.2]을 통해 보여지고 있다. 레지스터의 분주비 설정을 통해 주기의 값을 변경할 수 있지만, 각각 설정에 따른 분주비 설정 값이 다르다는 차이가 존재한다.

$$T_{TBCLK} = \frac{EPWMCLK}{(HSPCLKDIV \times CLKDIV)} \quad (5.3)$$

$$EPWMCLK = \frac{PLLSYSCLK}{EPWMCLKDIV} \quad (5.4)$$

표 5.2 CLKDIV, HSPCLKDIV, EPWMCLKDIV 변수에 따른 동작

CLKDIV	Description (TBCLK 분주 비 결정)	HSPCLKDIV	Description (TBCLK 분주 비 결정)
000	EPWMCLK / 1	000	EPWMCLK / 1
001	EPWMCLK / 2	001	EPWMCLK / 2
010	EPWMCLK / 4	010	EPWMCLK / 4
011	EPWMCLK / 8	011	EPWMCLK / 6
100	EPWMCLK / 16	100	EPWMCLK / 8
101	EPWMCLK / 32	101	EPWMCLK / 10
110	EPWMCLK / 64	110	EPWMCLK / 12
111	EPWMCLK / 128	111	EPWMCLK / 14

EPWMCLKDIV	Description (EPWMCLK 분주 비 결정)
0	PLLSYSCLK / 1
1	PLLSYSCLK / 2

[그림 5.8]은 TB 모듈의 레지스터를 통해 분주 비를 변경했을 때의 파형을 나타낸다. UP-DOWN-COUNT Mode에서 삼각파 주기를 10kHz로 설정한 상황에서 2개의 레지스터를 CLKDIV=0, HSPCLKDIV=0으로 설정했을 때의 결과를 [그림 5.8(a)]에서 나타내고 있다. 0의 값으로 설정된 두 레지스터에 의해서 분주 비율은 1이기 때문에 주기는 10000*2/200MHz = 100us로 나오는 것을 확인할 수 있다. 다음으로 동일 조건에서 CLKDIV=1, HSPCLKDIV=0으로 설정해준 결과가 [그림 5.8(b)]이다. CLKDIV의 값이 1일 때 EPWMCLK/2 이기 때문에 기존 삼각파 주기보다 2배 증가한 200us 주기가 나오는 것을 확인할 수 있다. 마지막으로 CLKDIV=1, HSPCLKDIV=1으로 설정해준 결과를 [그림 5.8(c)]에서 나타내고 있다. CLKDIV의 값이 1일 때 EPWMCLK/2, HSPCLKDIV의 값이 1

일 때 EPWMCLK/2이므로 앞서 나온 [그림 5.8(b)]의 결과 주기의 2배인 400us가 나오는 것을 확인할 수 있다.

```
EPwm1Regs.TBCTL.bit.CLKDIV = 0; // EPWMCLK /1
EPwm1Regs.TBCTL.bit.HSPCLKDIV = 0; // EPWMCLK /1
```

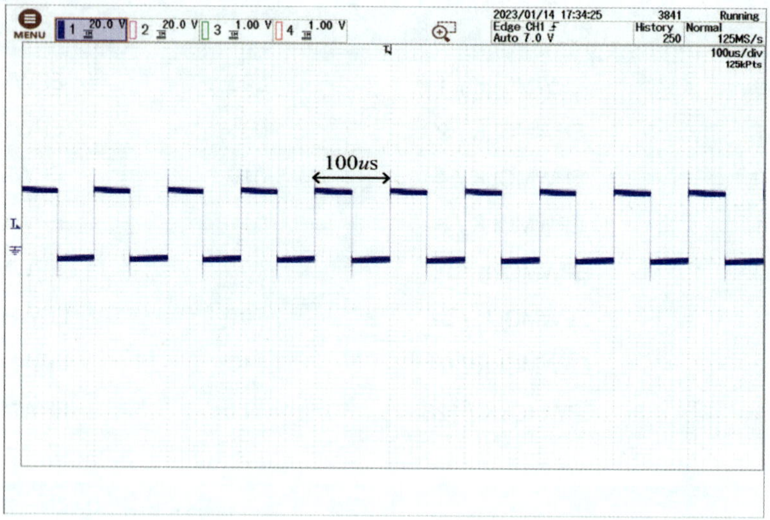

(a) 100μs

```
EPwm1Regs.TBCTL.bit.CLKDIV = 1; // EPWMCLK /2
EPwm1Regs.TBCTL.bit.HSPCLKDIV = 0; // EPWMCLK /1
```

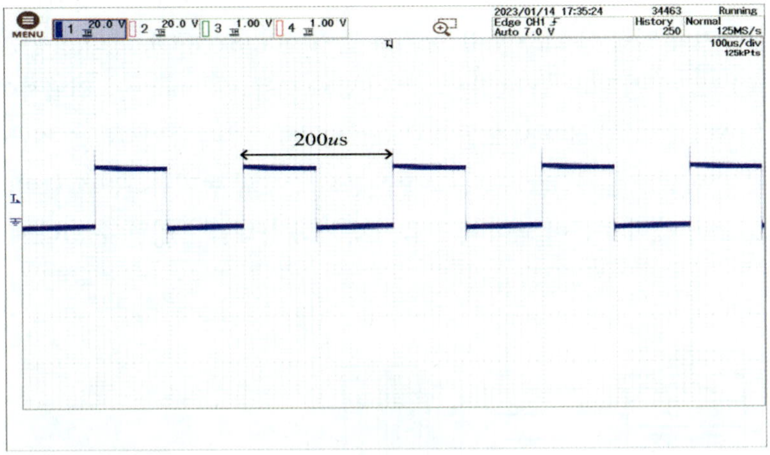

(b) 200μs

```
EPwm1Regs.TBCTL.bit.CLKDIV = 1; // EPWMCLK /2
EPwm1Regs.TBCTL.bit.HSPCLKDIV = 1; // EPWMCLK /2
```

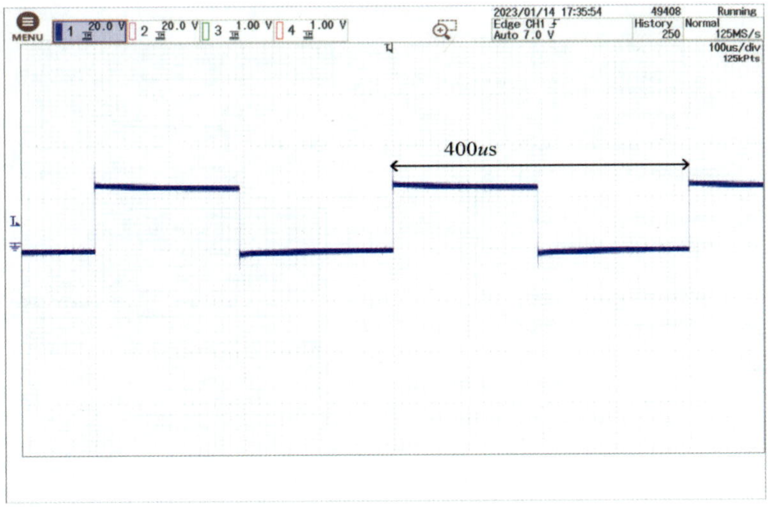

(c) 400μs

그림 5.8 TB 모듈 - CLKDIV, HSPCLKDIV 레지스터를 통한 주기 변경 파형

5.4.1.2 동기화 설정

ePWM은 상보 동작이 가능한 A, B를 쌍으로 총 32개의 출력 Pin이 배정되어 있다. 상보 동작 기준 16개의 신호를 하나로 동기화시켜 PWM 동작이 가능하다. [그림 5.9]에 나와 있듯이 각 ePWM 모듈은 동기화 입력 신호(SYNCI), 동기화 출력 신호(SYNCO), 그리고 주변 동기화 출력 신호(SYNCPER)으로 구성된다. SYNCI는 다른 ePWM 모듈의 Counter를 입력하여 동기화하는 역할을 하며, SYNCO는 다른 ePWM 모듈로 Counter를 출력하여 동기화하는 역할을 한다. 그리고 SYNCPER는 ePWM 모듈이 GPDAC나 CMPSS 등의 신호와 동기화하는 역할이다. 즉, 동기화 신호에 의해 Counter 값이 변동이 되어 각 모듈의 동기화 상태를 결정할 수 있다.

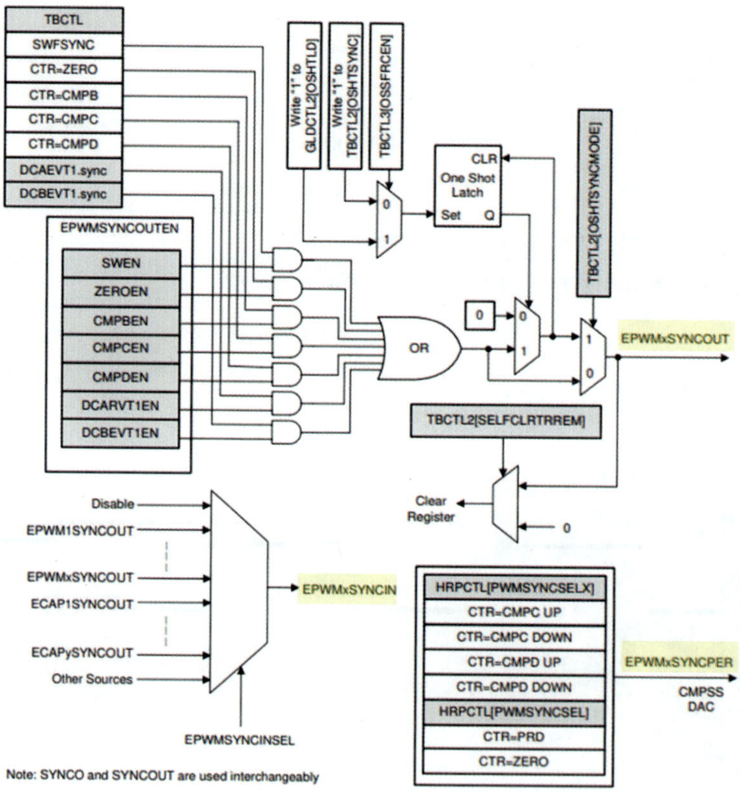

그림 5.9 ePWM 동기화

[그림 5.10]은 동기화 신호에 따른 Counter 값 변화를 나타낸다. UP-DOWN-COUNT Mode에서 SYNCI 신호가 발생했을 때 Counter를 TBPHS의 값으로 불러온다. 불러온 이후 Counter의 동작은 PHSDIR 레지스터에 의해 UP-COUNT 또는 DOWN-COUNT로 동작하게 된다.

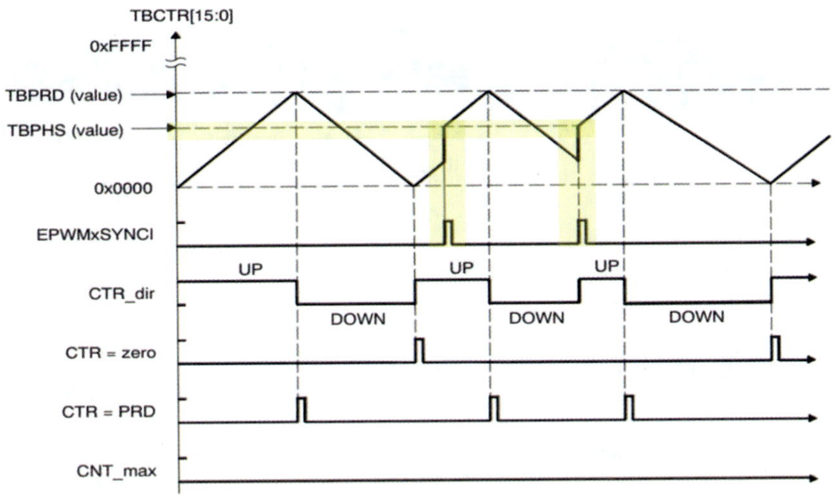

그림 5.10 동기화 신호에 따른 Counter 변화

[그림 5.11]과 같이 TB 모듈의 EPWMSYNCINSEL, EPWMSYNCOUTEN 레지스터를 통해 동기화 신호를 수신 또는 송신할 수 있다. [표 5.3]는 EPWMSYNCINSEL, EPWMSYNCOUTEN 레지스터 값에 따른 동작 특성을 나타낸다.

EPWMSYNCINSEL Register

15	14	13	12	11	10	9	8
RESERVED							
R-0h							
7	**6**	**5**	**4**	**3**	**2**	**1**	**0**
RESERVED			SEL				
R-0h			R/W-1h				

Figure 26-98. EPWMSYNCOUTEN Register

15	14	13	12	11	10	9	8
RESERVED							
R-0h							
7	**6**	**5**	**4**	**3**	**2**	**1**	**0**
RESERVED	DCBEVT1EN	DCAEVT1EN	CMPDEN	CMPCEN	CMPBEN	ZEROEN	SWEN
R-0h	R/W-0h	R/W-0h	R/W-0h	R/W-0h	R/W-0h	R/W-0h	R/W-1h

그림 5.11 TB 모듈 - EPWMSYNCINSEL, EPWMSYNCOUTEN 레지스터 : 동기화 신호 설정

표 5.3 EPWMSYNCINSEL, EPWMSYNCOTEN 레지스터의 변수에 따른 동작

<table>
<tr><th>SEL</th><th>Description
(동기화 입력 신호 설정)</th><th colspan="2">EPWMSYNCOTEN</th><th>Description
(동기화 출력 신호 설정)</th></tr>
<tr><td rowspan="3">0x00</td><td rowspan="3">비활성화</td><td rowspan="2">DCA(B)EVT1EN</td><td>0</td><td>비활성화</td></tr>
<tr><td>1</td><td>DCA(B)EVT1 신호를 출력</td></tr>
<tr><td rowspan="2">CMPDEN</td><td>0</td><td>비활성화</td></tr>
<tr><td rowspan="3">0x01
~
0x10</td><td rowspan="3">EPWM1.SYNCOUT
~
EPWM16.SYNCOUT</td><td>1</td><td>TBCTR=CMPD일 때 출력</td></tr>
<tr><td rowspan="2">CMPCEN</td><td>0</td><td>비활성화</td></tr>
<tr><td>1</td><td>TBCTR=CMPC일 때 출력</td></tr>
<tr><td>0x11
~
0x17</td><td>ECAP1.SYNCOUT
~
ECAP7.SYNCOUT</td><td rowspan="2">CMPBEN</td><td>0</td><td>비활성화</td></tr>
<tr><td>0x18</td><td>INPUT-XBAR INPUT5</td><td>1</td><td>TBCTR=CMPB일 때 출력</td></tr>
<tr><td>0x19</td><td>INPUT-XBAR INPUT6</td><td rowspan="2">ZEROEN</td><td>0</td><td>비활성화</td></tr>
<tr><td>0x1A</td><td>EtherCAT.SYNC0</td><td>1</td><td>TBCTR=0일 때 출력</td></tr>
<tr><td>0x1B</td><td>EtherCAT.SYNC1</td><td rowspan="2">SWEN</td><td>0</td><td>비활성화</td></tr>
<tr><td>0x1F</td><td>FSI_RX_RX_TRIG1</td><td>1</td><td>SWFSYNC가 set일 때
한 주기의 PWM동안 출력</td></tr>
</table>

예를 들어 ePWM1 모듈에 대해 다른 ePWM 모듈을 동기화하고자 한다면, ePWM1 모듈의 PWM 신호를 ZEROEN = 1로 설정하여 CTR = 0일 때마다 동기화 출력 신호가 발생되도록 설정한다. 그 후 다른 ePWM 모듈의 SEL = 0×01로 설정하여 ePWM1에 동기화되도록 설정한다. 이때 EPWMSYNCOTEN 레지스터 중 DCA(B)EVT1EN은 Digital Compare(DC)에서 발생된 신호이며, 관련 내용은 5.4.8절에서 설명한다.

[그림 5.12]에서 PHSEN은 동기화 신호 시 TBPHS로 불러오는 설정을 진행하며, 비활성화 시 동기화를 진행할 수 없다. PHSDIR는 동기화 동작 이후 Counter 동작 방향을 설정할 수 있으며 UP-DOWN-COUNT Mode에서만 사용이 가능하다. PHSDIR = 0으로 설정할 경우 해당 ePWM은 동기화 신호 발생 시 TBPHS에서 0으로 DOWN-COUNT를 진행한다. 반대로 PHSDIR = 1으로 설정한 경우 [그림 5.10]과 같이 TBPHS에서 PRD으로 UP-COUNT를 진행한다. [표 5.4]는 PHSEN과 PHSDIR 레지스터의 값에 따른 동작 특성을 보이고 있다.

TBCTL Register

15	14	13	12	11	10	9	8
FREE_SOFT		PHSDIR	CLKDIV			HSPCLKDIV	
R/W-0h		R/W-0h	R/W-0h			R/W-1h	

7	6	5	4	3	2	1	0
HSPCLKDIV	SWFSYNC	RESERVED		PRDLD	PHSEN	CTRMODE	
R/W-1h	R-0/W1S-0h	R-0h		R/W-0h	R/W-0h	R/W-3h	

그림 5.12 TB 모듈 - TBCTL 레지스터 : 동기화 신호 이후 동작

표 5.4 PHSEN, PHSDIR 변수에 따른 동작

PHSEN	Description (동기화 신호 발생 후 TBPHS 값을 LOAD 활성화)	PHSDIR	Description (동기화 신호 발생 후 TBCTR의 Counter 방향 결정)
0	비활성화	0	DOWN-COUNT
1	활성화	1	UP-COUNT

실습은 UP-DOWN-COUNT Mode 상황에서 진행하였다. 두 신호를 비동기화 설정 상태에서 PWM 출력 파형을 [그림 5.13(a)]에 나타내고 있다. ePWM1의 PWM 신호를 ZEROEN = 1로 설정하여 COUNTER = 0일 때마다 동기화 신호가 출력되도록 설정한 후 ePWM2의 SEL = 0x01으로 설정하여 ePWM1에 동기화되도록 설정한 결과를 [그림 5.13(b)]에 보여주고 있다.

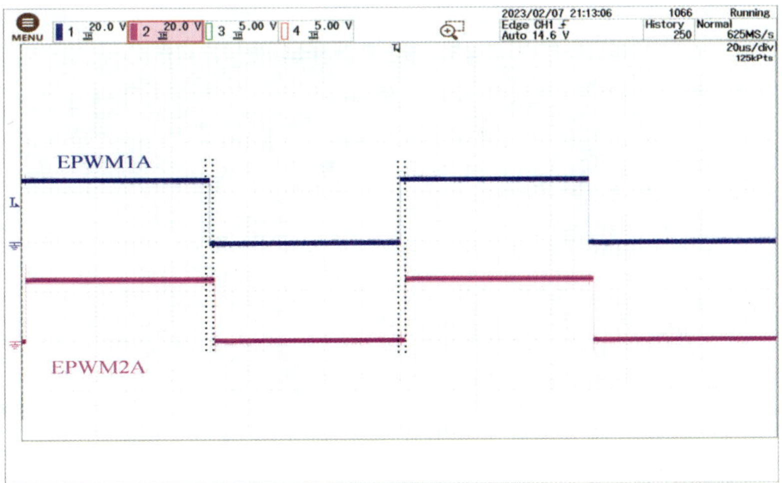

(a) 동기화를 하지 않은 파형

```
EPwm1Regs.EPWMSYNCOUTEN.bit.ZEROEN = 1; // EPWM1의 CTR = 0일 때 동기화 신호 출력
EPwm2Regs.EPWMSYNCINSEL.bit.SEL = 0x01; // EPWM1의 동기화 신호로부터 수신
EPwm2Regs.TBPHS.bit.TBPHS = 0; // 위상 지연 없음
EPwm2Regs.TBCTL.bit.PHSEN = 1; // 동기화 신호 수신 시 TBCTR = TBPHS로 설정
```

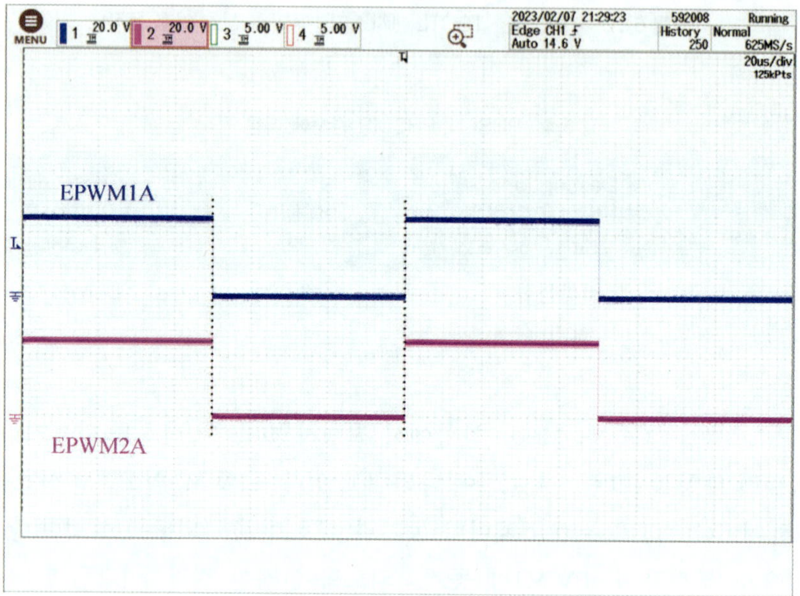

(b) EPWM1과 동기화한 파형

그림 5.13 TB 모듈 - 동기화 레지스터에 따른 파형

5.4.1.3 위상 지연

앞 절의 내용을 통해 각 ePWM 모듈의 동기화가 가능했다. 이 동기화 상태에서 각 ePWM 모듈마다 위상 지연 설정이 가능하다. 이러한 설정은 앞서 동기화 출력 신호로 설정했던 ePWM 모듈의 레지스터 TBPHS을 통해 설정이 가능하다. TBPHS 레지스터에 값을 설정해주면 수식 (5.5)에 의해 TBPHS/TBPRD만큼 위상 지연이 발생한다. 실습은 UP-DOWN-COUNT Mode에서 TBPRD = 10000 (100us 주기)으로 동작되도록 설정하였다. 두 신호를 동기화시켜 놓은 상태에서 TBPHS = 3000의 값을 설정해주면, 두 신호는 108도 위상 차이를 보이게 된다. 이에 대한 결과는 [그림 5.14]에서 보여주고 있다.

$$\textbf{Phase Delay} = \frac{TBPHS}{TBPRD} \times 360^{o} \tag{5.5}$$

```
EPwm1Regs.EPWMSYNCOUTEN.bit.ZEROEN = 1; // EPWM1의 CTR = 0일 때 동기화 신호 출력
EPwm2Regs.EPWMSYNCINSEL.bit.SEL = 0x01; // EPWM1의 동기화 신호로부터 수신
EPwm2Regs.TBPHS.bit.TBPHS = 3000; // 위상 지연 3000/10000 * 360 = 108
EPwm2Regs.TBCTL.bit.PHSEN = 1; // 동기화 신호 수신 시 TBCTR = TBPHS로 설정
```

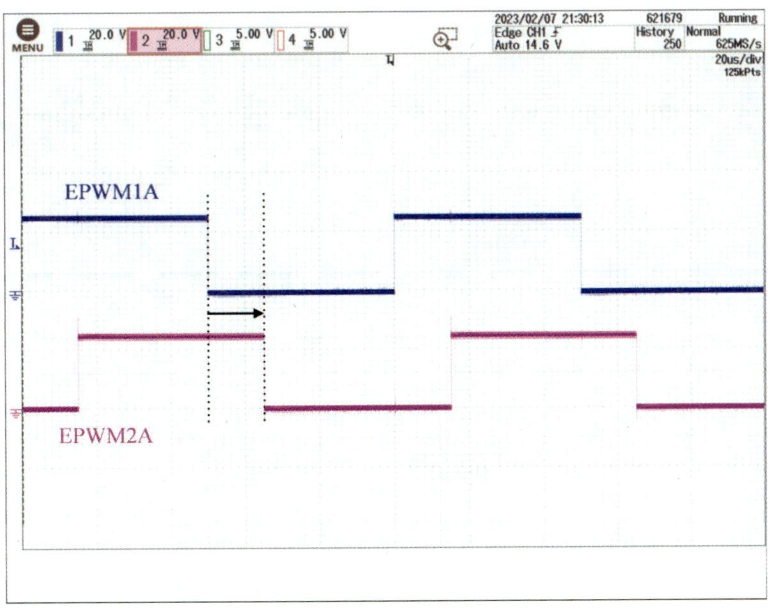

그림 5.14 TB 모듈 - 위상 지연 레지스터에 따른 파형

5.4.2 Counter Compare (CC) 모듈

5.4.2.1 듀티 설정

앞 절에서 TB 모듈 레지스터 설정을 통해 PWM 삼각 반송파 설정이 어떻게 이루어지는 분석했다. 두 번째로 소개되는 모듈은 Counter Compare 모듈이다. CC 모듈에서 지령 전압에 해당하는 CMPA, CMPB 레지스터를 삼각 반송파와 비교함으로써 PWM의 듀티를 설정할 수 있다. 예를 들어 100us 주기(TBPRD = 10000)로 동작하는 UP-DOWN-COUNT Mode에서 0.7의 PWM 듀티 동작을 위해 CMPA =10000*0.7 = 7000의 값을 설정한다. 해당 ePWM의 A 신호는 듀티가 0.7인 상태의 신호를 갖는 스위칭 동작이 가능하다. [그림 5.15]는 CMPA, B 레지스터에 값을 넣었을 때의 PWM 동작 신호를 나타내고 있다. 파란색 신호의 경우, UP-DOWN-COUNT Mode에서 (TBPRD = 10000) CMPA = 7000으로 설정하여, 0.7의 듀티를 내보내는 신호이다. 보라색 신호의 경우, DOWN-COUNT Mode에서 (TBPRD = 20000) CMPB = 14000으로 설정하여, 0.7의 듀티를 내보내는 신호이다.

```
EPwm1Regs.TBCTL.bit.CTRMODE = 2; // 삼각파 UPDOWN Mode
EPwm1Regs.CMPA.bit.CMPA = 7000; // TBPRD * 0.7 = 7000
EPwm2Regs.TBCTL.bit.CTRMODE = 1; // 삼각파 DOWN Mode
EPwm2Regs.CMPB.bit.CMPB = 14000; // TBPRD * 0.7 = 14000
```

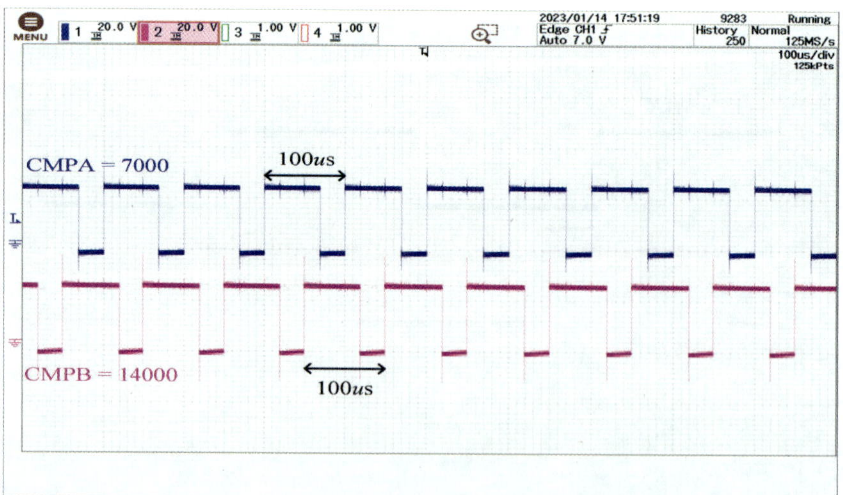

그림 5.15 CC 모듈 - CMPA, CMPB 레지스터를 통한 듀티 설정 파형

5.4.2.2 Shadow Mode 설정

다음으로 Shadow Mode에 대해 알아보도록 하겠다. CMPA, CMPB 레지스터 값에 따라 듀티가 결정됨을 앞 절 내용을 통해 알았다. 만약, PWM 동작 과정 중 듀티가 변경되는 상황이 발생하게 될 경우 [그림 5.16]과 같이 의도하지 않은 PWM 듀티가 출력되는 현상이 발생할 수 있다. 해당 듀티는 변동되기 전 빨간색 CMP 값에 의한 듀티도 아니며, 변동된 후의 파란색 CMP 값에 의한 듀티도 아닌 상태가 발생한다.

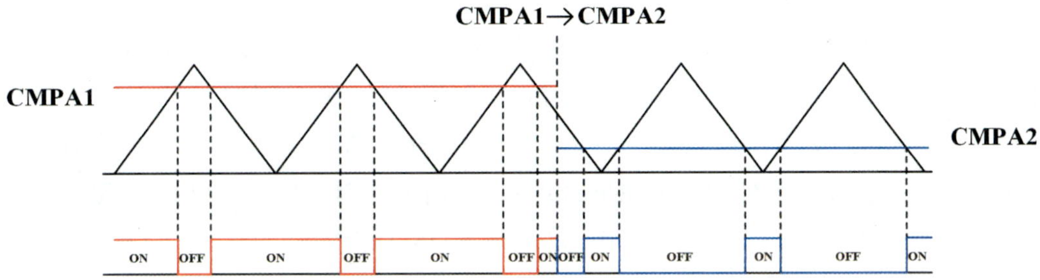

그림 5.16 Shadow Mode를 적용하지 않을 때 지령 전압이 변동하는 경우

이와 같은 PWM 듀티 출력 오류를 방지하기 위해 변동되는 값을 저장한 뒤 원하는 시점에서 불러오는 Shadow Mode를 사용한다. Shadow Mode는 [그림 5.17]과 같이 CC 모듈의 CMPCTL 레지스터의 SHDWA(B)MODE와 LOADA(B)MODE 레지스터를 사용하여 설정이 가능하다.

CMPCTL Register

15	14	13	12	11	10	9	8
RESERVED		LOADBSYNC		LOADASYNC		SHDWBFULL	SHDWAFULL
R-0h		R/W-0h		R/W-0h		R-0h	R-0h
7	**6**	**5**	**4**	**3**	**2**	**1**	**0**
RESERVED	SHDWBMODE	RESERVED	SHDWAMODE	LOADBMODE		LOADAMODE	
R-0h	R/W-0h	R-0h	R/W-0h	R/W-0h		R/W-0h	

그림 5.17 CC 모듈 - CMPCTL : Shadow Mode 관련 레지스터

SHDWA(B)MODE를 통해 Shadow Mode 기능 활성화 여부를 선택할 수 있다. 그리고 저장된 값은 LOADA(B)MODE를 통해 불러오는 시점을 지정할 수 있다. [표 5.5]는 2개의 레지스터의 값에 따른 동작 특성을 보이고 있다.

표 5.5 SHDWMODE와 LODAMODE 변수에 따른 동작

SHDWA(B)MODE	Description (Shadow Mode 설정)	LOADA(B)MODE	Description (CMPA(B) 값을 Shadow에서 LOAD하는 시점)
0	Shadow Mode 활성화	00	CTR = 0 일 때
		01	CTR = PRD 일 때
1	Shadow Mode 비활성화	10	CTR = 0 또는 PRD 일 때
		11	동작 없음

[그림 5.18]은 SHDWA(B)MODE = 1을 통해 Shadow Mode를 적용했을 때의 동작을 그림으로 나타낸 것이다. [그림 5.18(a)]의 경우 LOADA(B)MODE의 값이 0으로 설정되어 있을 때의 그림이다. 이 그림에서 Shadow 기능 설정에 의해 PWM 주기 도중 변경된 CMP 값이 저장되어 있는 상태에서 다음 COUNTER = 0이 되는 지점에서 저장된 CMP 값이 갱신되는 것을 확인할 수 있다. [그림 5.18(b)]의 경우, LOADA(B)MODE의 값이 1로 설정되어 있을 때의 그림이다. 마찬가지로 PWM 주기 도중 변경된 CMP 값이 저장되어 있는 상태에서 다음 COUNTER = PRD가 되는 지점에서 갱신되는 결과를 볼 수 있다.

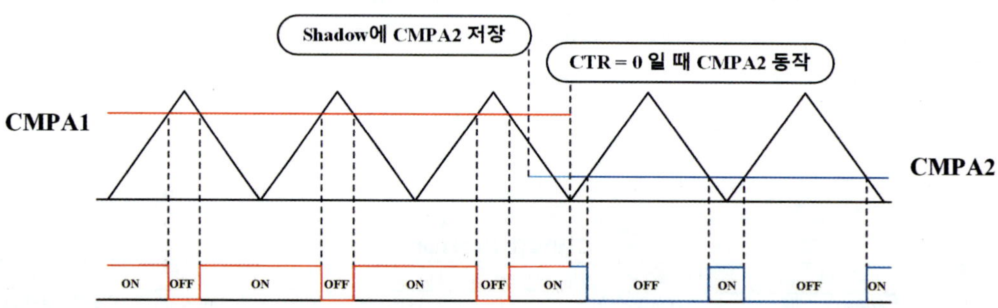

(a) CTR = 0일 때 불러오는 경우

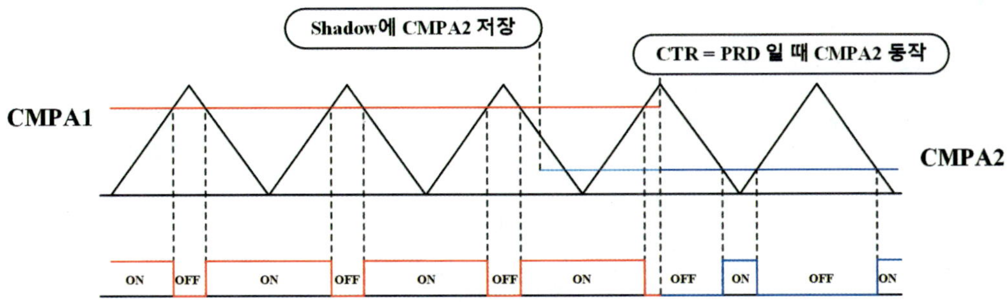

(b) CTR = PRD일 때 불러오는 경우

그림 5.18 Shadow Mode 적용할 때 지령 전압이 변동하는 경우

[그림 5.19]은 실제 Shadow Mode를 적용하지 않았을 때와 적용할 때의 실험 파형이다. PWM 주기가 100us가 되도록 설정하고, CMPA와 CMPB 값을 상수로 Interrupt 내부에 설정하였다. 이 때 듀티가 0.8과 0.2가 되도록 CMPA값만 PWM 한 주기마다 8000과 2000으로 갱신되도록 설정해주었다. [그림 5.19(a)]의 경우 SHDWAMODE를 1로 설정하여 Shadow Mode를 비활성화한 상태이다. [그림 5.17]과 같이 CMPA가 변동되는 빨간색 화살표 시점에서 원치 않는 스위칭 상태가 발생하는 것을 확인할 수 있다. [그림 5.19(b)]의 경우 LOADA(B)MODE의 값을 0으로 설정하여 변화되는 CMPA 값이 COUNTER = 0일 때 갱신되도록 설정하였다. Shadow 기능이 적용되어 빨간색 화살표로 표시된 부근에서 CMPA 값이 변동되는 것을 확인할 수 있다. 동일한 상황에서 LOADA(B)MODE의 값을 1로 설정하여 갱신되는 지점을 COUNTER = PRD로 설정한 실험 결과를 [그림 5.19(c)]에서 보여주고 있다. 빨간색 화살표의 방향이 삼각파의 PRD 지점을 가리키는 것을 확인할 수 있으며, 이 지점에서 CMPA 값이 갱신됨을 알 수 있다.

```
EPwm1Regs.CMPCTL.bit.SHDWAMODE = 1; // Shadow Mode 비활성화
```

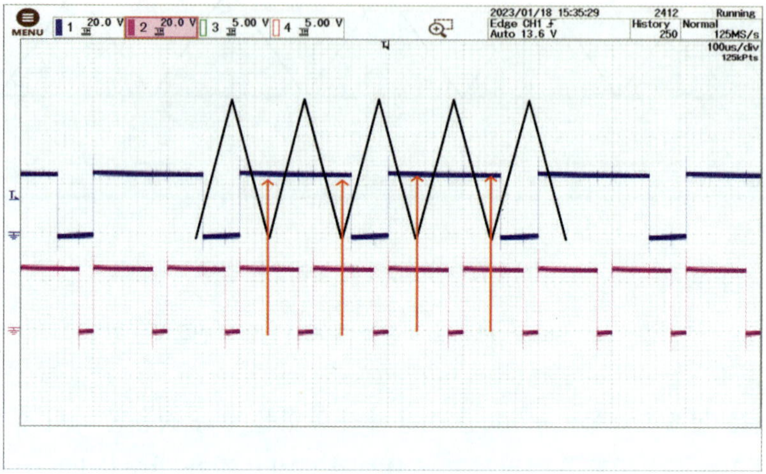

(a) Shadow Mode 비활성화

```
EPwm1Regs.CMPCTL.bit.SHDWAMODE = 0; // Shadow Mode 활성화
EPwm1Regs.CMPCTL.bit.LOADAMODE = 0; // CTR=0일 때 변동 값 적용
```

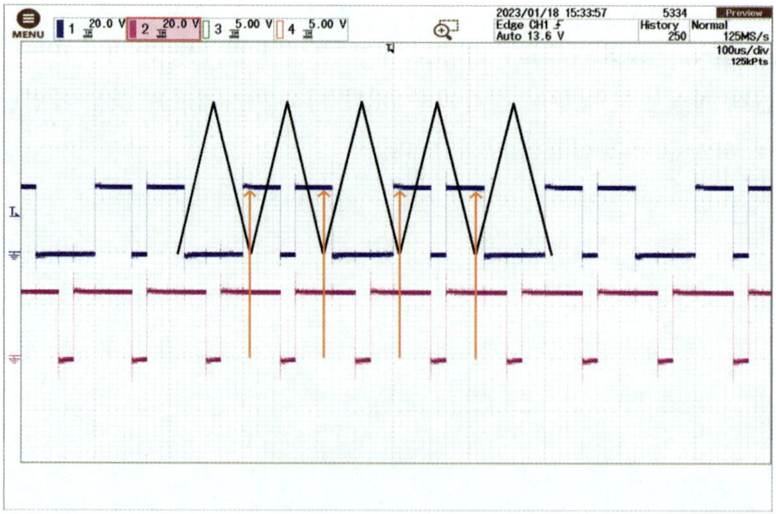

(b) Shadow Mode 활성화, CTR = 0일 때 변동 값 적용

```
EPwm1Regs.CMPCTL.bit.SHDWAMODE = 0; // Shadow Mode 활성화
EPwm1Regs.CMPCTL.bit.LOADAMODE = 1; // CTR=PRD일 때 변동 값 적용
```

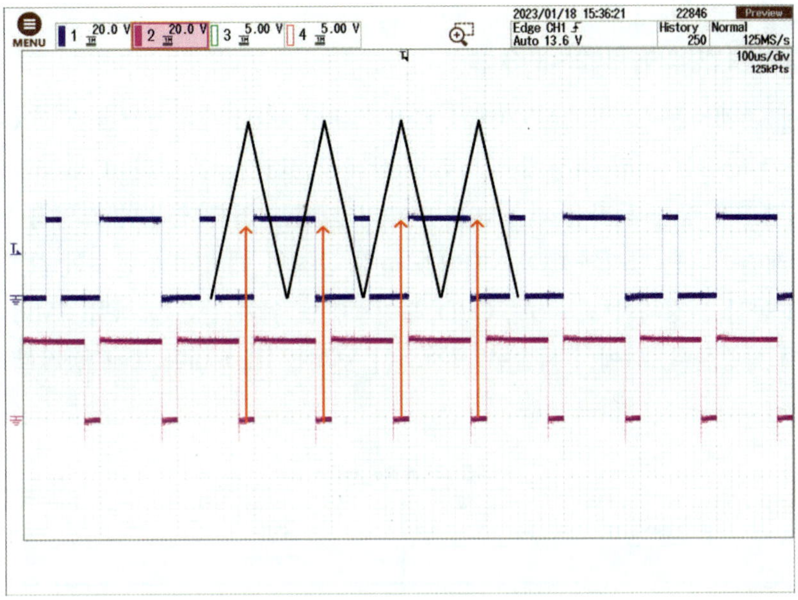

(c) Shadow Mode 활성화, CTR = PRD일 때 변동 값 적용

그림 5.19 CC 모듈 - Shadow Mode 적용에 따른 파형

5.4.3 Action Qualifier (AQ) 모듈

TB 모듈을 기반으로 삼각 반송파의 형태, 주기를 설정하고, CC 모듈을 통해 PWM 듀티가 되는 CMP 값을 설정할 수 있었다. 이때 AQ 모듈을 이용해서 삼각 반송파와 CMP 값을 비교하여 스위칭 동작의 기준을 설정하여, PWM 듀티의 동작의 방향성을 결정할 수 있다.

5.4.3.1 기본적인 스위칭 상태 결정

AQ 모듈에 존재하는 CAU, CAD, CBU, CBD, ZRO, PRD 레지스터를 통해 CMP 변수와 삼각 반송파가 만나는 지점 지점에서 스위칭 상태를 결정할 수 있다. CAU 레지스터는 삼각파 COUNTER가 상승 동작할 때 CMPA 변수와 값이 일치할 경우의 스위치 동작을 정의하며, CAD 레지스터는 삼각파 COUNTER가 하강 동작할 때 CMPA 변수와 값이 일치할 경우의 스위칭 동작을 정의한다. CBU, CBD 레지스터는 위와 같은 동작을 CMPB 변수와 값이 일치할 때 시행한다. 위에서 서술한 레지스터 동작을 [표 5.6]를 통해 정리할 수 있다.

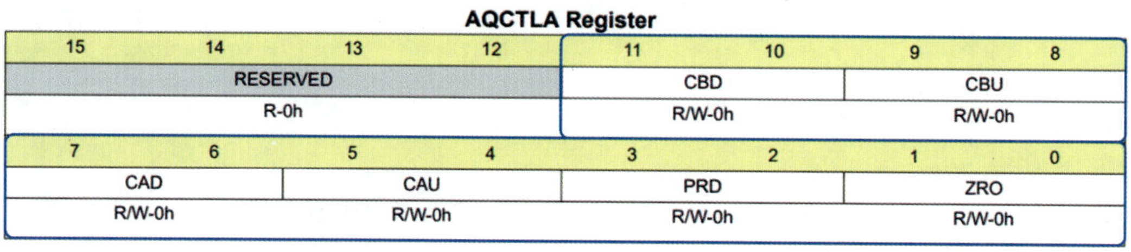

그림 5.20 AQ 모듈 - AQCTLA 레지스터 : 스위칭 상태 결정

표 5.6 CAU, CAD, CBU, CBD, ZRO, PRD 변수에 따른 동작

CAU	Description (UP COUNT일 때 스위칭 상태 결정)	CAD	Description (DOWN COUNT일 때 스위칭 상태 결정)
00	동작 없음	00	동작 없음
01	CTR = CMPA일 때 LOW	01	CTR = CMPA일 때 LOW
10	CTR = CMPA일 때 HIGH	10	CTR = CMPA일 때 HIGH
11	출력 신호와 반대 상태 출력	11	출력 신호와 반대 상태 출력

CBU	Description (UP COUNT일 때 스위칭 상태 결정)	CBD	Description (DOWN COUNT일 때 스위칭 상태 결정)
00	동작 없음	00	동작 없음
01	CTR = CMPB일 때 LOW	01	CTR = CMPB일 때 LOW
10	CTR = CMPB일 때 HIGH	10	CTR = CMPB일 때 HIGH
11	출력 신호와 반대 상태 출력	11	출력 신호와 반대 상태 출력

ZRO	Description (CTR = ZRO일 때 스위칭 상태 결정)	PRD	Description (CTR = PRD일 때 스위칭 상태 결정)
00	동작 없음	00	동작 없음
01	CTR = 0일 때 LOW 출력	01	CTR = PRD일 때 LOW 출력
10	CTR = 0일 때 HIGH 출력	10	CTR = PRD일 때 HIGH 출력
11	출력 신호와 반대 상태 출력	11	출력 신호와 반대 상태 출력

[그림 5.21]은 각 레지스터가 스위칭 상태를 결정하는 지점을 나타내고 있다. 삼각파 COUNTER 값이 상승 동작할 때 CMP 값과 만나는 지점을 [그림 5.21(a)]에서 나타내고 있다. 반대로 삼각파 COUNTER 값이 하강 동작하여 CMP 값과 만나는 지점을 [그림 5.21(b)]에서 나타내고 있다. 다음으로 삼각파 COUNTER = 0일 때의 지점 [그림 5.21(c)]에서, 삼각파 COUNTER = PRD일 때의 지점을 [그림 5.21(d)]에서 나타내고 있다. 위의 표에서 서술된 레지스터를 사용해 각 포인트 지점에서 스위칭 상태를 결정할 수 있게 된다.

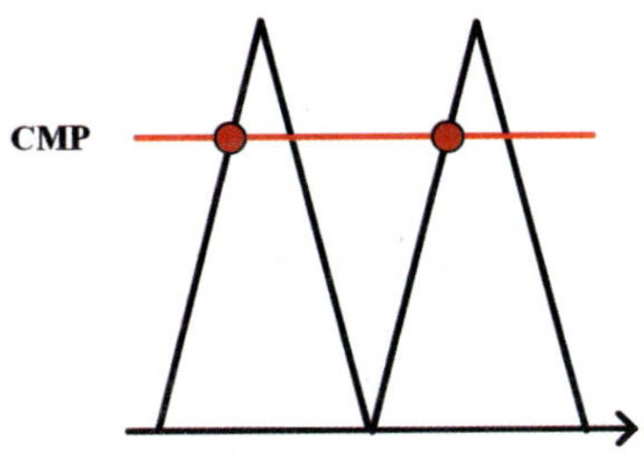

(a) CA(B)U 레지스터

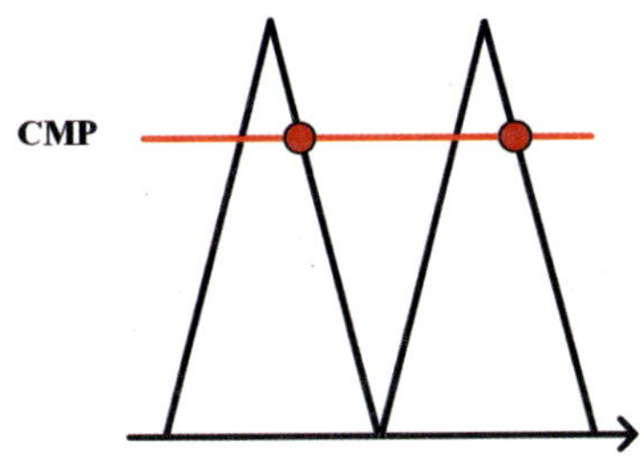

(b) CA(B)D 레지스터

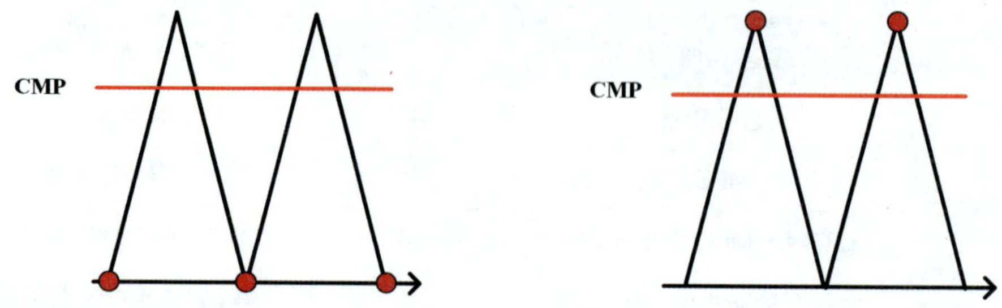

(c) ZRO 레지스터 (d) PRD 레지스터

그림 5.21 AQCTLA 레지스터에 따른 스위칭 변동 지점

[그림 5.22]은 삼각파 형태가 순차적으로 UP-DOWN-COUNT, UP-COUNT, DOWN-COUNT인 Mode 에서 캐리어 기반 PWM 기법으로 알려진 스위칭 상태를 구현하기 위해 AQ 모듈의 레지스터가 결정되어 있는 코드와 상태를 보여주고 있다. UP-DOWN-COUNT Mode의 경우, 삼각파가 CMP 값과 만나는 지점이 상승 동작일 때와 하강 동작일 때 2곳이기 때문에 CAU와 CAD 값을 CLEAR, SET으로 설정해 주면 [그림 5.22(a)]와 같은 스위칭 상태 결과를 얻을 수 있다. [그림 5.22(b)]의 UP-COUNT Mode의 경우, 삼각파가 CMP 값과 만나는 지점은 상승 동작이기 때문에 CAU 값의 설정이 필요하며, COUNTER = PRD 또는 ZRO에서 스위치 상태가 변하는 기준이 되기 때문에 PRD 레지스터 또는 ZRO 레지스터의 상태를 설정해준다. 마지막으로 [그림 5.22(c)]의 DOWN-COUNT Mode의 경우, 삼각파가 CMP 값과 만나는 지점이 DOWN 방향이기 때문에 CAD 값의 설정이 필요하다. 또한 COUNTER = PRD 또는 ZRO에서 스위치 상태가 변하는 기준이 되기 때문에 PRD 레지스터 또는 ZRO 레지스터의 상태를 설정해준다.

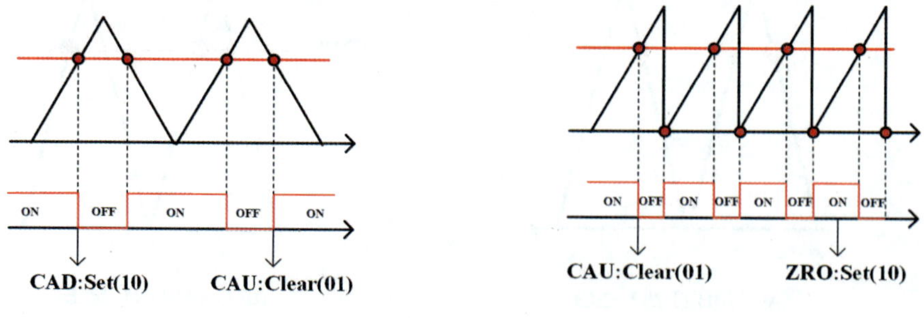

(a) UP-DOWN-COUNT Mode 예시 : CAD = 2, CAU = 1 (b) UP-COUNT Mode 예시 : CAU = 1, ZRO = 2

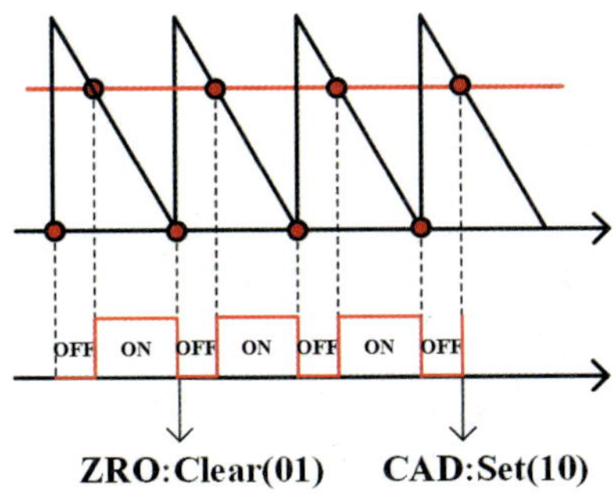

(c) DOWN-COUNT Mode 예시: ZRO = 1, CAD = 2

그림 5.22 삼각파 Mode에 따른 스위칭 상태 설정

[그림 5.23]은 DOWN-COUNT Mode 와 UP-COUNT Mode에서 CAD-ZRO, CAU-ZRO 레지스터 설정에 따른 결과파형을 보여주고 있다.

```
EPwm1Regs.TBCTL.bit.CTRMODE = 1; // ePWM1 삼각파 DOWN-COUNT Mode
EPwm1Regs.AQCTLA.bit.CAD = 1; // CTR이 하강 중이고 CTR=CMPA일 때 CLEAR
EPwm1Regs.AQCTLA.bit.ZRO = 2; // CTR=0일 때 SET

EPwm2Regs.TBCTL.bit.CTRMODE = 0; // ePWM2 삼각파 UP-COUNT Mode
EPwm2Regs.AQCTLA.bit.CAD = 2; // CTR이 상승 중이고 CTR=CMPA일 때 SET
EPwm2Regs.AQCTLA.bit.ZRO = 1; // CTR=0일 때 CLEAR
```

스위칭 한 주기를 50us로 설정한 상태이며, 각 CMP 값은 3000으로 0.3의 듀티를 갖는다. 파란색 파형이 DOWN-COUNT Mode일 때 스위칭 동작이기 때문에 [그림 5.22(c)]와 같은 결과가 나오는 모습을 볼 수 있다. 반면 보라색 파형의 경우 UP-COUNT Mode이기 때문에 [그림 5.22(b)]와 동일한 결과가 나옴을 알 수 있다.

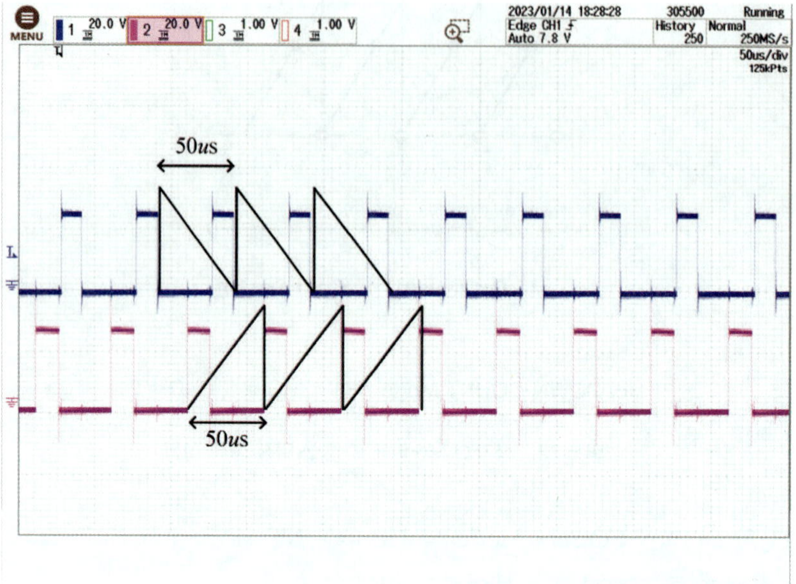

그림 5.23 UP-COUNT, DOWN-COUNT Mode의 스위칭 상태 결과 파형

[그림 5.24]는 UP-DOWN-COUNT Mode와 DOWN-COUNT Mode에서 CAU-CAD, CAD-ZRO 레지스터 설정과 결과 파형을 보여주고 있다.

```
EPwm1Regs.TBCTL.bit.CTRMODE = 2; // ePWM1 삼각파 UP-DOWN-COUNT Mode
EPwm1Regs.AQCTLA.bit.CAU = 1; // CTR이 상승 중이고 CTR=CMPA일 때 CLEAR
EPwm1Regs.AQCTLA.bit.CAD = 2; // CTR이 하강 중이고 CTR=CMPA일 때 SET

EPwm2Regs.TBCTL.bit.CTRMODE = 1; // ePWM2 삼각파 DOWN-COUNT Mode
wm2Regs.AQCTLA.bit.CAD = 2; // CTR이 하강 중이고 CTR=CMPA일 때 SET
EPwm2Regs.AQCTLA.bit.ZRO = 1; // CTR=0일 때 CLEAR
```

UP-DOWN-COUNT Mode와 DOWN-COUNT Mode는 스위칭 한 주기를 100us로, 듀티는 약 0.5로 설정한 상태이다. 파란색 파형이 UP-DOWN-COUNT Mode일 때 스위칭 동작, 보라색 파형이 DOWN-COUNT Mode일 때 스위칭 동작을 나타낸다. [그림 5.22(a)]와 [그림 5.22(c)]와 동일한 스위칭 결과가 나옴을 알 수 있다.

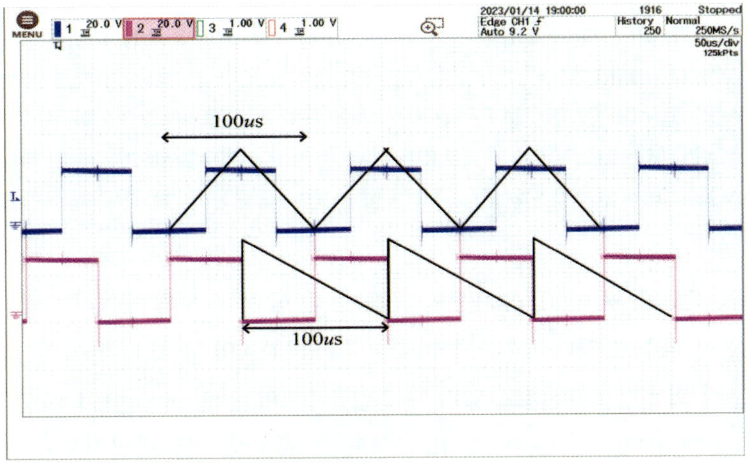

그림 5.24 UP-DOWN-COUNT, DOWN-COUNT Mode의 스위칭 상태 결과 파형

일반적으로 ePWM1에는 상보 동작이 가능한 A와 B 2개의 출력이 있으며, A의 스위칭 상태는 CMPA에 의해 결정되며, B의 스위칭 상태는 CMPB에 의해 결정된다. 하지만 AQ Mode의 레지스터에는 A와 B에 각각 CAU, CAD, CBU, CBD, ZRO, PRD가 존재하기 때문에 A 스위칭 상태를 CMPB로 나타낼 수 있다. 또한 UP-DOWN-COUNT Mode에서 UP 진행 방향에서는 CMPB에 의한 스위칭 상태를, DOWN 진행 방향에서 CMPA에 의한 스위칭 상태를 결정할 수 있으며, [그림 5.25]에 이와 같은 상황을 보여주고 있다.

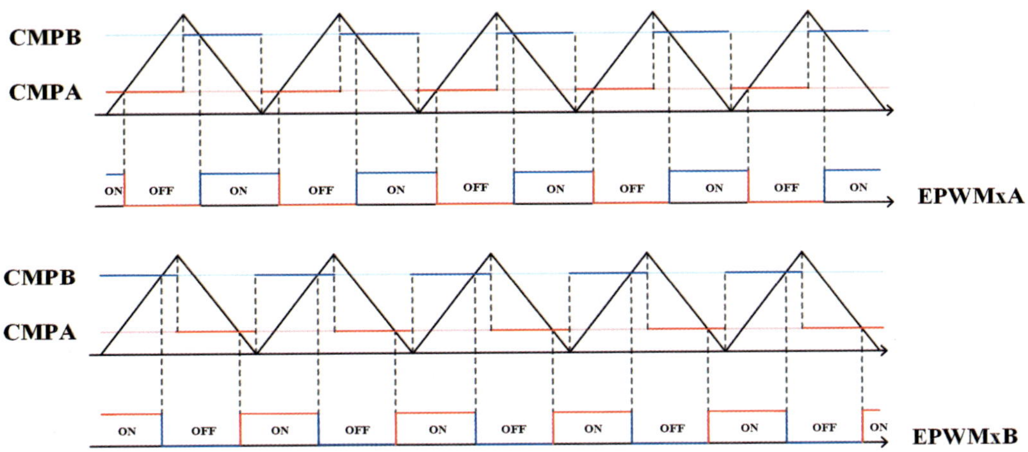

그림 5.25 CMPA와 CMPB를 통해 ePWM1의 A와 B의 스위칭 상태를 설정할 수 있는 예

```
EPwm1Regs.TBCTL.bit.CTRMODE = 2; // ePWM1 삼각파 UP-DOWN-COUNT Mode
EPwm1Regs.AQCTLA.bit.CAU= 1; // CTR이 상승 중이고 CTR=CMPA일 때 EPWM1A=CLEAR
EPwm1Regs.AQCTLA.bit.CBD = 2; // CTR이 상승 중이고 CTR=CMPB일 때 EPWM1A=SET
EPwm1Regs.AQCTLB.bit.CBU= 1; // CTR이 상승 중이고 CTR=CMPB일 때 EPWM1B=CLEAR
EPwm1Regs.AQCTLB.bit.CAD = 2; // CTR이 하강 중이고 CTR=CMPA일 때 EPWM1B=SET
```

주기는 100us, CMPA = 3000, CMPB = 7000으로 설정한 상태이며, [그림 5.26]은 위 코드 결과 파형을 보여주고 있다. 파란색 파형은 EPWM1A의 출력 파형이며, 분홍색 파형은 EPWM1B의 출력 파형을 나타내고 있다. [그림 5.25]와 동일한 출력이 나오는 것을 볼 수 있다. CMPA와 CMPB의 값을 통해 A, B의 출력 스위치상태를 개별적으로 설정이 가능한 것을 알아보았다.

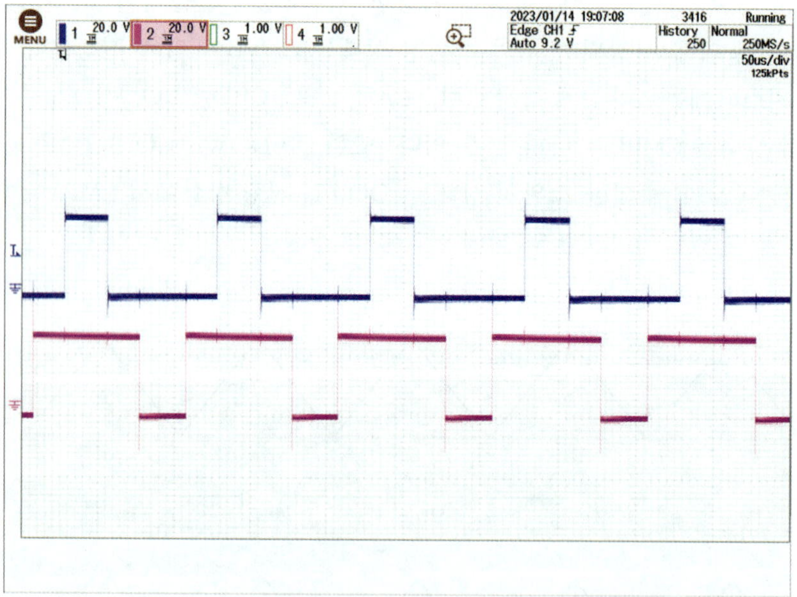

그림 5.26 CMPA와 CMPB를 통해 ePWM1의 A와 B의 스위칭 상태가 설정된 파형

다음으로 하나의 CMP 값으로 ePWM1의 A상 스위칭 상태와 B상 스위칭 상태가 상보적으로 동작하는 부분에 대해 알아보도록 하겠다.

```
EPwm1Regs.AQCTLA.bit.CAU = 1; // CTR이 상승 중이고 CTR=CMPA일 때 EPWM1A=CLEAR
EPwm1Regs.AQCTLA.bit.CAD = 2; // CTR이 하강 중이고 CTR=CMPA일 때 EPWM1A=SET
EPwm1Regs.AQCTLB.bit.CAU = 2; // CTR이 상승 중이고 CTR=CMPA일 때 EPWM1B=SET
EPwm1Regs.AQCTLB.bit.CAD = 1; // CTR이 하강 중이고 CTR=CMPA일 때 EPWM1B=CLEAR
```

주기는 100us, 듀티는 약 0.33으로 설정한 상태이다. [그림 5.27]를 통해서 하나의 CMPA 값으로 A, B 출력이 상보적으로 동작하는 것을 확인할 수 있다. CMPB의 값으로 또한 상보적인 동작 설정이 가능하다.

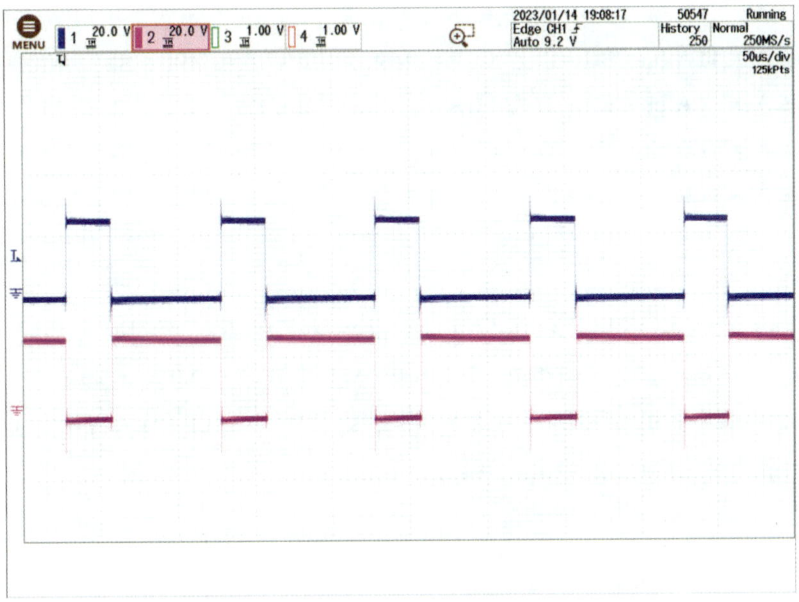

그림 5.27 CMPA으로 A, B 스위칭 상보 동작 파형

다음은 ePWMA의 출력 신호를 결정하는데 있어서 CMPA와 CMPB가 모두 영향을 끼치는 경우에 대해 알아보도록 하겠다. ePWM A와 B에는 CAU, CAD, CBU, CBD 레지스터가 각각 존재하기 때문에 CMPA와 CMPB와 만나는 지점에서 스위칭 상태를 결정할 수 있다. [그림 5.28]은 이러한 경우를 파형을 통해 보여주고 있다. 빨간색 신호는 CMPA 값을, 파란색 신호는 CMPB 값을 의미한다. 이때 ePWMB의 경우 CMPB의 신호에 의해서만 스위칭 상태가 결정되고 있다. 반면 ePWMA의 경우 CMPA, CMPB 모두가 삼각파와 만나는 각 지점마다 스위칭 상태가 변경되는 것을 확인할 수 있다.

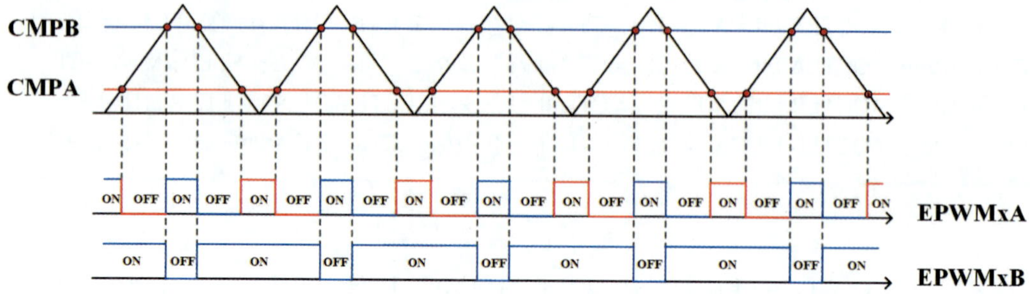

그림 5.28 CMPA와 CMPB에 의한 ePWMA 스위칭 상태 결정되는 경우

```
EPwm1Regs.AQCTLA.bit.CAU = 1; // CTR이 상승 중이고 CTR=CMPA일 때 EPWM1A=CLEAR
EPwm1Regs.AQCTLA.bit.CAD = 2; // CTR이 하강 중이고 CTR=CMPA일 때 EPWM1A=SET
EPwm1Regs.AQCTLA.bit.CBU = 2; // CTR이 상승 중이고 CTR=CMPB일 때 EPWM1A=SET
EPwm1Regs.AQCTLA.bit.CBD = 1; // CTR이 하강 중이고 CTR=CMPB일 때 EPWM1A=CLEAR
EPwm1Regs.AQCTLB.bit.CBU = 1; // CTR이 상승 중이고 CTR=CMPB일 때 EPWM1B=CLEAR
EPwm1Regs.AQCTLB.bit.CBD = 2; // CTR이 하강 중이고 CTR=CMPB일 때 EPWM1B=SET
```

주기는 100us, CMPA의 값은 5000, CMPB의 값은 9000의 값을 설정해 주었다. 위 코드 결과 파형을 [그림 5.29]에서 보여주고 있다. ePWMA의 경우, CMPA, CMPB 모두가 삼각파와 만나는 지점마다 스위칭 상태가 변하는 것을 확인할 수 있다. 이론적으로 보았던 [그림 5.28]과 동일한 결과 파형임을 알 수 있다.

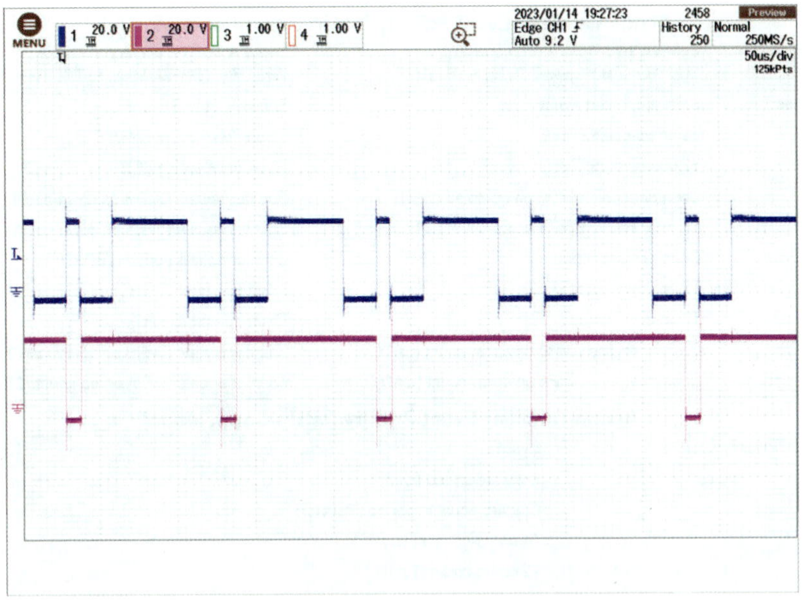

그림 5.29 CMPA와 CMPB에 의한 ePWMA 스위칭 상태 결정되는 경우 파형

5.4.3.2 각 Mode에 따른 스위칭 결정 레지스터 우선 순위

삼각파의 UP-DOWN-COUNT, DOWN-COUNT, UP-COUNT Mode에 따라 CAU, CAD, CBU, CBD, ZRO, PRD, T1U, T1D, T2U, T2D의 우선 순위가 존재한다. [그림 5.30]은 이에 관한 내용이 정리되어 있다. 이때 T1U, T1D, T2U, T2D는 DC 모듈을 통해서 나오는 비교 값이다. UP-DOWN-COUNT Mode에서 우선 순위에 대해 분석해 보도록 하겠다. COUNTER 값이 증가하는 방향과 감소하는 방향 2 구간으로 나누어 우선 순위가 달라진다. COUNTER 값이 증가되는 구간에서는 CBU > CAU > ZRO > CBD > CAD 순으로 우선 순위가 결정된다. 반면 COUNTER 값이 감소되는 구간에서는 CBD > CAD > TRD > CBU > CAU 순으로 우선 순위가 결정 된다.

Action-Qualifier Event Priority for Up-Down-Count Mode

Priority Level	Event If TBCTR is Incrementing TBCTR = Zero up to TBCTR = TBPRD	Event If TBCTR is Decrementing TBCTR = TBPRD down to TBCTR = 1
1 (Highest)	Software forced event	Software forced event
2	T1 on up-count (T1U)	T1 on down-count (T1D)
3	T2 on up-count (T2U)	T2 on down-count (T2D)
4	Counter equals CMPB on up-count (CBU)	Counter equals CMPB on down-count (CBD)
5	Counter equals CMPA on up-count (CAU)	Counter equals CMPA on down-count (CAD)
6	Counter equals zero	Counter equals period (TBPRD)
7	T1 on down-count (T1D)	T1 on up-count (T1U)
8	T2 on down-count (T2D)	T2 on up-count (T2U)
9	Counter equals CMPB on down-count (CBD)	Counter equals CMPB on up-count (CBU)
10 (Lowest)	Counter equals CMPA on down-count (CAD)	Counter equals CMPA on up-count (CBU)

Action-Qualifier Event Priority for Up-Count Mode

Priority Level	Event
1 (Highest)	Software forced event
2	Counter equal to period (TBPRD)
3	T1 on up-count (T1U)
4	T2 on up-count (T2U)
5	Counter equal to CMPB on up-count (CBU)
6	Counter equal to CMPA on up-count (CAU)
7 (Lowest)	Counter equal to Zero

Action-Qualifier Event Priority for Down-Count Mode

Priority Level	Event
1 (Highest)	Software forced event
2	Counter equal to Zero
3	T1 on down-count (T1D)
4	T2 on down-count (T2D)
5	Counter equal to CMPB on down-count (CBD)
6	Counter equal to CMPA on down-count (CAD)
7 (Lowest)	Counter equal to period (TBPRD)

그림 5.30 AQ 모듈 - 삼각파 Mode에 따른 AQCTLA 레지스터 동작 우선 순위

UP-DOWN-COUNT Mode에서 각 레지스터의 우선 순위를 알아보기 위해 다음과 같은 상황을 설정하였다. CMPA와 CMPB를 동일 값으로 설정하여 각 레지스터에서 SET, CLEAR를 반대로 설정해 주었다. 이때 우선 순위가 높은 스위칭 상태가 나오게 될 것이다. 각각의 스위칭 상태는 [그림 5.31]과 같이 설정해 주었다. 먼저 P1 지점에서 CAU와 CBU 중 우선 순위가 높은 레지스터가 동작하여 스위칭 상태가 결정된다. [그림 5.30]의 내용을 토대로 P1 지점에서는 CBU가 우선 순위가 높다. 따라서 P1 지점에서 스위칭 상태는 CLEAR가 된다. 마찬가지로 P3 지점에서 CBD의 우선 순위가 높기 때문에 CLEAR 됨을 알 수 있다.

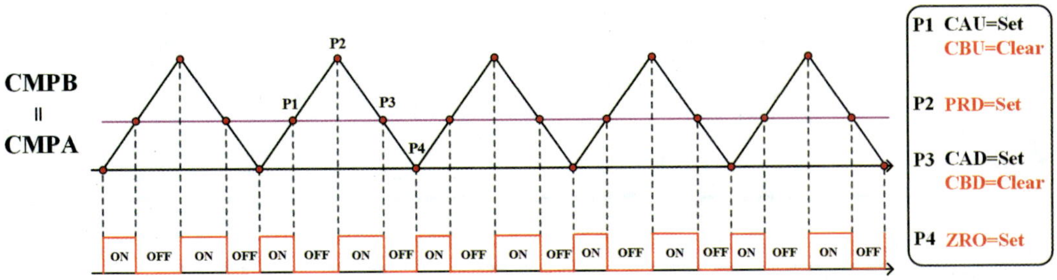

그림 5.31 삼각파 Mode에 따른 AQCTLA 레지스터 동작 우선 순위 예제

```
EPwm1Regs.AQCTLA.bit.CAU = 2; // CTR이 상승 중이고 CTR=CMPA일 때 EPWM1A=SET
EPwm1Regs.AQCTLA.bit.CBU = 1; // CTR이 상승 중이고 CTR=CMPB일 때 EPWM1A=CLEAR
EPwm1Regs.AQCTLA.bit.CAD = 2; // CTR이 하강 중이고 CTR=CMPA일 때 EPWM1A=SET
EPwm1Regs.AQCTLA.bit.CBD = 1; // CTR이 하강 중이고 CTR=CMPA일 때 EPWM1A=CLEAR
EPwm1Regs.AQCTLA.bit.ZRO = 2; // CTR=0일 때 EPWM1A=SET
EPwm1Regs.AQCTLA.bit.PRD = 2; // CTR=PRD일 때 EPWM1A=SET
```

주기는 200us, CMPA와 CMPB의 값은 3000으로 동일하게 설정해주었다. 위 코드 결과 파형을 [그림 5.32]에서 보여주고 있다. CMPA와 CMPB의 값이 3000으로 동일하기 때문에 우리가 알아보고자 하는 우선 순위의 동작을 확인할 수 있다. Counter 상승 중일 때와 하강 중일 때 모두 CMPB에 따른 동작 변화의 우선 순위가 높기 때문에 CLEAR 상태로 출력되는 것을 확인할 수 있다. 전체적으로 [그림 5.31]의 결과와 동일함을 확인할 수 있다.

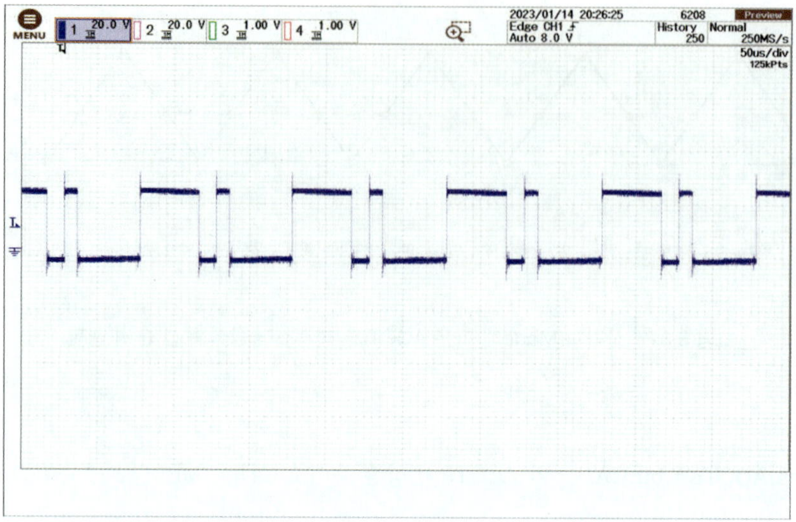

그림 5.32 삼각파 Mode에 따라 동작 우선 순위 예제 실습 결과

삼각파의 UP-DOWN-COUNT, DOWN-COUNT, UP-COUNT Mode에 따라 설정하는 CMP의 값이 PRD보다 큰 경우 동작 상태가 [그림 5.33]에 정리 되어있다. DOWN-COUNT Mode를 제외한 Mode에서는 CTR이 증가할 때 CMP의 크기가 PRD보다 작은 경우 비교 동작을 한다. 그러나 PRD보다 CMP의 크기가 큰 경우 UP-COUNT Mode는 Event 동작을 하지 않으며, UP-DOWN-COUNT Mode는 PRD에서 Event 동작을 진행한다. 반대로 UP-COUNT Mode를 제외한 Mode에서는 CTR이 감소할 때 PRD보다 CMP의 크기가 작을 경우 비교 동작을 한다. 마찬가지로 CMP의 크기가 PRD보다 큰 경우 DOWN-COUNT Mode는 Event 동작을 하지 않으며, UP-DOWN-COUNT Mode는 PRD에서 Event 동작을 진행한다.

Behavior if CMPA/CMPB is Greater than the Period

Counter Mode	Compare on Up-Count Event CAD/CBD	Compare on Down-Count Event CAD/CBD
Up-Count Mode	If CMPA/CMPB ≤ TBPRD period, then the event occurs on a compare match (TBCTR=CMPA or CMPB). If CMPA/CMPB > TBPRD, then the event will not occur.	Never occurs.
Down-Count Mode	Never occurs.	If CMPA/CMPB < TBPRD, the event will occur on a compare match (TBCTR=CMPA or CMPB). If CMPA/CMPB ≥ TBPRD, the event will occur on a period match (TBCTR=TBPRD).
Up-Down-Count Mode	If CMPA/CMPB < TBPRD and the counter is incrementing, the event occurs on a compare match (TBCTR=CMPA or CMPB). If CMPA/CMPB is ≥ TBPRD, the event will occur on a period match (TBCTR = TBPRD).	If CMPA/CMPB < TBPRD and the counter is decrementing, the event occurs on a compare match (TBCTR=CMPA or CMPB). If CMPA/CMPB ≥ TBPRD, the event occurs on a period match (TBCTR=TBPRD).

그림 5.33 AQ 모듈 - CMP의 크기가 PRD보다 큰 경우 동작 상태

5.4.3.3 강제 스위칭 상태 결정 레지스터

앞서 CAU, CAD, CBU, CBD, ZRO, PRD 레지스터에 의해 PWM 상태가 결정된다는 사실을 알았다. 하지만 이와 같이 설정된 상태를 무시하고, CSFA, CSFB의 레지스터를 통해 강제적으로 PWM 상태를 결정지을 수 있다. [표 5.7]는 CSFA 레지스터의 변수에 따른 동작을 보이고 있다. CSFA 변수가 00과 11일 경우 강제 고정이 나타나지 않으며, 01일 때는 PWM 상태를 LOW 상태, 10일 경우 HIGH 상태로 고정시킨다.

AQCSFRC Register

15	14	13	12	11	10	9	8
RESERVED							
R-0h							

7	6	5	4	3	2	1	0
RESERVED				CSFB		CSFA	
R-0h				R/W-0h		R/W-0h	

그림 5.34 AQ 모듈 - AQCSFRC : PWM 상태 고정 레지스터

표 5.7 CSFA, CSFB 변수에 따른 동작

CSFA	Description (EPWMxA 상태 강제 고정)	CSFB	Description (EPWMxB 상태 강제 고정)
00	강제 고정 비활성화	00	강제 고정 비활성화
01	출력을 LOW로 고정	01	출력을 LOW로 고정
10	출력을 HIGH로 고정	10	출력을 HIGH로 고정
11	강제 고정 비활성화	11	강제 고정 비활성화

일반적으로 CMPA과 CMPB에 의해 PWMA와 PWMB의 출력 상태가 결정된 상태에서 CSFA와 CSFB의 레지스터 설정을 통해 강제적으로 출력 상태를 변경하는 실습 과정을 진행해보도록 하겠다.

```
EPwm1Regs.AQCSFRC.bit.CSFA = 1; // EPWM1A 출력 상태 Low로 고정
```

주기는 100us, CMPA와 CMPB의 값은 5000으로 설정해주었으며, 위 코드 결과 파형을 [그림 5.35]에서 보여주고 있다. 파란색 신호는 PWMA의 출력 상태, 보라색 신호는 PWMB의 출력 상태를 나타낸다. CSFA의 레지스터 설정을 통해 A의 출력 상태가 Low 상태로 고정되어 출력된다.

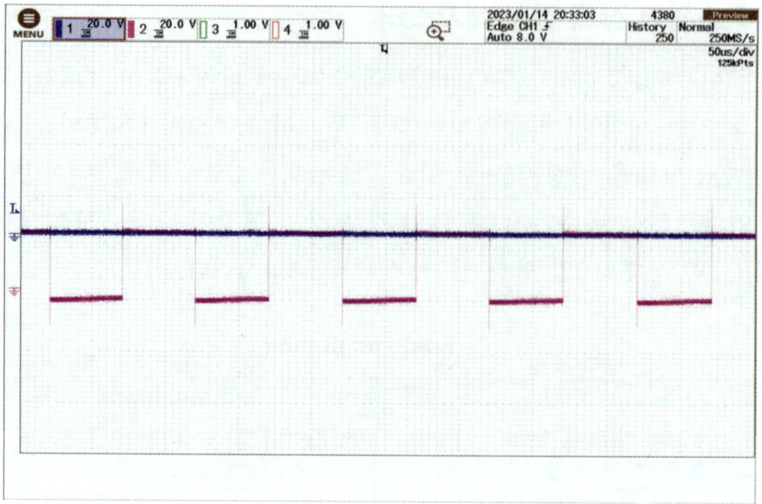

그림 5.35 PWM 상태 고정 레지스터 실습 결과 파형

```
EPwm1Regs.AQCSFRC.bit.CSFA = 1; // EPWM1A 출력 상태 Low로 고정
```

주기는 100us, CMPA와 CMPB의 값은 5000으로 설정해주었으며, 위 코드 결과 파형을 [그림 5.36]에서 보여주고 있다. 파란색 신호는 PWMA의 출력 상태, 보라색 신호는 PWMB의 출력 상태를 보여주고 있다. 이 때 CSFB의 레지스터 설정을 통해 B의 출력 상태가 Low 상태로 고정되어 출력되고 있다.

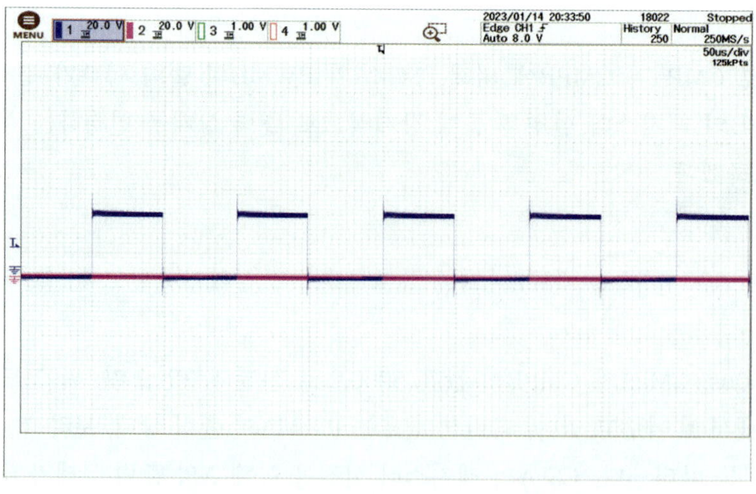

그림 5.36 PWM 상태 고정 레지스터 실습 결과 파형

5.4.4 Dead Band (DB) 모듈

DB 모듈은 일반적으로 DSP가 응용되는 전력전자 분야의 경우, 직렬로 연결된 2개의 스위치가 동시에 ON 동작 시 단락으로 이어져 과전류가 발생할 수 있기 때문에 단락 상태를 피하기 위해 사용된다. 데드 타임 인가와 관련 있는 모듈이라 생각할 수 있다.

5.4.4.1 상승 Edge, 하강 Edge 동작

상승 Edge와 하강 Edge 동작을 위해선 DB 모듈의 IN_MODE, OUT_MODE, 상승 지연 시간을 결정하는 DBRED, 하강 지연 시간을 결정하는 DBFED 레지스터를 통해 가능하다. 각 레지스터의 변수에 따른 동작을 [표 5.8]에서 소개하고 있다. 또한 DBRED, DBFED 레지스터에 입력한 값은 수식 (6) 과정에 의해 계산된 후 그 결과만큼 지연이 된다.

DBCTL Register

15	14	13	12	11	10	9	8
HALFCYCLE	DEDB_MODE	OUTSWAP		SHDWDBFED MODE	SHDWDBRED MODE	LOADFEDMODE	
R/W-0h	R/W-0h	R/W-0h		R/W-0h	R/W-0h	R/W-0h	

7	6	5	4	3	2	1	0
LOADREDMODE		IN_MODE		POLSEL		OUT_MODE	
R/W-0h		R/W-0h		R/W-0h		R/W-0h	

DBRED Register

15	14	13	12	11	10	9	8
RESERVED		DBRED					
R-0h		R/W-0h					

7	6	5	4	3	2	1	0
DBRED							
R/W-0h							

DBFED Register

15	14	13	12	11	10	9	8
RESERVED		DBFED					
R-0h		R/W-0h					

7	6	5	4	3	2	1	0
DBFED							
R/W-0h							

그림 5.37 DB 모듈 - 상승, 하강 Edge 기본 동작 레지스터

표 5.8 IN_MODE, OUT_MODE 변수에 따른 동작

IN_MODE	Description (상승 Edge와 하강 Edge 지연에 대한 입력)
00	EPWMxA를 상승 Edge와 하강 Edge 지연에 대한 입력으로 사용
01	EPWMxA를 하강 Edge 지연, EPWMxB를 상승 Edge 지연에 대한 입력으로 사용
10	EPWMxA를 상승 Edge 지연, EPWMxB를 하강 Edge 지연에 대한 입력으로 사용
11	EPWMxB를 상승 Edge와 하강 Edge 지연에 대한 입력으로 사용

OUT_MODE	Description (출력 신호 지연 상태 결정)
00	지연 동작 비활성화
01	EPWMxA의 출력 신호는 지연하지 않음 EPWMxB의 출력 신호는 하강 Edge 지연
10	EPWMxA의 출력 신호는 상승 Edge 지연 EPWMxB의 출력 신호는 지연하지 않음
11	EPWMxA의 출력 신호는 상승 Edge 지연 EPWMxB의 출력 신호는 하강 Edge 지연

$$\text{하강 지연 시간} = DBFED \times T_{TBCLK}$$
$$\text{상승 지연 시간} = DBRED \times T_{TBCLK} \tag{5.6}$$

수식(5.6)에 의해 나타나는 상승 지연 시간과 하강 지연 시간을 계산해 보자. 시스템 클럭값(PLLSYSCLK)이 200MHz일때 T_{TBCLK}는 5ns이며 DBFED 값을 1000으로 설정한 경우 상승 지연 시간과 하강 지연 시간은 5ns*1000=5us가 된다. 실제 상승 Edge와 하강 Edge가 동작되는 원리를 살펴보도록 하겠다. IN_MODE 레지스터는 [그림 5.38]의 Dead Band 상자 안으로 들어가는 입력 신호를 결정하는 레지스터이다. 반면 OUT_MODE 레지스터는 Dead Band를 통과해 상승 Edge와 하강 Edge 지연이 발생한 신호를 어떤 신호의 출력으로 내보낼지 결정하는 레지스터이다. [그림 5.38]은 IN_MODE의 변수를 00으로, OUT_MODE의 변수를 11로 설정해준 상황이다. [표 5.8]에는 각 변수에 대한 동작이 설명되어 있다. TB, CC, AQ 모듈을 통해 결정된 ePWMxA 신호가 DB 모듈의 입력으로 상승 Edge와 하강 Edge로 들어간다. OUT_MODE가 11일 때 ePWMxA에서 상승 Edge 지연이 적용

된 신호는 A 경로의 신호가 되어 출력 A로, ePWMxA에서 하강 Edge 지연이 적용된 신호는 B 경로의 신호가 되어 출력 B가 된다.

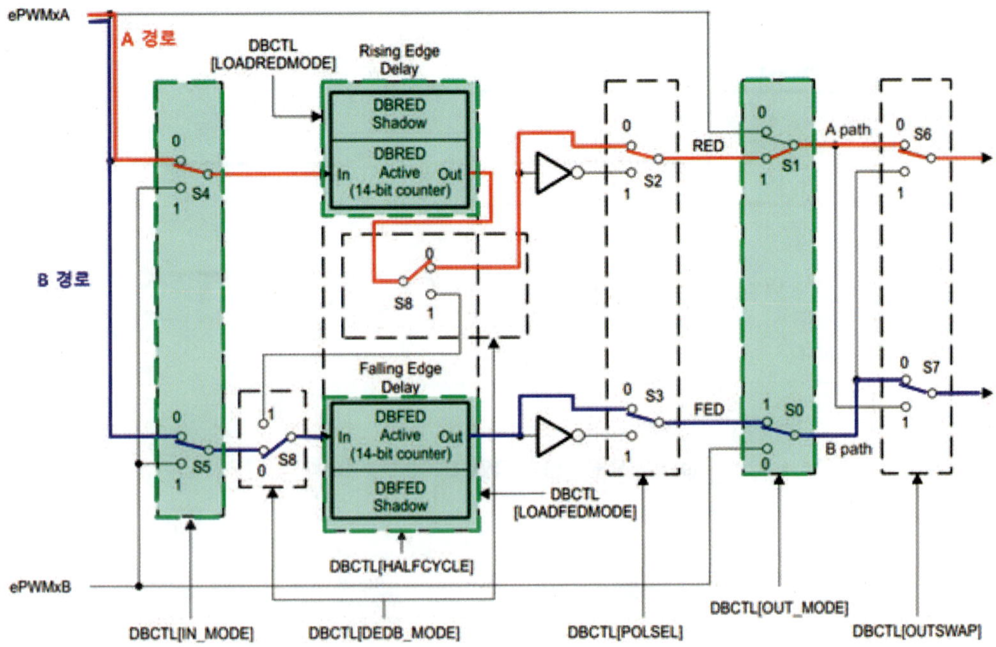

그림 5.38 상승 Edge와 하강 Edge 지연 상황

```
EPwm1Regs.DBCTL.bit.IN_MODE = 0; // EPWM1A의 상승, 하강 Edge 신호를 입력으로 사용
EPwm1Regs.DBCTL.bit.OUT_MODE = 3; // EPWM1A의 상승 지연, EPWM1B의 하강 지연
// 그림 (a) 상황 설정
EPwm1Regs.DBRED = 1000; // 상승 지연 시간 5ns*1000=5us으로 설정
EPwm1Regs.DBFED = 0; // 하강 지연 시간 5ns*0=0s으로 설정.
// 그림 (b) 상황 설정
EPwm1Regs.DBRED = 0; // 상승 지연 시간 5ns*0=0s으로 설정
EPwm1Regs.DBFED = 1000; // 하강 지연 시간 5ns*1000=5us 으로 설정
```

[그림 5.39]는 위 코드 결과에 따른 지연이 발생된 신호를 보여주고 있다. [그림 5.39(a)]와 같이 출력에서 상승 지연이 발생된 EPWMA 신호가 출력되며, [그림 5.39(b)]를 통해 하강 지연이 발생된 EPWMA 신호가 출력되는 것을 확인할 수 있다. 지연된 시간은 실제 계산된 5us와 동일하다.

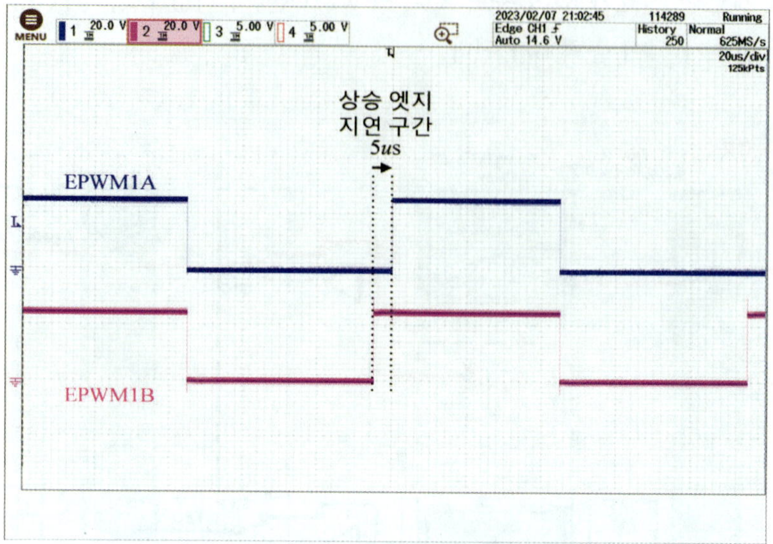

(a) DB 모듈 - 상승 지연, DBRED = 1000

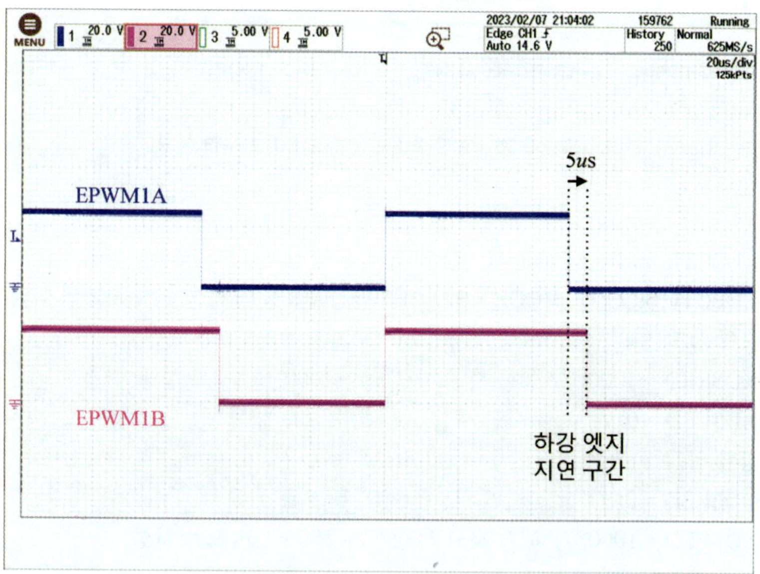

(b) DB 모듈 - 하강 지연, DBFED = 1000

그림 5.39 상승 Edge 지연, 하강 Edge 지연 상황 예제 결과 파형

5.4.4.2 상승, 하강 Edge 통과 신호 반전 동작

DB 모듈을 통해 상승 지연과 하강 지연 시간을 설정하여 지연된 출력 신호를 얻을 수 있었다. [그림 5.40]와 같이 POLSEL 레지스터는 이런 상승 지연 또는 하강 지연을 통과한 신호를 반전시키는 역할을 하는 레지스터이다. [표 5.9]는 POLSEL의 변수에 따른 동작을 보이고 있다.

DBCTL Register

15	14	13	12	11	10	9	8
HALFCYCLE	DEDB_MODE	OUTSWAP		SHDWDBFED MODE	SHDWDBRED MODE	LOADFEDMODE	
R/W-0h	R/W-0h	R/W-0h		R/W-0h	R/W-0h	R/W-0h	

7	6	5	4	3	2	1	0
LOADREDMODE		IN_MODE		POLSEL		OUT_MODE	
R/W-0h		R/W-0h		R/W-0h		R/W-0h	

그림 5.40 DB 모듈 - DBCTL : 지연 신호 반전 레지스터

표 5.9 POLSEL 변수에 따른 동작

POLSEL	Description (신호 반전 상태 결정)
00	신호 반전 없음
01	EPWMxA 신호 반전
10	EPWMxB 신호 반전
11	EPWMxA 신호 반전 EPWMxB 신호 반전

다음 예제를 통해 POLSEL의 동작을 확인해 보도록 하겠다. IN_MODE의 변수 00, OUT_MODE의 변수 11, POLSEL의 변수 01로 설정한 상황을 [그림 5.41]에서 보여주고 있다. 이때 반전 신호의 동작을 좀 더 확인하기 위해 DBRED = 1000, DBFED = 2000으로 설정한 상황이다. 여기서 POLSEL이 01일 때 [표 5.9]를 참조하면 EPWMxA 신호를 반전시킨다고 정의되어있다. 즉 상승 및 하강 지연이 완료된 상황에서 EPWMxA의 출력 신호가 반전되어 출력되는 것이다.

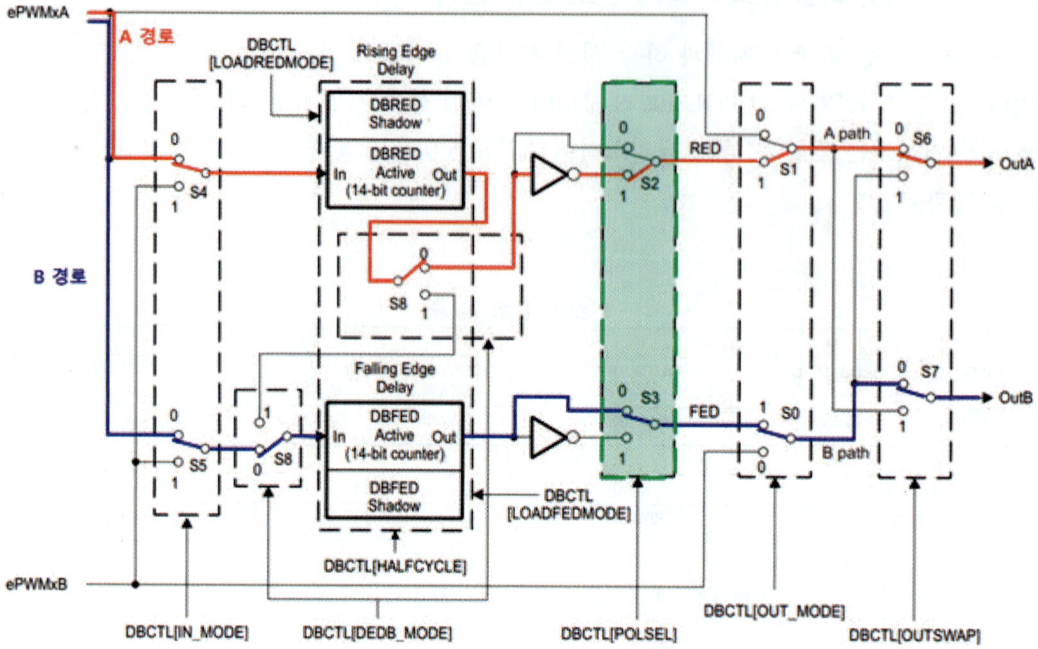

그림 5.41 POLSEL을 적용한 상황

```
EPwm1Regs.DBCTL.bit.OUT_MODE = 3; // EPWM1A의 상승 지연, EPWM1B의 하강 지연
EPwm1Regs.DBCTL.bit.IN_MODE = 0; // EPWM1A의 상승, 하강 Edge 신호를 입력으로 사용
EPwm1Regs.DBRED = 1000; // 상승 지연 시간 5ns*1000=5us으로 설정
EPwm1Regs.DBFED = 2000; // 하강 지연 시간 5ns*1000=10us으로 설정
EPwm1Regs.DBCTL.bit.POLSEL = 1; // EPWMxA 신호 반전
```

[그림 5.42]는 위 코드 결과에 따른 지연이 발생된 신호를 보여주고 있다. 출력 EPWMxA에서 상승 지연이 발생된 신호가 반전되어 EPWMxA 출력이 되고, 하강 지연이 발생된 신호가 EPWMxB 출력이 되고 있다. 지연된 시간은 실제 계산된 결과와 동일하다.

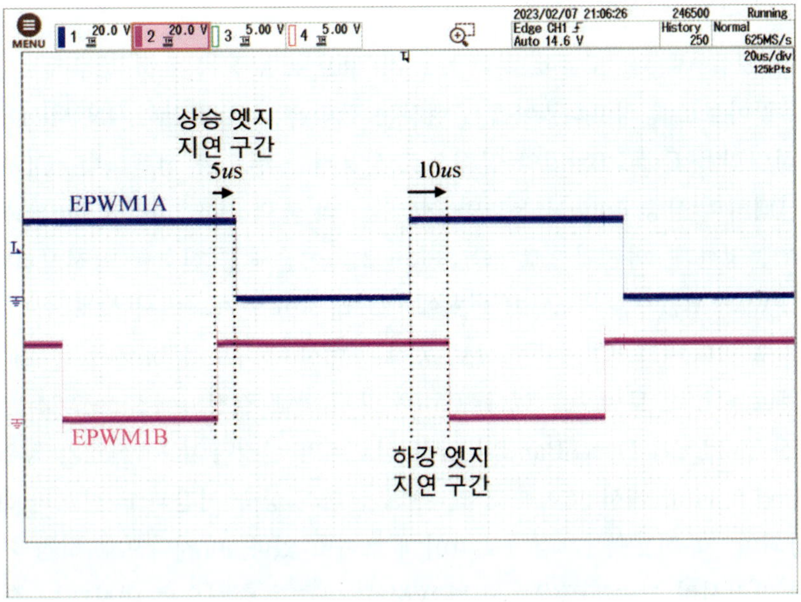

그림 5.42 POLSEL을 적용한 예제 결과 파형

5.4.4.3 A, B 신호의 상보 동작

이 전의 DB 모듈 내용을 토대로 하나의 CMP 값으로 A, B 신호를 상보적으로 출력하는 방법에 대해 알아보도록 하겠다. 이를 구현하는 방법은 다음과 같다. IN_MODE를 통해 A 또는 B 중 하나만을 Dead Band의 입력으로 사용하는 변수를 선택한다. OUT_MODE를 변수 11로 선택하여 상승 Edge를 통과한 신호는 A의 출력 신호, 하강 Edge를 통과한 신호는 B 신호로 설정한다. 마지막으로 POLSEL = 2를 이용해 B 신호를 반전시킨다. 이를 통해 하나의 EPWMxA 값으로 두 A, B 신호에 데드타임이 인가되면서 상보적으로 동작하는 결과를 얻을 수 있다. [그림 5.43]는 상보 동작에 대한 블록도 설명이며, [그림 5.44]는 이 과정을 3단계로 나누어 보여주고 있다. CMPA 값에 의해 결정되어진 EPWMxA 신호의 상승 Edge와 하강 Edge가 Dead Band의 입력 신호로만 설정하여 두 신호가 동일한 듀티로 동작함을 [그림 5.44(a)]에서 보여주고 있다. A 신호의 상승 시간과 B 신호의 하강 시간에 지연이 발생되며, 그 신호를 [그림 5.44(b)]에 보이고 있다. 마지막으로 하강 지연이 발생한 B 신호를 반전시켜 최종 EPWMxA, EPWMxB 신호를 출력으로 내보내는 결과를 [그림 5.44(c)]에서 보여주고 있다. 최종적 결과 신호를 통해, 두 신호는 데드 타임이 인가되면서 서로 상보로 동작하는 결과를 볼 수 있다.

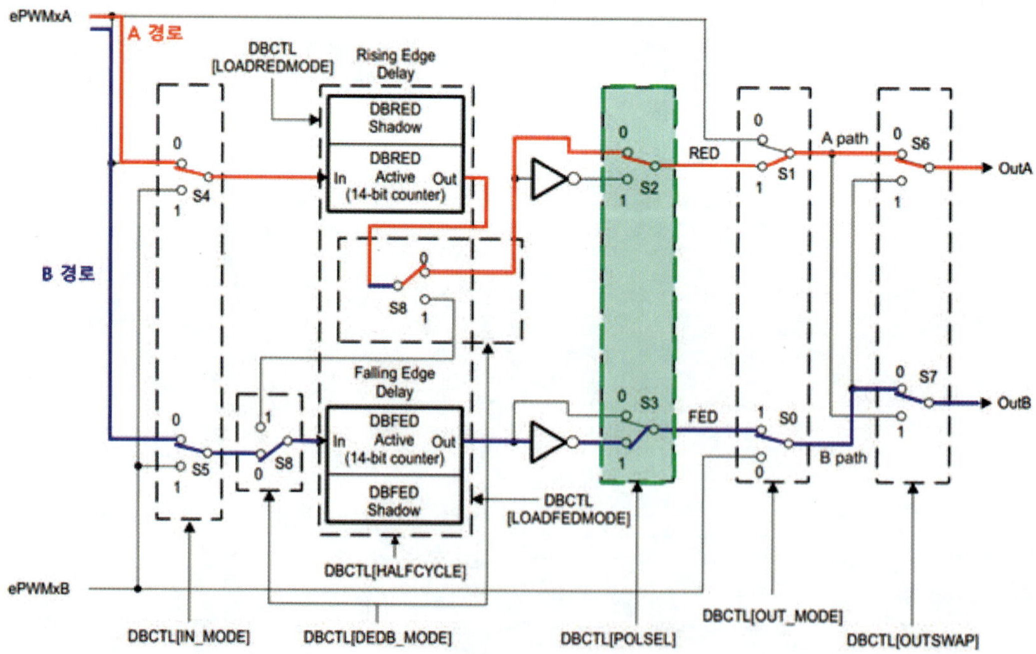

그림 5.43 POLSEL을 통한 EPWMxA, EPWMxB 신호의 상보 동작

(a) CMPA에 의한 EPWMxA 동작

(b) EPWMxA의 상승 지연 및 EPWMxB의 하강 지연 적용

(c) EPWMxB의 출력 신호 반전 적용

그림 5.44 EPWMxA, EPWMxB 신호의 상보 동작 과정

```
EPwm1Regs.DBCTL.bit.OUT_MODE = 3; // EPWM1A의 상승 지연, EPWM1B의 하강 지연
EPwm1Regs.DBCTL.bit.IN_MODE = 0; // EPWM1A의 상승, 하강 Edge 신호를 입력으로 사용
EPwm1Regs.DBRED = 1000; // 상승 지연 시간 5ns*1000=5us으로 설정
EPwm1Regs.DBFED = 1000; // 하강 지연 시간 5ns*1000=5us으로 설정
EPwm1Regs.DBCTL.bit.POLSEL = 2; // EPWMxB 신호 반전
```

[그림 5.45]는 위 코드 결과에 따른 출력으로, 하나의 EPWMxA으로 EPWM1A와 EPWM1B의 상보 동작을 보여주고 있다. DBRED와 DBFED에 의해 두 신호가 OFF되어 있는 시간은 각 5us으로 EPWM1A와 EPWM1B의 스위칭 상태가 동시에 ON되는 구간은 발생하지 않으며 EPWM1A가 ON일 때 EPWM1B는 OFF, EPWM1A가 OFF일 때 EPWM1B는 ON이 되는 상보 동작 결과를 확인할 수 있다.

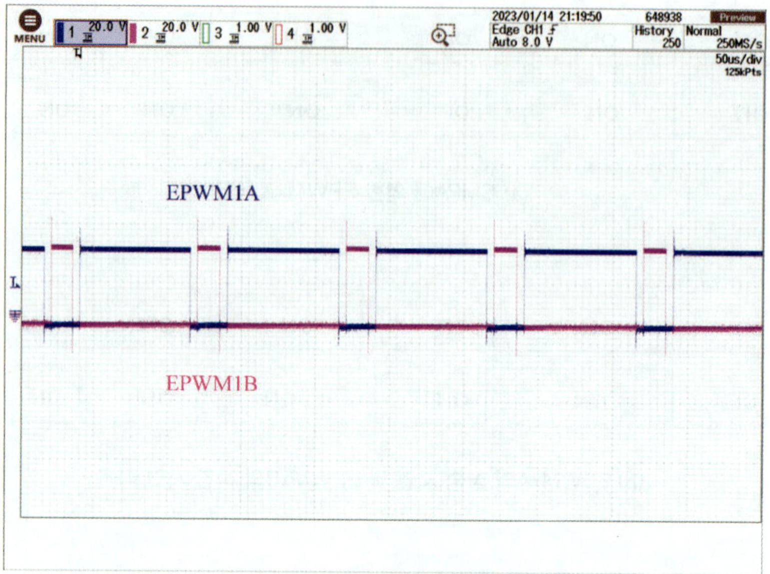

그림 5.45 A, B신호의 상보 동작 실습 결과 파형

5.4.4.4 DB 모듈의 부가 기능

앞서 설명한 INMODE, OUTMODE, POLSEL 레지스터 외에도 설정 가능한 기능들이 있다. 설정한 RED 또는 FED의 Counter 속도를 2배 빠르게 하는 HALFCYCLE Mode와 CC 모듈과 같이 변동하는 Dead time의 크기를 저장하고 적용하는 Shadow Mode, 하나의 신호에만 상승 Edge, 하강 Edge를 지연하는 DEDB Mode, 최종 출력단을 바꾸는 OUTSWAP Mode 등이 있으며 관련 레지스터는 [그림 5.46]에서 확인할 수 있으며, 변수에 따른 동작은 [표 5.10]과 같다.

DBCTL Register

15	14	13	12	11	10	9	8
HALFCYCLE	DEDB_MODE	OUTSWAP		SHDWDBFED MODE	SHDWDBRED MODE	LOADFEDMODE	
R/W-0h	R/W-0h	R/W-0h		R/W-0h	R/W-0h	R/W-0h	

7	6	5	4	3	2	1	0
LOADREDMODE		IN_MODE		POLSEL		OUT_MODE	
R/W-0h		R/W-0h		R/W-0h		R/W-0h	

그림 5.46 DB 모듈 - DBCTL 레지스터 : 부가 기능

표 5.10 부가 기능 레지스터 변수에 따른 동작

HALFCYCLE	Description (DB 모듈 클럭 속도 조정)	DEDB_MODE	Description (상승 Edge, 하강 Edge 적용)
0	TBCLK의 속도로 Count	0	A 경로에 상승 Edge 지연만 적용 B 경로에 하강 Edge 지연만 적용
1	TBCLK*2의 속도로 Count	1	B 경로에 상승 Edge, 하강 Edge 지연 적용

OUTSWAP	Description (최종 출력단 변경)	OUTSWAP	Description (최종 출력단 변경)
00	OUTMODE에 정의된 신호를 A, B로 출력	10	OUTMODE에 정의된 B 경로 신호를 A, B로 출력
01	OUTMODE에 정의된 A 경로 신호를 A, B로 출력	11	OUTMODE에 정의된 A 경로 신호를 B로 출력 B 경로 신호를 A로 출력

SHDWDBFEDMODE	Description (하강 Edge 지연 Shadow)	SHDWDBREDMODE	Description (상승 Edge 지연 Shadow)
0	Shadow Mode 비활성화	0	Shadow Mode 비활성화
1	Shadow Mode 활성화	1	Shadow Mode 활성화

LOADFEDMODE	Description (DBFED 값을 Shadow에서 LOAD하는 시점)	LOADREDMODE	Description (DBRED 값을 Shadow에서 LOAD하는 시점)
00	CTR = 0일 때	00	CTR = 0일 때
01	CTR = PRD일 때	01	CTR = PRD일 때
10	CTR = 0 또는 PRD일 때	10	CTR = 0 또는 PRD일 때
11	동작 없음	11	동작 없음

DEDB Mode 경우 상승 Edge와 하강 Edge를 각 신호에 한 번씩 적용하면 DEDB_MODE = 0으로 A 경로에 상승 Edge 지연, B 경로에는 하강 Edge 지연이 적용된다. 그러나 DEDB_MODE = 1으로 설정할 경우 B 경로의 신호에만 상승 Edge 지연과 하강 Edge 지연이 적용된다.

OUTSWAP Mode의 경우 사용자가 최종 출력하는 신호를 변경할 수 있으며, 필요에 따라 한 경로의 신호만을 출력할 수 있다.

5.4.5 PWM-Chopper (PC) 모듈

PC 모듈은 ON되는 구간 신호를 더 짧은 주기로 분할하는 역할을 한다. 전류 또는 전압에 왜곡이 있을 경우 PC 모듈을 통해 스위칭 횟수를 증가시켜 리플을 감소시키거나 변압기 기반의 게이트 드라이버의 펄스에서 전력 스위칭 소자 제어가 필요한 경우에 사용된다. 펄스를 분할하기 위해 [그림 5.47]과 같은 PCCTL 레지스터를 사용한다. [표 5.11]에 해당 레지스터의 변수에 따른 동작을 보이고 있다.

PCCTL Register

15	14	13	12	11	10	9	8
RESERVED					CHPDUTY		
R-0h					R/W-0h		

7	6	5	4	3	2	1	0
CHPFREQ			OSHTWTH				CHPEN
R/W-0h			R/W-0h				R/W-0h

그림 5.47 PC 모듈 - PCCTL 레지스터 : PWM 펄스를 분할하기 위한 레지스터

표 5.11 CHPDUTY, CHPFREQ, OSHTWTH, CHPEN 변수에 따른 동작

CHPDUTY	Description (분할된 펄스 듀티 설정)	CHPFREQ	Description (분할된 펄스 주기 설정)
000	Duty=1/8	000	TBCLK/(8*1)
001	Duty=2/8	001	TBCLK/(8*2)
010	Duty=3/8	010	TBCLK/(8*3)
011	Duty=4/8	011	TBCLK/(8*4)
100	Duty=5/8	100	TBCLK/(8*5)
101	Duty=6/8	101	TBCLK/(8*6)
110	Duty=7/8	110	TBCLK/(8*7)
111	Reserved	111	TBCLK/(8*8)

OSHTWTH	Description (첫 번째 펄스 폭 설정)
0000	1*EPWMCLK/8
0001	2*EPWMCLK/8

-	-
1110	15*EPWMCLK/8
1111	16*EPWMCLK/8

CHEPN	Description (PWM 쵸퍼 동작 설정)
0	비활성화
1	활성화

[그림 5.48]과 같이 PC 모듈은 정해진 스위칭 상태에서 ON되는 구간을 분할하며, CHPEN 레지스터를 통해 PWM 쵸퍼 동작 활성화, OSHTWTH 레지스터를 통해 첫 번째 펄스 폭의 시간을 설정한다. 또한 CHPFREQ와 CHPDUTY를 통해 첫 번째 펄스 폭 이후에 분할되는 펄스의 주기와 듀티를 설정한다.

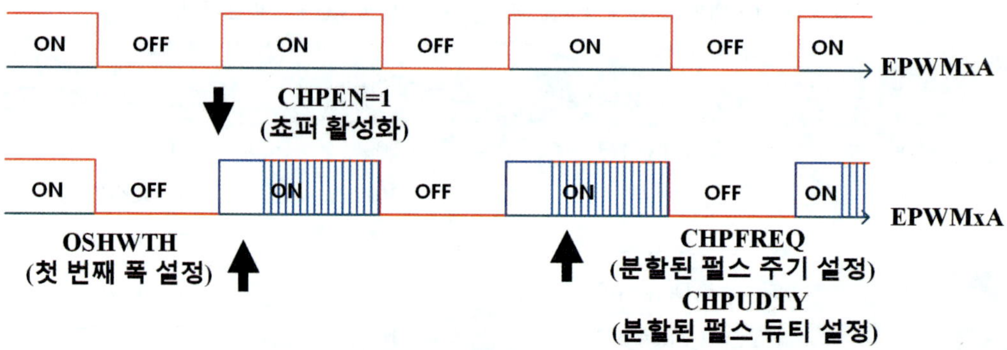

그림 5.48 PCCTL 레지스터에 의한 PWM 분할 동작

```
EPwm1Regs.PCCTL.bit.CHPEN = 1; // Chopper 동작 활성화
EPwm1Regs.PCCTL.bit.OSHTWTH = 15; // 첫 번째 펄스 폭 : 16*EPWMCLK/8 = 640ns
EPwm1Regs.PCCTL.bit.CHPFREQ = 7; // 분할된PWM 주기 : TBCLK/(8*8) = 3.125MHz
EPwm1Regs.PCCTL.bit.CHPDUTY = 3; // 분할된 PWM 듀티 : 4/8 = 0.5
```

UP-DOWN-COUNT Mode 주기 100us 설정 상황에서 CMP = 5000의 값이 주어졌을 때 PWM 출력파형은 [그림 5.49(a)]의 보라색 신호와 같다. 이 때 위 코드를 적용하였을 때의 파형을 파란색 신호가 보여주고 있다. 첫 번째 펄스 폭의 시간은 [그림 5.49(b)]를 통해 640ns이

며, 그 뒤에 분할된 펄스 폭 또한 CHPFREQ에 설정된 3.125MHz (=320ns)로 동작하는 결과를 보여주고 있다.

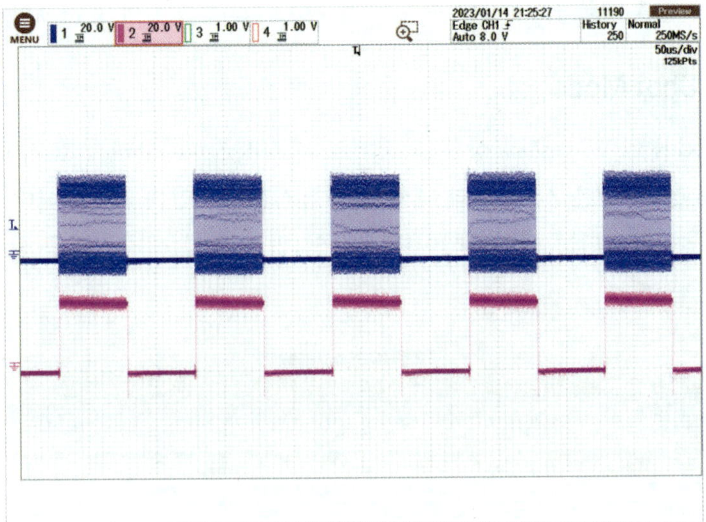

(a) PC 모듈 - PWM 쵸퍼 활성화 : 전체 파형

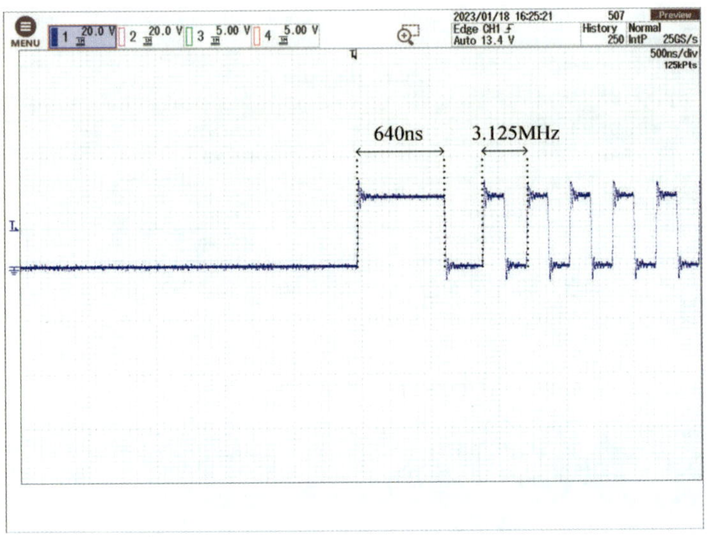

(b) PC 모듈 - PWM 쵸퍼 활성화 : 세부 파형

그림 5.49 PC 모듈 - PWM 쵸퍼 활성화 결과 파형

5.4.6 Trip-Zone (TZ) 모듈

TZ 모듈은 어떤 Error가 발생했을 때 PWM 로직 상태를 High 또는 Low, High-impedance 등으로 강제 변동시키는 모듈로, One Shot Mode와 Cycle by Cycle Mode 2가지가 존재한다. TZ 모듈은 각 쌍마다 배정되어 TZ1~TZ6으로 6개가 존재한다.

5.4.6.1 One Shot Mode

One Shot Mode는 PWM 로직 상태를 강제로 변경시킨 후 상태를 유지하는 Mode로 단락 또는 과전류 등과 같은 사고 상태에서 활성화시킬 수 있는 Mode이다. [그림 5.50]는 One Shot Mode에 이용되는 레지스터이며, [표 5.12]은 대상 레지스터를 설명하고 있다.

TZFRC Register

15	14	13	12	11	10	9	8
RESERVED							
R-0h							
7	**6**	**5**	**4**	**3**	**2**	**1**	**0**
RESERVED	DCBEVT2	DCBEVT1	DCAEVT2	DCAEVT1	OST	CBC	RESERVED
R-0h	R-0/W1S-0h	R-0/W1S-0h	R-0/W1S-0h	R-0/W1S-0h	R-0/W1S-0h	R-0/W1S-0h	R-0h

TZSEL Register

15	14	13	12	11	10	9	8
DCBEVT1	DCAEVT1	OSHT6	OSHT5	OSHT4	OSHT3	OSHT2	OSHT1
R/W-0h	R/W-0h	R/W-0h	R/W-0h	R/W-0h	R/W-0h	R/W-0h	R/W-0h
7	**6**	**5**	**4**	**3**	**2**	**1**	**0**
DCBEVT2	DCAEVT2	CBC6	CBC5	CBC4	CBC3	CBC2	CBC1
R/W-0h	R/W-0h	R/W-0h	R/W-0h	R/W-0h	R/W-0h	R/W-0h	R/W-0h

TZCTL Register

15	14	13	12	11	10	9	8
RESERVED				DCBEVT2		DCBEVT1	
R-0h				R/W-0h		R/W-0h	
7	**6**	**5**	**4**	**3**	**2**	**1**	**0**
DCAEVT2		DCAEVT1		TZB		TZA	
R/W-0h		R/W-0h		R/W-0h		R/W-0h	

그림 5.50 TZ 모듈 - One Shot Mode 설정 레지스터

표 5.12 OST, OSHT1~6, TZA, TZB 변수에 따른 동작

OST	Description (One Shot Mode 설정)	OSHT1~6	Description (EPWMx 설정)
0	비활성화	0	비활성화
1	활성화	1	활성화

TZA	Description (EPWMxA 로직 상태 변경)	TZB	Description (EPWMxB 로직 상태 변경)
00	High-impedance로 변경	00	High-impedance로 변경
01	High로 변경	01	High로 변경
10	Low로 변경	10	Low로 변경
11	변경 없음	11	변경 없음

```
EPwm1Regs.TZFRC.bit.OST = 0 → 1; // One Shot Mode 비활성화 -> 활성화
EPwm1Regs.TZSEL.bit.OSHT1 = 1; // EPWM1에서 활성화
EPwm1Regs.TZCTL.bit.TZA = 2; // EPWM1A 출력 상태를 LOW로 설정
EPwm1Regs.TZCTL.bit.TZB = 2; // EPWM1B 출력 상태를 LOW로 설정
```

One Shot Mode 실습 결과 파형을 [그림 5.51]에서 보여주고 있다. One Shot Mode가 동작되지 않는 상황 시 기존에 설정된 PWM 동작을 하고 있는 모습을 [그림 5.51(a)]를 통해 확인할 수 있다. 이때 OST = 1로 설정하여 One Shot Mode를 활성화한 경우 위 코드와 같이 설정된 두 EPWM의 출력이 LOW로 고정된 모습을 [그림 5.51(b)]를 통해 확인할 수 있다.

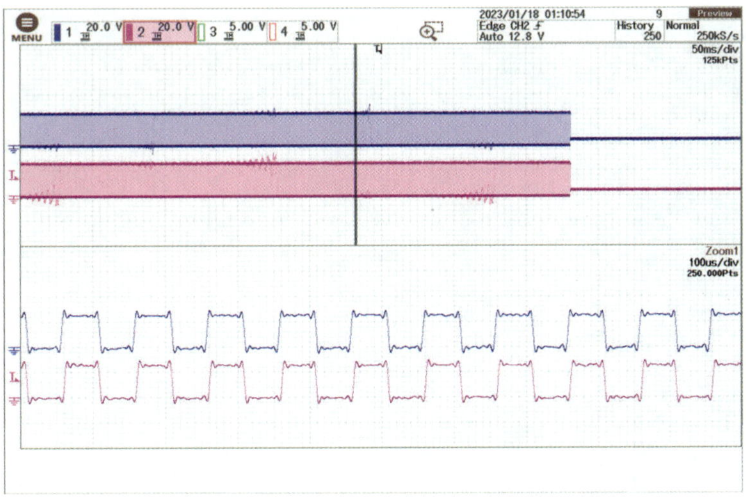

(a) TZ 모듈 - One Shot Mode 활성화 전 파형

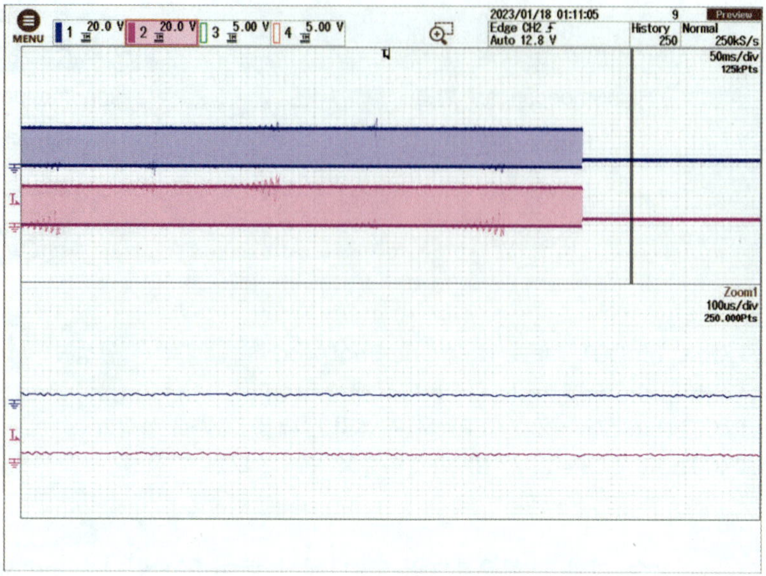

(b) TZ 모듈 - One Shot Mode 활성화 후 파형

그림 5.51 One Shot Mode 동작에 따른 PWM 출력 파형

5.4.6.2 Cycle by Cycle Mode

Cycle by Cycle Mode는 설정된 값을 초과하였을 때 PWM 로직 상태를 강제로 고정시킨 후 설정된 값 내에 위치할 때 고정이 풀리는 Mode로 주기에 따라 PWM 로직이 고정되거나 풀리는 동작을 반복할 수 있다. 따라서, 전류나 전압 등이 사용하고자 하는 범위보다 초과하였을 때 사용된다. [그림 5.52]은 Cycle by Cycle Mode에 이용되는 레지스터이며, [표 5.13]은 해당 레지스터 동작을 설명하고 있다.

TZFRC Register

15	14	13	12	11	10	9	8
RESERVED							
R-0h							

7	6	5	4	3	2	1	0
RESERVED	DCBEVT2	DCBEVT1	DCAEVT2	DCAEVT1	OST	CBC	RESERVED
R-0h	R-0/W1S-0h	R-0/W1S-0h	R-0/W1S-0h	R-0/W1S-0h	R-0/W1S-0h	R-0/W1S-0h	R-0h

TZSEL Register

15	14	13	12	11	10	9	8
DCBEVT1	DCAEVT1	OSHT6	OSHT5	OSHT4	OSHT3	OSHT2	OSHT1
R/W-0h	R/W-0h	R/W-0h	R/W-0h	R/W-0h	R/W-0h	R/W-0h	R/W-0h

7	6	5	4	3	2	1	0
DCBEVT2	DCAEVT2	CBC6	CBC5	CBC4	CBC3	CBC2	CBC1
R/W-0h	R/W-0h	R/W-0h	R/W-0h	R/W-0h	R/W-0h	R/W-0h	R/W-0h

TZCTL Register

15	14	13	12	11	10	9	8
RESERVED				DCBEVT2		DCBEVT1	
R-0h				R/W-0h		R/W-0h	

7	6	5	4	3	2	1	0
DCAEVT2		DCAEVT1		TZB		TZA	
R/W-0h		R/W-0h		R/W-0h		R/W-0h	

그림 5.52 TZ 모듈 - Cycle by Cycle Mode 설정 레지스터

표 5.13 CBC, CBC1~6 변수에 따른 동작

CBC	Description (Cycle by Cycle Mode 설정)	CBC1~6	Description (EPWMx 설정)
0	비활성화	0	비활성화
1	활성화	1	활성화

```
EPwm1Regs.TZFRC.bit.CBC = 0 → 1; // Cycle by Cycle Mode 비활성화 -> 활성화
EPwm1Regs.TZSEL.bit.CBC1 = 1; // EPWM1에서 활성화
EPwm1Regs.TZCTL.bit.TZA = 2; // EPWM1A 출력 상태를 LOW로 설정
EPwm1Regs.TZCTL.bit.TZB = 2; // EPWM1B 출력 상태를 LOW로 설정
```

위 코드가 적용된 파형을 [그림 5.53]에서 보여주고 있다. Cycle by Cycle이 동작하기 전 0.5 듀티로 PWM이 동작하는 모습을 [그림 5.53(a)]에서 확인할 수 있다. 이때 CBC = 1로 Cycle by Cycle Mode를 활성화한 경우 두 PWM의 출력이 LOW로 고정되었다가 설정된 TZFLG 시간 이후 기존 PWM 동작으로 돌아가는 모습을 [그림 5.53(b)]를 통해 확인 가능하다.

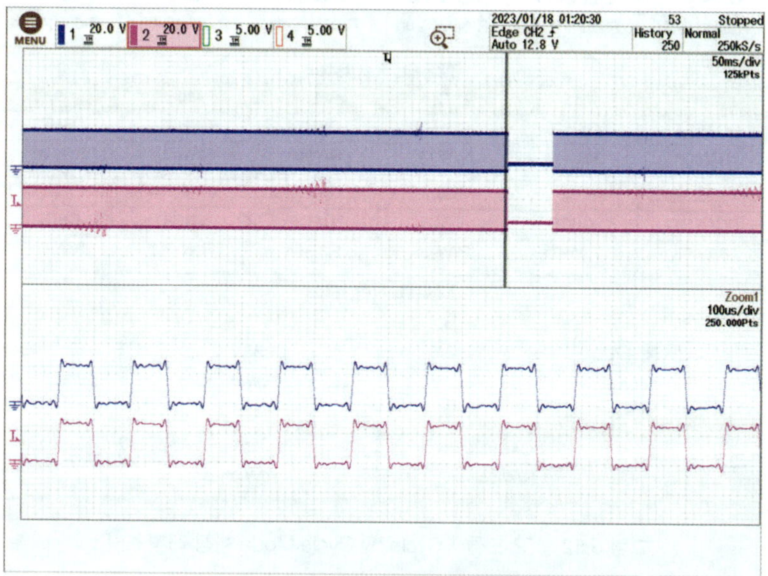

(a) TZ 모듈 - Cycle by Cycle 활성화 전 파형

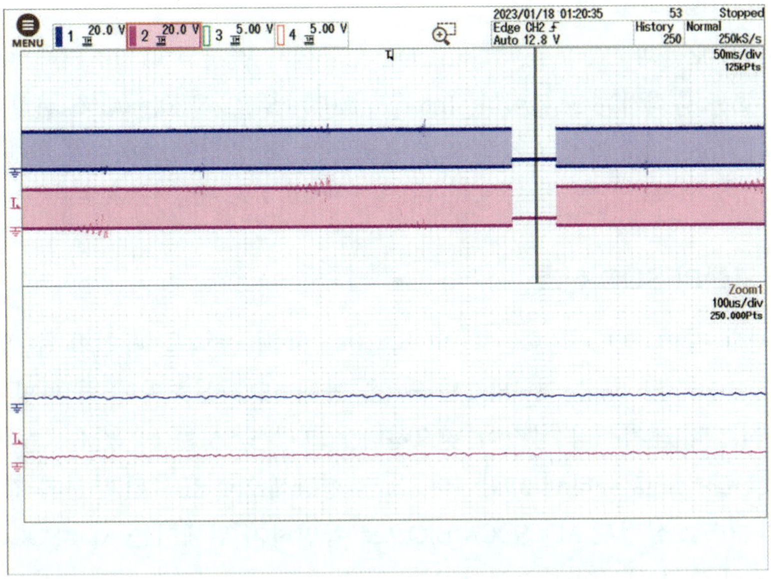

(b) TZ 모듈 - Cycle by Cycle 활성화 후 파형

그림 5.53 Cycle by Cycle Mode에 따른 PWM 출력 파형

5.4.7 Event-Trigger (ET) 모듈

ET 모듈은 TB 모듈과 CC 모듈, 그리고 DC 모듈에서 결정된 레지스터에 따라 Interrupt 또는 SOC 신호를 출력하는 모듈이다. Interrupt 또는 SOC 신호는 ADC 변환하는 시작 신호를 나타낸다. Interrupt 발생 과정과 SOC 출력 신호에 대해 살펴보도록 하겠다.

5.4.7.1 ET모듈의 SOC 신호

[그림 5.54]과 같이 SOC 신호는 GPIO8, 10을 통해 출력을 확인할 수 있다. 따라서 TMS320F28388 167 Pin 모듈의 18, 1번 Pin을 통해 SOC 신호의 출력 파형을 확인할 수 있으나 추가적으로 레지스터 설정이 필요하다. [그림 5.55]는 ePWM 모듈의 전체 모듈과 레지스터를 블록도로 나타낸 그림이다. 노란 형광색으로 표시된 부분과 같이 GPIO8과 GPIO10의 기능으로 설정된 ADCSOCA(B)O으로 확인하기 위해서는 ADCSOCOUTSELECT 레지스터를 통한 출력 설정이 필요하다.

SIGNAL NAME	MUX POSITION	337	176	PIN TYPE	DESCRIPTION
GPIO8	0, 4, 8, 12	G2	18	I/O	General-Purpose Input Output 8
EPWM5A	1			O	ePWM-5 Output A (High-res available on ePWM1-8)
CANB_TX	2			O	CAN-B Transmit
ADCSOCAO	3			O	ADC Start of Conversion A Output for External ADC (from ePWM modules)
EQEP3_STROBE	5			I/O	eQEP-3 Strobe
SCIA_TX	6			O	SCI-A Transmit Data
MCAN_TX	9			O	CAN/CAN-FD Transmit
ESC_GPO0	10			O	EtherCAT General-Purpose Output 0
FSITXB_CLK	13			O	FSITX-B Output Clock
FSITXA_D1	14			O	FSITX-A Data Output 1
FSIRXA_D0	15			I	FSIRX-A Data Input 0
GPIO10	0, 4, 8, 12	B2	1	I/O	General-Purpose Input Output 10
EPWM6A	1			O	ePWM-6 Output A (High-res available on ePWM1-8)
CANB_RX	2			I	CAN-B Receive
ADCSOCBO	3			O	ADC Start of Conversion B Output for External ADC (from ePWM modules)
EQEP1_A	5			I	eQEP-1 Input A
SCIB_TX	6			O	SCI-B Transmit Data
MCAN_RX	9			I	CAN/CAN-FD Receive
ESC_GPO2	10			O	EtherCAT General-Purpose Output 2
FSIRXB_D1	13			I	FSIRX-B Data Input 1
FSITXA_CLK	14			O	FSITX-A Output Clock
FSIRXA_D1	15			I	FSIRX-A Data Input 1

그림 5.54 SOC 신호가 확인 가능한 GPIO

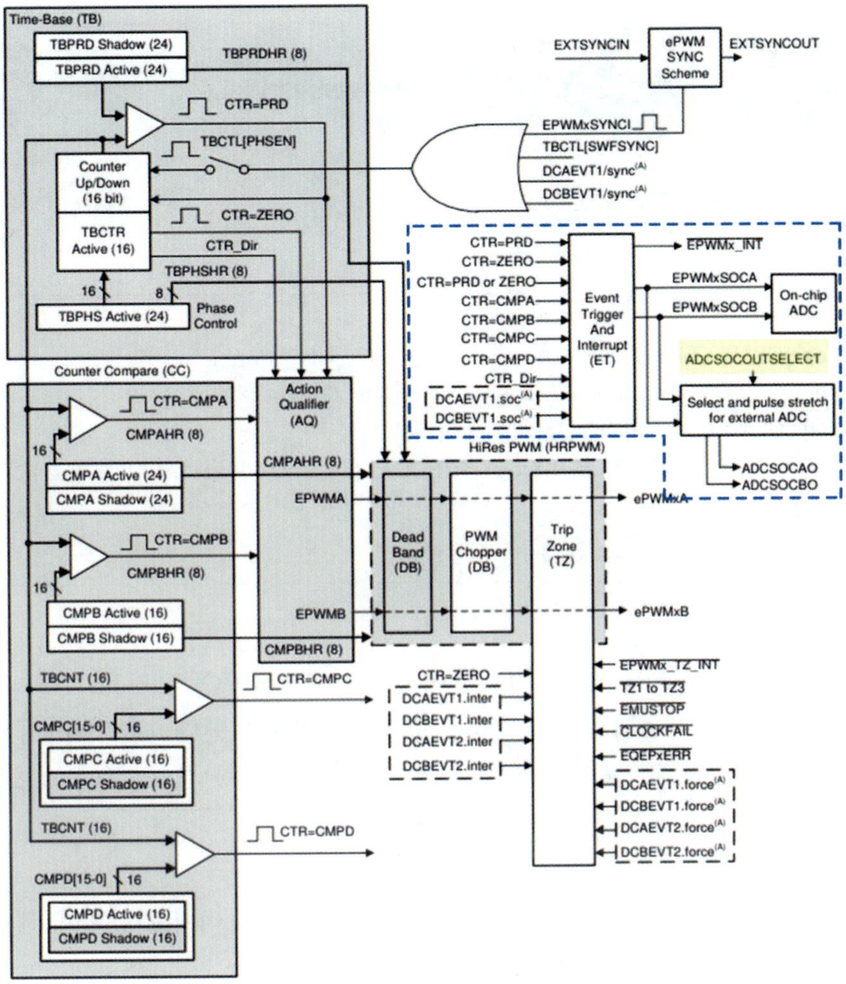

그림 5.55 SOC 신호를 ADCSOCA(B)O로 확인하기 위한 레지스터

ADCSOCOUTSELECT Register

31	30	29	28	27	26	25	24
PWM16SOCBEN	PWM15SOCBEN	PWM14SOCBEN	PWM13SOCBEN	PWM12SOCBEN	PWM11SOCBEN	PWM10SOCBEN	PWM9SOCBEN
R/W-0h	R/W-0h	R/W-0h	R/W-0h	R/W-0h	R/W-0h	R/W-0h	R/W-0h
23	**22**	**21**	**20**	**19**	**18**	**17**	**16**
PWM8SOCBEN	PWM7SOCBEN	PWM6SOCBEN	PWM5SOCBEN	PWM4SOCBEN	PWM3SOCBEN	PWM2SOCBEN	PWM1SOCBEN
R/W-0h	R/W-0h	R/W-0h	R/W-0h	R/W-0h	R/W-0h	R/W-0h	R/W-0h
15	**14**	**13**	**12**	**11**	**10**	**9**	**8**
PWM16SOCAEN	PWM15SOCAEN	PWM14SOCAEN	PWM13SOCAEN	PWM12SOCAEN	PWM11SOCAEN	PWM10SOCAEN	PWM9SOCAEN
R/W-0h	R/W-0h	R/W-0h	R/W-0h	R/W-0h	R/W-0h	R/W-0h	R/W-0h
7	**6**	**5**	**4**	**3**	**2**	**1**	**0**
PWM8SOCAEN	PWM7SOCAEN	PWM6SOCAEN	PWM5SOCAEN	PWM4SOCAEN	PWM3SOCAEN	PWM2SOCAEN	PWM1SOCAEN
R/W-0h	R/W-0h	R/W-0h	R/W-0h	R/W-0h	R/W-0h	R/W-0h	R/W-0h

그림 5.56 ET 모듈 - ADCSOCOUTSELECT : SOC 신호 설정 레지스터

표 5.14 ADCSOCOUTSELECT 변수에 따른 동작

PWM1SOCAEN ~ PWM16SOCAEN	Description (ADCSOCAO의 신호 선택)	PWM1SOCBEN ~ PWM16SOCBEN	Description (ADCSOCBO의 신호 선택)
0	선택 없음	0	선택 없음
1	EPWM SOCA으로 선택	1	EPWM SOCB으로 선택

```
EALLOW;
GpioCtrlRegs.GPAPUD.bit.GPIO8 = 0; // GPIO8의 PULL-UP을 Enable
GpioCtrlRegs.GPAMUX1.bit.GPIO8 = 3; // Pin을 ADCSOCAO로 설정
GpioCtrlRegs.GPADIR.bit.GPIO8 = 1; // 출력 상태로 설정
SyncSocRegs.ADCSOCOUTSELECT.bit.PWM1SOCAEN = 1; // EPWM1A의 SOC신호를
                                                    ADCSOCAO로 설정
EDIS;
```

[그림 5.56]는 SOC 신호를 출력하기위해 사용하는 ADCSOCOUTSELECT 레지스터를 나타내며, [표 5.14]는 레지스터의 변수에 따른 동작 특성을 나타낸다. EPWM1A의 SOC 신호를 ADCSOCAO를 통해 확인하기 위해서는 위 코드와 같이 PWM1SOCAEN=1으로 설정할 경우 ADCSOCAO로 설정된 GPIO8에서 확인할 수 있다.

SOC 신호 발생 설정에 관한 레지스터는 [그림 5.57]에서 보여지고 있으며, 해당 레지스터의 변수에 따른 동작은 [표 5.15]에 표시되어 있다.

ETSEL Register

15	14	13	12	11	10	9	8
SOCBEN	SOCBSEL			SOCAEN	SOCASEL		
R/W-0h	R/W-0h			R/W-0h	R/W-0h		
7	**6**	**5**	**4**	**3**	**2**	**1**	**0**
RESERVED	INTSELCMP	SOCBSELCMP	SOCASELCMP	INTEN	INTSEL		
R-0h	R/W-0h	R/W-0h	R/W-0h	R/W-0h	R/W-0h		

ETPS Register

15	14	13	12	11	10	9	8
SOCBCNT		SOCBPRD		SOCACNT		SOCAPRD	
R-0h		R/W-0h		R-0h		R/W-0h	
7	**6**	**5**	**4**	**3**	**2**	**1**	**0**
RESERVED		SOCPSSEL	INTPSSEL	INTCNT		INTPRD	
R-0h		R/W-0h	R/W-0h	R-0h		R/W-0h	

그림 5.57 ET 모듈 - ETSEL, ETPS : SOC 설정 레지스터

표 5.15 SOCA(B)EN, SOCA(B)SEL, SOCA(B)PRD 변수에 따른 동작

SOCA(B)EN	Description (EPWMxA(B) 신호 설정)
0	SOC 신호 비활성화
1	SOC 신호 활성화

SOCA(B)SEL	Description (SOC 신호 발생 지점 설정)	SOCA(B)SEL	Description (SOC 신호 발생 지점 설정)
000	DCA(B)EVET1.soc 신호가 발생되었을 때 SOCA(B)CNT 1회 발생	100	CTR 상승 중 CTR=CMPA 또는 CMPC일 때 SOCA(B)CNT 1회 발생
001	CTR=0일 때 SOCA(B)CNT 1회 발생	101	CTR 하강 중 CTR=CMPA 또는 CMPC일 때 SOCA(B)CNT 1회 발생
010	CTR=PRD일 때 SOCA(B)CNT 1회 발생	110	CTR 상승 중 CTR=CMPB 또는 CMPD일 때 SOCA(B)CNT 1회 발생
011	CTR=0 또는 PRD일 때 SOCA(B)CNT 1회 발생	111	CTR 하강 중 CTR=CMPB 또는 CMPD일 때 SOCA(B)CNT 1회 발생

SOCA(B)PRD	Description (SOC 신호 발생 주기 설정)
00	발생 없음
01	SOCA(B)CNT가 1회 발생 후 SOC 신호 발생
10	SOCA(B)CNT가 2회 발생 후 SOC 신호 발생
11	SOCA(B)CNT가 3회 발생 후 SOC 신호 발생

```
EPwm1Regs.ETSEL.bit.SOCAEN = 1; // SOC 신호 활성화
EPwm1Regs.ETSEL.bit.SOCASEL = 1; // CTR=0일 때 SOCACNT 1회 발생
EPwm1Regs.ETSEL.bit.SOCAPRD = 1; // SOCACNT가 1회 발생 후 SOC 신호 발생
```

위 코드 설정을 통해 SOC 신호의 출력 지점을 [그림 5.58]에서 보여주고 있다. 파란색 신호는 UP-DOWN-COUNT Mode일 때의 PWM 신호이며, 보라색 신호 파형은 SOC 신호를 보여주고 있다. SOC 발생 시점을 ZRO일 때 설정해 준 상태이므로 CTR = 0인 지점에서 매 주기마다 SOC 신호가 출력되는 것을 볼 수 있다.

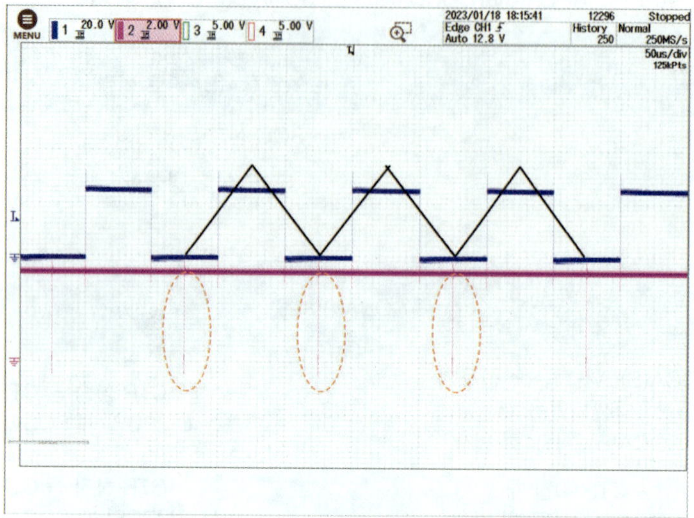

그림 5.58 ET 모듈 - CTR = 0일 때 SOC 신호 발생

```
EPwm1Regs.ETSEL.bit.SOCAEN = 1; // SOC 신호 활성화
EPwm1Regs.ETSEL.bit.SOCASEL = 2; // CTR=PRD일 때 SOCACNT 1회 발생
EPwm1Regs.ETSEL.bit.SOCAPRD = 1; // SOCACNT가 1회 발생 후 SOC 신호 발생
```

위 코드 설정을 통해 SOC 신호의 출력 지점을 [그림 5.59]에서 보여주고 있다. 파란색 신호는 UP-DOWN-COUNT Mode일 때의 PWM 신호이며, 보라색 신호 파형은 SOC 신호를 보여주고 있다. SOC 발생 시점을 PRD일 때 설정해 준 상태이므로 CTR = PRD인 지점에서 매 주기마다 SOC 신호가 출력되는 것을 볼 수 있다.

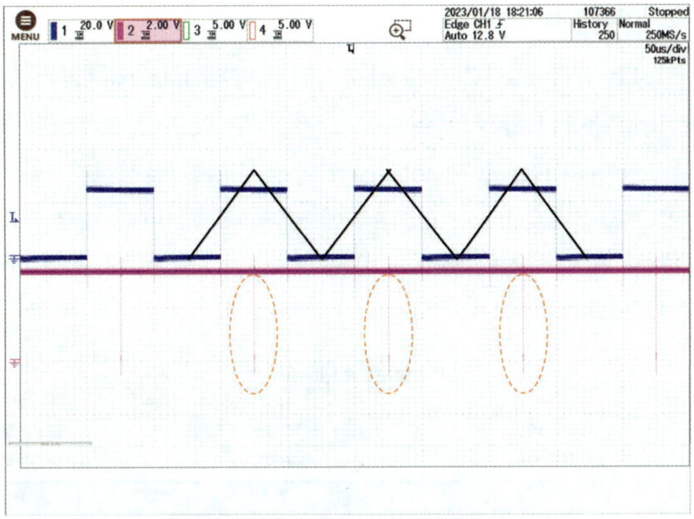

그림 5.59 ET 모듈 - CTR = PRD일 때 SOC 신호 발생

```
EPwm1Regs.ETSEL.bit.SOCAEN = 1; // SOC 신호 활성화
EPwm1Regs.ETSEL.bit.SOCASEL = 1; // CTR=0일 때 SOCACNT 1회 발생
EPwm1Regs.ETSEL.bit.SOCAPRD = 2; // SOCACNT가 2회 발생 후 SOC 신호 발생
```

위 코드 설정을 통해 SOC 신호의 출력 지점을 [그림 5.60]에서 보여주고 있다. [그림 5.58]의 예제와 동일한 상황에서 SOCAPRD = 2로 설정함으로써 SOCACNT가 2회 발생 시 SOC 신호가 출력되어 2주기마다 SOC 신호가 발생되는 것을 확인할 수 있다.

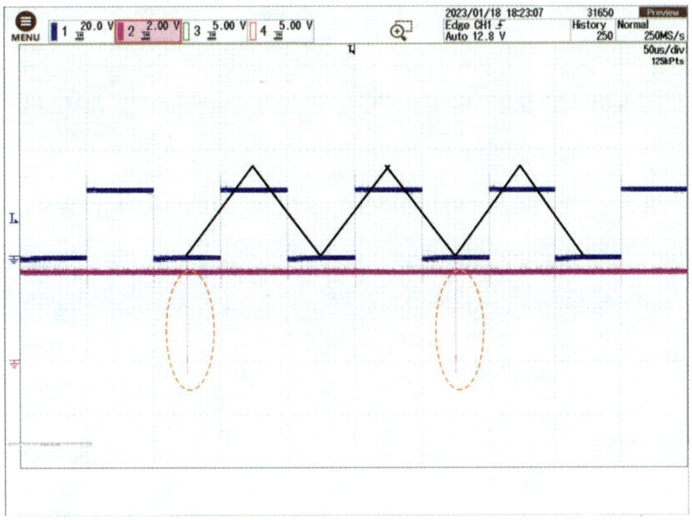

그림 5.60 ET 모듈 - CTR = 0일 때 2주기마다 SOC 신호 발생

5.4.7.2 ET 모듈 Interrupt

[그림 5.61]의 ETSEL, ETPS, ETCLR의 레지스터를 통해 Interrupt를 발생시킨다. INTEL 레지스터는 Interrupt 발생의 활성화 여부를 설정할 수 있으며, INTSEL 레지스터를 통해 Interrupt 발생 위치, INTPRD를 통해 Interrupt 발생 주기를 설정한다. 마지막으로 ETCLR 레지스터 내부의 INT 값을 1로 Interrupt 내부에 넣어 매 주기마다 새로운 Interrupt가 발생 가능하도록 설정한다. 각 레지스터 변수에 따른 동작은 [표 5.15]를 통해 확인할 수 있다.

ETSEL Register

15	14	13	12	11	10	9	8
SOCBEN	SOCBSEL			SOCAEN	SOCASEL		
R/W-0h	R/W-0h			R/W-0h	R/W-0h		
7	**6**	**5**	**4**	**3**	**2**	**1**	**0**
RESERVED	INTSELCMP	SOCBSELCMP	SOCASELCMP	INTEN	INTSEL		
R-0h	R/W-0h	R/W-0h	R/W-0h	R/W-0h	R/W-0h		

ETPS Register

15	14	13	12	11	10	9	8
SOCBCNT		SOCBPRD		SOCACNT		SOCAPRD	
R-0h		R/W-0h		R-0h		R/W-0h	
7	**6**	**5**	**4**	**3**	**2**	**1**	**0**
RESERVED		SOCPSSEL	INTPSSEL	INTCNT		INTPRD	
R-0h		R/W-0h	R/W-0h	R-0h		R/W-0h	

ETCLR Register

15	14	13	12	11	10	9	8
RESERVED							
R-0h							
7	**6**	**5**	**4**	**3**	**2**	**1**	**0**
RESERVED				SOCB	SOCA	RESERVED	INT
R-0h				R-0/W1S-0h	R-0/W1S-0h	R-0h	R-0/W1S-0h

그림 5.61 ET 모듈 - ETSEL, ETPS, ETCLR : Interrupt 설정 레지스터

표 5.15 INTEN, INTSEL, INTCNT, INTPRD, INT 변수에 따른 동작

INTEN	Description (Interrupt 신호 발생 활성화)	INT	Description (Interrupt 신호 발생 지점)
0	비활성화	100	CTR 상승 중 CTR=CMPA 또는 CMPC일 때 INTCNT 1회 발생
1	활성화	101	CTR 하강 중 CTR=CMPA 또는 CMPC일 때 INTCNT 1회 발생

INTSEL	Description (Interrupt 신호 발생 지점)	INTSEL	Description (Interrupt 신호 발생 지점)
000	Reserved	100	CTR 상승 중 CTR=CMPA 또는 CMPC일 때 INTCNT 1회 발생
001	CTR=0일 때 INTCNT 1회 발생	101	CTR 하강 중 CTR=CMPA 또는 CMPC일 때 INTCNT 1회 발생
010	CTR=PRD일 때 INTCNT 1회 발생	110	CTR 상승 중 CTR=CMPB 또는 CMPD일 때 INTCNT 1회 발생
011	CTR=0 또는 PRD일 때 INTCNT 1회 발생	111	CTR 하강 중 CTR=CMPB 또는 CMPD일 때 INTCNT 1회 발생

INTPRD	Description (Interrupt 발생 주기 설정)
00	발생 없음
01	INTCNT가 1회 발생 후 Interrupt 발생
10	INTCNT가 2회 발생 후 Interrupt 발생
11	INTCNT가 3회 발생 후 Interrupt 발생

```
GpioCtrlRegs.GPAPUD.bit.GPIO16 = 0; // GPIO16의 PULL-UP을 Enable
GpioCtrlRegs.GPAMUX2.bit.GPIO16 = 0; // GPIO16을 GPIO로 설정
GpioCtrlRegs.GPADIR.bit.GPIO16 = 1; // GPIO16을 출력 상태로 설정
EPwm1Regs.ETSEL.bit.INTEN = 1; // EPWM1의 Interrupt 활성화
EPwm1Regs.ETSEL.bit.INTSEL = 1; // CTR=0일 때 INTCNT 1회 발생
EPwm1Regs.ETPS.bit.INTPRD = 1; // INTCNT가 1회 발생 후 Interrupt 신호 발생
Interrupt(내부)
{GpioDataRegs.GPADAT.bit.GPIO16 = 1; // 처음 시작 시 High로 한번 출력
…
EPwm1Regs.ETCLR.bit.INT = 1; // EPWM1 모듈의 Interrupt Flag Bit CLEAR
GpioDataRegs.GPADAT.bit.GPIO16 = 0;}
```

[그림 5.62]은 위 코드를 통해 생성되는 Interrupt 신호를 나타낸다. 파란색 신호는 UP-DOWN-COUNT Mode의 PWM 신호이며, 보라색 신호 파형은 Interrupt 신호를 나타낸다. Interrupt 발생 시점을 CTR = 0으로 설정하고, 발생 주기는 INTPRD = 1로 설정함으로써, 매 주기마다 Interrupt가 발생하는 것을 확인할 수 있다.

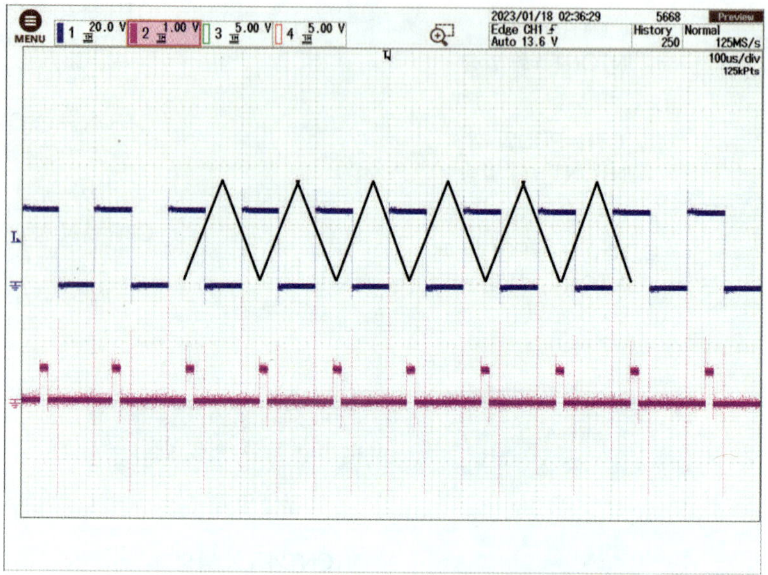

그림 5.62 ET 모듈 - CTR = 0일 때 1주기마다 Interrupt 신호 발생

```
GpioCtrlRegs.GPAPUD.bit.GPIO16 = 0; // GPIO16의 PULL-UP을 Enable
GpioCtrlRegs.GPAMUX2.bit.GPIO16 = 0; // GPIO16을 GPIO로 설정
GpioCtrlRegs.GPADIR.bit.GPIO16 = 1; // GPIO16을 출력 상태로 설정
EPwm1Regs.ETSEL.bit.INTEN = 1; // EPWM1의 Interrupt 활성화
EPwm1Regs.ETSEL.bit.INTSEL = 1; // CTR=0일 때 INTCNT 1회 발생
EPwm1Regs.ETPS.bit.INTPRD = 2; // INTCNT가 2회 발생 후 Interrupt 신호 발생
Interrupt(내부)
{GpioDataRegs.GPADAT.bit.GPIO16 = 1; // 처음 시작 시 High로 한번 출력
...
EPwm1Regs.ETCLR.bit.INT = 1; // EPWM1 모듈의 Interrupt Flag Bit CLEAR
GpioDataRegs.GPADAT.bit.GPIO16 = 0;}
```

[그림 5.63]는 위 코드를 통해 생성되는 Interrupt 신호를 나타낸다. 파란색 신호는 UP-

DOWN-COUNT Mode의 PWM 신호이며, 보라색 신호 파형은 Interrupt 신호를 나타낸다. Interrupt 발생 시점을 CTR = 0으로 설정하고 발생 주기는 INTPRD = 2로 설정함으로써 2 주기마다 발생됨을 확인할 수 있다.

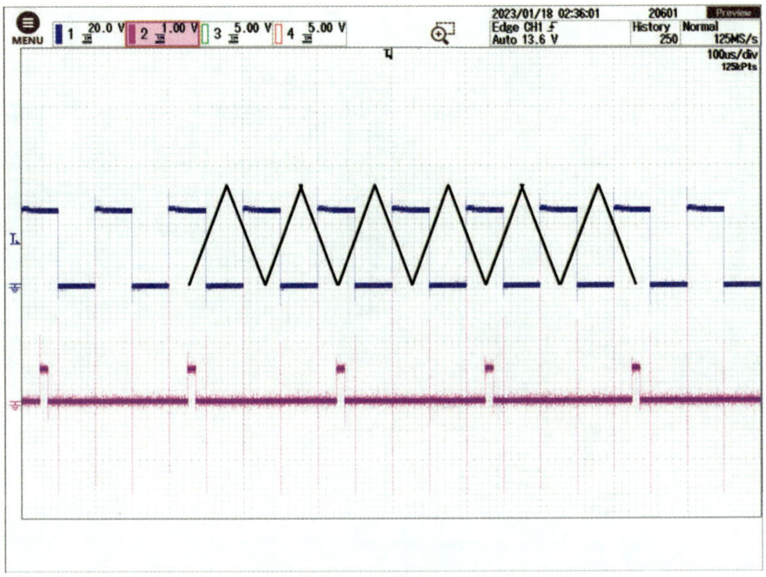

그림 5.63 ET 모듈 - CTR = 0일 때 2주기마다 Interrupt 발생

5.4.8 Digital Compare (DC) 모듈

DC 모듈은 Input X-BAR, EPWM X-BAR 등 ePWM 모듈 외부의 신호를 받아 비교를 통해 DC 신호를 생성한다. 생성된 신호는 TB 모듈, TZ 모듈, ET 모듈로 전달하여 동기화 신호, 강제 동작, Interrupt, SOC 신호 등을 발생하는 역할을 한다. [그림 5.64]은 DC 모듈의 블록도를 나타낸다.

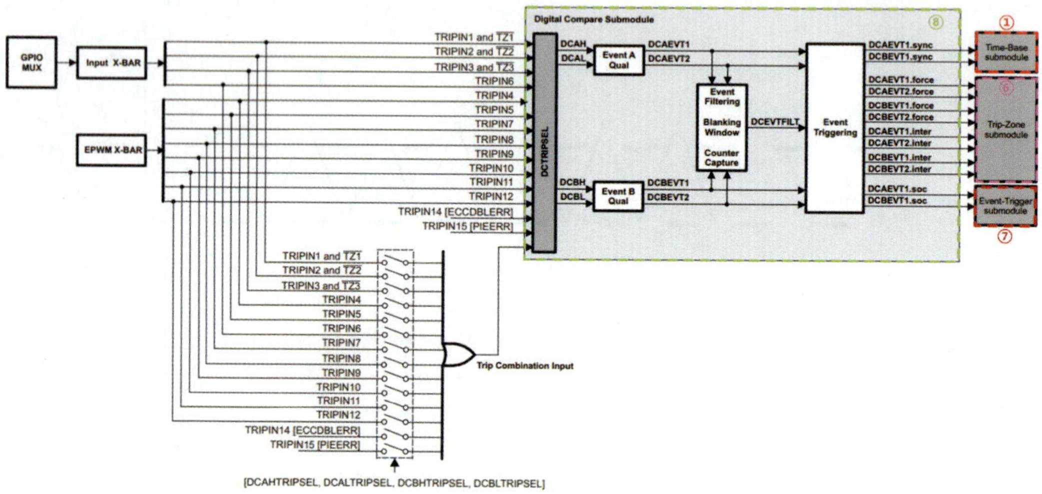

그림 5.64 DC 모듈의 주요 내부 동작 및 블록도

5.4.8.1 Digital Compare 신호 설정

DC모듈에서 입력 받는 외부 신호는 최대 15개로 TZ 모듈의 값 또는 CMPSS로부터 나온 신호 등으로 이루어져 있다. 이때 15개의 외부 입력 신호를 OR 게이트를 통하여 원하는 신호를 선택하여 DCAH, DCAL, DCBH, DCBL의 신호로 출력할 수 있다. [그림 5.65]는 외부 입력 신호를 선택하여 출력하는 레지스터이며, [표 5.16]은 해당 레지스터의 동작을 나타낸다.

DCTRIPSEL Register

15	14	13	12	11	10	9	8
DCBLCOMPSEL				DCBHCOMPSEL			
R/W-0h				R/W-0h			
7	6	5	4	3	2	1	0
DCALCOMPSEL				DCAHCOMPSEL			
R/W-0h				R/W-0h			

그림 5.65 DC 모듈 - DCTRIPSEL : 입력 신호 설정

표 5.16 DCA(B)LCOMPSEL, DCA(B)HCOMPSEL 변수에 따른 동작

DCA(B)LCOMPSEL	Description (DCA(B)L의 신호 설정)	DCA(B)HCOMPSEL	Description (DCA(B)H의 신호 설정)
0000	TRIPIN1으로 설정	0000	TRIPIN1으로 설정
0010	TRIPIN2으로 설정	0010	TRIPIN2으로 설정
0011	TRIPIN3으로 설정	0011	TRIPIN3으로 설정
...	...	...	...
1011	TRIPIN12으로 설정	1011	TRIPIN12으로 설정
1100	Reserved	1100	Reserved
1101	TRIPIN14으로 설정	1101	TRIPIN14으로 설정
1110	TRIPIN15으로 설정	1110	TRIPIN15으로 설정
1111	모든 TRIPIN으로 설정	1111	모든 TRIPIN으로 설정

설정된 DCA(B)H와 DCA(B)L의 신호는 TZDCSEL 레지스터를 통해 Event 신호로 설정할 수 있다. [그림 5.66]은 DCA(B)H와 DCA(B)L 신호를 Event 신호로 설정하기 위한 레지스터이며, [표 5.17]은 해당 레지스터의 동작을 나타낸다. 예를 들어 DCAL의 값과 상관없이 DCAH = 0일 때의 신호를 사용하고자 한다면 DCAEVT1 = 2로 설정한다.

TZDCSEL Register

15	14	13	12	11	10	9	8
RESERVED				DCBEVT2			DCBEVT1
R-0h				R/W-0h			R/W-0h

7	6	5	4	3	2	1	0
DCBEVT1		DCAEVT2			DCAEVT1		
R/W-0h		R/W-0h			R/W-0h		

그림 5.66 DC 모듈 - TZDCSEL : Event 신호 설정

표 5.17 DCA(B)EVT1, DCA(B)EVT2 변수에 따른 동작

DCA(B)EVT1, DCA(B)EVT2	Description (Event 신호 설정)	DCA(B)EVT1, DCA(B)EVT2	Description (Event 신호 설정)
000	비활성화	100	DCA(B)H = 상관없음 DCA(B)L = High
001	DCA(B)H = Low DCA(B)L = 상관없음	101	DCA(B)H = High DCA(B)L = Low

010	DCA(B)H = High DCA(B)L = 상관없음	110	Reserved
011	DCA(B)H = 상관없음 DCA(B)L = Low	111	Reserved

설정된 DCA(B)EVT1, DCA(B)EVT2 Event 신호는 필터링하거나 바로 통과하여 목적에 따라 동기화 신호, 강제 동작 신호, Interrupt 신호, SOC 신호 등으로 사용할 수 있다.

5.4.8.2 Blanking window를 통한 신호 필터링

앞 절에서 설명한 Event 신호에 노이즈가 존재할 경우 PWM 동작이나 SOC 신호 등 여러 동작에 문제가 발생할 수 있다. 따라서 사용자가 임의로 특정 시간동안 공백을 주어 노이즈를 제거할 수 있는데, 이를 Blanking window를 통한 필터링이라 한다. [그림 5.67]은 DC Event 신호를 필터링하는 과정을 나타낸 블록도이다.

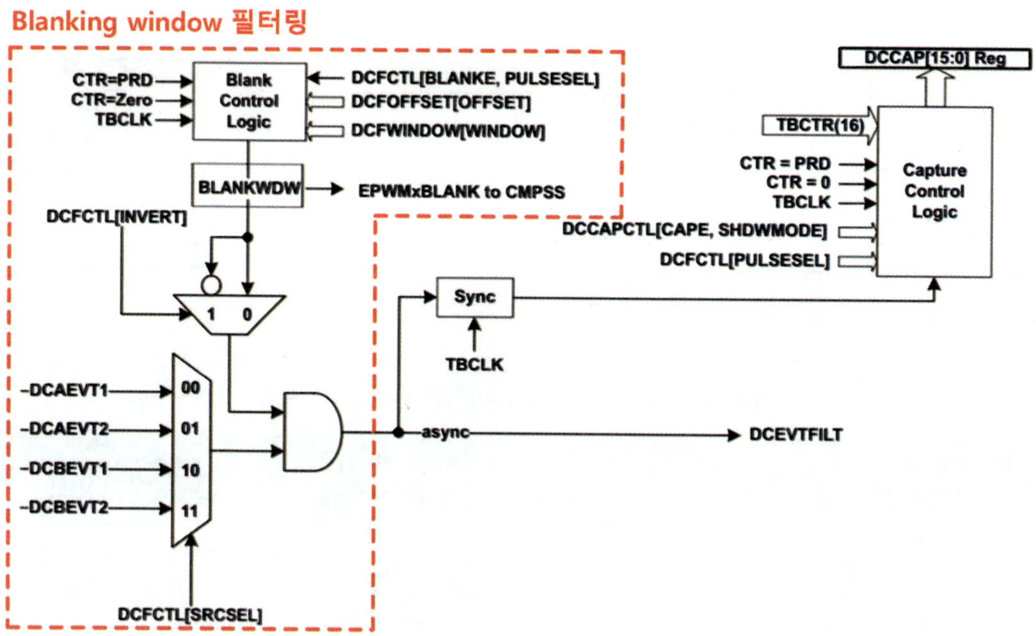

그림 5.67 DC 모듈 - Blanking window 필터링의 내부 블록도

[그림 5.67]과 같이 먼저 필터링하기 위한 DC Event 신호를 선택해야한다. 선택된 Event

신호는 Blanking window의 파형과 비교되어 출력된다. 이때 Blanking window는 총 4가지의 레지스터를 통해 설정이 가능하다. 먼저 BLANKE 레지스터는 Blanking window의 활성화 여부를 선택할 수 있으며, PULSESEL레지스터를 통해 Blanking 동작 시점을 TBCTR의 값에 따라 결정할 수 있다. OFFSET 레지스터는 Blanking window의 시작 시점으로부터 실제 적용까지 TBCLK의 동작 횟수를 설정할 수 있다. 마지막으로 WINDOW 레지스터를 통해 OFFSET 이후의 공백 시간을 설정할 수 있다.

[그림 5.68]은 필터링을 위한 Event 신호 선택 레지스터를 나타내며, [표 5.18]은 해당 레지스터의 동작을 나타낸다.

DCFCTL Register

15	14	13	12	11	10	9	8
EDGESTATUS			EDGECOUNT			EDGEMODE	
R-0h			R/W-0h			R/W-0h	
7	**6**	**5**	**4**	**3**	**2**	**1**	**0**
RESERVED	EDGEFILTSEL	PULSESEL		BLANKINV	BLANKE	SRCSEL	
R-0h	R/W-0h	R/W-0h		R/W-0h	R/W-0h	R/W-0h	

그림 5.68 DC 모듈 - DCFCTL : 필터링을 위한 Event 신호 선택

표 5.18 SRCSEL 변수에 따른 동작

SRCSEL	Description (Event 신호 선택)	SRCSEL	Description (Event 신호 선택)
00	DCAEVT1 신호 선택	10	DCBEVT1 신호 선택
01	DCAEVT2 신호 선택	11	DCBEVT2 신호 선택

[그림 5.69]는 Blanking window를 위한 4가지 레지스터를 나타내며, [표 5.19]는 해당 레지스터의 동작을 나타낸다.

DCFCTL Register

15	14	13	12	11	10	9	8
EDGESTATUS			EDGECOUNT			EDGEMODE	
R-0h			R/W-0h			R/W-0h	
7	**6**	**5**	**4**	**3**	**2**	**1**	**0**
RESERVED	EDGEFILTSEL	PULSESEL		BLANKINV	BLANKE	SRCSEL	
R-0h	R/W-0h	R/W-0h		R/W-0h	R/W-0h	R/W-0h	

DCFOFFSET Register

15	14	13	12	11	10	9	8
DCFOFFSET							
R/W-0h							
7	6	5	4	3	2	1	0
DCFOFFSET							
R/W-0h							

DCFWINDOW Register

15	14	13	12	11	10	9	8
DCFWINDOW							
R/W-0h							
7	6	5	4	3	2	1	0
DCFWINDOW							
R/W-0h							

그림 5.69 DC 모듈 - DCFCTL, DCFOFFSEST, DCFWINDOW : Blanking window 동작을 위한 레지스터

표 5.19 PULSEL, BLANKE, DCFOFFSET, DCFWINDOW 변수에 따른 동작

PULSEL	Description (Blanking window 동작 시점)	PULSEL	Description (Blanking window 동작 시점)
00	TBCTR = PRD일 때	10	TBCTR = 0 또는 PRD일 때
01	TBCTR = 0일 때	11	Reserved

BLANKE	Description (Blanking window 활성화 여부)
0	비활성화
1	활성화

DCFOFFSET	Description (동작 시점을 기준으로 Blanking window가 적용되는 지점)
0000 - FFFF	설정된 TBCLK 횟수 발생 시

DCFWINDOW	Description (Blanking window가 적용될 때 Blanking window 넓이)
0000 - FFFF	설정된 TBCLK 횟수의 넓이

[그림 5.70]은 해당 레지스터 동작에 대한 여러 예시 파형이다. BLANKE를 통해 Blanking window를 활성화하였으며, PULSEL = 2로 설정함으로써 TBCTR = 0 또는 PRD일 때 Blanking window 동작 시점이 결정된다. 설정된 OFFSET과 WINDOW에 따라 적용되는 지점과 공백의 넓이가 결정된다. 이때 OFFSET의 길이와 WINDOW의 넓이가 클 경우 한 주기를 넘어서 동작할 수 있기 때문에 PWM 주기와 다른 동작을 할 수 있다. 따라서 해당 동작을 방지하기 위해 Blanking window가 동작한 후 최소 3번의 TBCLK의 여유가 필요하다.

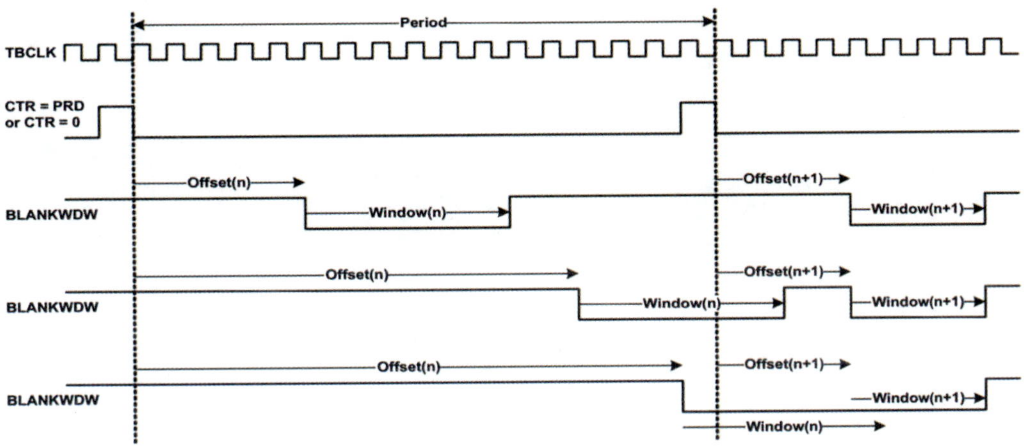

그림 5.70 DC 모듈 - Blanking window 동작 예시 파형

CHAPTER 06

Enhanced Quadrature Encoder Pulse (eQEP)

6 Enhanced Quadrature Encoder Pulse (eQEP)

6.1 eQEP 개요

6.1.1. 레졸버와 엔코더 특징

레졸버(Resolver)는 아날로그 방식을 사용하여 절대 위치 정보를 순시적으로 정밀하게 제공하는 센서로 하나의 회전형 변압기로서, 고정자와 회전자 각각에 변압기 1, 2차 권선들이 배치되어 있는 구조로 이루어졌다.

그림 6.1 레졸버

레졸버는 [그림 6.2]와 같이 1차 권선은 Reference winding으로 구성되며 회전 변압기에 의해 여자되는 권선으로 구성된다. 또한, 2차 권선은 Sin, Cos winding으로 구성되어 서로 90°의 전기각 위상차를 두고 고정자에 배치된다.

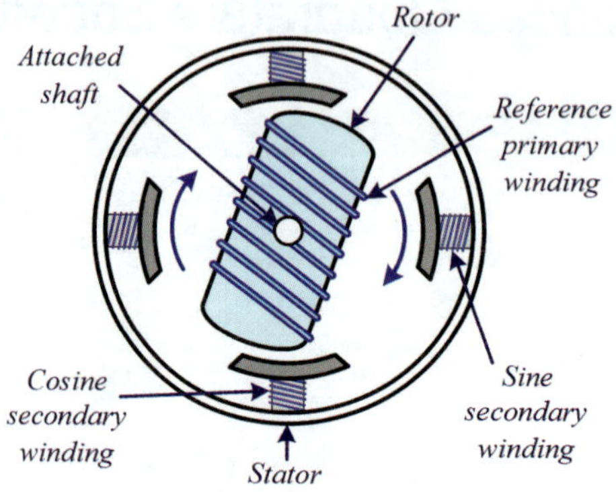

그림 6.2 레졸버의 구조

레졸버는 입력전원에 의해 1차 권선이 고주파 교류신호로 여자되며, 2차 권선에 쇄교하는 자속에 의해 유기된 전압을 통해 회전자의 절대위치를 검출하는 원리로 동작한다. 즉, 2차 권선에는 1차 권선과의 위치 변위에 비례하여 진폭이 변조된 신호가 출력되며, 1, 2차 권선축이 서로 일치하는 경우에는 변조 신호가 가장 크고, 1, 2차 권선축이 90°를 이루는 경우 변조 신호가 0이 된다. 이를 이용해 변조 신호로부터 회전자의 절대 위치 정보를 도출하는 것이 가능하다. 예를 들어, [그림 6.3]과 같이 회전 변압기를 통해 1차 권선을 정현파 교류 전압 $V_r = E sin\omega t$로 여자하게 되면, 여자 신호와 주파수가 같고 진폭은 $sin\theta$와 $cos\theta$로 변조된 신호 V_c와 V_s가 2차 권선에 유기된다.

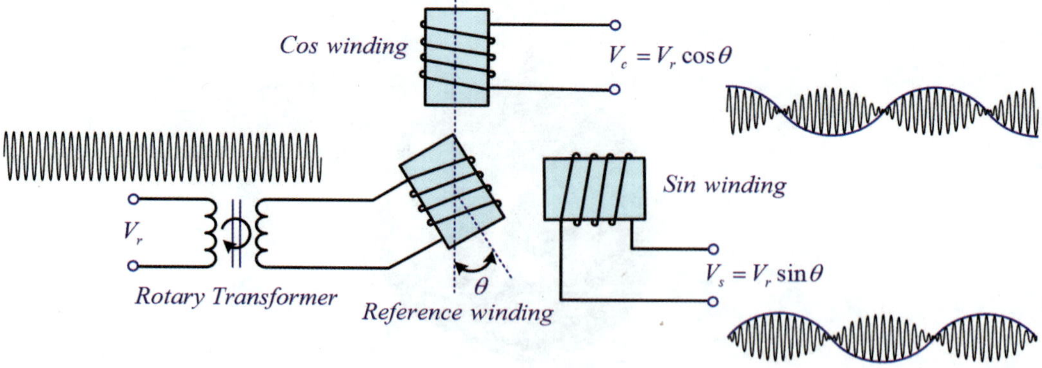

그림 6.3 레졸버의 절대위치 검출 방식

유기된 두 출력 신호에서 여자 신호의 주파수 성분을 제거한 항을 통해 절대위치 의 계산이 가능함을 식 (6.1)을 통해 알 수 있다.

$$\theta = \tan^{-1}\left(\frac{V_c}{V_s}\right) = \tan^{-1}\left(\frac{V_r \sin\theta}{V_r \cos\theta}\right) \tag{6.1}$$

엔코더는 아날로그 방식을 사용하는 레졸버와 달리 회전자의 회전 각 변동을 펄스 열로 출력하는 장치이다. 따라서 회전 속도에 비례하여 출력 펄스의 주파수가 변동되는 특징이 있다. 엔코더의 종류는 절대형(Absolute) 엔코더와 증분형(Incremental) 엔코더가 있다.

그림 6.4 증분형 엔코더

절대형 엔코더로 회전자의 절대 위치 정보를 알 수 있는 반면, 증분형 엔코더는 회전각의 변동분만을 측정할 수 있다. 현재 모터 구동 시스템에서는 절대형 엔코더보다 증분형 엔코더가 널리 이용되고 있으며, 자기식(Magnetic)에 비해 광학식(Optical)이 주로 사용된다. [그림 6.4]는 증분형 엔코더를 나타낸다.

광학식 증분형 엔코더는 1회전 당 펄스 수(Pulse per Revolution, PPR)가 수백~수십만에 이르며, 이러한 펄스를 통해 속도, 방향, 위치의 검출이 가능하다. 증분형 엔코더는 상대 위치 검출기로서, 회전에 따라 A, B 펄스 및 Index 펄스(I 펄스, Z 펄스)를 출력한다. 이 중 A, B 펄스는 1회전 시마다 PPR이 일정하게 출력되는데, 특정 시간 동안 출력된 펄스 개수를 통해 회전각의 변동분을 검출하여 위치 또는 속도를 계산할 수 있다.

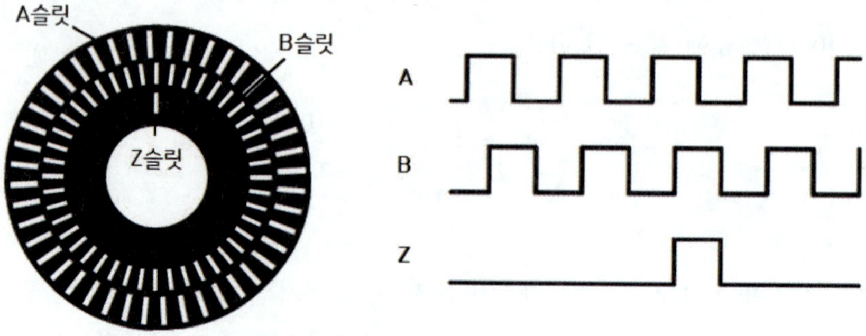

그림 6.5 증분형 엔코더의 A, B, Index 펄스

A, B 펄스는 회전 방향을 판단할 수 있도록 [그림 6.5]에 나타낸 것과 같이, 서로 90도의 위상차를 갖는다. 따라서 정방향으로 회전 시에는 A펄스의 위상이 B펄스보다 90도 앞서게 되며, 역방향으로 회전 시에는 B펄스의 위상이 A펄스보다 90도 앞서게 된다. 일반적으로 이는 엔코더의 Line 수로 표시되며, 2000-Line의 엔코더를 사용할 경우 모터가 한 바퀴 회전할 때 A와 B 펄스가 각각 2000개씩 출력됨을 나타낸다. Index 펄스는 모터의 1회전 당 한 번 발생하는 펄스로서, 기준 위치, 초기 위치, Zero Reference 등을 파악하는 데 사용할 수 있다. 정방향 회전 시의 A, B, Index 펄스와 역방향 회전 시의 A, B, Index 펄스는 [그림 6.6]에서와 같이 나타난다.

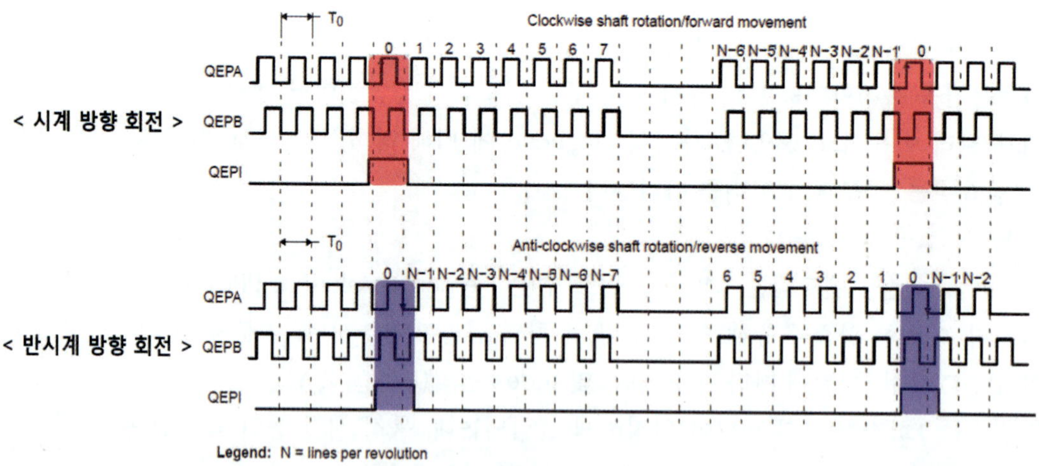

그림 6.6 회전 방향에 따른 엔코더 출력 펄스

엔코더의 펄스 열 출력의 결과를 예를 들어 설명하면, 2000-Line을 가진 광학식 증분형

엔코더가 1분에 5000번 회전한다면(5000rpm) A, B의 펄스 신호는 166.67kHz의 주파수로 나타날 것임을 식 (6.2)를 통해 알 수 있다.

$$\frac{Line_{encoder} \cdot rpm}{t} = \frac{2000 \cdot 5000}{60s} = 166.67kHz \tag{6.2}$$

또한 Index 펄스는 1회전 시마다 한번 발생하기 때문에 식 (6.3)과 같이 83.33Hz로 나타날 것이다.

$$\frac{Line_{encoder} \cdot rpm}{t} = \frac{1 \cdot 5000}{60s} = 83.33Hz \tag{6.3}$$

Index 펄스는 일반적으로 엔코더의 특정 기준 위치에서 A 펄스나 B 펄스 신호에 동기하여 발생하지만 [그림 6.7]과 같이 동기하지 않고 발생하는 경우도 있다.

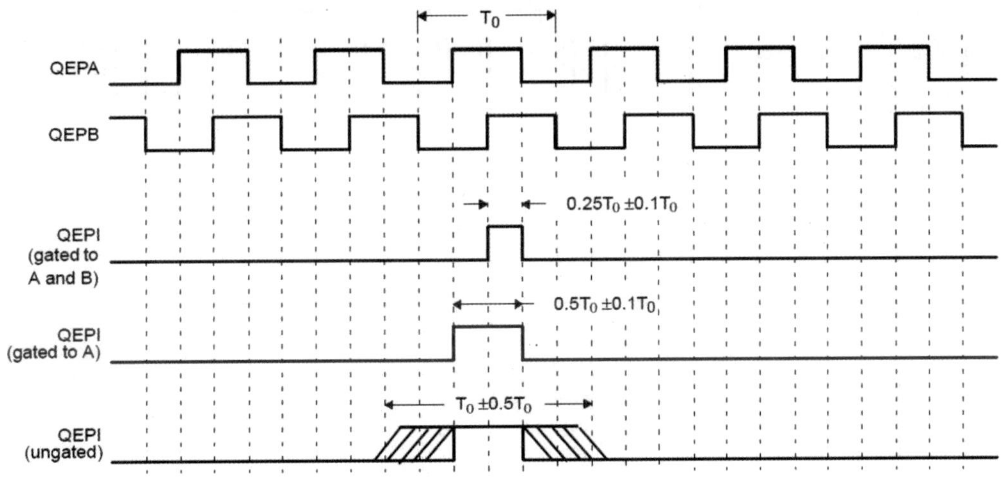

그림 6.7 Index 펄스의 발생 예시

6.2 전력전자에서 eQEP 기능 활용

앞서 살펴본 방식과 같이 출력되는 엔코더의 A 와 B, 그리고 I 펄스를 이용해 속도를 계산하는 방식이 일반적으로 사용되고 있다. 펄스 열을 통해 속도를 계산하는 방법에는 크게 M 방식을 이용한 속도 계산 방법과 T 방식을 이용한 속도 계산 방법이 존재하고, 일반적으로 회전자 속도를 계산할 때는 A 펄스나 B 신호를 직접 계수하기도 하지만, 저분해능 엔코더를 사용하는 경우 펄스를 체배(Doubling or Multiply) 하여 사용하기도 한다. A 또는 B

펄스의 상승 Edge와 하강 Edge에서 새로운 펄스를 생성하게 되면 2배의 PPR 신호를 얻을 수 있고 이를 2체배라고 하며, A 와 B 펄스의 상승 Edge와 하강 Edge에서 새로운 펄스를 생성하게 되면 4배의 PPR 신호를 얻을 수 있어 이를 4체배라고 할 수 있다. 펄스의 2체배와 4체배에 관한 내용을 [그림 6.8]에 보인다.

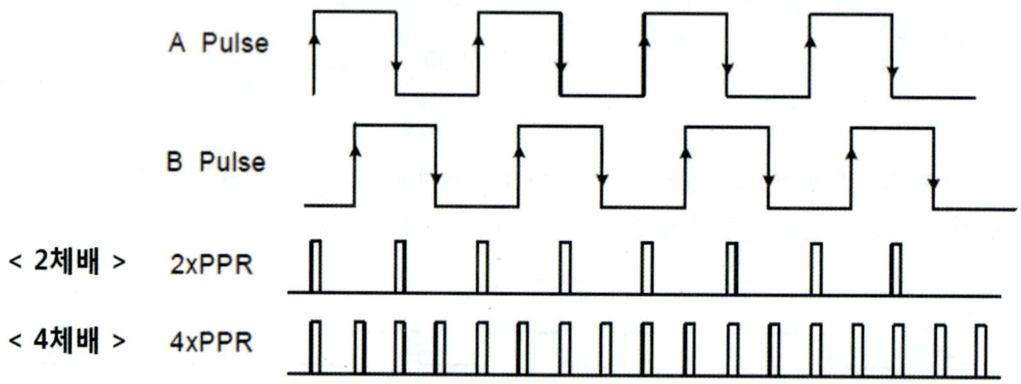

그림 6.8 펄스의 체배

6.2.1 M 방식을 통한 모터 속도 계산

M 방식이란 [그림 6.9]에서와 같이, 일정 샘플링 시간 T_c 동안 출력되는 엔코더의 펄스 수를 계수하여 각속도를 알아내는 방법이다. 보통 A, B 펄스의 수를 직접 계수하기도 하지만, 앞서 살펴본 바와 같이 A, B 펄스를 체배하여 각 Edge에서 발생하는 펄스 수를 계수하여 각속도를 계산하게 된다.

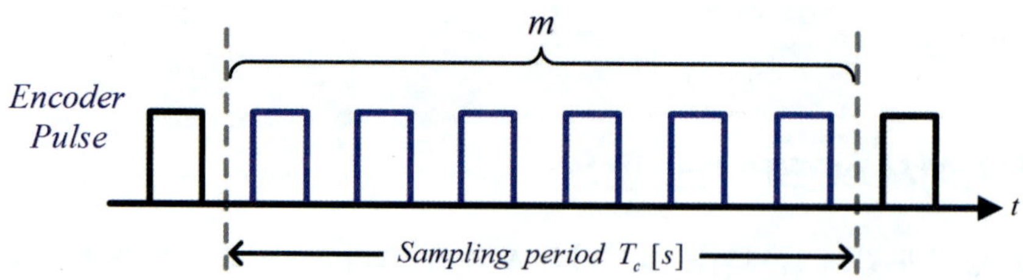

그림 6.9 M 방식을 통한 모터의 속도 측정

일정하게 주기적으로 주어지는 샘플링 시간 T_c 동안 출력되는 엔코더 펄스 수가 m개라고 가정하면, T_c 동안 회전한 변위 X는 식 (6.4)와 같이 나타낼 수 있다.

$$X = \frac{m}{PPR} \cdot 2\pi \; [rad] \tag{6.4}$$

T_c : 샘플링 주기 / m : 출력되는 엔코더 펄스 수 / X : T_c 동안 회전한 변위 / PPR (pulse per revolution) : 1 회전 당 출력 펄스 수

또한, 각속도는 식 (6.5)과 같이 어떤 시간 T 동안의 각변위의 변화율로 정의할 수 있다.

$$\omega_m = \frac{X}{T} \; [rad/s] \tag{6.5}$$

이러한 회전자 각속도를 분당 회전 수 N으로 표현하면 식 (6.6)와 같다.

$$N = \frac{60}{2\pi} \cdot \frac{X}{T} \; [rpm] \tag{6.6}$$

이를 기반으로 각속도는 아래와 같이 계산된다.

$$\omega_m = \frac{X}{T} = \frac{2\pi}{T_c} \cdot \frac{m}{PPR} \; [rad/s] \tag{6.7}$$

$$N = \frac{60}{2\pi} \cdot \omega_m = \frac{60}{2\pi} \cdot \frac{m}{PPR} \; [rpm] \tag{6.8}$$

이러한 M 방식은 구현이 간단하여 속도의 측정 오차가 크게 문제되지 않는 분야에서 쉽게 사용할 수 있다. 그러나 PPR이 적을수록 속도 측정의 정밀도가 낮아지며, 샘플링 시간 간격과 펄스의 동기 여부에 따라 펄스 오차에 따른 속도 오차가 발생할 수 있다. 따라서 출력 펄스 수가 매우 작은 저속에서는 속도 정보의 정확도가 상대적으로 더욱 떨어지게 된다. 이와 같은 검출 오차를 줄이기 위해서는 PPR 혹은 샘플링 시간을 크게 해야 하는데, 샘플링 시간을 크게 키울 경우, 속도 샘플링이 느려져 속도 제어기의 대역폭이 줄어들게 되므로 PPR을 크게 하는 것이 바람직하다. 그러나 이 경우 고가의 엔코더가 요구되는 단점이 있다.

6.2.2 T 방식을 통한 모터 속도 계산

T 방식은 출력 펄스와 펄스 사이의 기준 클럭을 계수하여 회전자의 속도를 계산하게 된다.

[그림 6.10]은 T 방식에 관한 내용을 나타내며, T 방식에 사용되는 기준 클럭은 시스템 클럭과 같이 엔코더 펄스보다 충분히 높은 주파수를 갖는 클럭을 사용한다

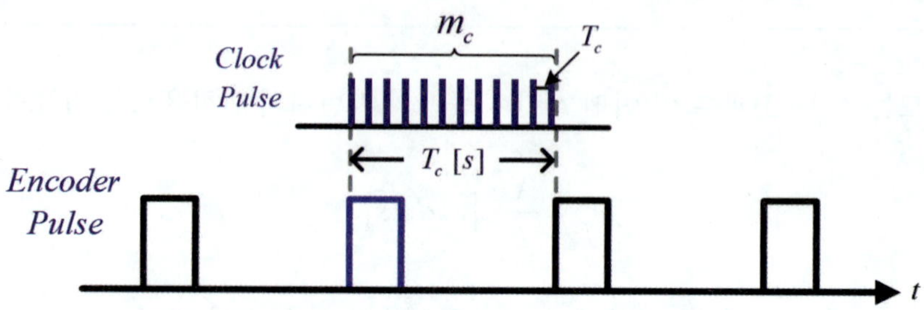

그림 6.10 T 방식을 통한 모터의 속도 측정

이 방식에서 회전자 변위 X는 1펄스에 관한 것이므로 식 (6.9)과 같이 언제나 일정하게 주어진다.

$$X = \frac{2\pi}{PPR} \ [rad] \tag{6.9}$$

[그림 6.10]과 같이 기준 클럭 펄스의 주기가 T_{clock}이고, 엔코더의 두 출력 펄스 사이에 기준 클럭 수가 m_c라고 하면, 시간 T_c는 식 (6.10)와 같이 나타낼 수 있게 된다.

$$T_c = m_c \cdot T_{clock} \ [s] \tag{6.10}$$

따라서 각속도는 식 (6.11), 식 (6.12)과 같이 계산할 수 있다.

$$\omega_m = \frac{X}{T} = \frac{2\pi}{PPR} \cdot \frac{1}{m_c \cdot T_{clock}} \ [rad/s] \tag{6.11}$$

$$N = \frac{60}{2\pi} \cdot \omega_m = \frac{60}{PPR} \cdot \frac{1}{m_c \cdot T_{clock}} \ [rpm] \tag{6.12}$$

T_{clock} : 기준 클럭 펄스 주기 / m_c : 출력되는 클럭 펄스 수 / PPR (pulse per revolution) : 1 회전 당 출력 펄스 수

T 방식은 펄스 오차가 없기 때문에 저속에서 정밀한 속도 측정이 가능하다는 장점이 있다. 이에 비해 고속 영역에서 속도 측정의 정밀도를 높이기 위해서는 기준 클럭 펄스의 주파수가 높아야 하는데, 이 경우 저속 영역에서 계수해야 할 m_c의 개수가 많아지므로 Bit 수가 많은 클럭 Counter가 필요하다. 또한 속도에 따라 펄스 사이의 시간 T_c가 가변되므로 이에 따라 속도 계산 주기가 변동하게 되어, 일정 시간마다 제어를 하는 속도 제어기에서 이 방식을 사용하기에 불리할 수 있다.

eQEP 모듈은 엔코더를 사용하는 경우, 앞서 설명한 M 방식과 T 방식을 이용한 속도 계산을 위해 필요한 펄스 수, 펄스 사이의 간격 등을 읽는 역할을 수행하며, 이후 설명하게 될 다양한 추가 기능을 통해 속도나 위치에 관련된 정보를 얻는데 사용된다.

6.3 eQEP 동작

Enhanced Quadrature Encoder Pulse (eQEP)모듈은 증분형 엔코더로부터 얻은 모터 회전자의 위치, 방향, 속도 정보를 통해 관련된 여러 기능들을 수행하며 기능에 따라 아래와 같이 총 8개로 분류된다.

① GPIO mux의 각 pin 입력

② Quadrature Mode Adapter (QMA)

③ Quadrature Decoder Unit (QDU)

④ Position Counter and Control Unit (PCCU)

⑤ Unit Time Base (UTIME)

⑥ Quadrature Edge Capture Unit (QCAP)

⑦ Watchdog Timer (QWDOG)

⑧ eQEP Interrupt Structure

이에 따라, eQEP의 전체적인 레지스터 및 블록도는 [그림 6.11]과 같다.

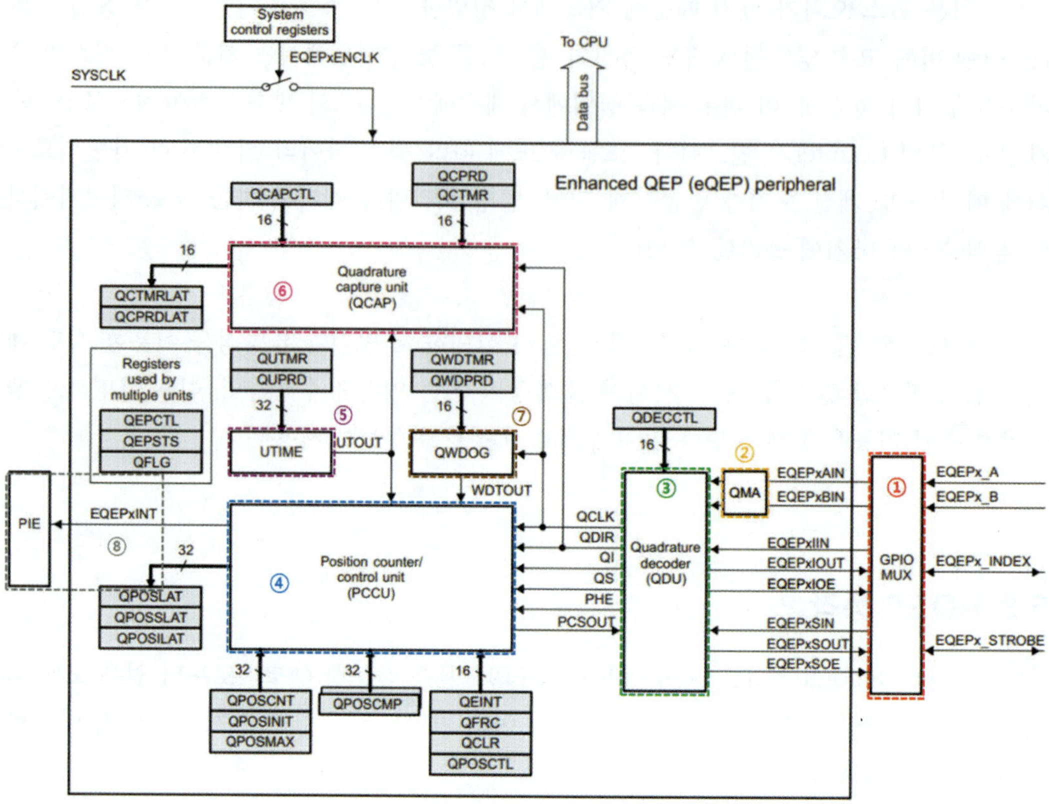

그림 6.11 eQEP 모듈의 전체적인 레지스터 및 블록도

[그림 6.11]의 우측에 보이듯, eQEP 모듈의 입력 신호는 EQEPxA/XCLK, EQEPxB/XDIR, EQEPxI, EQEPxS 가 사용된다. EQEPxA, EQEPxB, EQEPxI는 엔코더 출력으로부터 얻을 수 있는 펄스 신호라는 것을 알 수 있다. 특정 엔코더는 B 펄스 대신 방향 정보를 직접 출력하기도 하는데, XCLK와 XDIR은 이러한 경우에 사용되는 신호이다. 이를 사용하기 위해서는 레지스터를 별도로 설정하여야 한다. 마지막으로 Strobe 신호인 EQEPxS 신호가 존재하는데, 이 신호는 원하는 특정 시점에 Position Counter를 초기화하거나 Latch시키는 용도로 사용된다. 모터가 특정 위치에 도달했음을 알리기 위하여 일반적으로 센서나 제한 스위치로부터 연결되는 신호이다.

[그림 6.11]을 보면, 블록도에 표시된 바와 같이 eQEP 모듈은 크게 8가지 부분으로 나눌 수 있다. 다음부터는 앞서 설명한 내용들을 바탕으로 eQEP 모듈의 부분 별 수행 역할과 기능에 대해 순서대로 알아볼 것이다.

6.3.1 GPIO MUX 입력

eQEP 모듈의 입력 신호에 해당하는 부분이다. EQEPxA, EQEPxB, EQEPxI와 같은 엔코더 출력신호와 EQEPxS라는 외부 Strobe 신호까지 총 4개의 입력 신호는 GPIO 입력 Pin을 통해 eQEP 모듈로 입력되게 된다. 이때, EQEPxA, EQEPxB, EQEPxI는 모듈에 입력되기 전에 SYSCLK와 동기화되어야 하고 이는 GPxQSELn 레지스터를 통해 설정 가능하다.

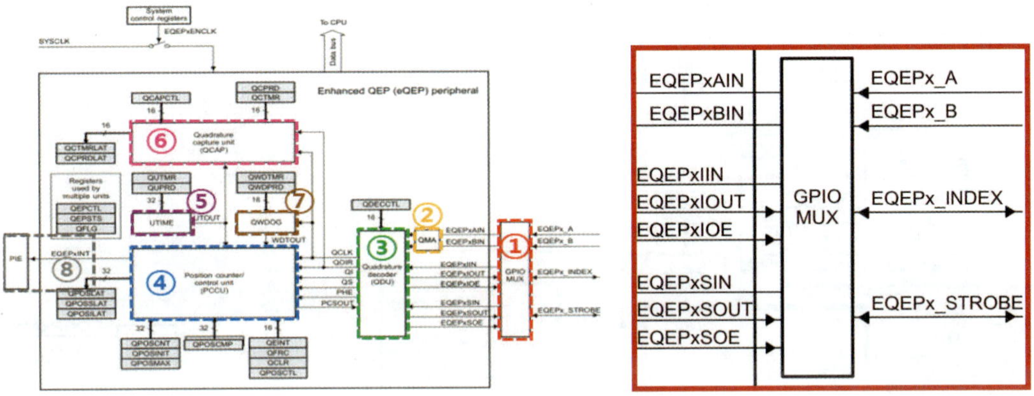

그림 6.12 T eQEP 모듈의 전체적인 레지스터 및 블록도(GPIO MUX)

EQEPxA/XCLK, EQEPxB/XDIR입력은 eQEP 모듈을 Qudarture-clock mode로 사용하는 경우에 서로 90° 위상차를 갖는 QEPA, QEPB 신호로 사용되어 두 신호의 상대적 위치정보를 통해 회전 방향 및 속도를 측정하는데 사용된다. eQEP 모듈을 Direction-count mode로 사용하는 경우에는 클럭과 방향 신호로서 회전 방향 및 속도를 측정하는데 사용된다. EQEPxI 신호는 Zero marker의 기능을 수행하는 신호 입력이며, 위치정보의 절대적 시작 위치가 할당된 Index 신호를 의미한다. EQEPxS 신호는 범용 Strobe 신호로서 원하는 이벤트 발생 시마다 Position Counter를 초기화 하거나 Latch시키는 기능을 수행하게 되며, 일반적으로 모터가 원하는 위치에 도달했음을 알려주는 센서 또는 제한 스위치에 연결되게 된다. 각 신호들이 사용되는 방식과 사용 방법에 대한 자세한 설명은 이후 자세히 다룰 것이다.

6.3.2 Quadrature Mode Adapter (QMA)

QMA는 eQEP 모듈을 확장시켜 추가적인 Mode를 사용할 수 있게 해주는 Unit으로, EQEPxA, EQEPxB 입력을 QMACTRL[MODE] 설정에 따라 처리하여 eQEP 모듈로 전달하는 기능을 수행한다. 확장 Mode의 정확한 동작을 위해서는 eQEP 모듈이 Direction-count

Mode로 설정되어 있어야 하며, QMA 모듈의 기본 설정 값은 QMA 로직이 bypass로 설정되어 있으므로 EQEPxA, EQEPxB 입력이 추가적인 처리 없이 eQEP 모듈로 직접 전달된다. 이와 관련된 세부 사항은 [그림 6.14]의 QMA 내부 블록도를 통해 확인할 수 있다.

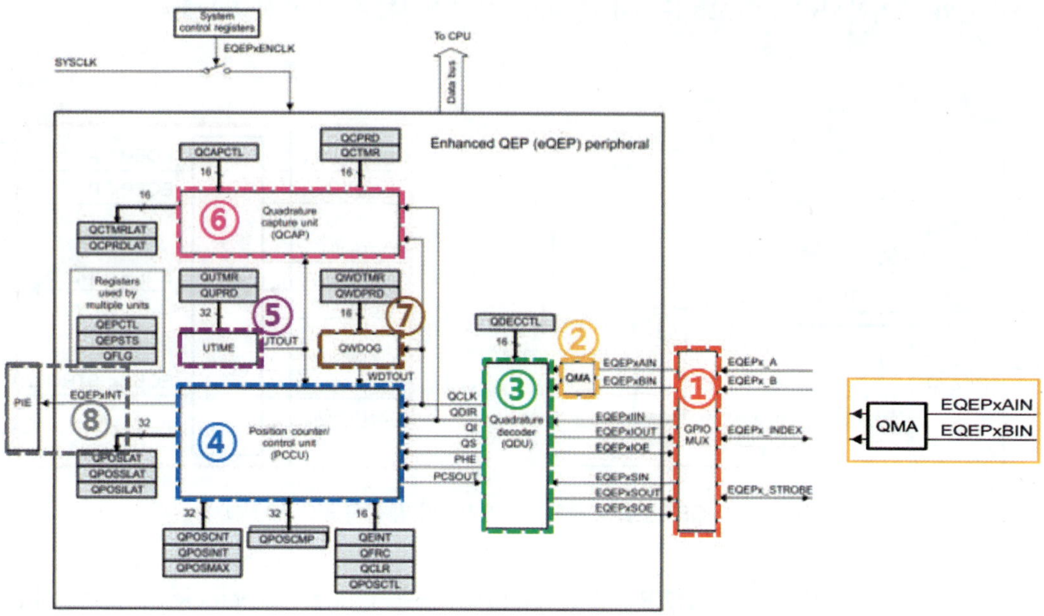

그림 6.13 eQEP 모듈의 전체적인 레지스터 및 블록도(QMA)

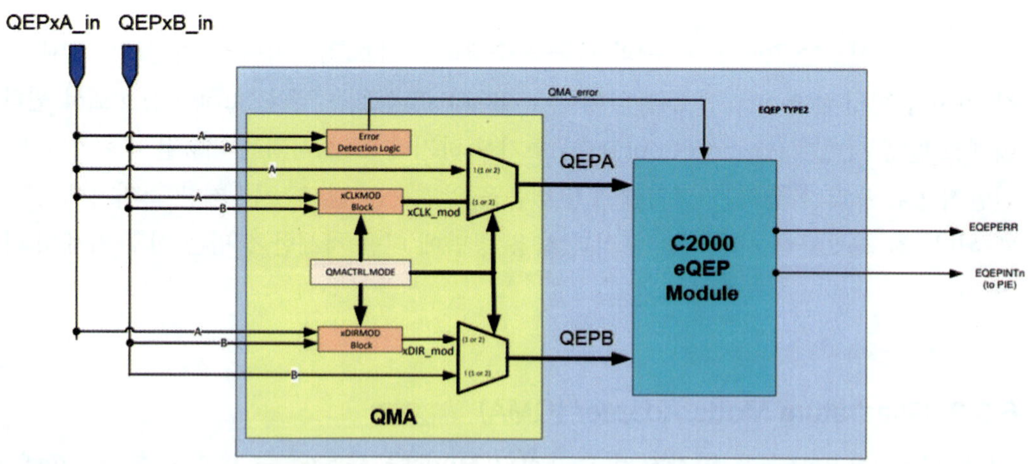

그림 6.14 QMA의 세부 블록도

[그림 6.14]에서 xCLKMODE block은 QEPA 입력에서 CLK(클럭) 신호를 생성하도록 전환하는 기능을 하며, xDIRMOD block은 QEPB 입력에서 DIR(direction) 신호를 생성하도록 전환하는 기능을 수행한다. QMA는 Error detection logic을 포함하여 비정상적인 신호 전환을 탐지하며, QMALOCK 레지스터를 이용하여 QMACTRL 설정이 변경되지 않도록 설정을 잠글 수 있는 기능을 포함하고 있다. QMACTRL 레지스터는 두 입력의 처리 절차를 설정할 수 있는 레지스터로 세부 설정에 대한 내용은 [표 6.1]과 같다.

표 6.1 QMACTRL[MODE] 레지스터 세부 내용

	Bit	Select mode for QMA mode
QMACTRL [MODE]	000	QMA module is bypassed
	001	QMA mode-1 opeartion selected
	010	QMA mode-2 operation selected
	011	QMA module is bypassed (reserved)
	1xx	QMA module is bypassed (reserved)

6.3.3 Quadrature Decoder Unit (QDU)

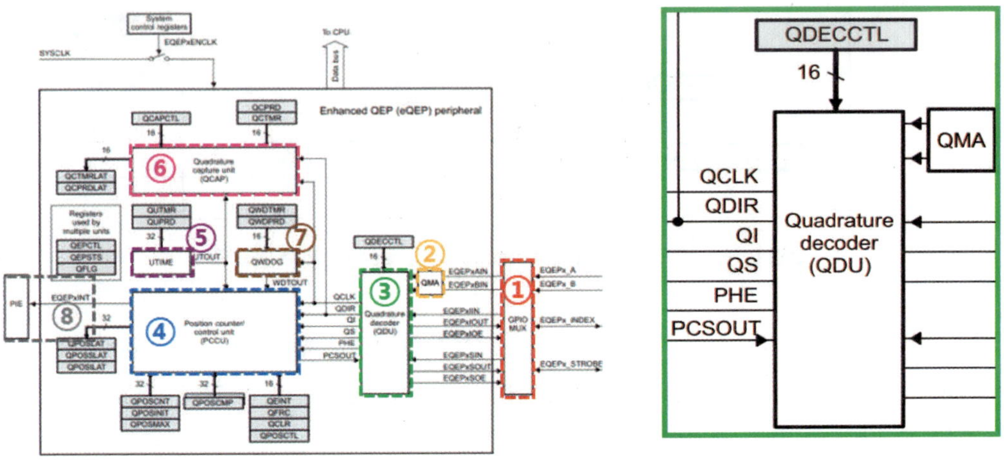

그림 6.15 eQEP 모듈의 전체적인 레지스터 및 블록도(QMA)

[그림 6.16]에 Quadrature Decoder Unit (QDU)에 대한 세부 블록도를 나타낸다.

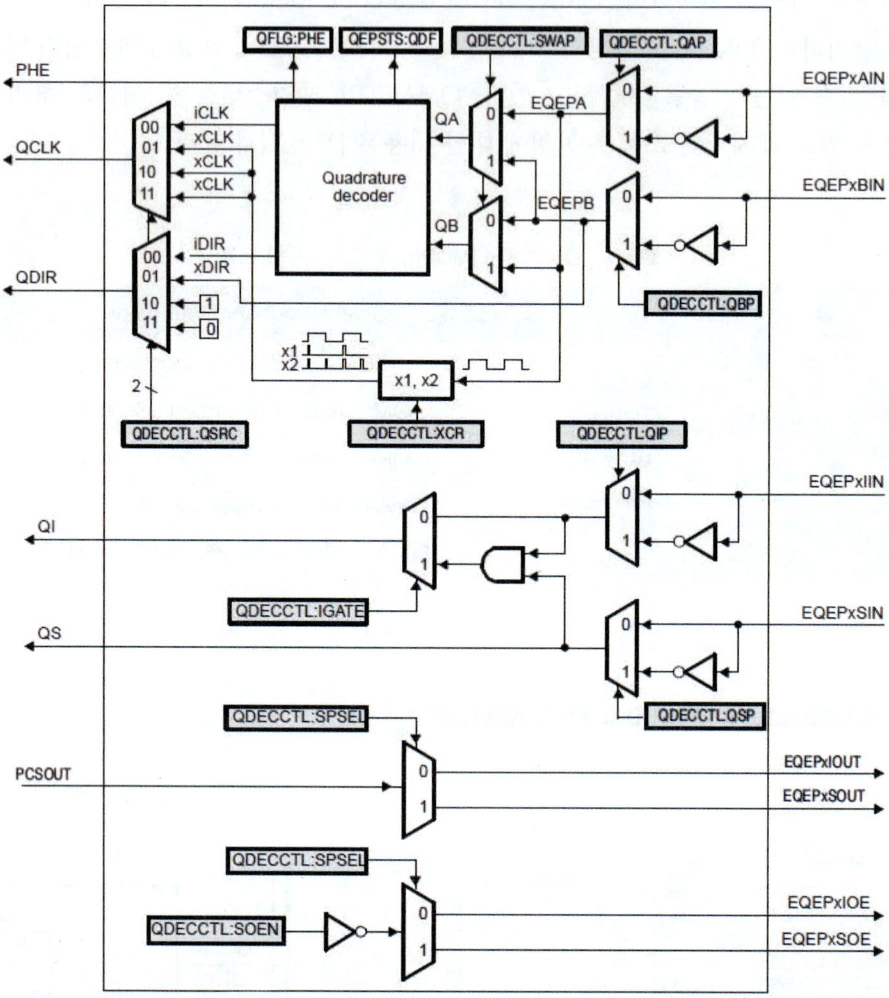

그림 6.16 eQEP 모듈의 Quadrature Decoder Unit 세부 블록도

GPIO MUX와 QMA를 거친 신호는 QDU를 거치게 된다. QDU에서는 Quadrature 클럭인 QCLK를 생성하여 QCLK와 방향 정보를 PCCU로 전달하는 역할을 수행한다. 여기서 QCLK는 발생에 따라 Position Counter QPOSCNT를 증감시키는 기능을 수행한다. 또한, QUD는 QDECCTL를 설정하여 eQEP 입력 Index를 반전시키거나 QPOSCNT와 QPOSCMP 간의 position-compare 동기 신호를 출력하는 역할을 수행한다. QDU의 동작은 QDECCTL[QSRC] 레지스터의 설정에 따라 [표 6.2]의 4가지 mode로 나뉘게 된다.

표 6.2 QDECCTL[QSRC] 레지스터 세부 내용

	Bit	Position-counter source selection
QSRC	00	Quadrature count mode (QCLK=ICLK, QDIR=IDIR)
	01	Direction-count mode (QCLK=xCLK, QDIR=xDIR)
	10	Up-count mode for frequency measurement (QCLK=xCLK, QDIR=1)
	11	Down-count mode for frequency measurement (QCLK=xCLK, QDIR=0)

1) Quadrature-count mode (QDECCTL[QSRC] : 00)

QDECCTL[QSRC] 레지스터를 0으로 설정한 경우, QDU는 Quadrature-count mode로 동작하게 된다. 이 경우, 입력 받은 엔코더의 출력 A, B 펄스의 모든 Edge에서 QCLK를 생성하게 된다. 따라서 4체배로 동작하게 되어, Line이 2000인 엔코더는 한 바퀴 회전마다 8000개의 QCLK를 생성하게 된다. 또한, Direction Decoding Logic에 의하여 QEPA, QEPB 중 앞선 신호를 판단하고, QDIR 신호 및 QEPSTS[QDF] 레지스터를 갱신하며 Position Counter를 동작 시키게 된다. 여기서 QDIR은 회전 방향신호를, QEPSTS[QDF]는 회전 방향의 정보를 갖는 레지스터를 의미한다. Direction Decoding Logic의 진리표는 [표 6.3]과 같으며, State Machine은 [그림 6.17]과 같다.

표 6.3 Direction Decoding Logic의 진리표

Previous Edge	Present Edge	QDIR	QPOSCNT
QA↑	QB↑ QB↓ QA↓	UP DOWN TOGGLE	Increment Decrement Increment or Decrement
QA↓	QB↓ QB↑ QA↑	UP DOWN TOGGLE	Increment Decrement Increment or Decrement
QB↑	QA↑ QA↓ QB↓	DOWN UP TOGGLE	Decrement Increment Increment or Decrement
QB↓	QA↓ QA↑ QB↑	DOWN UP TOGGLE	Decrement Increment Increment or Decrement

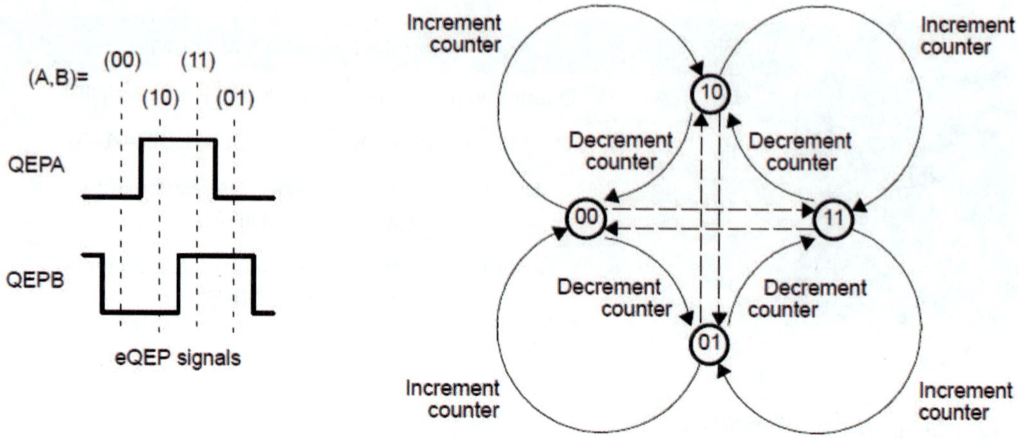

그림 6.17 Direction Decoding Logic의 State Machine

[표 6.3]과 [그림 6.17]을 보면 알 수 있듯, QDU는 현재 상태를 확인하고 다음으로 오는 상태를 확인하여 회전 방향 QDIR을 업데이트하게 되고 Position Counter QPOSCNT를 증감시키게 된다. 정방향으로 회전 시 QDIR은 SET되며, QPOSCNT는 증가하게 된다. 반대로 역방향 회전 시 QDIR은 CLEAR 되며 QPOSCNT는 감소하게 된다. [그림 6.18]에서 Quadrature-count mode의 일련의 동작에 관한 세부 내용을 보인다.

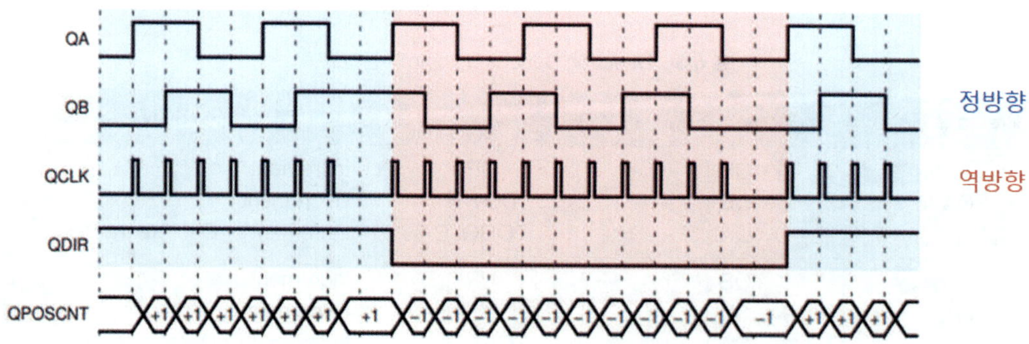

그림 6.18 Direction Decoding Logic의 State Machine

[그림 6.18]을 보면 Quadrature-count mode로 동작 시의 자세한 동작을 확인할 수 있다. A, B 펄스의 모든 Edge에서 QCLK가 생성되며, QCLK 발생과 동기화하여 QPOSCNT가 증감하는 것을 확인할 수 있다. 또한 QPOSCNT는 정방향 회전 시 +1씩 증가하며, 역방향 회전 시 -1씩 감소하는 것을 확인할 수 있다.

2) Direction-count mode (QDECCTL[QSRC] : 01)

QDECCTL[QSRC] 레지스터를 1로 설정한 경우, QDU는 Direction-count mode로 동작하게 된다. 앞서 설명한 바와 같이 특정 엔코더는 B 펄스에서 Quadrature 출력 대신 방향이 출력되게 되는데, 이런 경우에 eQEP 모듈을 사용하기 위해 설정되는 Mode이다. 이때 엔코더의 출력 A 신호는 엔코더 정보 해석을 위한 클럭의 용도로써 사용된다. Direction-count mode에서는 A 신호의 Edge에서 B 신호가 High 일 때 QPOSCNT를 증가시키며, B 신호가 Low 일 때 QPOSCNT를 감소시킨다. 이 역시 어떠한 Edge에서 Position Counter를 증감시킬 것인지 신호의 체배를 결정할 수 있는데, 이는 QDECCTL[XCR] 레지스터 설정을 통해 가능하다. QDECCTL[XCR] 레지스터를 0으로 설정할 경우, 2체배로 동작하여 A 신호의 상승, 하강 Edge 모두에서 Counter를 증감시키며, QEDCCTL[XCR] 레지스터를 1로 설정할 경우, A 신호의 상승 Edge에서만 Counter를 증감시키게 된다. 설정에 관한 내용은 [표 6.4]를 통해 확인할 수 있다.

표 6.4 QEDCCTL[XCR] 레지스터 세부 내용

XCR	Bit	External clock rate
	00	A 펄스의 상승, 하강 Edge에서 count (2체배)
	01	A 펄스의 상승 Edge에서만 count (1체배)

3) Up-count mode (QDECCTL[QSRC] : 10)

QDECCTL[QSRC] 레지스터를 2로 설정한 경우, QDU는 Up-count mode로 동작하게 되고, Up-count mode는 QEPA의 입력에 대해 주파수나 주기를 측정하기 위해 사용된다. Up-count mode 사용시 Position Counter는 지속적으로 증가하게 되며, QDIR은 정방향인 1로 고정된다. 이 역시 어떠한 Edge에서 Position Counter를 증감시킬 것인지 신호의 체배를 결정할 수 있는데, 이는 Direction-count mode와 마찬가지로 QDECCTL[XCR] 레지스터를 통해 설정 가능하다.

4) Down-count mode (QDECCTL[QSRC] : 11)

QDECCTL[QSRC] 레지스터를 3로 설정한 경우, QDU는 Down-count mode로 동작하게 되고, Down-count mode 역시 Up-count mode와 마찬가지로 QEPA의 입력에 대해 주파수

나 주기를 측정하기 위해 사용된다. Down-count mode 사용시 Position Counter는 지속적으로 감소하게 되며, QDIR은 역방향인 0으로 고정된다. 이 역시 어떠한 Edge에서 Position Counter를 증감시킬 것인지 신호의 체배를 결정할 수 있는데, 이는 Direction-count mode, Up-count mode와 마찬가지로 QDECCTL[XCR] 레지스터를 통해 설정 가능하다.

6.3.3.1 QDU 입력 신호 설정

[그림 6.16]에서도 알 수 있듯이 모든 eQEP 모듈의 입력 신호는 레지스터의 설정을 통해서 극성을 반전시킬 수 있다. A 펄스의 극성은 QDECCTL[QAP] 레지스터를 설정함으로써 반전시킬 수 있으며, B 펄스는 QDECCTL[QBP], I 펄스는 QDECCTL[QIP], S 펄스는 QDECCTL[QSP] 레지스터를 설정함으로써 반전시킬 수 있으며, 레지스터 세부 내용은 [표 6.5]와 같다.

표 6.5 QEDCCTL[QAP], [QBP], [QIP], [QSP] 레지스터 세부 내용

	Bit	External clock rate
QAP	00	A 펄스의 극성 그대로 사용
	01	A 펄스의 극성을 반전
	Bit	External clock rate
QBP	00	B 펄스의 극성 그대로 사용
	01	B 펄스의 극성을 반전
	Bit	External clock rate
QIP	00	I 펄스의 극성 그대로 사용
	01	I 펄스의 극성을 반전
	Bit	External clock rate
QSP	00	S 펄스의 극성 그대로 사용
	01	S 펄스의 극성을 반전

6.3.4 Position Counter and Control Unit (PCCU)

QDU가 동작함에 따라 증감된 Position Counter 값을 이용해 사용자는 여러 연산을 수행하거나, 필요한 정보를 얻어낼 수 있다. 이때, [그림 6.19]에서와 같이 PCCU를 이용하여 이러한 동작을 수행하게 된다.

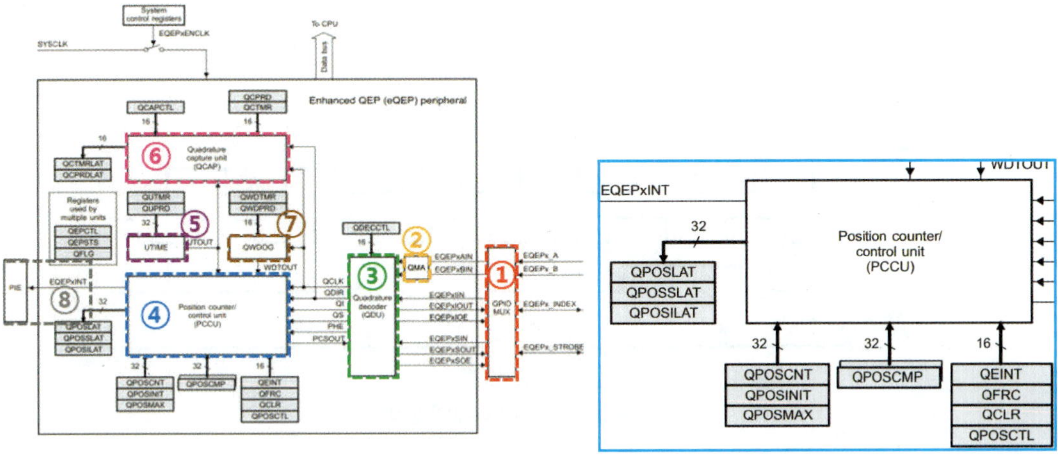

그림 6.19 eQEP 모듈의 전체적인 레지스터 및 블록도(PCCU)

6.3.4.1 Position Counter Unit 동작

PCCU는 QEPCTL 레지스터와 QPOSCTL 레지스터를 통해 설정 가능한 Unit으로 Position Counter 초기화 및 Position 비교와 관련된 동작을 수행할 수 있다. 먼저 Position Counter 초기화 동작을 수행하는 Position Counter Unit은 QEPCTL[PCRM] 레지스터의 설정에 따라 [표 6.6]의 4가지 Mode로 동작하게 된다.

표 6.6 QEPCTL[PCRM] 레지스터의 세부 내용

	Bit	Position-counter reset mode
XCR	00	Position counter reset on an index event
	01	Position counter reset on the maximum position
	10	Position counter reset on the first Index event
	11	Position counter reset on a unit time out event

1) Index Event에서 Position Counter를 RESET (QEPCTL[PCRM] : 00)

QEPCTL[PCRM] 레지스터를 0으로 설정하는 경우 Index Event에서 Position Counter가 RESET 되며, 이는 통상적으로 가장 많이 쓰이는 방식에 해당한다. 이 방식을 이해하기 위해서는 먼저 'Index Event'에 대해 이해할 필요가 있다. 엔코더의 출력 신호 중 하나인 Index 펄스로부터 발생하는 Index Event는 모터의 1회전 당 1회 발생하는 Event를 뜻한다. 모터가 정방향으로 회전하고 있을 경우 Index Event는 엔코더의 출력 B 펄스의 하강 Edge에서 발

생하며, 모터가 역방향으로 회전하고 있을 경우, Index Event는 엔코더의 출력 B 펄스의 상승 Edge에서 발생하게 된다. 이는 [그림 6.20]에서 직관적으로 확인할 수 있다.

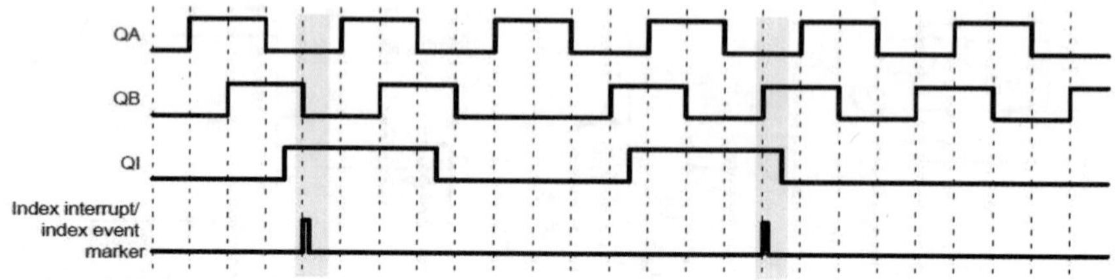

그림 6.20 Index Event의 발생

여기서 PCCU는 Position Counter가 0 또는 QPOSMAX 값으로 RESET 되도록 동작한다. 첫 번째 Index Event 발생 시 해당 시점의 Position Counter 값은 QEPSTS[FMF] 레지스터에 기록되며, 방향은 QEPSTS[FIDF] 레지스터에 기록된다. 이때, QPOSMAX 레지스터는 32Bit의 크기를 가지므로 최대 4,294,967,296의 크기를 가질 수 있다. 아래 [그림 6.21]은 예시로서, 4체배의 1000-Line 엔코더를 사용하고, QPOSMAX 값을 3999(0xF9F)로 설정하며, QEPCTL[PCRM] 레지스터를 0으로 설정하여 Index Event에서 Position Counter를 초기화 시키도록 설정한 경우의 전체 동작을 보여준다.

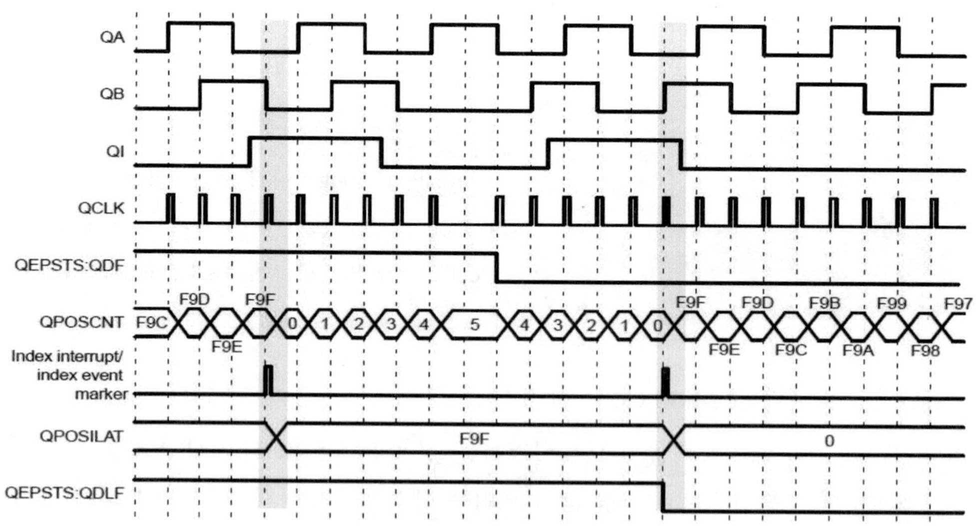

그림 6.21 Index Event의 발생

[그림 6.21]을 통해 확인할 수 있듯 QEPSTS[QDF]의 방향정보 레지스터 값과 QCLK에 의해 QPOSCNT 값이 증감하게 되는데, 정방향 회전의 경우 Index Event가 발생한 시점에서 QPOSCNT 값은 0으로 초기화 된다. 반대로, 역방향 회전의 경우 Index Event가 발생한 시점에서 QPOSCNT 값은 설정해둔 QPOSMAX 값인 3999(0xF9F)로 초기화 된다. 이후 이어지는 절에서 설명할 Position Counter Latch와 무관하게 이 Mode로 동작 시 Position Counter는 Index Event가 발생할 때 QPOSILAT 레지스터에 Latch되며, 그 시점의 회전 방향은 QEPSTS[QDLF]에 Latch된다. 또한, Position Counter Error Flag QEPSTS[PCEF] 레지스터와 Position Counter Error Interrupt Flag QFLG[PCE]는 QPOSILAT 값이 0 또는 QPOSMAX와 일치하지 않을 때 SET 되므로 사용자의 용도에 맞게 사용할 수 있다.

표 6.7 Index Event의 발생

QPOSMAX	Bit	External clock rate
	31-0	This register contains the maximum position counter value

2) 최대 Position에서 Position Counter를 RESET (QEPCTL[PCRM] : 01)

QEPCTL[PCRM] 레지스터를 1로 설정하는 경우 최대 Position에서 Position Counter가 RESET 되며, 이러한 방식은 앞서 Index Event에서 Position Counter를 RESET시키는 방식과 마찬가지로, 가장 많이 쓰이는 방식 중 하나이다. 이 경우, 최대 Position은 설정해둔 QPOSMAX 값이 되며, Position Counter가 QPOSMAX 값 혹은 0 일 때, 0 또는 QPOSMAX 값으로 RESET 되도록 PCCU가 동작한다. 해당 Mode로 동작 시, Position Counter가 RESET 될 때 Overflow 혹은 Underflow Flag가 발생한다. 이때 Index Event를 별도로 이용하지 않기 때문에 엔코더 출력 Index 펄스의 첫 번째 Edge에서 해당 시점의 Position Counter 값이 QEPSTS[FMF] 레지스터에 기록되며, 방향은 QEPSTS[FIDF] 레지스터에 기록된다. 이는 후에 설명할 QEPCTL[IEL]을 3으로 설정한 것과 동일하게 동작하는 것이라 할 수 있다. [그림 6.22]는 예시로서, QPOSMAX 값을 4 로 설정하고, QEPCTL[RCRM] 레지스터가 1로 설정된 경우의 전체 동작을 보여준다.

[그림 6.22]를 통해 확인할 수 있듯이, QEPSTS[PDF] 방향정보 레지스터 값과 QCLK에 의해 QPOSCNT 값이 증감을 하게 되는데 정방향 회전의 경우 Index QPOSCNT 값이 QPOSMAX 값인 4에 도달함에 따라 QPOSCNT 값이 0으로 초기화 된다. 반대로, 역방향의 경우 QPOSCNT가 0이 되면 QPOSMAX 값인 4로 QPOSCNT 값이 초기화 된다.

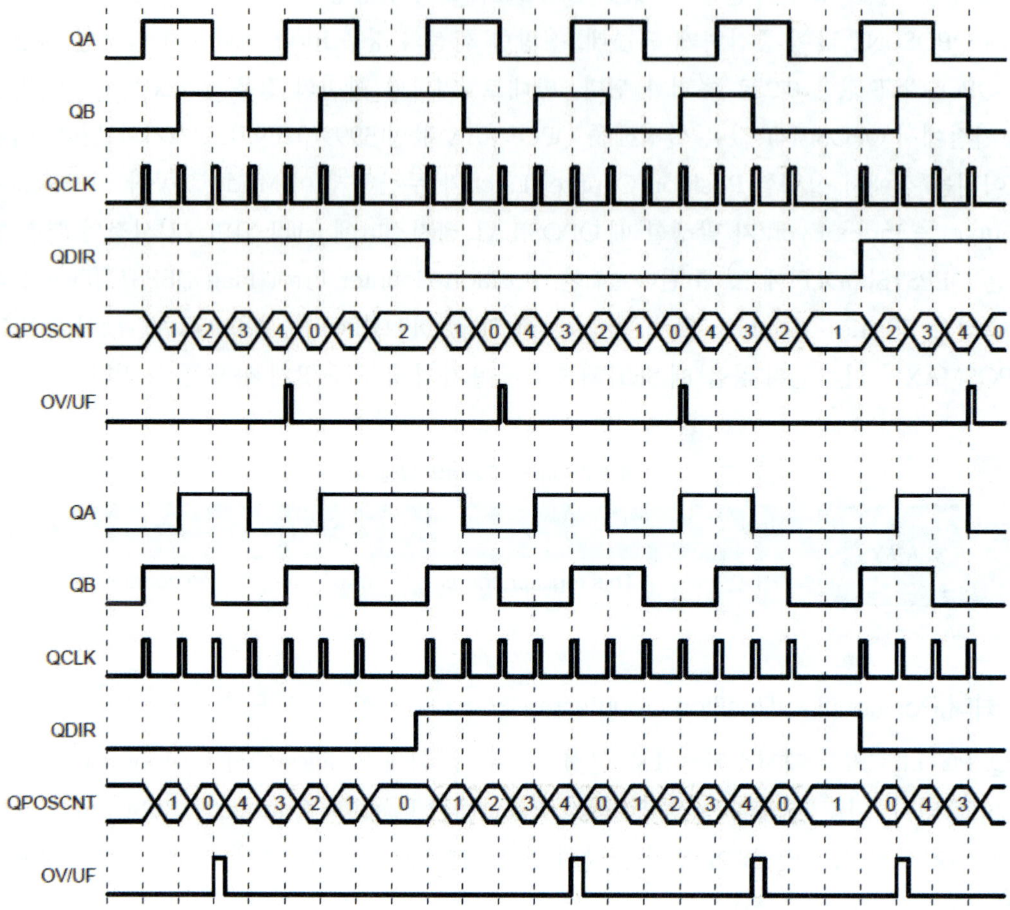

그림 6.22 최대 Position에서 Position Counter RESET (QPOSMAX = 4)

3) 첫 번째 Index Event에서 Position Counter를 RESET (QEPCTL[PCRM] : 10)

QEPCTL[PCRM] 레지스터를 2로 설정하는 경우 첫 번째 Index Event가 발생하면 Position Counter가 0 또는 QPOSMAX 값으로 RESET 되도록 PCCU가 동작한다. 이 Mode는 첫 번째 Index Event가 발생하면 Position Counter를 RESET 시키며, 그후로는 최대 Position QPOSMAX 혹은 0에서 Position Counter를 RESET 시킨다. 앞서 설명한 Index Event에서 Position Counter를 RESET 시키는 Mode와 최대 Position에서 Position Counter를 RESET 시키는 Mode를 혼합한 형태로 볼 수 있다. 이 Mode 역시 Index Event를 별도로 이용하지 않기 때문에, 엔코더 출력 Index 펄스의 첫 번째 Edge에서 해당 시점의 Position Counter 값을 QEPSTS[FMF] 레지스터에, 방향을 QEPSTS[FIDF] 레지스터에 기록한다. 이는 후에 설명할

QEPCTL[IEL]을 3으로 설정하는 경우와 동작이 동일하다.

4) Unit Timeout Event에서 Position Counter를 RESET (QEPCTL[PCRM] : 11)

QEPCTL[PCRM] 레지스터를 3으로 설정하는 경우, Position Counter는 'Unit Time Out Event'가 발생되는 시점에서 RESET 되며, 해당 Mode는 펄스의 주파수 측정에 유용하게 사용된다. 이때 RESET 값은 현재 방향에 따라 0 또는 QPOSMAX 값으로 결정된다. 여기서 'Unit Time Out Event'는 Unit Timer 값에 따라 발생되는 Event로, 후에 자세히 다루도록 한다.

6.3.4.2 Position Counter Latch

eQEP의 입력으로 사용되는 Index 신호와 Strobe 신호는 Position Counter가 QPOSILAT 레지스터 혹은 QPOSSLAT 레지스터에 Latch되도록 각각 설정할 수 있다. Index 신호를 Position Counter Latch의 용도로 사용하는 경우, QEPCTL[IEL] 레지스터의 설정에 따라 아래 그림과 같이 4가지 동작을 결정할 수 있다.

표 6.8 QEPCTL[IEL] 레지스터 세부 내용

	Bit	Position-counter Latch
QEPCTL [IEL]	00	Not enable
	01	Latch on rising edge of the index signal
	10	Latch on falling edge of the index signal
	11	Latch on Index event marker or Software index marker

- 00 : Position Counter를 Latch시키지 않음
- 01 : Index 신호의 상승 Edge에서 Position Counter를 Latch
- 10 : Index 신호의 하강 Edge에서 Position Counter를 Latch
- 11 : Index Event가 발생하면 Position Counter를 Latch

[그림 6.23]은 QEPCTL[IEL] 레지스터를 11로 설정하였을 때의 상황을 보인다. 이때 Position Counter는 Index Event가 발생될 때마다 Latch되어 QPOSILAT 레지스터에 저장되는 것을 확인할 수 있다.

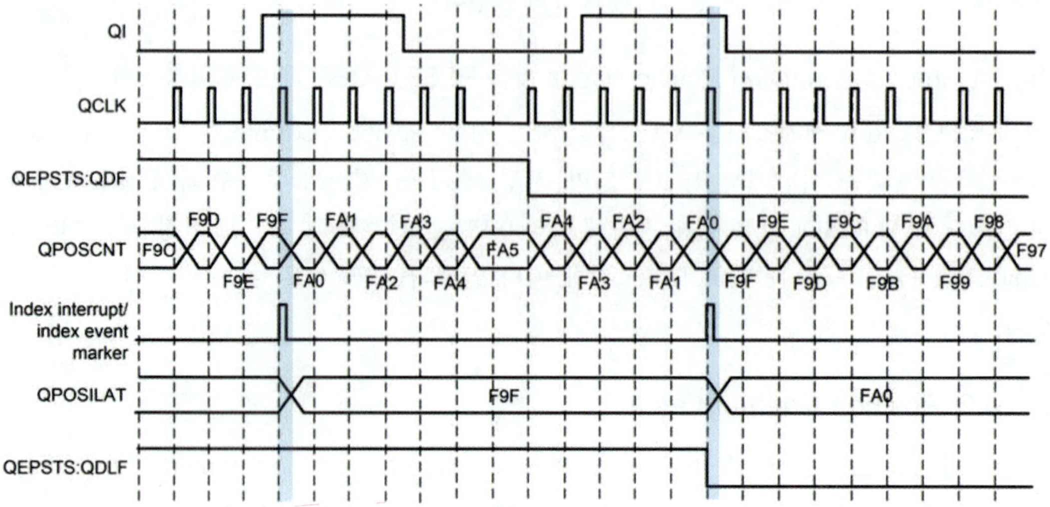

그림 6.23 Index Event가 발생하면 Position Counter를 Latch 시키는 경우(QEPCTL[IEL] : 11)

6.3.4.3 Position Counter 레지스터 값 초기화

eQEP의 입력으로 사용되는 Index 신호와 Strobe 신호를 이용하여 Position Counter를 초기값인 QPOSINIT 값으로 초기화시키도록 각각 설정할 수 있다. 먼저, Index 신호를 Position Counter 초기화 용도로 사용하는 경우, QEPCTL[IEI] 레지스터의 설정에 따라 [표 6.9]에서 보이는 4가지 동작을 결정할 수 있다.

표 6.9 QEPCTL[IEI] 레지스터 세부 내용

	Bit	Position-counter Initialization value
QEPCTL [IEI]	00	Nothing
	01	Nothing
	10	Initialize on the rising edge of index input
	11	Initialize on the falling edge of index input

- 00 : 아무 것도 하지 않음
- 01 : 아무 것도 하지 않음
- 10 : Index 신호의 상승 Edge에서 Position Counter를 QPOSINIT 값으로 초기화

- 11 : Index 신호의 하강 Edge에서 Position Counter를 QPOSINIT 값으로 초기화

또한 Strobe 신호를 Position Counter 초기화의 용도로 사용하는 경우, QEPCTL[SEI] 레지스터의 설정에 따라 [표 6.10]과 같은 4가지 동작을 결정할 수 있다.

표 6.10 QEPCTL[SEI] 레지스터 세부 내용

	Bit	Position-counter Initialization value
QEPCTL [SEI]	00	Nothing
	01	Nothing
	10	Initialize on the rising edge of strobe input
	11	Initialize on the falling edge of strobe input

- 00 : 아무 것도 하지 않음
- 01 : 아무 것도 하지 않음
- 10 : Strobe 신호의 상승 Edge에서 Position Counter를 QPOSINIT 값으로 초기화시킴
- 11 : 시계 방향 회전 시, Strobe 신호의 상승 Edge에서 Position Counter를 초기화시키고, 반시계 방향 회전 시, Strobe 신호의 하강 Edge에서 Position Counter를 초기화시킴

추가로 소프트웨어적으로도 Position Counter를 초기화시킬 수 있으며, 이는 QEPCTL[SWI] 레지스터 값을 SET 시킴으로써 구현 가능하다. 하지만 QEPCTL[SWI] 레지스터는 그 값을 유지하기 때문에 따로 CLEAR 시키지 않으면 Position Counter는 계속해서 재초기화되므로, QEPCTL[SWI] 레지스터의 CLEAR가 필수적으로 요구된다.

6.3.4.4 Position Compare Unit 동작

Position Compare Unit은 간단히 말해, Position Counter를 이용하여 모터의 회전 중 특정 위치에서 사용자가 원하는 제어를 하고자 할 때 사용하는 기능이라고 할 수 있다. Position Compare Enable 레지스터인 QPOSCTL[PCE] 레지스터를 통해 Compare Unit의 사용 여부를 결정할 수 있으며, 이 경우 PCCU는 Position Counter에 의한 Compare Unit으로써 동작하게 된다. Position Compare Unit에 관한 세부 블록도는 [그림 6.24]와 같다.

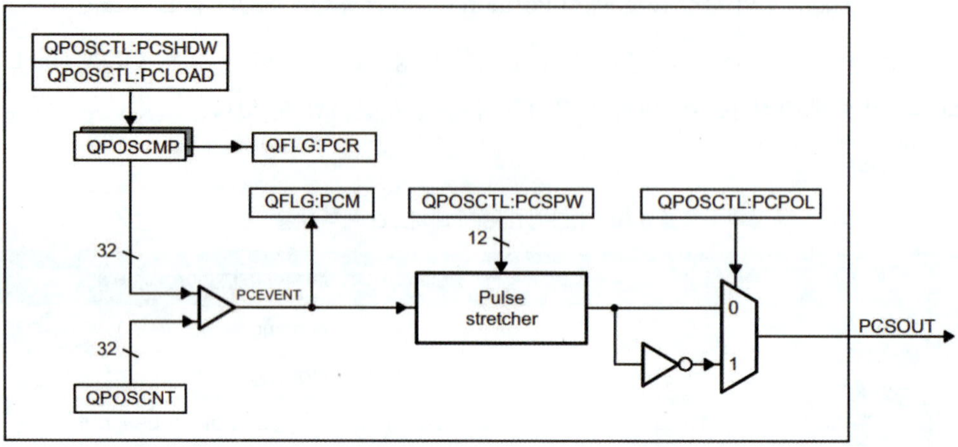

그림 6.24 Position Compare Unit의 세부 블록도

Position Compare Unit은 QPOSCTL[PCSHDW] 레지스터를 통해 Shadow mode로 동작할 수 있다. 이때 Shadow 레지스터는 숨겨진 레지스터로, 사용자는 Shadow mode 사용 유무와 관계없이 QPOSCMP 레지스터에 원하는 값을 입력하는 것으로 Position Compare 기능을 사용할 수 있다. 즉, 사용자는 QPOSCMP 레지스터에만 값을 입력할 수 있으며, Shadow mode의 사용 유무에 따라 Shadow 레지스터를 경유할 것인지가 결정되는 것이다.

표 6.11 QPOSCTL[PCSHDW] 레지스터 세부 내용

QPOSCTL [PCSHDW]	Bit	Position-compare of shadow enable
	0	Shadow disabled, load immediate
	1	Shadow enabled

Shadow mode를 사용하지 않을 경우, CPU는 Shadow 레지스터를 거치지 않고 바로 Active Position Compare 레지스터 QPOSCMP에 값을 기록하게 된다. 반면 Shadow mode를 사용하는 경우, QPOSCTL[PCLOAD] 레지스터를 SET 시킴으로써 Shadow 레지스터의 값을 Active 레지스터인 QPOSCMP로 저장할 수 있게 된다. 이러한 Shadow 레지스터에서 Active 레지스터로의 저장은 Compare match가 발생한 경우와 Position Counter가 0인 경우에 실행된다. Shadow 레지스터에서 Active 레지스터로의 저장이 끝나면 Compare ready Flag 레지스터 QFLG[PCR]가 SET 된다. 또한 Position Counter 값 QPOSCNT와 설정해둔 Active Position Compare 레지스터 QPOSCMP가 일치할 때, Position Compare match Event가 발생하여 Position Compare match Interrupt Flag(QFLG[PCM])이 발생한다.

Position Compare match Event가 발생했을 때, eQEP 모듈의 출력 EQEPxI나 EQEPxS로 펄스를 출력할 수 있는데, 이는 QDECCTL[SPSEL] 레지스터를 설정함에 따라 선택할 수 있다. PCSOUT의 출력과 관련된 동작은 [그림 6.25]에서 확인할 수 있다.

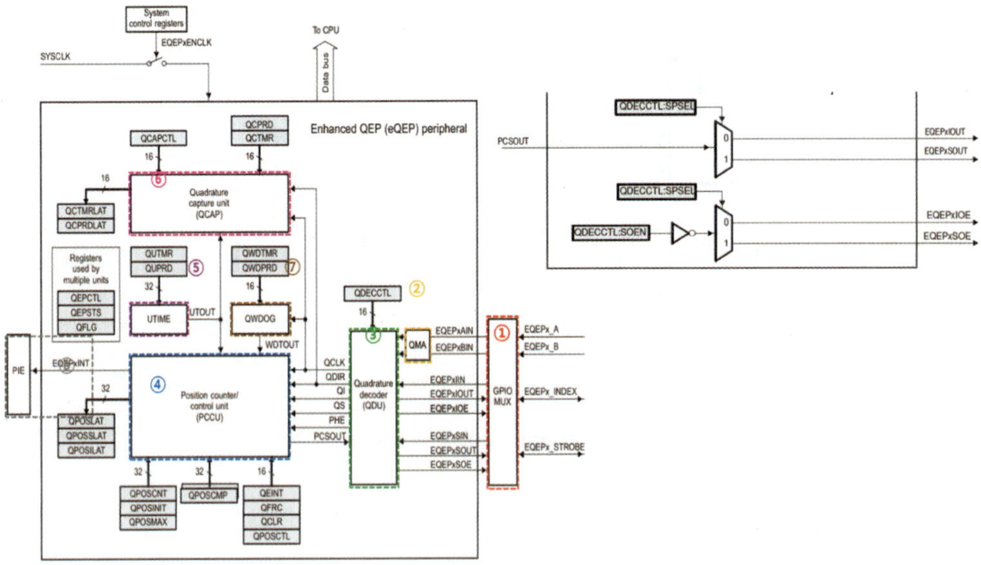

그림 6.25 Position Compare Unit의 펄스 출력 과정

Position Compare Unit의 출력 PCSOUT의 폭은 Pulse Stretcher Logic의 QPOSCTL[PCSPW] 레지스터의 설정에 의해 결정된다. QPOSCTL[PCSPW] 레지스터의 설정에 관한 내용은 [표 6.12]에서 확인할 수 있다.

표 6.12 Position Compare Unit의 세부 블록도

	Bit	Select-position-compare sync output pulse width
QPOSCTL [PCSPW]	0x000	1 * 4 * SYSCLKOUT cycles
	0x001	2 * 4 * SYSCLKOUT cycles
	0xFFF	4096 * 4 * SYSCLKOUT cycles

또한, PCSOUT의 출력 형태는 QPOSCTL[PCPOL] 레지스터를 통해 결정 가능한데, 레지스터 값을 0으로 설정하는 경우 PCSOUT은 Active High로 동작하며, 1로 설정하는 경우 PCSOUT은 Active Low로 동작하게 된다. 예시로, QPOSCMP를 2로 설정하고 모터가 정방향, 역방향을 번갈아가며 회전하고 있을 경우의 Position Compare Unit의 동작을

[그림 6.26]을 통해 확인할 수 있다.

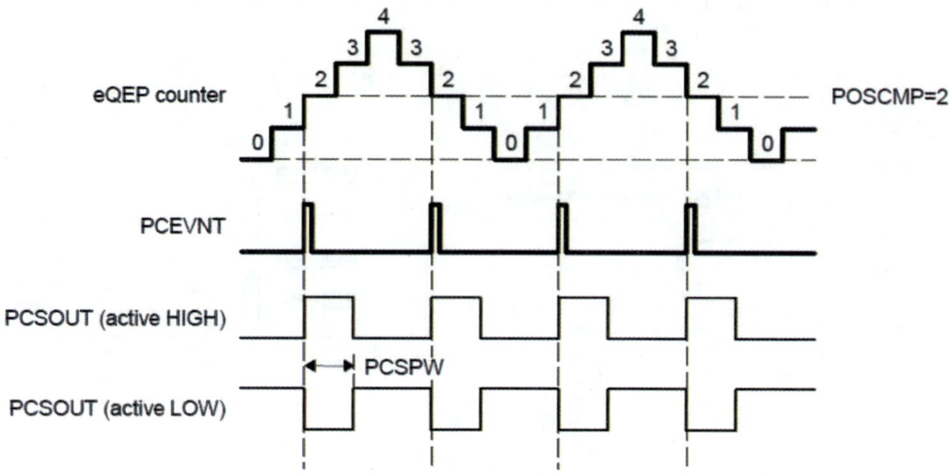

그림 6.26 Position Compare Unit의 동작(QPOSCMP = 2)

추가적인 PCSOUT의 특징으로, Compare match가 발생하여 PCSOUT이 출력되고 있는 동안 다시 Compare match가 발생하는 경우, PCSOUT은 끊김없이 기존에 이어 추가로 PCSPW 만큼 연장되어 동작한다. 이에 대한 내용을 [그림 6.27]을 통해 확인할 수 있다.

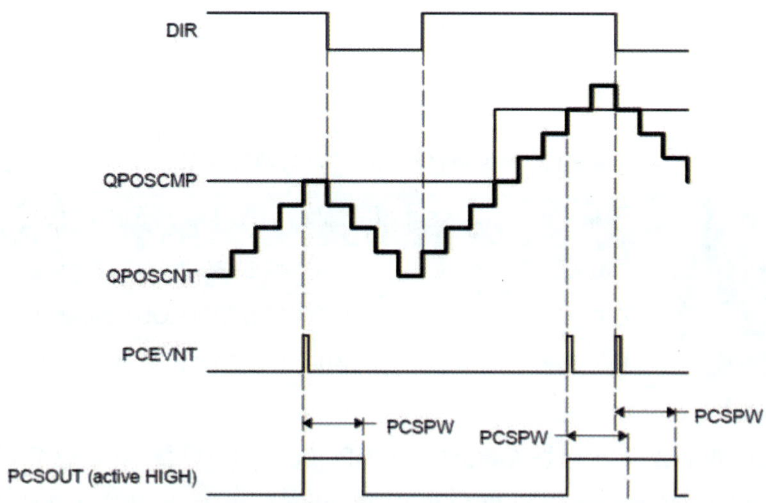

그림 6.27 Position Compare Unit의 연속 동작

6.3.5 Unit Time Base (UTIME)

Unit Timer Base Unit (UTIME)은 SYSCLKOUT에 의한 32-Bit Timer로서 속도 계산을 위한 주기 Interrupt를 발생시키는 용도로 사용된다. UTIME에 관한 세부 블록도는 [그림 6.28]과 같다.

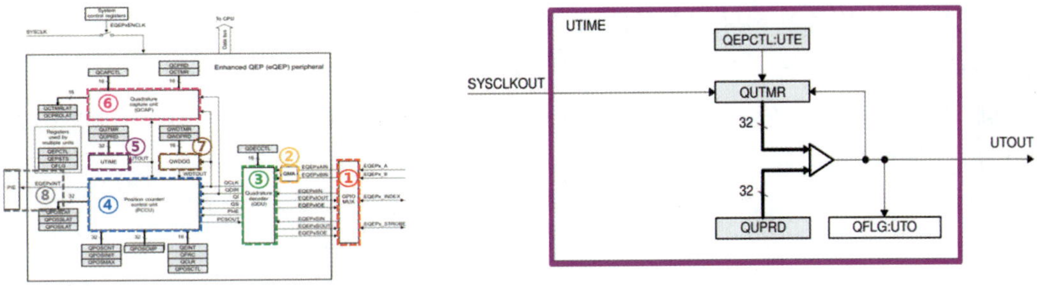

그림 6.28 eQEP 모듈의 Unit Timer Base Unit 세부 블록도

UTIME을 사용하기 위해서는 Unit Timer Enable 레지스터인 QEPTCL[UTE]를 SET 시키는 것이 필수적이다. 이때 Unit Timer(QUTMR)는 SYSCLKOUT에 의해 증가하게 되며, QUTMR 값이 Unit Period 레지스터(QUPRD) 값과 같아지면 Unit Timeout Interrupt가 발생한다. 또한, 이에 따라 Interrupt Flag 레지스터 QFLG[UTO]가 SET 되는 방식으로 Unit이 동작하게 된다. 해당 Unit은 설정해둔 주파수에 따라 주기적으로 Interrupt를 발생시킬 수 있는 Unit이기 때문에, 속도 계산 시 유용하게 사용할 수 있다. Unit Timeout Interrupt 발생 주기인 QUPRD 설정을 통해 어떤 주기로 Interrupt를 반복적으로 발생시킬지를 결정할 수 있으며, 이는 식 (6.13)과 같이 정의된다.

$$QUPRD = \frac{SYSCLK}{UTIME\_FREQ} \tag{6.13}$$

여기서 SYSCLK는 사용하는 DSP의 고유 시스템 클럭을 의미하고, UTIME_FREQ는 Timeout Interrupt 발생 주파수를 의미하며 사용자가 설정하는 값이다. 즉, DSP 28388을 사용하여 100Hz의 주파수로 Timeout Interrupt를 발생시키고 싶다면, 사용자는 아래 식 (6.14)와 같이 QUPRD 값을 설정해주면 된다. 이때 QUPRD 레지스터는 32-Bit의 크기를 갖는 레지스터로, 최대 $2^{32}-1$까지 설정 가능하다.

$$QUPRD = \frac{200MHz}{100Hz} = 2000000 \tag{6.14}$$

6.3.6 Quadrature Edge Capture Unit (QCAP)

eQEP 모듈은 eCAP 모듈과 마찬가지로 펄스의 Capture 동작을 수행할 수 있는 Unit을 포함하고 있다. Quadrature Edge Capture Unit인 QCAP Unit은 일반적으로 연이은 두 QCLK 펄스 사이의 시간 간격을 측정하기 위해 사용된다. 즉, T 방식을 이용한 속도 계산 시에 필요하며, 이를 통해 회전체가 저속으로 회전하고 있는 경우에도 정밀한 속도 계산이 가능하게 된다. 더불어 해당 용도 외에도 QCAP Unit을 범용 16-Bit Capture Unit으로써 이용하기도 하는데, 이는 eQEPxB와 eQEPxI를 그라운드 처리하여 eQEPxA 입력만을 사용할 때 구현 가능하다. QCAP Unit에 관한 세부 블록도와 내부 블록도는 각각 [그림 6.29], [그림 6.30]에서 확인할 수 있다.

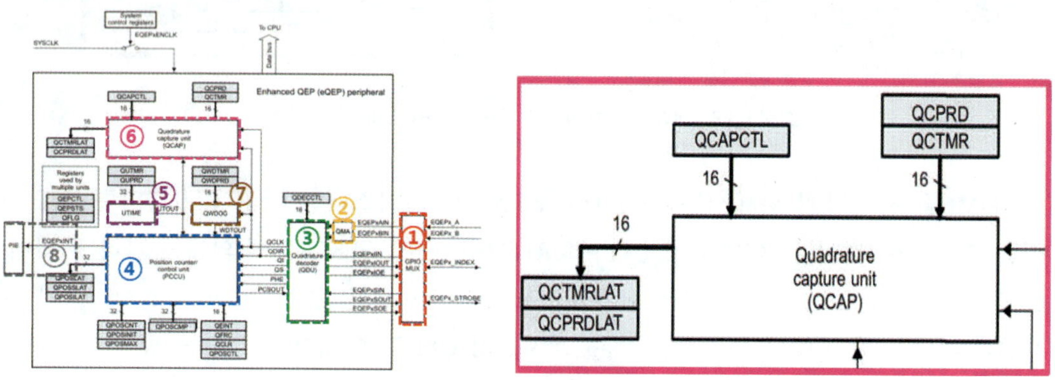

그림 6.29 eQEP 모듈의 Quadrature Edge Capture Unit 세부 블록도

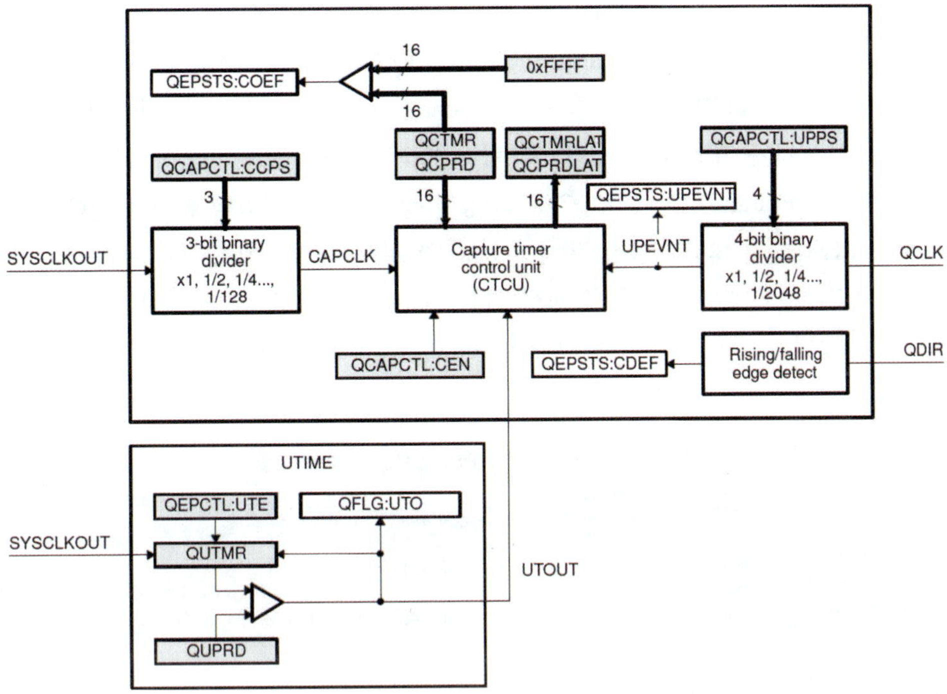

그림 6.30 eQEP 모듈의 Quadrature Edge Capture Unit 내부 블록도

QCAP Unit은 두 펄스 간의 간격을 측정할 때 시스템 클럭 SYSCLK로부터 분주한 신호를 이용한다. [그림 6.30]의 좌측 SYSCLKOUT이 입력되는 부분을 보면, QCAPCTL[CCPS] 레지스터 설정 값에 의해 SYSCLKOUT이 분주 되어 CAPCLK를 생성하게 됨을 알 수 있다. QCAPCTL[CCPS] 레지스터 설정 값에 따른 SYSCLKOUT 분주는 [표 6.13]과 같이 정의된다.

표 6.13 QCAPCTL[CCPS] 레지스터 세부 내용

	Bit	eQEP capture timer clock prescaler
QCAPCTL [CCPS]	000	CAPCLK = SYSCLKOUT / 1
	001	CAPCLK = SYSCLKOUT / 2
	010	CAPCLK = SYSCLKOUT / 4
	011	CAPCLK = SYSCLKOUT / 8
	100	CAPCLK = SYSCLKOUT / 16
	101	CAPCLK = SYSCLKOUT / 32
	110	CAPCLK = SYSCLKOUT / 64
	111	CAPCLK = SYSCLKOUT / 128

[그림 6.30]에서 볼 수 있듯, QCAPCTL[CEN] 레지스터가 SET 되어 Capture Timer의 동작이 Enable 되면, CAPCLK에 의해 Capture Timer가 QCTMR를 증가시킨다. 이 QCTMR 값이 Counter 최댓값인 0xFFFF보다 커지게 되면 Capture Overflow Error Flag인 QEPSTS[COEF]가 SET 되어 사용자가 확인할 수 있다. [그림 6.30]의 우측을 보면 알 수 있듯, QCAP Unit은 QDU로부터 Quadrature 클럭인 QCLK 및 방향 정보 QDIR을 입력 받는다. QCAP Unit은 QCAPCTL[UPPS] 레지스터의 설정 값에 의해 QDU로부터 입력된 QCLK 클럭에 분주하여 Unit Position Event UPEVNT 신호를 생성한다. QCAPCTL[UPPS] 레지스터는 QCAP[CCPS] 레지스터와 비슷한 용도로 사용되며, 세부 내용을 [표 6.14]에서 확인할 수 있다.

표 6.14 QCAPCTL[UPPS] 레지스터 세부 내용

	BIT	Unit position event prescaler
QCAPCTL [UPPS]	0000	UPEVNT = QCLK / 1
	0001	UPEVNT = QCLK / 2
	0010	UPEVNT = QCLK / 4
	0011	UPEVNT = QCLK / 8
	0100	UPEVNT = QCLK / 16
	0101	UPEVNT = QCLK / 32
	0110	UPEVNT = QCLK / 64
	0111	UPEVNT = QCLK / 128
	1000	UPEVNT = QCLK / 256
	1001	UPEVNT = QCLK / 512
	1010	UPEVNT = QCLK / 1024
	1011	UPEVNT = QCLK / 2048
	1xxx	Reserved

QCLK로부터 생성된 UPEVNT가 발생 시 다음의 세가지 동작이 수행된다.

- Capture Timer QCTMR 값이 Capture Period 레지스터 QCPRD에 기록됨
- Capture Timer QCTMR 값이 RESET 됨
- QEPSTS[UPEVNT] Flag가 SET 됨

이때 QEPSTS[UPEVNT] 레지스터는 1로 SET 된 후, 자동으로 CLEAR 된다. Unit Position Event 사이에 Capture Timer가 Overflow된 경우, eQEP Overflow Error Flag QEPSTS[COEF]가 SET 되고, 방향이 바뀌었을 경우, eQEP Direction Error Flag QEPSTS[CDEF] 레지스터가 SET 된다. UPEVNT는 그 자체로 Interrupt Source가 될 수 없지만 Position Counter Overflow Interrupt를 이용함으로써 UPEVNT를 Interrupt처럼 사용할 수 있다. 이는 QCLK를 계수하여 Position Counter가 증가한다는 점을 이용하여, QPOSMAX 값을 적절히 설정하여 Overflow 상황을 만듦으로써 구현 가능하다. 단, QCLK의 발생 조건과 UPEVNT의 발생 조건이 각각 존재하기 때문에, UPEVNT를 Interrupt처럼 동작시키기 위해서는 각각의 발생 빈도를 적절하게 설정해주는 것이 필수적이다.

그림 6.31 QDECCTL[QSRC] = 0, QCAPCTL[UPPS] = 1 인 경우 UPEVENT

앞서 6.3.3절에서 설명하였듯이, QCLK의 발생은 QDECCTL[QSRC] 레지스터의 설정에 따라 결정된다. 예시로, QSRC를 0으로 설정하여 Quadrature-count mode를 사용하는 경우, [그림 6.31]과 같이 QCLK는 A, B 펄스 각각의 상승 Edge와 하강 Edge에서 생성된다. 여기서 QCAPCTL[UPPS]를 1로 설정하는 경우, QCLK 2회 발생 시 한 번의 UPEVNT가 발생하여 A, B 펄스의 폭을 측정할 수 있으며, QCAPCTL[UPPS]를 2로 설정하는 경우, QCLK 4회 발생 시 한 번의 UPEVNT가 발생하여 A, B 펄스의 주기를 측정할 수 있게 된다. QDECCTL[QSRC] 레지스터를 0으로 설정하고, QCAPCTL[UPPS]를 2로 설정한 경우의 결과는 [그림 6.32]와 같다.

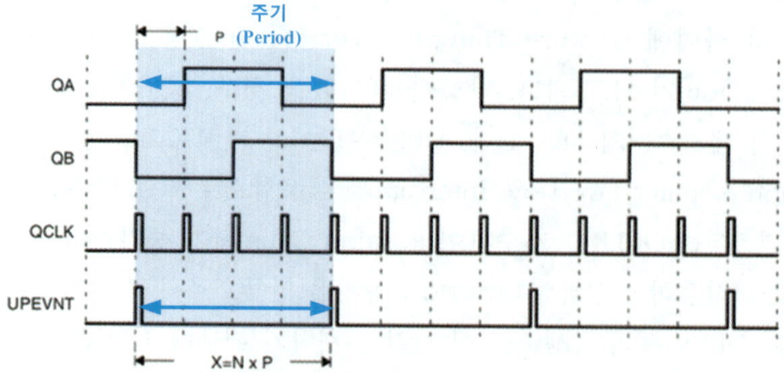

그림 6.32 QDECCTL[QSRC] = 0, QCAPCTL[UPPS] = 2 인 경우 UPEVENT

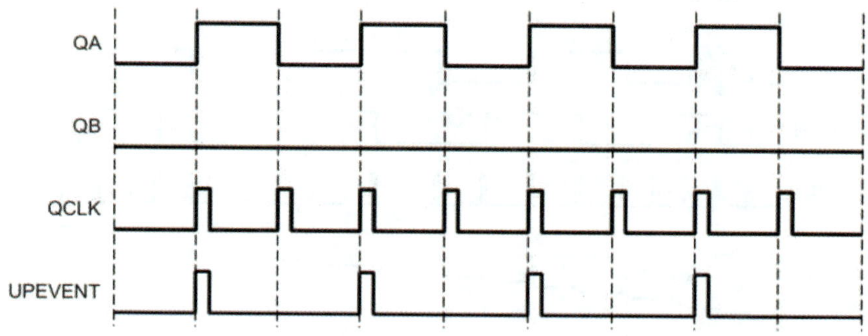

그림 6.33 QDECCTL[QSRC] = 2 or 3, QDECCTL[XCR] = 0, QCAPCTL[UPPS] = 1인 경우 UPEVNENT

QDECCTL[QSRC]를 2 또는 3으로 설정하는 경우 QCLK는 A 펄스에 의해서만 생성되며, 마찬가지로 QDECCTL[XCR] 레지스터의 설정에 따라 펄스의 상승 Edge 및 하강 Edge로 발생 시점을 설정할 수 있다. QDECCTL[XCR] 레지스터를 0으로 설정하여 모든 Edge에서 QCLK이 발생하는 경우, QCAPCTL[UPPS]를 0으로 설정하면 QCLK 1회 발생 시 한 번의 UPEVNT가 발생하므로 A, B 펄스의 폭을 측정할 수 있다. 같은 상황에서 QCAPCTL[UPPS]를 1로 설정하면, QCLK 2회 발생 시 한 번의 UPEVNT가 발생하므로 A, B 펄스의 주기를 측정할 수 있다. 반면 QDECCTL[XCR] 레지스터가 1로 설정된 경우는 상승 Edge에서만 QCLK이 발생하므로 펄스 폭의 측정은 불가능하게 될 것이다. QDECCTL[QSRC]를 2 또는 3으로, QDETTCL[XCR]을 0으로, QCAPCTL[UPPS]를 1로 설정한 경우의 예시를 [그림 6.33]에서 확인할 수 있다.

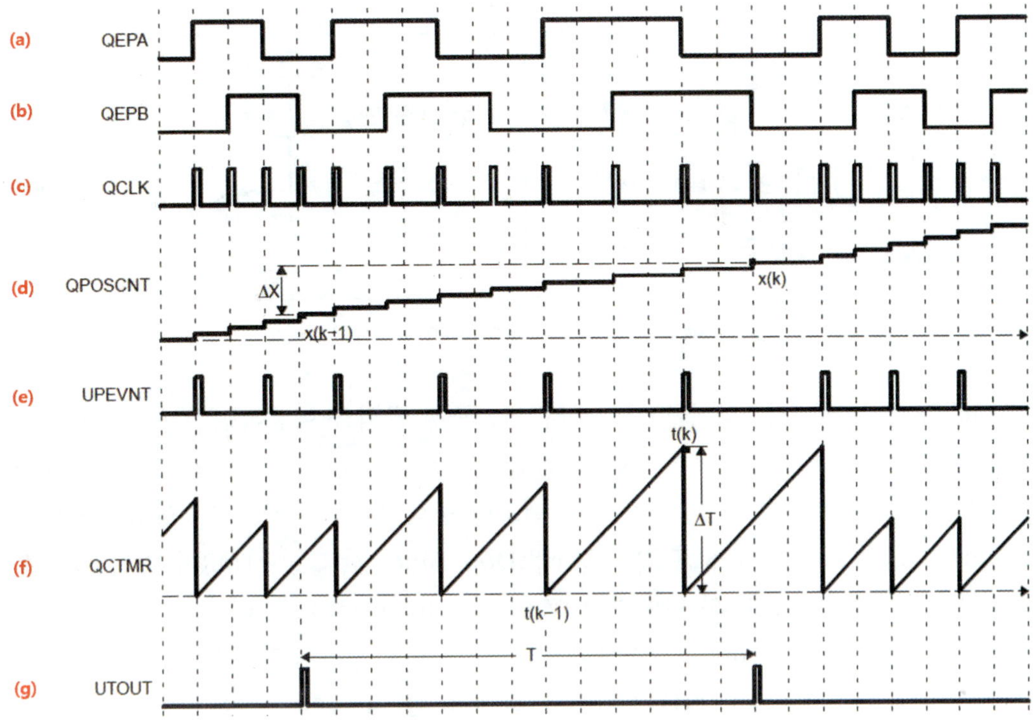

그림 6.34 속도 측정 방식에 사용되는 eQEP 모듈의 전체 동작

[그림 6.34]는 속도 측정 방식에 사용되는 eQEP 모듈의 전체 동작에 관한 내용을 보인다. [그림 6.34]의 (a), (b)는 eQEP 모듈의 입력이며, (c)는 A, B 펄스로부터 생성되는 QCLK이다. M 방식을 이용하여 속도를 계산하는 경우, (d)와 (g)에서 확인 가능한 Position Counter QPOSCNT의 차이를 통해 속도 계산에 필요한 정보를 얻을 수 있다. 속도 계산을 위해 T 방식을 사용하는 경우, (e)와 (f)를 통해 SYSCLK에 의해 증가하는 Capture Timer QCTMR을 이용하여 속도 계산에 필요한 정보를 얻을 수 있다.

6.3.7 Watchdog Timer(QWDOG)

eCAP 모듈에는 모터의 비정상적인 운전 정지를 감지하기 위한 WatchDog Timer가 포함되어 있다. WatchDog Timer의 세부 블록도를 [그림 6.35]을 통해 확인할 수 있다.

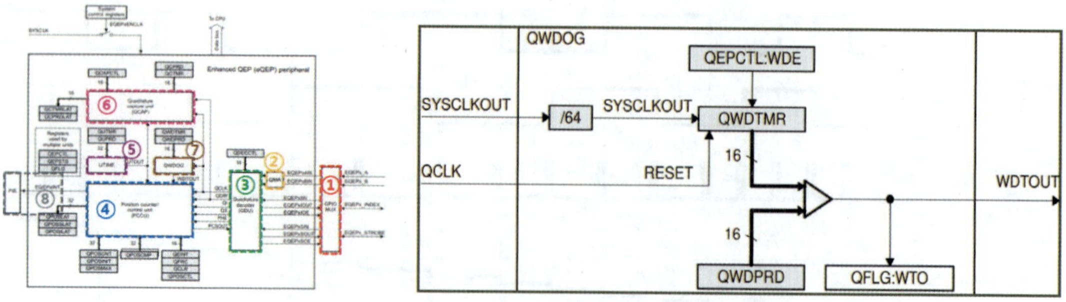

그림 6.35 eQEP 모듈의 WatchDog Unit 세부 블록도

WatchDog Unit은 시스템 클럭으로부터 64분주된 클럭을 이용하는 WatchDog Timer를 포함한다. WatchDog Timer는 WatchDog Timer Enable 레지스터인 QEPCTL[WDE]을 SET 시킴으로써 동작시킬 수 있으며, 엔코더 출력 A, B 펄스로부터 생성되는 QCLK로 WatchDog Timer가 RESET된다. WatchDog Timer 값 QWDTMR이 미리 설정해둔 WatchDog 주기 QWDPRD와 같아지면 WatchDog Interrupt Flag 레지스터 QFLG[WTO]와 함께 WatchDog Interrupt가 발생한다. 즉, QCLK가 발생하지 않아 WatchDog Counter가 RESET되지 않고 QWDPRD 만큼 증가하게 되면, 모터가 정지된 것으로 간주되어 WatchDog Interrupt가 발생하는 것이다. QWDPRD 값은 식 (6.15)와 같이 정의된다.

$$T_{WDG} = \frac{1}{SYSCLK} \cdot 64 \cdot QWDPRD \tag{6.15}$$

T_{WDG}는 WatchDog 감지 시간을 나타내며, 숫자 64는 64분주를 의미한다. 즉, QWDPRD를 최댓값인 0xFFFF(=65535)로 설정하는 경우, T_{WDG}는 식 (6.16)의 관계에 의해 0.021초가 된다.

$$T_{WDG} = \frac{1}{SYSCLK} \cdot 64 \cdot QWDPRD = \frac{1}{200MHz} \cdot 64 \cdot 65535 \approx 0.021 \tag{6.16}$$

6.3.8 eQEP Interrupt Structure

eQEP 모듈은 총 11개의 Interrupt Event를 발생시킬 수 있다. eQEP의 Interrupt 발생 방식에 관한 세부 블록도를 [그림 6.36]에 나타내었다.

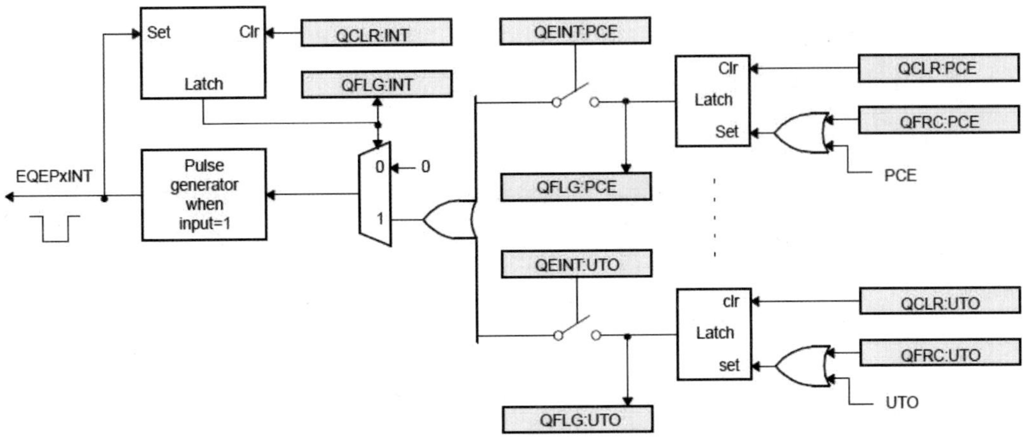

그림 6.36 eQEP 모듈의 Interrupt 발생 방식 세부 블록도

앞에서 설명한 Interrupt들을 포함한 11개의 모든 Interrupt는 아래와 같다.

- PCE : Position Counter Error Interrupt
- PHE : Quadrature Phase Error Interrupt
- QDC : Quadrature Direction Conversion Interrupt
- WTO : WatchDog Timeout Interrupt
- PCU : Position-count Underflow Interrupt
- PCO : Position-count Overflow Interrupt
- PCR : Position Compare Ready Interrupt
- PCM : Position Compare Match Interrupt
- SEL : Strobe Event Latch Interrupt
- IEL : Index Event Latch Interrupt
- UTO : Unit Time Out Interrupt

여기서 QEINT 레지스터는 각각의 Interrupt를 제어하는 데에 사용되며, 이를 통해 Unit Time Out Interrupt를 Enable시킬 수 있다. 또한 QCLR은 Interrupt를 CLEAR 시킬 때 사

용되고, QFRC는 강제로 Interrupt를 발생시키는 테스트용으로 주로 사용된다. 이러한 Interrupt를 사용하기 위해서는 [그림 6.37]의 PIE MUXed Peripheral Interrupt Vector Table을 참고하여 올바르게 Interrupt를 선언을 해주면 된다.

INT4.y	Reserved - 0xD7E	Reserved - 0xD7C	ECAP6_INT (eCAP6) 0xD7A	ECAP5_INT (eCAP5) 0xD78	ECAP4_INT (eCAP4) 0xD76	ECAP3_INT (eCAP3) 0xD74	ECAP2_INT (eCAP2) 0xD72	ECAP1_INT (eCAP1) 0xD70
INT5.y	Reserved - 0xD8E	Reserved - 0xD8C	Reserved - 0xD8A	Reserved - 0xD88	Reserved - 0xD86	Reserved - 0xD84	EQEP2_INT (eQEP2) 0xD82	EQEP1_INT (eQEP1) 0xD80

그림 6.37 PIE MUXed Peripheral Interrupt Vector Table

6.4 eQEP 예제

앞서 설명한 eQEP의 여러 기능들을 이용하면 엔코더 출력 펄스를 통해 속도 및 주파수를 측정할 수 있다. 본 절에서는 M 방식과 T 방식 각각을 이용하여 모터의 속도를 계산하는 방법과 그 과정에 대하여 다룰 것이다.

실험에서 사용한 엔코더는 1회전당 1000 pulse를 출력하며 아래와 같은 NPN Open-Collector형 출력을 갖는 오토닉스 社의 E40h8-1000-3-n-24 엔코더를 사용하였다.

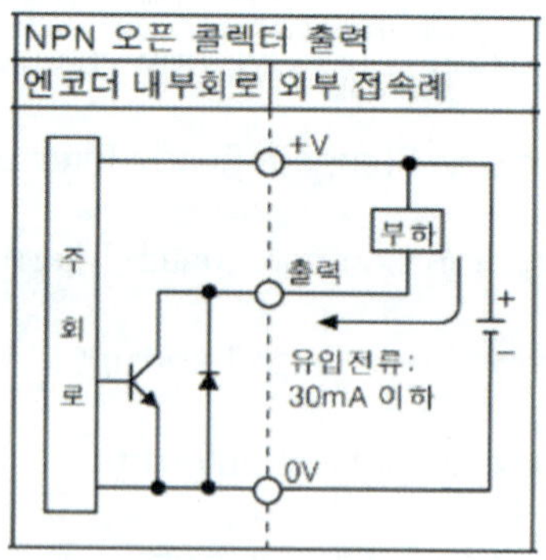

그림 6.38 E40h8-1000-3-n-24 외형 및 출력 방식

M 방식과 T 방식 각각을 설명하기 앞서 엔코더 출력 펄스를 오실로스코프를 통해 측정해보면 회전 방향에 따라 아래 [그림과 같이 나타남을 확인할 수 있다.

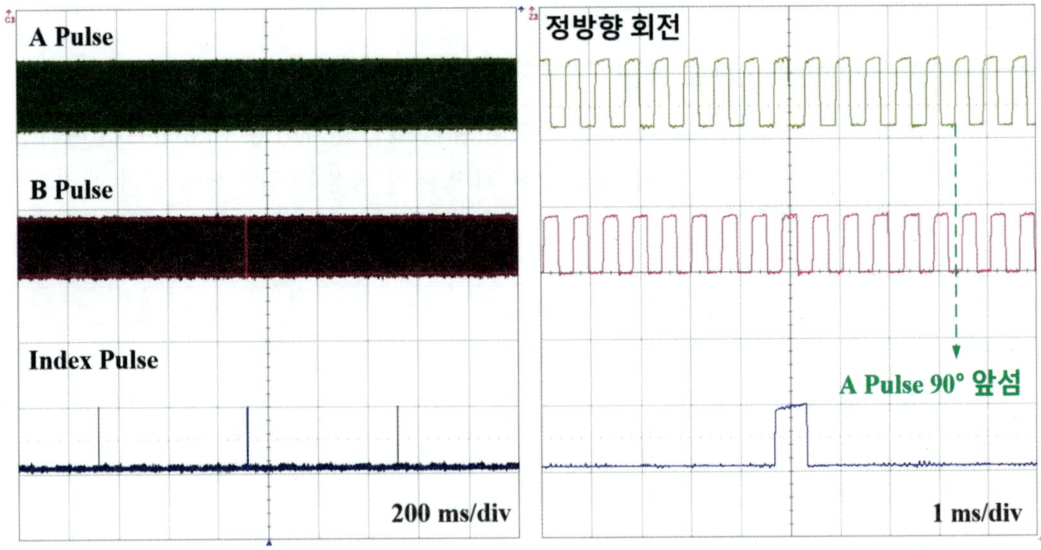

그림 6.39 정방향 회전시 엔코더 A, B 및 I 펄스 출력 파형

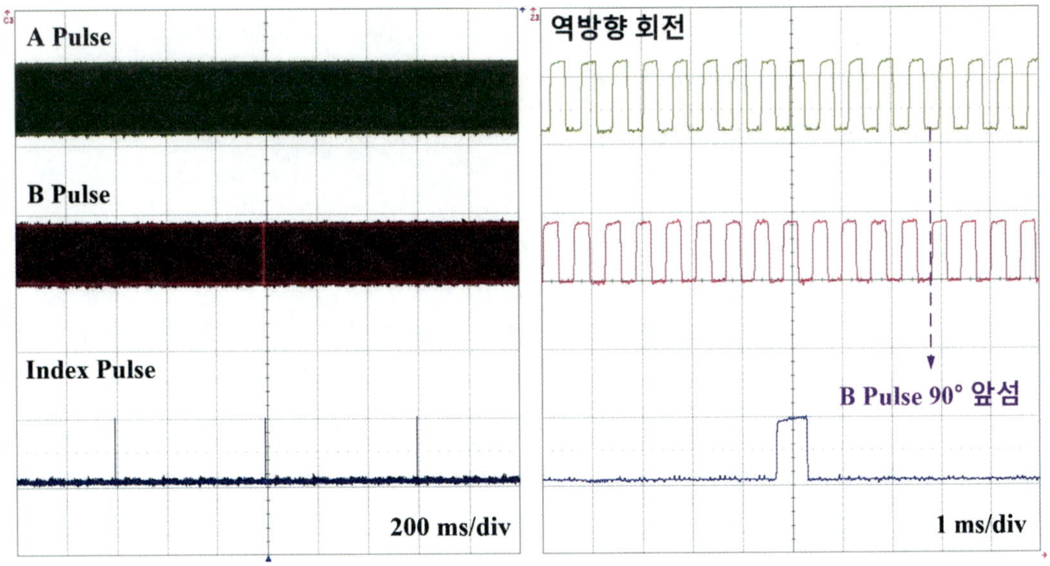

그림 6.40 정방향 회전시 엔코더 A, B 및 I 펄스 출력 파형

위 두 파형을 통해 엔코더는 A, B 및 Index 펄스까지 총 3가지 출력을 갖게 되며, Index 펄스는 1회전 당 한번 발생하는 펄스임을 알 수 있다. 또한, 모터의 회전 방향에 따라 A와 B 펄스 중 앞서는 펄스가 달리지는 것을 확인할 수 있다.

6.4.1 M 방식을 이용한 속도 계산

eQEP 모듈의 기능을 통해, 앞서 확인한 엔코더 출력 펄스를 계산 및 가공하여 모터의 속도 계산에 필요한 정보를 얻는 것이 가능하다. M 방식의 사용을 위한 최소한의 레지스터 설정은 아래 그림과 같다.

```
1. EQep2Regs.QPOSMAX= 9999;                // Position counter 최대 크기 설정
2. EQep2Regs.QUPRD = 100000;               // 계산 주기 설정 5ms(200Hz) - Unit Timer for
                                           100Hz at 200 MHz SYSCLKOUT 1500000
3. EQep2Regs.QEPCTL.bit.UTE=1;             // Enable Unit Timeout
4. EQep2Regs.QDECCTL.bit.QSRC=0;           // Quadature conunt mode
5. EQep2Regs.QEPCTL.bit.FREE_SOFT=2;       // Position count 증감을 에뮬레이션 일시
                                           중지와 분리
6. EQep2Regs.QEPCTL.bit.PCRM = 0;          // QPOSCNT reset on index event
7. EQep2Regs.QMACTRL.bit.MODE = 0;         // QMA 모듈 bypass
8. EQep2Regs.QEPCTL.bit.QPEN=1;            // QEP position counter enable
```

그림 6.41 M 방식을 이용한 속도 계산을 위한 레지스터 설정

M 방식은 Unit Timeout의 일정한 주기동안 출력되는 펄스의 개수를 확인하여 그 차이를 이용함으로써 속도를 계산하는 방식이다. 먼저 첫 번째 줄의 QPOSMAX를 통해 Position Counter의 최대 크기를 설정할 수 있다. Index 펄스의 초기화를 사용하는 경우, QPOSMAX 값을 엔코더 Resolution의 4체배 보다 큰 숫자로 설정해주어야 Overflow나 Underflow 되지 않고 Index 펄스 초기화가 가능하다. 본 실험에서 사용된 엔코더는 1회전 당 1000 펄스를 출력하며, 체배를 4체배로 설정하였기 때문에 QPOSMAX를 3999보다 큰 9999로 설정해주었다.

$$QUPRD = \frac{SYSCLK}{UTO\ \ frequency} = \frac{200MHz}{UTO\ \ frequency} \tag{6.17}$$

두 번째 줄의 QUPRD는 Unit Time Out의 발생 주기를 정해주는 레지스터이다. TMS320F28388의 SYSCLOKOUT은 200MHz의 클럭을 가지며, 설정한 Unit Time Out 주파수에 따라 위 수식과 같이 발생 주기 QUPRD를 계산할 수 있다.

세 번째 줄의 UTE를 1로 설정하여 Unit Timeout Interrupt를 활성화시켜 Unit Timeout을 사용할 수 있다. 네 번째 줄의 QSRC는 앞서 6.3.3절에서 설명한 바와 같이 Quadrature-count mode 설정하기 위해 0으로 설정하였고, 여섯 번째 줄의 PCRM은 6.3.4절에서 설명한 바와 같이 Index 펄스에서 Position Counter를 초기화하기 위해 0으로 설정하였다. Index 펄스에서 Position Counter를 초기화하기 때문에, Position Counter는 0부터 3999까지 증가될 것이며, 만약 PCRM을 1로 설정하여 최대값에서 초기화 시키게 된다면 앞서 첫 번째 줄에서 설정한 9999까지 증가될 것이다. 초기화 방법에 따른 Position Counter 값의 변화를 아래 파형을 통해 확인할 수 있다.

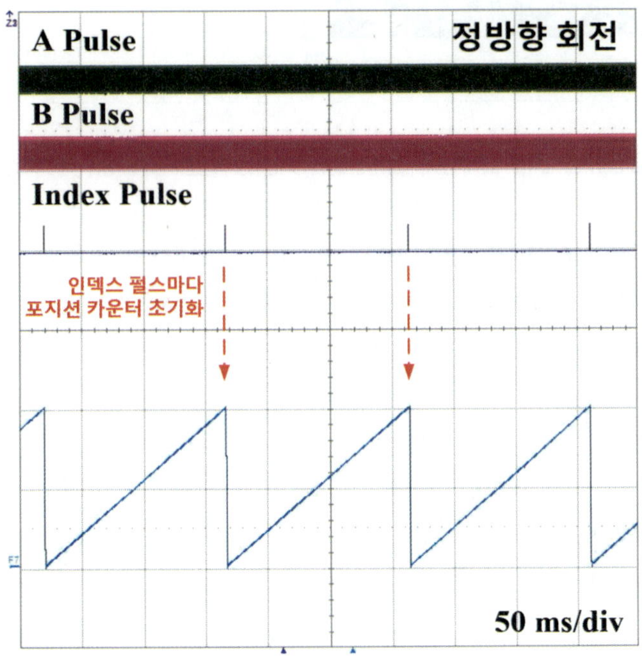

그림 6.42 Index 펄스마다 Position Counter를 초기화 시키는 경우

위 파형은 PCRM을 0으로 설정하여 Position Counter를 Index 펄스마다 초기화 시킨 결과이다. A, B 펄스의 각 Edge 마다 발생하는 QCLK에 의해 Position Counter가 증가하는 상황에서 Index 펄스가 발생하게 되면 Position Counter가 0으로 초기화 되는 것을 확인할 수 있고, 앞서 설명한 바와 같이 1000펄스의 엔코더를 사용하였기 때문에, Position Counter는 0부터 3999의 값을 갖게 된다는 것을 알 수 있다.

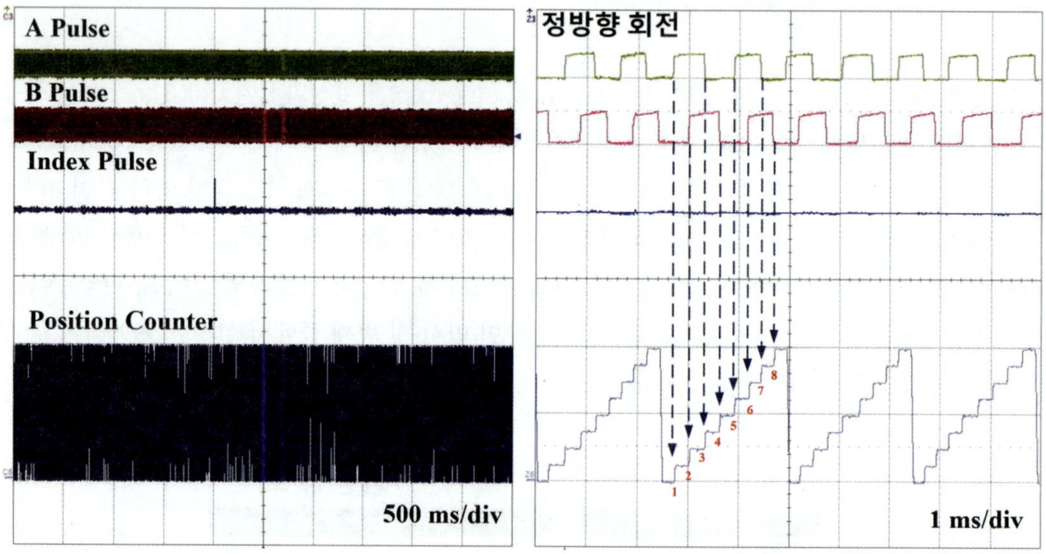

그림 6.43 Position Counter 최대값에서 Position Counter를 초기화 시키는 경우(QPOSMAX = 8)

위 파형은 PCRM을 1로 설정하여 Position Counter 최대값에서 Position Counter를 초기화 시킨 결과파형으로, Position Counter 최대값을 QPOSMAX를 통해 8로 설정하였기 때문에 Position Counter 값이 8에 도달하게 되면 0으로 초기화 되는 모습을 확인 가능하다.

본 교재에서 설명하는 M 방식을 이용한 속도 계산은 eQEP 입력을 가공할 수 있는 QMA 모듈은 사용하지 않기 때문에 일곱 번째 줄과같이 QMA MODE를 0으로 설정해주어 eQEP로 입력되는 펄스들이 QMA 모듈을 bypass 해주게 설정해 줬으며, 여덟 번째 줄과 같이 QPEN을 1로 설정하여 Position Counter를 활성화시켜주었다. 앞서 설명한 레지스터 설정을 통해 M 방식을 이용한 속도계산을 위한 eQEP 모듈 설정에 대한 설명을 마친다. 엔코더 출력 펄스에 의해 증감하는 Position Counter 값을 이용한 속도 계산을 위해 아래 그림과 같이 수식의 작성이 가능하다.

```
if(EQep2Regs.QFLG.bit.UTO==1)                  // Unit Timeout Flag가 켜졌을 때 동작
{
    EQep2Regs.QCLR.bit.UTO = 1;               // Unit Timeout Flag 0으로 초기화
    OldCnt = NewCnt;
    NewCnt = EQep2Regs.QPOSCNT;
    DiffCnt_old = DiffCnt;
    DiffCnt = NewCnt - OldCnt;                // 주기동안의 Position Counter 값 측정

    if (EQep2Regs.QEPSTS.bit.QDF==1)          // 정방향 회전일 때 동작
    {
            if(DiffCnt >= 0)
            { Speed_M = (DiffCnt * UTIME_FREQ * 60.)/(E_PULSE * 4.); }
    }
    if (EQep2Regs.QEPSTS.bit.QDF==0)   // 역방향 회전일 때 동작
    {
            if(DiffCnt <= 0)
            { Speed_M = (DiffCnt * UTIME_FREQ * 60.)/(E_PULSE * 4.); }
    }
}
```

그림 6.44 M 방식을 이용한 속도 계산을 위한 수식

M 방식을 이용한 속도 계산은 Unit Timeout 주기동안 측정된 펄스 개수를 이용하여 진행되기 때문에 조건문을 사용하여 Unit Timeout Flag가 1이 되면 동작하게 되며, 다시 1을 입력하여 Flag를 초기화시키는 동작이 필요하다. 다음으로는 Counter 값을 함수에 저장하여 이전 Counter 값과의 차이를 계산하게 되고, 이러한 Counter 값의 차이는 Unit Timeout 주기동안 측정된 펄스 개수에 해당한다. 회전 방향에 상관없이 속도를 구하는 수식은 동일하지만, Index 펄스가 발생하는 시점에서 Counter 값이 초기화 되어 Counter 차이(DiffCNT) 값의 계산이 제대로 이루어 지지 않기 때문에 회전방향에 따라 다른 조건문을 사용하게 된다. DiffCNT의 계산이 올바르게 이루어지지 않은 경우는 DiffCNT를 속도 계산에서 제외시키게 되고, DiffCNT의 계산이 정상적으로 이루어진 경우에만 속도 계산이 수행되는 구조이다.

$$Speed = DiffCNT * UTOfrequency * 60 / (encoder\ pulse\ resolution \cdot 4) \quad (6.18)$$

회전 속도 계산 수식은 위와 같이 표현되는데, 분모는 엔코더의 1회전 당 펄스 수에 4를

곱한 형태가 되며 이는 4체배의 QCLK에 따라 Position Counter가 증가하기 때문이다. 앞서 설명한 레지스터 설정과 위 수식을 이용하여 속도를 계산하면 아래와 같은 결과 파형을 도출할 수 있다.

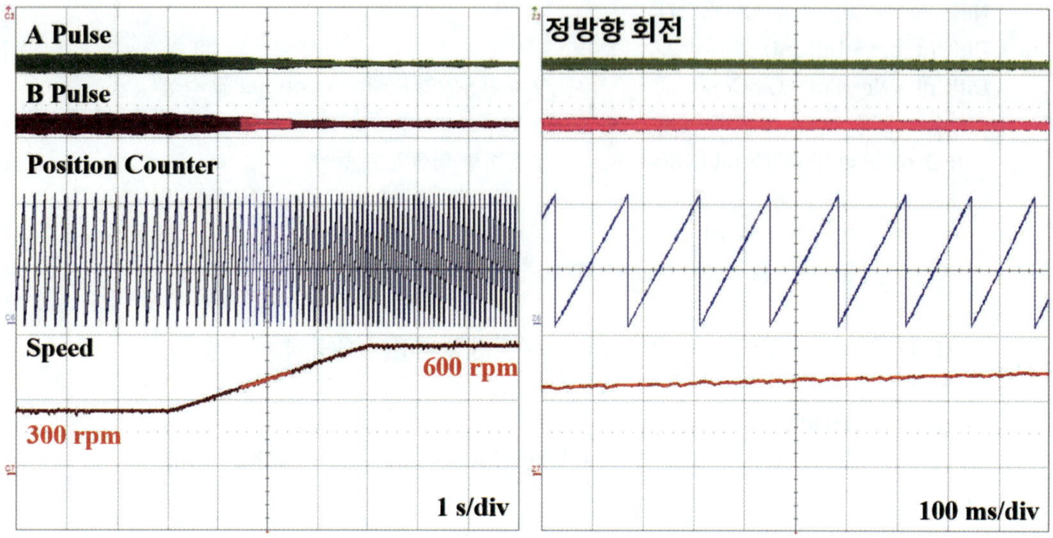

그림 6.45 M 방식을 이용한 속도 계산 적용 시 결과 파형

6.4.2 T 방식을 이용한 속도 계산

M 방식에 비하여 저속에서 더 정확한 속도 측정이 가능한 T 방식을 사용하기 위한 최소한의 레지스터 설정은 아래와 같다.

```
1. EQep2Regs.QDECCTL.bit.QSRC = 0;        // Quadature conunt mode
2. EQep2Regs.QEPCTL.bit.PCRM = 0;         // QPOSCNT reset on index event
3. EQep2Regs.QPOSMAX = 7999;              // Position counter 최대 크기 설정
4. EQep2Regs.QCAPCTL.bit.CEN = 1;         // QCAP enable
5. EQep2Regs.QEPCTL.bit.QPEN=1;           // QEP position counter enable
6. EQep2Regs.QCAPCTL.bit.CCPS = 7;        // SYSCLOKOUT을 128분주 하여 사용
7. EQep2Regs.QCAPCTL.bit.UPPS = 7;        // QCLK 128개에 1번의 UPEVNT를 발생
8. EQep2Regs.QEPCTL.bit.FREE_SOFT = 2;
```

그림 6.46 T 방식을 이용한 속도 계산을 위한 레지스터 설정

먼저 M 방식과 마찬가지로 Quadrature count mode를 사용하기 위해 QSRC를 0으로 설정한다. 네 번째줄과 같이 QCAP을 활성화시키기 위하여 CEN을 1로 설정하고, 다섯 번째 줄과 같이 QPEN도 1로 설정하여 Position Counter를 활성화시켜준다. T 방식은 펄스 사이의 시간을 측정하여 속도를 계산하는 방식이기 때문에, 펄스 사이의 시간을 측정하는데 이용되는 SYSCLOKOUT의 분주를 설정해주어야 하므로 여섯 번째 줄과같이 CCPS 설정을 통해 분주를 결정한다.

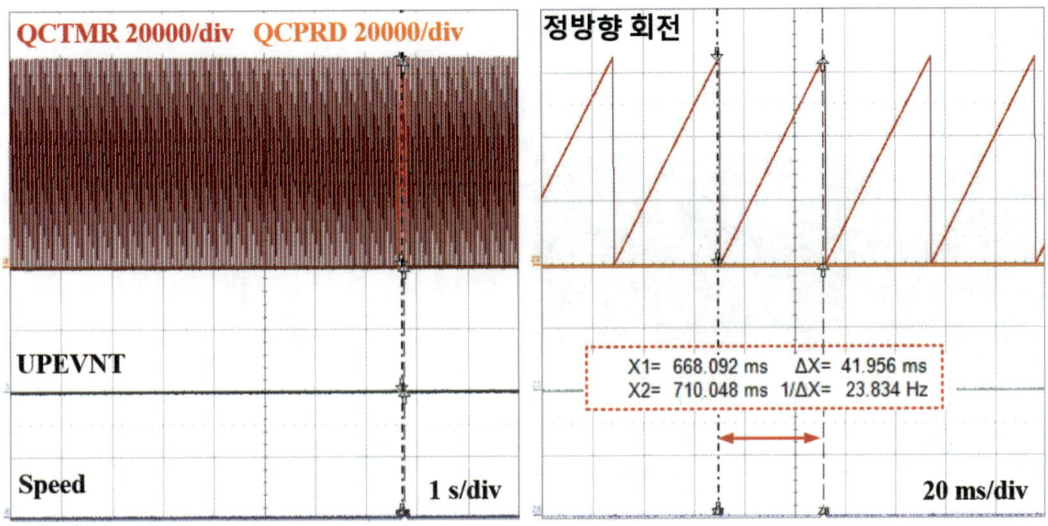

그림 6.47 SYSCLKOUT에 의한 QCTMR 출력 파형(CCPS = 7)

위 그림은 CCPS를 7로 설정하여 0rpm의 회전속도에서 SYSCLOKOUT에 따라 증가하게 되는 QCTMR의 주파수를 측정한 파형이다. 위 파형에서 QCTMR은 SYSCLKOUT에 따라 증가하는 레지스터 값이며, QCPRD는 UPEVNT Flag가 발생하면 QCTMR값을 기록하는 레지스터이다. UPEVNT Flag는 펄스의 Edge에 해당하는 QCLK에서 발생하는 Flag로, 0rpm의 회전속도에서 파형을 측정하였기 때문에 A 및 B펄스가 발생하지 않아 UPEVNT Flag도 발생하지 않는 것을 확인할 수 있고, UPEVNT가 발생하지 않기 때문에 QCTMR 값이 QCPRD에 기록되지 않는 것도 확인할 수 있다.

앞서 6.3.6절에서 설명한 바와 같이 CCPS를 0으로 설정하는 경우, TMS320F28388의 SYSCLKOUT은 200MHz의 주파수를 갖기 때문에 QCTMR은 분주되지 않은 SYSCLKOUT에 의해 매 5ns 마다 1씩 값이 증가하게 된다. 이때, QCTMR 레지스터는 16Bit의 크기를 갖기 때문에 최대 65,536의 크기를 갖는다. 회전하는 상황에서 QCTMR은 UPEVNT마다 0으로 초기화 되지만, UPEVNT가 발생하지 않는 경우 65,536에서 Overflow됨으로써 초기화 된다.

위 파형은 CCPS를 0으로 설정하였기 때문에 QCTMR은 128로 분주된 SYSCLKOUT에 의해 증가하게 되고 이 경우 640ns 마다 1씩 증가하는 값을 갖게 된다. 따라서, QCTMR이 1씩 증가하여 최대값인 65,536에 도달하기 까지는 총 41.9ms의 시간이 소요되며 파형의 측정값을 통해 이를 확인할 수 있다.

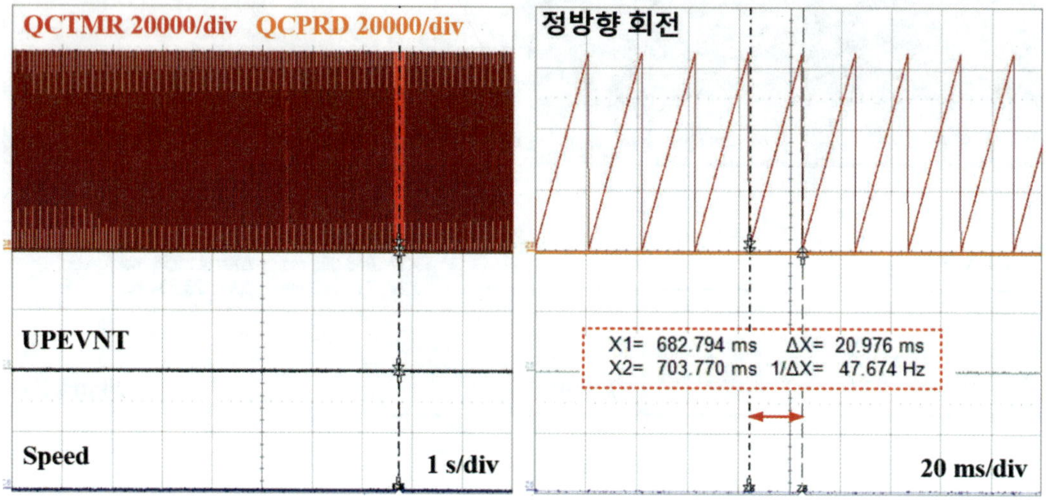

그림 6.48 SYSCLKOUT에 의한 QCTMR 출력 파형(CCPS = 6)

위 파형은 0RPM의 회전 속도에서 CCPS를 6으로 설정한 경우로, 이 경우 QCTMR은 64로 분주된 SYSCLKOUT에 의하여 320ns 마다 1씩 증가하는 값을 갖게 된다. 따라서, QCTMR이 1씩 증가하여 최대값인 65,536에 도달하기 까지는 총 20.9ms의 시간이 소요되며 파형의 측정값을 통해 이를 확인할 수 있다.

[그림 6.46]의 일곱 번째 줄의 UPPS는 UPEVNT 발생 빈도를 설정하는 필드 값으로, UPPS를 0으로 설정하는 경우, 앞서 6.3.6절에서 설명한 바와 같이, UPEVNT는 엔코더 출력 A, B펄스의 Edge마다 발생하는 QCLK마다 발생하게 된다. [그림 6.46]은 UPPS를 7로 설정하였기 때문에, 128개의 QCLK마다 한번의 UPEVNT가 발생하게 될 것이다.

T 방식을 이용한 속도계산은 펄스 발생 간격의 시간을 측정하여 속도를 계산하는 방식으로, 펄스 발생 간격을 UPEVNT를 통해 설정하고 QCTMR 및 QCPRD로 간격 사이의 시간을 측정해 속도를 계산하게 된다. T 방식을 이용한 속도계산 수식은 아래와 같이 작성할 수 있다.

```
if(EQep2Regs.QEPSTS.bit.UPEVNT == 1)      //UPEVNT Flag 발생시 동작

{

    EQep2Regs.QEPSTS.bit.UPEVNT = 1;  //UPEVNT Flag 초기화

    Speed_T = (Pole / 2.) / (4 / SYSCLK * EQep2Regs.QCPRD * E_PULSE ) * 120 / Pole.;

}
```

그림 6.49 T 방식을 이용한 속도 계산을 위한 수식

앞서 UPPS 값을 7로 설정하였기 때문에, UPEVNT는 128개의 QCLK마다 한번 발생하게 되며, UPEVNT가 발생하면 UPEVNT Flag에 1을 적어 초기화 시켜준다. 다음으로 속도 계산을 위한 수식은 아래와 같다.

$$T_{rev} = \frac{1}{SYSCLK / CCPS_{div}} \cdot QCPRD \cdot 4 / UPPS_{div} \cdot E\_Pulse \qquad (6.19)$$

위 수식에서 T_{rev}는 엔코더의 1회전 당 소요되는 시간으로 앞서 레지스터 설정 값으로 예시를 들면 아래와 같이 표현할 수 있다.

$$T_{rev} = \frac{1}{200M / 128} \cdot QCPRD \cdot 4 / 128 \cdot 1000 \qquad (6.20)$$

위 수식에서 $1/(SYSCLK/CCPS_{div}) \cdot QCPRD$는 QCLK의 시간 간격을 의미하고, QCLK는 펄스의 4체배이기 때문에 4를 곱해주면 A 펄스 하나의 시간 간격을 의미하게 된다. 하지만, 앞서 UPPS를 7로 설정하였기 때문에 128로 나눠준 뒤, 1회전 당 엔코더 펄스수인 1000을 곱해주면 엔코더의 1 회전 당 소요되는 시간인 T_{rev}를 구할 수 있다. T_{rev}의 역수는 기계각 주파수에 해당하기 때문에 Pole / 2를 곱해주어 전기각 주파수를 구하고 최종적으로 120 / Pole을 곱해주어 회전 속도를 계산할 수 있다. T 방식을 이용한 최종 속도계산 수식

은 아래와 같이 표현할 수 있다.

$$Speed = \frac{Pole}{2} \cdot \frac{1}{T_{rev}} \cdot \frac{120}{Pole} \tag{6.21}$$

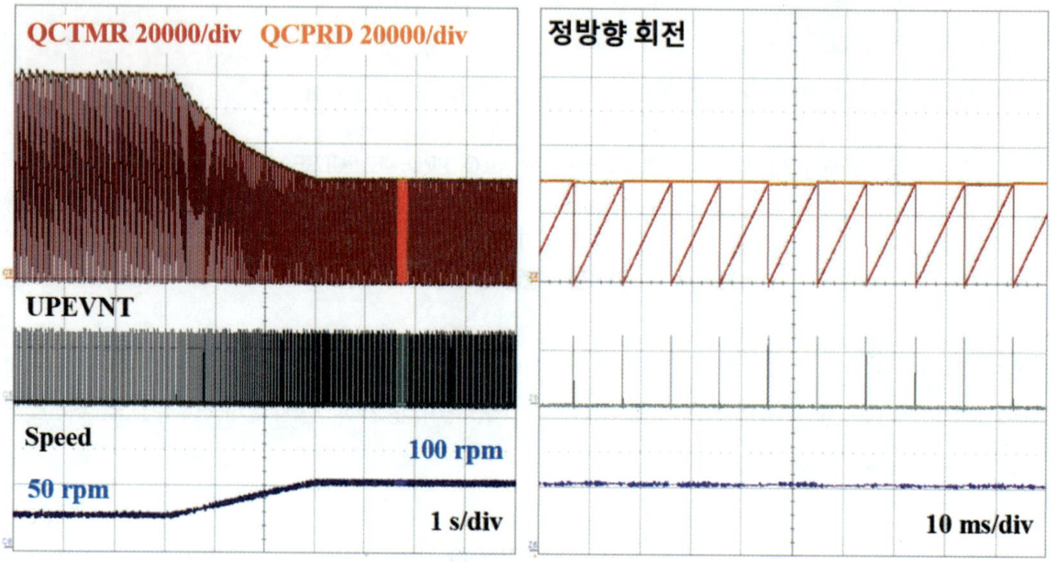

그림 6.50 T 방식을 이용한 속도 계산 적용 시 결과 파형

위 파형은 앞서 설명한 레지스터 설정 값과 수식을 통해 T 방식을 이용하여 속도를 계산한 결과 파형이다. 위 파형을 통해 UPEVNT 마다 QCTMR 값이 0으로 초기화 되는 것을 볼 수 있으며, QCTMR 값이 UPEVNT마다 QCPRD로 기록되는 것을 확인할 수 있다. 또한 T 방식을 이용한 속도 계산 결과, 저속에서도 속도 값이 오차 없이 측정되는 것을 확인할 수 있다.

CHAPTER

07 Enhanced Capture (eCAP)

7 Enhanced Capture (eCAP)

7.1 eCAP 개요

eCAP(Enhanced Capture)은 펄스 신호의 시간정보를 검출하는 기능을 담당하며 일반적으로 모터 회전자의 회전 속도를 측정하기 위해 사용된다. 엔코더에서 출력되는 펄스 신호로부터 입력 신호를 받아 Capture 동작을 수행하며 펄스 신호의 듀티 및 주기, 펄스 사이 간격 등을 측정할 수 있다. 이 외에도 eCAP 모듈을 입력 Capture 기능으로 사용하지 않으면 APWM(Auxiliary PWM) 기능으로 사용할 수 있는데 ePWM 모듈과 다르게 다양한 PWM 동작을 이용할 수 없으며 간단한 PWM 동작만 가능하다. [그림 7.1]은 각각의 Mode에서 동작을 나타낸다.

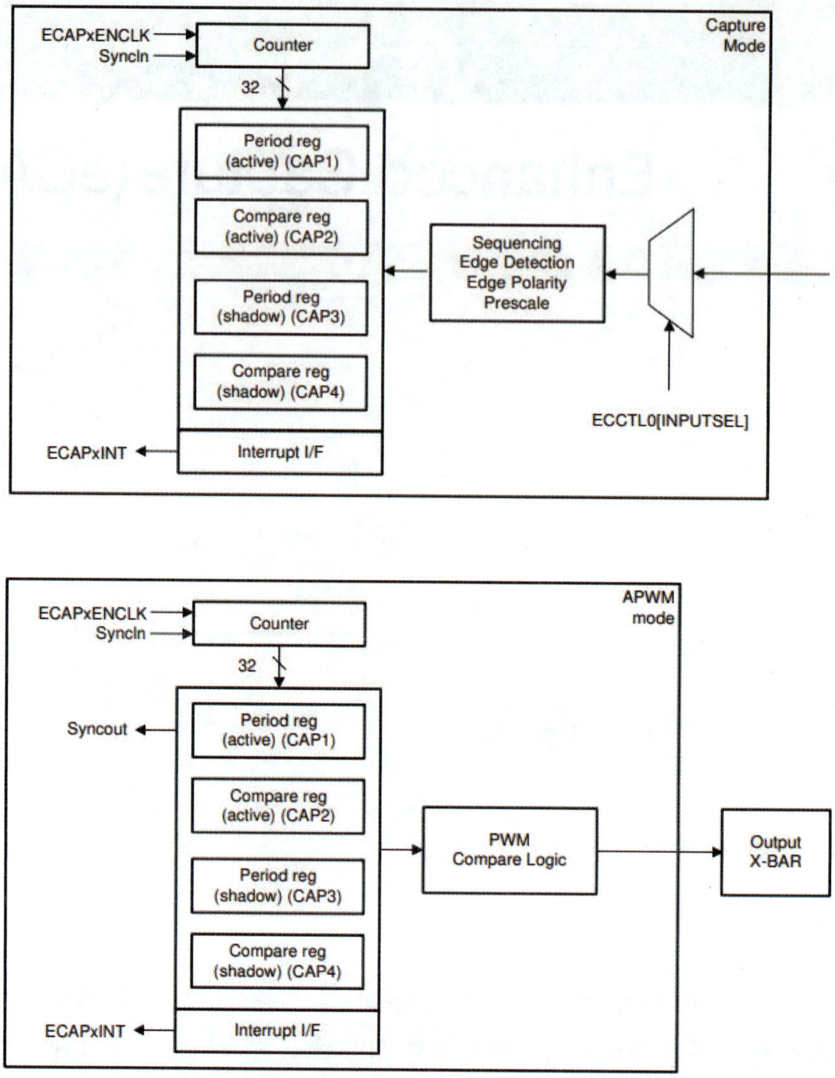

그림 7.1 eCAP 모듈의 Capture Mode와 APWM Mode 동작

eCAP 모듈을 Capture Mode로 동작 시, CAP1/CAP2/CAP3/CAP4 레지스터들은 순차적으로 펄스 신호의 Edge 정보를 저장한다. 하지만 APWM Mode로 동작하게 되면 CAP1/CAP2 레지스터는 Active 레지스터로 사용되고 CAP3/CAP4 레지스터는 Shadow 레지스터로 사용된다. 만약 CAP1/CAP2에 값이 입력되면 CAP3/CAP4에도 동일한 값이 입력된다.

7.2 eCAP 동작

[그림 7.2]는 eCAP의 전체적인 레지스터 및 블록도를 나타내며 eCAP 모듈은 기능에 따라 8개로 분류된다.

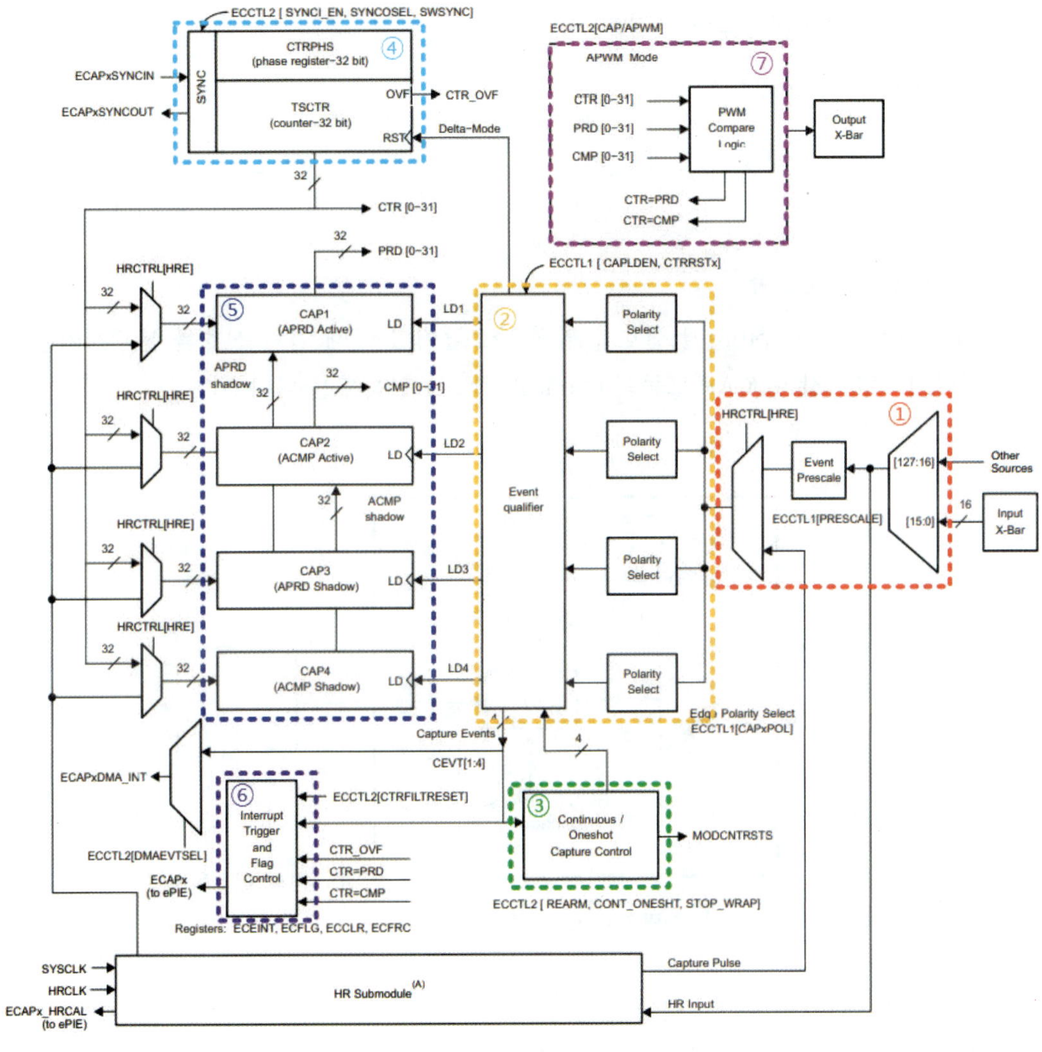

그림 7.2 eCAP 블록도

① Event Prescaler

② Edge Polarity Select 및 Even Qualifier

③ Continuous/One-Shot Capture 모드 설정

④ 32-Bit Counter 및 Phase Control 설정

⑤ CAP1 ~ CAP4 레지스터 설정

⑥ Interrupt Control 설정

⑦ APWM 모드 동작

7.3.1 Event Prescaler

Event Prescaler은 Capture될 신호가 입력으로 들어왔을 때 입력 신호를 분주시키는 역할을 한다. [그림 7.3]은 eCAP 모듈의 Event Prescaler 블록도를 나타낸다.

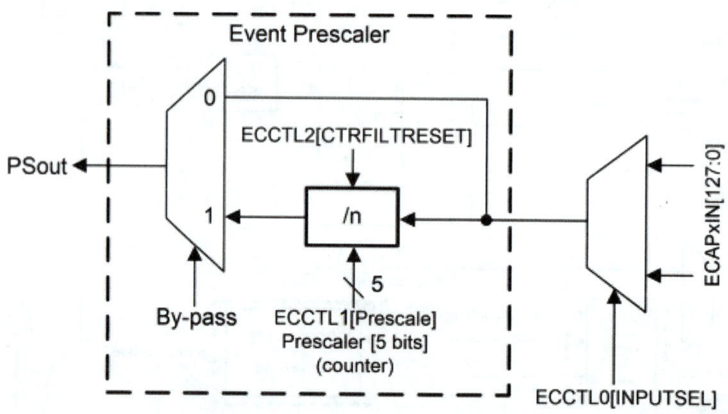

그림 7.3 Event Prescaler 블록도

ECCLTL1[PRESCALE] 레지스터를 설정하여 Capture될 신호를 N = 2~62 (2의 배수)로 분주시켜 출력할 수 있고, 분주 값이 1로 설정되면 Bypass되어 원 신호를 그대로 출력할 수 있다. 이는 입력이 높은 주파수 신호의 경우 유용하게 사용될 수 있는 분주 기능이다. 또한 Event Prescaler는 ECCTL2[CTRFILTRESET] 레지스터에 의해 RESET이 가능하며 Prescale 설정값이 변경되면 첫 번째 Rising Edge에서는 Capture 로직으로 전달되지 않고 두 번째 Rising Edge에서 적용된다. [그림 7.4]는 ECCLTL1 레지스터의 종류를 나타내며 [표 7.1]은

ECCLTL1[PRESCALE] 레지스터 값에 따른 입력의 분주 비가 정리되어 있다. [그림 7.5]는 각 분주 값에 따른 입력 신호의 파형을 나타낸다.

15	14	13	12	11	10	9	8
FREE_SOFT		PRESCALE					CAPLDEN
R/W-0h		R/W-0h					R/W-0h
7	**6**	**5**	**4**	**3**	**2**	**1**	**0**
CTRRST4	CAP4POL	CTRRST3	CAP3POL	CTRRST2	CAP2POL	CTRRST1	CAP1POL
R/W-0h	R/W-0h	R/W-0h	R/W-0h	R/W-0h	R/W-0h	R/W-0h	R/W-0h

그림 7.4 ECCLTL1 레지스터

표 7.1 ECCLTL1[PRESCALER] 레지스터의 변수에 따른 동작

PRESCALE	Description (Capture 될 입력 신호의 분주 비 결정)
0	1 / 1
1	1 / 2
2	1 / 4
3	1 / 6
4	1 / 8
30	1 / 60
31	1 / 62

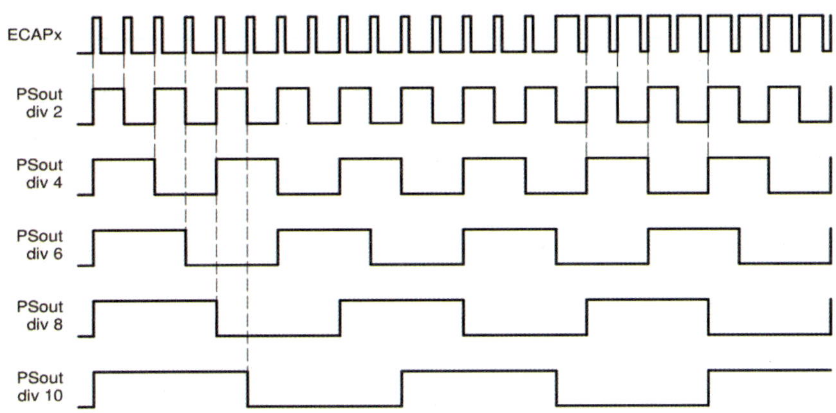

그림 7.5 분주 값에 따른 입력 신호 파형

7.3.2 Edge Polarity Select 및 Event Qualifier

Event Prescaler를 통해 분주된 입력 신호는 Edge Polarity Select를 거친다. 4개의 독립된 Polarity Select는 순차적으로 들어온 신호의 극성(Rising/Falling Edge) 여부를 판단하고 Event Qualifier로 전달하는 역할을 한다. [표 7.2]와 같은 ECCTL1[CAPxPOL] 레지스터 설정을 통해 x번째 입력 신호의 Edge 극성을 결정할 수 있다. 예를 들어, 레지스터 값을 0으로 설정하면 Rising Edge를 인식하고, 1로 설정하면 Falling Edge를 인식한다. Event Qualifier는 전달받은 신호를 세고 있던 Counter 값을 순차적으로 CEVT1~CEVT4(Capture Event)에 출력하여 Capture 동작을 수행한다. [그림 7.6]의 (a)는 모든 ECCTL1[CAPxPOL] 레지스터 값이 0으로 설정되어 Rising Edge만을 인식하는 경우를 나타낸다. (b)는 ECCTL1[CAP1POL]과 ECCTL1[CAP3POL] 레지스터 값이 0으로 설정되어 Rising Edge를 인식하고 ECCTL1[CAP2POL]과 ECCTL1[CAP4POL] 레지스터 값이 1로 설정되어 Falling Edge를 인식하는 경우를 나타낸다.

표 7.2 ECCTL1[CAPxPOL] 레지스터의 변수에 따른 동작

CAPxPOL	Description (x번째 입력 신호의 Edge 극성 결정)
0	Rising Edge에서 Capture 인식
1	Falling Edge에서 Capture 인식

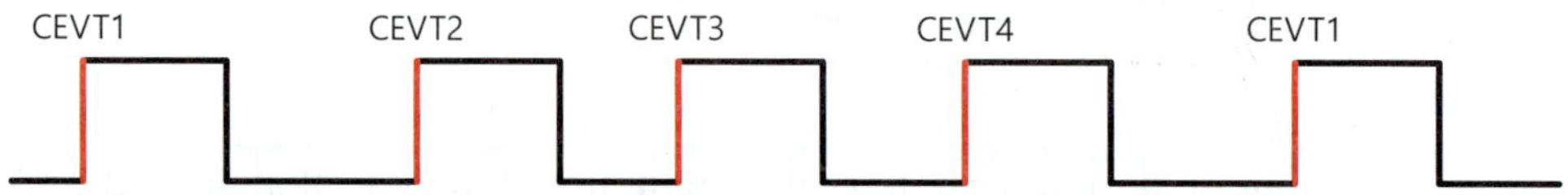

(a)

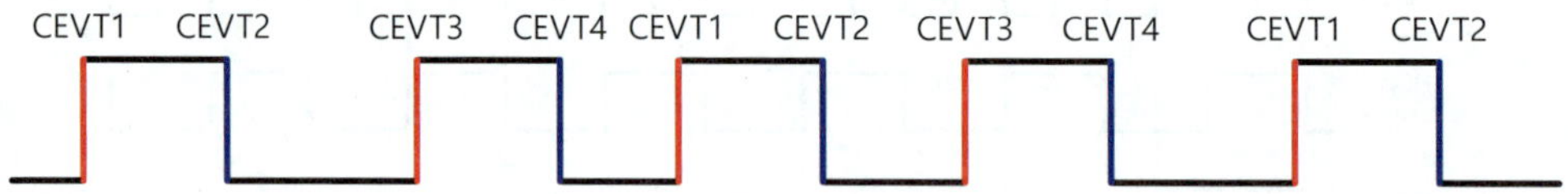

(b)

그림 7.6 ECCTL1[CAPxPOL] 레지스터 설정에 따른 CEVTx출력

ECCTL1[CAPxPOL] 레지스터의 설정에 따라 펄스 폭이나, 신호의 주기 등을 별도의 연산 없이 효과적으로 측정할 수 있다.

7.3.3 Continuous/One-Shot Capture Mode 설정

입력 신호로부터 발생하는 Event Qualifier의 Capture Event CEVTx는 Continuous/One-Shot Capture 유닛으로 전달된다. [그림 7.7]은 Continuous/One-Shot Capture 유닛의 블록도를 나타낸다.

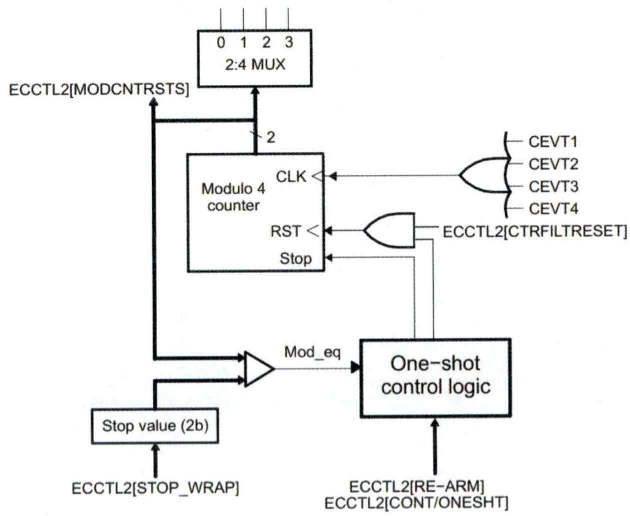

그림 7.7 Continuous/One-Shot 블록도

Continuous/One-Shot Capture 유닛에는 Modulo 4 counter(Mod 4counter)가 존재한다. 이 Counter는 차례로 입력되는 CEVTx 신호를 클럭으로 사용하며 CEVTx 신호가 들어올 때 마다 증가하게 된다. 이 동작은 Continuous Capture Mode인 경우와 One-Shot Capture Mode인 경우에 따라 나뉘게 된다. ECCTL2[CONT_ONESHT] 레지스터 값을 0으로 설정하는 경우에는 Continuous Capture Mode, 1로 설정하는 경우에는 One-Shot Capture Mode로 동작하게 된다. [그림 7.8]은 ECCTL2 레지스터의 종류를 나타낸다.

15	14	13	12	11	10	9	8
MODCNTRSTS		DMAEVTSEL		CTRFILTRESET	APWMPOL	CAP_APWM	SWSYNC
R-0h		R/W-0h		R-0/W1C-0h	R/W-0h	R/W-0h	R-0/W1S-0h
7	6	5	4	3	2	1	0
SYNCO_SEL		SYNCI_EN	TSCTRSTOP	REARM	STOP_WRAP		CONT_ONESHT
R/W-0h		R/W-0h	R/W-0h	R-0/W1S-0h	R/W-3h		R/W-0h

그림 7.8 ECCTL2 레지스터

7.3.3.1 Continuous Capture Mode

Continuous Capture Mode는 별도의 재시작[RE-ARM] 명령 없이 Mod4 counter를 동작시킨다. 즉, Mod4 Counter는 CEVTx의 신호에 따라 0~3의 값으로 증가 및 초기화를 반복한다. [그림 7.7]을 보면 Stop Value라는 것이 존재하는데 이는 Mod4 Counter의 초기화 시점을 결정해 주며 ECCTL2[STOP_WRAP] 레지스터를 통해 설정 가능하다. 이 Mode는 완전한 STOP이 아닌 어떤 CEVT 이후에 Mod4 counter가 다시 동작하는 WRAP 동작을 수행한다. 즉, CEVTx가 입력되면 레지스터에서 설정된 값과 비교하여 Mod4 Counter를 RESET 시키고 재시작시키는 역할을 한다. [표 7.3]은 ECCTL2[STOP_WRAP] 레지스터 세부 내용을 나타낸다.

표 7.3 ECCLTL2[STOP_WRAP] 레지스터의 변수에 따른 동작

STOP_WRAP	Description (Mod4 Counter의 초기화 시점 결정)
0	One-Shot Capture Mode에서 CEVT1 발생 후 STOP Continuous Capture Mode에서 CEVT1 발생 후 WRAP
1	One-Shot Capture Mode에서 CEVT2 발생 후 STOP Continuous Capture Mode에서 CEVT2 발생 후 WRAP
2	One-Shot Capture Mode에서 CEVT3 발생 후 STOP Continuous Capture Mode에서 CEVT3 발생 후 WRAP
3 (기본값)	One-Shot Capture Mode에서 CEVT4 발생 후 STOP Continuous Capture Mode에서 CEVT4 발생 후 WRAP

7.3.3.2 One-Shot Capture Mode

One-Shot Capture Mode는 ECCTL2[STOP_WRAP] 레지스터를 통해 Stop Value 블록을 조정할 수 있는데 WRAP 동작이 아닌 STOP 동작을 수행한다. STOP 동작이 수행되면 Mod4 counter는 동작을 멈추고 CAP1~CAP4 레지스터의 불러오기 동작도 수행하지 않는다. 동작을 재시작하기 위해서는 별도의 재시작 명령(RE-ARM)이 필요하며 이 부분은 [표 7.4]와 같은 ECCTL2[REARM] 레지스터를 통해 설정이 가능하다. 적절한 설정 값에 따라 One-Shot Capture Mode를 Continuous Capture Mode처럼 동작시키는 것이 가능하다.

표 7.4 ECCLTL2[REARM] 레지스터의 변수에 따른 동작

REARM	Description (재 시작 동작 결정)
0	비활성화
1	One-Shot Capture Mode 동작 재시작: 1) Mod4 counter를 0으로 RESET 2) Mod4 counter 고정 해제 3) Capture 레지스터 활성화

7.3.4 32-Bit Counter 및 Phase Control 설정

32-Bit Counter인 Time Stamp Counter(TSCTR)는 Event Capture 동작을 위한 시간 축과 클럭을 제공한다. TSCTR은 시스템 클럭(SYSCLK)을 사용하여 증가하는 32-Bit Counter이다. TSCTR은 Capture 기능과 PWM 기능으로 사용할 수 있는데, Capture 기능으로 사용될 때는 입력 신호의 Edge에 의하여 CEVT가 발생하였을 때 CAP1~CAP4의 값으로 사용되며, PWM 기능으로 사용될 때는 각 모듈 사이의 위상 오프셋으로 사용된다. ECCTL1[CTRRSTx] 레지스터 설정에 따라 Absolute Time Stamp Mode와 Time difference Mode로 동작한다. [표 7.5]는 ECCTL1[CTRRSTx] 레지스터 세부 정보를 나타내며 [그림 7.9]는 32-Bit Counter 및 Phase Control 블록도를 나타낸다.

표 7.5 ECCTL1[CTRRSTx] 레지스터의 변수에 따른 동작

CTRRSTx	Description (Counter 초기화 CEVTx 결정)
0	CEVTx에서 Counter 초기화 안 함 (Absolute Time Stamp Mode)
1	CEVTx Time-Stamp가 Capture된 후 Counter 초기화 함 (Time difference Mode)

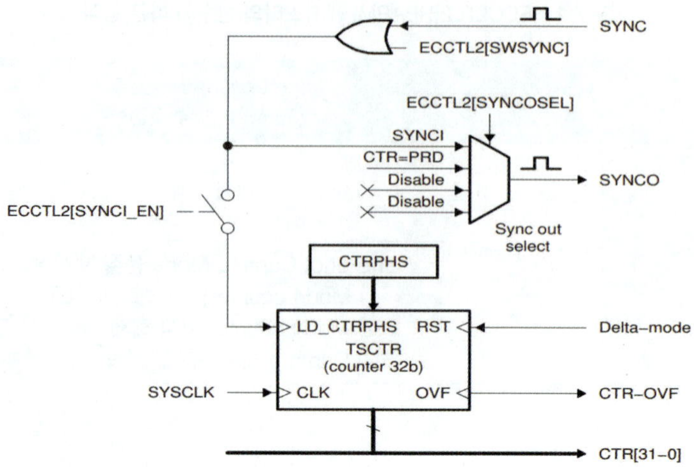

그림 7.9 32-Bit Counter 및 Phase Control 블록도

7.3.4.1 Absolute Time Stamp Mode

ECCTL1[CTRRSTx] 레지스터를 0으로 설정한 경우 Absolute Time Stamp Mode로 동작한다. 이 Mode에서는 CEVTx가 발생하는 것과 상관없이 Time Stamp Counter가 32-Bit 최대값인 0xFFFFFFFF에 도달할 때까지 계속 증가하며 ECCTL1[CAPxPOL] 레지스터에 따라 설정된 Edge의 시점에서 값을 저장한다. 따라서 두 시점의 Time Stamp Counter의 차를 통해 CEVT 간격 즉, 주기를 알 수 있다. [그림 7.10]은 Absolute Time Stamp Mode의 동작을 나타낸다.

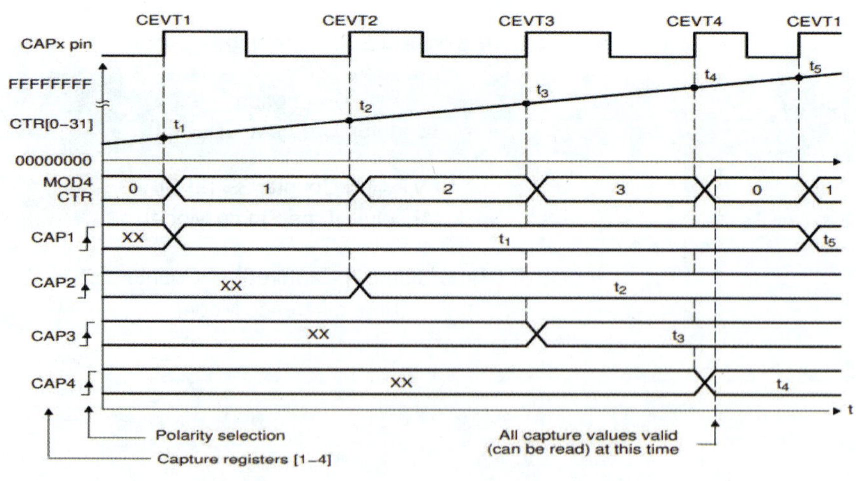

그림 7.10 Absolute Time Stamp Mode 동작

7.3.4.2 Time Difference Mode

ECCTL1[CTRRSTx] 레지스터를 1로 설정한 경우 Time Difference Mode로 동작한다. 이 Mode는 해당 CEVT가 발생하면 Time Stamp Counter가 초기화되어 다시 시작된다. 예를 들어, ECCL1[CTRRST1] 레지스터를 1로 설정하면 CEVT1이 발생하였을 때 Time Stamp Counter가 초기화된다. 따라서 한 시점의 값 만을 확인하여 CEVT 간의 간격 즉, 주기를 알 수 있다. [그림 7.11]은 모든 ECCTL1[CTRRSTx] 레지스터를 1로 설정하여 Time Difference Mode로 동작되는 것을 나타낸다.

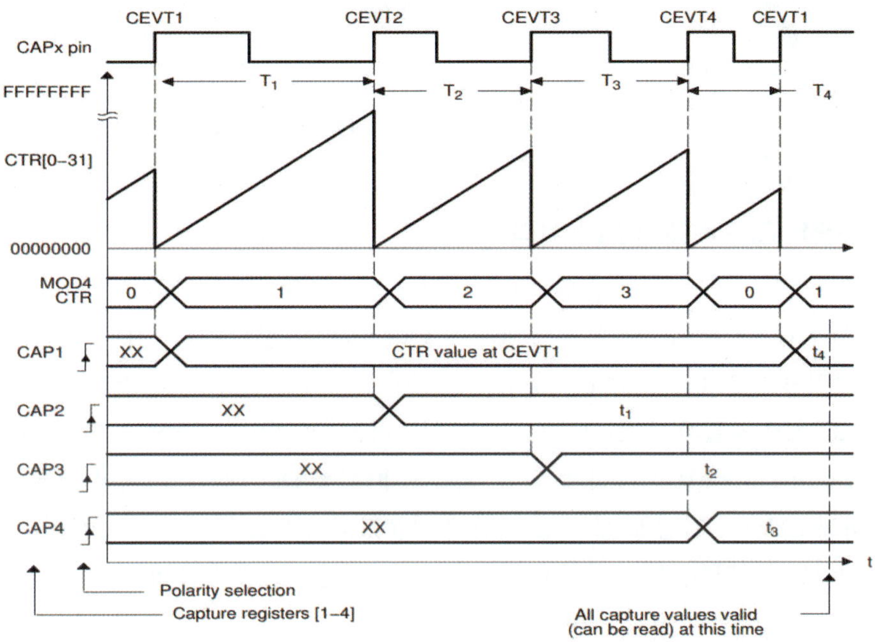

그림 7.11 Time Difference 모드 동작

7.3.4.3 eCAP 동기화

eCAP 모듈은 선택된 SYNCIN 전원에 의해 서로 동기화 될 수 있다. 여기서, SYNCIN 전원은 소프트웨어 동기화 신호 또는 외부 동기화 신호로 사용할 수 있는데 외부 동기화 신호로는 EtherCat, ePWM, eCAP, X-Bar 등이 있다. eCAP 동기화 방법을 나타낸 [그림 7.12]를 보면 SYNCIN 전원은 ECAPSYNCINSEL[SEL] 레지스터에 의해 소프트웨어 동기화 신호 또는 외부 동기화 신호 중 선택되며 ECCL2[SYNCO_SEL] 레지스터에 의해 동기화 시점을 결정한다. 마지막으로, 출력된 ECAPxSYNCOUT 신호가 SYNCSELECT[SYNCOUT] 레지스터에 의해 SYNCOUT Pin으로 출력한다.

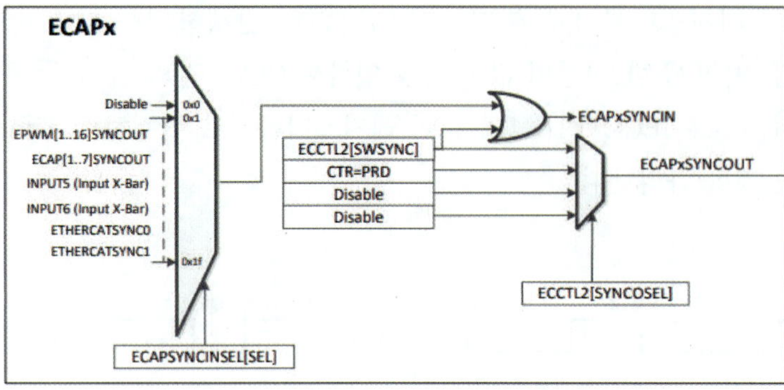

그림 7.12 eCAP 동기화 방법

7.3.5 CAP1~CAP4 레지스터 설정

CAPx 레지스터는 Time Stamp Counter를 기반으로 동작한다. ECCTL1[CAPLDEN] 레지스터는 CAPx 레지스터에 저장된 값을 Event Qualifier로 전달하지 못하게 할 수 있다. 만약 eCAP 동작 중 ECCTL1[CAPLDEN] 정지 조건이 발생하면 CAPx 레지스터에 저장된 값이 Event Qualifier로 전달되지 않는다. CAPx 레지스터는 Capture Mode와 APWM Mode로 나뉘는데, Capture Mode로 사용하게 되면 ECCTL1[CAPxPOL] 레지스터에서 미리 설정해둔 Edge에 의해 CEVT가 발생할 때 해당 시점에 카운트되던 Time Stamp Counter 값이 CAPx에 순차적으로 저장된다. 이를 통해 CAPx 값 확인 및 연산을 통해 주파수, 펄스 폭, 속도 등과 같은 Data를 얻을 수 있다. APWM Mode로 사용하게 되면 CAP1과 CAP2는 Active 레지스터로 사용되고 CAP3와 CAP4는 Shadow 레지스터로 사용되어 PWM으로써 동작한다.

7.3.6 Interrupt Control 설정

eCAP 모듈에서 사용할 수 있는 Interrupt는 크게 3종류로, CEVTx Interrupt와 Counter Overflow Interrupt, APWM Interrupt로 구분되며 총 7개의 Interrupt (CEVT1~4, CNTOVF, CTR = PRD, CTR = CMP)가 존재한다. CEVTx Interrupt는 Capture Mode로 사용하여 입력 신호의 각 Edge에서 Interrupt를 발생시킬 수 있고 Counter Overflow Interrupt는 Time Stamp Counter가 32-Bit 최대값인 0xFFFFFFFF를 초과하여 Overflow 될 경우에 Interrupt를 발생시킬 수 있다. APWM Interrupt는 APWM Mode에서 ePWM과

동일하게 PWM 출력 펄스가 SET 또는 CLEAR되는 부분에서 Interrupt를 발생시킬 수 있다. Interrupt 발생 유무를 확인하기 위해 Interrupt Flag 레지스터를 확인할 수 있으며 ECEINT 레지스터 설정을 통해 개별적인 Interrupt로 사용 가능하다. 또한 ECFRC 레지스터를 설정하여 테스트를 위한 강제 Interrupt를 발생시킬 수 있다. Interrupt 사용을 위해서는 [표 7.6]의 PIE MUXed Peripheral Interrupt Vector Table을 참고하여 선언하면 된다. [그림 7.13]은 eCAP 모듈의 Interrupt 세부 블록도를 나타낸다.

표 7.6 eCAP PIE MUXed Peripheral Interrupt Vector Table

	INTx.1	INTx.2	INTx.3	INTx.4	INTx.5	INTx.6	INTx.7	…	INTx.10	INTx.11
INT4.y	ECAP1	ECAP2	ECAP3	ECAP4	ECAP5	ECAP6	ECAP7	…	FSITXA_ INT2	FSITXB_ INT1
INT12.y	XINT3	XINT4	XINT5	MPOST	FMC. DONE	VCRC	FPU OVER FLOW	…	ECAP6 INT2	ECAP7 INT2

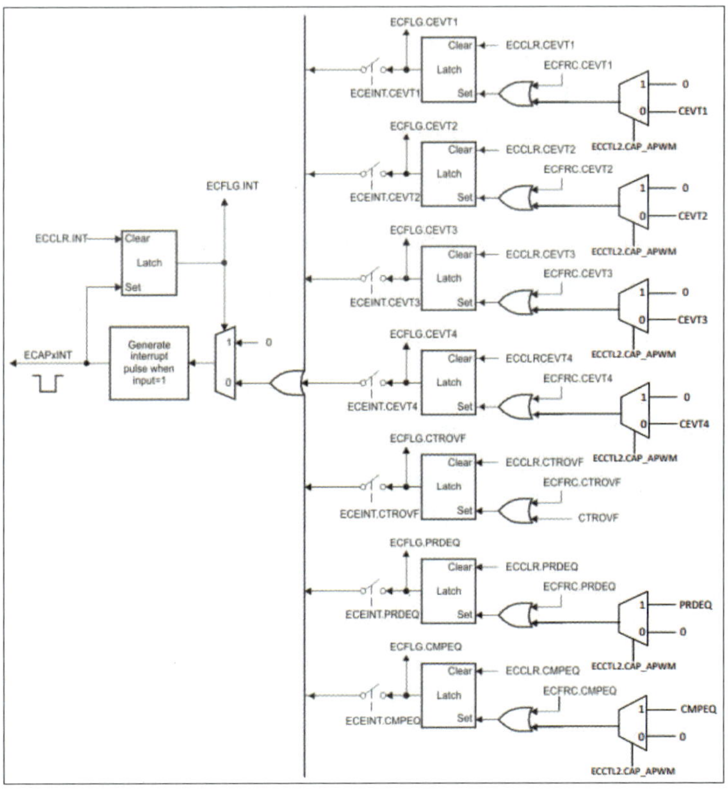

그림 7.13 eCAP 모듈 Interrupt 블록도

7.3.7 DMA Interrupt

기존의 TMS320F2833x 및 TMS320F2837x와 같은 Type 0의 eCAP 모듈에서는 DMA를 통한 Data전송을 위해 CPU를 사용하였다. 하지만 TMS320F2838x와 같은 Type 1 이상의 eCAP 모듈에서는 DMA Trigger(ECAP_DMA_INT)를 사용 가능하기 때문에 DMA를 통해 연속적인 Capture Data 전송이 가능하다. ECAP_DMA_INT에 대한 Trigger 전원은 ECCTL2[DMAEVTSEL] 레지스터를 통해 4개의 Interrupt Event CVETx 중 하나를 선택된다.

7.3.8 APWM Mode 동작

eCAP 모듈에서 Capture Mode가 아닌 APWM Mode로 사용하기 위해서는 [표 7.7]의 ECCTL2[CAP_APWM] 레지스터를 1로 설정해야 한다. APWM Mode에서 CAP1은 Period 값, CAP2는 Compare 값으로 사용되고 CAP3/4는 Shadow 값으로 사용된다. 일반적으로 사용되는 ePWM 모듈과 eCAP 모듈의 APWM의 차이점은 크게 세 가지가 존재한다. 먼저, ePWM의 경우는 데드 타임을 레지스터를 통해 간편하게 설정할 수 있으나 APWM Mode의 경우에는 데드 타임 관련 레지스터가 존재하지 않는다. 따라서 스위칭의 상보 동작이 제한적이다. 두 번째로는 ePWM의 경우 삼각파 형태 설정 시 Up-Count Mode와 Down-Count Mode, Up-Down-Count Mode를 선택할 수 있지만 APWM Mode의 경우 Time Stamp Counter를 삼각파로 사용하기 때문에 Up-Count Mode 하나의 삼각파 형태만 설정 가능하다. 마지막으로, ePWM의 경우는 동기화 레지스터를 통해 채널 간의 동기가 가능하지만 APWM Mode의 경우에는 동기화 관련 레지스터가 존재하지 않는다. 각 eCAP Time Stamp Counter가 동시에 시작하는 설정이 없기 때문에 다수의 동기화된 스위칭 PWM으로 사용하기에 부적합하다.

표 7.7 ECCTL2 [CAP_APWM] 레지스터

CAP_APWM	Description (APWM Mode 결정)
0	eCAP 모듈이 Capture Mode로 동작: 1. CTR = PRD일 때 TSCTR 초기화 비활성화 2. CAP1, 2 레지스터의 Shadow 비활성화 3. CAPx/APWMx Pin이 Capture 입력으로 동작
1	eCAP 모듈이 APWM Mode로 동작: 1. CTR = PRD일 때 TSCTR 초기화 활성화 2. CAP1, 2 레지스터의 Shadow 활성화 3. CAPx/APWMx Pin이 APWM 출력으로 동작

eCAP 모듈의 APWM Mode에서 Up-Count Mode의 삼각파는 Time Stamp Counter의 시작을 통해 SYSCLK에 따라 증가하게 된다. ePWM과 동일하게, 한 주기는 현재 PRD와 다음 PRD까지가 되며 이 사이에서 비교되는 값인 CMP와 같아지는 부분(CTR = CMP)에서 펄스의 SET 또는 CLEAR가 발생하게 된다. 이러한 SET/CLEAR는 ECCTL2[APWMPOL] 레지스터를 통해 설정이 가능하며 [표 7.8]은 레지스터의 세부내용을 나타낸다. 레지스터 값이 0인 경우(Active High) CTR = PRD에서 펄스가 SET이 되고 CTR = CMP에서 펄스가 CLEAR된다. 반대로 레지스터 값이 1인 경우(Active Low) CTR = CMP에서 펄스가 SET이 되고 CTR = PRD에서 펄스가 CLEAR가 된다. APWM Mode의 위상 옵셋 설정은 CTRPHS 레지스터를 통해 가능하며 PRD의 설정값과 CTRPHS 레지스터 값에 의해 위상 옵셋이 발생한다.

표 7.8 ECCTL2[APWMPOL] 레지스터

APWMPOL	Description (APWM 출력의 극성 결정)
0	출력이 Active High로 동작 (비교값이 ON 시간을 정의함)
1	출력이 Active Low로 동작 (비교값이 OFF 시간을 정의함)

[그림 7.14]는 ECCTL2[APWMPOL] 레지스터 값이 0으로 설정되었을 경우의 APWM Mode 동작을 나타낸다. 이 경우 Active High 이므로 PRD는 1000h, CMP는 300h로 설정하였을 때 CTR = 300h인 지점에서 펄스가 CLEAR되며 CTR = 1000h인 지점에서 펄스가 SET 되는 것을 알 수 있다. 마찬가지로 [그림 7.15]는 ECCTL2[APWMPOL] 레지스터 값이 1로 설정되었을 경우의 APWM Mode 동작을 나타낸다. 이 경우 Active Low 이므로 CTR = 300h인 지점에서 펄스가 SET 되는 것을 알 수 있다.

표 7.9 CTRPHS 레지스터

	Description
CTRPHS	Counter의 위상을 지연시키거나 앞당기기 위해 프로그래밍할 수 있는 위상의 값을 갖는 레지스터이다. SYNCI Event 발생 시 또는 제어 비트를 통한 소프트웨어 강제 실행(S/W force) 시 TSCTR에 로드된다.

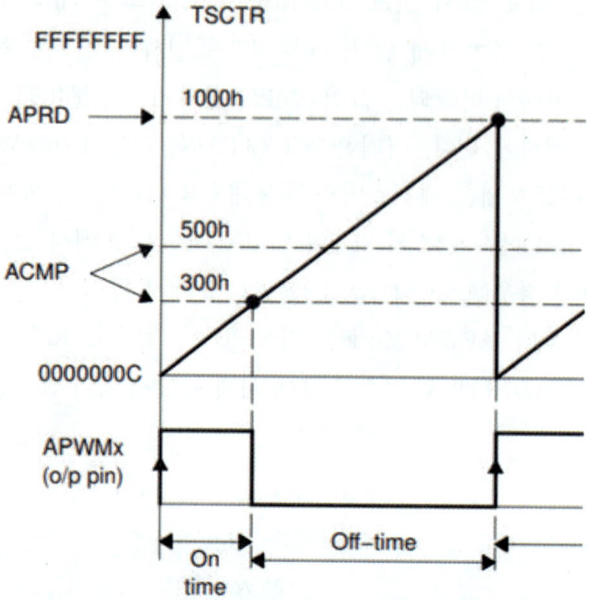

그림 7.14 Active High인 경우의 APWM

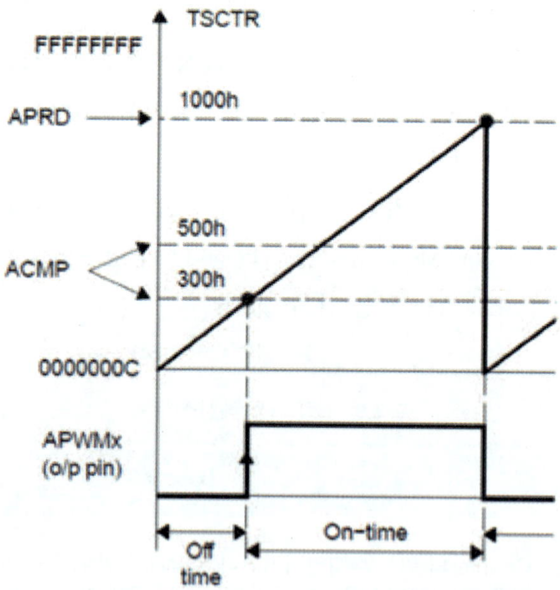

그림 7.15 Active Low인 경우의 APWM Mode

7.4 eCAP 예제

7.4절에서 진행한 실습 예제들은 모두 싱크웍스에서 제공하는 예제를 기반으로 펄스 수가 512인 엔코더를 이용하여 진행했다.

7.4.1 Capture Event(CEVT) 사이의 간격 계산 1

ECAP1의 Interrupt 활성화를 위한 설정은 [그림 7.16]와 같은 선언을 통해 사용이 가능하며 이를 위해 7.3.7절에서 설명한 [표 7.6]의 PIE MUXed Peripheral Interrupt Vector Table을 참고하여 선언했다. 이때 엔코더로 측정되는 펄스를 eCAP 모듈의 입력 신호로 받기 위해서는 Input X-bar를 이용하여 연결할 수 있다. 엔코더로 측정되는 펄스가 GPIO24에 해당하므로 [그림 7.16]에서 InputXbarReg 레지스터를 이용하여 입력 신호를 연결했다.

```
void main(void)
{
(···)
EALLOW;
PieVectTable.ECAP1_INT = &eCAPIsr;      // Interrupt Service Routine Re-mapping
EDIS;
PieCtrlRegs.PIEIER4.bit.INTx1 = 1;      // Enable PIE group 4 interrupt 1 for ECAP1
IER |= M_INT4;                          // Enable CPU INT4 for ECAP1

EALLOW;
GpioCtrlRegs.GPAMUX2.bit.GPIO24 = 1;
GpioCtrlRegs.GPADIR.bit.GPIO24 = 0;
EDIS;

EALLOW;
InputXbarRegs.INPUT7SELECT = 24;                // INPUT7 X-BAR Select
EDIS;
(···)
}
```

그림 7.16 eCAP 입력 및 Interrupt 연결

만약 eCAP1의 CEVT2에 관한 Interrupt를 사용하고자 한다면 [그림 7.17]과 같이 선언하여 사용이 가능하다.

```
__interrupt void eCAPIsr(void)
{
 )
 /* eCAP1 Interrupt clear*/
 EALLOW;
 ECap1Regs.ECCLR.bit.CEVT2 = 1;
 ECap1Regs.ECCLR.bit.INT = 1;
 EDIS;
  /* Acknowledge this interrupt to receive more interrupts from group 4*/
 PieCtrlRegs.PIEACK.bit.ACK4 = 1;
}
```

그림 7.17 ECAP1의 CEVT2에 관한 Interrupt 설정

아래의 [그림 7.18]은 Capture Event 1과 2(CEVT1, 2) 사이 간격을 구하기 위한 레지스터 설정을 나타낸 것이다.

```
ECap1Regs.ECEINT.all = 0x0000;              //Disable all capture interrupts
ECap1Regs.ECCLR.all = 0xFFFF;               //Clear all Cap interrupt flags
ECap1Regs.ECCTL1.bit.CAPLDEN = 0;           //Disable CAP1-CAP4 register loads
ECap1Regs.ECCTL2.bit.TSCTRSTOP = 0;         //Make sure the counter is stopped

ECap1Regs.ECCTL2.bit.CAP_APWM = 0;          //ECAP1 operate in capture mode
ECap1Regs.ECCTL2.bit.CONT_ONESHT = 0;               //Continuous Mode
ECap1Regs.ECCTL2.bit.STOP_WRAP = 1;         //Stop at 2 events
ECap1Regs.ECCTL1.bit.CAP1POL = 0;           //Rising edge
ECap1Regs.ECCTL1.bit.CAP2POL = 1;           //Falling edge
ECap1Regs.ECCTL1.bit.CTRRST1 = 0;           //Absolute time-stamp operation
ECap1Regs.ECCTL1.bit.CTRRST2 = 0;           //Absolute time-stamp operation
ECap1Regs.ECCTL1.bit.CAPLDEN = 1;           //Enable capture units

ECap1Regs.ECCTL2.bit.TSCTRSTOP = 1;         //Start counter
ECap1Regs.ECCTL1.bit.CAPLDEN = 1;           //Enable CAP1~CAP4 resister
ECap1Regs.ECEINT.bit.CEVT2 = 1;             //Interrupt occurred in CEVT2
```

그림 7.18 eCAP 레지스터 설정

각각의 설정을 줄 별로 설명하면 다음과 같다. 1~4번째 줄은 레지스터를 설정하기 전에 Interrupt를 초기화하고 Counter를 정지하는 설정이다. 5번째 줄에서는 eCAP1 모듈의 동작 Mode를 설정하는데 Capture Mode로 동작하도록 ECCTL2[CAP_APWM] 레지스터 값

을 0으로 설정한 것을 나타낸다. 6번째 줄은 ECCTL2[CONT_ONESHT] 레지스터 값을 0으로 하여 Continuous Mode로 동작하도록 설정하여 CEVT가 연속적으로 동작되도록 설정한 것을 나타낸 것이다. 7번째 줄은 ECCTL2[STOP_WRAP] 레지스터를 1로 설정하여 Continuous Mode에서 Mod4 Counter를 1~2로 사용하며 CEVT1, 2만을 처리하도록 설정한 것을 나타낸다. 8~9번째 줄은 각각 CEVT1, 2가 입력 신호의 생성 위치에 대한 Edge 방향을 설정한 것을 나타낸다. ECCTL1[CAPxPOL]의 값이 0일 경우에는 상승 Edge에서, 1일 경우에는 하강 Edge에서 생성하도록 설정한 것이다. 10~11번째 줄은 각각 CEVT1, 2에 대하여 매 CEVT마다 TSCTR이 초기화되는 Delta Mode가 아닌, 초기화되지 않고 적산되는 Absolute Time Stamp Mode로 동작하도록 설정한 것을 나타낸다. 12번째 줄은 전체 eCAP 유닛을 enable 시킨 것을 나타내며 13~14번째 줄은 Mod4 Counter가 시작되어 eCAP 레지스터 값이 Event Qualifier로 전달되는 것을 나타낸다. 15번째 줄은 CEVT2에서 Interrupt가 발생하도록 설정한 것이다.

설정된 레지스터를 통해서 Continuous Mode로 동작하고 있기 때문에 Mod4 Counter가 멈추는 것 없이 연속적으로 CEVT를 처리하게 된다. 이때, CEVT1은 상승 Edge에서 발생하고 CEVT2는 하강 Edge에서 발생하기 때문에 펄스 폭은 CEVT1과 CEVT2 사이의 간격으로 계산될 수 있음을 알 수 있다.

```
__interrupt void eCAPIsr(void)
{
(…)
CaptureCounter1 = ECap1Regs.CAP1;
 CaptureCounter2 = ECap1Regs.CAP2;

if((ECap1Regs.ECFLG.bit.CTROVF == 1) && (CaptureCounter2 < CaptureCounter1))
   {
      EdgeCount = (0xFFFFFFFF - CaptureCounter1) + CaptureCounter2;
      ECap1Regs.ECCLR.bit.CTROVF = 1;
   }
else
   {
      EdgeCount = CaptureCounter2 - CaptureCounter1;
   }
}

 Pulse_width = (EdgeCount)/200E6;
(…)
}
```

그림 7.19 펄스 폭을 구하기 위한 계산 및 레지스터 설정

CEVT2 Interrupt 안에 [그림 7.19]와 같은 계산과 레지스터 설정을 포함시켜 CEVT1, 2 사이의 간격을 계산하여 펄스의 폭을 구할 수 있다. CEVT1과 CEVT2값을 각각 Capture Counter1, 2의 변수로 저장한 후 overflow와 underflow를 고려하여 간격이 계산된다. 이때 펄스 폭은 SYSCLK인 200MHz로 나누어 계산하게 된다.

앞서 설명한 실습 예제 코드로 1000rpm으로 회전하는 DC 모터의 엔코더 출력 펄스 중 A펄스의 폭을 측정한 실험 결과가 [그림 7.20]에 나타나 있다. 1000rpm 기준으로 512개의 펄스를 가지는 엔코더의 출력 펄스 주기는 117μs로 계산될 수 있다. [그림 7.18]에서 설명한 바와 CEVT1와 CEVT2 사이의 간격은 펄스 주기 117μs 중 상승 Edge와 하강 Edge 사이의 간격을(ΔT) 나타내는 것이라고 할 수 있다. 따라서 ΔT는 58.5μs로 계산되며, [그림 7.20]을 통해 실험 결과가 계산값과 일치함을 알 수 있다.

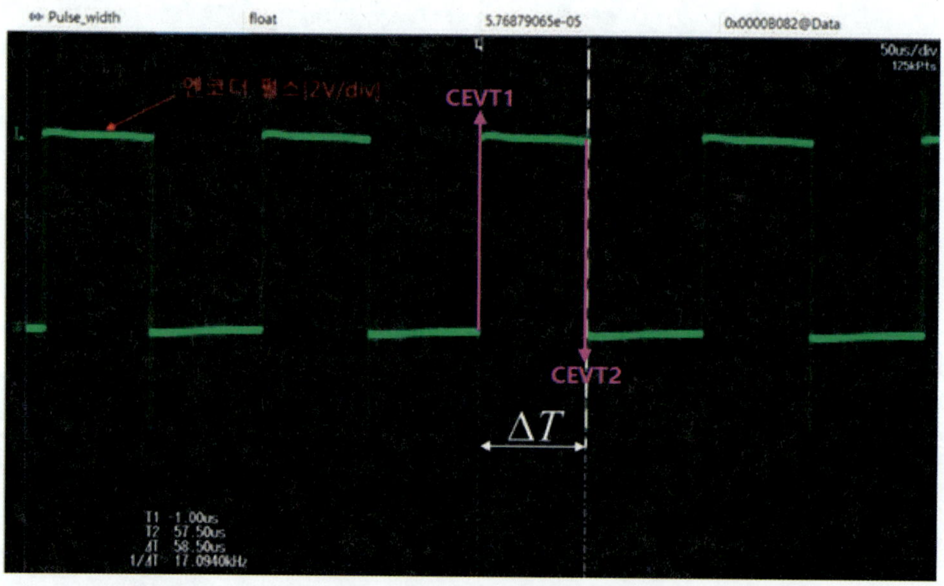

그림 7.20 엔코더 A 펄스의 폭 측정(입력 신호의 하강 Edge에서 CEVT2 생성)

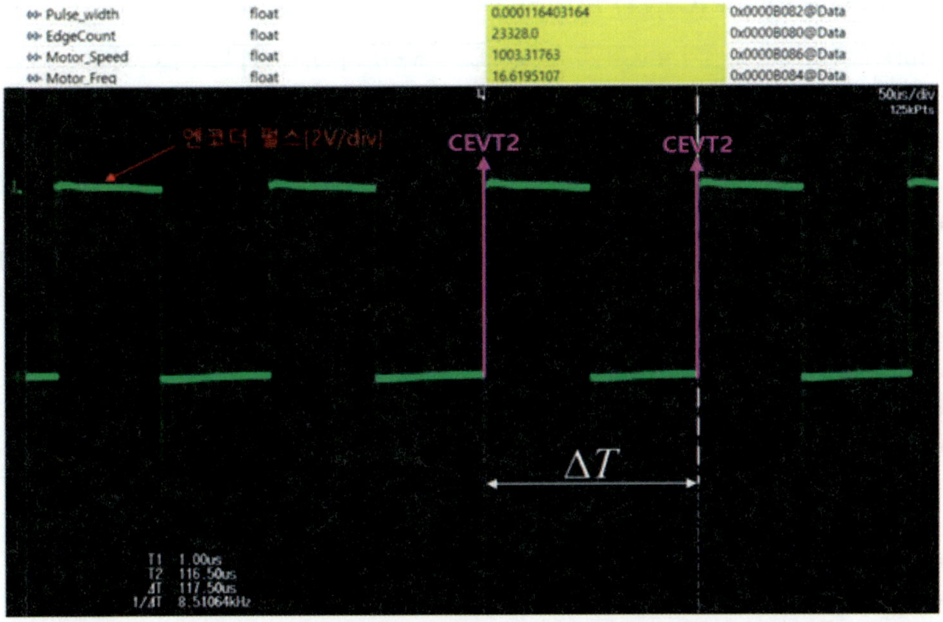

그림 7.21 엔코더 A 펄스의 폭 측정(입력 신호의 상승 Edge에서 CEVT2 생성)

[그림 7.18]의 ECCTL1[CAP2POL]레지스터의 값을 1로 수정하여 상승 Edge에서 CEVT2가 발생하도록 설정한다면 ΔT를 [그림 7.21]과 같이 측정할 수 있다. 펄스폭은 약 $117\mu S$이며 모터의 속도는 약 1000 rpm, 이때 주파수는 16.6 Hz로 계산됨을 확인할 수 있다.

```
Pulse_width = (EdgeCount)/200E6;
Motor_Freq = 1 / ( Pulse_width) / 512;
Motor_Speed = 60 * Motor_Freq;
```

그림 7.22 엔코더 펄스의 주기를 이용한 모터 주파수와 rpm 속도 계산 식

입력으로 모터 1회전에 펄스가 512회 발생하는 엔코더의 A펄스를 사용해 모터의 회전 주파수 및 속도를 계산하면 [그림 7.22]과 같이 간단한 방식으로 계산된다. 이에 상응하는 회전 속도 rpm은 분당 회전자의 회전수를 나타내는 것이기 때문에 주파수 수식에 60을 곱해주어 계산될 수 있다.

7.4.2 Capture Event (CEVT) 사이의 간격 계산 2(Delta Mode 동작)

Capture Event 1과 2, 3과 4 (CEVT 1~2, CEVT 3~4) 사이의 간격을 구하려면 [그림 7.23]과 같이 레지스터를 설정할 수 있다.

```
ECap1Regs.ECEINT.all = 0x0000;                //Disable all capture interrupts
ECap1Regs.ECCLR.all = 0xFFFF;                 //Clear all Cap interrupt flags
ECap1Regs.ECCTL1.bit.CAPLDEN = 0;             //Disable CAP1-CAP4 register loads
ECap1Regs.ECCTL2.bit.TSCTRSTOP = 0;           //Make sure the counter is stopped

ECap1Regs.ECCTL2.bit.CAP_APWM = 0;            //ECAP1 operate in capture mode
ECap1Regs.ECCTL2.bit.CONT_ONESHT = 0;         //Operate in Continuous mode
ECap1Regs.ECCTL2.bit.STOP_WRAP = 3;           //Stop at 4 events
ECap1Regs.ECCTL1.bit.CAP1POL = 0;             //Rising edge
ECap1Regs.ECCTL1.bit.CAP2POL = 1;             //Falling edge
ECap1Regs.ECCTL1.bit.CAP3POL = 0;             //Rising edge
ECap1Regs.ECCTL1.bit.CAP4POL = 1;             //Falling edge
ECap1Regs.ECCTL1.bit.CTRRST1 = 0;             //Absolute time-stamp operation

ECap1Regs.ECCTL1.bit.CTRRST1 = 0;             //Absolute time-stamp operation
ECap1Regs.ECCTL1.bit.CTRRST2 = 0;             //Absolute time-stamp operation
ECap1Regs.ECCTL1.bit.CTRRST3 = 1;             //Time difference(Delta) operation
ECap1Regs.ECCTL1.bit.CTRRST4 = 1;             //Time difference(Delta) operation
ECap1Regs.ECCTL1.bit.CAPLDEN = 1;             //Enable capture units

ECap1Regs.ECCTL2.bit.TSCTRSTOP = 1;           //Start Counter
ECap1Regs.ECCTL1.bit.CAPLDEN = 1;             //Enable CAP1~CAP4 register
ECap1Regs.ECEINT.bit.CEVT4 = 1;               //interrupt occurred in CEVT2
```

그림 7.23 CEVT 3~4 사이의 간격을 구하기 위한 레지스터 설정 1

레지스터 설정 내용 중 [그림 7.18]과 겹치는 내용을 제외하고 설명하면 아래와 같다. 7번째 줄에서 레지스터 ECCTL2[STOP_WRAP]의 값을 3으로 설정하여 Mod4 Counter를 0~3으로 사용하게 된다. 이를 통해 CEVT를 1~4까지 모두 처리하도록 설정하는 것을 알 수 있다. 8~11번째 줄은 CEVT 각각이 생성되는 위치를 입력신호의 Edge 방향에 따라 설정하는 레지스터를 나타낸다. 설정된 레지스터 값에 따라 CEVT1과 3은 입력 신호의 상승 Edge에서, CEVT2와 4는 입력 신호의 하강 Edge에서 생성하도록 설정된다. 12~13번째 줄은 CEVT1과 2를 Delta Mode가 아닌 Absolute Time Stamp Mode로 동작하도록 설정하는 것을 나타낸다. 14~15번째 줄은 CEVT3과 4를 Delta Mode로 동작하도록 설정하는 것을 나타내는 것이며 마지막으로 19번째 줄은 CEVT4에서 Interrupt가 발생하도록 설정하는 레지스터를 나타낸다.

```
__interrupt void eCAPIsr(void)
{
(…)
EALLOW;
 ECap1Regs.ECCLR.bit.CEVT4 = 1;
ECap1Regs.ECCLR.bit.INT = 1;
EDIS;
/*Case1: Absolute time-stamp operation*/
CaptureCounter1 = ECap1Regs.CAP1;
 CaptureCounter2 = ECap1Regs.CAP2;
/*Case1: Time difference(Delta) operation*/
CaptureCounter3 = ECap1Regs.CAP3;
 CaptureCounter4 = ECap1Regs.CAP4;

 if((ECap1Regs.ECFLG.bit.CTROVF == 1) && (CaptureCounter2 < CaptureCounter1))
 {
    EdgeCount = (0xFFFFFFFF - CaptureCounter1) + CaptureCounter2;
    ECap1Regs.ECCLR.bit.CTROVF = 1;
 }
 else
 {
    EdgeCount = CaptureCounter2 - CaptureCounter1;
 }
EdgeCount2 = ECap1Regs.CAP4;
Pulse_width = (EdgeCount)/200E6;
Pulse_width2 = (EdgeCount2)/200E6;
(…)
}
```

그림 7.24 CEVT 3~4 사이의 간격을 구하기 위한 레지스터 설정 2

앞 실습 예제와 차이점은 CEVT 4개가 전부 동작하도록 Mod4 Counter를 설정하였다는 점과 CEVT3과 CEVT4를 Delta Mode로 동작시킨다는 점이다. 또한 CEVT 발생 시점에 따라 펄스 폭을 나타내는 표현도 달라지게 되는데 CEVT1과 CEVT3은 상승 Edge에서 생성되며 CEVT2와 CEVT4는 하강 Edge에서 발생한다는 점과 펄스폭은 각각 CEVT 사이의 간격으로 설정된다는 점에서 앞 실습 예제와 다른 점을 가지게 된다. CEVT4 Interrupt

안에 [그림 7.24]와 같은 내용을 포함시켜 CEVT1과 CEVT2 사이의 간격을 구할 수 있으며 CEVT3과 CEVT4의 간격 또한 구할 수 있다. CEVT1과 CEVT2 사이의 간격은 앞선 예제에서 실습한 방식과 동일하게 구할 수 있다. 반면에 CEVT3과 CEVT4는 Delta Mode 동작을 사용하고 있으므로 Counter가 초기화 되는 시점이 매 Event에서 발생하기 때문에 CAP4의 값만을 가지고도 두개 사이의 간격을 알 수 있다.

(x)= Pulse_width	float	5.86615824e-05	0x0000B086@Data
(x)= EdgeCount	float	11760.0	0x0000B084@Data
(x)= Pulse_width2	float	5.86950009e-05	0x0000B08A@Data
(x)= EdgeCount2	float	11679.0	0x0000B088@Data

그림 7.25 CEVT3~4사이의 간격 측정 결과

[그림 7.24]의 코드를 실행하여 1000rpm으로 회전하는 모터의 엔코더 출력 A펄스를 측정하게 될 경우 [그림 7.25]를 통해 CAP4의 값이 곧 CEVT2- CEVT1과 동일한 값을 가지는 것을 확인할 수 있다.

7.4.3 eCAP 모듈의 APWM mode로 동작

[그림 7.26]은 eCAP 모듈을 APWM mode로 동작하기 위한 레지스터들의 설정이다.

```
ECap1Regs.ECEINT.all = 0x0000;
ECap1Regs.ECCLR.all = 0xFFFF;
ECap1Regs.ECCTL1.bit.CAPLDEN = 0;
ECap1Regs.ECCTL2.bit.TSCTRSTOP = 0;

ECap1Regs.ECCTL2.bit.CAP_APWM = 1;       //Enable APWM mode
ECap1Regs.ECCTL2.bit.APWMPOL = 0;        //Active High mode
ECap1Regs.CAP1 = 200E6/10E3;             //Set Period
ECap1Regs.CAP2 = 10000;                  //Set Compare
ECap1Regs.CTRPHS = 0;                    //make eCAP1 reference phase = zero
ECap1Regs.ECCLR.all = 0x0FF;             //Clear pending interrupt
ECap1Regs.ECEINT.bit.CTR_EQ_PRD = 1;     //Enable Period Equal Int
ECap1Regs.ECCTL2.bit.TSCTRSTOP = 1;      //Start Counter
```

그림 7.26 APWM mode로 동작하기 위한 ECAP 레지스터 설정

1~4번째 줄은 레지스터를 설정하기 전에 Interrupt를 초기화 하고 Counter를 정지하는 설정으로 Capture Mode로 사용할 때와 동일하다. eCAP 모듈을 APWM Mode로 동작하기 위해서는 ECCTL2[CAP_APWM] 레지스터 값을 1로 설정해야 한다. ECCTL2[APWMPOL] 레지스터 값을 0으로 설정함으로써 출력을 Active High로 설정한다. 다음으로 CAP1을 이용하여 캐리어 주파수를 설정하고 CAP2를 이용하여 CMP 값을 설정할 수 있다. CTRPH 레지스터를 이용하여 위상 옵셋을 설정하고 ECCLR, ECEINT[CTR_EQ_PRD] 레지스터를 이용하여 Interrupt를 설정한다. 마지막으로 ECCTL2[TSCTRSTOP] 레지스터를 이용하여 Time Stamp Counter를 시작하도록 설정할 수 있다.

TMS320F28388이 200MHz의 시스템 클럭을 갖기 때문에 APWM mode의 스위칭 주파수는 CAP1의 값을 시스템 클럭에서 스위칭 주파수로 나눠주어 설정할 수 있다. [그림 7.26]에서는 스위칭 주파수를 10kHz로 동작시키기 위해 200MHz/10kHz = 20000으로 CAP1의 값을 선정한 것을 알 수 있다. 또한 CAP2의 값을 10000으로 사용하여 0.5 duty를 가지는 펄스를 출력할 수 있다.

```
EALLOW;
GpioCtrlRegs.GPAMUX2.bit.GPIO24 = 1;
EDIS;

EALLOW;
OutputXbarRegs.OUTPUT1MUX0TO15CFG.bit.MUX0 = 3;
OutputXbarRegs.OUTPUT1MUXENABLE.bit.MUX0 = 1;
EDIS;
```

그림 7.27 GPIO 출력 연결을 위한 OtputXbarRegs 레지스터 설정

TMS320F28388에서 eCAP 모듈을 APWM mode로 사용하기 위해서는 OUTPUT X-BAR를 사용하여 APWM mode의 신호를 GPIO로 연결하여 출력하는 과정이 필요하다. [그림 7.27]은 OUTPUT X-BAR 레지스터를 이용하여 APWM mode의 신호를 GPIO24번과 연결하여 신호를 출력하는 레지스터 설정을 나타낸 것이다.

[그림 7.28]은 Active High로 동작하는 APWM mode의 출력을 나타내며 [그림 7.29]는 Active Low로 동작하는 APWM mode의 출력을 나타낸다.

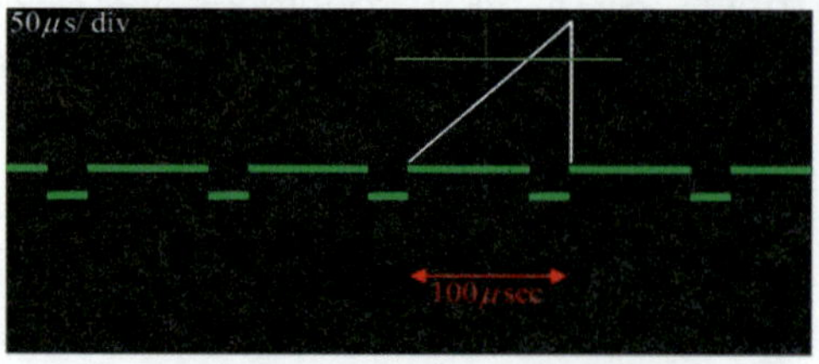

스위칭 주파수 :10kHz, 듀티 : 0.75

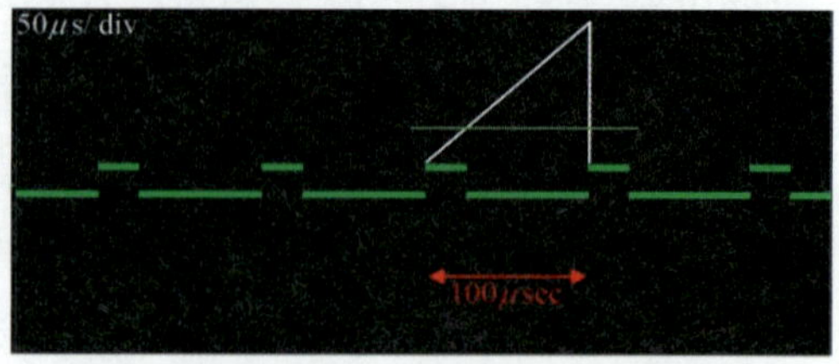

스위칭 주파수 : 10kHz, 듀티 : 0.25

그림 7.28 eCAP1의 Active High 동작

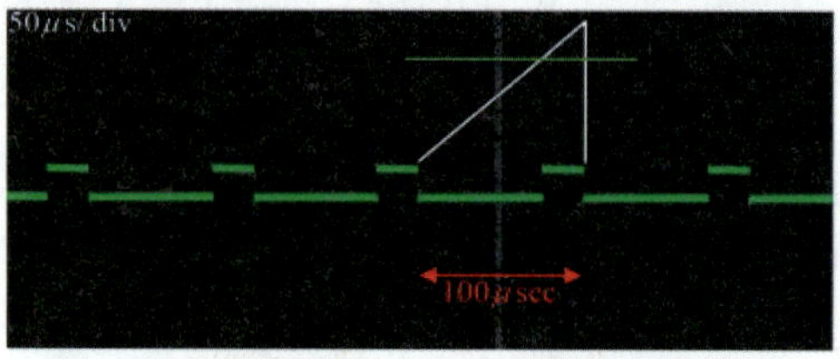

스위칭 주파수 : 10kHz, 듀티: 0.75

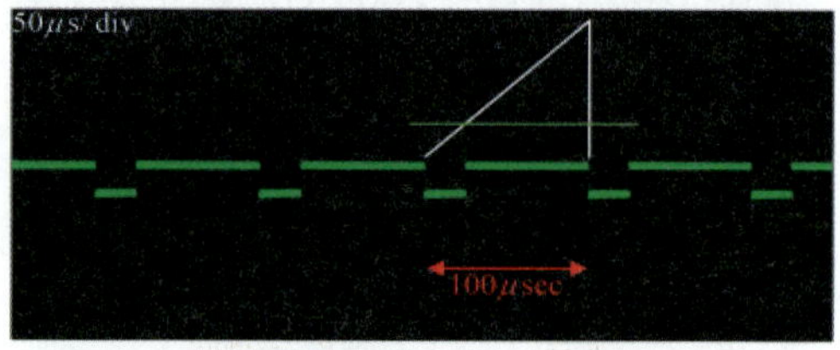

스위칭 주파수 : 10kHz, 듀티 : 0.25

그림 7.29 eCAP1의 Active Low 동작

CHAPTER

08 High Resolution Capture(HRCAP)

8 High Resolution Capture(HRCAP)

8.1 HRCAP 개요

HRCAP(High Resolution Capture)은 eCAP과 마찬가지로 펄스 시간 정보를 Capture 하여 주기나 듀티 등을 측정할 수 있다는 점에서 동일하지만 고해상도 기능을 제공한다는 점이 큰 차이점이다. 즉, HRCAP은 펄스 신호의 Edge 측정주기가 빠르다. HRCAP 또한 엔코더에서 출력되는 펄스 신호를 입력 받아 듀티 및 주기, 펄스 사이 간격 등을 측정하는 데 사용된다.

8.2 HRCAP 동작

[그림 8.1]은 HRCAP 모듈의 고해상도 Capture 기능을 구현하는 전체적인 레지스터 및 블록도를 나타낸다. [그림 8.1]에서 나타나듯, HRCAP는 eCAP을 베이스로 사용하기 때문에 HRCAP의 기능을 사용하기 위해서는 eCAP 모듈의 설정이 필요하다. 한가지 주의할 점은 일부 eCAP 모듈에서는 HRCAP의 하위 모듈을 사용할 수 없으며 이 경우 고해상도 MUX와 하드웨어가 구현되지 않는다는 것이다. eCAP 모듈 중에서도 eCAP6와 eCAP7 모

듈이 HRCAP의 하위 모듈로 사용할 수 있으며 하위 모듈은 시스템 클럭에 비동기되어 펄스 사이를 시간 단위로 측정할 수 있다.

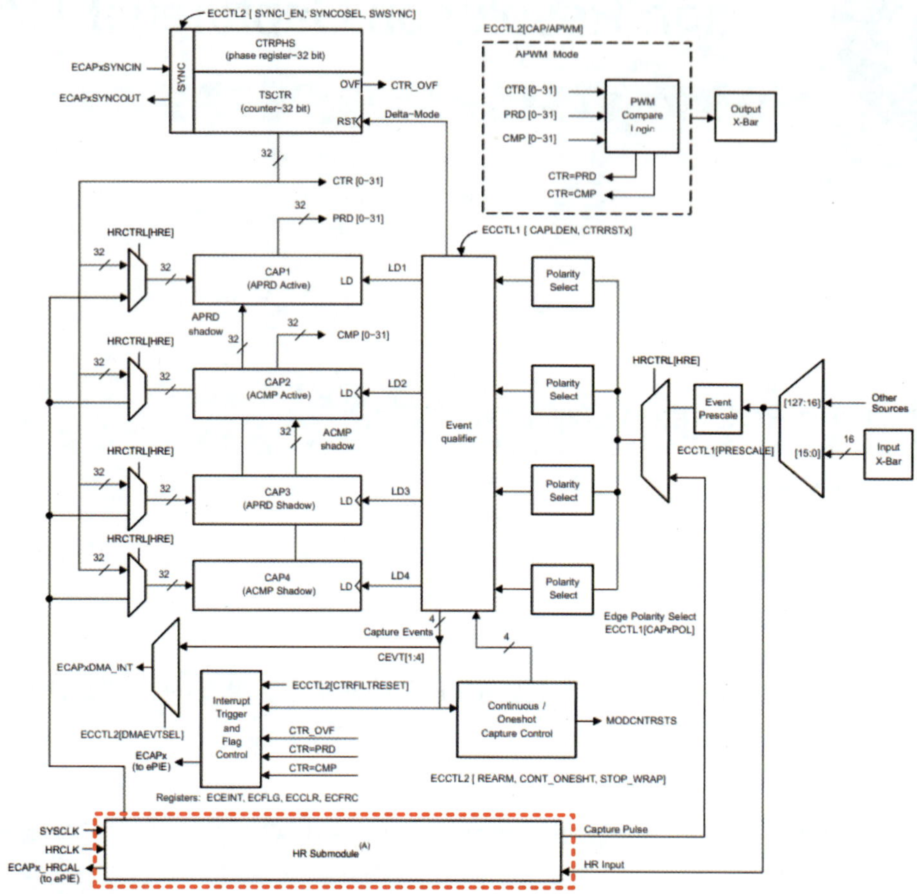

그림 8.1 HRCAP 블록도

8.2.1 HRCAP Clocking

TMS320F2838x와 같이 Type 1이상의 eCAP 모듈은 HRCAP 기능을 갖추고 있기 때문에 별도의 개별적인 PLL이 필요하지 않다. 그러나 HRCAP 모듈은 SYSCLK뿐만 아니라 HRCLK라는 두 번째 비동기 클럭 전원을 모두 필요로 한다. 또한 HRCAP 모듈은 온도 및 전압과 같은 변수의 변화에 민감하기 때문에 Time-Converted 측정을 사용할 때 주기적으로 연속적인 Calibration을 수행해야 한다.

8.2.2 HRCAP 동작 순서

다음은 HRCAP 동작 순서를 나타내며 측정에 따라 요구되는 단계에 차이가 있다. HRCAP을 사용하여 Relative-Time 측정 시에는 1~3단계만 요구되고 Time-Converted 측정을 수행하는 경우에는 Calibration을 포함한 모든 단계가 필요하다.

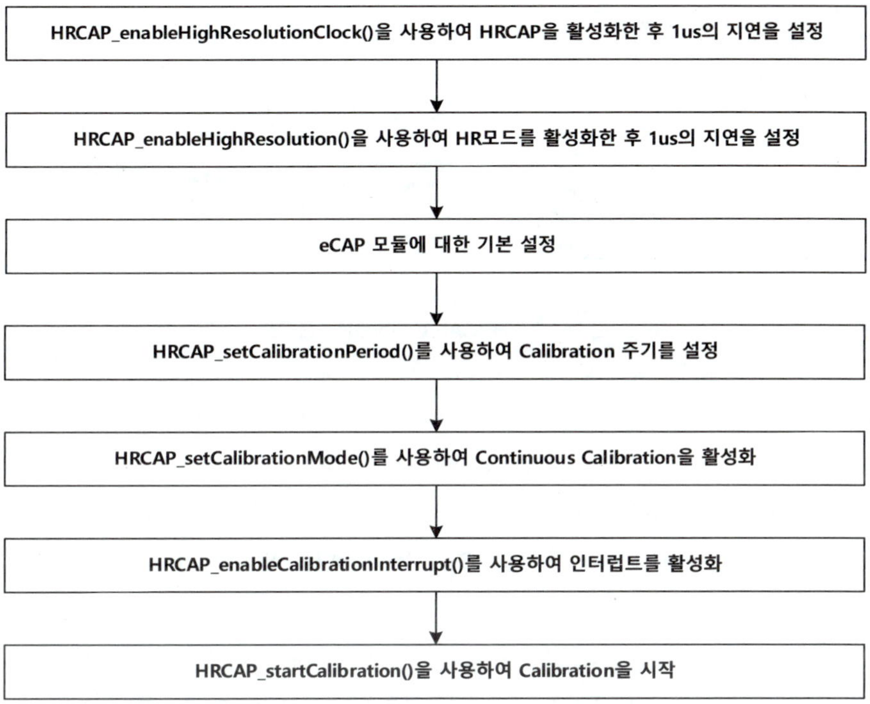

그림 8.2 HRCAP 모듈의 레지스터 수행 단계

8.2.3 HRCAP Interrupt

HRCAP에서 사용되는 Interrupt로 자체적인 Interrupt인 HRCALINT와 eCAP의 Interrupt가 있다. HRCALINT의 Interrupt Trigger 전원은 두 가지가 존재하는데, 첫 번째는 STSCLKCTR = HRCALIBPERIOD일 때이고 두 번째는 SYSLCKCTR 및 HRCLKCTR의 Overflow 상태가 발생했을 때이다.

8.2.4 HRCAP Calibration

HRCAP Calibration이 동작하기 위해서는 일반적으로 100MHz 보다 큰 SYSCLK 주파수가 요구된다. 즉, CPU 동작 클럭보다 높은 클럭을 사용한다. 그러나 이때 고주파 입력 신호의 경우 CPU가 Capture 속도를 처리하지 못할 수 있으므로 One-Shot Mode가 권장된다. One-Shot Mode를 사용하게 되면 CPU가 준비된 상태에서 최대 4개의 Edge를 Capture할 수 있다. 아래의 [그림 8.3]은 HRCAP Calibration 블록도를 나타낸다.

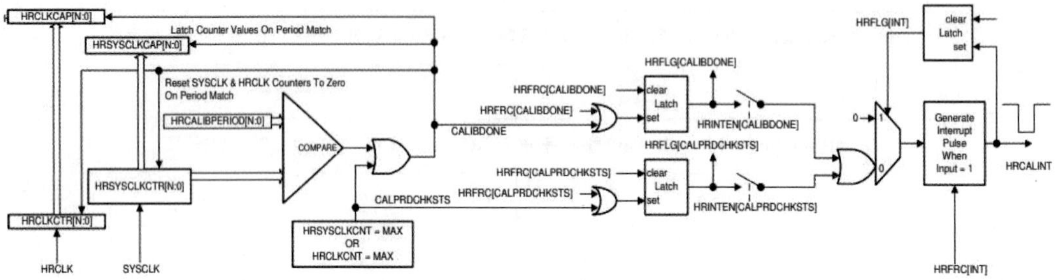

그림 8.3 HRCAP Calibration 블록도

HRCAP Calibration 기능은 Time-Converted 측정에서만 적용되며, Relative-Time 측정에 대한 Calibration은 필요하지 않다. 여기서, 실제 Capture한 값은 Capture 값에서 Counter를 재설정하는 기준 Event의 추가 값을 뺀 값이 된다. HRCAP의 하위 모듈에서 Capture한 모든 값은 HRCLK의 사이클 수로 표시된다. HRCLK의 속도는 온도와 전압에 따라 크게 달라지므로 Capture 값을 SYSCLK 도메인으로 변환하기 위해서는 Scale Factor가 필요하다. 이때 Scale Factor 또한 온도와 전압에 따라 달라지므로 주기적으로 다시 계산하는 과정이 요구된다. HRCLK와 SYSCLK 사이의 Scale Factor를 계산할 때 소프트웨어 오버헤드(Overhead)를 줄이기 위해 [그림 8.3]의 블록도가 사용되며, 해당 블록도를 구성하는 주요 요소들은 [표 8.1]과 같다.

표 8.1 Calibration 블록의 주요 항목

HRSYSCLKCNT	SYSCLK에 연결된 32비트 Counter이며 CALIBSTART가 설정되면 Counter가 카운트를 시작한다.
HRSYSCNT	HRCLK에 연결된 32비트 Counter이며 CALIBSTART가 설정되면 Counter가 카운트를 시작한다.
HRCALIBPERIOD	Calibration 주기를 나타내며 HRSYSCLKCNT가 레지스터의 값과 동일한 경우 Calibration이 중지된다.
HRSYSCLKCAP	Calibration 시점이 일치할 때 HRSYSCLKCNT값이 HRSYSCLKCAP에 Capture된다.
HRCLKCAP	Calibration 시점이 일치할 때 HRCLKCNT값이 HRCLKCAP에 Capture된다.
HRCALINT	Calibration 시점이 일치할 때 발생하거나 Counter 레지스터 중 하나에서 Overflow 상태가 나타날 때 발생하는 Interrupt이다.

Calibration 로직은 두 개의 Counter로 구성된다. 하나는 HRCLK(HRCLKCTR)로 처리되고 다른 하나는 SYSCLK(HRSYSCLKCTR)로 처리된다. HRSYSCLKCTR이 HRCALIBPERIOD와 동일한 값을 가지는 경우 Calibration 블록이 두 Counter 값을 모두 Capture 하고 재설정한 다음 Interrupt를 Trigger하여 새로운 Scale Factor를 계산할 준비가 되었음을 나타내게 된다. 이때 HRSYSCLKCTR은 Calibration 주기가 끝날 때 HRSYSCLKCAP 레지스터에 Capture 된다. Scale Factor는 아래와 같은 수식으로 계산된다.

$$\text{Scale Factor} = \frac{\text{HRSYSCLKCAP}}{\text{HRCLKCAP}} \tag{8.1}$$

ScaleFactor는 Calibration Interrupt 서비스 루틴 내에서 호출되어야 하며 이때 Capture 값에 ScaleFactor를 적용하기 위한 식은 아래와 같다.

$$\text{Measurement}(ns) = \frac{\text{RawCount} \times \text{Scale Factor}}{128} * \text{SysClkPrd}(ns) \tag{8.2}$$

이때 각각의 변수에 대해 RawCount는 ECAP_REGS_CAP(1~4)로부터 읽어온 Capture 값이고 128의 숫자는 HRCAP 서브 모듈로부터 결정되는 상수를 나타내며 SysClkPrd(ns)

는 시스템 클럭의 주기를, Measurement(ns)는 신호가 ns의 단위로 변환된 값을 나타낸다. Counter 중 하나에 Overflow가 발생하게 되면 CALPRDCHKSTS Flag가 설정된다.

8.3 HRCAP 예제

8.3절에서 진행한 실습 예제들은 모두 Texas Instrument에서 제공하는 HRCAP 예제를 기반으로 실시되었다. [그림 8.4]와 같이 주기가 10㎲이며 펄스폭이 그의 10분의 1에 해당하는 1㎲를 가지는 펄스열을 입력했을 때 HRCAP과 eCAP의 성능을 비교하는 실습을 진행한다.

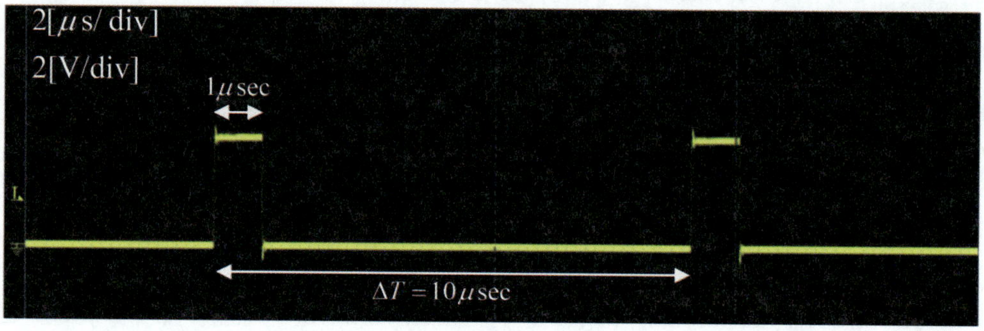

그림 8.4 입력 펄스 파형

```
void main(void)
{
(…)
EALLOW;
PieVectTable.ECAP6_INT = &eCAPIsr;          // Interrupt Service Routine Re-mapping
PieVectTable.ECAP6_2_INT = &HRCAPIsr;       // Interrupt Service Routine Re-mapping
EDIS;
PieCtrlRegs.PIEIER4.bit.INTx6 = 1;          // Enable PIE group 4 interrupt 6 for ECAP6_INT
PieCtrlRegs.PIEIER12.bit.INTx10 = 1;        // Enable PIE group 12 interrupt 10 for ECAP6_2_INT
IER |= M_INT4;
IER |= M_INT12;
(…)
}
```

그림 8.5 PIE Vector Table을 이용한 Interrupt 서비스 루틴의 Re-mapping 설정 레지스터

eCAP의 모듈 중에서도 eCAP6와 eCAP7 모듈이 HRCAP의 하위 모듈로 구성된다. 따라서 본 실습에서는 eCAP6 모듈을 이용하였고 [그림 8.5]와 같이 main 함수 내부에 Interrupt를 구성하였다. 이때 eCAP의 Interrupt 서비스 루틴에 이용되는 eCAP6 모듈은 PIE Vector Table표에 따라 Group 4의 Interrupt 4에 연결하여 사용하게 되고 HRCAP의 Interrupt 서비스 루틴에 이용되는 eCAP6 모듈은 Group 12의 Interrupt 10에 연결하도록 설정된다.

```
void InitHRCAP(void)
{
   EALLOW;
     HRCap6Regs.HRCTL.bit.HRCLKE = 1;              // Enable High resolution clock
     DELAY_US(1);
     HRCap6Regs.HRCTL.bit.HRE = 1;                 // Enable High Resolution module
     DELAY_US(1);

     ECap6Regs.ECCTL2.bit.CTRFILTRESET = 1;        // Reset all counters and HR error flags

     // DEVICE_SYSCLK_FREQ=200MHz
   HRCap6Regs.HRCALPRD = (DEVICE_SYSCLK_FREQ * 16U) / 10000U;
   HRCap6Regs.HRCTL.bit.CALIBCONT = 1; // Configure in continuous calibration mode

     HRCap6Regs.HRINTEN.bit.CALIBDONE = 1;         // Calibration done interrupt
     HRCap6Regs.HRINTEN.bit.CALPRDCHKSTS = 1; // Calibration period overflow check interrupt
   HRCap6Regs.HRCTL.bit.CALIBSTART = 1;            // Start HR calibration
   EDIS;
}
```

그림 8.6 HRCAP 레지스터 설정

[그림 8.6]은 HRCAP 모듈의 레지스터 설정을 나타낸다. 해당 설정의 구성은 [그림 8.2]의 HRCAP 레지스터 동작 시퀀스에 따라 작성되었다. 먼저 HRCTL[HRCLKE] 레지스터 설정을 통해 고해상도 클럭을 활성화하고 HRCTL[HRE] 레지스터 설정을 이용해 고해상도 모듈을 활성화한다. 이때, 각 레지스터 사용시 1μs의 지연을 설정한다. 이후 ECCTL2[CTRFILTRESET]레지스터를 이용하여 eCAP 모듈에 대한 기본 설정을 진행한다. Time-Converted 측정을 수행하기 위해서는 Calibration에 대한 레지스터 설정이 필요하다. HRCALPRD 레지스터는 Calibration 주기를 설정하며 일반적으로 1.6ms가 사용되지만 시스템에 맞게 재설정할 수 있다. HRCTL[CALIBCONT] 레지스터는 1로 설정하여 연속 Calibration Mode로 이용할 수 있다. HRINTEN 레지스터는 Calibration Interrupt 활성화를 설정하는 레지스터이다.

```
__interrupt void HRCAPIsr(void)
{
   // Get calibration clock counts
   hrcapCalResult.hrclkCount = HRCap6Regs.HRCLKCAP;
   hrcapCalResult.sysclkcount = HRCap6Regs.HRSYSCLKCAP;

    // Get calibration interrupt sources
   if(HRCap6Regs.HRFLG.bit.CALIBDONE == 1)
   {
      // Calculate scale factor
      hrcapCalResult.scaleFactor = (float32)hrcapCalResult.sysclkcount
                                          /(float32)hrcapCalResult.hrclkCount;
   }
   else if (HRCap6Regs.HRFLG.bit.CALPRDCHKSTS == 1)
   {
      // Calibration done with an overflow. Determine which counter has overflowed
      if(hrcapCalResult.hrclkCount > hrcapCalResult.sysclkcount) // HRCLK has overflowed
      {
         hrcapCalResult.scaleFactor = hrcapCalResult.sysclkcount
                                          * HRCAPCAL_INV_OVERFLOW;
      }
      else if(hrcapCalResult.hrclkCount < hrcapCalResult.sysclkcount)
           // SYSCLK has overflowed
      {
         hrcapCalResult.scaleFactor = HRCAPCAL_OVERFLOW
                                          / hrcapCalResult.hrclkCount;
      }
      else
      {
              // Both SYSCLK and HRCLK have overflowed
              hrcapCalResult.scaleFactor = 1.0f;
      }
   }
   // Clear the interrupts
   HRCap6Regs.HRCLR.bit.CALIBDONE = 1;
   HRCap6Regs.HRCLR.bit.CALPRDCHKSTS = 1;

    // Acknowledge the PIE interrupt group 12
   PieCtrlRegs.PIEACK.bit.ACK12 = 1;
}
```

그림 8.7 ScaleFactor를 구하기 위한 HRCAP Interrupt 내부 구성

[그림 8.7]은 HRCAP 모듈의 Interrupt 내부 구성을 나타낸다. 우선 HRCLKCAP 레지스터와 HRSYSCLKCAP 레지스터를 이용해서 각각 hrclkCount와 sysclkcount의 Counter를 Capture한다. 그러면 둘의 비율을 통해서 ScaleFactor를 구할 수 있다. 이때 Interrupt Mode에 따라 ScaleFactor가 계산되는데 만약 Overflow가 발생하면 HRFLG[CALPRDCHKSTS] 레지스터가 SET이 된다면 [그림 8.7]의 조건문을 통해 구현한 것과 같이 각 클럭의 Overflow를 고려한 ScaleFactor를 계산해야 한다.

```
__interrupt void eCAPIsr(void)
{
  (…)
   Pulse_width = (EdgeCount)/200E6;
   Period = (EdgeCount2)/200E6;

    // Convert counts to nanoseconds using the scale factor
    onTime1 = (float32)EdgeCount * hrcapCalResult.scaleFactor * ((float32)5.0 / (float32)128.0);
    period1 = (float32)EdgeCount2 * hrcapCalResult.scaleFactor * ((float32)5.0 / (float32)128.0);
  (…)
}
```

그림 8.8 HRCAP 모듈을 이용한 펄스폭과 주기를 계산하기 위한 설정

[그림 8.8]은 eCAP Interrupt 내부에 선언된 펄스폭과 주기를 계산하기 위한 설정을 나타낸다. EdgeCount와 EdgeCount2는 각각 CAP6 모듈을 사용하여 Capture 한 값들의 차를 나타내며 EdgeCount는 CEVT2와 CEVT1 사이의 간격을, EdgeCount2는 CEVT3과 CEVT1 사이의 간격을 나타낸다. 즉, EdgeCount는 펄스폭을 나타내는데 사용되며 EdgeCount2는 주기를 나타내는데 사용된다. onTime1은 EdgeCount의 값에 HRCAP의 ScaleFator를 반영하여 계산한 펄스폭을 나타내며 period1는 EdgeCount2의 값에 HRCAP의 ScaleFator를 반영하여 계산한 주기를 나타내는 변수이다.

(x)= eCAPIsrTicker	unsigned long	442529	0x0000B018@Data
(x)= Pulse_width	float	1.27404928e-06	0x0000B086@Data
(x)= Period	float	1.02399999e-05	0x0000B090@Data

그림 8.9 eCAP 모듈만을 이용하여 펄스폭과 주기를 계산한 결과

eCAPIsrTicker	unsigned int	3	0x0000A804@Data
hrcapIsrTiker	unsigned int	11413	0x0000A803@Data
Pulse_width	float	1.0136423e-06	0x0000A806@Data
Period	float	9.94252332e-06	0x0000A810@Data

그림 8.10 HRCAP 모듈을 이용하여 펄스폭과 주기를 계산한 결과

[그림 8.9]와 [그림 8.10]은 해당 실습에 대하여 eCAP과 HRCAP의 성능을 비교한 결과를 나타낸다. 앞서 언급한 바와 같이 [그림 8.3]의 펄스열의 입력에 대해 펄스폭을 Capture한 결과인 Pulse_width 값은 약 1.2㎲의 부정확한 값을 가지며 주기를 Capture한 결과인 Period 값은 약 10.2㎲의 값을 가지는 것을 확인할 수 있다. 반면 같은 펄스열 입력에 대하여 HRCAP모듈을 사용한 결과인 [그림 8.10]에서는 펄스폭을 약 1.0㎲, 주기를 약 9.9㎲로 계산하여 eCAP모듈을 이용했을 때보다 높은 해상도와 정확도의 계산 값을 가지는 것을 확인할 수 있다.

CHAPTER 09

Analog to Digital Converter (ADC)

9 Analog to Digital Converter (ADC)

9.1 ADC 개요

Analog to Digital Converter (ADC) 기능은 아날로그 신호를 DSP에서 사용할 수 있도록 디지털 신호로 변환하는 기능이다. ADC는 [그림 9.1]과 같이 총 4번의 과정을 통해 이루어진다. 연속적인 아날로그 신호가 입력되면 DSP는 일정한 주기로 샘플링한다. 샘플링 된 신호는 ADC 해상도에 따라 디지털 신호로 변환되어 레지스터에 저장된다.

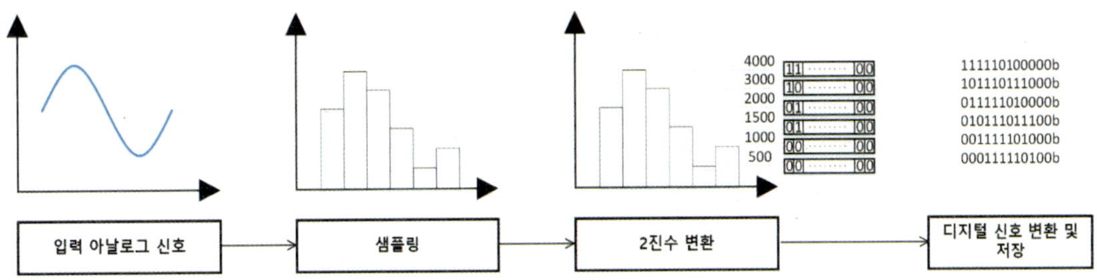

그림 9.1 ADC 과정

DSP의 ADC 회로에 연속적인 아날로그 신호가 입력되면, 디지털 신호로 변환하기 위해 일정한 주기로 표본을 취한다. 이를 샘플링 과정이라 하며 샘플링 주파수가 높을수록 원신호와 유사한 디지털 값을 얻을 수 있다.

9.2 전력전자에서 ADC 기능 활용

9.2.1 인버터 제어를 위한 센서 종류

전력전자분야에서 사용되는 2-레벨 인버터 시스템의 구조는 [그림 9.2]와 같다. DC 전압을 공급하기 위한 DC 전원, 6개의 전력 반도체 소자를 이용하는 2-레벨 인버터, 부하(모터 또는 계통 전압)로 구성되어 있다. 인버터 시스템은 일반적으로 폐루프 제어를 수행하기 때문에 전압과 전류 정보가 필요하다. 전압 센서와 전류 센서는 이러한 인버터의 전압과 전류를 DSP의 ADC가 입력받을 수 있는 수준으로 낮추어 전압 또는 전류의 형태로 전달하는 역할을 한다. 모터 드라이브용 인버터에는 보통 DC 전원용 전압 센서와 3상 전류용 전류 센서가 필요하며, 계통 연계 시스템의 경우 3상 계통 전압 센싱을 위한 전압 센서가 추가로 요구된다.

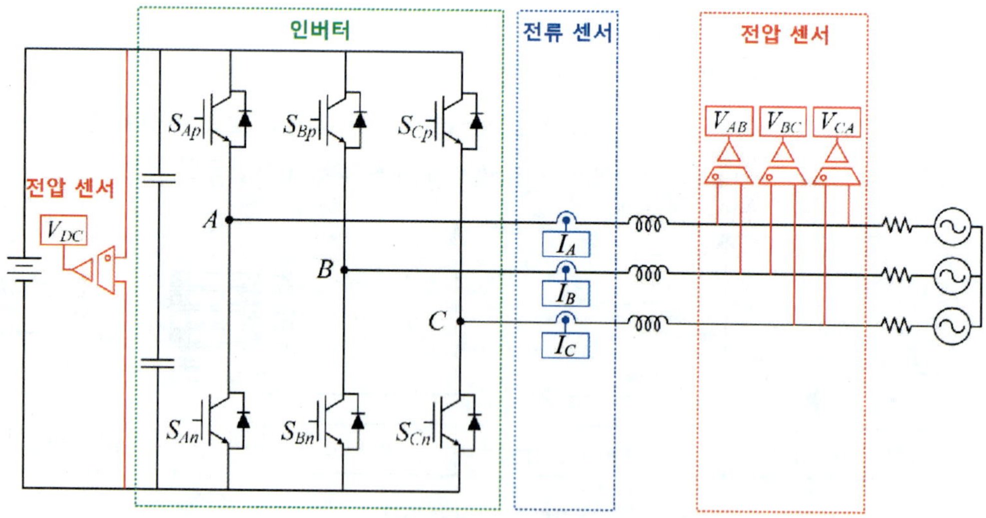

그림 9.2 2-레벨 인버터 시스템 구조

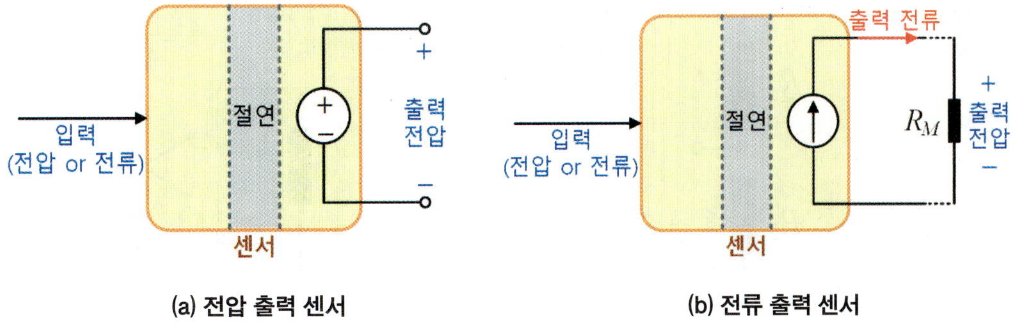

그림 9.3 절연형 센서

이러한 센서는 절연형과 비절연형으로 분류된다. 절연형 센서는 비절연형에 비해 상대적으로 가격이 높고 부피가 큰 편이지만, 센서의 입력과 출력을 절연하여 인버터의 전력부와 ADC 측 신호부의 전기적 간섭을 방지할 수 있다. 대표적으로 홀 효과 센서와 플럭스 게이트 센서가 있으며, 전압 센서와 전류 센서 모두 시판되고 있다. 절연형 센서는 출력 신호의 형태에 따라 [그림 9.3(a)]의 전압 출력 센서와 [그림 9.3(b)]의 전류 출력 센서로 구분된다. 전압 출력 센서는 전압 또는 전류를 입력받아 수 V의 전압으로 변환하는 방식이며, 전류 출력 센서는 수 mA의 전류를 출력하는 방식이다. DSP의 ADC는 전압 신호를 입력받으므로, 전압 출력 센서의 경우 출력 전압이 ADC의 입력 전압 범위를 만족한다면 별다른 가공 단계 없이도 ADC의 입력과 바로 연결이 가능하다. 반면, 전류 출력 센서는 측정 저항(RM)을 별도로 설치하여 출력 전류 신호를 전압으로 변환하는 과정이 요구된다. 하지만 전압 출력 센서보다 노이즈에 강인하기 때문에 가장 보편적으로 사용되는 절연형 센서이다.

비절연형 센서는 절연형 센서보다 비교적 부피가 작고 실장이 간단하며 구축 비용이 저렴하다. [그림 9.4(a)]는 대표적인 비절연형 전압 센서로, R1과 R2의 저항 비를 조절하여 전압 분배를 통해 입력 전압을 감압하는 방식이다. R2에 분배된 전압이 센서의 출력 전압에 해당되며, 정확한 센싱을 위해서는 OP-AMP와 같이 상대적으로 임피던스가 훨씬 큰 소자가 출력 전압 단에 연결되어야 한다. 비절연형 전류 센서로는 [그림 9.4(b)]에 도시한 션트 저항 방식이 있다. 해당 방식은 전류 경로에 위치한 션트 저항에 인가되는 전압을 측정하고 옴의 법칙을 통해 전류를 계산하는 방식이다. 션트 저항은 불필요한 손실 및 발열, 그리고 회로에 주는 영향을 최소화하기 위해 매우 작은 값으로 설정된다. 따라서 신호 증폭을 위해 일반적으로 OP-AMP가 함께 사용된다.

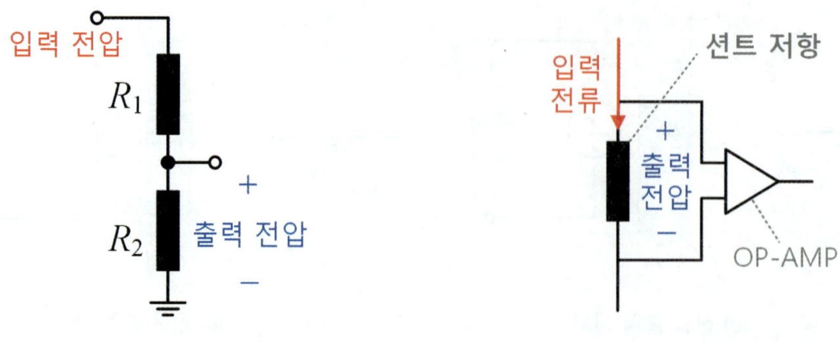

(a) 전압 센서(전압 분배 방식)　　(b) 전류 센서(션트 저항 방식)

그림 9.4 비절연형 센서

9.2.2 ADC 변환 방법

센서를 통해 측정한 값을 DSP에서 인식하기 위해 센서의 아날로그 출력 값을 받아 디지털 값으로 변경하며 이를 Analog to Digital Converter (ADC)라 한다. ADC는 일정 샘플링 주기를 가지며, 주기마다 변동하는 아날로그 신호를 샘플링하여 변환한다. 따라서 [그림 9.5]와 같이 ADC 주기 동안 DC 형태의 샘플링 신호가 디지털 값으로 변환되어 저장된다.

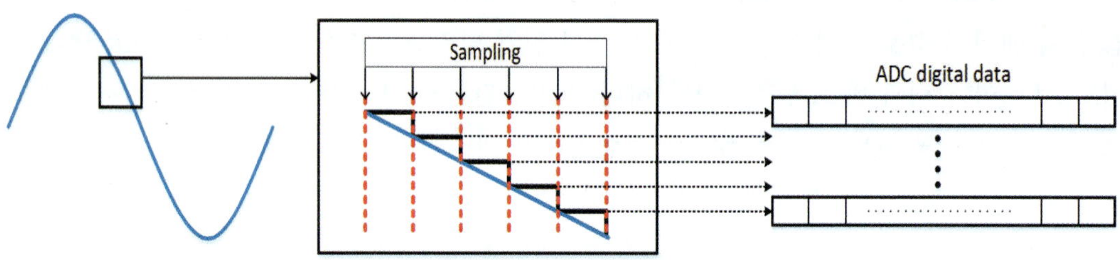

그림 9.5 ADC를 위한 샘플링 및 변환 과정

ADC 과정은 [그림 9.6]과 같다. 아날로그 입력을 디지털 값으로 변환하기 위해 Start-of-conversion (SOC) 신호를 출력하고, SOC 신호에 맞춰 샘플링 한 후 디지털 값으로 변환하여 버퍼에 저장한다. 버퍼에 저장된 값을 실제로 사용하기 위해서는 Data 레지스터에 저장해야 하며, 이는 Interrupt 서비스 루틴 내에서 이루어진다. 만약 디지털 값으로 변환되기 전 Interrupt 서비스 루틴이 활성화된다면 이전에 샘플링된 값이 제어에 사용됨으로 제어의 불안정성이 높아질 수 있다. 따라서 ADC 변환 후 일정 시간 Delay를 주어 변환 시간을 확보하거나, 변환 후 출력되는 End-of-conversion (EOC) 신호를 통해 Interrupt를 발생시켜 주어야 한다.

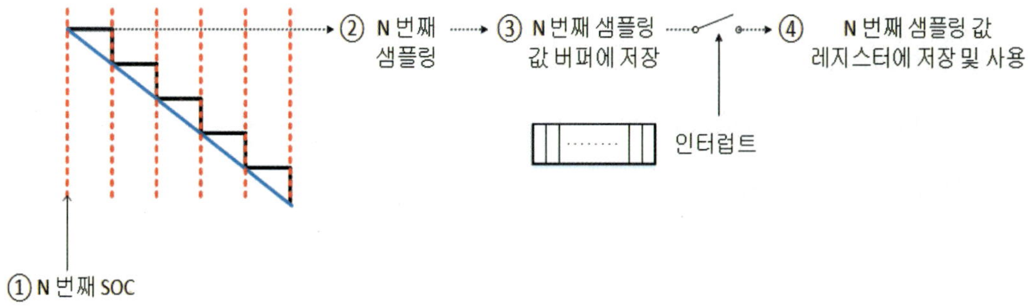

그림 9.6 ADC 과정

DSP는 ADC 입력으로 [그림 9.7]과 같이 0[V]~3[V] 아날로그 값을 받아 디지털 값으로 변경한다. DSP에 입력되는 아날로그 값이 0[V] 이하 또는 3[V] 이상일 때는 정확한 값을 측정할 수 없으므로 주의하여야 한다.

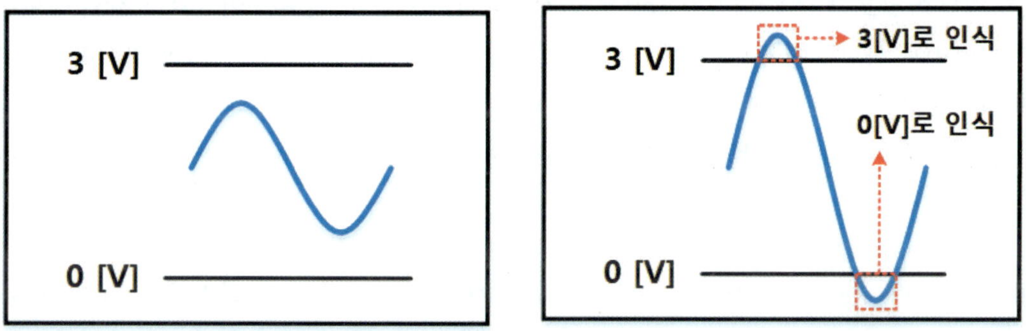

그림 9.7 DSP의 아날로그 입력 범위

9.3 ADC 동작

Analog to Digital Converter (ADC) 모듈은 아날로그 입력신호를 디지털 Data로 변환하는 기능을 수행하며 ADC 동작을 위한 설정(①~⑥)과 부가 기능(⑦~⑧)으로 분류된다.

① ADC 클럭

② ADC Mode (Single-ended or Differential)

③ Start-of-conversion (SOC)

④ ADC Channel

⑤ ADC Priority

⑥ End-of-conversion (EOC)

⑦ Post-processing Blocks

⑧ ADC Synchronizing

[그림 9.8]은 ADC 모듈의 구조이다. ADC 모듈은 Analog to Digital Core, Analog to Digital Wrapper Logic, 그리고 Reference Voltage Levels가 있다. Analog to Digital Core는 ADC 입력 채널(ADCIN0~ADCIN15)로 입력된 신호를 S/H(Sample and hold) 회로에 저장하여 디지털 값으로 변경하는 회로로 구성되어 있으며 각 ADC 모듈별로 S/H 회로가 존재한다.

입력된 아날로그 값을 디지털 값으로 변경하기 위해서는 입력되는 아날로그 값의 상한값(VREFHI)과 하한값(VREFLO)이 필요하므로 이를 Reference Voltage Levels의 VREFHI와 VREFLO Pin을 통해 결정한다. VREFHI와 VREFLO 값은 외부 입력값을 통해 결정할 수 있으며 일반적으로 2.5[V] 또는 3.0[V]를 사용한다

Analog to Digital Wrapper Logic은 어떤 채널의 입력 값을 디지털 값으로 변경할지, 해상도, 입력 신호 변경 시점 및 변환된 값의 저장공간 등에 대해 결정한다. 또한 Post-processing Block 기능을 통해서 변환된 디지털 값을 이용한 추가적인 처리가 가능하다.

[표 9.1]은 ADC의 각 설정 별 제어 범위를 나타낸다. ADC 구동 클럭, 분해능, Signal Mode 등은 모듈별로 설정하여 제어된다. 즉, 1 개의 ADC 모듈은 동일한 클럭과 분해능을 가진다. Trigger 전원과 입력 채널은 SOC 별로 구성되어 제어된다. 또한 ADC 입력의 기준 전압 레벨(ADC 변환 입력범위)은 외부 Pin을 통해 설정 가능하다.

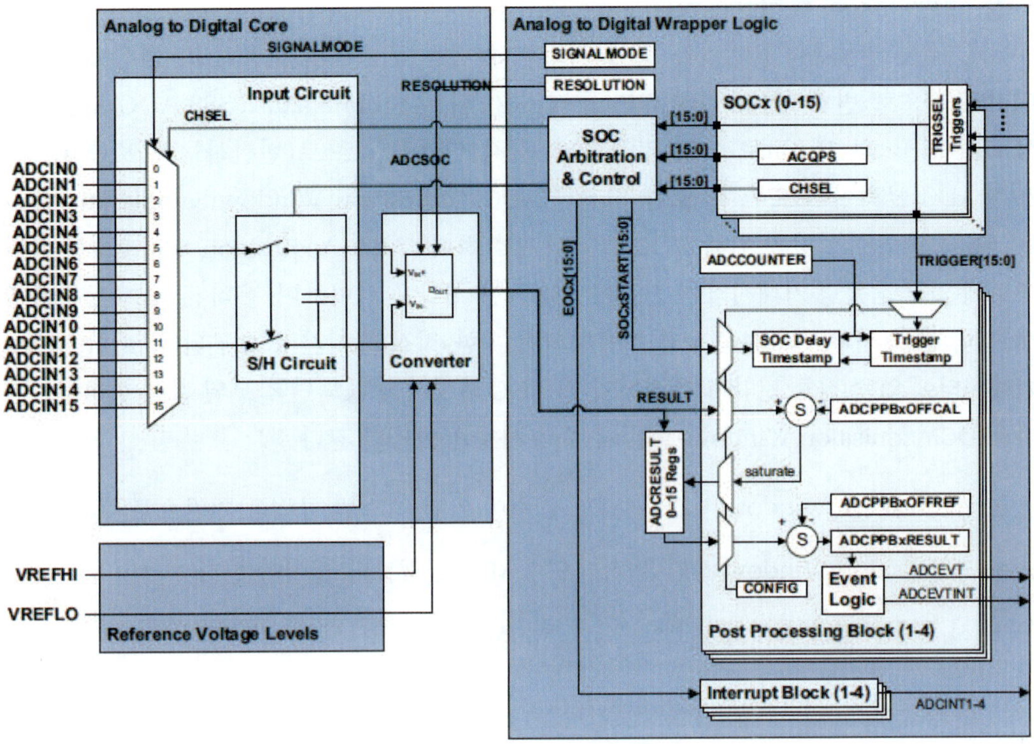

그림 9.8 ADC 모듈 구조

표 9.1 ADC 옵션 및 제어 범위

Options	Configurability	Options	Configurability
Clcok	Per 모듈	Trigger 전원	Per SOC
Resolution	Per 모듈	Converted Channel	Per SOC
Signal Mode	Per 모듈	EOC Location	Per 모듈
Reference Voltage Source	Not Configurable (external reference only)	Acquisition Window Duration	Per SOC
Burst Mode	Per 모듈	-	-

9.3.1 ADC 구동 클럭

ADC 구동 클럭은 [표 9.2]와 같이 시스템 클럭을 분주하여 사용하고, 해상도에 따라 디지털 값으로 변환하는데 소요되는 클럭 수가 다르다. TMS320F28388 ADC 모듈의 해상도는 12-Bit와 16-Bit로 설정 가능하며, 각각 디지털 값으로 변환하는데 보통 10.5와 29.5 ADC 클럭이 소요된다. 또한 적절한 ADC Acquisition Window(Sample and Hold Duration Time) 설정을 위해 ADC 클럭이 필요하다. ADC Acquisition Window는 ADC 회로에 있는 샘플링 커패시터에 전압이 충전되는 시간을 의미하며, 올바른 ADC 동작을 위해 입력 값이 커패시터에 충전되고 유지되기 위한 적절한 시간이 요구된다. 만약 샘플링 커패시터에 입력 신호 전압이 충전되기 전 ADC 과정이 진행되면 잘못된 값을 변환하게 된다. ADC Acquisition Window 설정 시 주의 사항은 아래와 같다.

- Acquisition Window 시간은 ADC 클럭이 아닌 시스템 클럭을 기반으로 설정된다.
- Acquisition Window 시간은 적어도 1 ADC 클럭보다 길어야 한다.
- 사용자는 적절한 Acquisition Window 시간을 충족하도록 설정해야 한다.

ADC 구동 클럭, ADC Acquisition Window는 아래 식과 같이 계산된다.

- ADCCLK = System Input 클럭 / PRESCALE
- ADC Acquisition Window = (ACQPS + 1) * (시스템 클럭 Cycle Time)

표 9.2 ADCSOCxCTL 레지스터 ACQPS 설정

Value	Description
0000	ADCCLK = Input 클럭 / 1.0
0001	Invalid
0010	ADCCLK = Input 클럭 / 2.0
0011	ADCCLK = Input 클럭 / 2.5
0100	ADCCLK = Input 클럭 / 3.0
0101	ADCCLK = Input 클럭 / 3.5
0110	ADCCLK = Input 클럭 / 4.0
0111	ADCCLK = Input 클럭 / 4.5

1000	ADCCLK = Input 클럭 / 5.0
1001	ADCCLK = Input 클럭 / 5.5
1010	ADCCLK = Input 클럭 / 6.0
1011	ADCCLK = Input 클럭 / 6.5
1100	ADCCLK = Input 클럭 / 7.0
1101	ADCCLK = Input 클럭 / 7.5
1110	ADCCLK = Input 클럭 / 8.0
1111	ADCCLK = Input 클럭 / 8.5

9.3.2 ADC MODE

ADC는 Single-ended Mode와 Differential Mode 중 선택 가능하며 해상도(12-Bit 또는 16-Bit)에 따라 사용 가능한 Mode가 다르다. 해상도 및 Mode는 [표 9.3]과 [표 9.4]와 같이 ADCCTL2 레지스터의 RESOLUTION 및 SIGNALMODE를 통해 설정 가능하다.

표 9.3 ADCCTL2 레지스터 RESOLUTION 설정

Value	Description
0	12-Bit resolution
1	16-Bit resolution

표 9.4 ADCCTL2 레지스터 SIGNALMODE 설정

Value	Description
0	Single-ened mode
1	Differential mode

1) Single-ended Mode (ADCCTL2[SIGNALMODE] : 00)

Single-ended Mode는 12-Bit와 16-Bit 분해능 설정 시 사용 가능하며, ADCINx 하나의 Pin으로 입력되는 신호를 샘플링한다. 입력되는 신호는 0[V](일반적인 VREFLO 값) 기준으로 입력 신호의 값을 샘플링하여 디지털 값으로 변환한다. [표 9.5]는 12-Bit와 16-

Bit 분해능 설정 시 Single-ended Mode에 대한 ADC 입/출력 계산 식을 나타낸다. 12-Bit 해상도 (16-Bit 해상도)는 0~4095(0~65535) 사이의 디지털 값으로 변환하며, 입력 값이 VREFLO보다 작을 때는 0, VREFHI보다 클 때는 4095(65535)로 저장한다. 또한 [그림 9.9]는 Single-ended Mode의 구조 및 입/출력 예시를 나타낸다.

표 9.5 Single-ended Mode 디지털 출력값 계산

Options	Analog input	Digital result
12-Bit	ADCINy ≤ VREFLO	ADCRESULTx = 0
	VREFLO < ADCINy < VREFHI	$ADCRESULTx = 4096(\frac{ADCINy-VREFLO}{VREFHI-VREFLO})$
	ADCINy ≥ VREFHI	ADCRESULTx = 4095
16-Bit	ADCINy ≤ VREFLO	ADCRESULTx = 0
	VREFLO < ADCINy < VREFHI	$ADCRESULTx = 65536(\frac{ADCINy-VREFLO}{VREFHI-VREFLO})$
	ADCINy ≥ VREFHI	ADCRESULTx = 65535

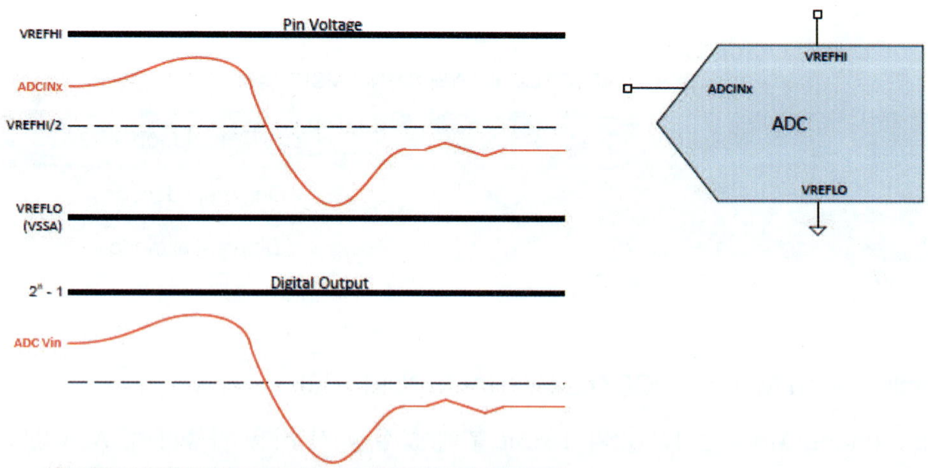

그림 9.9 Single-ended Mode 구조 및 입/출력

2) Differential Mode (ADCCTL2[SIGNALMODE] : 01)

Differential Mode는 16-비트 분해능 설정 시에만 사용 가능하며, 두 개의 입력 Pin의 차이 값(ADCINxP - ADCINxN)이 샘플링되어 변환된다. 입력 신호의 Common Mode Voltage(V_{CM})는 두 입력신호의 평균값이며, 아래 수식을 만족해야 한다.

- $V_{CM} = \dfrac{\text{ADCINxP} + \text{ADCINxN}}{2}$
- $\text{VREFCM} = \dfrac{\text{VREFHI} + \text{VREFLO}}{2}$
- $\text{VREFCM-50mV} < V_{CM} < \text{VREFCM+50mV}$

[표 9.6]은 Differential Mode의 디지털 출력 Bit 계산 과정을 나타낸다. 또한 [그림 1.10]은 Differential Mode의 구조 및 입/출력 예시이다.

표 9.6 Differential Mode 디지털 출력값 계산

Options	Analog input	Digital result
12-Bit	-	-
16-Bit	ADCINyP-ADCINyN ≤ -VREFHI	ADCRESULTx = 0
	-VREFHI < ADCINyP-ADCINyN ≤ VREFHI	$\text{ADCRESULTx} = 655336(\frac{\text{ADCINy(P-N)+VREFHI}}{\text{2VREFHI}})$
	ADCINyP-ADCINyN ≥ VREFHI	ADCRESULTx = 65535

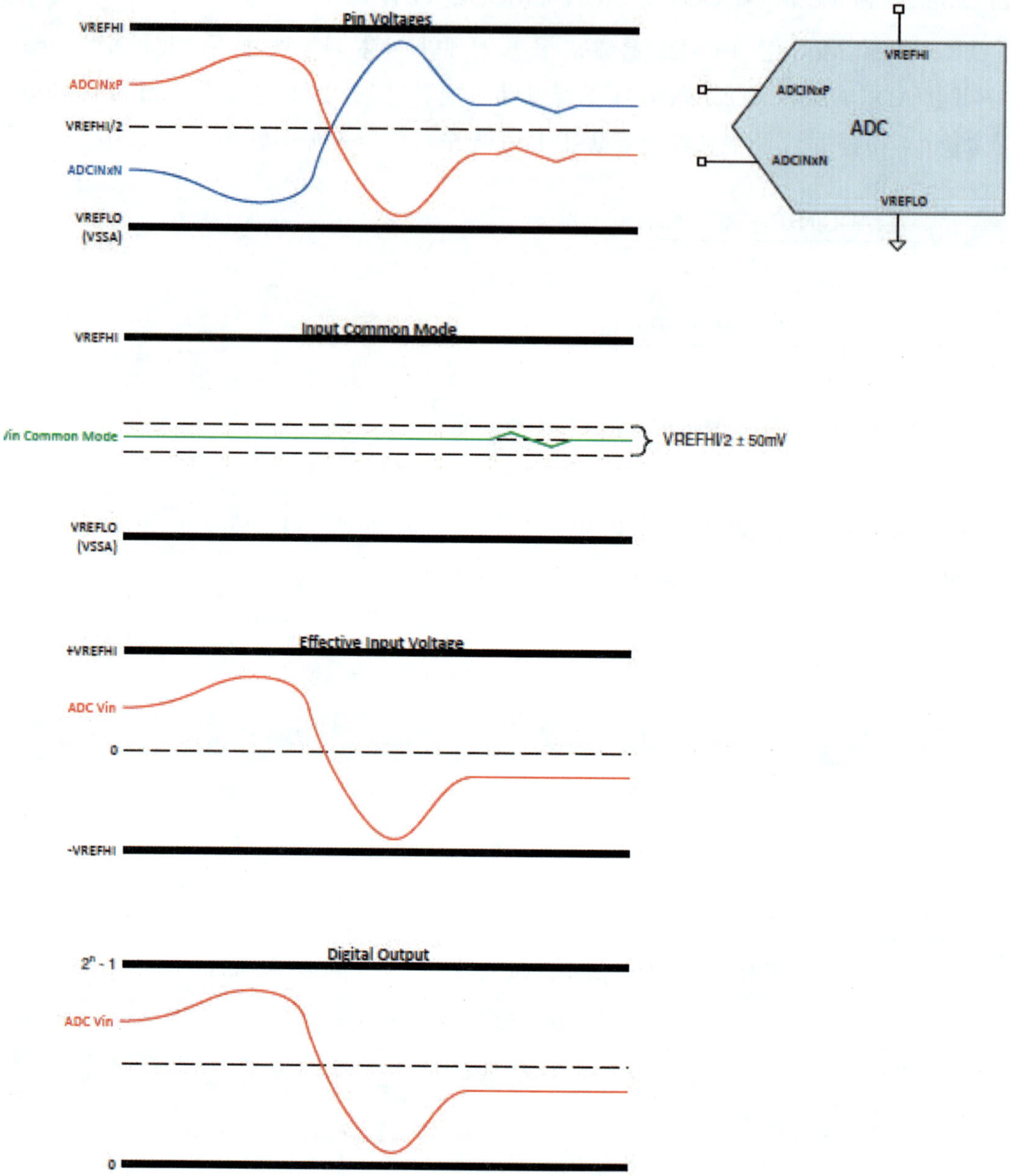

그림 9.10 Differential Mode 구조 및 입/출력

9.3.3 Start-of-conversion (SOC)

ADC 변환에서는 시작을 위한 방아쇠(Trigger) 역할을 하는 신호가 필요하며 이를 ADC 구동을 위한 Trigger 신호라 한다. 또한 ADC의 시작을 Start-of-conversions(SOC)라 한다. SOC를 통해 SOC 신호를 Trigger하는 전원, 변환 채널을 설정할 수 있으며 Acquisition Window 시간은 SOC 별로 설정된다. 각각의 SOC는 하나의 ADC 채널을 통해 입력된 아날로그 신호를 변환하도록 설정할 수 있다. 또한 여러 개의 SOC 신호가 같은 Trigger 전원를 공유하여 같은 채널을 변환하는 신호로 사용될 수 있다.

SOC의 구조는 [그림 9.11]과 같다. 앞에서 설명했듯이, 각각의 SOC를 통해 변환하고자하는 채널, Acquisition Window 시간, Trigger 신호 등을 설정할 수 있다. SOC 신호를 Trigger 하는 전원는 CPU Timer, ePWM 모듈 내의 ADCSOCA 또는 ADCSOCB, Software, GPIO 중 선택할 수 있으며, [표 9.7]과 같이 ADCSOCxCTL.TRIGSEL 레지스터를 통해 설정할 수 있다. 또한 ADCINT1 또는 ADCINT2를 SET 함으로써 SOC 신호를 Trigger 할 수 있다.

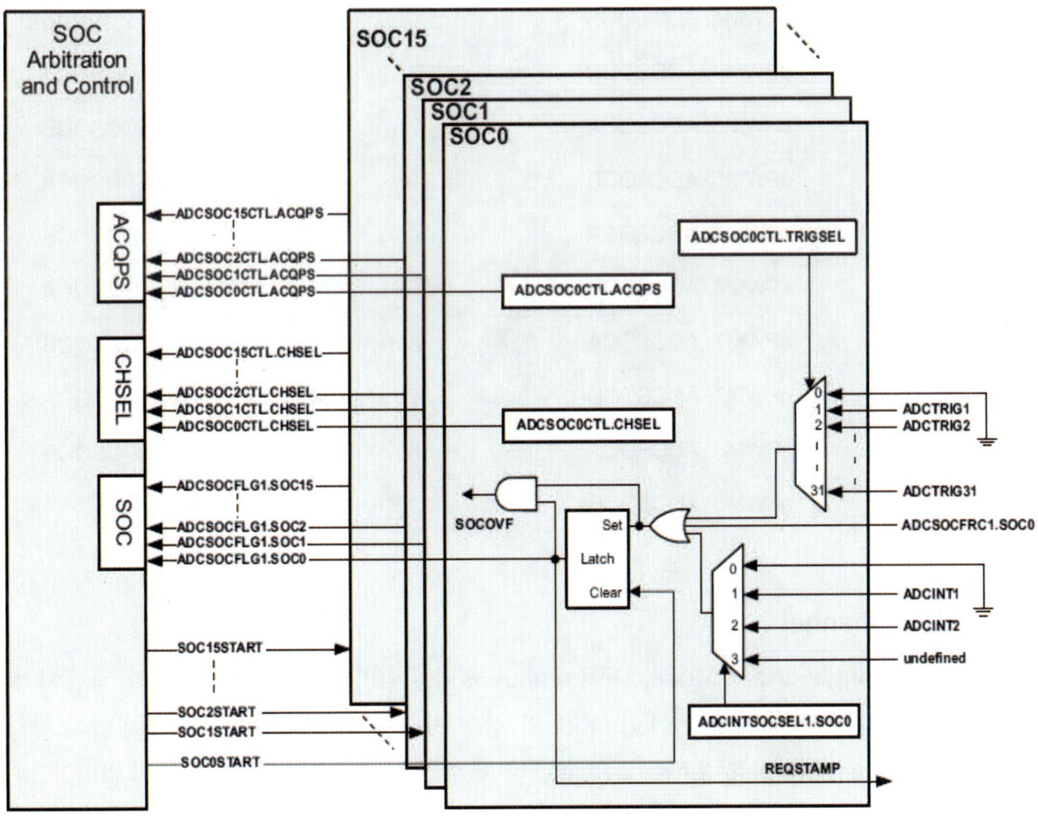

그림 9.11 SOC 구조

표 9.7 ADCSOCxCTL 레지스터 TRIGSEL 설정

Value	Description	Value	Description
0	Software only	20	ePWM9, ADCSOCA
1	CPU1 Timer 0, TINT0n	21	ePWM9, ADCSOCB
2	CPU1 Timer 1, TINT1n	22	ePWM10, ADCSOCA
3	CPU1 Timer 2, TINT2n	23	ePWM10, ADCSOCB
4	ePWM1, ADCSOCA	24	ePWM11, ADCSOCA
5	ePWM1, ADCSOCB	25	ePWM11, ADCSOCB
6	Epwm2, ADCSOCA	26	ePWM12, ADCSOCA
7	ePWM2, ADCSOCB	27	ePWM12, ADCSOCB
8	ePWM3, ADCSOCA	28	CPU2 Timer 0, TINT0n
9	ePWM3, ADCSOCB	29	CPU2 Timer 1, TINT1n
10	ePWM4, ADCSOCA	30	CPU2 Timer 2, TINT2n
11	ePWM4, ADCSOCB	31	ePWM13, ADCSOCA
12	ePWM5, ADCSOCA	32	ePWM13, ADCSOCB
13	ePWM5, ADCSOCB	33	ePWM14, ADCSOCA
14	ePWM6, ADCSOCA	34	ePWM14, ADCSOCB
15	ePWM6, ADCSOCB	35	ePWM15, ADCSOCA
16	ePWM7, ADCSOCA	36	ePWM15, ADCSOCB
17	ePWM7, ADCSOCB	37	ePWM16, ADCSOCA
18	ePWM8, ADCSOCA	38	ePWM16, ADCSOCB
19	ePWM8, ADCSOCB	39	Reserved

9.3.4 ADC Channel

2개의 Mode(Single-ended Mode, Differential Mode)에 따라 ADC 입력 Pin의 채널이 결정된다. [표 9.8]과 같이 Single-ended Mode의 경우 하나의 입력 Pin에 하나의 채널이 할당되며, Differential Mode의 경우에는 0을 포함한 짝수의 채널이 +입력, 홀수의 채널이 -입력 Pin으로 할당된다.

표 9.8 Input signal Mode에 따른 ADC 입력 채널

Input Mode	CHSEL	Input	
Single-ended	0	ADCIN0	
	1	ADCIN1	
	2	ADCIN2	
	3	ADCIN3	
	4	ADCIN4	
	5	ADCIN5	
	6	ADCIN6	
	7	ADCIN7	
	8	ADCIN8	
	9	ADCIN9	
	10	ADCIN10	
	11	ADCIN11	
	12	ADCIN12	
	13	ADCIN13	
	14	ADCIN14	
	15	ADCIN15	
Input Mode	**CHSEL**	**Positive Input**	**Negative Input**
Differential	0 or 1	ADCIN0	ADCIN1
	2 or 3	ADCIN2	ADCIN3
	4 or 5	ADCIN4	ADCIN5
	6 or 7	ADCIN6	ADCIN7
	8 or 9	ADCIN8	ADCIN9
	10 or 11	ADCIN10	ADCIN11
	12 or 13	ADCIN12	ADCIN13
	14 or 15	ADCIN14	ADCIN15

SOCx에 할당된 변환 채널은 [표 1.9]의 ADCSOCxCTL 레지스터의 CHSEL 값을 통해 설정할 수 있다. 즉, SOC0 신호를 통해 0번 채널에 입력되는 신호를 변환하고자 한다면 [ADCSOC0CT L.CHSEL : 0]으로 설정하면 된다.

표 9.9 ADCSOCxCTL 레지스터 CHSEL 설정

Single-ended Mode			
Value	**Description**	**Value**	**Description**
0	ADCIN0	8	ADCIN8
1	ADCIN1	9	ADCIN9
2	ADCIN2	10	ADCIN10
3	ADCIN3	11	ADCIN11
4	ADCIN4	12	ADCIN12
5	ADCIN5	13	ADCIN13
6	ADCIN6	14	ADCIN14
7	ADCIN7	15	ADCIN15
Differential Mode			
Value	**Description**	**Value**	**Description**
0	ADCIN0 and ADCIN1	8	ADCIN8 and ADCIN9
1	ADCIN0 and ADCIN1	9	ADCIN8 and ADCIN9
2	ADCIN2 and ADCIN3	10	ADCIN10 and ADCIN11
3	ADCIN2 and ADCIN3	11	ADCIN10 and ADCIN11
4	ADCIN4 and ADCIN5	12	ADCIN12 and ADCIN13
5	ADCIN4 and ADCIN5	13	ADCIN12 and ADCIN13
6	ADCIN6 and ADCIN7	14	ADCIN14 and ADCIN15
7	ADCIN6 and ADCIN7	15	ADCIN14 and ADCIN15

9.3.5 ADC Priority

여러 개의 SOC 신호가 동시에 발생할 때, 우선순위를 결정하는 방법으로 Round Robin 방법과 High Prioiry 방법 두 가지가 있다. Round Robin 방법이 기본으로 설정되어 있으며 SOC0 부터 SOC15까지 순서대로 우선순위를 갖는다. High Priority 방법은 최우선 SOC 신호를 정해놓는 방법이다. [표 9.10]과 같이 ADCSOCPRICTL 레지스터의 SOCPRIORITY를 통해 Round Robin 방법을 수행하는 SOC 신호와 High Priority 동작을 수행하는 SOC를 설정할 수 있다.

표 9.10 ADCSOCPRICTL 레지스터 SOCPRIORITY 설정

Value	Description
00h	Round Robin Mode for all channels
01h	High Priority : SOC0 Round Robin : SOC1 ~ SOC15
02h	High Priority : SOC0 ~ SOC1 Round Robin : SOC2 ~ SOC15
03h	High Priority : SOC0 ~ SOC2 Round Robin : SOC3 ~ SOC15
04h	High Priority : SOC0 ~ SOC3 Round Robin : SOC4 ~ SOC15
05h	High Priority : SOC0 ~ SOC4 Round Robin : SOC5 ~ SOC15
06h	High Priority : SOC0 ~ SOC5 Round Robin : SOC6 ~ SOC15
07h	High Priority : SOC0 ~ SOC6 Round Robin : SOC7 ~ SOC15
08h	High Priority : SOC0 ~ SOC7 Round Robin : SOC8 ~ SOC15
09h	High Priority : SOC0 ~ SOC8 Round Robin : SOC9 ~ SOC15
0Ah	High Priority : SOC0 ~ SOC9 Round Robin : SOC10 ~ SOC15
0Bh	High Priority : SOC0 ~ SOC10 Round Robin : SOC11 ~ SOC15

0Ch	High Priority : SOC0 ~ SOC11 Round Robin : SOC12 ~ SOC15
0Dh	High Priority : SOC0 ~ SOC12 Round Robin : SOC13 ~ SOC15
0Eh	High Priority : SOC0 ~ SOC13 Round Robin : SOC14 ~ SOC15
0Fh	High Priority : SOC0 ~ SOC14 Round Robin : SOC15
10h	All SOCs are in High Priority Mode

1) Round Robin (ADCSOCPRICTL[SOCPRIORITY] : 0)

[표 9.10]을 통해서 알 수 있듯이 [ADCSOCPRICLT.SOCPRIORITY=0]으로 설정함으로써 SOC0 ~ SOC15가 모두 Round Robin 동작을 수행한다. 이때 우선순위를 갖는 SOC 신호는 Round Robin Pointer(RRPOINTER)에 의해 결정되며, RRPOINTER보다 큰 다음 숫자의 SOC가 우선순위를 갖는다. RRPOINTER는 마지막으로 발생한 SOC 신호에 대한 정보를 반영한다. SOC0 신호가 마지막으로 발생했을 때 PRPOINTER는 0의 값으로 설정되며, 이에 따라 다음 최우선 순위는 SOC1이 갖게 되어 SOC1에 할당된 ADC 채널의 입력 값이 디지털 값으로 변환된다. [표 9.11]은 ADCSOCPRICTL 레지스터의 RRPOINTER를 나타낸다.

표 9.11 ADCSOCPRICTL 레지스터 RRPOINTER 설정

Value	Description
0	SOC1 is highest Round Robin priority
1	SOC2 is highest Round Robin priority
2	SOC3 is highest Round Robin priority
3	SOC4 is highest Round Robin priority
4	SOC5 is highest Round Robin priority
5	SOC6 is highest Round Robin priority
6	SOC7 is highest Round Robin priority
7	SOC8 is highest Round Robin priority

8	SOC9 is highest Round Robin priority
9	SOC10 is highest Round Robin priority
10	SOC11 is highest Round Robin priority
11	SOC12 is highest Round Robin priority
12	SOC13 is highest Round Robin priority
13	SOC14 is highest Round Robin priority
14	SOC15 is highest Round Robin priority
15	SOC0 is highest Round Robin priority
16	SOC0 is highest Round Robin priority

[그림 9.12]는 Round Robin의 예시를 나타낸다. 기본 설정은 SOC0가 High Priority인 상태이고, SOC7이 Trigger 되면 SOC7에 할당된 ADC 채널의 입력신호가 변환된다. 또한 SOC7이 Trigger 되었으므로 RRPOINTER=7이 되어 SOC8이 High Priority 상태가 된다. 다음 SOC2와 SOC12가 Trigger 된다면 Round Robin에 따라 SOC12가 우선순위를 가지게 되어 SOC12에 할당된 ADC 채널의 입력신호가 먼저 변환된 뒤, SOC2에 할당된 ADC 채널 입력신호가 변환된다.

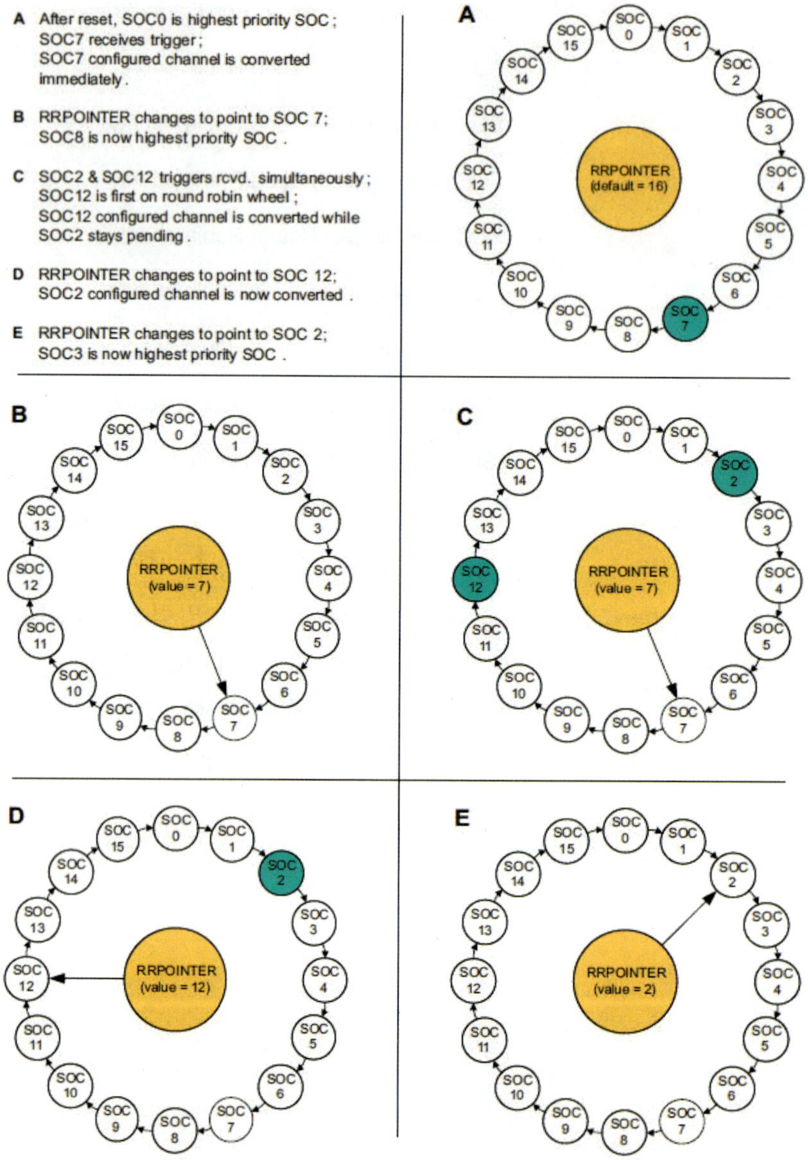

그림 9.12 Round Robin에 따른 SOC 우선순위

2) High Priority (ADCSOCPRICTL[SOCPRIORITY] : 01 ~ 10)

두 번째 우선순위 방법은 High Priority 방법이다. 이는 SOC0부터 k개의 SOC 신호가 우선순위를 가지게 되고, 나머지 SOC는 Round Robin를 따르게 된다. 우선순위를 갖는 SOC 신호의 개수는 [표 9.10]과 같이 ADCSOCPRICTL 레지스터의 SOCPRIORITY 값에 따라 결정된다.

[그림 9.13]은 High Priority에 따른 SOC의 우선순위 결정 방법의 예시를 나타낸다.

SOCPRIORITY=4로 설정하였기 때문에 SOC0-SOC3이 우선순위를 갖게 되고 SOC4-SOC15는 Round Robin 방법을 따르게 된다. SOC7이 Trigger 되었을 때 SOC7에 할당된 ADC 채널 입력값이 변환되고, 다음 최우선 순위는 SOC8이 갖게된다. 다음 SOC2와 SOC12가 Trigger 된다면 우선순위를 가진 SOC2가 먼저 Trigger 되고 SOC2에 할당된 ADC채널 입력값이 변환된 후에 SOC12가 Trigger된다. 따라서 최종적으로 RRPOINTER는 SOC12에 위치하여 다음 SOC의 우선순위는 SOC13이 된다.

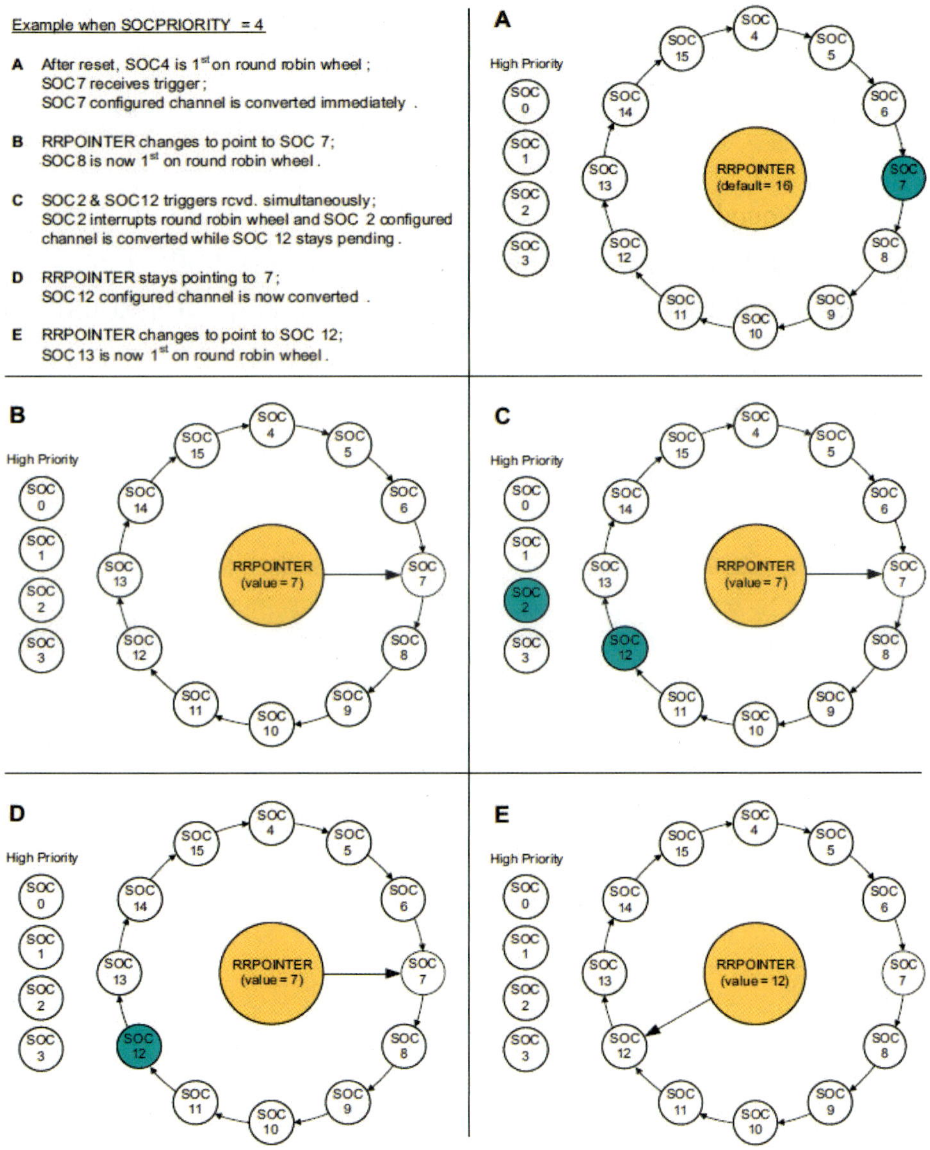

그림 9.13 High Priority에 따른 SOC 우선순위

9.3.5.1 Burst Mode

Burst Mode를 통해 단일 Trigger로 한 번에 여러개의 SOC 신호를 발생시킬 수 있으며 ADCBURSTCTL 레지스터의 BURSTEN을 통해 Enable 또는 Disable 할 수 있다.

표 9.12 ADCBURSTCTL 레지스터 BURSTTRIGSEL 설정

Value	Description
0	Burst Mode is disabled
1	Burst Mode is enabled

Burst Mode는 Round Robin 동작을 하는 SOC에만 적용가능하다. 따라서 Burst Mode를 Enable 했을 때 Round Robin 동작을 수행하는 SOC는 ADCSOCINTxSEL 레지스터의 TRIGSEL은 무시되고 [표 9.13]과 같이 ADCBURSTCTL 레지스터의 BURSTTRIGSEL을 통해 설정된 Trigger 신호에 맞춰 ADC 동작을 수행한다. 또한 [표 9.14]와 같이 ADCVBURSTCTL 레지스터의 BURSTSIZE를 통해 몇 개의 SOC 신호를 한 번에 발생시킬지 설정할 수 있다.

표 9.13 ADCBURSTCTL 레지스터 BURSTTRIGSEL 설정

Value	Description	Value	Description
0	Software only	20	ePWM9, ADCSOCA
1	CPU1 Timer 0, TINT0n	21	ePWM9, ADCSOCB
2	CPU1 Timer 1, TINT1n	22	ePWM10, ADCSOCA
3	CPU1 Timer 2, TINT2n	23	ePWM10, ADCSOCB
4	ePWM1, ADCSOCA	24	ePWM11, ADCSOCA
5	ePWM1, ADCSOCB	25	ePWM11, ADCSOCB
6	Epwm2, ADCSOCA	26	ePWM12, ADCSOCA
7	ePWM2, ADCSOCB	27	ePWM12, ADCSOCB

8	ePWM3, ADCSOCA	28	CPU2 Timer 0, TINT0n
9	ePWM3, ADCSOCB	29	CPU2 Timer 1, TINT1n
10	ePWM4, ADCSOCA	30	CPU2 Timer 2, TINT2n
11	ePWM4, ADCSOCB	31	ePWM13, ADCSOCA
12	ePWM5, ADCSOCA	32	ePWM13, ADCSOCB
13	ePWM5, ADCSOCB	33	ePWM14, ADCSOCA
14	ePWM6, ADCSOCA	34	ePWM14, ADCSOCB
15	ePWM6, ADCSOCB	35	ePWM15, ADCSOCA
16	ePWM7, ADCSOCA	36	ePWM15, ADCSOCB
17	ePWM7, ADCSOCB	37	ePWM16, ADCSOCA
18	ePWM8, ADCSOCA	38	ePWM16, ADCSOCB
19	ePWM8, ADCSOCB	39	Reserved

표 9.14 ADCBURSTCTL 레지스터 BURSTSIZE 설정

Value	Description
0	1 SOC converted
1	2 SOC converted
2	3 SOC converted
3	4 SOC converted
4	5 SOC converted
5	6 SOC converted
6	7 SOC converted
7	8 SOC converted

8	9 SOC converted
9	10 SOC converted
10	11 SOC converted
11	12 SOC converted
12	13 SOC converted
13	14 SOC converted
14	15 SOC converted
15	16 SOC converted

[그림 9.14]는 Burst Mode 동작 예시를 나타낸다. High Priority에 의해 SOC0-SOC3이 우선순위를 갖게 되고, SOC4-SOC15가 Round Robin 동작을 따르게 되어 Burst Mode가 가능하다. Burst Trigger가 발생하였을 때 BUSRTSIZE=1이므로 SOC4와 SOC5 신호가 동시에 발생하여 각 SOC에 할당된 ADC 채널 입력 값이 변환된다. 따라서 다음 우선순위는 SOC6이 갖게 된다. 만약 Burst Trigger와 SOC1 Trigger가 동시에 발생한다면 High Priority 동작에 따라 SOC1 신호가 먼저 발생하고 다음으로 SOC6과 SOC7 신호가 발생한다.

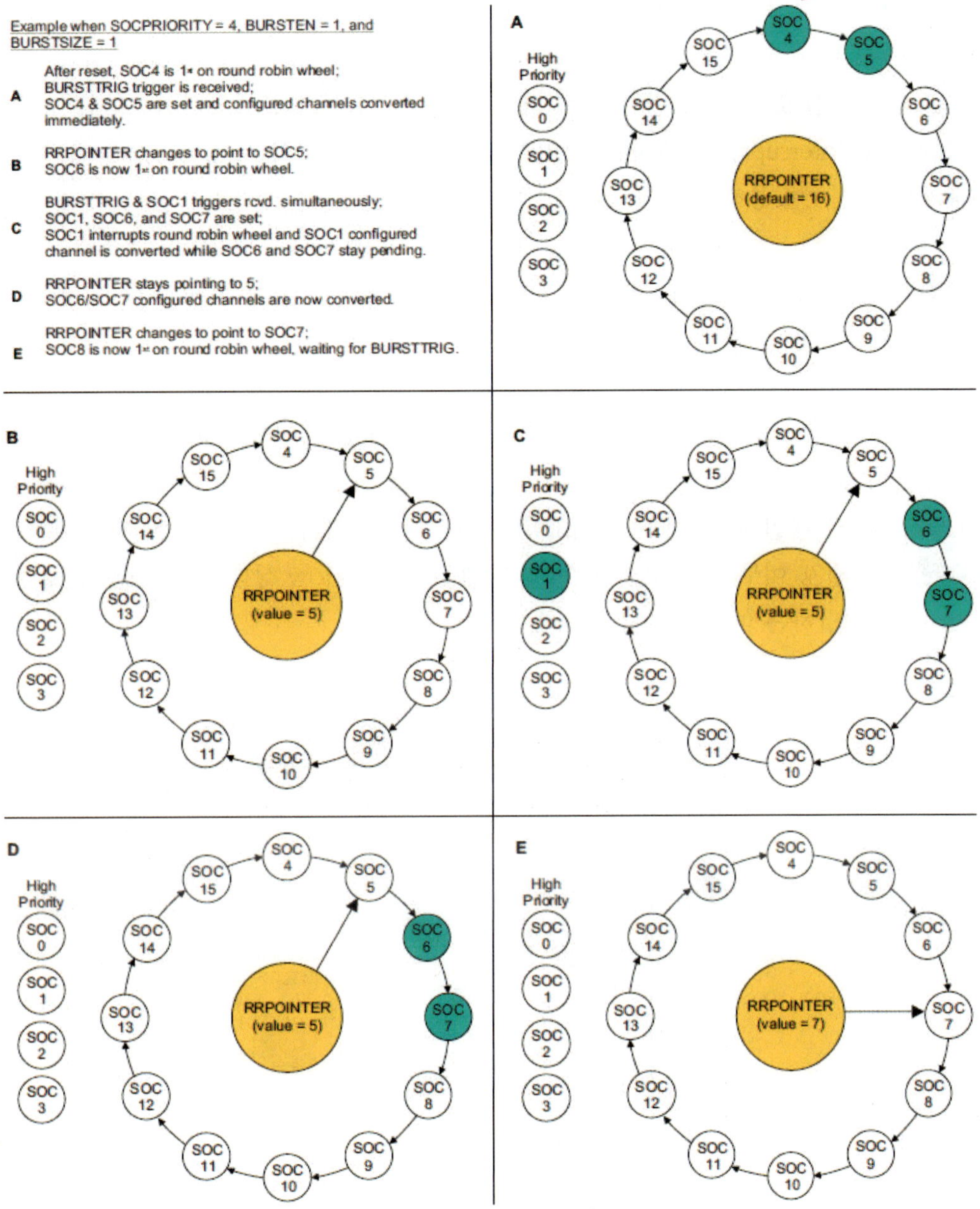

그림 9.14 Burst Mode 동작

9.3.6 End-of-conversion (EOC) & ADC Interrupt

End-of-conversion 신호는 변환이 끝났음을 알려주는 신호로써, Acquisition Window가 종료되는 시점 또는 ADC 변환 종료 시점에서 EOC 신호를 발생시킬 수 있다. 또한, 이를 통해 ADC Interrupt를 발생시킬 수 있다. ADC 모듈 당 4개의 ADC Interrupt가 있으며, 16개의 EOC 신호를 통해 Trigger 할 수 있다.

[그림 9.15]는 ADC Interrupt 발생 과정을 나타낸다. EOC 신호는 ADCINTFLG 레지스터를 SET함으로써 발생하는데 ([표 9.15] 참고), 이미 ADCINTFLG 레지스터가 SET 상태라면 Interrupt Overflow가 발생하여 PIE 모듈로 ADC Interrupt가 전달되지 않는다. 따라서, ADCINTFLG 레지스터를 ADCINTFLGCLR 레지스터를 통해 CLEAR해주어야 정상적으로 PIE 모듈로 Interrupt가 전달된다 ([표 9.16] 참고). 또한 [표 9.17]과 같이 ADC Interrupt가 Overflow 상태인지 관측해주는 ADCINTOV 레지스터가 존재하지만 해당 레지스터는 Overflow 발생 여부를 확인만 할 수 있기 때문에 Overflow 상태에서 PIE 모듈로 ADC Interrupt를 전달하는 역할을 하지 못한다.

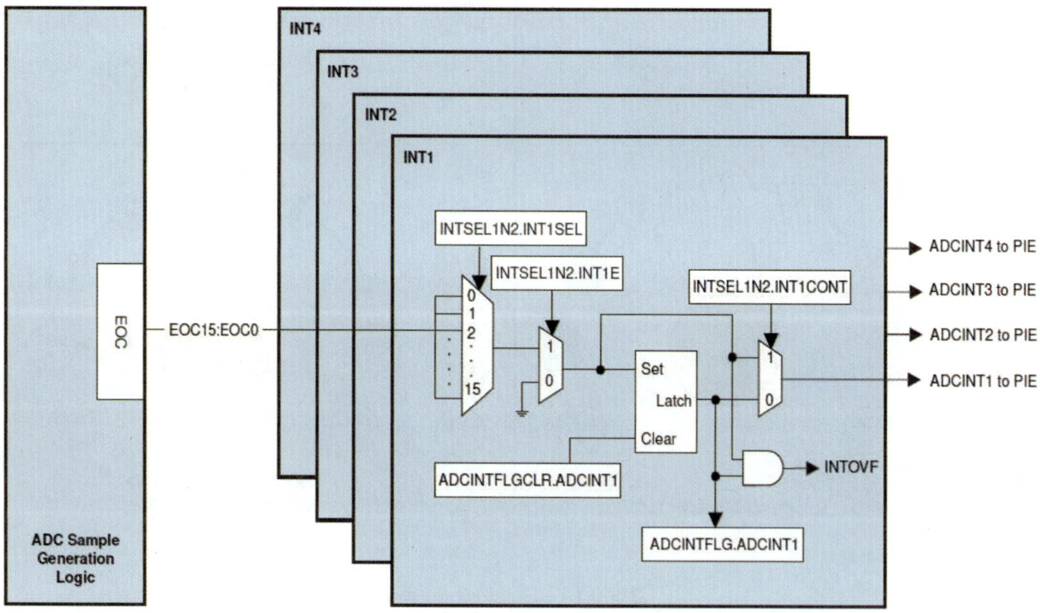

그림 9.15 ADC Interrupt 발생 과정

표 9.15 ADCINTFLG 레지스터 ADCINTx 설정

Value	Description
0	No ADC interrupt pulse generated
1	ADC interrupt pulse generated

표 9.16 ADCINTFLGCLR 레지스터 ADCINTx 설정

Value	Description
0	No action
1	CLEARs ADCINTx and ADCINTxRESULT Flags in the ADCINTFLG 레지스터

표 9.17 ADCINTOVF 레지스터 ADCINTx 설정

Value	Description
0	No ADC interrupt overflow event detected
1	ADC interrupt overflow event detected

EOC 신호에 의해 발생하는 ADC Interrupt로 Early Interrupt Mode (Acquisition Window가 종료되는 시점)와 Late Interrupt Mode (ADC 변환 종료 시점)가 있다. [표 9.18] ADCCTL1 레지스터의 INTPULSEPOS 필드를 이용하여 Interrupt가 발생하는 시점을 설정할 수 있다.

표 9.18 ADCCTL1 레지스터 INTPULSEPOS 설정

Value	Description
0	Interrupt pulse generation occurs when ADC begins conversion (at the end of the acquisition window)
1	Interrupt pulse generation occurs at the end of the conversion

Early Interrupt Mode는 ADC 레지스터에 결과 값이 저장되기 전 ADC Interrupt가 발생하여 Interrupt 서비스 루틴(ISR) 내의 제어가 가능하다. 이를 활용하여 ADC 변환이 끝나기 전 미리 필요한 제어를 수행하고, 결과 값이 저장된 직후 바로 결과 값을 사용할 수 있다. Late Interrupt Mode는 ADC 결과값이 레지스터에 저장된 후에 ADC Interrupt가 발생하여 ISR 내의 제어가 실행된다.

[표 9.19]는 12-Bit Mode일 때 ADCCLK 분주비(PRESCALE)에 따른 ADC Timing을 나타낸다. Early Interrupt Mode 사용 시 S/H Window 이후 즉시 ADCINT Flag가 SET되는 것을 확인할 수 있다.

- t_{SH} : S/H Window Duration Time, ADC 회로에 신호가 입력되면 해당 신호를 샘플링하여 디지털 값으로 변환할 수 있도록 홀딩하는 시간
- t_{LAT} : S/H Window 이후 ADC 입력 값이 결과 레지스터에 저장되는 시간
- t_{EOC} : n번째 S/H Window 이후 (n+1)번째 S/H가 시작되는 시간
- t_{INT} : S/H Window 이후 ADCINT Flag가 SET되는 시간

표 9.19 ADC Timings in 12-Bit Mode

ADCCLK PRESCALE		SYSCLK CYCLES				ADCCLKCYCLES
PRESCALE	RATIO (ADCCLK:SYSCLK)	t_{EOC}	t_{LAT}	$t_{INT(early)}$	$t_{INT(late)}$	t_{EOC}
0	1	11	13	0	11	11.0
1	1.5	Invalid				
2	2	21	23	0	21	10.5
3	2.5	26	28	0	26	10.4
4	3	31	34	0	31	10.3
5	3.5	36	39	0	36	10.3
6	4	41	44	0	41	10.3
7	4.5	46	49	0	46	10.2
8	5	51	55	0	51	10.2
9	5.5	56	60	0	56	10.2
10	6	61	65	0	61	10.2
11	6.5	66	70	0	66	10.2
12	7	71	76	0	71	10.1
13	7.5	76	81	0	76	10.1
14	8	81	86	0	81	10.1
15	8.5	86	91	0	86	10.1

[그림 9.16]은 12-Bit Mode & Early Interrupt Mode 시 ADC 변환 과정을 나타낸다. SOC 신호가 발생하고 t_{SH} 동안 n번째 신호에 대한 샘플링 및 홀딩을 수행한다. 이후에 t_{LAT} 동안 n번째 샘플링 된 값을 디지털 값으로 변환하여 ADC 레지스터에 변환된 값을 저장한다. Early Interrupt Mode이기 때문에 ADC S/H가 종료되고 즉시 Interrupt가 발생한다

[그림 9.17]은 12-Bit Mode & Late Interrupt Mode 시 ADC 변환 과정을 나타낸다. Early Interrupt Mode와 동일하게 SOC 신호가 발생하고 t_{SH} 동안 n번째 신호에 대한 샘플링 및 홀딩을 수행한다. 이후에 t_{LAT} 동안 n번째 샘플링 된 값을 디지털 값으로 변환하여 ADC 레지스터에 변환된 값을 저장한다. Late Interrupt Mode이기 때문에 ADC 변환 결과 값이 결과 레지스터에 저장하고 Interrupt가 발생한다.

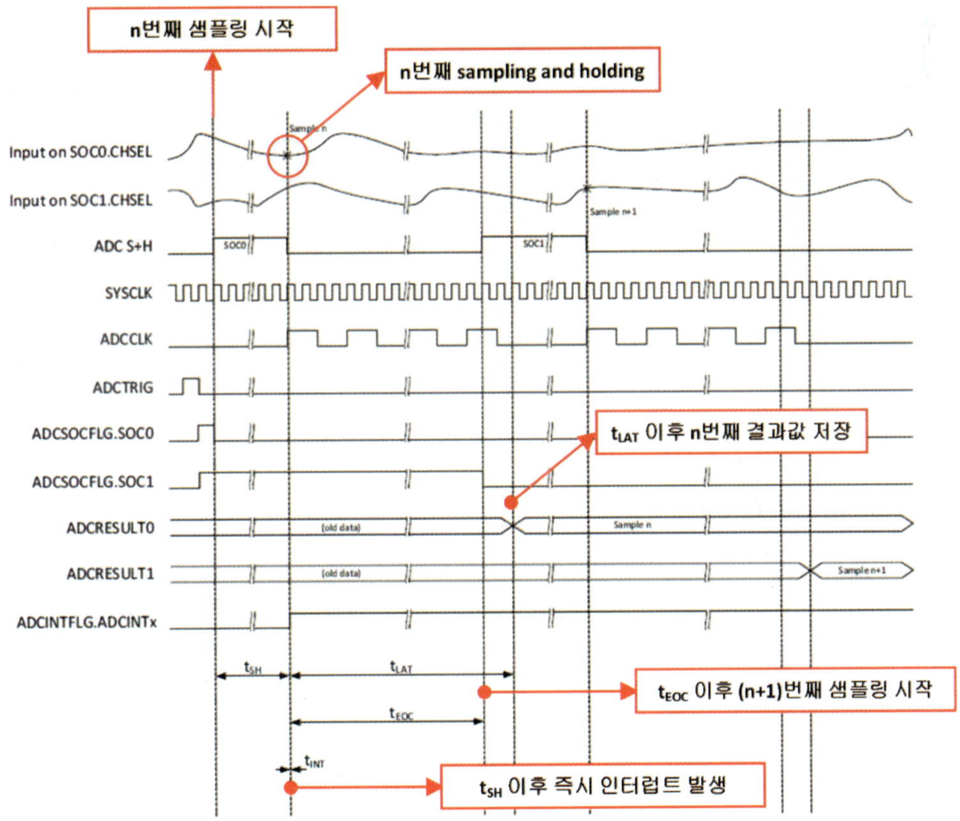

그림 9.16 12-Bit Mode & Early Interrupt Mode

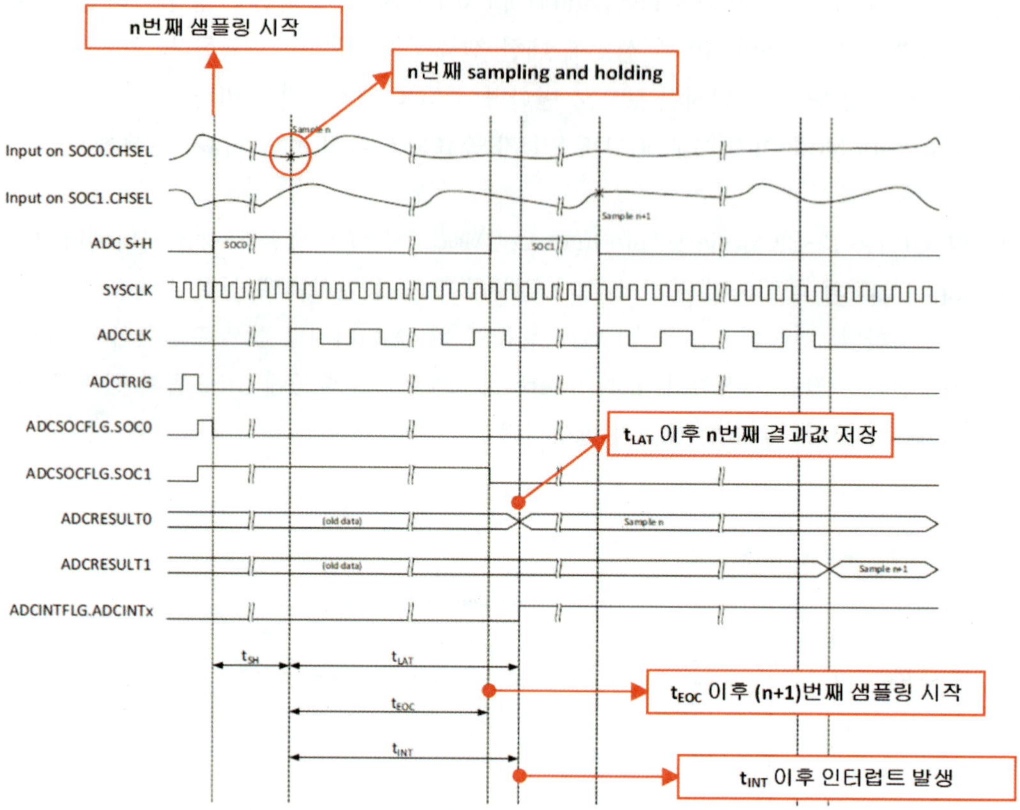

그림 9.17 12-Bit Mode & Late Interrupt Mode

9.3.7 Post-processing Blocks

각 ADC 모듈은 4개의 Post-processing Block을 가지고 있으며, 그 종류로는 [그림 9.18]과 같이 Delay Capture 기능, Offset Correction 기능, Error Calculation 기능, Limit Detection and zero-crossing Detection 기능이 있다.

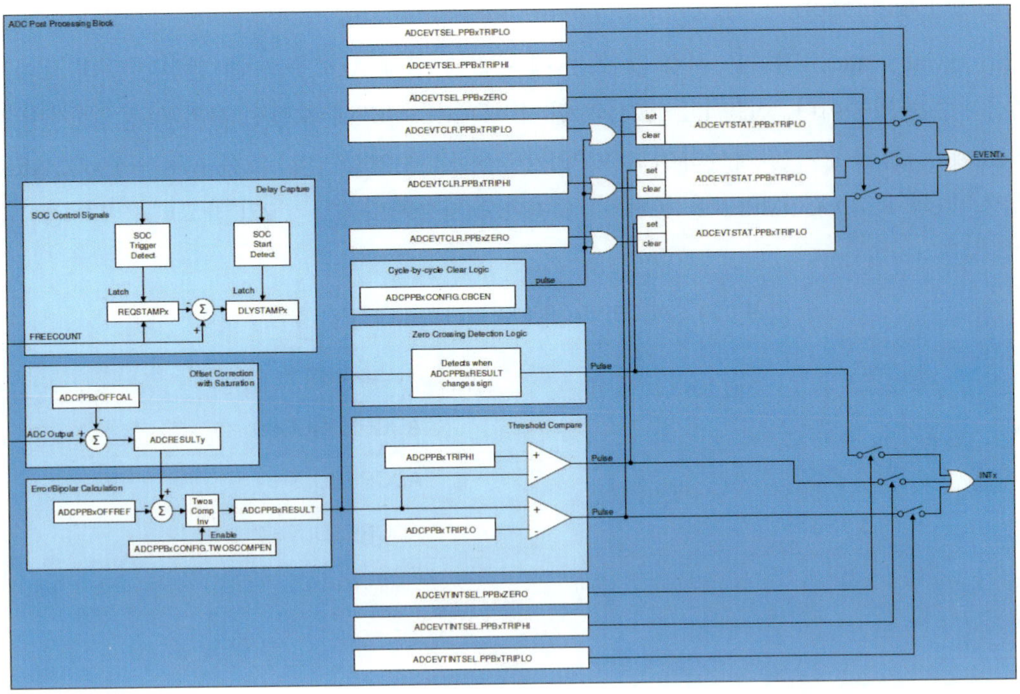

그림 9.18 Post-processing Block Diagram

1) Offset Correction

Offset Correction 기능은 ADC 과정에서 발생하는 Offset을 보정해주는 역할을 한다. [표 9.20]과 같이 ADCPPBxOFFCAL 레지스터의 OFFCAL 값을 통해 ADC 출력 값에 특정 값을 빼거나 더해준 값을 ADC 결과 레지스터(ADCRESULT)에 저장할 수 있다.

표 9.20 ADCPPBxOFFCAL 레지스터 OFFCAL 설정

Value	Description	Value	Description
0	ADC output - 0	512	ADC output + 512
1	ADC output - 1	513	ADC output + 511
2	ADC output - 2	514	ADC output + 510
⋮	⋮	⋮	⋮
510	ADC output - 510	1022	ADC output + 2
511	ADC output - 511	1023	ADC output + 1

2) Error Calculation

Error Calculation 기능은 지령 값 또는 예측 값과 실제 ADC를 통해 센싱된 값의 오차를 계산해주는 기능이다. 이는 [표 9.21]과 같이 ADCRESULT에 저장된 값과 일정 값(지령 값 또는 예측 값)의 오차를 계산하여 ADCPPBxRESULT에 저장한다. 또한 ADCPPBxCONFIG 레지스터의 TWOSCOMPEN을 통해 극성 변환도 가능하다 ([표 9.22] 참고).

표 9.21 ADCPPBxOFFREF 레지스터 OFFREF 설정

Value	Description
0	ADCRESULT - 0
1	ADCRESULT - 1
2	ADCRESULT - 2
⋮	⋮
32768	ADCRESULT - 32768
⋮	⋮
65535	ADCRESULT - 65535

표 9.22 ADCPPBxCONFIG 레지스터 TWOSCOMPEN 설정

Value	Description
0	ADCPPBxRESULT = ADCRESULTx - ADCPPBxOFFREF
1	ADCPPBxRESULT = ADCPPBxOFFREF - ADCRESULTx

3) Limit Detection and Zero-crossing Detection

Limit Detection and Zero-crossing Detection 기능은 ADCPPBxRESULT에 저장되는 값이 임계값(상한, 하한)을 초과하거나 값의 부호가 바뀔 때 이를 검출한다. 이때 ePWM의 Trip 또는 Interrupt를 발생시킬 수 있다. ADCPPBxTRIPHI 및 ADCPPBxTRIPLO 레지스터의 LIMITHI 및 LIMITLO를 통해 상한값(LIMITHI) 및 하한값(LIMITLO)을 설정 가능하다. 상하한 값에 따라 16-Bit Mode 사용 시 16-Bit를 사용하고, 12-Bit Mode 사용 시 12-Bit를 사용하며 사용자가 특정 값으로 설정할 수 있다. 또한 Zero-crossing Detection은 추가적인 설정 없이 사용 가능하다. Limit 또는 Zero-crossing이 검출되면 ADCEVTSTAT 레

지스터의 PPBxTRIPHI 또는 PPBxTRIPLO 또는 PPBxZERO가 SET되며 [표 9.23]과 같이 ADCEVTSEL 레지스터 값을 통해 각 상하한 또는 극성 변화에 대한 검출 신호 발생을 확인할 수 있다. 또한 [그림 9.19]는 Post-processing Block의 Interrupt 발생 과정을 나타낸다.

표 9.23 ADCEVTSEL 레지스터

15	14	13	12	11	10	9	8
-	PPB4ZERO	PPB4TRIPLO	PPB4TRIPHI	-	PPB3ZERO	PPB3TRIPLO	PPB3TRIPHI
7	6	5	4	3	2	1	0
-	PPB2ZERO	PPB2TRIPLO	PPB2TRIPHI	-	PPB1ZERO	PPB1TRIPLO	PPB1TRIPHI

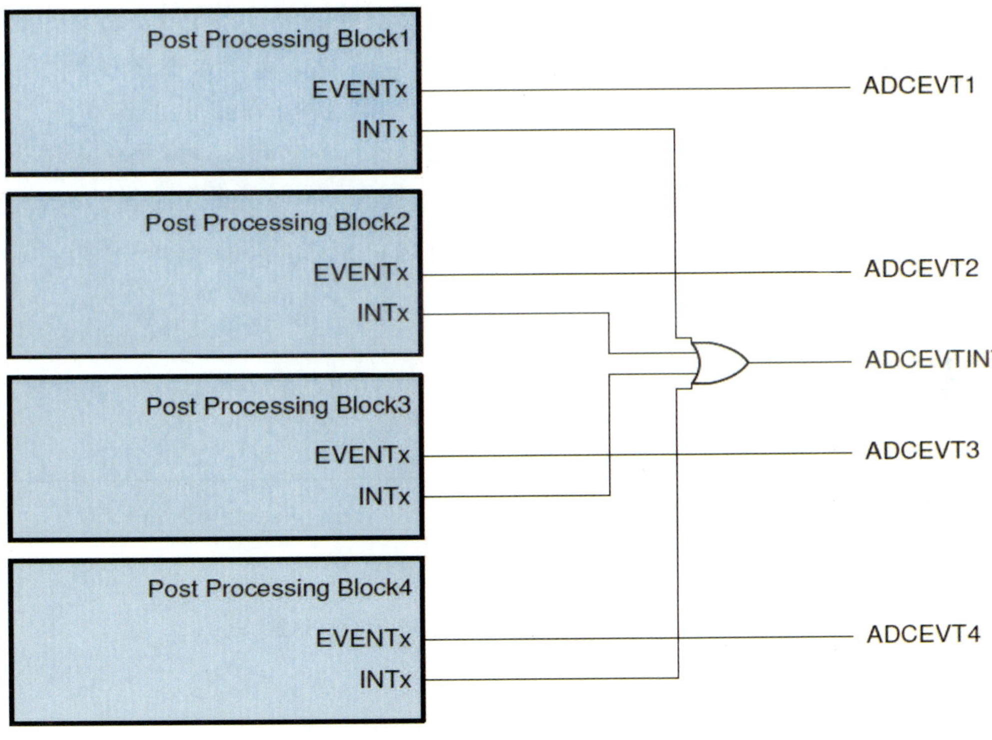

그림 9.19 ADC Post-processing Block에 의한 Interrupt 생성 과정

4) Delay Capture

여러 개의 제어가 같은 ADC 값을 통해 동기화되지 않은 상태로 제어되면 ADC 값이 지연되며 정확한 시점의 신호를 획득할 수 없다. 만약 지연이 언제 얼마나 발생할지 알

고 있다면 지연을 보상할 수 있다. Sample Delay Capture 기능은 이러한 지연을 소프트웨어적으로 보상해주는 역할을 한다. ADC는 12-Bit의 러닝 Counter 레지스터를 포함하고 있는데, ADCPPBxTRIPLO 레지스터의 REQSTAMP에 SOC 신호 Trigger가 발생하면 그때의 ADC 러닝 Counter 값을 저장한다. 실제 ADC가 동작하여 변환을 시작하면 그 때의 ADC 러닝 Counter 값과 REQSTAMP 값의 차이가 DLYSTAMP에 저장된다. 즉, SOC Trigger 신호가 발생한 시간부터 실제로 ADC 변환이 시작되는 시간까지 얼마나 지연되는지 DLYSTAMPx에 저장되는 러닝 Counter 값을 통해 확인할 수 있다.

9.3.8 ADC Synchronizing

여러 개의 센싱 값을 사용하여 제어를 수행할 때 ADC가 동기화되지 않으면 제어 성능이 저하된다. 따라서 제어에 사용되는 ADC 센싱 값의 동기화가 필요하며, 이를 구현하기 위한 가장 쉬운 방법은 ADC의 SOC Trigger 신호를 동일한 전원로 사용하고 동일한 S/H Duration Time으로 설정하면 된다. [그림 9.20]은 ADCA와 ADCB 모듈에 대한 동기화를 나타낸다. SOC0와 SOC1은 ePWM3B로 부터 Trigger되며 S/H Duration Time이 동일하게 설정되었다고 가정한다. ePWM3B로 부터 SOC0와 SOC1이 Trigger되기 때문에 동시에 SOC0와 SOC1에 할당된 채널의 아날로그 값에 대한 샘플링 및 홀딩이 진행된다. 또한 디지털 값으로 변환되는 Conversion Time도 동일하게 적용되어 결과적으로 두 신호는 동기화된다.

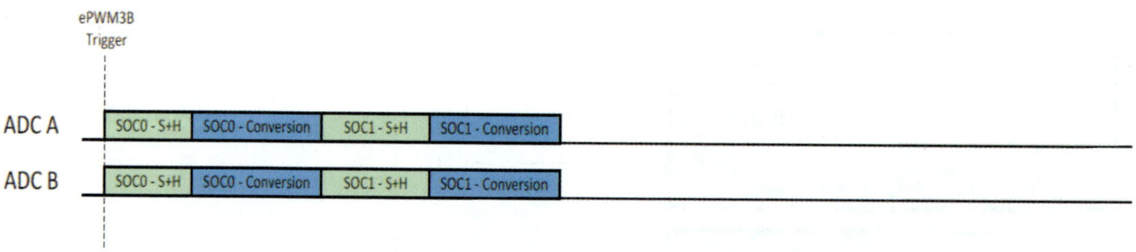

그림 9.20 기본적인 ADC 동기화 방법(하나의 Trigger 전원 사용)

[그림 9.21]은 두 개의 SOC Trigger 전원을 사용한 ADC 동기화를 나타낸다. 하나의 Trigger 전원를 사용한 기본적인 ADC 동기화 방법과 동일하게 각 SOC가 동일한 Trigger 전원 및 S/H Duration Time을 가지면 다중 Trigger 전원을 사용할 때에도 동기화 된 ADC 결과 값을 얻을 수 있다.

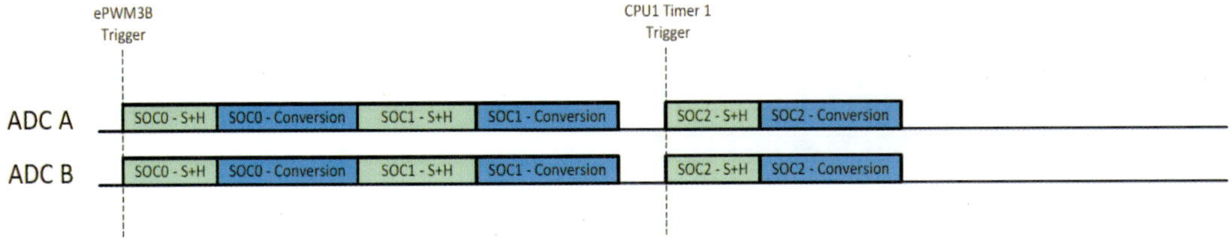

그림 9.21 다중 Trigger 전원을 사용한 ADC 동기화 방법

[그림 9.22]는 하나의 SOC Trigger 전원을 사용하며 여러 개의 SOC 신호를 사용할 때 ADC 동기화 방법을 나타낸다. 동일한 SOC Trigger 전원과 S/H Duration Time을 가지므로 하나의 ADC는 동기식으로 더 많은 SOC를 사용할 수 있다. 하지만 ADC B의 경우 SOC1에 할당된 채널의 변환이 끝난 후 SOC0에 할당된 채널의 변환이 시작되므로 [그림 9.23]과 같이 Trigger Overflow가 발생하여 ADC가 비동기로 동작한다. 따라서 Trigger Overflow가 발생하지 않도록 주의해야 한다.

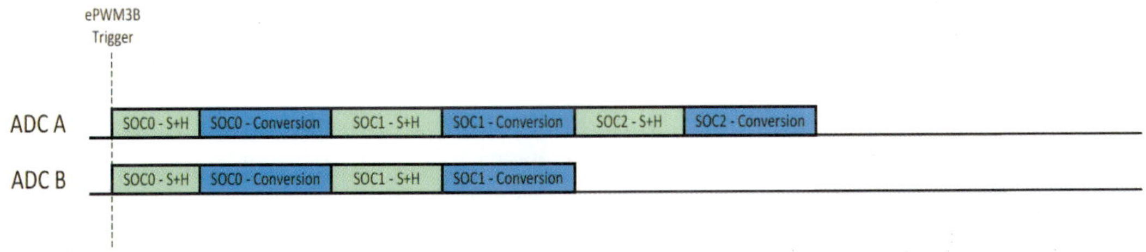

그림 9.22 다중 SOC를 사용한 ADC 동기화 방법

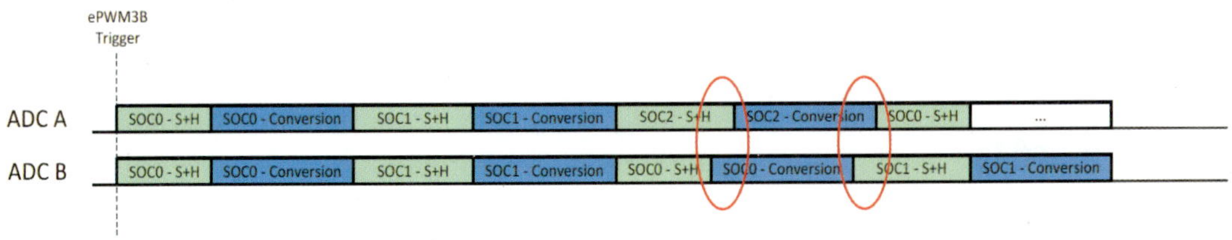

그림 9.23 Trigger Overflow에 의한 ADC 비동기화

ADC A와 ADC B가 다른 분해능으로 동작한다면 각 분해능에 따른 Conversion Time이 다르므로 [그림 9.24]와 같이 ADC가 비동기로 동작한다. 따라서 다른 분해능에서 동기로 동작하기 위해서는 [그림 9.25]와 같이 12-Bit와 16-Bit에서 각각 동일한 Trigger 전원을 사용해야 한다. 즉, 동일한 분해능으로 ADC 변환이 병렬로 수행되어야 한다.

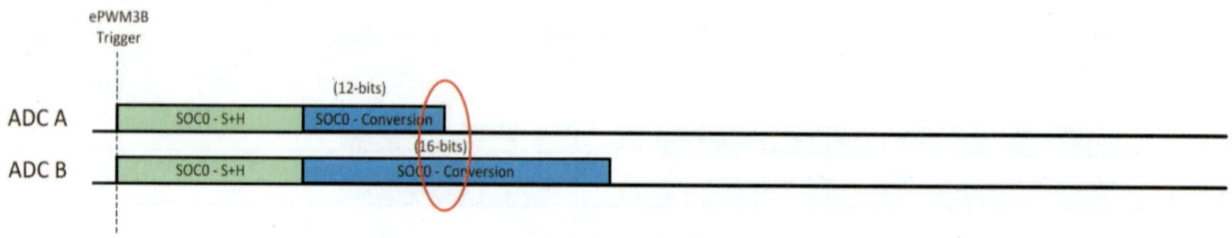

그림 9.24 다른 분해능에 따른 ADC 비동기화

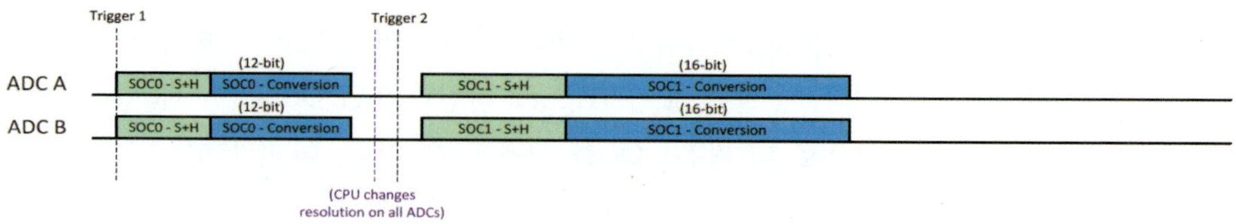

그림 9.25 다른 분해능에서 ADC 동기화 방법

만약 ADC 변환 과정이 중복되지 않는다면 모든 ADC에 대한 SOC를 동일하게 설정하여 동기동작과 동등한 성능을 달성하지 않아도 된다. [그림 9.26]과 같이 180° 위상차를 가지는 ePWMA와 ePWMB를 각 SOC의 트리거 전원으로 사용한다면 ADC 변환이 중복되지 않는다.

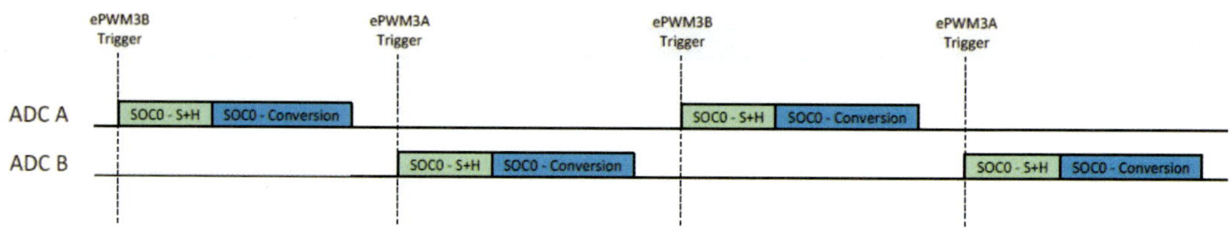

그림 9.26 중복되지 않는 SOC를 통한 ADC

9.4 ADC 예제

본 절에서는 Interrupt 방식에 따른 ADC 사용과 Post-processing Block 기능을 사용하는 방법 및 그 과정에 대해 다룰 것이다.

9.4.1 ePWM Interrupt를 이용한 ADC

ePWM Interrupt로 구동되는 ADC는 ePWM의 주파수 설정에 맞춰 ADC 변환이 이루어진다. [그림 9.27]은 ePWM Interrupt로 구동되는 ADC의 순서도를 나타낸다. ADC를 설정하여 SOC를 발생시키고 SOC 신호에 맞춰 아날로그 신호가 변환된다. 변환된 아날로그 신호는 버퍼에 저장되고, ePWM 서비스 루틴(ISR) 내에서 결과 레지스터에 저장된다.

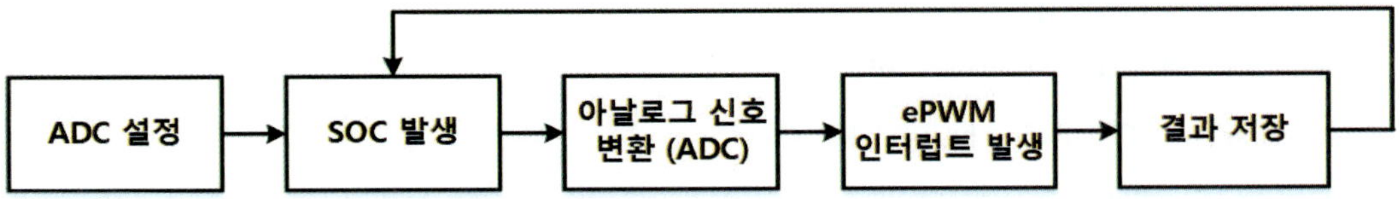

그림 9.27 ADC Interrupt에 의한 ADC 구동 순서도

ePWM Interrupt로 구동되는 ADC 실습 예제의 기본 설정은 아래와 같다.

- ADC 초기화 : ADC 구동에 관련된 설정
  - SYSCLK = 200MHz
  - ADCCLK = 50MHz
  - S/H Time = 20 SYSCLK (100 ns)
  - 12-Bit Mode & Single-ended Mode
- ADC 시퀀스 : ADC 시퀀스 시작 Trigger 신호 발생 및 저장
  - ADC Channel : SOC4에 의해 ADC A모듈 채널-4 변환
  - SOC Trigger Source : ePWM1 SOCA
  - ADC Result : ADC A모듈의 ADCRESULT4 레지스터에 저장

ADCA 모듈을 구동하기 위해 [그림 9.28]과 같이 ADCA 모듈의 레지스터를 설정한다. 시스템 클럭은 200MHz 및 PRESCALE=6으로 설정하여 ADC 클럭은 50MHz이다. ADC 클럭은 20ns 이므로 S/H Duration Time은 1 ADCCLK 보다 크게 100ns 로 설정하였다. ADCA 모듈의 분해능은 12-Bit이고, Single-ended Mode를 사용한다.

위와 같이 ADCA 모듈에 대한 설정이 완료되면, SOC 신호와 ADCA 모듈의 채널에 대한 설정이 필요하다. SOC4 신호를 이용하여 채널-4에 입력되는 아날로그 값을 변환하고자 하므로 SOC4 신호를 Trigger 하기 위한 전원을 설정해야 한다. 따라서 TRIGSEL을 이용하여 SOCA 신호를 통해 Trigger 하고, SOCA 신호는 ePWM1A의 PRD에서 발생하도록 설정한다.

```
AdcaRegs.ADCCTL2.bit.PRESCALE = 6              // ADC 클럭 = SYSCLK / 4 = 50MHz
AdcaRegs.ADCCTL2.bit.RESOLUTION = 0;           // 12-bit resolution
AdcaRegs.ADCCTL2.bit.SIGNALMODE = 0;           // Single-ended Mode
AdcaRegs.ADCCTL1.bit.ADCPWDNZ = 1;             // ADCA 모듈 활성화
EPwm1Regs.ETSEL.bit.SOCAEN = 1;                // SOCA 활성화
EPwm1Regs.ETSEL.bit.SOCASEL = 2;               // ePWM1A = PRD 에서 SOCA 신호 발생
EPwm1Regs.ETPS.bit.SOCACNT = 1;                // 한 주기에 1번 SOC 발생
EPwm1Regs.ETPS.bit.SOCAPRD = 1;                // 한 주기에 1번 SOC 발생
AdcaRegs.ADCSOC4CTL.bit.ACQPS = 14;            // S/H duration time = 100ns
AdcaRegs.ADCSOC4CTL.bit.CHSEL = 4;             // SOC4에 의해 ADCA 모듈 채널-4 변환
AdcaRegs.ADCSOC4CTL.bit.TRIGSEL = 5;           // ePWM1 SOCA 신호로 SOC4 Trigger
```

그림 9.28 ePWM Interrupt 방식 ADC 설정

변환된 저장값을 저장하기 위한 공간은 [그림 9.29]와 같이 ISR 함수 내에서 설정한다. 따라서 ISR 함수가 정상적으로 동작하는지 확인하기 위해 GPIO16을 SET하고, IsrTicker 변수를 선언한다. 채널-4의 디지털 값은 ADCA 모듈의 RESULT4에 저장하고, Expression Window에서 확인하기 위해 ADC_Value로 변수를 선언한다. 마지막으로 50μs 지연을 주고 GPIO16을 CLEAR하여 ISR 함수가 동작하는지 확인한다.

```
GpioDataRegs.GPADAT.bit.GPIO16 = 1             // ISR 확인하기 위한 GPIO SET
IsrTicker++;                                   // ISR 확인하기 위한 카운터
ADC_value = (float)(AdcaResultRegs.ADC         // ADCA 채널-4 결과 값 저장
RESULT4);
EPwm1Regs.ETCLR.bit.INT = 1;                   // ePWM1 인터럽트 클리어
PieCtrlRegs.PIEACK.bit.ACK3 = 1;               // CPU 인터럽트 3번 그룹 ACK 비트 클리어
DELAY_US(50);                                  // 0.05μs 딜레이
GpioDataRegs.GPADAT.bit.GPIO16 = 0;            // ISR 확인하기 위한 GPIO CLEAR
```

그림 9.29 ePWM Interrupt 방식 ISR 함수

[그림 9.30]과 [그림 9.31]은 ePWM Interrupt 방식 ADC의 실험 결과이다. ePWM1 주기를 100μs로 설정하였기 때문에 GPIO16 또한 100μs 주기로 토글되는 것을 확인할 수 있다. 또한 IsrTicker의 동작으로 ISR 함수가 정상적으로 동작함을 알 수 있다. 채널-4로 입력된 아날로그 신호에 대한 디지털 값은 1417으로 ADC_value 변수에 저장되어 나타남을 Expression Window를 통해 확인하였다.

(x)= IsrTicker	unsigned int	48187
(x)= ADC_value	float	1417.0

그림 9.30 ePWM Interrupt 방식 ADC 변환 결과

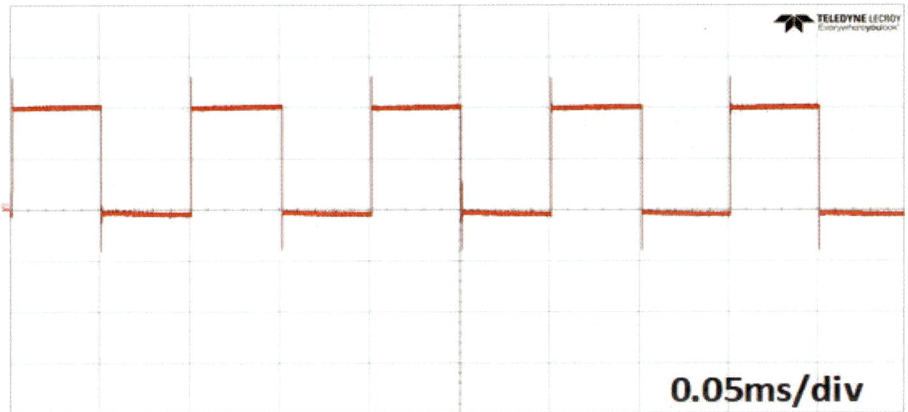

그림 9.31 ePWM Interrupt 서비스 루틴 실행 주기

9.4.2 ADC Interrupt를 이용한 ADC

ADC Interrupt로 구동되는 ADC는 변환이 끝난후에 EOC 신호에 맞춰 ADC Interrupt가 발생하고, ADC ISR 내에서 결과 값 저장이 이루어진다. [그림 9.32]는 ADC Interrupt로 구동되는 ADC의 순서도이다. ePWM Interrupt 방식과 비교하였을 때 EOC 설정이 추가된다.

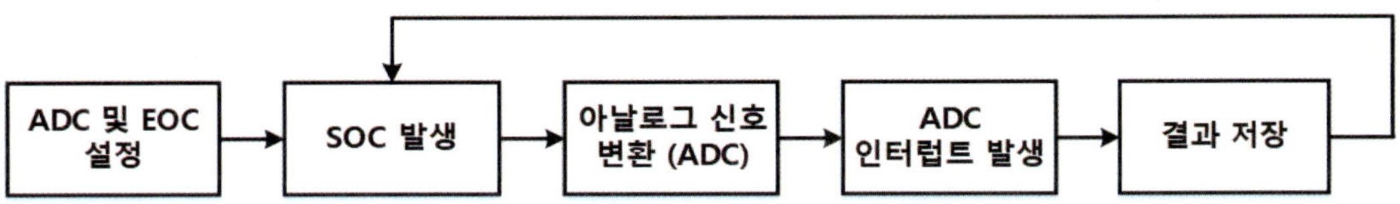

그림 9.32 ADC Interrupt를 이용한 ADC

- ADC 초기화 : ADC 구동에 관련된 설정
  - SYSCLK = 200MHz
  - ADCCLK = 50MHz
  - S/H Time = 20 SYSCLK (100 ns)
  - 12-Bit Mode & Single-ended Mode

- ADC 시퀀스 : ADC 시퀀스 시작 Trigger 신호 발생 및 저장
  - ADC Channel : SOC4에 의해 ADC A모듈 채널-4 변환
  - SOC Trigger Source : ePWM1A
  - ADC Result : ADC A모듈의 ADCRESULT4 레지스터에 저장
  - EOC : ADCAIN0 입력 값 변환 후 EOC0 발생
  - ADCINT1 : EOC0에 의해 ADCINT1 발생

ePWM Interrupt에 의한 ADC와 동일하게 ADCA 모듈을 사용하며 세부 설정은 동일하다. ADC Interrupt를 사용하는 ADC 실습은 EOC0를 통해 ADCINT1을 발생시켜 채널-4의 입력값을 ADC 레지스터에 저장하여 사용하는 실험을 진행한다.

[그림 9.33]은 EOC0로 ADCINT1 발생을 위한 실습코드이다. EOC0를 발생시키기 위해 SOC0 신호에 의한 변환 채널을 채널-0으로 추가 설정한다. 따라서 채널-0은 SOC0 신호에 의해 변환이 시작되고, SOC0 신호는 SOC4 신호와 동기화를 위해 동일한 ePWM1A SOCA 신호를 Trigger 전원으로 사용한다. 따라서 SOC0 신호에 의한 채널-0의 ADC 변환이 끝난 후 EOC0가 발생하고 ADCINT1이 생성된다. 또한 ADCINT1이 Overflow 되지 않도록 ADCINTFLGCLR 레지스터를 통해 CLEAR 한다.

```
AdcaRegs.ADCSOC0CTL.bit.CHSEL = 0              // SOC0에 의해 ADCA 모듈 채널-0 변환
AdcaRegs.ADCSOC0CTL.bit.ACQPS = 14             // S/H duration time = 100ns
AdcaRegs.ADCSO00CTL.bit.TRIGSEL = 5            // ePWM1 SOCA 신호로 SOC0 Trigger
AdcaRegs.ADCSOC4CTL.bit.CHSEL = 4;             // SOC4에 의해 ADCA 모듈 채널-4 변환
AdcaRegs.ADCSOC4CTL.bit.ACQPS = 14;            // S/H duration time = 100ns
AdcaRegs.ADCSOC4CTL.bit.TRIGSEL = 5;           // ePWM1 SOCA 신호로 SOC4 Trigger
AdcaRegs.ADCINTSEL1N2.bit.INT1SEL = 0;         // EOC0가 ADCINT1 발생
AdcaRegs.ADCINTSEL1N2.bit.INT1E = 1;           // ADCINT1 활성화
AdcaRegs.ADCINTSEL1N2.bit.INT1CONT = 0         // ADCINT1 펄스 생성 조건 설정
AdcaRegs.ADCINTFLGCLR.bit.ADCINT1 = 1;         // ADCINT1 Flag CLEAR
```

그림 9.33 ADC Interrupt를 이용하기 위한 ADC 설정

변환된 디지털 값은 ADC ISR 함수 내에서 레지스터에 저장된다. 이를 확인하기 위해 [그림 9.34]와 같이 ISR 함수 내에 GPIO16을 설정하고 IsrTicker 변수를 선언한다. 채널-4의 변환된 디지털 값은 ADCRESULT4에 저장하여 Expression Window를 통해 확인한다.

```
GpioDataRegs.GPADAT.bit.GPIO16 = 1;            // ISR 확인하기 위한 GPIO SET
IsrTicker++;                                   // ISR 확인하기 위한 Counter
ADC_value = (float)(AdcaResultRegs.ADCR        // ADCA 채널-4 결과 값 저장
ESULT4);
AdcaRegs.ADCINTFLGCLR.bit.ADCINT1 = 1;         // ADC Interrupt CLEAR
PieCtrlRegs.PIEACK.bit.ACK1 = 1;               // CPU Interrupt 1번 그룹 ACK Bit CLEAR
DELAY_US(50);                                  // 50μs 딜레이
GpioDataRegs.GPADAT.bit.GPIO16 = 1;            // ISR 확인하기 위한 GPIO CLEAR
```

그림 9.34 ADC Interrupt를 이용한 ADC ISR 함수

[그림 9.35]를 통해 ADC Interrupt 서비스 루틴이 정상적으로 동작하여 ADC_value 변수에 채널-4의 입력 값이 변환되어 저장되는 것을 확인할 수 있다. 또한 [그림 9.36]은 GPIO16의 파형으로, SOCA 신호를 ePWM1의 PRD마다 발생시켰기 때문에 ADCINT1 또한 ePWM1과 동일하게 100μs 주기를 가짐을 알 수 있다.

(x)= IsrTicker	unsigned int	3236
(x)= ADC_value	float	1426.0

그림 9.35 ADC Interrupt 방식 ADC 변환 결과

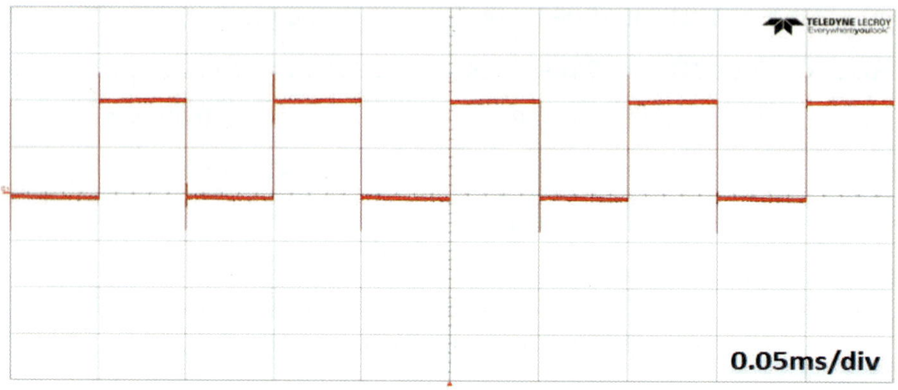

그림 9.36 ADC Interrupt 서비스 루틴 실행 주기

ADC를 통해 변환된 값은 스케일링을 통해 실제 값과 동일하게 바꾸어주는 과정이 필요하다. 예를 들어, [그림 9.36]과 같이 DC 링크 전압을 센싱하여 실제 200[V]의 전압이 3000으로 변환되었다면, Scalefactor=1/15로 설정하여 200[V]로 변경하여 제어에 사용한다. 이를 코드로 나타내면 [그림 9.38]과 같다.

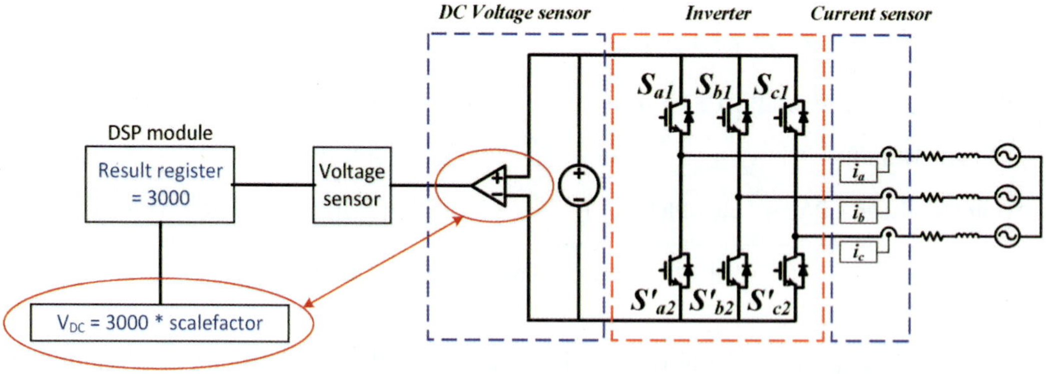

그림 9.37 ADC 스케일링

```
VDC = scalefactor * (float)(AcaResultRegs.ADCRESULT4);        // ADC 스케일링
```

그림 9.38 Scalefactor를 이용한 ADC 스케일링

[그림 9.39]는 ADC 스케일링을 통해 얻은 파형과 프로브를 통해 측정한 파형의 비교를 나타낸다. 실제 전압은 155[Vpeak] / 60[Hz] AC를 인가 하였으며 ADC 스케일링 후 DAC를 통해 오실로스코프로 확인하였다. 실제 전압은 전압 프로브로 측정하였으며, ADC 스케일링 값과 실제 값이 일치하는 것을 확인할 수 있다.

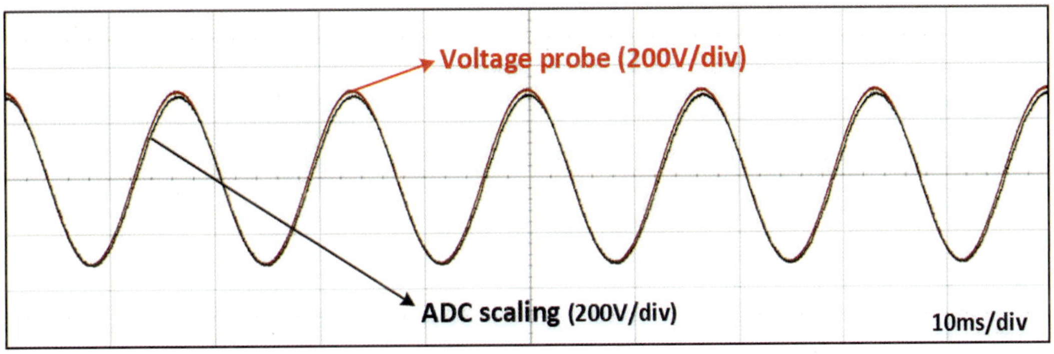

그림 9.39 ADC 스케일링과 실제 측정 파형 비교

9.4.3 ADC Priority

1) Round Robin

Round Robin 방법에 의한 ADC 우선순위를 실험으로 확인한다. Round Robin 방법은 SOC0 ~ SOC15까지 오름차순으로 우선순위가 정해지는 방법이다.

[그림 9.37]은 Round Robin 방법에 의한 SOC 우선순위를 확인하기 위해 SOC0, SOC2, SOC15에 각각 ADC Interrupt1, Interrupt2, Interrupt3을 연결하는 ADC 설정 코드이다. 모든 SOC는 동일하게 ePWM1A의 SOCA 신호에 의해 Trigger 된다.

```
AdcaRegs.ADCSOC0CTL.bit.CHSEL = 0;           // SOC0에 의해 ADCA 모듈 채널-0 변환
AdcaRegs.ADCSOC0CTL.bit.ACQPS = 0;           // S/H duration time = 5ns
AdcaRegs.ADCSOC0CTL.bit.TRIGSEL = 5;         // ePWM1 SOCA 신호로 SOC0 Trigger
AdcaRegs.ADCINTSEL1N2.bit.INT1SEL = 0;       // EOC0가 ADCINT1 발생
AdcaRegs.ADCINTSEL1N2.bit.INT1E = 1;         // ADCINT1 활성화
AdcaRegs.ADCINTSEL1N2.bit.INT1CONT = 0;      // ADCINT1 펄스 생성 조건 설정
AdcaRegs.ADCINTFLGCLR.bit.ADCINT1 = 1;       // ADCINT1 Flag CLEAR

AdcaRegs.ADCSOC2CTL.bit.CHSEL = 2;           // SOC2에 의해 ADCA 모듈 채널-2 변환
AdcaRegs.ADCSOC2CTL.bit.ACQPS = 0;           // S/H duration time = 5ns
AdcaRegs.ADCSOC2CTL.bit.TRIGSEL = 5;         // ePWM1 SOCA 신호로 SOC2 Trigger
AdcaRegs.ADCINTSEL1N2.bit.INT2SEL = 2;       // EOC2가 ADCINT2 발생
AdcaRegs.ADCINTSEL1N2.bit.INT2E = 1;         // ADCINT2 활성화
AdcaRegs.ADCINTSEL1N2.bit.INT2CONT = 0;      // ADCINT2 펄스 생성 조건 설정
AdcaRegs.ADCINTFLGCLR.bit.ADCINT2 = 1;       // ADCINT2 Flag CLEAR

AdcaRegs.ADCSOC15CTL.bit.CHSEL = 15;         // SOC15에 의해 ADCA 모듈 채널-0 변환
AdcaRegs.ADCSOC15CTL.bit.ACQPS = 0;          // S/H duration time = 5ns
AdcaRegs.ADCSOC15CTL.bit.TRIGSEL = 5;        // ePWM1 SOCA 신호로 SOC15 Trigger
AdcaRegs.ADCINTSEL3N4.bit.INT3SEL = 0;       // EOC15가 ADCINT3 발생
AdcaRegs.ADCINTSEL3N4.bit.INT3E = 1;         // ADCINT3 활성화
AdcaRegs.ADCINTSEL3N4.bit.INT3CONT = 0;      // ADCINT3 펄스 생성 조건 설정
AdcaRegs.ADCINTFLGCLR.bit.ADCINT3 = 1;       // ADCINT3 Flag CLEAR
```

그림 9.37 Round Robin 방법 확인을 위한 ADC 설정

[그림 9.38]은 Round Robin 방법에 의한 SOC 우선순위를 확인하기 위해 각 ISR 함수를 선언하여 GPIO를 설정한 코드이다. 의도적으로 ADCISR3 함수를 먼저 선언하여 함수 선언 순서에 관계없이 SOC 우선순위에 의한 Interrupt 발생 시점을 확인한다.

```
Interrupt void ADCISR(void) {                   // SOC0 에 의한 ADCINT1 ISR
GpioDataRegs.GPADAT.bit.GPIO16 = 1;             // ISR 확인하기 위한 GPIO SET
AdcaRegs.ADCINTFLGCLR.bit.ADCINT1 = 1;          // ADC Interrupt CLEAR
PieCtrlRegs.PIEACK.bit.ACK1 = 1;                // CPUInterrupt 1번 그룹 ACK Bit CLEAR
GpioDataRegs.GPADAT.bit.GPIO16 = 0; }           // ISR 확인하기 위한 GPIO CLEAR

Interrupt void ADCISR3(void) {                  // SOC0 에 의한 ADCINT1 ISR
GpioDataRegs.GPADAT.bit.GPIO18 = 1;             // ISR 확인하기 위한 GPIO SET
AdcaRegs.ADCINTFLGCLR.bit.ADCINT3 = 1;          // ADC Interrupt CLEAR
PieCtrlRegs.PIEACK.bit.ACK10 = 1;               // CPUInterrupt 10번 그룹 ACK Bit CLEAR
GpioDataRegs.GPADAT.bit.GPIO18 = 0; }           // ISR 확인하기 위한 GPIO CLEAR

Interrupt void ADCISR2(void) {                  // SOC0 에 의한 ADCINT1 ISR
GpioDataRegs.GPADAT.bit.GPIO17 = 1;             // ISR 확인하기 위한 GPIO SET
AdcaRegs.ADCINTFLGCLR.bit.ADCINT2 = 1;          // ADC Interrupt CLEAR
PieCtrlRegs.PIEACK.bit.ACK10 = 1;               // CPUInterrupt 10번 그룹 ACK Bit CLEAR
GpioDataRegs.GPADAT.bit.GPIO17 = 0; }           // ISR 확인하기 위한 GPIO CLEAR
```

그림 9.38 SOC에 따른 ADC ISR 함수

[그림 9.39]를 통해 SOC0, SOC2, SOC15에 의한 ADC 과정이 진행되어 EOC0, EOC2, EOC15 순서로 발생하여 ADCISR, ADCISR2, ADCISR3 순서로 함수가 동작하는 것을 확인할 수 있다. 따라서 GPIO16, GPIO17, GPIO18 순서대로 SET-CLEAR된다.

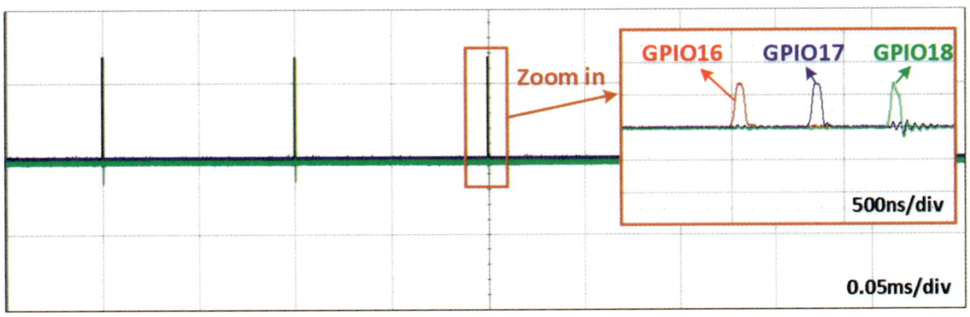

그림 9.39 Round Robin 동작에 따른 ADC ISR 함수 동작 순서

또한 [그림 9.40]은 [그림 9.37]에서 SOC8을 추가로 설정하여 SOC8의 S/H Duration Time에 따른 Interrupt 발생 시점을 확인하는 실습 코드이다. SOC8에 의한 S/H Duration Time을 최대로 설정하여 SOC15의 발생 시점을 확인한다.

```
AdcaRegs.ADCSOC8CTL.bit.CHSEL = 8;      // SOC8에 의해 ADCA 모듈 채널-8 변환
AdcaRegs.ADCSOC8CTL.bit.ACQPS = 511;    // S/H duration time = 2.56μs
AdcaRegs.ADCSOC8CTL.bit.TRIGSEL = 5;    // ePWM1 SOCA 신호로 SOC8 Trigger
```

그림 9.40 SOC8 설정 코드

[그림 9.41]은 SOC8의 S/H Duration Time을 의도적으로 길게 설정하였을 때 SOC에 따른 Interrupt 발생 시점을 실험을 통해 확인한 결과이다. SOC8의 S/H Duration Time이 길어짐에 따라 SOC15 발생 시점도 늦어지고, 이에 따라 EOC15에 의한 ADCISR3도 지연되어 발생하는 것을 확인할 수 있다.

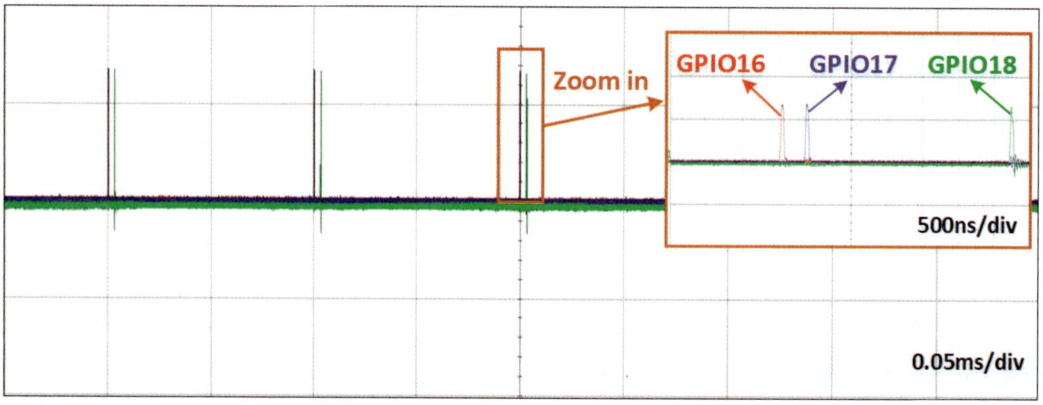

그림 9.41 SOC8 추가 설정에 따른 ADC ISR 함수 동작 시점

2) High Priority

High Priority 방법은 SOC0 부터 k개의 SOC 우선순위를 사용자가 먼저 설정하여 사용하는 방법이다.

[그림 9.42]는 High Priority 방법을 실험을 통해 확인하기 위해 k=4로 설정하여 SOC0 ~ SOC4까지 SOC 우선순위를 부여하고, SOC2와 SOC15를 동시에 Trigger 시키는 코드이다. ISR 함수 발생 순서와 관계없이 SOC에 의한 ISR 함수 동작 순서를 확인하기 위해 의도

적으로 ADCISR3을 먼저 선언하였다. 앞의 실험과 동일하게 EOC2에 ADCINT2, EOC15에 ADCINT3을 연결하여 ISR 함수의 동작 시점을 확인한다. 각 ISR 동작을 확인하기 위해 GPIO17과 GPIO18을 연결한다.

```
AdcaRegs.ADCSOCPRICTL.bit.SOCPRIORITY = 8        // SOC0 ~ SOC4 까지 우선순위 부여


AdcaRegs.ADCSOC2CTL.bit.CHSEL = 2;               // SOC2에 의해 ADCA 모듈 채널-2 변환
AdcaRegs.ADCSOC2CTL.bit.ACQPS = 0;               // S/H duration time = 5ns
AdcaRegs.ADCSOC2CTL.bit.TRIGSEL = 5;             // ePWM1 SOCA 신호로 SOC2 Trigger
AdcaRegs.ADCINTSEL1N2.bit.INT2SEL = 2;           // EOC2가 ADCINT2 발생
AdcaRegs.ADCINTSEL1N2.bit.INT2E = 1;             // ADCINT2 활성화
AdcaRegs.ADCINTSEL1N2.bit.INT2CONT = 0;          // ADCINT2 펄스 생성 조건 설정
AdcaRegs.ADCINTFLGCLR.bit.ADCINT2 = 1;           // ADCINT2 Flag CLEAR


AdcaRegs.ADCSOC15CTL.bit.CHSEL = 15;             // SOC15에 의해 ADCA 모듈 채널-0 변환
AdcaRegs.ADCSOC15CTL.bit.ACQPS = 0;              // S/H duration time = 5ns
AdcaRegs.ADCSOC15CTL.bit.TRIGSEL = 5;            // ePWM1 SOCA 신호로 SOC15 Trigger
AdcaRegs.ADCINTSEL3N4.bit.INT3SEL = 0;           // EOC15가 ADCINT3 발생
AdcaRegs.ADCINTSEL3N4.bit.INT3E = 1;             // ADCINT3 활성화
AdcaRegs.ADCINTSEL3N4.bit.INT3CONT = 0;          // ADCINT3 펄스 생성 조건 설정
AdcaRegs.ADCINTFLGCLR.bit.ADCINT3 = 1;           // ADCINT3 Flag CLEAR
```

그림 9.42 ADC Interrupt를 이용한 ADC

[그림 9.43]은 High Priority에 따른 Interrupt 동작 순서 실험 결과이다. EOC2에 의한 ADCISR2가 먼저 실행되어 GPIO17이 토글되고, 그 후에 EOC15에 의한 ADCISR3가 동작하여 GPIO18이 토글된다.

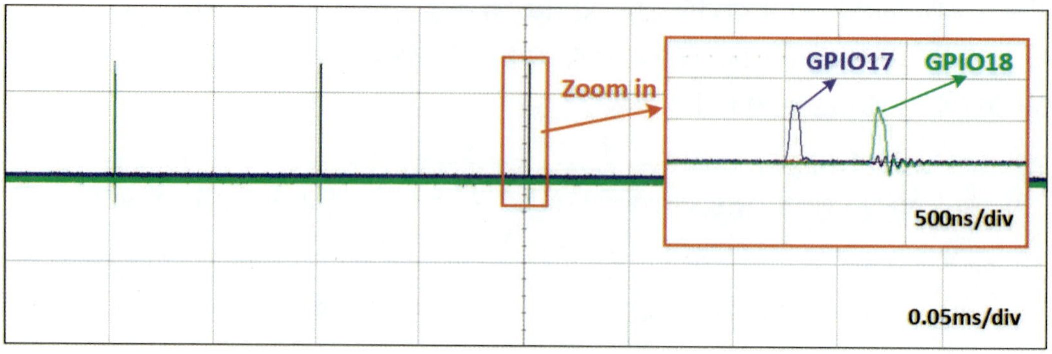

그림 9.43 High Priority 동작에 따른 ADC ISR 함수 동작 순서

9.4.4 Post-processing Blocks

1) Offset Correction

[그림 9.44]는 PPB의 Offset Correction 기능을 나타낸다. Offset Correction 기능은 ADC 출력값에 설정한 Offset 값을 빼주어 최종 값을 ADC 결과 레지스터에 저장하여 사용하는 기능이다.

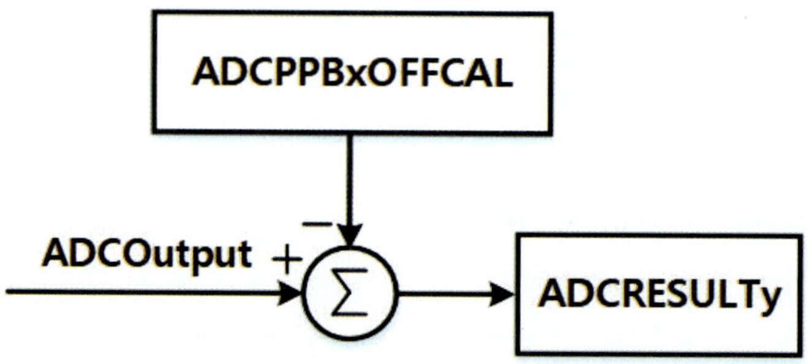

그림 9.44 Offset Correction 기능

[그림 9.45]는 Post-processing Blocks의 Offset Correction 기능을 사용하기 위한 설정 코드이다. Post-processing Block은 ADC 모듈 별로 4개씩 존재하며 실험에서는 PPB1을 사용한다. PPB1은 SOC4와 연결하여 SOC4 신호에 할당된 채널-4의 디지털 값을 ADC Ouput으로 사용한다. Offset Calculation 기능을 사용하기 위해서 ADC 변환 값에서 빼주어야 할 특정 Offset 값에 대한 설정이 필요하다. 이는 ADCPPB1OFFCAL 레지스터의 OFFCAL을 통해 설정할 수 있으며 임의로 200으로 설정한다.

```
AdcaRegs.ADCPPB1CONFIG.bit.CONFIG = 4;         // ADCA PPB1을 SOC4와 연결
AdcaRegs.ADCPPB1OFFCAL.bit.OFFCAL = 200;       // ADCRESULT = ADCOUT - 200
```

그림 9.45 Offset Correction 기능 설정

[그림 9.46]은 Offset Correction 기능의 실험 결과이다. Offset 값을 200으로 설정했기 때문에 [그림 9.35]와 비교하였을 때 약 200 차이나는 값이 ADC_value 변수에 저장됨을 알 수 있다.

Expression	Type	Value
(x)= IsrTicker	unsigned int	10735
(x)= ADC_value	float	1218.0

그림 9.46 Offset Correction 결과

[그림 9.46]은 실제 전압이 0[V]인 상황으로 Offset전압이 1218만큼 포함되어 있다. 따라서 이를 0[V]로 사용하기 위해서는 ADC_value에 1218만큼 빼주어 0의 값을 가지도록 보상해주어야 한다. 하지만 [표 9.20]과 같이 Offset 보정은 최대 -511까지 가능하기 때문에, 이와 같은 경우에는 [그림 9.47]과 같이 상수를 빼주어 Offset을 보정한다.

```
VDC = scalefactor * )(float)(AcaResultRegs.ADCRESULT4)-          // Offset 보정
1218);
```

그림 9.47 상수를 이용한 Offset 보상

2) Error Calculation

[그림 9.48]은 Error Calculation 기능을 나타낸다. Error Calculation 기능은 ADC 결과 레지스터에 저장된 값과 설정한 지령 값의 오차를 계산하여 ADCPPB 결과 레지스터에 저장하는 기능이다. 또한 TWOSCOMPEN을 이용하여 극성 변환이 가능하다.

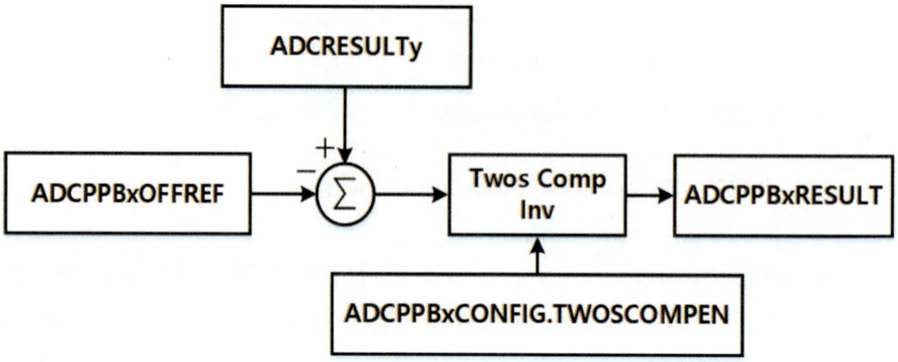

그림 9.48 Error Calculation 기능

[그림 9.49]는 Error Calculation 사용을 위한 코드이다. ADCA 모듈의 PPB1을 SOC4와 연결하여 실험을 진행한다. ADC 결과 값과 비교되는 지령 값은 OFFREF를 통해 설정 가능하며, 본 실험에서는 임의로 500으로 설정하고 TWOSCOMPEN을 0으로 설정하여 ADCRESULT - ADCPPBxOFFREF 값이 ADCPPBxRESULT에 저장된다.

```
AdcaRegs.ADCPPB1OFFREF = 500;                     // ADCPPBxRESULT = ADCRESULTy - 500
AdcaRegs.ADCPPB1CONFIG.bit.TWOSCOMPEN = 0;        // ADCPPBxRESULT = ADCRESULTy - ADCPPBxOFFREF
```

그림 9.49 Error Calculation 기능 설정

[그림 9.50]은 Error Calculation 기능을 적용한 결과 값을 사용하기 위해 PPB RESULT 레지스터에 저장하는 코드이다. ADC Interrupt를 사용하므로 ADC ISR 함수 내에 포함되어야 한다. ADCRESULT4에 Error Calculation 동작이 수행되기 전의 값을 저장하고, Error Calculation 동작 후 결과 값을 PPB1RESULT 레지스터에 저장하여 본 기능의 동작을 확인한다

```
ADC_value = (float)(AdcaResultRegs.ADCRESULT4);   // 채널-4 변환 값 저장
ADC_value_error = (float)(AdcaResultRegs.ADCPPB1RESULT.bit.PPBRESULT);   // Error Calculation 값 저장
```

그림 9.50 Error Calculation 기능 설정

지령 값은 500으로 설정하였기 때문에 [그림 1.51]과 같이 ADC 결과 값 1218에서 500을 빼준 718이 PPB 결과 레지스터에 저장되는 것을 확인할 수 있다.

Expression	Type	Value
(x)= IsrTicker	unsigned int	10735
(x)= ADC_value	float	1218.0
(x)= ADC_value_error	float	718.0

그림 9.51 Error Calculation 결과

[그림 9.52]는 Error Calculation 기능을 AC 파형을 통해 확인한 결과이다. [AdcaRegs.ADCPPB1OFFREF = 400]이며, Scalefactor=0.37로 설정하였다. 따라서 PPB 결과 레지스터에 저장된 값은 ADC 결과 레지스터에 저장된 값보다 약 150[V] 작게 측정된다. AC 전압의 피크 값은 155[V] 이므로 PPB 결과 레지스터의 피크값이 ADC 결과 레지스터에 저장된 값의 0[V] 부근에 위치함을 확인할 수 있다.

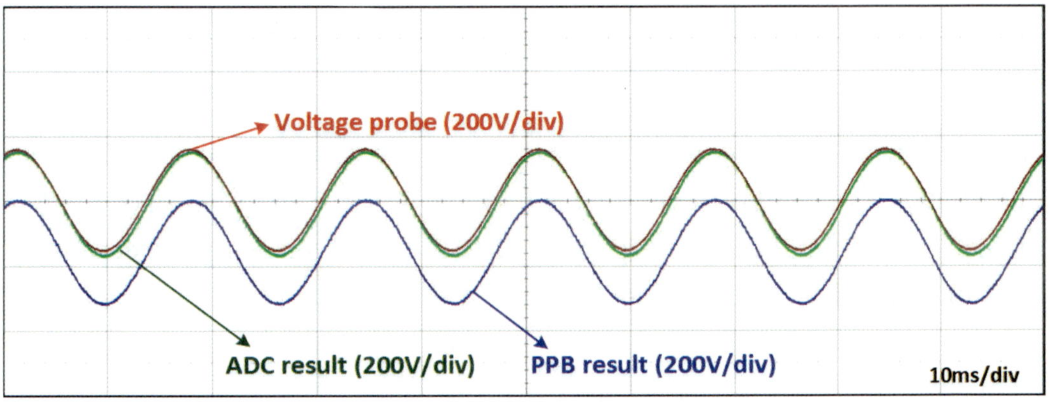

그림 9.52 Error Calculation 기능 확인

3) Limit Detection and Zero-crossing Detection

[그림 9.53]은 Limit Detection and Zero-crossing Detection 기능을 나타낸다. 결과 레지스터에 저장된 값이 상하한 값을 넘거나 또는 부호가 바뀔 때 Interrupt를 발생시킬 수 있다.

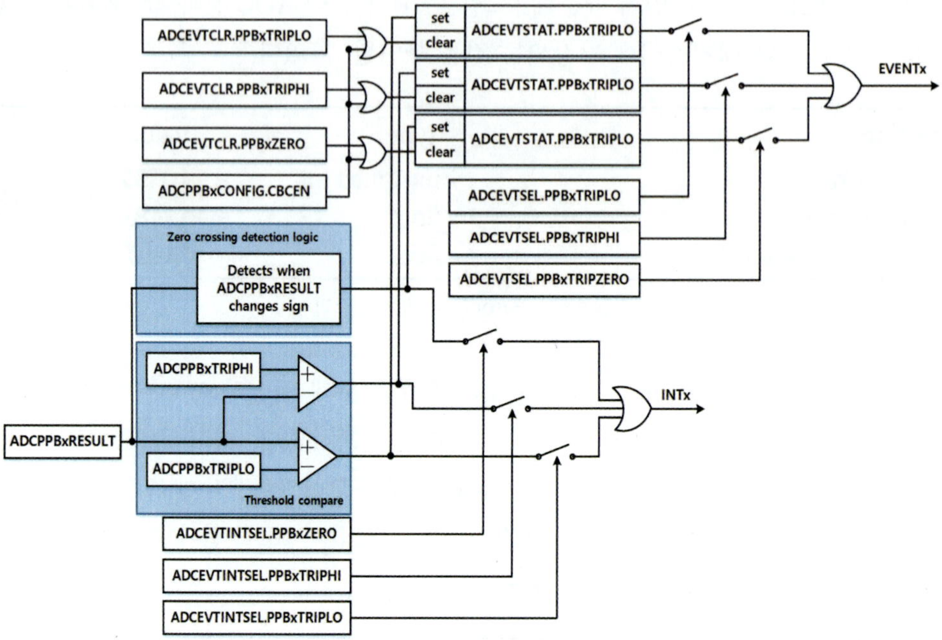

그림 9.53 Limit Detection and Zero-crossing Detection 기능

[그림 9.54]는 PPB결과 레지스터에 저장된 값이 상한값을 초과하였을 때 이를 감지하고 Interrupt가 발생하여 Interrupt 서비스 루틴이 실행되는 코드이다. 상한/하한값은 각각 800과 200으로 설정하였고, PPB에 저장된 값이 800보다 클 때 ADCA_EVT Interrupt가 활성화되어 이와 연결된 ADC_PPB_ISR 함수가 실행된다. 또한 ADCEVTSTAT 레지스터의 PPBxTRIPHI Bit가 SET되어 ISR 함수 구동 확인을 위한 ADCTicker Counter가 증가한다. ADC ISR과 PPB ISR 실행을 각각 확인하기 위해 ADC ISR과 PPB ISR 함수 내에 GPIO16과 GPIO17을 설정한다.

```
AdcaRegs.ADCPPB1TRIPHI.bit.LIMITHI = 800;     // ADCA PPB1 PPBRESULT MAX limit 설정
AdcaRegs.ADCPPB1TRIPLO.bit.LIMITLO = 200;     // ADCA PPB1 PPBRESULT MIN limit 설정
AdcaRegs.ADCEVTINTSEL.bit.PPB1ZERO = 1;       // ADCA PPB1의 Zero-crossing 감지 Interrupt 활성화
AcaRegs.ADCEVTINTSEL.bit.PPB1TRIPHI = 1;      // ADCA PPB1의 Max limit 초과 감지 Interrupt 활성화
AcaRegs.ADCEVTINTSEL.bit.PPB1TRIPLO = 1;      // ADCA PPB1의 Min limit 초과 감지 Interrupt 활성화
```

그림 9.54 Limit Detection 설정 및 Interrupt 활성화

[그림 9.55]는 PPB1의 상한 값을 초과했을 때 발생하는 PPB ISR 함수에 대한 코드이다. PPB ISR 함수 작동 확인을 위해 GPIO17을 설정하고, PPB1의 결과 값이 상한 값을 초과했을 때 ADCEVTSTAT 레지스터가 SET되어 해당 함수가 실행된다. 이때 ADCTicker 변수를 선언하여 Interrupt 동작 및 Limit Detection 함수 동작을 확인한다.

```
GpioDataRegs.GPADAT.bit.GPIO17 = 1;          // ISR 확인하기 위한 GPIO17 SET
if(AdcaRegs.ADCEVTSTAT.bit.PPB1TRIPHI)        // PPB1TRIPHI 초과 시 함수 수행
{
ADCTicker++;                                  // 상한 값 초과 감지 확인 Counter
AdcaRegs.ADCEVTCLR.bit.PPB1TRIPHI = 1;        // ADCEVT CLEAR
}
PieCtrlRegs.PIEACK.bit.ACK10 = 1;             // CPU 인터럽트 10번 그룹 ACK 비트
                                                 CLEAR
DELAY_US(50);                                 // 50μs 지연
GpioDataRegs.GPADAT.bit.GPIO17 = 0;          // ISR 확인하기 위한 GPIO17 CLEAR
```

그림 9.55 Max Limit Detection ISR 함수

[그림 9.56]은 PPB 결과 레지스터에 저장된 값이 상한값을 초과하여 PPB ISR이 실행된 결과이다. Error Calculation 실험과 동일하게 ADC 결과 값에서 500을 빼준 값을 PPB RESULT 레지스터에 저장하고, ADC_value_error 변수에 할당한다. ADC_value_error 값이 상한 값 800을 초과하여 PPB ISR이 실행되고, ADCEVTSTAT 레지스터가 SET되어 ADCTicker Counter가 동작함을 확인할 수 있다.

(x)= IsrTicker	unsigned int	60592
(x)= ADC_value	float	1374.0
(x)= ADC_value_error	float	874.0
(x)= ADCTicker	unsigned int	35025
(x)= AdcaRegs.ADCEVTSTAT.bit.PPB1TRIPHI	unsigned int : 1	1

그림 9.56 Max Limit Detection 결과

[그림 9.57]은 각 Interrupt 서비스 루틴 함수의 실행 주기를 나타낸다. Limit Detection and Zero-crossing Detection 기능은 ADC 변환 값을 사용하여 Error Calculation 기능을

거친 PPB RESULT 레지스터에 저장된 값으로 동작되기 때문에 ADC ISR이 먼저 실행되어 GPIO16이 SET된다. 50μs 이후에 ADC ISR이 종료되고 GPIO16은 CLEAR된다. 이때 PPB 결과 레지스터에 저장된 값이 800을 초과하였으므로 곧바로 PPB ISR이 실행되어 GPIO17이 SET된다. 동일하게 50μs 이후에 GPIO17을 CLEAR시킴으로써 두 Interrupt 서비스 루틴이 동일한 주기로 동작함을 확인할 수 있다. 또한 [그림 9.58]은 상한값을 초과하지 않았을 때의 GPIO16과 GPIO17를 나타내며, 상한값을 초과하지 않아 PPB Interrupt 서비스 루틴이 실행되지 않으므로 GPIO17은 항상 CLEAR되어 있음을 확인할 수 있다.

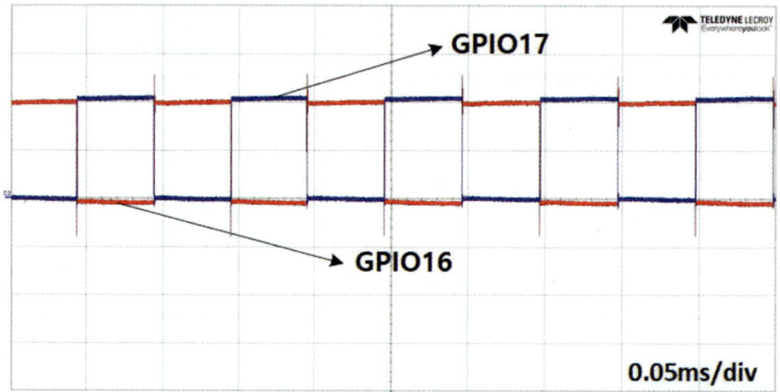

그림 9.57 ADC 및 PPB Interrupt 서비스 루틴 실행 주기(Max Limit Detection 발생)

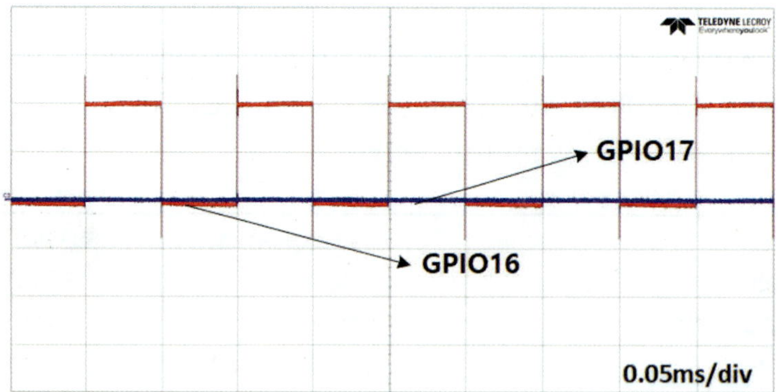

그림 9.58 ADC 및 PPB Interrupt 서비스 루틴 실행 주기(Max Limit Detection 미발생)

CHAPTER 10

Digital-to-Analog Converter (DAC)

10 Digital-to-Analog Converter (DAC)

10.1 DAC 개요

10.1.1 DAC 개요

디지털-아날로그 컨버터(Digital-to-Analog Converter, DAC)는 부호화된 디지털 신호를 아날로그 신호(전압, 전류 등)로 변환하는 기능을 수행한다. 아날로그 신호를 디지털 신호로 바꾸는 Analog-to-Digital Converter (ADC)와 반대 기능을 의미한다.

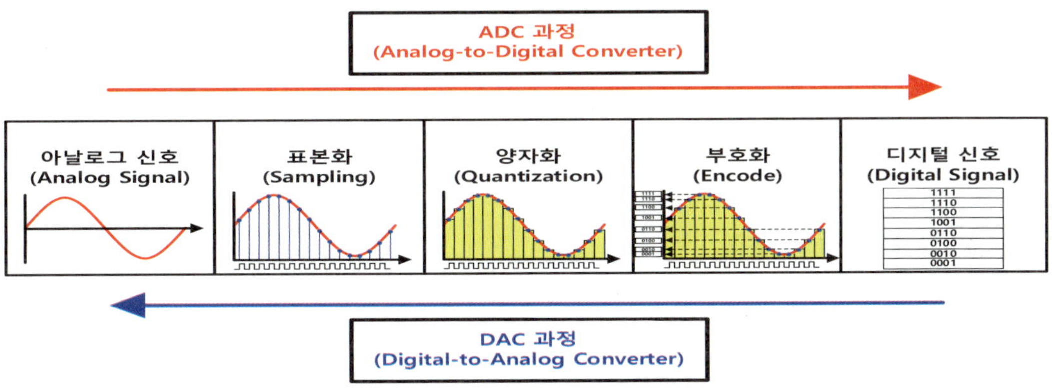

그림 10.1 ADC 및 DAC의 신호처리 과정

DAC의 신호처리 과정은 [그림 10.1]에 나타난 것과 같이, 부호화, 양자화, 표본화의 과정을 거쳐 신호를 처리하게 된다. DAC 분해능에 따라 2진수로 표현된 디지털 신호는 복호화 과정을 통해 각 Bit 별 해당하는 아날로그 신호의 크기로 변환할 수 있다. 이러한 아날로그 신호의 크기를 일정 샘플링 시간마다 계산하여 나타내는 경우 표본화 된 아날로그 신호를 얻을 수 있다. 복원된 아날로그 신호는 샘플링 시간이 짧아질수록 정확성이 증가한다. 디지털 신호는 DAC의 분해능에 따라 저장되는 Data의 크기가 결정되며, 기준 전압에 따라 각 Data의 전압 크기가 결정된다. 예를 들어 DAC의 분해능이 12Bit이며 기준 전압이 3.3V인 경우

$$1Bit = \frac{V_{ref}}{2^{12Bit}} = \frac{3.3V}{4096Bit} = 0.805664mV \tag{10.1}$$

1Bit 당 약 0.805664mV로 표현됨을 알 수 있다. 분해능이 높을수록 출력되는 아날로그 신호는 더 정밀한 값을 가지게 된다.

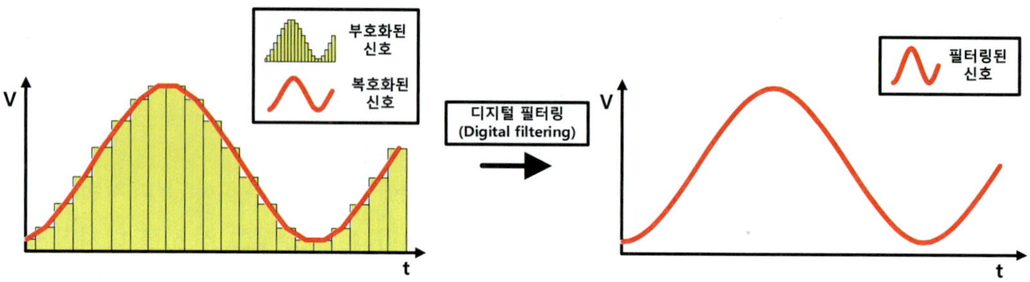

그림 10.2 DAC의 신호처리 과정

DAC를 통해 복조화된 아날로그 신호는 [그림 10.2]와 같이 디지털 필터를 거쳐 출력되는데 이는 디지털 신호에서 아날로그 신호로 변환할 때 발생하는 비선형성을 제거하기 위함이다.

10.1.2 DAC 모듈의 특징

- DAC 모듈은 내부 12Bit의 DAC로 구성
- 외부 부하를 구동할 수 있는 아날로그 출력 버퍼 존재

- DAC 출력의 Pull-down 저항은 출력 버퍼가 비활성화 될 때 출력 전압을 제공하는데 사용
  - Pull-down 저항은 비활성화할 수 없으며 공유된 다른 기능의 경우에도 출력의 수동 구성 요소로 존재
- DAC는 사인파, 사각파, 삼각파와 같은 AC 파형 이외에도 DC 전압을 생성하는데 사용 가능
- EPWMSYNCPER와 동기화 기능
- 선택 가능한 지령 전압 전원

10.2 전력전자에서 DAC 기능 활용

디지털-아날로그 컨버터(Digital-to-Analog Converter, DAC)는 주로 통신분야에서 많이 사용된다. 하지만, 전력전자 분야에서는 사용자가 디지털 환경에서 설정한 제어 동작이 정확하게 구동하는지 확인하는 용도로 사용 가능하다.

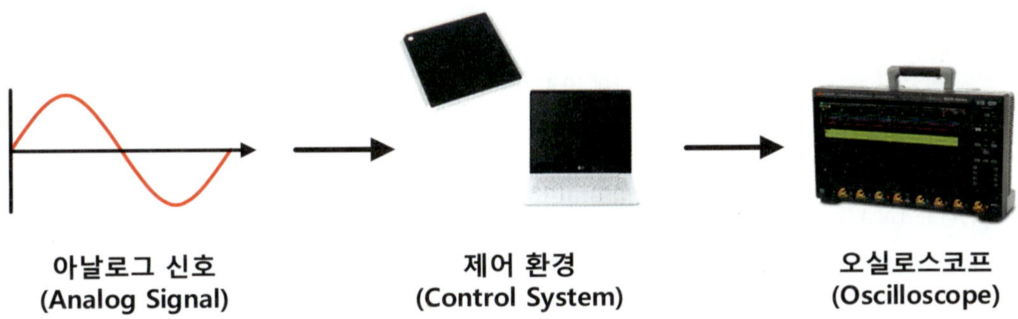

그림 10.3 전력전자에서 DAC의 기능 활용

[그림 10.3]에서 보이듯 전류 및 전압과 같은 아날로그 신호는 DSP의 ADC 기능을 이용하여 디지털 신호로 변환되어 사용자가 설정한 제어 환경 내에서 사용하게 된다. 사용자는 제어 환경의 여러 내부 변수를 DSP의 DAC 기능을 이용하여 아날로그 신호로 변환시키며 이를 오실로스코프로 보내 확인할 수 있다.

10.3 DAC 설정

[그림 10.4]는 TMS320F28388 176Pin 칩의 구성도이다. DAC 관련 Pin은 총 3개로 구성되어 있다.

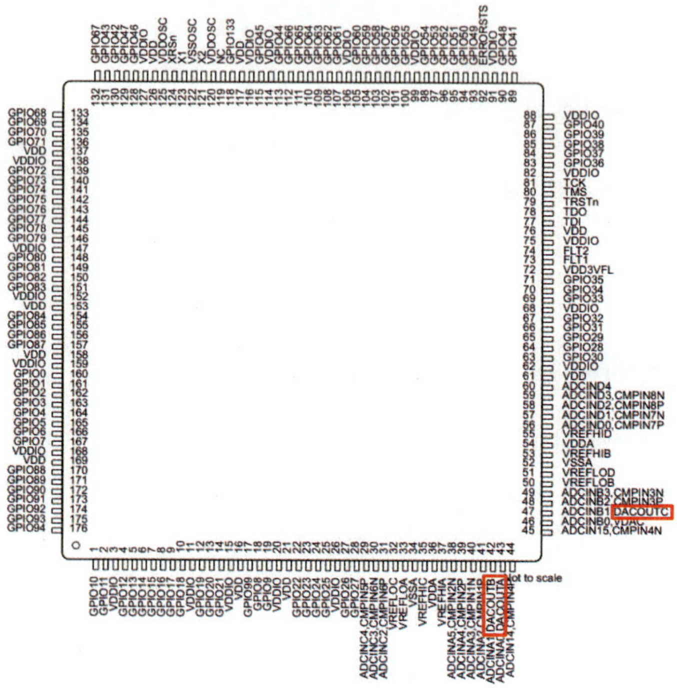

그림 10.4 DAC 사용 Pin

DAC 관련 Pin은 DACOUTA, DACOUTB, DACOUTC가 존재하며, 각 DAC는 ADC 입력(ADCINA0, ADCINA1, ADCINB1)으로도 사용할 수 있다. 만약 ADCINA0을 DACOUTA로 사용하기 위해서는 DAC 기능을 활성화(DACOUTEN 레지스터를 1로 설정)하여야 한다.

10.4 DAC 모듈

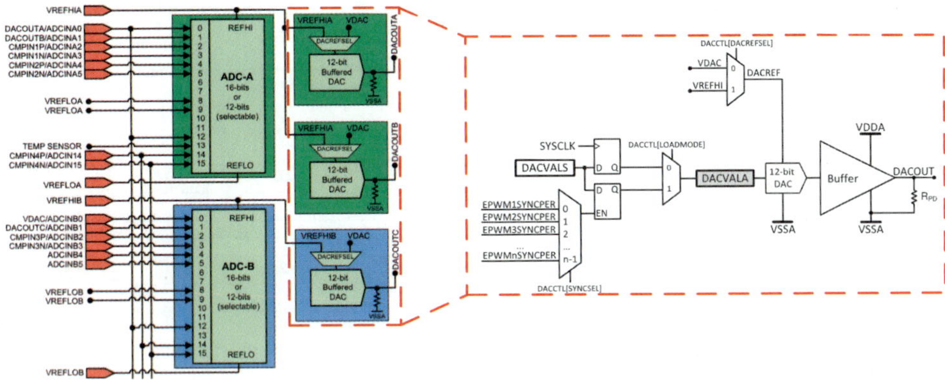

그림 10.5 DAC 모듈

DAC 모듈은 [그림 10.5]와 같이 구성되어 있다. 각 DAC의 기준 전압(DACREF)은 ADC의 비교 전압인 VREFHIA나 VREFHIB를 사용하거나 VDAC를 사용하도록 선택할 수 있다. 또한, DAC 모듈에는 [그림 10.6]과 같이 DACVAL 레지스터인 DACVALA와 DACVALS가 존재하는데, DACVALA는 버퍼링된 DAC 값을 능동적으로 제어하는 읽기 전용 레지스터이며, DACVALS는 시스템 클럭(SYSCLK) 또는 EPWMSYNCPER 신호에 맞춰 DACVALA로 전달되는 쓰기 가능한 Shadow 레지스터다. 이렇게 전달된 DACVALA는 DACREF와 비교된 후 버퍼를 거쳐 DAC 출력(DACOUT)을 발생시키며 이상적인 DACOUT을 계산하면 식 (10.2)와 같다.

$$DACOUT = \frac{DACVALA \times DACREF}{4096} \tag{10.2}$$

DACOUT을 결정하는 DAC의 출력 버퍼는 버퍼에 공급되는 전압(VDDA/VSSA) 근처에서 [그림 10.7]과 같이 비선형적인 동작을 할 수 있다. 따라서, DAC의 선형적인 출력을 얻기 위해서는 이를 고려한 출력범위 선정이 필요할 수 있다.

15	14	13	12	11	10	9	8
RESERVED				DACVALA			
R-0h				R-0h			
7	**6**	**5**	**4**	**3**	**2**	**1**	**0**
DACVALA							
R-0h							

15	14	13	12	11	10	9	8
RESERVED				DACVALS			
R-0h				R/W-0h			
7	**6**	**5**	**4**	**3**	**2**	**1**	**0**
DACVALS							
R/W-0h							

그림 10.6 DACVAL 레지스터 구성

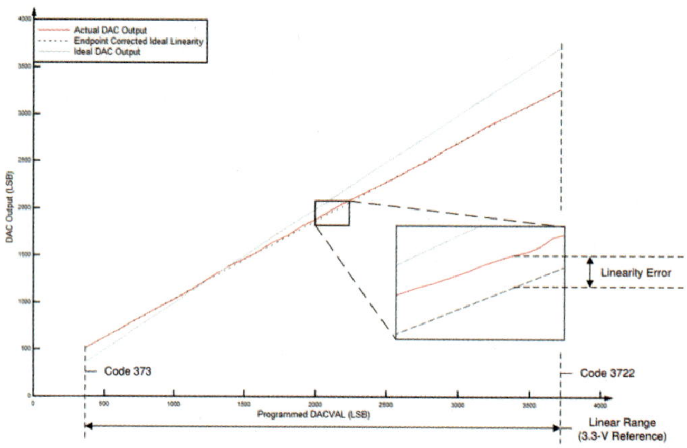

그림 10.7 DAC의 선형 범위

DAC의 대부분 기능을 설정하는 DACCTL 레지스터는 [그림 10.8]과 같이 구성되어 있다. 레지스터를 구성하는 각 요소들의 기능은 [표 10.1]과 같다.

15	14	13	12	11	10	9	8
RESERVED							
R-0h							
7	**6**	**5**	**4**	**3**	**2**	**1**	**0**
SYNCSEL				RESERVED	LOADMODE	RESERVED	DACREFSEL
R/W-0h				R-0h	R/W-0h	R-0h	R/W-0h

그림 10.8 DACCTL 레지스터 구성

표 10.1 SYNCSEL, LOADMODE, DACREFSEL 레지스터 변수에 따른 동작

SYNCSEL	Description
0	EPWM1SYNCPER에서 DACVALA가 업데이트 됨
1	EPWM2SYNCPER에서 DACVALA가 업데이트 됨
...	...
14	EPWM15SYNCPER에서 DACVALA가 업데이트 됨
15	EPWM16SYNCPER에서 DACVALA가 업데이트 됨

LOADMODE	Description
0	다음 SYSCLK 신호 발생 시 DACVALS 값을 DACVALA에 저장 시작
1	다음 EPWMSYNCPER 신호 발생 시 DACVALS 값을 DACVALA에 저장 시작

DACREFSEL	Description
0	DAC의 기준 전압을 VDAC/VSSA로 선택
1	DAC의 기준 전압을 ADC VREFHI/VSSA로 선택

DAC 출력은 DACOUTA, DACOUTB, DACOUTC로 총 세개가 존재한다. 각 DAC 출력은 ADC의 입력 ADCINA0, ADCINA1, ADCINB1으로 사용할 수 있으며 DAC 출력으로 사용하기 위해 [그림 10.9]의 DACOUTEN를 설정하여야 한다. DACOUTEN의 기능은 [표 10.2]과 같다.

15	14	13	12	11	10	9	8
RESERVED							
R-0h							
7	**6**	**5**	**4**	**3**	**2**	**1**	**0**
RESERVED							DACOUTEN
R-0h							R/W-0h

그림 10.9 DACOUTEN 레지스터 구성

표 10.2 DACOUTEN 레지스터의 변수에 따른 동작

DACOUTEN	Description
0	DAC 출력 비활성화
1	DAC 출력 활성화

DAC 모듈에는 DAC 레지스터를 잠글 수 있는 레지스터(DACLOCK)이 있다. DACLOCK는 DACCTL, DACVALS, DACOUTEN가 잘못된 값으로 수정되는 것을 방지하기 위해 사용된다. DACLOCK를 통해 보호된 레지스터는 장치를 RESET하기 전까지 수정할 수 없다. DACLOCK의 구성은 [그림 10.10]과 같으며, 각 레지스터의 기능은 [표 10.3]에 나타나 있다.

15	14	13	12	11	10	9	8
KEY				RESERVED			
R-0/W-0h				R-0h			
7	**6**	**5**	**4**	**3**	**2**	**1**	**0**
RESERVED					DACOUTEN	DACVAL	DACCTL
R-0h					R/WSonce-0h	R/WSonce-0h	R/WSonce-0h

그림 10.10 DACLOCK 레지스터 구성

표 10.3 DACCTL, DACVAL, DACOUTEN 레지스터의 변수에 따른 동작

DACCTL	Description
0	잠금 비활성화
1	잠금 활성화, 시스템을 RESET하는 경우 DACCTL Bit를 초기화할 수 있음

DACVAL	Description
0	잠금 비활성화
1	잠금 활성화, 시스템을 RESET하는 경우 DACVAL Bit를 초기화할 수 있음

DACOUTEN	Description
0	잠금 비활성화
1	잠금 활성화, 시스템을 RESET하는 경우 DACOUTEN Bit를 초기화할 수 있음

10.5 DAC 모듈 예제

본 절에서는 DAC 모듈을 이용한 디지털 값에 따른 아날로그 값 출력을 확인한다. DACA를 통해 값을 인가한 후, 설정을 바꾸어 각각의 레지스터 값에 따른 출력을 비교한다. 다음은 그를 위한 DACA 설정을 위한 코드이다.

```
EALLOW;
DacaRegs.DACCTL.bit.DACREFSEL = 1;          //기준 전압 VREFHI 설정
DacaRegs.DACCTL.bit.SYNCSEL = 0;            //EPWM1SYNC에서 DACVALA 업데이트
DacaRegs.DACOUTEN.bit.DACOUTEN = 1;     //DACA ENABLE
DacaRegs.DACVALS.all = 0;                   //DACA 값 초기화
EDIS;
```

그림 10.11 DACA 설정

EPWM1SYNC에서 DACA를 업데이트하도록 설정하였으므로, EPWM1을 다음과 같이 10kHz의 주기로 설정하였다.

```
EPwm1Regs.TBCTL.bit.HSPCLKDIV = 0;   // EPWMCLK=200MHz
EPwm1Regs.TBCTL.bit.CLKDIV = 0;      // 16비트 타이머 그대로 사용
EPwm1Regs.TBCTL.bit.CTRMODE = 2;     // Count Up and Down (Symmetric)
EPwm1Regs.TBPRD = 10000;                      // 타이머 주기 10kHz사용
EPwm1Regs.TBCTR = 0;              // 타이머 카운터(TBCTR) 값을 0으로 초기화
```

그림 10.12 DACA 사용을 위한 EPWM1 설정

다음은 DACVALS레지스터에 2048의 값을 입력하였을 때의 실행 결과이다.

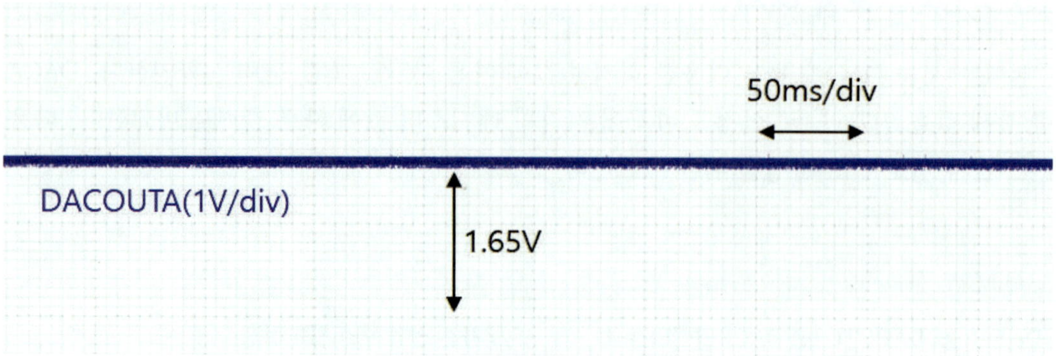

그림 10.13 DACOUTA 출력 결과(DACVALS=2048, VREFHI=3.3V 기준)

기준 전압에 따른 전압 변화를 확인하기 위해, 동일한 환경에서 VDAC에 1V를 인가한 후 기준 전압을 VDAC로 변경하였다. 다음은 그를 위한 설정 코드와 실행 결과다.

```
EALLOW;
DacaRegs.DACCTL.bit.DACREFSEL = 0;      //기준 전압 VDAC 설정
EDIS;
```

그림 10.14 기준전압=VDAC 변경을 위한 설정 코드

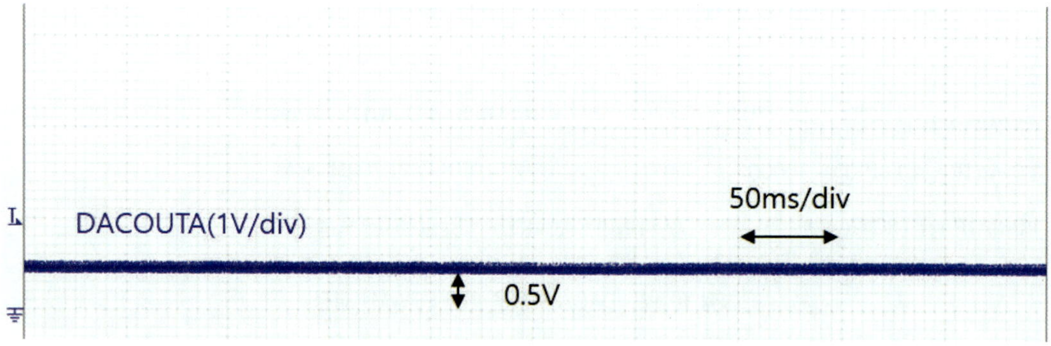

그림 10.15 DACOUTA 출력 결과(DACVALS=2048, VDAC=1V 기준)

또한, DAC 출력 전압에 대한 Bit 계산 값이 맞는지 확인하기 위해, 기준 전압을 VREFHI로 설정한 후 Bit를 각각 1024, 2048, 4095로 입력하여 확인하였다. 아래는 그 실행 결과이다.

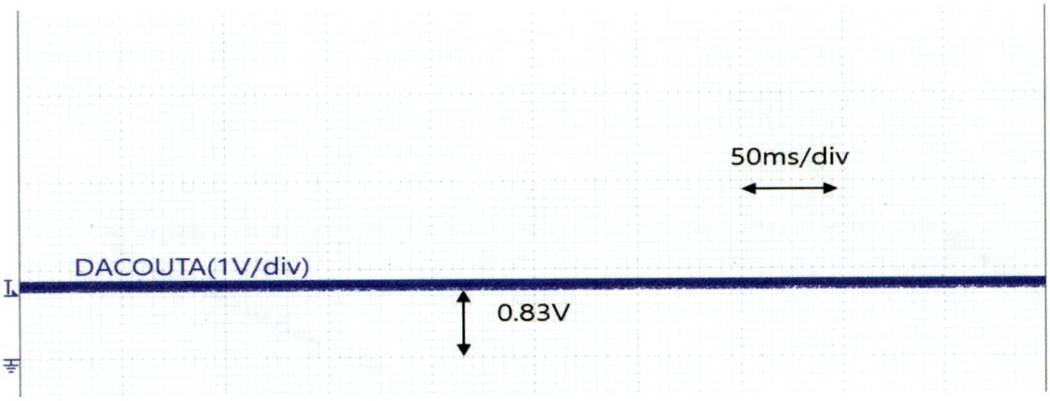

그림 10.16 DACOUTA 출력 결과(DACVALS=1024, VREFHI=3.3V 기준)

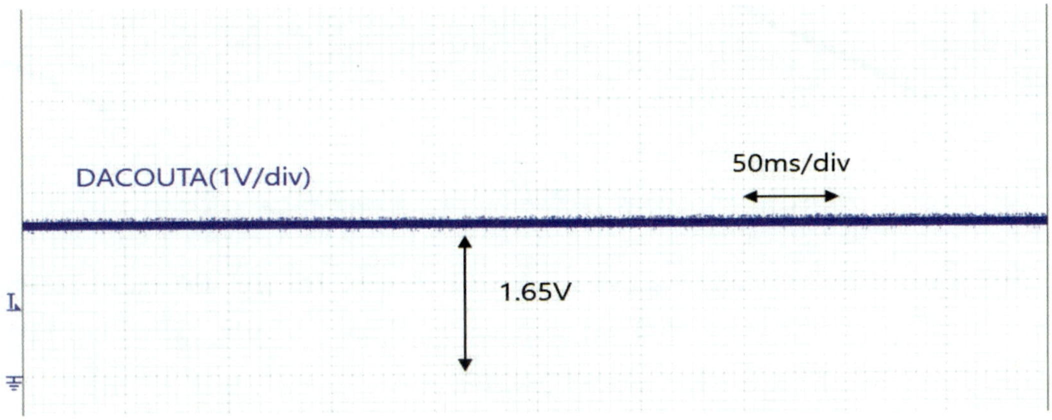

그림 10.17 DACOUTA 출력 결과(DACVALS=2048, VREFHI=3.3V 기준)

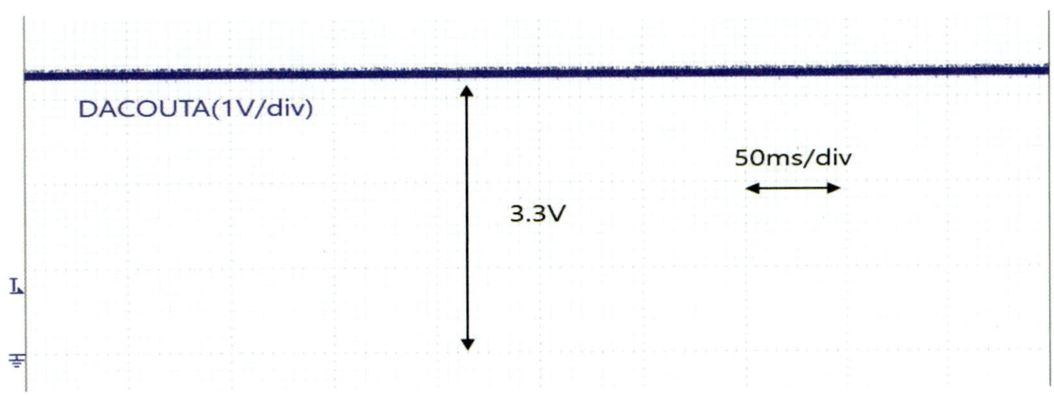

그림 10.18 DACOUTA 출력 결과(DACVALS=4095, VREFHI=3.3V 기준)

또한, EPWM Interrupt마다 DACVALS의 입력 Data를 1씩 증가시키는 코드를 통해 Bit에 대한 전압을 확인하였다. 확인의 용이성을 위해 VDAC=2V를 기준으로 전압을 확인하였다. 다음은 그 실행 결과이다.

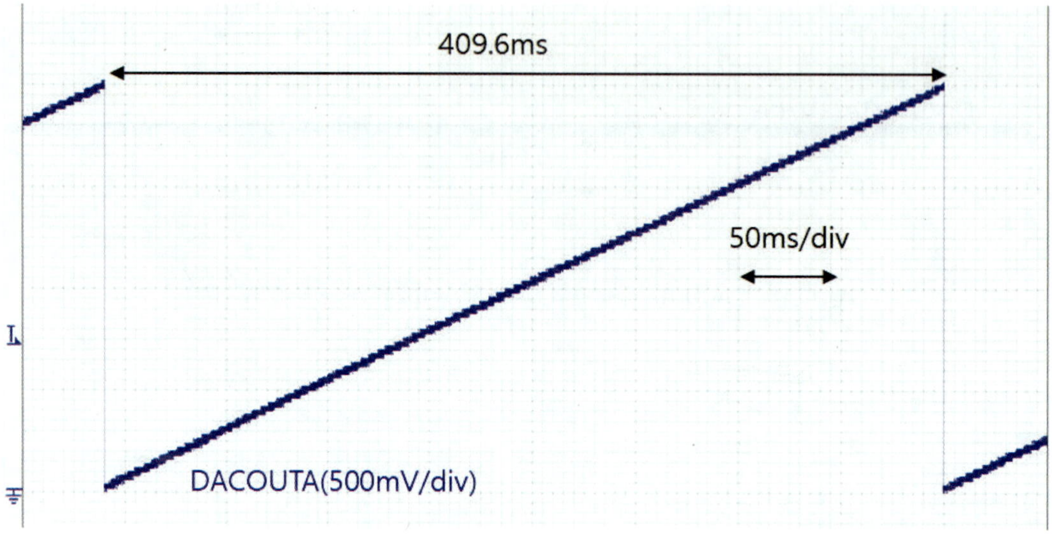

그림 10.19 DACOUTA 출력 결과(DACVALS=0~4095, VDAC=2V 기준)

제어가 100us마다 이루어졌기 때문에, 0~4095로 Data가 변하는 동안 409.6ms의 시간이 소요되었다. 또한, 해당 1Bit의 변화마다 약 0.5mV의 전위차를 가지며, Data가 0일 때는 0V를, 4095일 때는 2V를 출력하는 것을 확인하였다.

CHAPTER

11 Comparator Subsystem (CMPSS)

11 Comparator Subsystem (CMPSS)

11.1 CMPSS 개요

11.1.1 CMPSS 개요

비교기 하위 시스템(Comparator Subsystem, CMPSS)는 2개의 전압이나 전류를 비교하고 더 큰 쪽을 가리키는 디지털 신호를 출력하는 장치이다. CMPSS의 동작은 [그림 11.1]과 같이 두 입력 전압(V_a, V_b)이 비교기에 의해 서로 비교되어 V_a가 V_b보다 큰 경우 출력 전압(V_{out})은 0이 되며 디지털 신호 또한 0을 출력하게 된다. 반대로 V_a가 V_b보다 작은 경우 V_{out}은 비교기에 입력되는 전압을 출력하게 되며 디지털 신호는 1을 출력하게 된다. 내부적으로 비교기는 높은 이득의 차동 증폭기로 구성되어 있다.

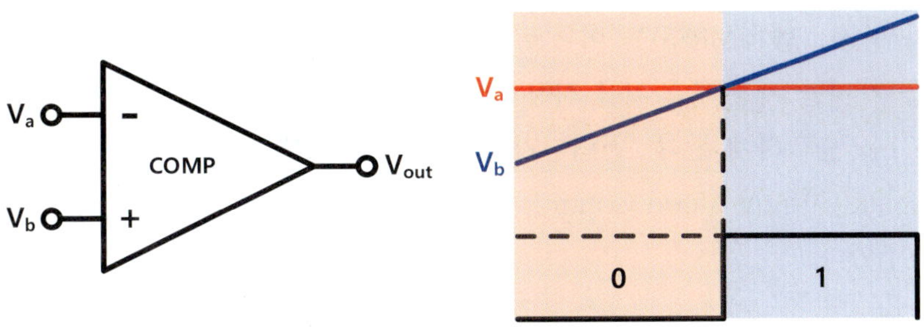

그림 11.1 CMPSS의 동작

11.1.2 CMPSS 모듈의 특징

TMS320F28388에서 존재하는 각각의 CMPSS 모듈의 특징은 다음과 같다.

- 두 개의 아날로그 입력을 갖는 비교기로 구성
- 프로그래밍 가능한 12Bit DAC 2개로 구성
- 램프 발생기 존재
- 2개의 디지털 필터 및 1024개의 최대 필터 클럭 분주 존재
- 하위 모듈을 EPWMSYNCPER와 동기화 가능
- EPWMBLANK로 CLEAR 신호 확장 가능
- 출력을 SYSCLK와 동기화 가능
- 출력을 Latch나 반전시키는 기능 존재
- 입력에 히스테리시스를 사용하는 기능 존재
- 외부 신호 또는 기준 DAC에 의해 구동되는 비교기의 음의 입력 사용 가능
- DAC 기준 전압으로 VDDA 또는 VDAC 중 하나 선택 가능

11.2 전력전자에서 CMPSS 기능 활용

비교기 하위 시스템(CMPSS)는 아날로그 비교기의 기능을 가진다. 아날로그 비교기는 높은 이득을 가지는 차동 증폭기를 사용하게 되며 비교기의 입력 신호에 따라 디지털 신호인 0이나 1을 출력하게 된다. 전력전자 분야에서 사용되는 CMPSS의 예로는 최대 전류 모드 제어(Peak Current Mode Control), 스위치 모드 전력 공급(Switched-mode Power Supply) 등이 있다.

11.2.1 최대 전류 모드 제어(Peak Current Mode Control)

최대 전류 모드 제어(Peak Current Mode Control, PCMC)는 외부 전압을 모니터링하는 하나의 보상기와 내부 전류를 모니터링하는데 사용되는 하나의 아날로그 비교기를 갖는다. PCMC 옵션을 사용하면 제어에 필요한 디지털 보정기를 모델링하고 설계할 수 있다. PCMC를 이용하여 벅 컨버터를 제어하는 블록도는 [그림 11.2]과 같이 나타낼 수 있다.

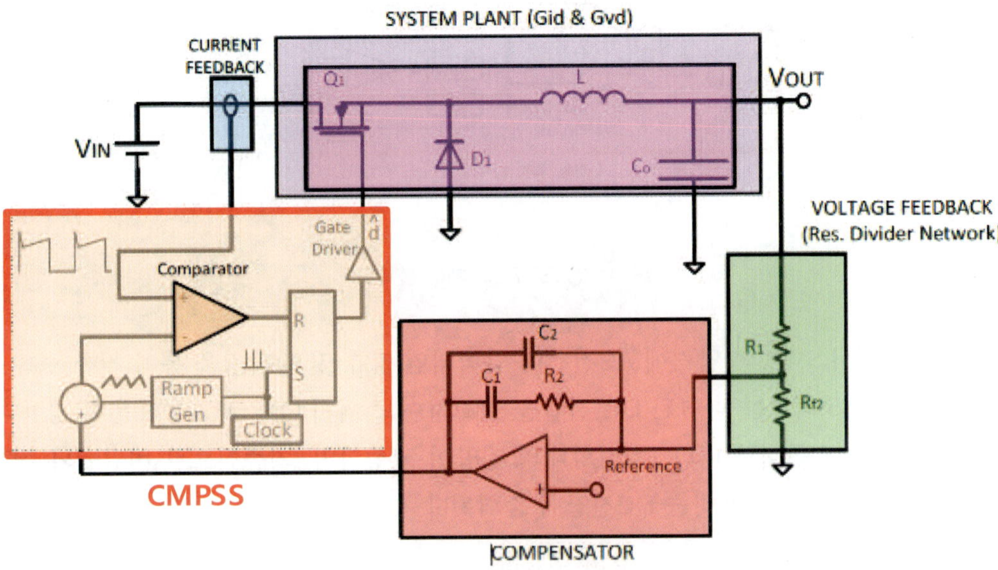

그림 11.2 PCMC를 이용한 벅 컨버터의 제어 블록도

[그림 11.2]에서 보이듯 비교기의 +입력에 벅 컨버터의 실제 전류, -입력에 벅 컨버터의 지령 전류를 인가하여 비교하게 된다. 비교기의 출력으로 만들어진 디지털 신호를 게이트 드라이버에 인가하여 스위치 동작을 한다.

11.2.2 스위치 모드 전력 공급(Switched-mode Power Supply)

스위치 모드 전력 공급(Switched-mode Power Supply, SMPS)는 전력을 효율적으로 변환시키는 스위칭 레귤레이터가 포함된 전자식 전원 공급 장치를 말하는 것으로 전원으로부터 전류나 전압 특성을 변화하여 기기로 전력을 전달하는 역할을 한다. SMPS의 제어 블록도를 나타내면 [그림 11.3]과 같이 나타낼 수 있다.

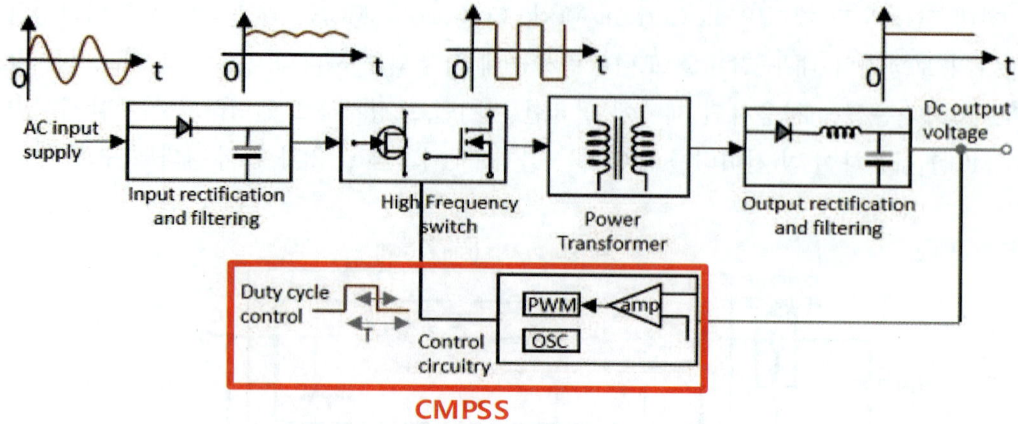

그림 11.3 SMPS의 제어 블록도

[그림 11.3]에서 SMPS의 입력에 AC전원이 입력되면 정류 및 필터링을 통해 직류 형태로 변화된다. CMPSS 회로는 출력된 DC 전압을 비교하여 스위치 ON/OFF 동작을 결정한다. 스위치의 ON/OFF 동작에 따라 펄스 형태의 전압이 생성되며, 최종적으로 변압기와 정류 및 필터링 회로를 거쳐 목표하는 DC전압이 출력된다.

11.3 CMPSS 설정

[그림 11.4]는 TMS320F28388 176Pin의 구성도이다. CMPSS관련 Pin은 총 15개로 구성되어 있다.

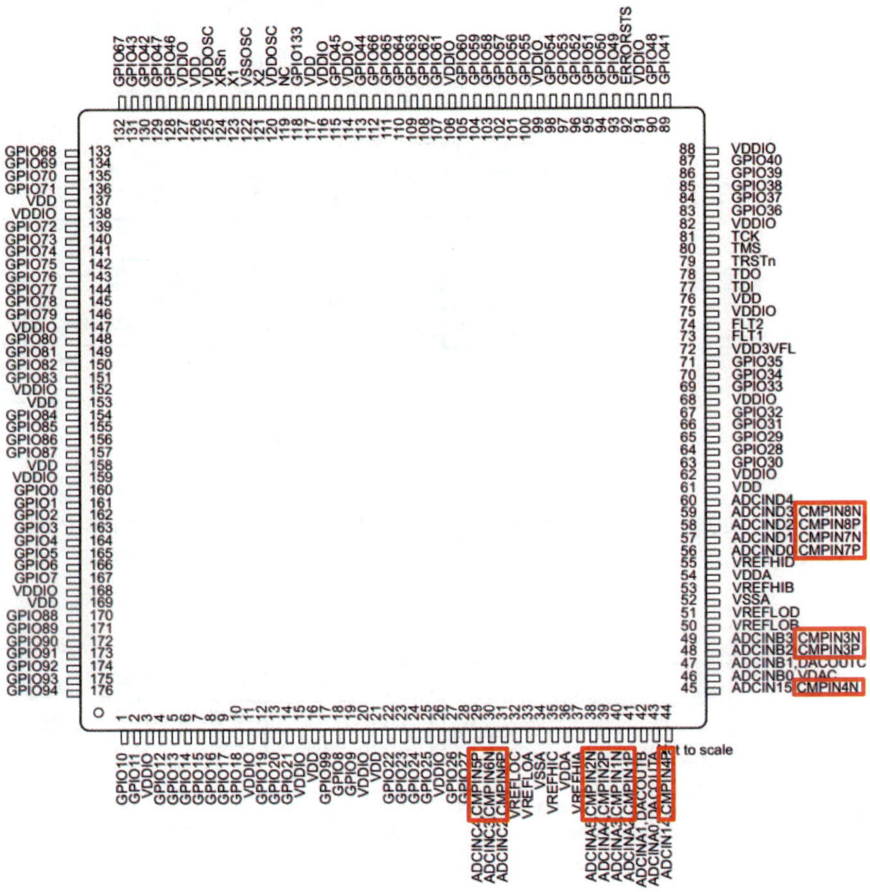

그림 11.4 CMPSS 관련 Pin

CMPSS는 CMPINnP, CMPINnN(n = 1 ~ 8)가 존재하며, 각 CMPSS는 ADC 입력으로도 사용할 수 있다. 만약 ADCINA2를 CMPIN1P로 사용하기 위해서는 비교기/DAC 활성화(COMPDACE 레지스터를 1로 설정)하여야 한다.

11.4 CMPSS 모듈

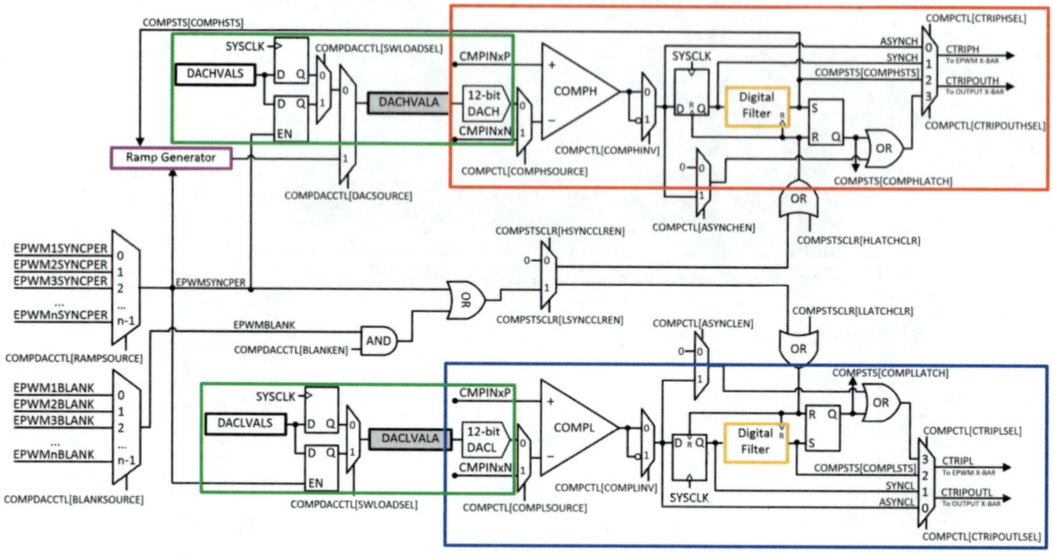

그림 11.5 DSP 28388의 CMPSS 모듈

CMPSS 모듈은 [그림 11.5]와 같이 CMPSS 동작 부분, DAC, 램프 발생기, 디지털 필터로 구성되어 있다.

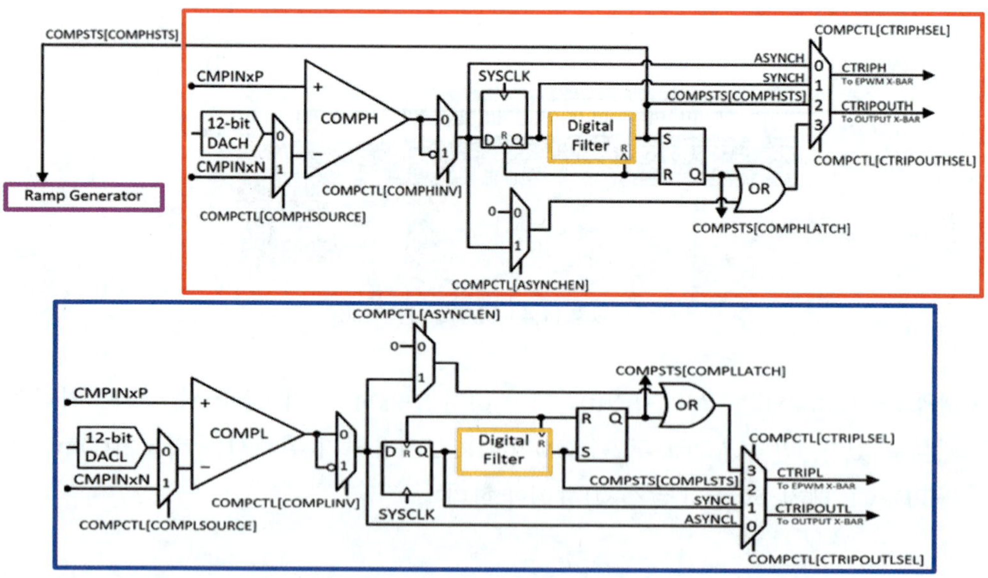

그림 11.6 CMPSS 동작 부분의 블록도

[그림 11.6]은 CMPSS 동작 부분의 블록도를 나타낸다. 비교기의 +입력은 CMPINnP 신호를 받게 되며 -입력은 DAC 출력(DACx, x = H, L) 신호나 CMPINnN의 신호 중 하나를 COMPxSOURCE 레지스터 설정을 통해 선택하여 받게 된다. 비교기는 +입력과 -입력을 비교하여 디지털 신호를 출력한다. +입력이 -입력보다 큰 경우 비교기의 출력은 High(1)을 출력하며 +입력이 -입력보다 작은 경우 비교기의 출력은 Low(0)을 출력한다. 비교기의 출력은 COMPxINV 레지스터 설정에 따라 신호 반전을 결정하며 시스템 클럭(SYSCLK)과 비동기 신호(ASYNCx), 동기 신호(SYNCx), 디지털 필터를 통한 필터링 후 신호(COMPxSTS), ASYNCx과 Latch된 디지털 필터링 신호 (COMPxLATCH)의 OR게이트 연산 후 출력된다. 각 신호들은 CTRIPxSEL과 CTRIPOUTxSEL 레지스터의 설정을 통해 EPWM X-BAR와, OUTPUT X-BAR로 전달된다. CMPSS의 비교기 동작은 [그림 11.7]의 COMPCTL 레지스터를 통해 설정할 수 있으며 각 기능은 [표 11.1]에 나타나 있다.

15	14	13	12	11	10	9	8
COMPDACE	ASYNCLEN	CTRIPOUTLSEL		CTRIPLSEL		COMPLINV	COMPLSOURCE
R/W-0h	R/W-0h	R/W-0h		R/W-0h		R/W-0h	R/W-0h
7	**6**	**5**	**4**	**3**	**2**	**1**	**0**
RESERVED	ASYNCHEN	CTRIPOUTHSEL		CTRIPHSEL		COMPHINV	COMPHSOURCE
R-0h	R/W-0h	R/W-0h		R/W-0h		R/W-0h	R/W-0h

그림 11.7 COMPCTL 레지스터 구성

표 11.1 COMPCTL을 구성하는 각 기능의 변수에 따른 동작

COMPxSOURCE(x=H,L)	Description
0	내부 DAC에 의해 구동되는 비교기 입력 반전
1	외부 Pin을 통해 구동되는 비교기 입력 반전

COMPxINV(x=H,L)	Description
0	비교기 출력이 반전되지 않음
1	비교기 출력이 반전됨

CTRIPxSEL(x=H,L)	Description
0	비동기식 비교기 출력(ASYNCx)을 CTRIPx에 인가
1	동기식 비교기 출력(SYNCx)을 CTRIPx에 인가
2	디지털 필터를 거친 출력(COMPxSTS)을 CTRIPx에 인가
3	Latch된 디지털 필터링 신호 (COMPxLATCH)의 OR게이트 연산을 거친 출력을 CTRIPx에 인가

CTRIPOUTxSEL(x=H,L)	Description
0	비동기식 비교기 출력(ASYNCx)을 CTRIPOUTx에 인가
1	동기식 비교기 출력(SYNCx)을 CTRIPOUTx에 인가
2	디지털 필터를 거친 출력(COMPxSTS)을 CTRIPOUTx에 인가
3	Latch된 디지털 필터 출력(COMPxLATCH)의 OR게이트 연산을 거친 출력을 CTRIPOUTx에 인가

ASYNCxEN(x=H,L)	Description
0	비동기식 비교기 출력(ASYNCx)이 Latch된 디지털 필터 출력(COMPxLATCH)이 있는 OR 게이트로 공급되지 않음
1	비동기식 비교기 출력(ASYNCx)이 Latch된 디지털 필터 출력(COMPxLATCH)이 있는 OR 게이트로 공급됨

COMPDACE	Description
0	비교기/DAC 사용 안 함
1	비교기/DAC 사용

[표 11.1]의 ASYNCxEN 레지스터를 1로 설정했을 때 CTRIPxSEL 또는 CTRIPOUTxSEL의 설정 값이 3 인 경우에만 COMPxLATCH를 사용하여 ASYNCx를 OR 게이트로 공급할 수 있다.

15	14	13	12	11	10	9	8
RESERVED						COMPLLATCH	COMPLSTS
R-0h						R-0h	R-0h
7	6	5	4	3	2	1	0
RESERVED						COMPHLATCH	COMPHSTS
R-0h						R-0h	R-0h

그림 11.8 COMPSTS 레지스터 구성

[그림 11.8]은 COMPSTS 레지스터의 구성을 나타내며 COMPxSTS는 디지털 필터를 거친 출력, COMPxLATCH는 Latch된 디지털 필터의 출력을 나타낸다.

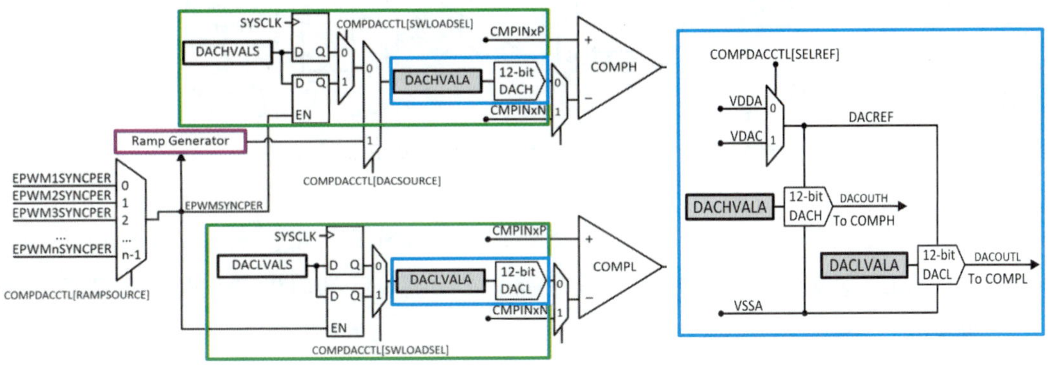

그림 11.9 CMPSS에서 DAC 블록도

[그림 11.9]는 CMPSS 모듈을 구성하는 DAC의 블록도를 나타낸다. DAC의 Data를 가지고 있는 레지스터인 DACxVALS는 쓰기 전용 레지스터이며 SYSCLK 또는 EPWMSYNCPER Event와 동기화되어 읽기 전용 레지스터인 DACxVALA에 Data를 전달하게 된다. DACxVALA 중 DACHVALA는 램프 발생기에서 신호를 전달받도록 설정할 수 있다. 전달된 DACxVALA는 DAC 비교 전압(VDDA 또는 VDAC)과 비교된 후 DAC 출력(DACOUTx)을 내보내게 된다.

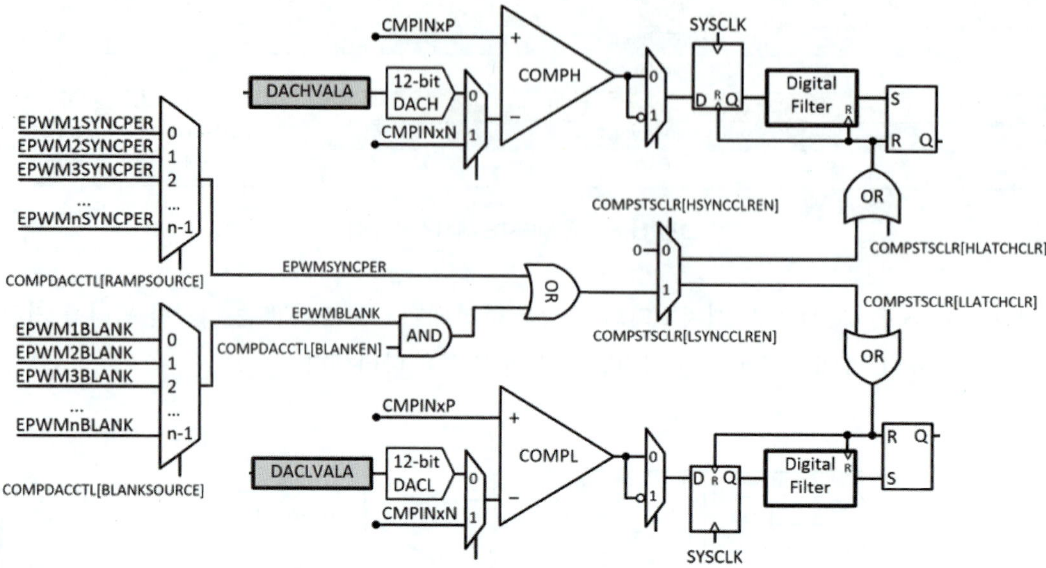

그림 11.10 CMPSS에서 Latch 소프트웨어 RESET 블록도

[그림 11.10]은 CMPSS 기능 중 Latch 소프트웨어 RESET에 대한 블록도를 나타낸 것이다. LATCHCLR 신호는 동기화된 비교기의 출력이나 디지털 필터의 출력을 LATCHCLR 신호가 발생하는 시간 동안 RESET(0) 시키는 기능을 한다. LATCHCLR 신호는 xLATCHCLR 레지스터를 설정하여 소프트웨어에서 활성화시킬 수 있으며 xSYNCCLREN 레지스터 설정을 통해 EPWMSYNCPER 신호에 의해 활성화될 수도 있다. 또한, EPWMBLANK 신호와 BLACKEN 레지스터를 사용하여 LATCHCLR 신호가 긴 시간동안 나오도록 설정할 수 있다. EPWMSYNCPER 신호와 EPWMBLANK 신호는 각각 EPWM의 Time Base및 Digital Compare 모듈에서 생성된다.

15	14	13	12	11	10	9	8
FREESOFT		RESERVED	BLANKEN	BLANKSOURCE			
R/W-0h		R-0h	R/W-0h	R/W-0h			
7	**6**	**5**	**4**	**3**	**2**	**1**	**0**
SWLOADSEL	RAMPLOADSEL	SELREF	RAMPSOURCE				DACSOURCE
R/W-0h	R/W-0h	R/W-0h	R/W-0h				R/W-0h

그림 11.11 COMPDACCTL 레지스터 구성

표 11.2 COMPDACCTL을 구성하는 각 기능의 변수에 따른 동작

DACSOURCE	Description
0	DACHVALA가 DACHVALS로부터 업데이트
1	DACHVALA가 램프 발생기로부터 업데이트

RAMPSOURCE	Description
0	EPWM1SYNCPER 신호를 CMPSS 모듈에서 사용
1	EPWM2SYNCPER 신호를 CMPSS 모듈에서 사용
...	...
14	EPWM15SYNCPER 신호를 CMPSS 모듈에서 사용
15	EPWM16SYNCPER 신호를 CMPSS 모듈에서 사용

SELREF	Description
0	VDDA를 DAC 기준 전압으로 사용
1	VDAC를 DAC 기준 전압으로 사용

SWLOADSEL	Description
0	DACxVALS가 SYSCLK에 맞춰 DACxVALA로 업데이트
1	DACxVALS가 EPWMSYNCPER에 맞춰 DACxVALA로 업데이트

BLANKSOURCE	Description
0	EPWM1BLANK 신호가 EPWMBLANK 신호로 사용
1	EPWM2BLANK 신호가 EPWMBLANK 신호로 사용
...	...
14	EPWM15BLANK 신호가 EPWMBLANK 신호로 사용
15	EPWM16BLANK 신호가 EPWMBLANK 신호로 사용

BLANKEN	Description
0	EPWMBLANK 신호 비활성화
1	EPWMBLANK 신호 활성화

15	14	13	12	11	10	9	8
RESERVED					LSYNCCLREN	LLATCHCLR	RESERVED
R-0h					R/W-0h	R-0/W1S-0h	R-0h
7	6	5	4	3	2	1	0
RESERVED					HSYNCCLREN	HLATCHCLR	RESERVED
R-0h					R/W-0h	R-0/W1S-0h	R-0h

그림 11.12 COMPSTSCLR 레지스터 구성

표 11.3 COMPSTSCLR을 구성하는 각 기능의 변수에 따른 동작

xLATCHCLR	Description
0	동작 없음
1	COMPSTS(COMPxLATCH)에 대한 Latch RESET 신호의 단일 펄스 생성

xSYNCCLREN	Description
0	EPWMSYNCPER가 Latch를 재설정하지 않음
1	EPWMSYNCPER가 Latch를 재설정함

램프 발생기는 High 레벨의 12Bit DAC에 대한 하강 램프 입력을 생성한다. 12Bit DAC는 RAMPSTS Count-down 레지스터의 최상위 12Bit를 입력으로 사용한다. RAMPSTS Count-down 레지스터의 최하위 4Bit는 RAMPDECVALA로 구성할 수 있는 하강 램프 속도의 분주를 설정하는 역할을 한다. 램프 발생기는 DACSOURCE를 1로 설정하여 활성화하며 DACSOURCE를 1로 설정하면 RAMPMAXREFS에서 RAMPSTS 값이 갱신되고 선택한 EPWMSYNCPER 신호가 수신될 때까지 상태를 유지한다. 선택한 EPWMSYNCPER 신호를 수신한 후 RAMPDECVALA의 값은 모든 후속 SYSCLK 주기마다 RAMPSTS에서 감산된다. EPWMSYNCPER Event가 발생한 후 RAMPSTS의 값이 감산되면서 SYSCLK가 시작되지 않게 하려면 지연 Counter 기능을 하는 RAMPDLYA 레지스터를 사용하여 RAMPSTS 감산을 보류할 수 있다. EPWMSYNCPER Event를 수신하면 RAMPDLYA 레지스터의 값이 0에 도

달할 때까지 모든 SYSCLK 사이클 마다 RAMPDLYA 값이 1씩 감소한다. RAMPSTS의 감산은 RAMPDLYA가 0일 때만 동작하게 된다.

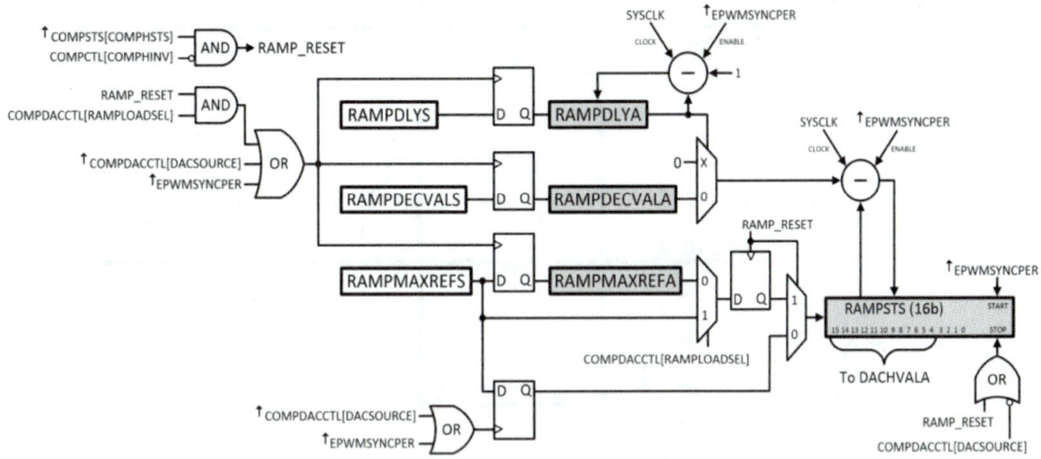

그림 11.13 램프 발생기의 블록도

[그림 11.13]은 램프 발생기의 블록도를 나타낸다. 램프 발생기는 DACSOURCE, EPWMSYNCPER 및 COMPHSTS의 모든 상승 Edge에서 상태를 변경하게 된다. DACSOURCE의 상승 Edge에서 RAMPMAXREFA, RAMPDECVALA 및 RAMPDLYA는 Shadow 레지스터와 함께 갱신되며 RAMPSTS는 RAMPMAXREFS로 갱신된다. EPWMSYNCPER의 상승 Edge에서 RAMPMAXREFA, RAMPDECVALA 및 RAMPDLYA가 갱신되는 경우 RAMPSTS는 RAMPMAXREFS로 갱신되며 RAMPDLYA Counter가 0에 도달하는 때에 감소하기 시작한다. COMPHSTS의 상승 Edge에서 RAMPMAXREFA, RAMPDECVALA 및 RAMPDLYA를 갱신하기 위해서는 RAMPLOADSEL을 1로 설정하여야 하며 이 때 RAMPSTS는 RAMPMAXREFS로 갱신되고 감소를 중지한다. RAMPLOADSEL이 0인 경우 COMPHSTS의 상승 Edge에서 RAMPSTS는 RAMPMAXREFA로 갱신되고 감소를 중지한다. 또한, RAMPSTS의 값이 0에 도달하는 경우 RAMPSTS는 다음 EPWMSYNCPER가 수신될 때까지 0으로 유지된다.

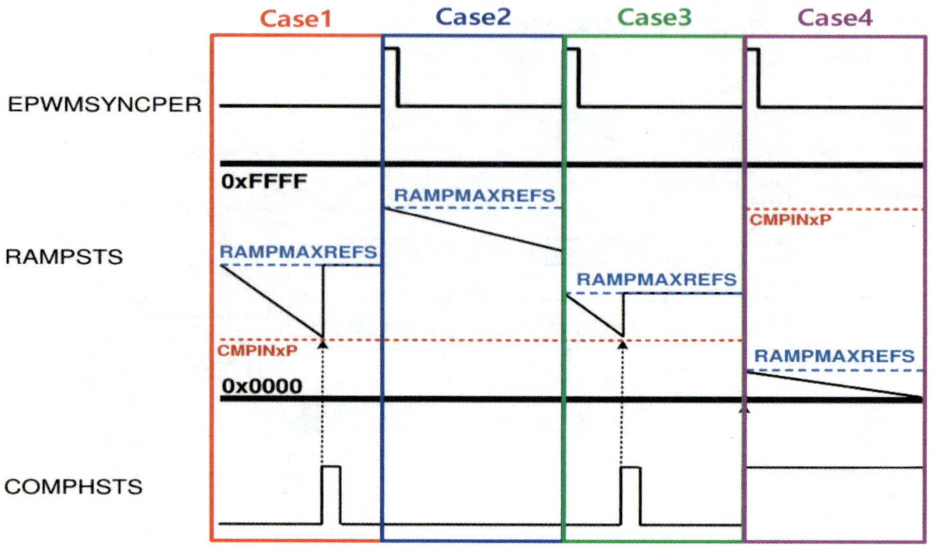

그림 11.14 각 레지스터의 동작에 따른 램프 발생기 동작

램프 발생기는 [그림 11.14]와 같이 EPWMSYNCPER 및 COMPHSTS의 모든 상승 Edge에서 상태를 변경한다. 따라서, 두 Event(EPWMSYNCPER, COMPHSTS)가 동시에 발생하거나 비슷한 시간에 발생할 경우에 따라 여러 동작을 하게 된다. Case 1은 EPWMSYNCPER 신호의 상승 Edge 전에 COMPHSTS 신호에 상승 Edge가 발생하는 경우를 나타낸다. RAMPSTS는 COMPHSTS 상승 Edge Event에서 감소를 중지하며 만약 RAMPDLYA가 0에 도달할 경우 RAMPSTS는 EPWMSYNCPER 상승 Edge에서 감소하기 시작한다. Case 2는 EPWMSYNCPER 상승 Edge와 COMPHSTS 상승 Edge가 동시에 발생하는 경우를 나타낸다. 이 경우 EPWMSYNCPER 상승 Edge가 우선적으로 동작하며 RAMPDLYA가 0에 도달하면 RAMPSTS가 감소한다. COMPHSTS 상승 Edge는 무시되며 RAMPSTS를 중지하지 않는다. Case 3은 EPWMSYNCPER 상승 Edge 이후 RAMPDLYA가 0에 도달하기 전에 COMPHSTS 상승 Edge가 발생하는 경우를 나타낸다. RAMPSTS는 RAMPDLYA가 0에 도달해도 감소하지 않게 된다. Case 4는 RAMPDLYA가 EPWMSYNCPER 상승 Edge에서 0에 도달할 때 COMPHSTS 상승 Edge가 동시에 발생하는 경우이다. 이 때, RAMPSTS는 감소하지 않는다.

15	14	13	12	11	10	9	8
RAMPMAXREF							
R-0h							
7	6	5	4	3	2	1	0
RAMPMAXREF							
R-0h							

그림 11.15 RAMPMAXREFA 레지스터의 구성

[그림 11.15]는 RAMPMAXREFA 레지스터의 구성을 나타내며 램프 발생기의 최대 지령값을 설정한다. DACSOURCE 레지스터가 HIGH로 동작할 때 RAMPMAXREFS 레지스터에 설정된 램프의 최대 지령값을 RAMPMAXREFA 레지스터로 갱신시킨다.

15	14	13	12	11	10	9	8
RAMPMAXREF							
R/W-0h							
7	6	5	4	3	2	1	0
RAMPMAXREF							
R/W-0h							

그림 11.16 RAMPMAXREFS 레지스터의 구성

[그림 11.16]은 RAMPMAXREFS 레지스터의 구성을 나타내며 램프 발생기 최대 지령의 Shadow 값을 설정한다. DACSOURCE 레지스터가 HIGH로 동작할 때 RAMPMAXREFS 레지스터에 설정된 램프의 최대 지령값은 RAMPSTS 레지스터로 갱신된다.

15	14	13	12	11	10	9	8
RAMPDECVAL							
R-0h							
7	6	5	4	3	2	1	0
RAMPDECVAL							
R-0h							

그림 11.17 RAMPDECVALA 레지스터의 구성

[그림 11.17]은 RAMPDECVALA 레지스터의 구성을 나타내며 램프 발생기의 램프 지령값에 대한 감소값을 설정한다. EPWMSYNCPER 신호가 발생할 때, 램프 발생기의 RAMPSTS 레지스터의 값을 SYSCLK마다 RAMPDECVALA 레지스터의 값만큼 감산시킨다.

15	14	13	12	11	10	9	8
RAMPDECVAL							
R-0h							
7	**6**	**5**	**4**	**3**	**2**	**1**	**0**
RAMPDECVAL							
R-0h							

그림 11.18 RAMPDECVALS 레지스터의 구성

[그림 11.18]은 RAMPDECVALS 레지스터의 구성을 나타내며 램프 발생기의 지령값에 대한 감소값의 Shadow 레지스터이다. DACSOURCE 레지스터가 HIGH로 동작할 때 RAMPDECVALS 레지스터의 값은 램프 발생기의 RAMPDECVALA 레지스터에 갱신된다.

15	14	13	12	11	10	9	8
RAMPVALUE							
R-0h							
7	**6**	**5**	**4**	**3**	**2**	**1**	**0**
RAMPVALUE							
R-0h							

그림 11.19 RAMPSTS 레지스터의 구성

[그림 11.19]는 RAMPSTS레지스터의 구성을 나타내며, 램프 발생기의 현재 값에 대한 Data를 갖게 된다. RAMPSTS가 COMPHSTS Trigger 동작 시 RAMPMAXREFA 또는 RAMPMAXREFS에 의한 업데이트 여부를 설정하기 위해 [그림 11.11]에 나타난 COMPDACCTL 레지스터 중 RAMPLOADSEL 레지스터를 설정할 필요가 있다. RAMPLOADSEL 레지스터의 변수에 따른 동작은 [표 11.4]와 같다.

표 11.4 RAMPLOADSEL을 구성하는 각 기능의 변수에 따른 동작

RAMPLOADSEL	Description
0	RAMPSTS는 RAMPMAXREFA로부터 갱신
1	RAMPSTS는 RAMPMAXREFS로부터 갱신

15	14	13	12	11	10	9	8
RESERVED			DELAY				
R-0h			R-0h				
7	**6**	**5**	**4**	**3**	**2**	**1**	**0**
DELAY							
R-0h							

그림 11.20 RAMPDLYA 레지스터의 구성

[그림 11.20]은 RAMPDLYA 레지스터의 구성을 나타낸다. 램프 발생기는 EPWMSYNCPER 신호를 수신한 후 RAMPSTS 레지스터의 값을 RAMPDECVALA 레지스터만큼 감산시킨다. 하지만, RAMPDLYA 레지스터 설정을 통해 EPWMSYNCPER 신호가 발생하더라도 RAMPSTS 레지스터의 값이 RAMPDLYA 레지스터만큼의 지연 시간 후에 감산이 이루어지도록 설정할 수 있다.

15	14	13	12	11	10	9	8
RESERVED			DELAY				
R-0h			R/W-0h				
7	**6**	**5**	**4**	**3**	**2**	**1**	**0**
DELAY							
R/W-0h							

그림 11.21 RAMPDLYS 레지스터의 구성

[그림 11.21]은 RAMPDLYS 레지스터의 구성을 나타내며 램프의 지연에 대한 Shadow 레지스터로 램프 발생기의 RAMPDLYA로 갱신된다.

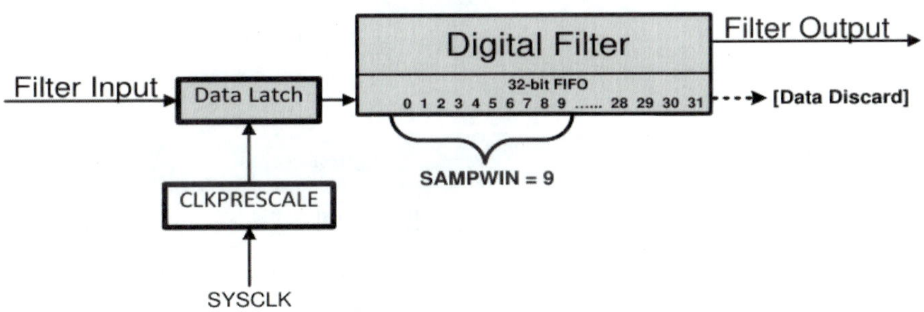

그림 11.22 디지털 필터의 구성

[그림 11.22]는 CMPSS의 디지털 필터의 구성을 나타낸다. 디지털 필터의 입력은 Data Latch를 통해 FIFO 샘플(SAMPWIN) 창에서 작동하며 필터 출력은 샘플 창의 다수의 값으로 해석되고 샘플 창의 다수의 값은 임계값(THRESH)으로 정의된다. 필터의 올바른 동작을 위해 THRESH의 값은 SAMPWIN의 절반보다 큰 값을 가지며 SAMPWIN보다 작거나 같은 값을 가져야 한다. 분주 함수인 CLKPRESCALE은 필터의 FIFO가 분주 시스템 클럭마다 하나의 샘플을 캡처하는 필터 샘플링 속도를 결정한다.

15	14	13	12	11	10	9	8
FILINIT	RESERVED	THRESH					SAMPWIN
R-0/W1S-0h	R-0h	R/W-0h					R/W-0h
7	**6**	**5**	**4**	**3**	**2**	**1**	**0**
SAMPWIN				RESERVED			
R/W-0h				R-0h			

그림 11.23 CTRIPxFILCTL 레지스터의 구성

[그림 11.23]은 디지털 필터의 동작을 담당하는 레지스터의 구성을 나타낸다. 각 레지스터의 기능은 [표 11.5]와 같다.

표 11.5 CTRIPxFILCTL을 구성하는 각 기능의 변수에 따른 동작

SAMPWIN	Description
n	n + 1개의 샘플 윈도우 사이즈 설정

THRESH	Description
n	n + 1로 임계값 설정

FILINIT	Description
0	필터 초기화 안함
1	모든 샘플을 필터 입력 값으로 초기화

15	14	13	12	11	10	9	8
RESERVED						CLKPRESCALE	
R-0h						R/W-0h	
7	**6**	**5**	**4**	**3**	**2**	**1**	**0**
CLKPRESCALE							
R/W-0h							

그림 11.24 CTRIPxFILCLKCTL 레지스터의 구성

[그림 11.24]는 CTRIPxFILCLKCTL 레지스터의 구성을 나타낸다. CTRIPxFILCLKCTL 레지스터는 필터의 샘플 클럭 분주를 설정할 수 있다. 시스템 클럭 수는 CLKPRESCALE에 설정한 값보다 1이 더 큰 값으로 설정된다.

11.5 CMPSS 예제

본 절에서는 CMPINxN의 입력에 따른 CMPSS 모듈의 동작을 확인한다. CMPINxP 신호는 전원 공급 장치를 이용하여 외부에서 인가되었으며, 설정을 바꾸어 각각의 레지스터 값에 따른 출력을 비교한다. 다음은 비교기 입력을 CMPINxN으로 사용하기 위한 CMPSS 설정 코드이다.

```
EALLOW;
Cmpss7Regs.COMPCTL.bit.COMPDACE = 1;       //CMPSS7 ENABLE
Cmpss7Regs.COMPCTL.bit.COMPHSOURCE = 1;    //CMPSS7의 -입력을 CMPIN7N으로 설정
Cmpss7Regs.COMPCTL.bit.COMPLSOURCE = 1;    //CMPSS7의 -입력을 CMPIN7N으로 설정
Cmpss7Regs.COMPCTL.bit.COMPHINV = 1;    //CMPSS7의 상단 비교기 출력 반전
Cmpss7Regs.COMPCTL.bit.CTRIPOUTHSEL = 0;//비동기식 비교기 출력을 CTRIPOUTH에 인가
Cmpss7Regs.COMPCTL.bit.CTRIPOUTLSEL = 0;//비동기식 비교기 출력을 CTRIPOUTL에 인가
EDIS;
```

그림 11.25 비교기 입력을 CMPIN7N으로 사용하기 위한 CMPSS 설정

CTRIPOUTx에 인가된 비교기 출력을 GPIO 신호로 전달하기 위해 Crossbar(X-BAR) 기능을 설정하였다.

```
EALLOW;
GpioCtrlRegs.GPAMUX2.bit.GPIO31 = 1;       //GPIO31을 OUTPUTXBAR8로 설정
GpioCtrlRegs.GPAGMUX2.bit.GPIO31 = 1;      //GPIO31을 OUTPUTXBAR8로 설정
GpioCtrlRegs.GPBMUX1.bit.GPIO34 = 1;       //GPIO34을 OUTPUTXBAR1로 설정
GpioCtrlRegs.GPBGMUX1.bit.GPIO34 = 0;      //GPIO34을 OUTPUTXBAR1로 설정
OutputXbarRegs.OUTPUT8MUX0TO15CFG.bit.MUX12 = 0;  //OUTPUTXBAR8을 CMPSS7.CTRIPH
출력으로 설정
OutputXbarRegs.OUTPUT1MUX0TO15CFG.bit.MUX13 = 0;  //OUTPUTXBAR1을 CMPSS7.CTRIPL
출력으로 설정
OutputXbarRegs.OUTPUT8MUXENABLE.bit.MUX12 = 0;  //OUTPUTXBAR8의 MUX12 활성화
OutputXbarRegs.OUTPUT1MUXENABLE.bit.MUX13 = 0;  //OUTPUTXBAR8의 MUX13 활성화
EDIS;
```

그림 11.26 비교기 출력을 GPIO 신호로 전달하기 위한 Crossbar(X-BAR) 설정

또한, 비교기 동작에 따라 변화하는 GPIO 신호를 이용하여 특정 변수의 변화를 확인하기 위해 다음과 같이 변수를 설정하였다.

```
if(GpioDataRegs.GPADAT.bit.GPIO31 && !GpioDataRegs.GPBDAT.bit.GPIO34)
{ X = 1; }  //상단 비교기의 출력이 1이고 하단 비교기의 출력이 0인 경우
else if(GpioDataRegs.GPADAT.bit.GPIO31 && GpioDataRegs.GPBDAT.bit.GPIO34)
{ X = 2; }  //상단 및 하단 비교기의 출력이 1인 경우
else if(!GpioDataRegs.GPADAT.bit.GPIO31 && !GpioDataRegs.GPBDAT.bit.GPIO34)
{ X = 3; }  //상단 비교기의 출력이 0이고 하단 비교기의 출력이 1인 경우
```

그림 11.27 GPIO 신호에 따라 변수를 변화시키기 위한 코드 설정

다음은 CMPIN7P의 입력 신호는 0.8V로 고정시키고 CMPIN7N의 입력 신호는 0.7V~1.1V까지 변화시켰을 때의 실행 결과이다.

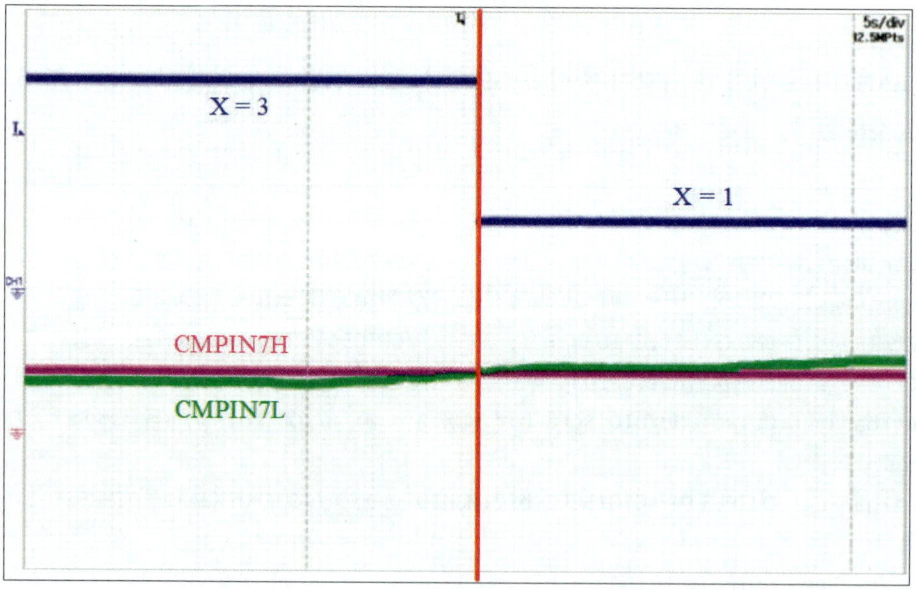

그림 11.28 CMPIN7N에 외부 입력 전원을 사용하였을 때 비교기 출력 결과

[그림 11.28]에서 CMPIN7H가 CMPIN7L보다 큰 경우 [그림 11.25]에서 비교기의 출력을 반전으로 설정하였기 때문에 상단 비교기의 출력은 0이 되며, 하단 비교기의 출력은 1이 된다. 따라서, [그림 11.27]의 코드를 통해 변수 X는 3의 값을 가지도록 동작하게 된다. 반대로

CMPIN7H가 CMPIN7L보다 작은 경우 상단 비교기의 출력은 1이 되며, 하단 비교기의 출력은 0이 되고, 결과적으로 변수 X의 값은 1을 출력하게 되는 것을 확인할 수 있다.

다음으로 CMPINxN의 입력을 내부 DAC를 통해 인가한 경우의 동작을 확인하기 위해 다음과 같이 CMPSS를 설정하였다.

```
EALLOW;
Cmpss7Regs.COMPCTL.bit.COMPDACE = 1;        //CMPSS7 ENABLE
Cmpss7Regs.COMPCTL.bit.COMPHSOURCE = 0;     //CMPSS7의 -입력을 내부 DAC로 설정
Cmpss7Regs.COMPCTL.bit.COMPLSOURCE = 0;     //CMPSS7의 -입력을 내부 DAC로 설정
Cmpss7Regs.COMPDACCTL.bit.SELREF = 0;    //내부 DAC의 레퍼런스 전압을 3.3V로 설정
Cmpss7Regs.COMPCTL.bit.COMPHINV = 1;   //CMPSS7의 상단 비교기 출력 반전
Cmpss7Regs.COMPCTL.bit.CTRIPOUTHSEL = 0;//비동기식 비교기 출력을 CTRIPOUTH에 인가
Cmpss7Regs.COMPCTL.bit.CTRIPOUTLSEL = 0;//비동기식 비교기 출력을 CTRIPOUTL에 인가
EDIS;
```

그림 11.29 비교기 입력을 내부 DAC로 사용하기 위한 CMPSS 설정

또한, 상단 및 하단 비교기에 입력되는 내부 DAC를 설정하기 위해 다음과 같이 DACVALS 레지스터를 설정하였다.

```
EALLOW;
Cmpss7Regs.DACHVALS.bit.DACVAL = 1800;    //CMPSS7 상단 비교기의 -입력 DAC 설정
Cmpss7Regs.DACLVALS.bit.DACVAL = 1300;    //CMPSS7 하단 비교기의 -입력 DAC 설정
EDIS;
```

그림 11.30 내부 DAC를 설정하기 위한 DACVALS 레지스터 설정

다음은 CMPIN7N의 입력 신호를 각각 내부 DAC로 설정하고 CMPIN7P의 입력 신호를 변화시켰을 때의 실행 결과이다.

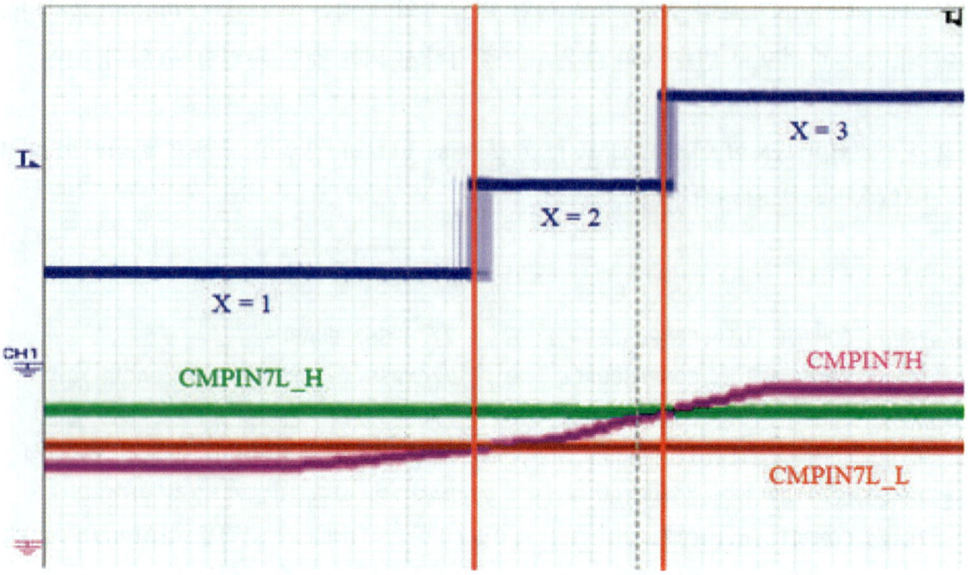

그림 11.31 CMPIN7N에 내부 DAC를 인가하였을 때 비교기 출력 결과

[그림 11.31]에서 CMPIN7H가 상단 비교기의 -입력(CMPIN7L_H)와 하단 비교기의 -입력(CMPIN7L_L)보다 작은 경우 상단 비교기의 출력은 반전되어 1이 되며, 하단 비교기의 출력은 0이 된다. 따라서, [그림 11.27]의 코드를 통해 변수 X는 1을 가지게 된다. CMPIN7H가 CMPIN7L_H 보다 작고 CMPIN7L_L 보다 큰 경우 상단 비교기의 출력은 반전되어 1이 되고, 하단 비교기의 출력은 1이 되며, 결과적으로 변수 X의 값은 2가 된다. 또한, CMPIN7H가 CMPIN7L_H 와 CMPIN7L_L 보다 큰 경우 상단 비교기의 출력은 반전되어 0이 되고, 하단 비교기의 출력은 1이 되어 변수 X는 3을 출력하게 되는 것을 확인할 수 있다. 하지만, CMPIN7H와 CMPIN7L의 비교 과정에서 필터 설정을 하지 않았기 때문에 비교기 두 입력이 유사한 값을 가질때 변수 X의 값이 흔들리는 것을 확인할 수 있다.

디지털 필터를 사용하여 비교기를 동작시키기 위한 레지스터 설정은 다음과 같다.

```
EALLOW;
Cmpss7Regs.CTRIPHFILCLKCTL.bit.CLKPRESCALE = 1000;      //샘플링 rate: SYSCLK/
CLKPRESCALE = 200MHz/1000 = 200kHz
Cmpss7Regs.CTRIPHFILCTL.bit.SAMPWIN = 31;   //샘플링 Window: 32회
Cmpss7Regs.CTRIPHFILCTL.bit.THRESH = 31;   //32회 샘플링 중 32회 이상 같은 값이면
해당 상태를 출력
Cmpss7Regs.CTRIPHFILCTL.bit.FILINIT = 1;   //필터 입력값 초기화
Cmpss7Regs.CTRIPLFILCLKCTL.bit.CLKPRESCALE = 1000;      //샘플링 rate: SYSCLK/
CLKPRESCALE = 200MHz/1000 = 200kHz
Cmpss7Regs.CTRIPLFILCTL.bit.SAMPWIN = 31;   //샘플링 Window: 32회
Cmpss7Regs.CTRIPLFILCTL.bit.THRESH = 17;   //32회 샘플링 중 18회 이상 같은 값이면
해당 상태를 출력
Cmpss7Regs.CTRIPLFILCTL.bit.FILINIT = 1;   //필터 입력값 초기화
Cmpss7Regs.COMPCTL.bit.CTRIPOUTHSEL = 2;   //필터링된 비교기 출력을 CTRIPOUTH에
인가
Cmpss7Regs.COMPCTL.bit.CTRIPOUTLSEL = 2; //필터링된 비교기 출력을 CTRIPOUTL에 인가
EDIS;
```

그림 11.32 CMPSS 디지털 필터 레지스터 설정

다음은 CMPIN7N의 입력 신호를 각각 내부 DAC로 설정한 후 CMPSS의 디지털 필터 기능을 설정하였을 때의 실행 결과이다.

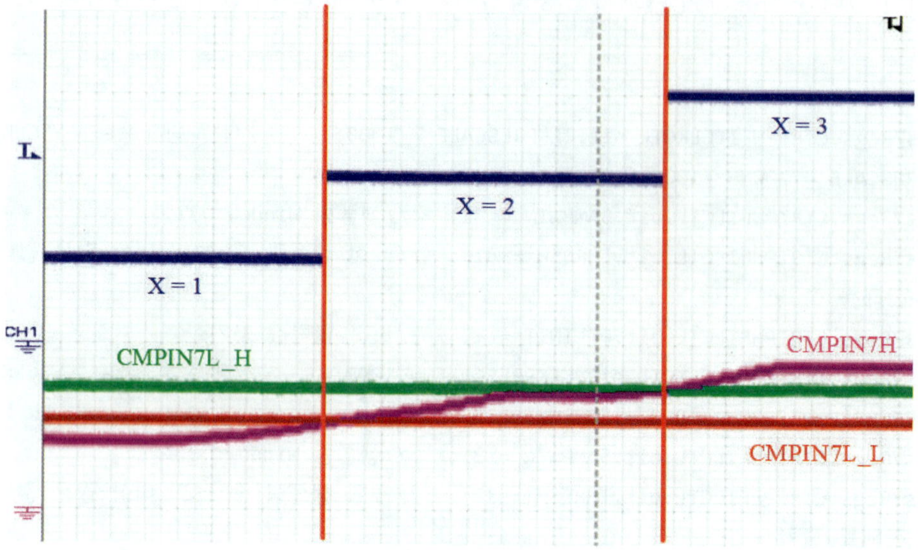

그림 11.33 디지털 필터를 사용하였을 때 비교기 출력 결과

[그림 11.31]과 비교했을 때 [그림 11.33]은 디지털 필터 기능을 사용하였으므로 CMPIN7H가 각 비교기의 -입력 신호와 비교되는 시점에서 정확한 비교기 동작을 수행하며 변수 X가 흔들리지 않는 것을 확인할 수 있다.

CHAPTER

12 Interprocessor Communications (IPC)

12 Interprocessor Communications (IPC)

12.1 IPC 개요

IPC는 CPU 서브 시스템 간의 통신을 가능하게 하는 모듈이다. 해당 모듈을 활용하면 듀얼 Core를 가진 DSP를 이용할 경우에 Core간 통신을 통해 정보를 주고받을 수 있으며, 간단한 레지스터 설정만으로 Core간 통신이 가능하다. 해당 기능은 일반적으로 CPU 간의 협력 동작을 통한 제어 기능 향상을 위해 사용된다.

12.1.1 IPC 특징

IPC를 이용하여 다음과 같은 기능들을 구현할 수 있다.

- Message RAMs
- IPC flags and interrupts
- IPC command registers
- Flash pump semaphore

- Clock configuration semaphore
- Free-running counter

모든 IPC 모듈 기능은 각각 독립적이며, 대부분의 경우 특정한 Data Format을 요구하지 않는다. 또한, Boot Mode와 Status Communication 기능을 위한 2개의 레지스터가 존재한다.

TMS320F28388D는 3개의 Core가 기본적으로 내장되어 있으며, 이를 1개의 M4 Core와 2개의 C28x (CPU1, CPU2 Cores)로 정리할 수 있다. 따라서 Core 간의 통신 모듈 형태는 CPU Core 간의 통신, CPU Core와 M4 Core 간의 통신으로 정리할 수 있다.

12.2 전력전자에서 IPC 기능 활용

듀얼 Core를 사용하면 단일 Core에 비해 처리능력과 성능이 향상되는 이점을 얻을 수 있다. 작업부하를 두 개의 독립적인 Core로 분할함으로써 여러 작업을 동시에 처리할 수 있으므로 복잡한 알고리즘과 멀티태스킹 기능을 더 빠르고 효율적으로 실행할 수 있다. 여러 애플리케이션을 동시에 실행하거나 단일 어플리케이션 내에서 별도의 작업을 실행하여, 작업을 동시에 실행해야 하거나 엄격한 타이밍 요구 사항이 있는 실시간 시스템에서 특히 유용하게 활용될 수 있다. 또한, 듀얼 Core를 사용하면 시스템 리소스를 효율적으로 활용하여 각각의 Core에 특정 작업을 할당하거나 특정 기능 전용으로 할당하여 최적화된 리소스 할당이 가능하다. 예를 들어, 한 Core는 제어 작업을 처리할 수 있고 다른 Core는 계산 집약적인 작업이나 통신 작업에 중점을 둘 수 있다.

전력전자 분야에서 듀얼 Core의 활용은 계산을 어떻게 분할 및 설계하느냐 따라, 계산을 순차적으로 수행하거나 병렬로 작동하거나 서로에 대한 검사기로서 활용할 수 있다. 그 과정에서 IPC는 두 Core간의 통신을 가능하게 하여 정보를 주고받거나, Core간의 동기화를 수행하거나, 특정조건에서 서로에 대한 IPC Interrupt를 활성화하여 제어를 수행할 수 있도록 해준다. 개발자는 듀얼 Core의 이점을 최대한 활용하려면 Core 동기화, Core 간 통신 및 부하 균형을 고려해야 하고 다중 Core 작업의 복잡성을 이해하고 소프트웨어 최적화를 수행해야 한다.

12.2.1 듀얼 Core 고려 사항 - Boot Mode

CPU2와 CM(connectivity manager)를 이용한 M4 Core를 이용하는 경우, CPU2와 CM의 부트 구성은 CPU1에 의해 설정된다. 따라서, CPU1의 어플리케이션은 CPU2와 CM의 클럭을 구성하고, IPCBOOTMODE 레지스터에 Boot Mode 및 기타 매개변수를 설정하며, CPU2와 CM을 RESET에서 Boot로 해제하는 역할을 수행해야 한다.

CPU2와 CM에는 CPU1이 Boot Mode를 구성할 수 있는 두 가지 상태가 있다. 첫번째 상태는 CPU2와 CM을 Boot하기 전의 상태이며 이 상태에서는 CPU2와 CM은 아직 RESET 상태이다. 두 번째 상태는 CPU2와 CM이 RESET에서 해제된 이후, Core가 CPU1에 의해 설정된 Boot Mode를 나타내는 IPC Flag가 설정될 때까지 대기하는 Boot 대기 모드이다. 이러한 상태에서 CPU1이 수행해야 할 절차는 [표 12.1]과 [표 12.2]에 나타나 있다.

CPU2와 CM Boot 시 CPU1이 따라야 하는 절차는 동일하다. CPU2를 이용하는 경우에 CPU1은 절차에 따라, CPU2의 클럭을 설정하고 CPU1TOCPU2IPCBOOTMODE 레지스터에 Boot Mode 정보를 입력해야 한다. Boot Mode Data의 형식은 소프트웨어로 정의되며, CPU1TOCPU2IPCBOOTMODE 레지스터는 CPU1에서만 쓰기 가능하다. 그 후, IPCFLG0를 SET하여 IPC Event를 발생시켜 CPU2에 이를 알려 CPU2를 RESET 상태에서 해제되도록 한다.

표 12.1 CPU2 Boot 절차

CPU2 State	CPU1 Application Actions
Held in Reset	1. Configures CPU2 clocks 2. Configures the CPU1TOCPU2IPCBOOTMODE register 3. Sets CPU1TOCPU2IPCFLG0 4. Releases CPU2 from being held in reset
In Wait Boot Mode waiting for the IPC Flag	5. Configures the CPU1TOCPU2IPCBOOTMODE register 6. Sets CPU1TOCPU2IPCFLG0

표 12.2 CM Boot 절차

CPU2 State	CPU1 Application Actions
Held in Reset	1. Configures CM clocks 2. Configures the CPU1TOCMIPCBOOTMODE register 3. Sets CPU1TOCMIPCFLG0 4. Releases CM from being held in reset
In Wait Boot Mode waiting for the IPC Flag	5. Configures the CPU1TOCMIPCBOOTMODE register 6. Sets CPU1TOCMIPCFLG0

이 과정에서, CPU1TOCPU2IPCBOOTMODE 레지스터가 잘못된 값으로 설정되면, 오류 IPC 명령이 CPU1으로 전송된다. 그 후, CPU2는 CPU1이 IPCBOOTMODE 레지스터를 올바르게 재구성하고 CPU2를 RESET할 때까지 기다리는 대기 루프에 들어가게 된다. CPU1이 올바른 Boot Mode 정보를 입력하기 위한 CPU1TOCPU2BOOTMODE 레지스터는 [표 12.3]과 같이 구성된다.

즉, CPU1은 CPU2와 CM의 Boot 구성을 담당하며, CPU2와 CM은 CPU1이 설정한 Boot Mode에 따라 동작한다. CPU1은 CPU2의 클럭을 설정하고 CPU1TOCPU2IPCBOOTMODE 레지스터에 Boot Mode 정보를 입력한 뒤, IPCFLG0를 설정하여 CPU2에 이를 알리고 RESET을 해제한다. CPU2가 따라야 하는 전체적인 Boot 시퀀스는 [그림 12.1]과 같다.

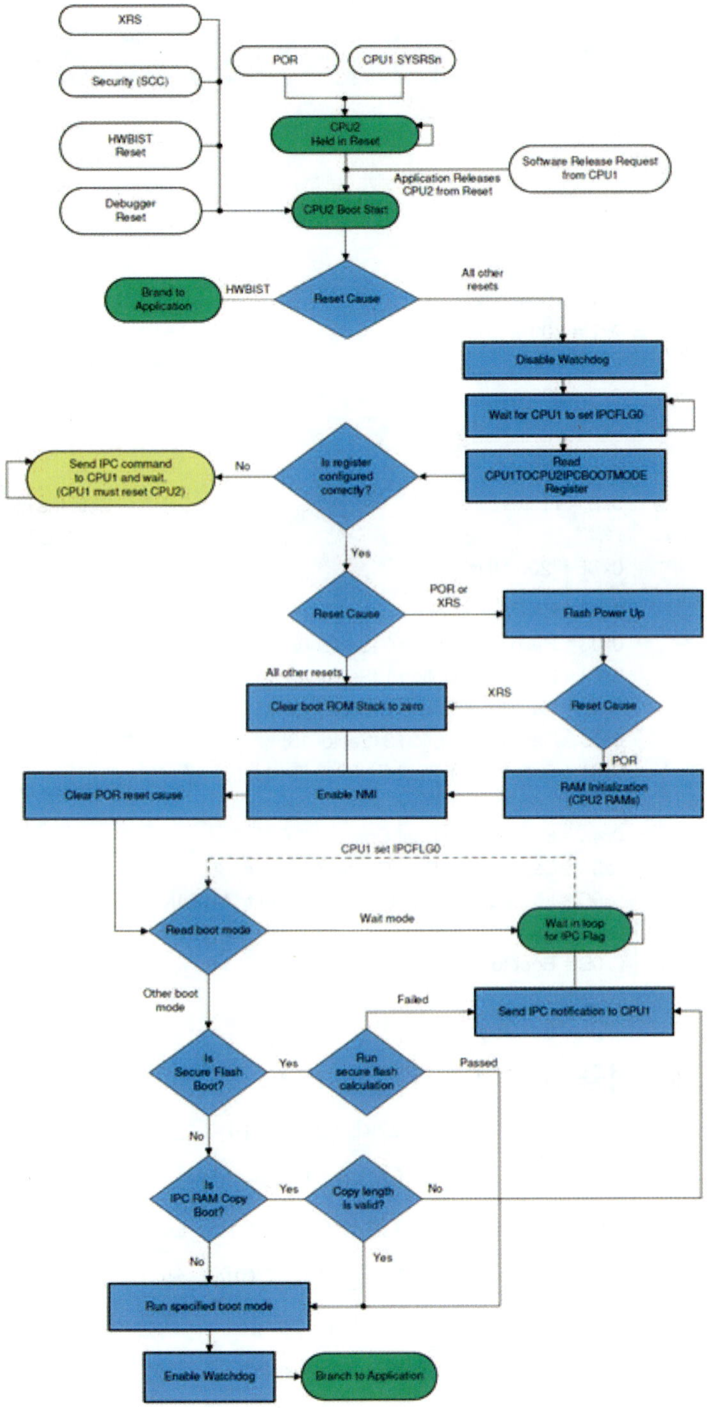

그림 12.1 CPU2 Boot 시퀀스

표 12.3 CM Boot 절차

Bit	Name	Valid Values	Description
31:24	Key	0x5A	Key must be set for this register to be considered valid.
23:20	Reserved	-	Reserved
19:16	IPC Message RAM Copy Length	0x0 = 0 words 0x1 = 100 words 0x2 = 200 words ... 0x9 = 900 words 0xA = 1000 words	This is the number words to be copied from CPU1TOCPU2MSGRAM1 to CPU2 M1RAM
15:8	CPU2 Device Frequency	0xA = 10 MHz 0xB = 11 MHz ... 0xC8 = 200 MHz	Sets the clock frequency that CPU2 is configured at.
7:0	CPU2 Boot Mode	0x0 = None/Wait Boot 0x03 = Flash Boot Option 0 (Sector 0) 0x23 = Flash Boot Option 1 (Sector 4) 0x43 = Flash Boot Option 2 (Sector 8) 0x63 = Flash Boot Option 3 (Sector 13) 0x0A = Secure Flash Boot Option 0 (Sector 0) 0x2A = Secure Flash Boot Option 1 (Sector 4) 0x4A = Secure Flash Boot Option 2 (Sector 8) 0x6A = Secure Flash Boot Option 3 (Sector 13) 0x0C = IPC Message RAM copy and boot to M1RAM 0x05 = Boot to M0RAM 0x0B = Boot to User OTP	Sets the boot mode for CPU2

12.2.2 듀얼 Core 이용 시 고려 사항 - Interrupt

CPU1과 CPU2를 모두 이용하는 경우, 각각 CPU의 PIE 그룹 및 채널 할당은 서로 조금 상이하다. 각 CPU에 할당된 PIE 그룹은 [그림 12.2]를 통해 확인할 수 있으며, CPU1에서만 할당 가능한 Interrupt로는 ECATSYNC0, ECATUNTn, ECATRSTINTn, ECATSYNC1, MCANSS_INT0, MCANSS_INT1, MCANSS_ECC_CORR_PUL_INT, MCANSS_WAKE_AND_TS_PLS_INT, CM_STATUS, USBA가 있다. 14개의 주변장치 Interrupt 라인은 [그림 12.3]과 같이 연결되어 있으며 이를 통해 각 CPU는 다수의 주변 장치를 지원할 수 있다. 사용자는 각 CPU에서 사용할 수 있는 Interrupt 채널을 고려하고 우선순위에 따라 적절히 처리되도록 설계해야 한다.

	INTx.1	INTx.2	INTx.3	INTx.4	INTx.5	INTx.6	INTx.7	INTx.8	INTx.9	INTx.10	INTx.11	INTx.12	INTx.13	INTx.14	INTx.15	INTx.16
INT1.y	ADCA1	ADCB1	ADCC1	XINT1	XINT2	ADCD1	TIMER0	WAKE/ WDINT	I2CA	SYS_ ERR	ECAT SYNC0 (CPU1 only)	ECAT INTn (CPU1 only)	CIPC0	CIPC1	CIPC2	CIPC3
INT2.y	EPWM1_ TZ	EPWM2_ TZ	EPWM3_ TZ	EPWM4_ TZ	EPWM5_ TZ	EPWM6_ TZ	EPWM7_ TZ	EPWM8_ TZ	EPWM9_ TZ	EPWM10_ TZ	EPWM11_ TZ	EPWM12_ TZ	EPWM13_ TZ	EPWM14_ TZ	EPWM15_ TZ	EPWM16_ TZ
INT3.y	EPWM1	EPWM2	EPWM3	EPWM4	EPWM5	EPWM6	EPWM7	EPWM8	EPWM9	EPWM10	EPWM11	EPWM12	EPWM13	EPWM14	EPWM15	EPWM16
INT4.y	ECAP1	ECAP2	ECAP3	ECAP4	ECAP5	ECAP6	ECAP7	-	FSITXA_ INT1	FSITXA_ INT2	FSITXB_ INT1	FSITXB_ INT2	FSIRXA_ INT1	FSIRXA_ INT2	FSIRXB_ INT1	FSIRXB_ INT2
INT5.y	EQEP1	EQEP2	EQEP3	-	CLB1	CLB2	CLB3	CLB4	SDFM1	SDFM2	ECAT RSTINTn (CPU1 only)	ECAT SYNC1 (CPU1 only)	SDFM1 DR1	SDFM1 DR2	SDFM1 DR3	SDFM1 DR4
INT6.y	SPIA_RX	SPIA_TX	SPIB_RX	SPIB_TX	MCBSPA_ RX	MCBSPA_ TX	MCBSPB_ RX	MCBSPB_ TX	SPIC_RX	SPIC_TX	SPID_RX	SPID_TX	SDFM2 DR1	SDFM2 DR2	SDFM2 DR3	SDFM2 DR4
INT7.y	DMA_CH1	DMA_CH2	DMA_CH3	DMA_CH4	DMA_CH5	DMA_CH6	-	-	FSIRXC_ INT1	FSIRXC_ INT2	FSIRXD_ INT1	FSIRXD_ INT2	FSIRXE_ INT1	FSIRXE_ INT2	FSIRXF_ INT1	FSIRXF_ INT2
INT8.y	I2CA	I2CA_ FIFO	I2CB	I2CB_ FIFO	SCIC_RX	SCIC_TX	SCID_RX	SCID_TX	FSIRXG_ INT1	FSIRXG_ INT2	FSIRXH_ INT1	FSIRXH_ INT2	CLB5	CLB6	CLB7	CLB8
INT9.y	SCIA_RX	SCIA_TX	SCIB_RX	SCIB_TX	CANA_0	CANA_1	CANB_0	CANB_1	MCANSS_ INT0 (CPU1 only)	MCANSS_ INT1 (CPU1 only)	MCANSS_ ECC_ CORR_ PUL_INT (CPU1 only)	MCANSS_ WAKE_ AND_TS_ PLS_INT (CPU1 only)	PMBUSA	CM_ STATUS (CPU1 only)	USBA (CPU1 only)	-
INT10.y	ADCA_ EVT	ADCA2	ADCA3	ADCA4	ADCB_ EVT	ADCB2	ADCB3	ADCB4	ADCC_EVT	ADCC2	ADCC3	ADCC4	ADCD_EVT	ADCD2	ADCD3	ADCD4
INT11.y	CLA1_1	CLA1_2	CLA1_3	CLA1_4	CLA1_5	CLA1_6	CLA1_7	CLA1_8	CMTOCPUx IPCINTR0	CMTOCPUx IPCINTR1	CMTOCPUx IPCINTR2	CMTOCPUx IPCINTR3	CMTOCPUx IPCINTR4	CMTOCPUx IPCINTR5	CMTOCPUx IPCINTR6	CMTOCPUx IPCINTR7
INT12.y	XINT3	XINT4	XINT5	MPOST	FMC. DONE	VCRC	FPU OVER FLOW	FPU UNDER FLOW	-	ECAP6 INT2	ECAP7 INT2	-	CPUxCRC_ INT	CLA1CRC_ INT	CLA OVER FLOW	CLA UNDER FLOW

그림 12.2 PIE Vector Table

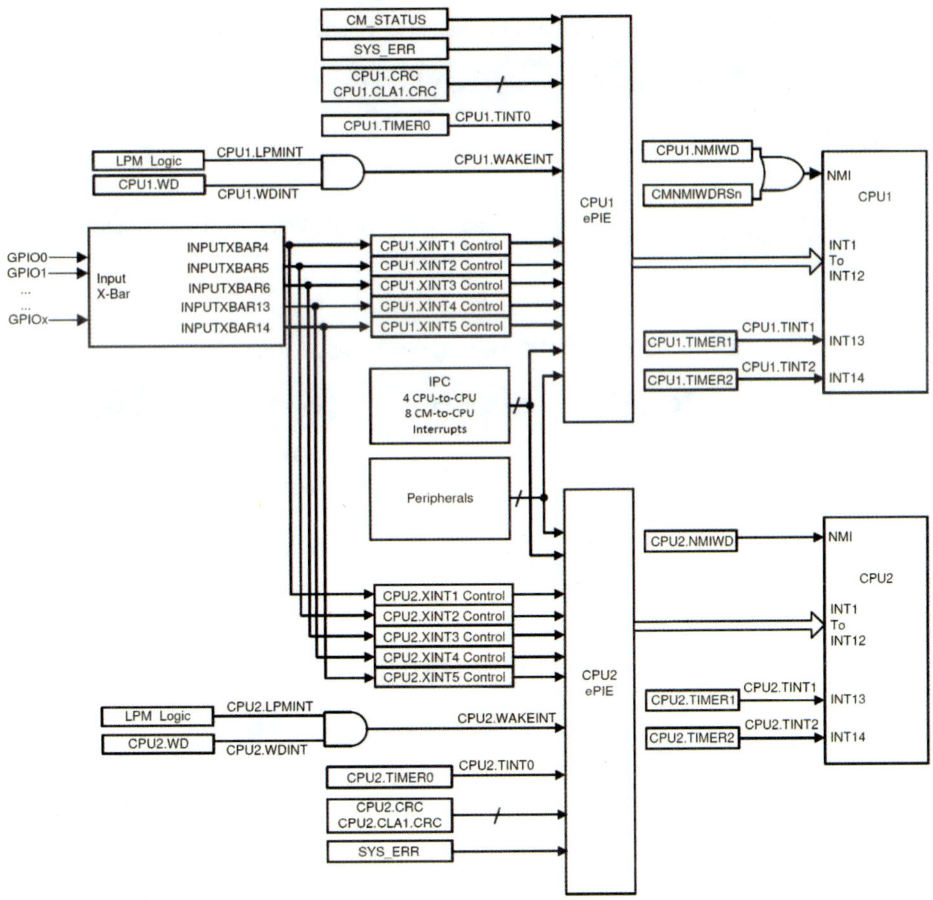

그림 12.3 Interrupt 논리회로

12.3 IPC 동작

12.3.1 Message RAMs

IPC 기능을 이용할 경우, 2kB에 해당하는 Message RAM 영역이 정의되어 있다. 각각의 CPU는 각 Core의 DMA 기능을 이용하여 다른 Core의 RAM과 Read/Write 형태로 연결되어 통신 신호를 읽어 들일 수 있다. 그러나, 해당 기능을 이용하여 각 Core의 RAM의 정보를 확인할 수는 있지만, 해당 기능을 이용하여 CPU1의 신호가 CPU2의 동작 신호로 동작하지는 못한다. 이러한 기능을 활용하기 위해선 IPC Interrupt를 활성화시켜야 한다. 해당 기능의 동작을 다음과 같은 표로 정리할 수 있다.

표 12.4 CPU1-CM IPC Message Ram Read / Write 권한

	CPU1	CPU1.DMA	M4	M4-μDMA	Ehternet
CPU1TOCMMSGRAM	Read / Write	Read / Write	Read / Debug writes are allowed	Read	Read
CMTOCPU1MSGRAM	Read / Debug writes are allowed	Read	Read / Write	Read / Write	Read / Write

표 12.5 CPU2-CM IPC Message Ram Read / Write 권한

	CPU1	CPU1.DMA	M4	M4-μDMA	Ehternet
CPU2TOCMMSGRAM	Read / Write	Read / Write	Read / Debug writes are allowed	Read	Read
CMTOCPU2MSGRAM	Read / Debug writes are allowed	Read	Read / Write	Read / Write	Read / Write

표 12.6 CPU1-CPU2 IPC Message Ram Read / Write 권한

	CPU1	CPU1.DMA	M4	CPU2.DMA
CPU1TOCPU2MSGRAM	Read / Write	Read / Write	Read / Debug writes are allowed	Read
CPU2TOCPU1MSGRAM	Read / Debug writes are allowed	Read	Read / Write	Read / Write

12.3.2 IPC Flag & Interrupt

CPU 쌍 사이에는 각 방향으로 32개의 IPC Event 신호가 존재한다. 해당 신호들은 Event Polling을 기반으로 하는 동작 Flag로 활용할 수 있다. 이 때 Event Polling은 지속적으로 CPU의 상태를 체크하는 기능을 의미한다. CPU Core를 사용할 경우, 8개의 신호(IPC0-IPC7)를 이용하여 Remote CPU에서 IPC Interrupt를 생성할 수 있다. 또한, M4 Core를 사용할 때도 8개의 신호(IPC0-IPC7)를 이용하여 Remote CPU에서 IPC Interrupt를 생성할 수 있다.

12.3.3 IPC Command Registers

IPC의 Command Register는 각 CPU 간의 좀 더 복잡한 통신 Message를 주고받을 때 사용하는 레지스터기능이다. 각각의 CPU에는 8개의 레지스터가 지정되어 있으며, 4개의 레지스터는 Message 송신, 나머지 4개의 레지스터는 Message 수신에 이용된다. 해당 레지스터는 간단한 송수신 프로토콜을 보조하기 위해 지정되었지만, 다른 용도로도 사용이 가능하다. 위의 레지스터를 통해 송수신이 진행될 경우 Read/Write 권한은 하드웨어에 의해 결정되지만, Data Format은 소프트웨어 지정에 전적으로 의존하게 된다.

표 12.7 IPC Command Registers

Local Register Name	Local CPU	Remote CPU	Remote Register Name
IPCSENDCOM	R/W	R	IPCRECVCOM
IPCSENDADDR	R/W	R	IPCRECVADDR
IPCSENDDATA	R/W	R	IPCRECVDATA
IPCREPLY	R	R/W	IPCREPLY

Message 송신을 위해 각각의 CPU에는 3개의 Writable 레지스터, 1개의 Read-only 레지스터가 지정되어 있다. 해당 4개의 레지스터들은 통신 중인 다른 CPU의 3개의 Read-only 레지스터, 1개의 Writable 레지스터로 연결할 수 있다. [표 12.7]에서 Command 레지스터들의 상관 관계를 확인할 수 있다.

12.3.4 Free-Running Counter

IPC 모듈에는 64-Bit free-running counter가 내장되어 있다. 해당 Counter는 IPC Event 발생 시간을 기록하는 데에 사용할 수 있다. 해당 Counter는 PLLSYSCLK을 기반으로 동

작하고, SYSRSn에 의해 초기화된다. 또한 해당 Counter는 32Bit 레지스터 2개로 분류할 수 있는데, 이를 IPCCOUNTER(H, L)로 표기할 수 있다. IPCCOUNTERL의 값이 읽힐 때, IPCCOUNTERH의 값은 저장된다. 이 후 IPCCOUNTERH의 값이 읽힐 때 저장되었던 값을 반환한다. 이러한 동작 설계는 2개의 레지스터 값을 읽을 때 IPCCOUNTERL에 의한 Overflow를 방지하기 위함이다. Free-running Counter는 2개의 CPU가 에뮬레이션 연결이 끊겼을 때만 동작을 멈추게 된다. 어느 한쪽의 Core라도 연결되어 동작하는 한, Counter는 지속적으로 동작하게 된다.

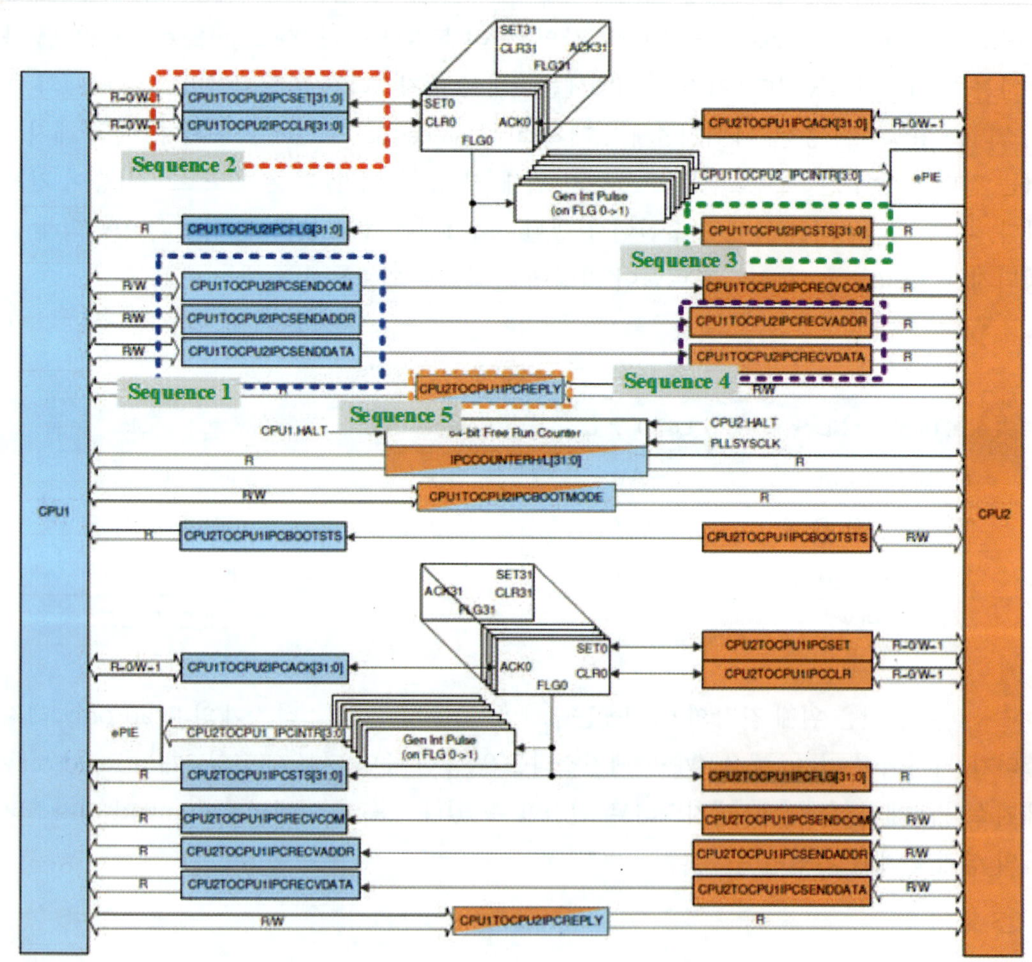

그림 12.4 CPU1_TO_CPU2 IPC 모듈

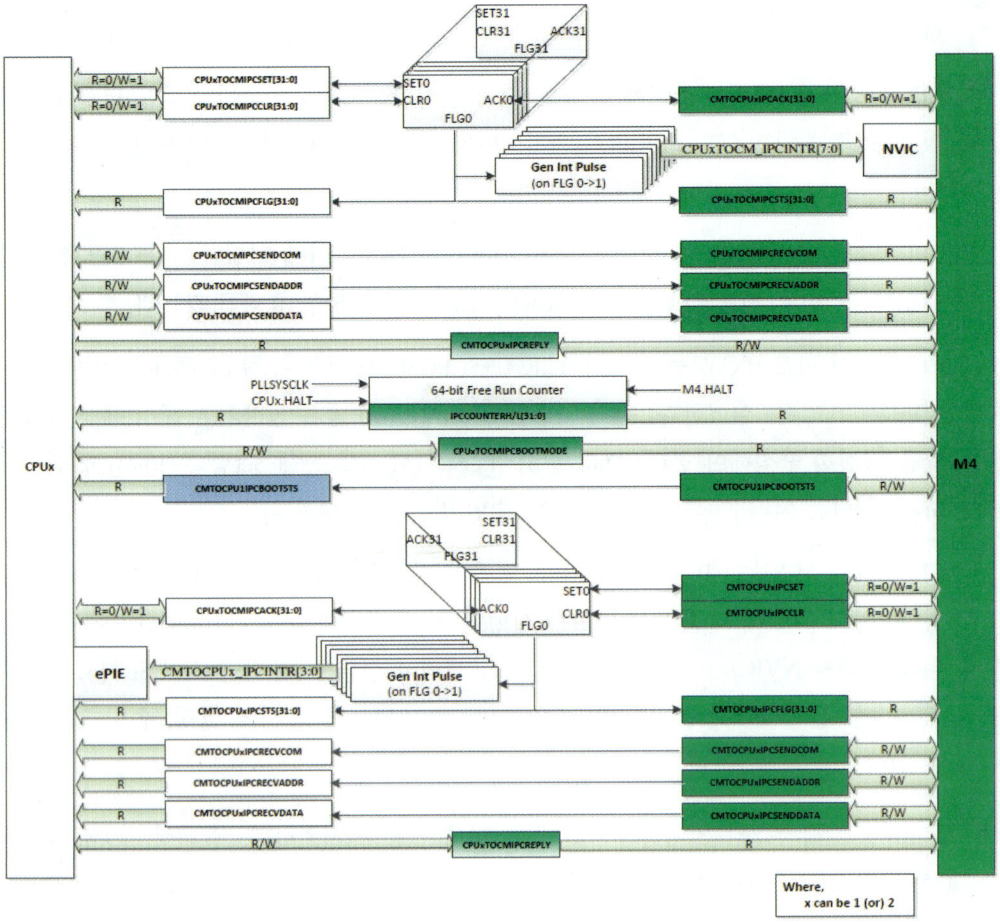

그림 12.5 CPUx_TO_CM IPC 모듈

12.3.5 IPC 통신 프로토콜

이 절에서는 두 CPU 간의 IPC 통신을 위한 하드웨어 지원 옵션에 대해 설명할 것이다. 이러한 옵션은 독립적으로 또는 조합하여 사용할 수 있고, 모든 Flag 정의 및 Data Format은 전적으로 사용자에 의해 정의된다.

- Flag 시스템은 Interrupt 및 레지스터 Polling을 통한 Event 기반 통신을 지원한다.

- CPUx는 IPCSET 레지스터의 32Bit 중 어느 하나에 기록을 하면 IPC Event를 발생시킬

수 있다. 이벤트는 CPUx IPCFLG 레지스터와 CPUy IPCSTS 레지스터의 해당 Bit를 SET 한다.

- CPUy는 IPCACK 레지스터에 적절한 Bit를 설정함으로써 Event에 대한 응답을 알릴 수 있다. 이렇게 하면 CPUx IPCFLG 레지스터와 CPUy IPCSTS 레지스터의 해당 Bit가 지워진다.

- CPUx의 Event를 취소해야 하는 경우엔 IPCCLR 레지스터에 적절한 Bit를 SET함으로써 취소할 수 있다. 이는 CPUy가 IPCACK에 쓰는 것과 동일한 효과를 갖는다.

- CPU1_to_CPU2 IPC 모듈의 경우 Flag 0~3(IPCSET[3:0]을 통해 SET함)은 원격 CPU에 대한 Interrupt를 실행한다. 원격 CPU는 IPC Interrupt를 수신하기 위해서 해당 ePIE 모듈을 적절히 구성해야 한다. Flag 4~31(IPCSET[31:4]를 통해 Set함)은 interrupt를 생성하지 않는다. 여러 Flag를 동시에 설정, 승인 및 삭제할 수 있다.

- CPU1_to_CM 또는 CPU2_to_CM IPC 모듈의 경우 FLAG 0~7(IPCSET[7:0]을 통해 SET함)은 원격 CPU에 대한 Interrupt를 실행한다. 원격 CPU는 IPC Interrupt를 수신하기 위해서 해당 NVIC/ePIE 모듈을 적절히 구성해야 한다. Flag 8~31(IPCSET[31:8]을 통해 SET함)은 Interrupt를 생성하지 않는다. 여러 Flag를 동시에 설정, 승인 및 삭제할 수 있다.

- Command 레지스터는 여러가지 고유한 정보 전송을 지원한다. 편의상 COM, ADDR, DATA 및 REPLY라는 이름으로 지정되어 있으며, 애플리케이션에 필요한 모든 Data를 보유할 수 있다.

  - CPUx는 해당 CPU의 IPCSENDCOM, IPCSENDADDR 및 IPCENDDATA 레지스터에 Data를 쓸 수 있으며, CPUy는 IPCRECVCOM, IPCRECVADDR 및 PICRECVDATA 레지스터에서 Data를 수신한다.

  - CPUy는 해당 CPU의 IPCREPLY 레지스터에 Data를 써서 응답할 수 있으며, CPUx는 해당 CPU의 IPCREPLY 레지스터에서 이 Data를 수신한다.

- Boot-time IPC 또는 기타 편리한 사용을 위해 제공되는 추가 Command 레지스터 Pair(IPCBOOTMODE 및 IPCBOOTSTS)가 있으며, 두 CPU 모두 이 레지스터들을 읽을 수 있다. 하지만, CPUx는 오직 IPCBOOTMODE 레지스터에만 쓸 수 있으며, CPUy는 오직 IPCBOOTSTS 레지스터에만 쓸 수 있다.

- CPU 간에는 대량의 Data 전달을 위한 두개의 공유 메모리가 있다. 각 CPU는 쓰기 가능한 메모리와 Data 수신을 위한 읽기 전용 메모리가 있다.

- 이러한 기능들을 함께 사용하는 방법의 예시는 아래와 같다.

- Ex) CPUx에는 CPUy의 LS RAM의 일부 Data가 필요하다. Data는 CPUy의 0x9400 Adress에 위치하고 Data는 0x80 16Bit 단어 길이이다. 이 경우 프로토콜은 다음과 같이 구현된다.

- CPUx는 소프트웨어에서 "copy data from address."를 의미하도록 정의된 IPCSENDCOM에 0x1을 쓰고, IPCSENDADDR에는 Address인 0x9400을 쓰고 IPCSENDDATA에는 Data 길이(0x80)를 쓴다.

- CPUx는 IPCSET[3]과 IPCSET[16]에 쓴다. 여기서, IPC Flag 3은 Interrupt를 보내도록 구성되고 IPCSET[16]은 들어오는 Command를 나타내기 위해 소프트웨어에 정의된다. CPUx는 IPCFLG[3]가 Low 되도록 polling을 시작한다.

- CPUy가 Interrupt를 수신한다. Interrupt Handler에서는 IPCSTS를 확인하고 Flag 16이 SET 되었는지 확인한 후 Command Processor를 실행한다.

- CPUy는 IPCRECVCOM에서 Command(0x1), IPCRECVADDR에서 Adress(0x9400), IPCRECVDATA에서 Data 길이(0x80)을 읽는다. 그런 다음 LS RAM Data를 offset 0x210에서 시작하는 쓰기 가능한 공유 메모리의 빈 공간에 복사한다.

- CPUy는 공유 메모리 Address(0x210), IPCLOCALREPLY 레지스터에 쓴다. 그런 다음 IPCACK[16] 및 IPCACK[3]에 기록하여 Flag를 지우고 Command 완료를 나타낸다. CPUy의 작업이 완료된다.

- CPUx는 IPCFLG[3]이 Low되는 것을 확인하고, 복사한 Data의 공유 메모리 offset (0x210)을 얻기 위해 IPCREMOTEREPLY를 읽는다.

위와 같은 프로토콜은 CPU2에서 CPU1으로 Data 송수신 작업을 할 때도 수행되며, 두 개의 Core가 통신을 통해 서로 간의 Data를 공유할 수 있음 [그림 12.1]을 통해 확인할 수 있다. 또한, 동일한 동작이 CPUx와 M4 Core 간의 IPC 통신이 이루어질 때도 수행됨을 [그림 12.2]를 통해 확인할 수 있다.

12.4 IPC 예제

12.4.1 Interrupt를 사용한 IPC 기초 메시지 전송

본 절에서는 앞서 설명한 IPC의 기능에 대해서 간략한 예제를 이용하여 동작을 확인하는 과정에 대해서 다룰 것이다. IPC는 기본적으로 듀얼 Core가 내장된 시스템에만 적용이 가능하며, 이를 확인하기 위해서 TI 사에서 제공하는 기초 IPC 적용 코드를 활용하였다. 해당 프로젝트는 CPU1-CPU2 간 IPC 통신을 기반으로 한다.

```
1.  IPC_clearFlagLtoR(IPC_CPU1_L_CPU2_R, IPC_FLAG_ALL); // IPCCLR
2.  IPC_sync(IPC_CPU1_L_CPU2_R, IPC_FLAG31); // CPU2와 동기화
3.  for(i=0; i<10; i++) // Data Setting
    {
        readData[i] = i;
    }
4.  IPC_sendCommand(IPC_CPU1_L_CPU2_R, IPC_FLAG0,
    IPC_ADDR_CORRECTION_ENABLE, IPC_CMD_READ_MEM, (uint32_t)readData, 10);
    // IPCSENDCOM, IPCSENDADRR, IPCSENDDATA
5.  IPC_waitForAck(IPC_CPU1_L_CPU2_R, IPC_FLAG0); // CPU2 응답 확인
6.  If(IPC_getResponse(IPC_CPU1_L_CPU2_R) == TEST_PASS)
    {
        pass = 1;
    }
    else
    {
        pass = 0;
    } // REPLY로부터 받은 값을 TEST_PASS를 검수하여 수신 동작 확인
7. while(1); // 동작 완료 후 시스템 정지, 무한 루프 돌입
```

그림 12.6 IPC 기초 예제 프로젝트(main) - CPU1

1. IPC_clearFlagLtoR(IPC_CPU1_L_CPU2_R, IPC_FLAG_ALL);

CPU1TOCPU2IPCCLR 레지스터의 모든 필드에 1을 작성해서, 모든 IPC Event를 초기화한다.

2. IPC_sync(IPC_CPU1_L_CPU2_R, IPC_FLAG31);

순서대로 아래 각각 함수의 31번 필드에 1을 작성하는 것을 의미한다.

IPC_setFlagLtoR(ipcType, flag); = CPU1TOCPU2IPCSET 레지스터의 31번 필드에 1을 작성

- CPU2의 IPC31 Event Flag를 SET한다.

IPC_waitForFlag(ipcType, flag); = CPU2에 의해 SET 되는 CPU1의 IPC31 Event Flag를 관측

- While문을 이용하여 CPU1의 IPC31 Event Flag가 SET되면 무한루프를 벗어난다. 즉 CPU2 설정을 통해 CPU1의 IPC31 Event Flag가 SET되기 전까지는 무한루프를 돌다가, CPU2에 의해 CPU1의 IPC31 Event Flag가 SET되면 무한루프를 벗어날 것이다.

IPC_ackFlagRtoL(ipcType, flag); = CPU1TOCPU2IPCACK 레지스터의 31번 필드에 1을 작성

- CPU2TOCPU1IPCFLG 레지스터의 IPC31 Event Flag를 CLEAR한다.

IPC_waitForAck(ipcType, flag); = CPU2에 IPC31 Event를 요청한 기록을 관측

- While문을 이용하여 Event를 요청한 기록이 없으면 무한루프를 벗어난다. 앞서 CPU2의 IPC31 Event Flag를 CLEAR 시켜준 것과 같이, CPU2에서 CPU1의 IPC31 Event Flag를 CLEAR 시켜줘야 무한루프를 벗어날 것이다.

즉, IPC_sync 함수는 CPU1과 CPU2 각각의 IPC31 Event Flag를 관측하여 두 CPU를 동기화 시키는 역할을 한다.

3. for (i=0; i<10; i++) { readData[i] = i; }

for문을 이용하여 CPU2로 보낼 readData[0~9] Adress와 Data를 설정한다.

4. IPC_sendCommand(IPC_CPU1_L_CPU2_R, IPC_FLAG0, IPC_ADDR_CORRECTION_EN ABLE, IPC_CMD_READ_MEM, (uint32_t) readData, 10);

원격 Core인 CPU2로 Command를 보내는 함수 구문으로 위 함수는 IPC0 Event Flag를 SET 하여 CPU2의 IPC0 Interrupt를 생성한다. 또한, Address 변수를 원격 Core인 CPU1의 Adress 공간으로 변환을 허용하고, 설정한 Address로 Command와 Data를 보낸다. 해당 예제에서 설정된 Command는 0x1001이고, Adress는 readData변수의 Adress이며,

Data Length는 10이다.

5. IPC_waitForAck(IPC_CPU1_L_CPU2_R, IPC_FLAG0);

CPU2에 IPC31 Event를 요청한 기록을 관측하는 함수로 While문을 이용하여 Event를 요청한 기록이 없으면 무한루프를 벗어나는 구조이다. 즉, 앞서 CPU1의 IPC0의 Event Flag가 SET 되어있기 때문에 무한루프를 돌리지만, CPU2에서 CPU1의 IPC0 Event Flag를 CLEAR 시켜주면 무한루프를 벗어날 것이다.

6. if(IPC_getResponse(IPC_CPU1_L_CPU2_R) == TEST_PASS)

CPU2TOCPU1IPCREPLY 레지스터의 필드 값을 이용한 조건문으로 CPU2에서 보낸 응답이 TEST_PASS값(0x5555)과 일치하면 조건문이 수행될 것이다.

위 예제는 CPU2와 Data를 주고받기 위한 CPU1의 설정 예를 보여주는 예제로 두 Core간의 원활한 Data 송수신을 위해서는 CPU2의 적절한 설정이 필요하다. CPU2의 설정 예는 다음과 같다.

```
1.  IPC_clearFlagLtoR(IPC_CPU2_L_CPU1_R, IPC_FLAG_ALL); // IPCCLR
2.  IPC_registerInterrupt(IPC_CPU2_L_CPU1_R, IPC_INT0, IPC_ISR0); // Interrupt 활성화
3.  IPC_sync(IPC_CPU2_L_CPU1_R, IPC_FLAG31); // CPU1과 동기화
4.  while(1); // 무한 루프 돌입
```

그림 12.7 IPC 기초 예제 프로젝트(main) - CPU2

1. IPC_clearFlagLtoR(IPC_CPU2_L_CPU1_R, IPC_FLAG_ALL);

CPU2TOCPU1IPCCLR 레지스터의 모든 필드에 1을 작성해서, 모든 IPC Event를 초기화 한다.

2. IPC_registerInterrupt(IPC_CPU2_L_CPU1_R, IPC_INT0, IPC_ISR0);

CPU2의 Interrupt를 활성화한다. CPU1 IPC0의 Event Flag가 SET 되면 Remote CPU인 CPU2가 Interrupt를 실행한다.

3. IPC_sync(IPC_CPU2_L_CPU1_R, IPC_FLAG31);

앞서 [그림 12.3] CPU1의 예제에서 살펴본 IPC_sync 함수와 동일하게 while 조건문과 IPC31 Event Flag를 이용하여 두 CPU를 동기화 시키는 역할을 한다.

```
1.  IPC_readCommand(IPC_CPU2_L_CPU1_R, IPC_FLAG0,
    IPC_ADDR_CORRECTION_ENABLE, &command, &addr, &data);
    //IPCRECVCOM, IPCRECVADRR, IPCRECVDATA
2.  if(command == IPC_CMD_READ_MEM)
    {
        status = true;
        for(i=0; i<data; i++)
        {
           if(*((uint32_t *)addr + i) != i)
              status = false;
        }
    } // CPU1로부터 읽어온 값을 검수하여 수신 동작 확인
3.  if(status) // 수신 상태에 따라서 CPU1으로 PASS 또는 FAIL을 전송
    {
       IPC_sendResponse(IPC_CPU2_L_CPU1_R, TEST_PASS);
    }
    else
    {
       IPC_sendResponse(IPC_CPU2_L_CPU1_R, TEST_FAIL);
    }
4.  IPC_ackFlagRtoL(IPC_CPU2_L_CPU1_R, IPC_FLAG0); // CPU1의 IPC FKG를 초기화
```

그림 12.8 IPC 기초 예제 프로젝트(IPC_ISR0) - CPU2

1. IPC_readCommand(IPC_CPU2_L_CPU1_R, IPC_FLAG0, IPC_ADDR_CORRECTION_EN ABLE, &command, &addr, &data);

CPU1에서 전송한 명령을 읽은 역할을 한다. 원격 Core인 CPU1이 보낸 32개의 IPC 동작 Flag 중 IPC_FLAG0에 해당하는 비트만을 처리하고, addr 변수를 원격 Core인 CPU1의 Adress 공간으로 변환을 허용한다. command, addr, data는 각각 Command, Address 및 Data Length를 읽기 위한 32-Bit Pointer이다.

2. if(command == IPC_CMD_READ_MEM)

읽어온 Command값이 0x1001이면 수행되는 조건문으로 앞서, CPU1에서 보낸 명령이 0x1001이기 때문에 명령을 제대로 읽어왔다면 조건문이 수행된다. 조건문 안에 포함 되어있는 for문에서는 Address와 Data를 제대로 읽어왔는지를 판단한다.

3. if(status) - else

명령, Address 및 Data를 모두 제대로 읽어왔을 경우 수행되는 조건문으로 조건문 안에 포함되어있는 IPC_sendResponse 함수는 CPU2TOCPU1IPCREPLY 레지스터에 Test_

Pass를 응답한다. 만약 명령, Address 및 Data 가운데 어느 하나라도 읽어오지 못한 경우엔 CPU2TOCPU1IPC REPLY 레지스터에 Test_Fail을 응답한다.

4. IPC_ackFlagRtoL (IPC_CPU2_L_CPU1_R, IPC_FLAG0);

CPU2TOCPU1IPCACK 레지스터의 IPC0 필드에 1을 작성하는 함수로 CPU1TOCPU2IPCFLG 레지스터의 IPC0 필드를 CLEAR하여 CPU1의 무한루프를 중단시킨다.

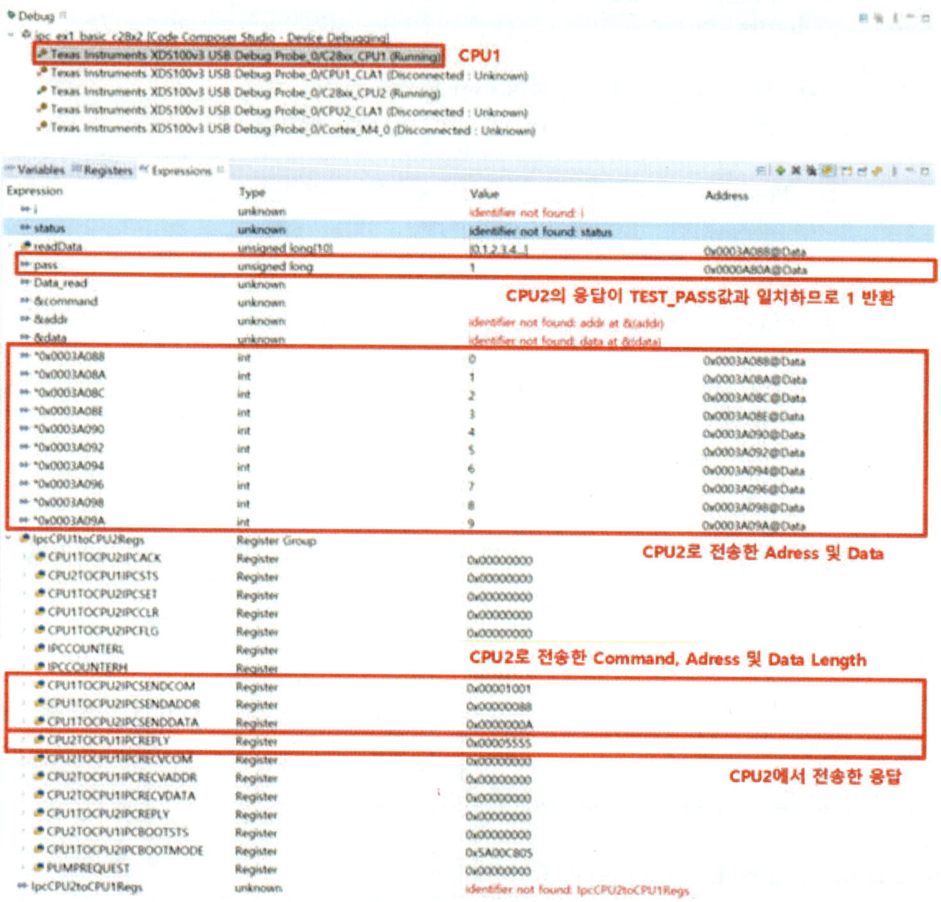

그림 12.9 IPC 기초 예제 프로젝트 결과 - CPU1

위 그림은 앞서 설명한 CPU1-CPU2간 Data 송신 및 수신 예제의 실험결과로, CPU1에서 Address로 Data를 송신하고 CPU2의 응답을 수신한 결과를 보여준다. 앞서 작성한 코딩과 같이, CPU1에서 명령 0x1001과 readData 변수의 Adress인 0x0003A088 ~ 0x0003A09A와 Data 및 10의 Data Length를 송신하였고, 이는 CPU1TOCPU2IPCSEOND 레지스터들을 통해 확인할 수 있다. CPU2는 CPU1에서 보낸 Data를 수신하여 판별한 결과 응답을 다시 CPU1으로 송신한다. CPU2가 송신한 응답은 CPU2TOCPU1IPCREPLY 레지스터에 담기고, 수신 Data 판별 결과 TEST_PASS(0x5555)를 CPU1으로 송신한 것을 확인할 수 있다. CPU1은 CPU2의 응답을 확인하고 pass 변수를 1로 반환하였다.

그림 12.10 IPC 기초 예제 프로젝트 결과 - CPU2

위 그림은 앞서 설명한 CPU1-CPU2 간 Data 송신 및 수신 예제의 실험 결과로, CPU2에서 CPU1이 송신한 Data를 읽어온 결과를 보여준다. CPU1에서 송신한 Command, Address 및 Data Length를 CPU1TOCPU2IPCRECV 레지스터들을 통해 수신한 것을 확인할 수 있고, Data에 오류를 판단한 후 오류가 없다면 status 변수를 1로 반환하고 CPU1으로 TEST_PASS(0x5555)의 응답을 전송하는 것을 확인할 수 있다. 응답의 전송은

CPU2TOCPU1IPCREPLY 레지스터를 통해 확인할 수 있다.

실험결과를 통하여 IPC 기본 기능을 활용하여 두 CPU간의 Data 송수신을 수행하는 방법과 시퀀스 및 결과를 확인할 수 있다.

12.4.2 Interrupt와 메시지 큐를 이용한 IPC

```
1.  IPC_clearFlagLtoR(IPC_CPU1_L_CPU2_R, IPC_FLAG_ALL); // IPCCLR
2.  IPC_initMessageQueue(IPC_CPU1_L_CPU2_R, &messageQueue, IPC_INT1, IPC_INT1);
    // Message Queue 초기화
3.  IPC_sync(IPC_CPU1_L_CPU2_R, IPC_FLAG31); // CPU2와 동기화
4.  for(i=0; i<10; i++) // CPU1으로 송신할 Data Setting
    {  readData[i] = i; }
5.  TxMsg.command = IPC_CMD_READ_MEM;
6.  TxMsg.address = (uint32_t)readData;
7.  TxMsg.dataw1  = 10;
8.  TxMsg.dataw2  = 1;
    // Message Queue에 전송할 Command, Address, Data Length 및 Message
    Identifier 설정
9.  IPC_sendMessageToQueue(IPC_CPU1_L_CPU2_R, &messageQueue,
    IPC_ADDR_CORRECTION_ENABLE, &TxMsg, IPC_BLOCKING_CALL);
    // 설정한 Message를 Message Queue에 전달
10. IPC_readMessageFromQueue(IPC_CPU1_L_CPU2_R, &messageQueue,
    IPC_ADDR_CORRECTION_DISABLE, &RxMsg, IPC_BLOCKING_CALL);
    // Message Queue로부터 Message를 읽어옴
11. if((RxMsg.command == IPC_CMD_RESP) && (RxMsg.dataw1 == TEST_PASS) &&
    (RxMsg.dataw2 == 1))  // 수신한 Message의 오류를 판단
          pass = 1;
    else
          pass = 0;
12. while(1); // 무한 루프 돌입
```

그림 12.11 IPC Message Queue 예제 프로젝트(main) - CPU1

1. IPC_clearFlagLtoR(IPC_CPU1_L_CPU2_R, IPC_FLAG_ALL);

CPU1TOCPU2IPCCLR 레지스터의 모든 필드에 1을 작성해서, 모든 IPC Event를 초기화 한다.

2. IPC_initMessageQueue(IPC_CPU1_L_CPU2_R, &messageQueue, IPC_INT1, IPC_INT1);

이 함수는 Message Queue의 Adress를 받고 Message Queue에 의해 사용되는 Local Core의 Interrupt 번호를 받는다. 또한, Message Queue에 의해 사용되는 Remote Core의 Interrupt 번호를 받아 IPC Message Queue를 초기 설정하는 역할을 한다. IPC_INT 쌍에 대해, Local 및 Remote Core에서 Message Queue가 각각 정의되고 초기화 되어야 한다.

3. IPC_sync(IPC_CPU1_L_CPU2_R, IPC_FLAG31)

앞서 CPU1의 기초 예제에서 살펴본 IPC_sync 함수와 동일하게 while 조건문과 IPC31 Event Flag를 이용하여 두 CPU를 동기화 시키는 역할이다

4. for(i=0; i<10; i++);

for문을 이용하여 CPU2로 송신할 readData[0~9] Adress와 Data를 설정한다.

5. TxMsg.command = IPC_CMD_READ_MEM;

송신할 Message의 Command를 IPC_CMD_READ_MEM(0x1001)으로 설정

6. TxMsg.address = (uint32_t)readData;

송신할 Message의 Adress와 Data를 readData[0~9]로 설정

7. TxMsg.dataw1 = 10;

송신할 Message의 Data Length를 10으로 설정

8. TxMsg.dataw2 = 1;

송신할 Message의 식별자를 1로 설정

9. IPC_sendMessageToQueue(IPC_CPU1_L_CPU2_R, &messageQueue, IPC_ADDR_CORR ECTION_ENABLE, &TxMsg, IPC_BLOCKING_CALL);

설정한 Message를 Message Queue로 전달하기 위한 함수로, Message Queue의 Adress를 입력하고, Adress 변수를 Remote Core의 Adress 공간으로 변환을 허용한다. 다음으로 Message Queue로 전달할 Message의 Address를 입력한다. 또한, 버퍼가 가득 차 있는 상태에서는 버퍼가 비어 있을 때까지 기다리도록 Blocking Mode로 설정한다. 버퍼가 비어 있다면 전달할 Message를 Message Queue의 버퍼에 전달하고, IPC_FLG1이 Set되

어 CPU2의 Interrupt를 발생시킨다.

10. IPC_readMessageFromQueue(IPC_CPU1_L_CPU2_R, &messageQueue, IPC_ADDR_CO RRECTION_DISABLE, &RxMsg, IPC_BLOCKING_CALL);

Message Queue에서 Message를 읽어오기 위한 함수로, Message Queue의 Adress를 입력하고, Adress 변수를 Remote Core의 Adress 공간으로 변환을 허용하지 않는다. 다음으로 Message Queue에서 읽어온 Message가 저장될 Address를 지정한다. 또한, 버퍼가 비어 있는 상태에서는 버퍼가 가득 찰 때까지 기다리도록 Blocking Mode로 설정한다. 따라서, 앞서 IPC_sendMessageToQueue 함수에서 CPU2의 Interrupt를 발생시켰기 때문에, CPU2가 버퍼를 Data로 채워줄 때까지 기다리게 된다. 버퍼가 차 있거나 차게 되면 Message를 읽어온다.

11. if((RxMsg.command == IPC_CMD_RESP) && (RxMsg.dataw1 == TEST_PASS) && (RxMsg.dataw2 == 1))

CPU2에서 Message Queue로 전달한 Message를 CPU1이 잘 수신했는지를 확인하기 위한 조건문으로, 수신한 Message의 Command, Address, Data Length, 및 Data Identifier가 조건과 일치하면 pass를 1로 설정하여 Message를 올바르게 읽었음을 표시한다.

```
1.  IPC_clearFlagLtoR(IPC_CPU2_L_CPU1_R, IPC_FLAG_ALL); // IPCCLR
2.  IPC_registerInterrupt(IPC_CPU2_L_CPU1_R, IPC_INT1, IPC_ISR1); // Interrupt 활성화
3.  IPC_initMessageQueue(IPC_CPU2_L_CPU1_R, &messageQueue, IPC_INT1, IPC_INT1);
    // Message Queue 초기화
4.  IPC_sync(IPC_CPU2_L_CPU1_R, IPC_FLAG31); // CPU1과 동기화
5.  while(1); // 무한 루프 돌입
```

그림 12.12 IPC Message Queue 예제 프로젝트(main) - CPU2

1. IPC_clearFlagLtoR(IPC_CPU2_L_CPU1_R, IPC_FLAG_ALL);

CPU2TOCPU1IPCCLR 레지스터의 모든 필드에 1을 작성해서, 모든 IPC Event를 초기화한다

2. IPC_registerInterrupt(IPC_CPU2_L_CPU1_R, IPC_INT1, IPC_ISR1);

CPU2의 Interrupt를 활성화한다. CPU1 IPC1의 Event Flag가 Set 되면 원격 CPU인 CPU2가 Interrupt를 실행한다

3. IPC_initMessageQueue(IPC_CPU2_L_CPU1_R, &messageQueue, IPC_INT1, IPC_INT1);

이 함수는 Message Queue의 Adress를 받고 Message Queue에 의해 사용되는 Local Core의 Interrupt 번호를 받는다. 또한, Message Queue에 의해 사용되는 Remote Core의 Interrupt 번호를 받아 IPC Message Queue를 초기 설정하는 역할을 한다. IPC_INT 쌍에 대해, Local 및 Remote Core에서 Message Queue가 각각 정의되고 초기화 되어야 한다.

4. IPC_sync(IPC_CPU2_L_CPU1_R, IPC_FLAG31);

앞서 CPU1의 기본 예제에서 살펴본 IPC_sync 함수와 동일하게 while 조건문과 IPC31 Event Flag를 이용하여 두 CPU를 동기화 시키는 역할을 한다.

```
1.  IPC_readMessageFromQueue(IPC_CPU2_L_CPU1_R, &messageQueue,
    IPC_ADDR_CORRECTION_ENABLE, &RxMsg, IPC_NONBLOCKING_CALL);
    // Message Queue에서 Message를 읽어옴
2.  if(RxMsg.command == IPC_CMD_READ_MEM) // 수신한 Message 오류 판단
    {
        status = true;

        // Read and compare data
      for(i=0; i<RxMsg.dataw1; i++)
      {
        if((*(uint32_t *)RxMsg.address + i) != i)
        status = false;
      }
    }
3.  TxMsg.command = IPC_CMD_RESP;
4.  TxMsg.address = 0;
5.  TxMsg.dataw1 = status ? TEST_PASS : TEST_FAIL;
6.  TxMsg.dataw2 = RxMsg.dataw2;
    // Message Queue로 전달할 Command, Address, Data Length 및 Message
    Identifier 설정
7.  IPC_sendMessageToQueue(IPC_CPU2_L_CPU1_R, &messageQueue,
    IPC_ADDR_CORRECTION_DISABLE, &TxMsg, IPC_NONBLOCKING_CALL);
    // 설정한 Message를 Message Queue에 전달
8.  IPC_ackFlagRtoL(IPC_CPU2_L_CPU1_R, IPC_FLAG1);
    // CPU1의 IPC_FLAG1을 clear하여 CPU2의 IPC_ISR1을 중단
```

그림 12.13 IPC Message Queue 예제 프로젝트(IPC_ISR1) - CPU2

1. IPC_readMessageFromQueue(IPC_CPU2_L_CPU1_R, &messageQueue, IPC_ADDR_CORRE CTION_ENABLE, &RxMsg, IPC_NONBLOCKING_CALL);

Message Queue에서 Message를 읽어오기 위한 함수로, Message Queue의 Adress를 입력하고, Adress 변수를 Remote Core의 Adress 공간으로 변환을 허용하지 않는다. 다음으로 Message Queue에서 읽어온 Message가 저장될 Address를 지정한다. 또한, 버퍼가 비어 있는 상태에서는 Fail을 반환하도록 Blocking Mode를 해제한다. 앞서, CPU1이 Message Queue를 채웠기 때문에 버퍼가 차 있어서 CPU2는 Message Queue의 Message를 읽어오게 된다.

2. if(RxMsg.command == IPC_CMD_READ_MEM)

Message Queue에서 읽어온 Message의 Command를 확인하기 위한 조건문이다. Command를 제대로 읽어온 경우 for문을 통해 읽어온 Message의 Data와 Adress를 확인한다.

3. TxMsg.command = IPC_CMD_RESP;

Message Queue를 통해 CPU1에 응답하는 Command로 IPC_CMD_RESP(0x2001)을 설정한다.

4. TxMsg.address = 0;

CPU2에서 CPU1으로 Message Queue를 통해 Message를 전달할 때, Message의 Adress를 CPU1 공간으로 변환을 허용하지 않았기 때문에, 어떤 값으로 설정하든 상관이 없다.

5. TxMsg.dataw1 = status ? TEST_PASS : TEST_FAIL;

Message Queue를 통해 전달할 응답의 Data를 설정하기 위한 조건 연산문으로 CPU1이 보낸 Message를 CPU2가 제대로 읽어왔다면, status가 true이므로 TEST_PASS(0x5555)가 Data로 설정되어 Message Queue에 담긴다.

6. TxMsg.dataw2 = RxMsg.dataw2;

Message Queue를 통해 전달할 응답의 Message 식별자를 앞서 RxMsg를 통해 읽어온 Message 식별자로 설정한다.

7. IPC_sendMessageToQueue (IPC_CPU2_L_CPU1_R, &messageQueue, IPC_ADDR_CORRECTI ON_DISABLE, &TxMsg, IPC_NONBLOCKING_CALL);

설정한 Message를 Message Queue로 전달하기 위한 함수로, Message Queue의 Adress

를 입력하고, Adress 변수를 Remote Core의 Adress 공간으로 변환을 허용하지 않는다. 다음으로 Message Queue로 전달할 Message의 Address를 입력한다. 또한, 버퍼가 가득 차 있는 상태에서는 Fail을 반환하도록 Blocking Mode를 해제한다. 앞서, CPU1에서 Message를 버퍼의 특정 위치로 전달하고 버퍼의 Data 추가 위치를 한 칸 옮겼기 때문에, 새로운 버퍼는 비어있는 상태가 되고 CPU2는 Message를 Message Queue의 새로운 버퍼에 전달하게 된다.

8. IPC_ackFlagRtoL(IPC_CPU2_L_CPU1_R, IPC_FLAG1);

CPU2TOCPU1IPCACK 레지스터의 IPC1 필드에 1을 작성하는 함수로 CPU1TOCPU2IPCFLG 레지스터의 IPC1 필드를 Clear하여, CPU2의 IPC_ISR1을 중단한다.

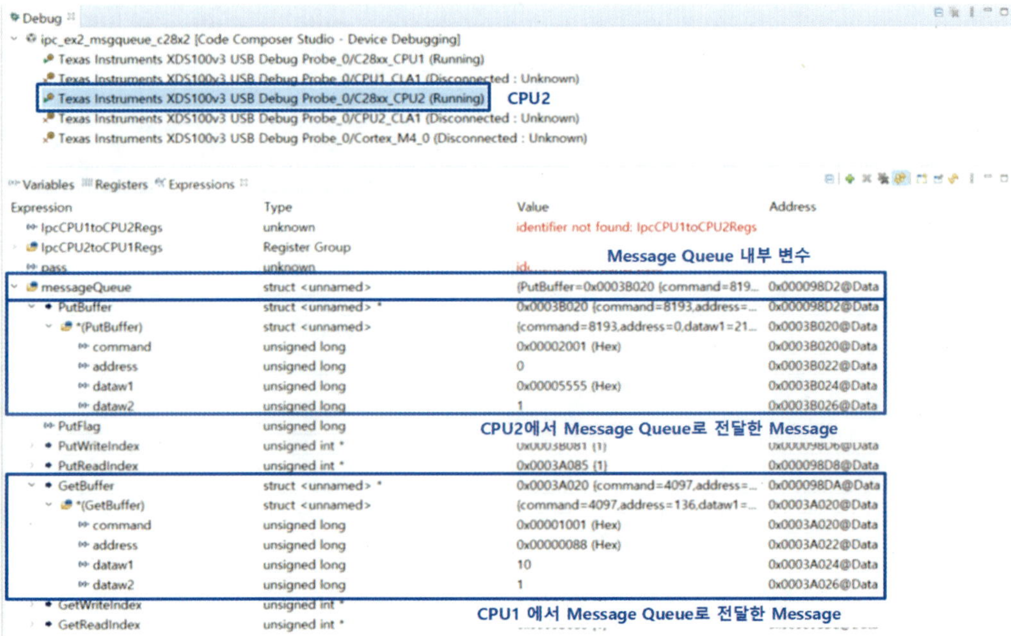

그림 12.14 IPC IPC Message Queue 예제 프로젝트 결과

위 그림은 Interrupt와 Message Queue를 활용한 CPU1-CPU2간의 Message 송수신 결과로 Message Queue의 내부 변수를 통해 Message 송수신을 확인할 수 있다. 앞서 예제를 설명한 바와 같이, CPU1이 CPU2로 TxMsg를 보내기 위해 TxMsg를 Message Queue의 버퍼로 전달하고, Message가 Message Queue의 버퍼에 전달되면 CPU1의 IPC FLAG 1이 Set되어 CPU2의 IPC Interrupt 1을 활성화시킨다. 이에 따라, CPU2는 Message Queue로부터 Message를 수신하고 송신할 준비를 한다. CPU2는 Message Queue를 GetBuffer를 통해 읽게 되고, 이는

위 그림에서 GetBuffer에 담긴 Command, Address, Dataw1 및 Dataw2를 통해 확인할 수 있다. CPU1은 Message Queue에 Message를 전달하자마자, Message Queue로부터 Message를 수신하게 되지만 앞서 Blocking Mode로 설정되었기 때문에, CPU2로부터 버퍼가 가득 찰 때까지 기다리게 된다. CPU2는 CPU1으로 Command, Address, Dataw1 및 Dataw2를 수신하기 위해 Message Queue에 Message를 전달하고 이는 위 그림에서 PutBuffer에 담긴 값을 통해 확인할 수 있다. 버퍼가 가득 차면 CPU1은 무한루프를 중단하고 Message Queue 로부터 Message를 수신한다. CPU2는 Message Queue로 송신이 끝나게 되면 CPU1의 IPC FLAG 1을 Clear하여 CPU2에서 IPC Interrupt 발생을 중단한다.

CHAPTER

13 Serial Peripheral Interface (SPI)

13 Serial Peripheral Interface (SPI)

13.1 SPI 개요

SPI는 Serial Peripheral Interface의 약자로 제어기와 외부 주변 장치 또는 다른 제어기간의 통신에 사용된다. 구체적으로 Shift Register, Display Driver 및 ADC (아날로그-디지털 변환기)와 같은 장치를 통한 외부 I/O 또는 주변 장치 확장이 있다. 전력전자에서 SPI는 외부기기와 통신을 위해 사용되며, 여러 통신 기능보다 비교적 간단하고 단순한 구조로 구성되어 있어, 외부 DAC를 활용하는 경우 DAC IC와 DSP간의 통신, 모터를 구동하기 위한 레졸버 IC와 DSP간 통신에 활용된다. 이러한 내용을 기반으로 본 절에서는 SPI에 대한 전반적인 설명과 세부 기능을 설명한다. 또한 레졸버 IC와 DSP 간 SPI 통신을 위한 코드 분석 및 실험 파형을 설명한다.

SPI는 프로그래밍 된 길이(1~16Bit)의 직렬 Bit 스트림을 프로그래밍 된 Bit 전송 속도로 주변기기장치 내외로 이동할 수 있는 고속 동기식 직렬 입력 및 출력(I/O) 포트를 의미한다. 이때 CPU의 오버헤드(Overhead)를 줄이기 위해 16레벨 송신 및 수신 First In First Out [FIFO]를 지원한다.

주변기기 내의 Data를 동기화하여 기기간의 통신 및 연결을 목적으로 하며 Data 전송방식에 따라 해당 Data를 교환할 수 있다. 기본적으로 중앙처리장치인 DSP를 기준으로 주변 장치들 간의 정보전달을 위한 시스템으로 많이 사용되며 근거리 통신에 유리하다. 통신방식은 하나의 Master Mode 기능을 갖는 기기와 다수의 Slave Mode 기능을 갖는 기기를 설정하는 것이 가능하며 일대일 및 일대다 통신이 가능하다. 각 기능을 갖는 기기는 Full-duplex Mode인 양방향 동작을 통해 송수신이 동시에 가능하다. 뿐만 아니라 단순한 하드웨어 인터페이스 처리가 가능하며 전송되는 Bit의 길이 수를 자유롭게 조절함에 따라 프로토콜의 유연성을 가질 수 있다. 통신 면에서는 Data 송수신을 분리함에 따라 I2C 통신보다 통신속도가 빠르고 낮은 소비 전력을 가진다.

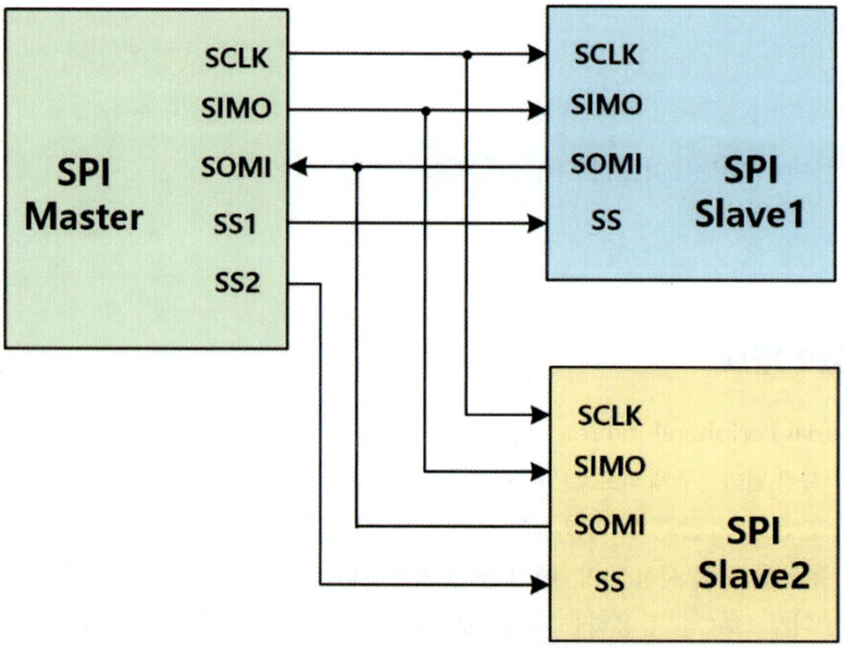

그림 13.1 SPI 통신 과정

그러나, 하나의 마스터 장치만을 지원하며 Controller Area Network (CAN) 통신보다 비교적 짧은 거리에서 사용이 가능하다. 또한 오류 검사 프로토콜이 정의되지 않아 장거리 통신의 경우 노이즈에 취약하다.

13.2 SPI 특징

- 2가지 동작 Mode : Master, Slave
- 125개의 프로그래밍이 가능한 Baud Rate
  - 최대 Baud Rate은 SPI Pin에 사용되는 I/O 버퍼의 최대 속도에 의해 제한
- 1~16의 Data Bit 전송 가능
- 클럭 극성(Clock Polarity)와 클럭 위상(Clock Phase) Bit에 의한 4가지의 Clocking 방식
  - Falling Edge without Phase Delay
  - Falling Edge with Phase Delay
  - Rising Edge without Phase Delay
  - Rising Edge with Phase Delay
- Interrupt 혹은 Polled 알고리즘을 통해 동시에 송수신 작업 수행
  - 소프트웨어를 통해 전송 기능 비활성화 가능
- 16레벨의 송수신 FIFO(First In First Out)
- DMA(Direct Memory Access) 지원
- 고속 Mode 가능
- 지연 송신 제어 가능
- 3-wire SPI Mode 사용 가능
- 대상 장치가 2개의 SPI 모듈을 보유하는 경우, 각 모듈에 대해 별도의 Chip-Enable을 지원하기 위한 SPISTE의 반전 기능 제공

13.3 SPI 구조

13.3.1 SPI 모듈 인터페이스 구조

전체적인 SPI 모듈 인터페이스 구조는 [그림 13.2]와 같으며 각 신호는 [표 13.1]과 같다.

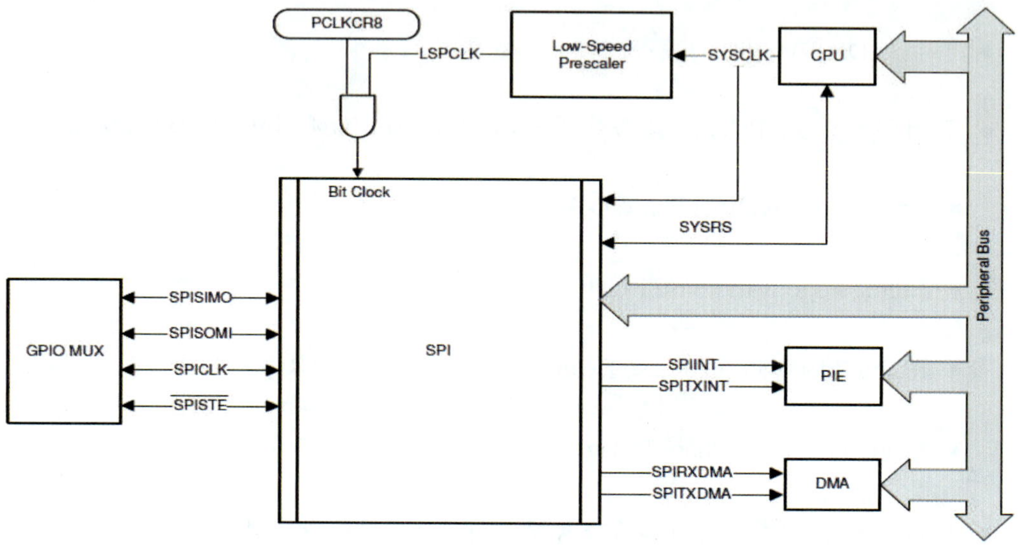

그림 13.2 SPI 모듈 인터페이스 구조

표 13.1 SPI 모듈 신호

Name		Description
Control	LSPCLK	SPI Clock Rate
	SYSRS	System Reset
External Signals	SPICLK	SPI serial-Clock pin
	SPISTE	SPI Slave Transmit-Enable pin
	SPISIMO	SPI Slave-Input/Master-output pin
	SPISOMI	SPI Slave-Output/Master-Input pin

Interrupt Signals	SPIINT	Transmit interrupt/Receive interrupt in non-FIFO mode
	SPIRXINT	Receive interrupt in FIFO mode
	SPITXINT	Transmit interrupt in FIFO mode
DMA Triggers	SPITXDMA	Transmit request to DMA
	SPIRXDMA	Receive request to DMA

SPI 통신은 동기되어 동작하기 때문에 클럭이 요구된다. CPU로부터 클럭을 발생시키기 위해 SYSCLK을 CLEAR-Speed Prescaler를 통해 분주하여 LSPCLK(CLEAR-Speed Peripheral Clock Frequency)를 생성한다. 이는 PCLKCR8 레지스터를 통해 SPI 클럭을 생성한다.

SPI 통신을 위한 4가지 외부 신호는 Master와 Slave의 두 가지 작동 Mode를 기반으로 동작한다. SPICLK Pin은 항상 Master Mode로 동작하는 기기로부터 클럭을 보내 Data를 전송한다. 이때, 클럭은 Master의 Data Bit 출력을 Slave의 Bit 샘플링으로 동기화한다. 각 클럭 사이클에 1Bit의 Data가 전송되는데 전송 속도(Baud Rate)는 LSPCLK에 의해 식(13.1)과 식(13.2)와 같이 결정된다.

$$\text{SPI Baud Rate} = \frac{LSPCLK}{(SPIBRR+1)} \qquad (3 \le SPIBRR \le 127) \tag{13.1}$$

$$\text{SPI Baud Rate} = \frac{LSPCLK}{4} \qquad (0 \le SPIBRR \le 2) \tag{13.2}$$

여기서 SPIBRR은 SPI Baud Rate 레지스터이며 이를 통해 Baud Rate가 결정된다.

TMS320F28388에서는 최대 Baud Rate가 50×10^6 [bps]이므로 LSPCLK는 최대 200[MHz]를 갖는다.

Chip-Enable 역할을 수행하는 SPISTE는 기본적으로 Active-Low(Low 신호를 인가하여 대상 장치를 활성화)를 기반으로 동작한다. 이를 통해 SPISTE는 SPI가 Slave Mode로 동작하는 경우, 원치 않는 클럭 또는 Data 펄스에 대한 게이팅 역할을 수행할 수 있다. 즉, Slave

로 동작하는 SPI에 인가되는 SPISTE를 기본적으로 1로 유지하여 Slave가 Data를 받는 것을 차단할 수 있고, 이에 따라 Slave와 Master 간 원치 않는 신호로 인한 동기화 실패를 방지할 수 있다. 이러한 이유로 SPISTE를 항시 활성화시키는 것은 권장되지 않으며, Data 송수신이 필요한 경우에만 SPISTE를 0으로 인가하여 Slave를 활성화시키는 것이 바람직하다.

SPI 모듈이 다수의 Slave와 연결되어 동작하기 위해서는, Master로 동작하는 SPI 모듈이 다중 SPISTE Pin을 제공해야만 한다. DSP TMS320F28388에서는 단일 SPISTE Pin만을 제공하지만, GPIO 설정을 통해 다중 Slave 연결을 구현하는 것이 가능하다. 이때 단일 GPIO는 하나의 SPISTE 신호로서 Slave에 인가되는데, 여기서 GPIO를 SPISTE가 아닌 GPIO Output으로 Mux하고, 특정 Slave에 대한 활성화/비활성화가 필요할 때마다 해당 GPIO를 소프트웨어 상에서 0 또는 1로 설정한다. 이러한 방법은 필요한 만큼의 GPIO가 지원되는 한, SPICLK, SPISIMO, SPISOMI 라인을 공유하는 모든 Slave에 대하여 적용이 가능하다.

SPISOMI와 SPISIMO는 Master와 Slave Mode에 해당하는 기기의 입력과 출력 동작을 나타낸다. 통신을 위한 각 기기는 동일한 신호 출력끼리 연결된다. 예를 들어, SPISOMI은 Slave Mode에서 신호를 출력하며 Master Mode에서 입력 기능을 갖는다. [그림 13.3]과 같이, SPISOMI는 Master와 Slave의 SPISIMO에 연결되며 SPISOMI 또한 동일하다.

SPI모듈에서 통신을 위한 Interrupt 신호는 Non-FIFO Mode, FIFO Mode에 따라 다른 Interrupt를 생성한다. 이 때 FIFO Mode란 Data를 우선순위에 맞춰 정리하고 이용하는 방식이다. 먼저 수신한 Data를 송신을 위해 먼저 출력함으로써 입력된 Data와 출력된 Data가 동일한 값을 갖는다.

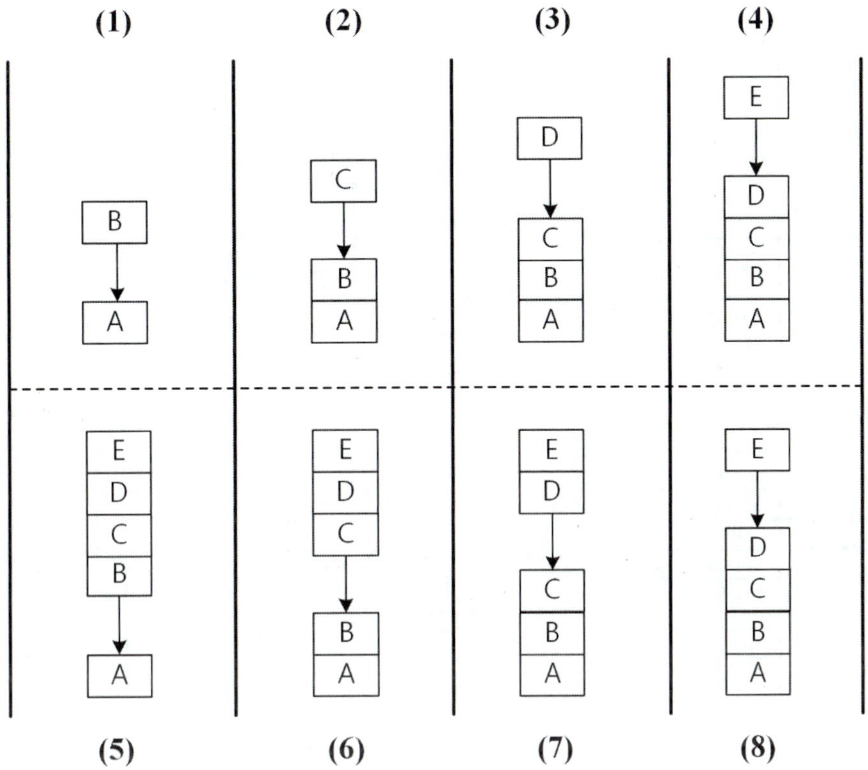

그림 13.3 FIFO Mode 개요도

SPI 모듈이 Non-FIFO Mode에서 동작 시 생성된 Interrupt는 SPIINT, FIFO Mode에서 생성된 Interrupt는 SPIRXINT와 SPITXINT이다. 이 Interrupt들은 PIE 블록에서 동일한 Interrupt 벡터를 공유한다.

DMA 신호는 FIFO Mode 내에서만 동작한다. 내부 주변 장치 버스를 통해 SPI Data 레지스터에 접근할 수 있는 DMA는 SPITXDMA와 SPIRXDMA이며, DMA Event를 생성할 수 있다.

13.3.2 SPI Interrupt

[그림 13.4]는 SPI Interrupt 생성을 위한 논리회로를 나타낸다. Non-FIFO Mode에서 SPIINT Interrupt를 생성하기 위해서는 두 가지 조건이 존재한다.

- Transmission Complete Flag(INT_FLAG)
- Overrun in the Receiver(OVERRUN_FLAG)

첫번째 조건인 Data가 전송 완료됨을 의미하는 INT_FLAG는 SPI가 마지막 Bit를 송신 혹은 수신을 완료하고 다음 Data를 수신 받을 준비가 됨을 의미한다.

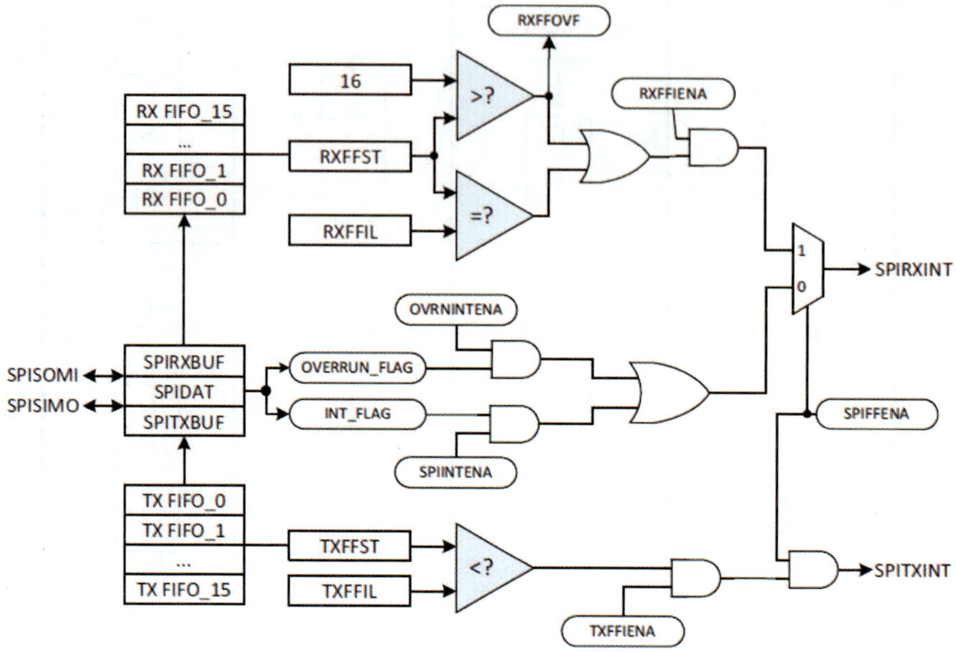

그림 13.4 SPI Interrupt 논리회로

INT_FLAG가 SET되는 동시에 수신된 Data는 SPIRXBUF에 배치된다. 또한 INT_FLAG는 SPIINTENA Bit가 설정된 경우 SPIINT 벡터에서 Interrupt를 생성한다. 두번째 조건인 수신기의 Overrun 상태를 의미하는 OVERRUN_FLAG는 버퍼에서 이전 Data를 읽기 전에 송신 혹은 수신 작업이 완료됨을 의미한다. OVERRUN_FLAG는 OVERRUNINTENA Bit가 SET되고 OVERRUN_FLAG가 이전에 CLEAR된 경우 SPIINT 벡터에서 Interrupt를 생성한다.

FIFO Mode에서 SPIRXINT Interrupt를 생성하기 위해서는 일치 조건을 만족해야 한다.

- A Match Condition between RXFFST and RXFFIL(RXFFST≥RXFFIL)

현재 수신 FIFO 상태를 나타내는 RXFFST가 수신 FIFO Interrupt 레벨 RXFFIL보다 크거나 같으면 수신 FIFO Interrupt Flag인 RXFFINT가 설정된다. SPIRXINT Interrupt는 RXFFINT가 설정되고 RXFFIENA가 SET이 되는 경우 PIE 블록으로부터 생성된다.

SPITXINT Interrupt를 생성하기 위해서는 SPIRXINT와 유사한 일치 조건을 만족해야 한다.

- A Match Condition between TXFFST and TXFFIL(TXFFST≤TXFFIL)

SPITXINT는 현재 송신 FIFO 상태를 나타내는 TXFFST가 송신 FIFO Interrupt 레벨 TXFFIL보다 작거나 같으면 송신 FIFO Interrupt Flag인 TXFFINT가 설정된다. TXFFINT가 설정되고 SPI 모듈에서 TXFFIENA가 SET이 되는 경우 SPITXINT는 PIE 블록으로부터 생성된다.

위 내용을 기반으로 SPI Interrupt는 SPI Interrupt Source와 FIFO 동작 Mode에 의해 Interrupt Line이 결정되며 [표 13.2]와 같다.

표 13.2 SPI Interrupt Flag Mode

FIFO Options	SPI Interrupt Source	Interrupt Flag	Interrupt Enables	FIFO Enable (SPIFFENA)	Interrupt Line
SPI without FIFO	Receive Overrun	RXOVRN	OVRNINTENA	0	SPIRXINT
	Data Receive	SPIINT	SPIINTENA	0	SPIRXINT
	Transmit Empty	SPIINT	SPIINTENA	0	SPIRXINT
SPI FIFO Mode	FIFO Receive	RXFFIL	RXFFIENA	1	SPIRXINT
	Transmit Empty	TXFFIL	TXFFIENA	1	SPITXINT

13.3.3 DMA 지원

DMA는 특정 하드웨어 하위 시스템이 CPU와 독립적으로 메인 시스템 Memory에 접근할 수 있는 기능이다. 이 기능은 16Bit 레지스터의 읽기/쓰기로 제한되며 FIFO Mode를 통해 각 SPI 모듈에서 SPITXDMA와 SIRXDMA라는 두 개의 DMA Event를 생성할 수 있다. DMA Event는 SPIFFTX.TXFFIL과 SPIFFRX.RXFFIL을 적절히 구성하여 제어한다.

SPITXDMA Event는 SPITXINT Interrupt를 생성하기 위한 조건에서 동일하게 발생된다.

- A Match Condition between TXFFST and TXFFIL(TXFFST≤TXFFIL)

SPIRXDMA Event는 SPIRXINT Interrupt를 생성하기 위한 조건에서 동일하게 발생된다.

- A Match Condition between RXFFST and RXFFIL(RXFFST≤RXFFIL)

[그림 13.5]는 위 조건을 통해 SPIRXDMA와 SPITXDMA를 생성하기 위한 논리회로를 나타낸다.

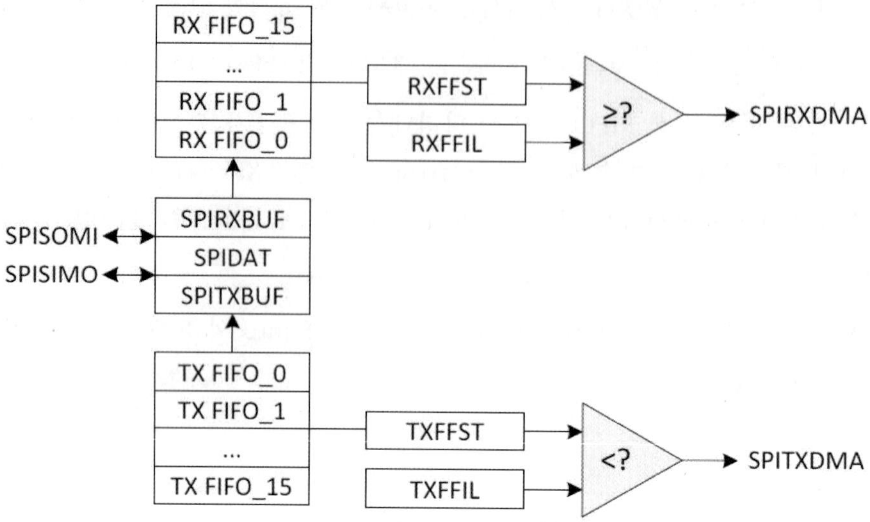

그림 13.5 SPI DMA 논리회로

13.4 SPI 동작

[그림 13.6]은 Master와 Slave 모드 기능을 갖는 기기 간 인터페이스 신호에 대한 연결구성을 나타낸다.

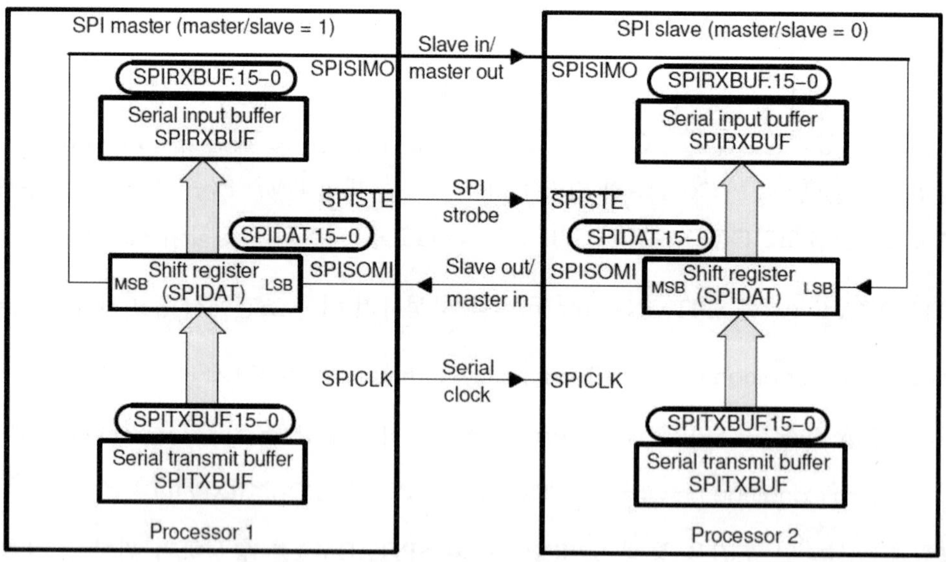

그림 13.6 SPI Master/Slave 연결구성

Master는 Slave에 SPICLK 신호를 전송하여 Data를 송신한다. 송신된 Data는 Master와 Slave에서 펄스 파형에 해당하는 SPICLK의 Edge에서 Shift 레지스터 밖으로 이동하며 반대쪽 SPICLK의 Edge에서 Shift 레지스터로 저장된다. 만약 CLK_PHASE의 Bit가 SET이면 SPICLK의 전환 반주기 전에 Data가 송수신될 수 있다. 즉 두 기기는 Data를 동시에 송수신할 수 있으며 내부 응용프로그램 소프트웨어를 통해 Dummy Data를 결정할 수 있다. Data 전송에는 총 3가지의 방법이 존재하며 다음과 같다.

- Master Sends Data / Slave Sends Dummy Data.
- Master Sends Data / Slave Sends Data.
- Master Sends Dummy Data / Slave Sends Data.

[그림 13.7]에서는 Master는 Data를 전송하고 Slave는 Dummy Data를 전송하는 순서도를 나타낸다.

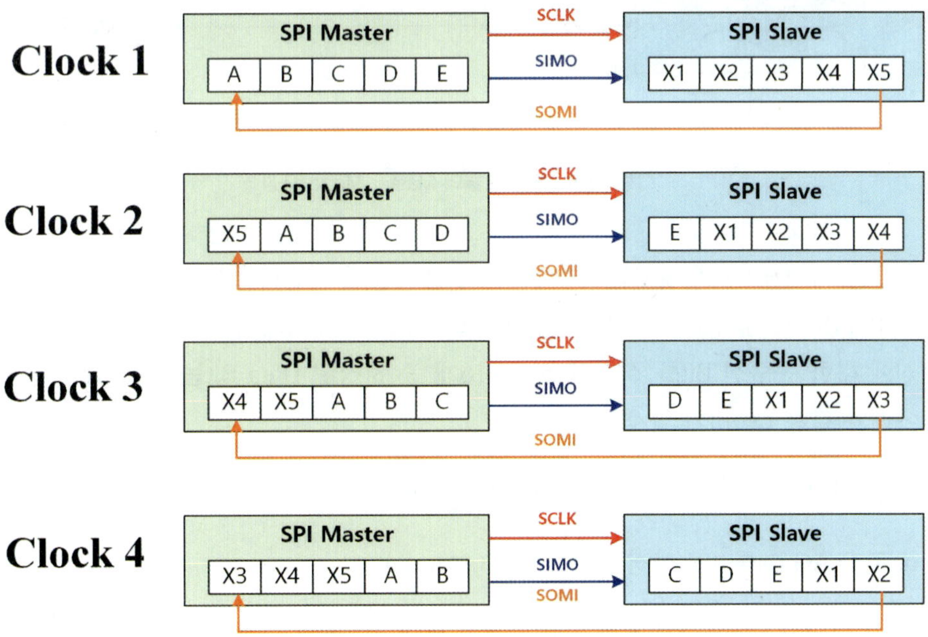

그림 13.7 SPI Data 전송 방식

13.4.1 Master Mode

SPI 모듈의 Master 모드 구성은 [그림 13.8]과 같다.

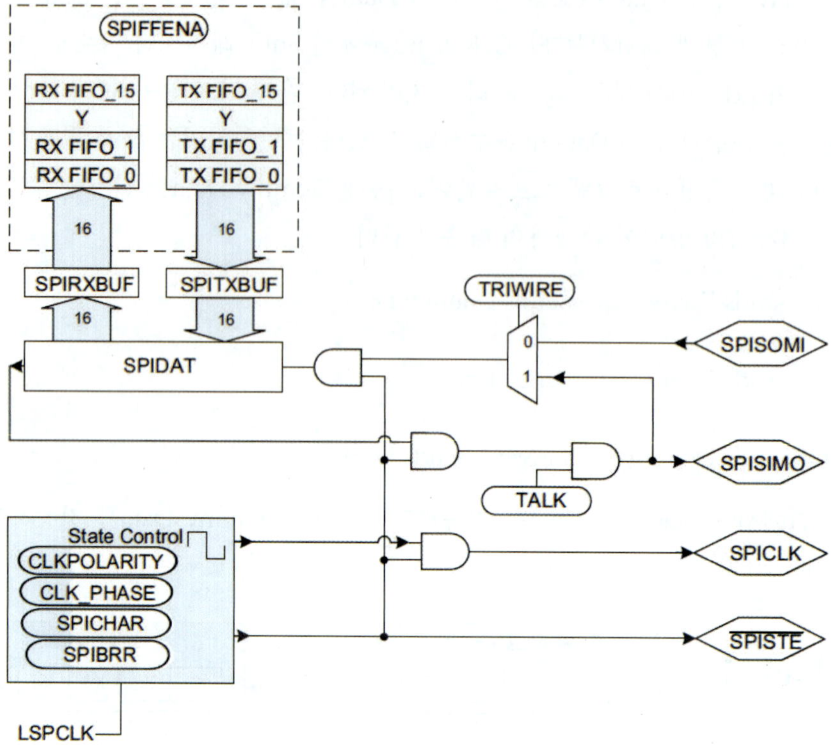

그림 13.8 SPI 모듈의 Master Mode 구성

앞서 말한 Master Mode에서는 SPICLK에서 클럭을 출력한다. 또한 Data는 SPISIMO에서 출력되며 SPISOMI에서 Latch된다. SPIBRR 레지스터는 125개의 Data 전송 속도를 선정하여 통신에 대한 송수신 Bit를 결정한다. 총 16개 중 지정된 Data Bit는 SPIDAT를 통해 이동되며 아래와 같은 Event가 발생한다.

- SPIDAT에 포함된 Data들은 SPIRXBUF로 전송
- INT_FLAG Bit를 1로 설정 (in Non-FIFO Mode)
- 송신 버퍼인 SPITXBUF에 유효한 Data가 존재 시, 송신 버퍼 Flag인 BUFFULL_FLAG에 의해 해당 Data들은 SPIDAT로 전송되어 송신
    - 그러나 SPITXBUF에 유효한 Data가 존재하지 않을 시, SPIDAT의 모든 Bit가 이동된 이후 SPICLK 중지

- SPINTENA Bit가 1로 설정되면 Interrupt 발생

SPISTE는 Slave Mode로 동작하는 기기의 Chip-Enable 역할을 한다. 또한 Slave Mode로 Data를 송신하기 전에 Master Mode에 의해 CLEAR되며 송신 완료 후에는 SET으로 설정된다.

13.4.2 Slave Mode

SPI 모듈의 Slave Mode 구성은 [그림 13.9]와 같다.

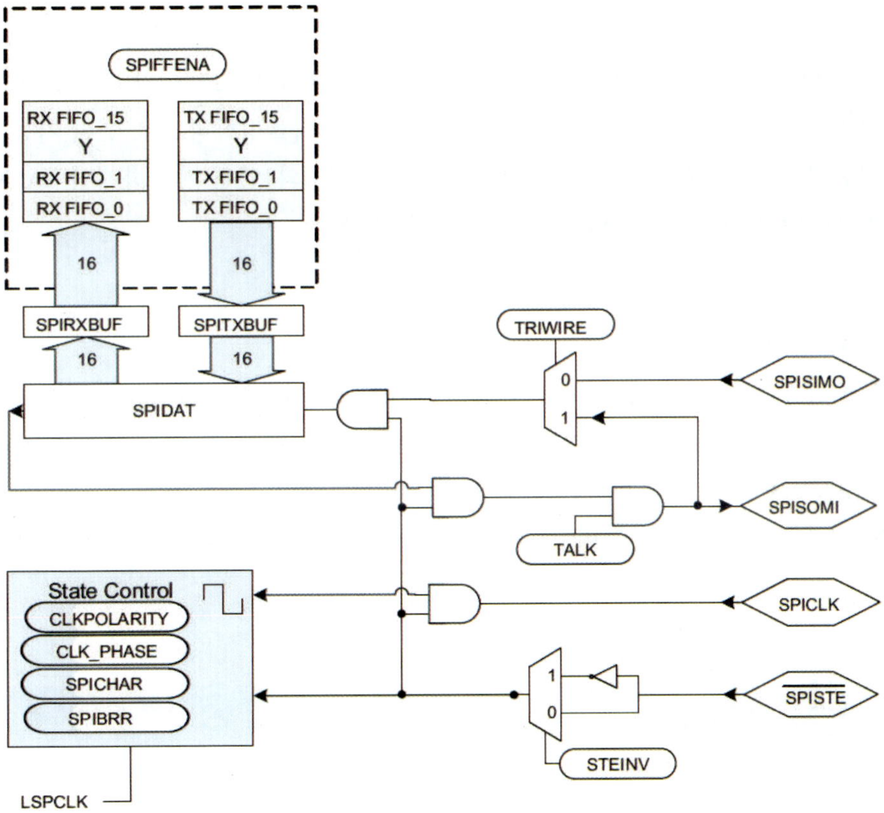

그림 13.9 SPI 모듈의 Slave Mode 구성

Data는 SPISOMI을 통해 밖으로 이동하며 SPISIMO을 통해 안으로 이동한다. SPICLK는 Master로부터 공급되는 클럭을 입력으로 사용한다. 또한 전송 속도도 해당 클럭을 통해 결정되며 SPICLK 입력 주파수는 LSPCLK를 4로 나눈 값보다 크지 않아야 한다.

SPIDAT 혹은 SPITXBUF에 저장된 Data는 Master Mode의 SPICLK 신호의 해당 Edge를 수신하면 송신된다. SPITXBUF에 기록된 Data는 전송할 문자의 모든 Bit가 SPIDAT 밖으로 이동한 경우 SPIDAT 레지스터로 전송된다. 즉, SPITXBUF에 Data가 기록될 때 현재 전송 중인 문자가 없는 경우에는 해당 Data가 즉시 SPIDAT로 전송된다. SPI 모듈 Data를 수신하기 위해 Master에서 SPICLK 신호를 전송할 때까지 기다린 후 SPISIMO의 Data를 SPIDAT로 이동한다. 만약 Data가 Slave에 의해 동시에 전송되고 SPITXBUF가 전송되지 않는다면 이전에 읽어온 Data는 SPICLK 신호가 시작되기 전에 SPITXBUF 혹은 SPIDAT에 기록되어야 한다.

또한, TALK Bit가 CLEAR된다면 Data의 전송이 비활성화되며 이는 SPISOMI를 SET-Impedance 상태로 유지시킨다. 송신이 활성화된 상태에서 TALK Bit가 CLEAR여도 진행되고 있던 Data는 완전히 송신된다. TALK Bit는 송신을 비활성화하므로 수신 기능은 올바르게 동작한다. 이를 통해 많은 Slave Mode를 갖는 기기와 연결 가능하지만 TALK Bit를 활용하여 하나의 기기만 송신 기능을 활성화할 수 있다.

13.4.3 SPI Clocking 체계

동기식 통신을 위해 필수적인 클럭은 극성을 선택하는 CLKPOLARITY와 위상을 선택하는 CLK_PHASE의 Bit를 통해 SPICLK에서 4개의 서로 다른 클럭 방식으로 제어된다. CLKPOLARITY는 클럭의 상승 혹은 하강에 해당하는 활성 Edge를 선정하고 CLK_PHASE는 클럭의 반주기 지연을 선정하며 [표 13.3]과 같이 4개의 클럭 체계로 구분될 수 있다.

표 13.3 SPI Clocking 체계 선정

SPICLK Scheme	CLKPOLARITY	CLK_PHASE
Rising Edge without Delay	0	0
Rising Edge with Delay	0	1
Falling Edge without Delay	1	0
Falling Edge with Delay	1	1

Rising Edge without Delay는 SPICLK 신호의 상승 Edge에서 Data를 송수신하며 Rising Edge with Delay는 SPICLK 신호의 상승 Edge보다 반주기 먼저 Data를 송신하고 상승 Edge에서 Data를 수신한다. 반대로 Falling Edge without Delay는 SPICLK 신

호의 하강 Edge에서 Data를 송수신하며 Falling Edge with Delay는 SPICLK 신호의 하강 Edge보다 반주기 먼저 Data를 송신하고 하강 Edge에서 Data를 수신한다. 이는 CLKPOLARITY와 CLK_PHASE Bit에 의해 결정되며 4가지 클럭 체계의 관계를 [그림 13.10]와 같이 나타낼 수 있다.

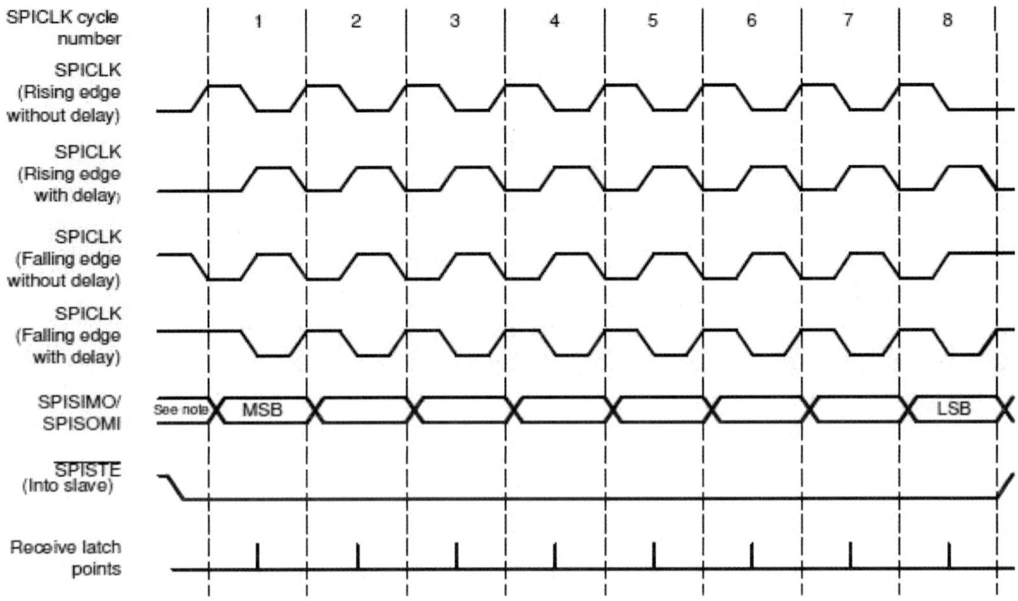

그림 13.10 SPI Clocking 체계

[그림 13.10]에서 SSPICLK(Rising Edge without Delay)는 펄스파의 클럭의 상승 Edge에서 Data를 송수신한다. 그러나 SPICLK(Rising Edge with Delay)는 클럭의 상승 Edge보다 반주기 앞선 하강 Edge에서 Data를 송신하며 상승 Edge에서 Data를 수신한다. 이는 SPICLK가 반주기 앞선 클럭을 출력하는 것과 동일하다. SPICLK(Falling Edge without Delay)와 SPICLK(Falling Edge with Delay)는 상승 Edge에서 하강 Edge로 달라지고 특성은 동일하다. 또한 해당 Data는 8Bit로 이루어져 있으며 앞서 언급한 SPISTE가 CLEAR 상태일 때 Data가 송수신됨을 확인할 수 있다.

13.5 레졸버 IC를 활용한 SPI 통신

본 절에서는 SPI 모듈을 활용하여 DSP와 레졸버 IC 간의 통신을 위한 실습을 진행한다. 레졸버는 아날로그 방식을 사용하여 절대 위치 정보를 순시적으로 정밀하게 제공하는 센서로 모터의 위치와 속도를 측정한다. 센싱 받은 레졸버의 신호는 레졸버 IC를 통해 DSP로 Data를 송신함으로써 필요한 정보를 공유한다. 실습을 위해 사용된 레졸버 IC는 ANALOG DEVICES사의 AD2S1210이다.

13.5.1 AD2S1210 특징

- 완전한 일체형 레졸버-디지털 컨버터
- 3125Rps의 최대 추적 속도(10Bit의 분해능 기준)
- 직렬 및 병렬의 10/12/14/16 Bit의 분해능 보유
    - 4-Wire의 직렬/16Bit의 병렬 인터페이스
    - SOE를 통한 직렬/병렬 인터페이스 선택
- 절대위치 및 속도 출력 측정
- 시스템 오류 감지(Fault 신호)
- 프로그래밍 가능한 오류 감지 임계값 보유(Fault Detection Threshold)
- Sin 신호와 Cos 신호에 대한 차동 입력 보유
    - 2kHz ~20kHz 범위, 3.75Vp-p±27%의 입력 신호
- DSP 및 SPI 인터페이스 표준 및 호환 가능
- 2.3V ~ 5V 로직 인터페이스
- -40°C ~ +125°C 온도 정격
- 증분형 엔코더 Emulation

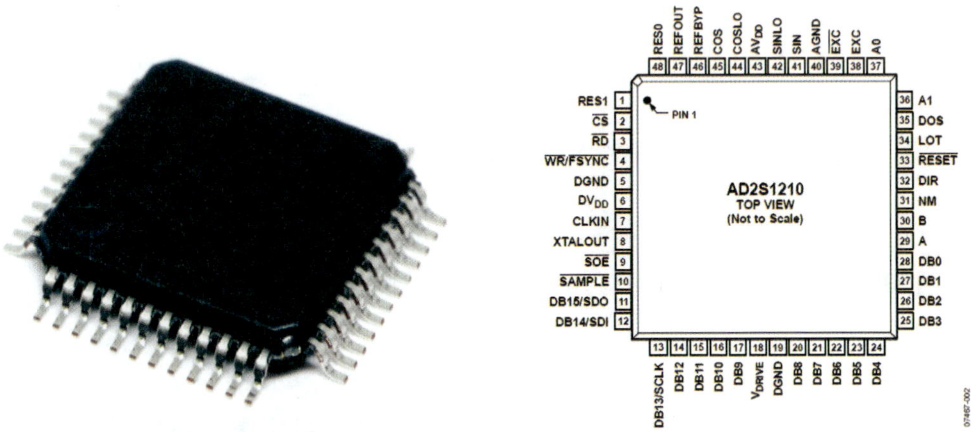

그림 13.11 AD2S1210

13.5.2 레졸버 및 AD2S1210 동작원리

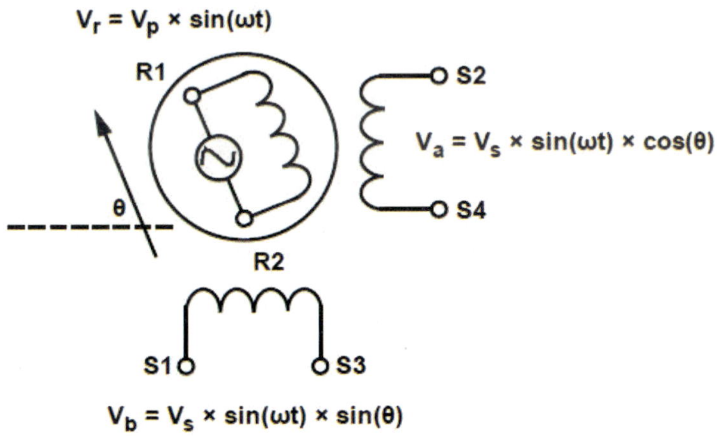

그림 13.12 레졸버 동작 원리

레졸버는 [그림 13.12]과 같이 회전자에 1차 권선이 존재하고 고정자에 2개의 2차 권선이 존재하는 회전 변압기이다. 이는 모터 축에 연결되어 회전자의 위치에 비례한 교류 전압을 출력하며 S3-S1과 S2-S4의 출력전압은 다음과 같은 식을 갖는다.

$$S3-S1=E_0\sin(wt)\quad\sin \tag{13.3}$$

$$S2-S4=E_0\sin(wt)\times\cos\theta \tag{13.4}$$

여기서, θ는 회전자 각, sin (wt)는 회전자 여자 주파수, E_0은 회전자 여자 전압의 크기를 나타낸다.

레졸버의 1차 권선에는 AC 형태의 여자전압이 주입된다. 이를 통해 내부 변압기가 여자되어 2차측 권선에 위치정보(sin θ, cos θ)가 반영되어 출력되며 출력 신호(S3-S1, S2-S4)를 이용하여 축의 위치를 검출한다. 이 때 2차측 권선은 서로 90°의 위상차를 갖도록 배치된다. 식 (13.3)과 식 (13.4)를 통해 출력되는 레졸버의 출력 형태는 [그림 13.13]과 같다.

AD2S1210은 16Bit의 SPI 통신을 이용하여 DSP와 통신하며 AD2S1210의 내부 변수들을 설정하고 이 변수들 중 여자 신호의 크기와 주파수도 포함된다. 또한 AD2S1210은 DSP로 모터의 위치와 속도를 송신함으로써 두 기기의 통신이 이뤄진다. AD2S1210 내부 기능을 나타내는 블록도는 [그림 13.14]와 같으며 이외 세부사항은 내부 변수 설정에 대해 설명하면서 자세히 살펴본다.

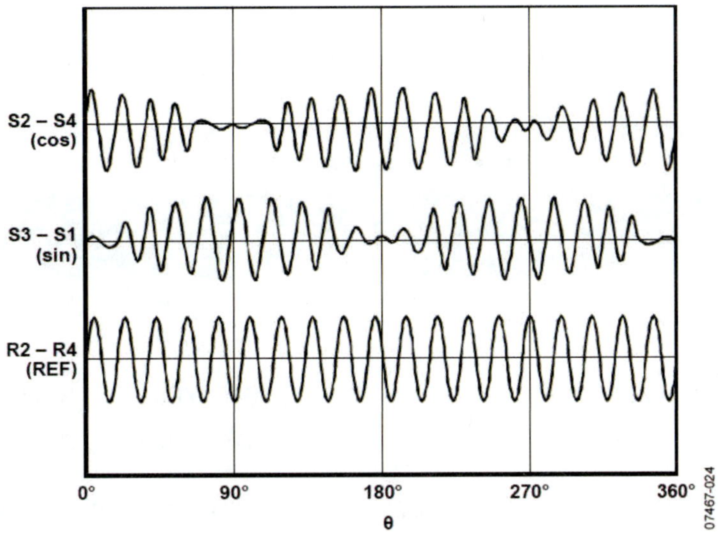

그림 13.13 레졸버 동작 원리

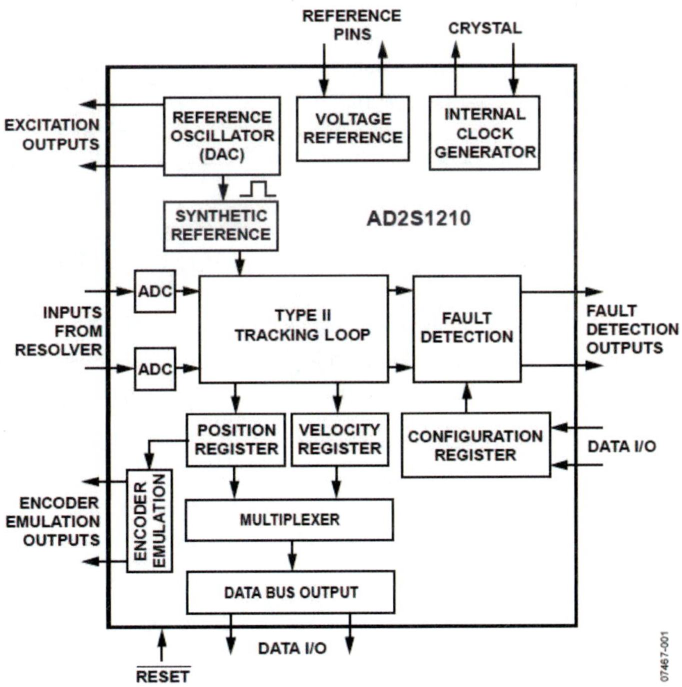

그림 13.14 AD2S1210 블록도

13.5.3 AD2S1210 동작 Mode

AD2S1210의 전체 레지스터의 주소, 기본 설정 값은 [표 13.4]와 같다.

표 13.4 Configuration Mode 레지스터

Register	Address	Description	Data	Read/Write	Default Value
Position	0x80	Angular position	D15 to D8	Read	-
	0x81		D7 to D0	Read	
Velocity	0x82	Angular velocity	D15 to D8	Read	-
	0x83		D7 to D0	Read	
LOS Threshold	0x88	Loss of signal threshold	D7 to D0	Read/Write	2.2V
DOS Overrange Threshold	0x89	Degradation of signal threshold	D7 to D0	Read/Write	4.1V
DOS Mismatch Threshold	0x8A	Signal mismatch threshold	D7 to D0	Read/Write	0.38V
DOS Reset Max Threshold	0x8B	Maximum magnitude of monitor signal	D7 to D0	Read/Write	2.28V
DOS Reset Min Threshold	0x8C	Minimum magnitude of monitor signal	D7 to D0	Read/Write	3.99V
LOT High Threshold	0x8D	Loss of position tracking threshold	D7 to D0	Read/Write	2.5V
LOT Low Threshold	0x8E	Level of hysteresis on the loss of position tracking fault detection	D7 to D0	Read/Write	0.5V
Excitation Frequency	0x91	Frequency of excitation output	D7 to D0	Read/Write	10kHz
Control	0x92	8-Bit control Bit	D7 to D0	Read/Write	0x7E
Soft Reset	0xF0	Software reset	D7 to D0	Write	
Fault	0xFF	Detection of fault conditions	D7 to D0	Read	

1) Configuration Mode

DSP로부터 AD2S1210의 내부 변수를 설정하기 위한 Configuration Mode는 여자 주파수와 분해능, Fault Detection Thresholds를 설정하는 레지스터를 프로그래밍하는데 사용된다. 또한 Fault 레지스터의 정보와 위치, 속도 레지스터의 Data를 다시 읽어올 수 있다. Configuration Mode로 동작하기 위해서는 Mode 선택을 위한 로직 입력 A0과 A1이 [표 13.5]와 같이 결정되어야 한다.

표 13.5 Configuration Mode 설정

A0	A1	Result
0	0	Normal Mode-Position Output
0	1	Normal Mode-Velocity Output
1	0	Reserved
1	1	Configuration Mode

Configuration Mode는 A0과 A1이 모두 1로 설정 된다. 직렬과 병렬 인터페이스에서 A0와 A1은 모두 동일하며 이후부터는 직렬 인터페이스를 기준으로 설명한다. [그림 13.15]는 Configuration Mode에서 관련된 신호의 타이밍도를 나타낸다.

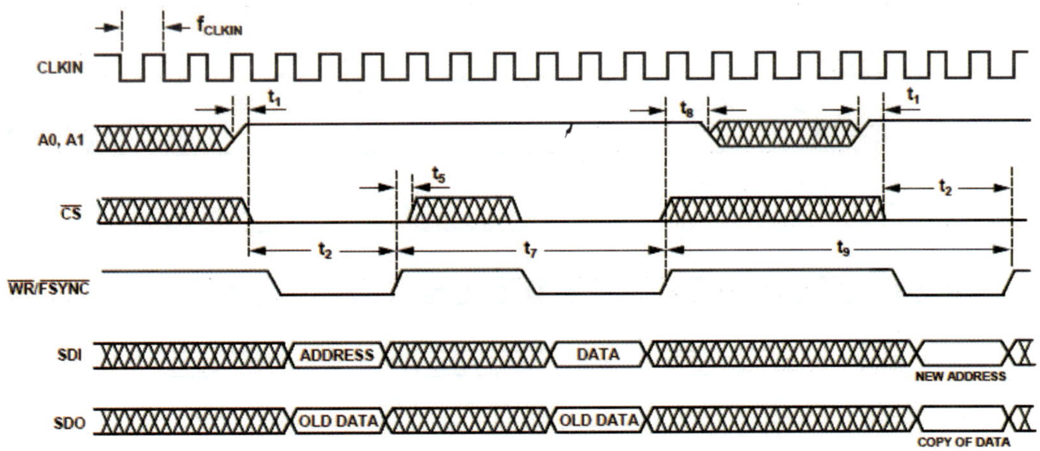

그림 13.15 Configuration Mode의 변수 설정 방법 (Write)

[그림 13.15]를 통해 AD2S1210는 SCLK, SDO, SDI 및 WR/FSYNC의 4가지 신호로 구성됨을 알 수 있다. SDI는 Data를 On-Chip 레지스터로 전송하는 역할을 하며 SDO는 위

치, 속도 및 Fault 레지스터를 포함하여 On-Chip 레지스터에서 Data를 수신하는 역할을 한다. SCLK는 직렬 클럭을 의미하며 SDI, SDO에 대한 모든 Data는 SCLK 신호와 관련하여 발생한다. WR/FSYNC는 Edge-Triggered Logic 입력으로 Data 프레임 동기화 신호 역할을 하며 직렬 Data 버스를 활성화한다. WR/FSYNC의 하강 Edge는 SDI와 SDO가 SET-Impedance 상태를 벗어나 Data를 전달하며 상승 Edge는 SDI와 SDO를 SET-Impedance 상태로 되돌린다.

AD2S1210의 On-Chip 레지스터에 Write 동작을 수행하기 위해서는 8Bit Address가 인가되어야 하는데, 이때 8Bit Address는 SDI를 통해 입력되어 WR/FSYNC의 상승 Edge 시에 저장된다. 그 다음 8Bit Data가 마찬가지로 SDI를 통해 입력되어 WR/FSYNC의 상승 Edge 시에 저장된다. 여기서 AD2S1210에 쓰인 8Bit Word의 MSB(Most Significant Bit)는 해당 Word가 Data를 의미하는지, 또는 Address를 의미하는지를 나타낸다. AD2S1210의 경우, 8Bit Word의 MSB가 1인 경우를 Address로, MSB가 0인 경우를 Data로 정의한다.

Configuration Mode에서는 변수를 저장한 레지스터의 Data를 다시 읽어올 수 있으며 변수 값을 확인하기 위한 타이밍도를 [그림 13.16]과 같이 나타낼 수 있다.

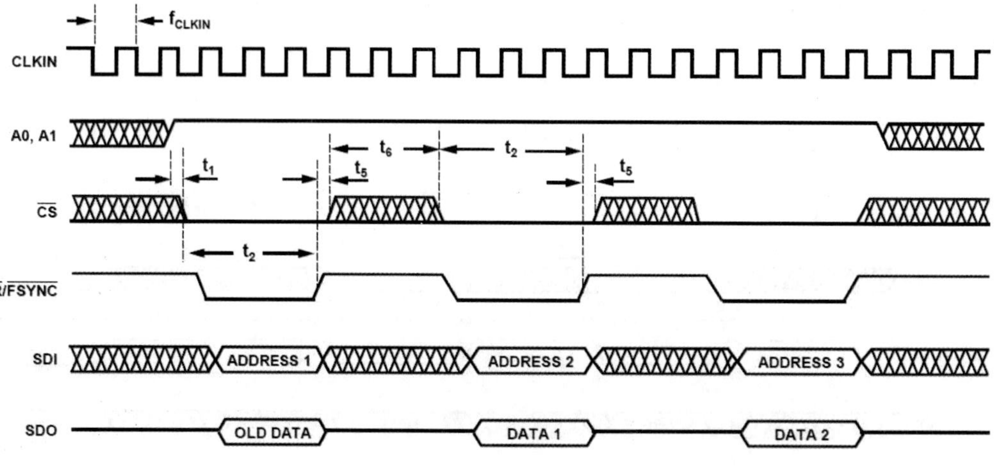

그림 13.16 Configuration Mode의 변수 값 확인 방법 (Read)

읽어들일 레지스터의 8Bit Address는 출력 Shift 레지스터로 전송된다. 이 출력 Shift 레지스터는 8Bit에 해당하며 Data는 직렬 클럭 입력의 제어 하에 SDO를 통해 AD2S1210 외부로 이동한다. Data를 다시 읽어들일 때, 8Bit 레지스터는 정보 7Bit와 오류 1Bit로 구성된다. 오류 Bit가 SET으로 출력되면 이는 장치에서 다시 읽은 Data가 이전 Write 주기에서 기록된 Configuration Data와 일치하지 않음을 나타낸다.

Configuration Mode에서 위치 또는 속도 Data를 다시 읽으려면 각 레지스터의 정보를 업데이트하기 위해 SAMPLE 입력의 하강 Edge가 필요하다. SAMPLE 신호는 SET에서 CLEAR로 전환될 때 Data를 위치와 속도 적분기로부터 각 레지스터로 전송한다. 만약 ADDRESS 1에 설정된 값을 확인하기 위해서는 ADDRESS 1에 해당하는 값을 입력한 후, 다음 주기에서 ADDRESS 2를 입력하면 SDO를 통해서 출력되는 ADRRESS1의 DATA1이 DSP로 전송된다.

2) Normal Mode

Normal Mode에서는 레졸버가 출력하는 신호를 이용하여 모터의 위치와 속도 등의 정보를 SPI 통신을 통해 DSP로 전달한다. Normal Mode에서는 Configuration Mode와 달리 얻고자 하는 정보가 다른 경우 그에 맞는 A0과 A1을 결정해야 한다.

모터의 위치를 출력하기 위해서는 A0과 A1은 0으로 설정해야 하며 속도를 출력하기 위해서는 A0은 0, A1은 1로 설정해야 한다. 이 때, Resolution Bit 설정에 따라 위치와 속도에 대한 Bit 수가 달라진다. Resolution Bit는 분주율에 의해 값의 정확성에 영향을 미치며 [그림 13.17]과 같은 특성이 나타난다.

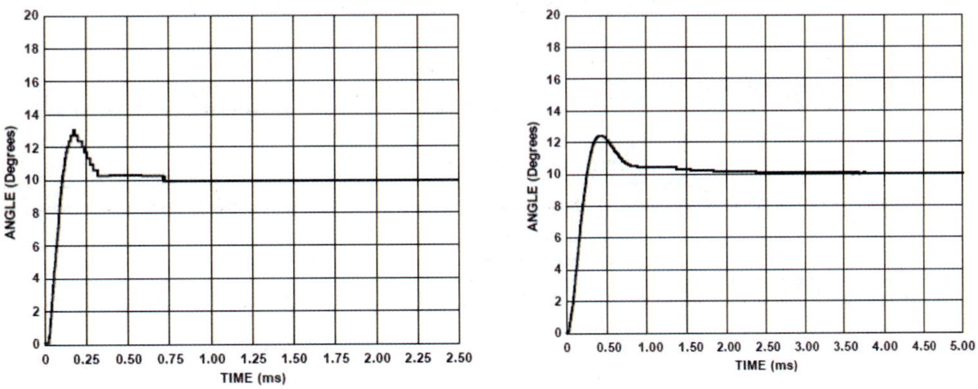

(a) (b)

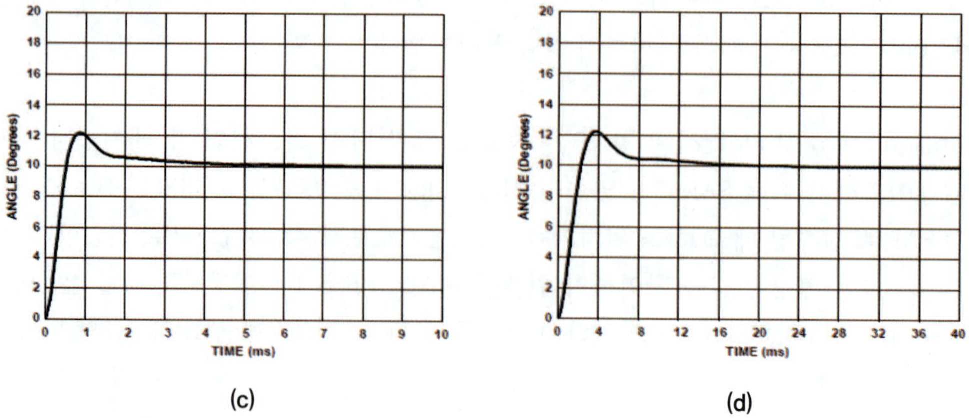

그림 13.17 Resolution에 따른 위상 차이 (a) 10-Bit (b) 12-Bit (c) 14-Bit (d) 16-Bit

[그림 13.17]은 AD2S1210의 10, 12, 14, 16-Bit Resolution에 따라 위상의 출력이 과도상태에서 다르게 나타남을 확인할 수 있다. Resolution이 클수록 과도상태에서 더 정확한 출력 값을 얻어낼 수 있지만 정상상태에 도달할 때까지 시간이 증가한다. 즉, 정확한 출력 값을 얻는 대신 분주율이 증가함에 따라 동일한 값을 얻어내더라도 시간이 지연된다. Normal Mode에서 변수 값을 확인하는 타이밍도를 확인하면 [그림 13.18]과 같다.

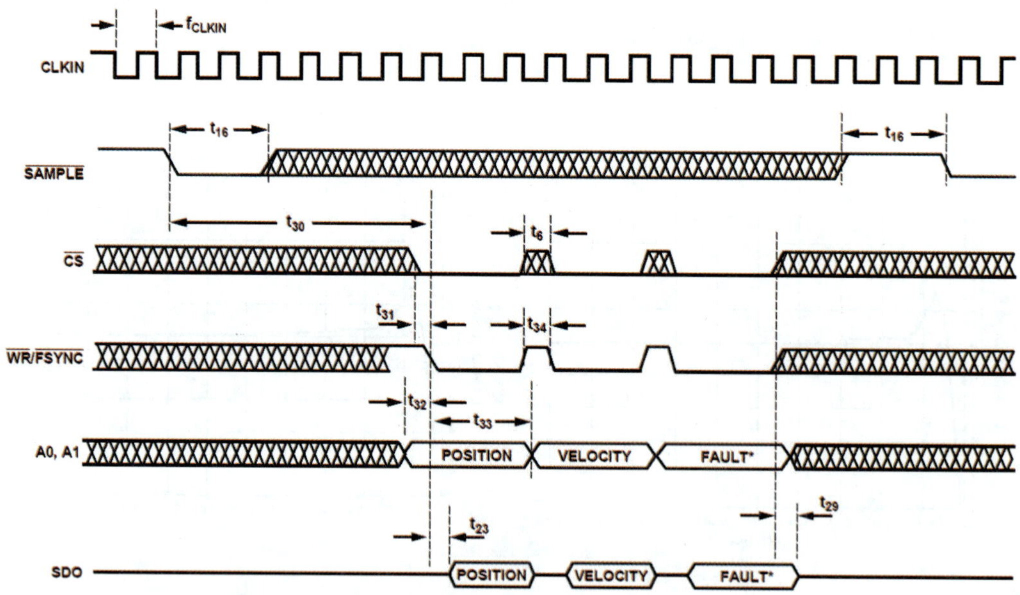

그림 13.18 Normal Mode의 변수 값 확인 방법(Read)

[표 13.4]를 통해 위치와 속도 레지스터는 변수 값을 확인하기 위한 Read로만 동작함을 확인할 수 있다. AD2S1210에서 위치 혹은 속도에 대한 Data를 다시 읽기 위해서는 SAMPLE 입력을 사용하여 위치와 속도 레지스터에 저장된 정보를 업데이트해야 한다. [그림 13.16]와 동일하게 SAMPLE 입력이 SET에서 CLEAR로 전환 시 Data가 위치와 속도 적분기에서 해당 레지스터로 전송된다. 이는 Fault 레지스터도 동일하다. 또한 A0과 A1에 따라 원하는 Data가 출력 레지스터로 전송되는지 여부를 결정한다.

추가로 Normal Mode의 경우 출력 Shift 레지스터가 24Bit의 값을 가지며, 이 중 16Bit는 Angular Data (위치 또는 속도 Data)를, 나머지 8Bit는 Fault 레지스터 Data를 나타낸다. 이들 Data가 SDO에 나타나면 MSB(23번째 Bit)부터 Read 되는데, 이때 MSB로 시작하는 상위 16개 Bit는 Angular Data에 해당된다. Angular Data가 위치 Data로 표현된 경우, Data는 부호를 갖지 않는 2진수 형태로 표현되며 모든 Bit가 0의 값을 가질 때는 0°, 모든 Bit가 1의 값을 가질 때를 360°−1LSB[최소 분해능 단위, $360°/(2^{16}) = 0.0055°$]을 의미한다. 또한 Angular Data가 속도 Data로 표현된 경우, Data는 2의 보수에 대한 2진수 형태로 표현되며 이때 MSB는 회전방향을 의미한다.

이외에 하위 8개 Bit의 경우 Fault Data를 나타내는데, 만약 사용자가 Fault Data를 필요로 하지 않는 경우 WR/FSYNC를 16번째 SCLK 상승 Edge 이후부터 SET으로 고정시켜 해당 Data가 처리되지 않도록 조치할 수 있다.

13.6 SPI 예제

13.6.1 SPI GPIO 초기화

TMS320F28355D는 네 종류의 SPI (SPIA, SPIB, SPIC, SPID)를 보유하고 있으며 관련 Pin Map은 [그림 13.19]과 같다.

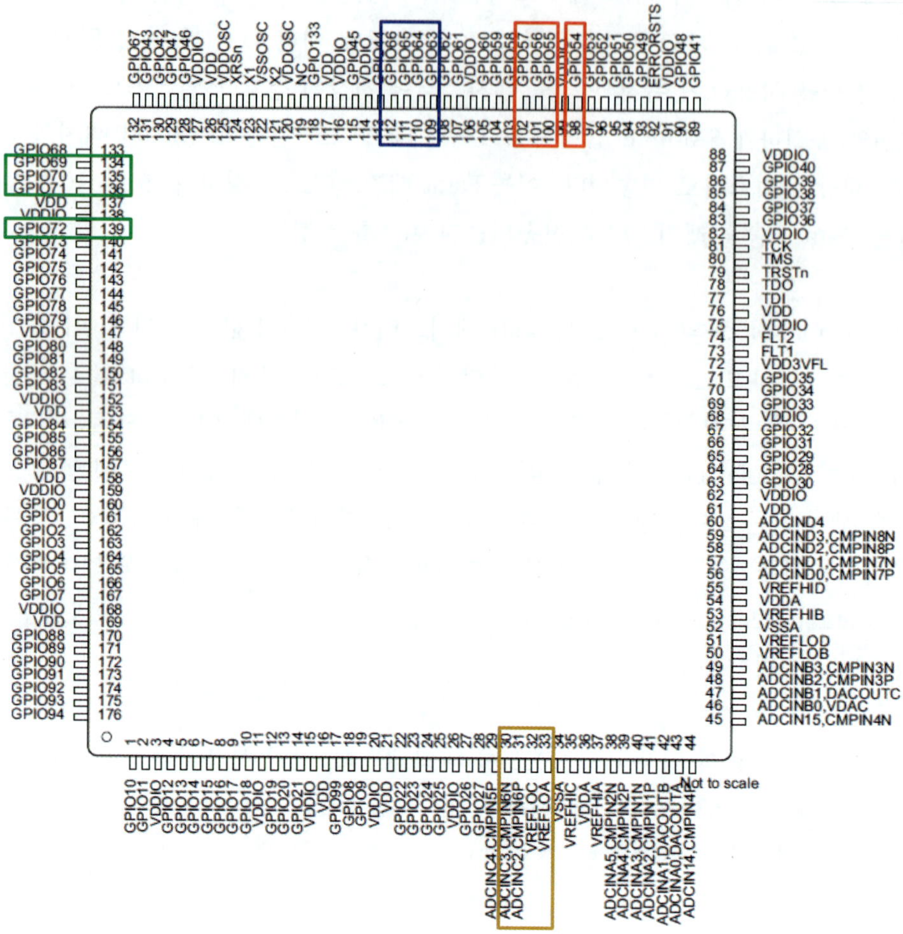

그림 13.19 SPI Pin Map

이번 예제에서는 SPIB를 이용하여 레졸버 IC와 통신한다. 따라서 AD2S1210과 통신을 위해 SPIB에 대한 GPIO의 초기화가 요구되며 [그림 13.20]과 같이 설정하였다.

[그림 13.20]의 주석과 같이 GPIO27은 SPISTEB, GPIO26은 SPICLKB, GPIO25는 SPISOMIB, GPIO24는 SPISIMOB에 해당한다. GPAPUD를 0으로 설정 시 Pull-Up 저항을 사용하므로 4개의 GPIO 모두 동일하게 설정하였다. GPAQSEL2는 입력되는 신호들이 어떠한 조건에서 입력으로 인정되는지를 결정한다.

```
void InitSpibGpio()    //Resolver
{
   EALLOW;

   GpioCtrlRegs.GPAPUD.bit.GPIO27 = 0; //Enable pull-up on GPIO27 (SPISTEB)
   GpioCtrlRegs.GPAPUD.bit.GPIO26 = 0; //Enable pull-up on GPIO26 (SPICLKB)
   GpioCtrlRegs.GPAPUD.bit.GPIO25 = 0; //Enable pull-up on GPIO25 (SPISOMIB)
   GpioCtrlRegs.GPAPUD.bit.GPIO24 = 0; //Enable pull-up on GPIO24 (SPISIMOB)

   GpioCtrlRegs.GPAQSEL2.bit.GPIO27 = 3; //Asynch input GPIO27 (SPISTEB)
   GpioCtrlRegs.GPAQSEL2.bit.GPIO26 = 3; //Asynch input GPIO26 (SPICLKB)
   GpioCtrlRegs.GPAQSEL2.bit.GPIO25 = 3; //Asynch input GPIO25 (SPISOMIB)
   GpioCtrlRegs.GPAQSEL2.bit.GPIO24 = 3; //Asynch input GPIO24 (SPISIMOB)

   GpioCtrlRegs.GPAMUX2.bit.GPIO27 = 0; //Configures GPIO27
   GpioCtrlRegs.GPAGMUX2.bit.GPIO27 = 0;
   GpioCtrlRegs.GPADIR.bit.GPIO27 = 1; //Output of GPIO27 (SPISTEB)

   GpioCtrlRegs.GPAMUX2.bit.GPIO26 = 2; //Configures GPIO26 (SPICLKB)
   GpioCtrlRegs.GPAGMUX2.bit.GPIO26 = 1;
```

그림 13.20 SPI GPIO 설정

2진수 11에 해당하는 10진수 3으로 설정함에 따라 동기화를 상관하지 않고 비동기에서 들어오는 신호를 입력으로 받아들인다. GPAMUX2와 GPAGMUX2는 해당 Pin을 SPIB의 기능으로 사용하기 위해 설정하였다. 그러나 SPISTEB에 해당하는 GPIO27은 SPIB의 기능을 사용하지 않고 GPIO로 설정하였다. 이는 GPADIR을 1로 설정하여 송수신 시 GPIO를 직접 SET과 CLEAR 제어를 수행한다.

13.6.2 SPI 레지스터 설정

SPI는 내부 FIFO 동작을 통해 통신하기 때문에 FIFO 관련 레지스터를 이용한 초기화가 요구된다. 또한 Master/Slave 결정, Interrupt 활성화와 같은 기능을 활용하기 위해 관련 레지스터 또한 설정을 해야 한다. 이는 [그림 13.21]과 같이 FIFO 관련 함수와 주요 레지스터에 대한 2개의 함수로 구분 지어 설정하였다.

spi_fifo_init 함수는 FIFO 관련 레지스터의 설정을 통한 초기화를 나타낸다. SPIFFTX 레지스터는 출력 FIFO 버퍼와 관련된 제어 및 상태 Bit를 포함한다. 0xE040으로 설정됨에 따라 SPIRST, SPIFFENA, TXFIFO, TXFFINTCLR는 1로 설정되고 나머지 필드는 0으로 설정된다. SPIRST는 SPI를 RESET하는 기능으로 SPI FIFO가 송신 혹은 수신 재개가 가능하다. SPIFFENA는 FIFO 동작을 Enable하며 TXFIFO는 RESET된 송신 FIFO를 내보낸다. TXFFINTCLR는 SPIFFTX[TXFFINT] Flag를 CLEAR하여 초기화한다. SPIFFRX 레지스터는 입력 FIFO 버퍼와 관련된 제어 및 상태 Bit를 포함하며 0x204F로 설정됨에 따라 RXFIFORESET, RXFFINTCLR, RXFFIL는 1로 설정되고 나머지 필드는 0으로 설정된다. RXFIFORESET는 수신 FIFO 동작을 재활성화하며 RXFFINTCLR는 SPIFFRX[RXFFINT] Flag를 CLEAR하여 초기화한다. 또한 RXFFIL은 수신 FIFO Interrupt 레벨에 해당하는 Bit이다. 수신 FIFO는 RXFFST4-0가 RXFFIL4-0보다 크거나 같을 때 Interrupt를 생성하며 RXFFIL은 비교를 위한 기준 레벨을 의미한다.

```
void spi_fifo_init()
{
   // Initialize SPI FIFO registers
   SpibRegs.SPIFFTX.all=0xE040;
   SpibRegs.SPIFFRX.all=0x204F;
   SpibRegs.SPIFFCT.all=0x0;
}

void spi_init()
{
      SpibRegs.SPICCR.all = 0x000F;
      //SPI Configuration Control Register (Software reset)
      SpibRegs.SPICTL.all = 0x0006; //SPI Operation Control Register
      SpibRegs.SPIBRR.all = 0x0005; //SPI Baud Rate Register
      SpibRegs.SPICCR.all = 0x008F;
      //SPI Configuration Control Register (Software no reset)
}
```

그림 13.21 SPI FIFO 초기화 및 주요 레지스터 설정

spi_init 함수는 주요 관련 레지스터의 설정을 나타낸다. SPICCR 레지스터는 0x000F로 설정됨에 따라 SPICHAR 필드는 16-Bit로 결정된다. SPICTL 레지스터는 0X0006이므로 Master 동작으로 설정하여 전송 Enable을 설정한다. SPIBRR 레지스터는 Baud Rate를 결정할 수 있으며 0x0005에 의해 SPI Baud Rate는 LSPCLK/(5+1)의 값을 갖는다. SPICCR은 0x008F로 SPI Software RESET을 통해 SPI의 다음 문자를 송신 혹은 수신할 준비를 한다.

이를 통해 통신을 위한 SPI의 초기화 이후 ePWM Interrupt 내부에서 레졸버 IC인 AD2S1210와 통신을 진행한다. 이 때 원활한 통신을 위해 AD2S1210의 Mode 동작을 위해 관련 Pin들을 설정해야 한다.

```
void PM_Resolver()
{

   if(Resol_config == 0)
   {
      PM_Resol_Reset();//레졸버 IC 관련 GPIO 설정
   }

   if(Resol_config == 1)
   {
      PM_Resol_config();//레졸버 IC Configuration mode(write) 설정

      initial_theta_cnt++;
      if(initial_theta_cnt == 100 && Resol_config == 1)
      {
         initial_theta_cnt = 0;
         Resol_config = 2;
      }

   }
   if(Resol_config == 2)
   {
      PM_Resol_config_read();//레졸버 IC Configuration mode(read) 설정
      initial_theta_cnt++;
      if(initial_theta_cnt == 100 && Resol_config == 2)
      {
         initial_theta_cnt = 0;
         Resol_config = 3;
      }
   }
   if(Resol_config == 3)
   {
      PM_Resol_data_read();//레졸버 IC Normal mode(read) 설정
   }
   if(Resol_config > 3) Resol_config = 3;

}
```

그림 13.22 AD2S1210 통신을 위한 Mode 시퀀스 동작

13.6.3 레졸버 IC Mode 설정

[그림 13.22]에서는 DSP와 AD2S1210의 통신을 위해 GPIO를 설정하며 이를 기반으로 앞서 설명한 각 Mode들을 설정한다. Resol_config는 각 Mode의 Flag를 나타내며 0은 레졸버 IC와 연결되는 GPIO 설정을 나타낸다. 1은 Configuration Mode의 Write를 나타내며 2는 Configuration Mode의 Read를 나타낸다. 3은 Normal Mode의 Read이며 Data를 수신 받아 모터의 위치와 속도를 수신한다.

```
void PM_Resol_Reset()
{
    EALLOW;
    GpioCtrlRegs.GPADIR.bit.GPIO21 = 1;
    GpioCtrlRegs.GPAGMUX2.bit.GPIO21 = 0;
    GpioCtrlRegs.GPAMUX2.bit.GPIO21 = 0;

    GpioCtrlRegs.GPADIR.bit.GPIO20 = 1;
    GpioCtrlRegs.GPAGMUX2.bit.GPIO20 = 0;
    GpioCtrlRegs.GPAMUX2.bit.GPIO20 = 0;
    EDIS;
    Resol_config = 1;
}
```

그림 13.23 레졸버 IC와 통신을 위한 GPIO 설정

[그림 13.23]은 GPIO의 설정을 위한 PM_Resol_Reset의 함수를 나타낸다. GPIO21은 레졸버 IC의 RESET 기능을 나타내며 GPIO20은 레졸버 IC의 SAMPLE 기능을 나타낸다. RESET은 GPIO21을 출력으로 설정하여 AD2S1210의 입력 기능으로 사용된다. RESET은 초기 설정을 통해 내부 기능을 초기화한다. SAMPLE은 위치, 속도와 같은 Data를 레지스터에 전송하기 때문에 동일하게 입력 기능으로 사용된다.

```
void PM_Resol_config()
{
    EALLOW;
    GpioCtrlRegs.GPADIR.bit.GPIO20 = 1;
    GpioCtrlRegs.GPAGMUX2.bit.GPIO20 = 0;
    GpioCtrlRegs.GPAMUX2.bit.GPIO20 = 0;

    GpioCtrlRegs.GPADIR.bit.GPIO23 = 1;
    GpioCtrlRegs.GPAGMUX2.bit.GPIO23 = 0;
    GpioCtrlRegs.GPAMUX2.bit.GPIO23 = 0;

    GpioCtrlRegs.GPADIR.bit.GPIO22 = 1;
    GpioCtrlRegs.GPAGMUX2.bit.GPIO22 = 0;
    GpioCtrlRegs.GPAMUX2.bit.GPIO22 = 0;
    EDIS;

    EALLOW;
    GpioDataRegs.GPASET.bit.GPIO20 = 1;
    GpioDataRegs.GPASET.bit.GPIO23 = 1;
    GpioDataRegs.GPASET.bit.GPIO22 = 1;
    EDIS;
```

그림 13.24 Configuration Mode(Write)을 위한 GPIO 설정

```
DELAY_US(0.5);

   spi_Tx(136); //Address : LOS Threshold, 0x88

   DELAY_US(0.5);

   spi_Tx(10); //Data : Default : 2.2V

   DELAY_US(0.5);

   spi_Tx(137); //Address : DOS Overrange Threshold, 0x89

   DELAY_US(0.5);

   spi_Tx(127); //Data : Default : 4.1V
   // 1bit당 0.038V, 4.1V/0.038V = 107.89 = 108

   DELAY_US(0.5);

   spi_Tx(138); //Address : DOS Missmatch Threshold, 0x8A

   DELAY_US(0.5);

   spi_Tx(127); //Data : Default : 0.38V

   DELAY_US(0.5);

   spi_Tx(139); //Address : DOS Reset Max Threshold, 0x8B

   DELAY_US(0.5);

   spi_Tx(105); //Data : Default : 2.28V
   // 1bit당 0.038V, 2.28V/0.038V = 60 = 60
```

그림 13.25 Configuration Mode(Write)의 Data 송신 (1)

```
DELAY_US(0.5);

    spi_Tx(141); //Address : LOT High Threshold, 0x8D
    DELAY_US(0.5);

    spi_Tx(36); //Data : Default : 5
    DELAY_US(0.5);

    spi_Tx(142); //Address : LOT Low Threshold, 0x8E
    DELAY_US(0.5);

    spi_Tx(7); //Data : Default : 1
    DELAY_US(0.5);

    spi_Tx(145); //Address : Excitation Frequency, 0x91
    DELAY_US(0.5);

    spi_Tx(40); //Data : Default : 10kHz
    DELAY_US(0.5);

    spi_Tx(146); //Address : Control, 0x92
    DELAY_US(0.5);

    spi_Tx(125);
    DELAY_US(0.5);

    EALLOW;

    GpioDataRegs.GPASET.bit.GPIO23 = 1;
    GpioDataRegs.GPACLEAR.bit.GPIO22 = 1;

    EDIS;
}
```

그림 13.26 Configuration Mode(Write)의 Data 송신 (2)

[그림 13.25]와 [그림 13.26]은 Configuration Mode(Write) 모드에서 AD2S1210 설정을 위해 해당 Data를 송신한다. 각 Data는 [표 13.5]와 같으며 해당 Address에 원하는 Data를 DSP에서 송신한다.

```
void spi_Tx(Uint16 data)
{
   Uint16 temp = 0;

   EALLOW;
   GpioCtrlRegs.GPAPUD.bit.GPIO19 = 1;
   GpioCtrlRegs.GPAMUX2.bit.GPIO19 = 0;
   GpioCtrlRegs.GPAGMUX2.bit.GPIO19 = 0;
   GpioCtrlRegs.GPADIR.bit.GPIO19 = 1;

    EDIS;

   EALLOW;
   GpioDataRegs.GPACLEAR.bit.GPIO27 = 1;   // SPIB /STE = /CS = CLEAR

   EDIS;

   temp = data; // 16bit
   SpibRegs.SPITXBUF = temp;   //data : 16bit, temp : 8bit

   EALLOW;

   GpioDataRegs.GPACLEAR.bit.GPIO19 = 1; // /WR//FSYNC = CLEAR

   EDIS;

   DELAY_US(2.2); //16bit

   EALLOW;

   GpioDataRegs.GPASET.bit.GPIO19 = 1; // /WR//FSYNC = SET

   EDIS;

}
```

그림 13.27 SPI 송신을 위한 GPIO 설정 및 버퍼 설정

[그림 13.15]와 같이 송신은 Address, Data 순서로 출력되기 때문에 [그림 13.26]에서도 이를 기반으로 작성됨을 확인할 수 있다. 예를 들어 LOS Threshold 레지스터의 Data를 결정하기 위해 Address 0x88에 해당하는 136을 spi_Tx 함수를 통해 송신한다. 이후 0.5us의 지연 이후 10Bit의 Data를 spi_Tx를 통해 송신한다. 1Bit는 38mV에 해당하므로 10 Bit는 0.38V에 해당하며 이를 LOS Threshold 값으로 결정한다. 각 레지스터의 Address와 Data가 전송된 이후에는 GPIO23은 SET, GPIO22는 CLEAR로 변경하여 Reserved Mode에 돌입한다.

이 때 Address 및 Data를 송신하기 위해 사용되는 spi_Tx는 [그림 13.27]과 같다. [그림 13.27]의 GPIO19는 WR/FSYNC를 의미하며 Edge Trigger 입력을 의미한다. Serial Output Enable을 의미하는 SOE에 따라 Data는 Serial 혹은 Parallel의 인터페이스를 이용할 수 있으며, 현재 통신은 Serial 인터페이스로 동작한다.

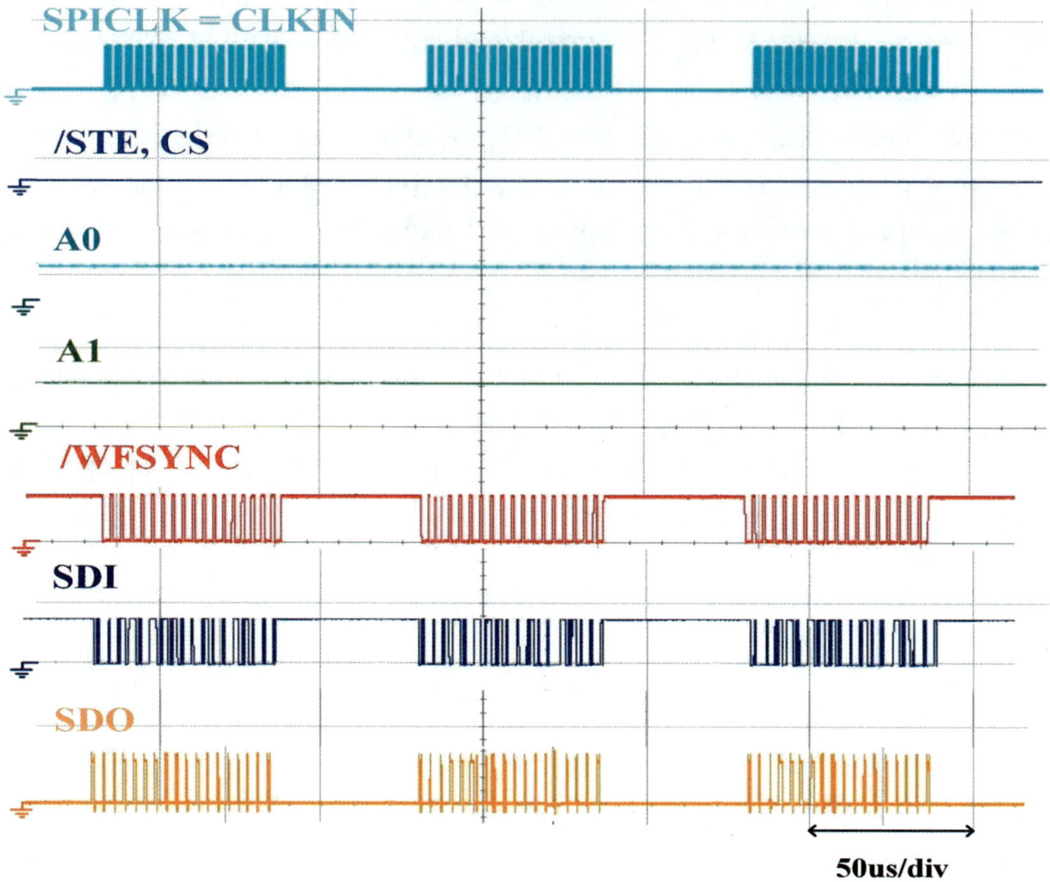

그림 13.28 Configuration Mode(Write) 시 실험파형

이 때 WR/FSYNC는 CLEAR에 해당하는 SOE에 의해 동기화 신호 역할을 하며 Serial Data 버스를 활성화한다. SPI 통신을 위해 SPISTEB, /CS에 해당하는 GPIO27을 CLEAR로 유지하며 Data를 temp에 저장 후 SPITXBUF에 저장한다. 또한 WR/FSYNC는 [그림 13.15]와 같이 Address 혹은 Data를 송신하기 위해서 CLEAR와 SET 동작을 하며 동작 전환 사이에 지연을 통해 Address 혹은 Data가 정상적으로 송신되도록 한다.

[그림 13.28]은 [그림 13.15]의 Configuration Mode(Write) 시퀀스를 실험파형으로 표현하였다. Configuration Mode는 코드와 같이 A0과 A1이 모두 SET이며 실험파형 또한 동일하게 나타난다. 또한 CLKIN과 /WFSYNC에 따른 Data가 SDI와 SDO를 통해 나타난다. AD2S1210의 SDI는 Address와 Data를 번갈아 수신하며 SDO는 이전 Data에 대한 값을 송

신한다. 이는 [그림 13.29]과 같이 나타낼 수 있다.

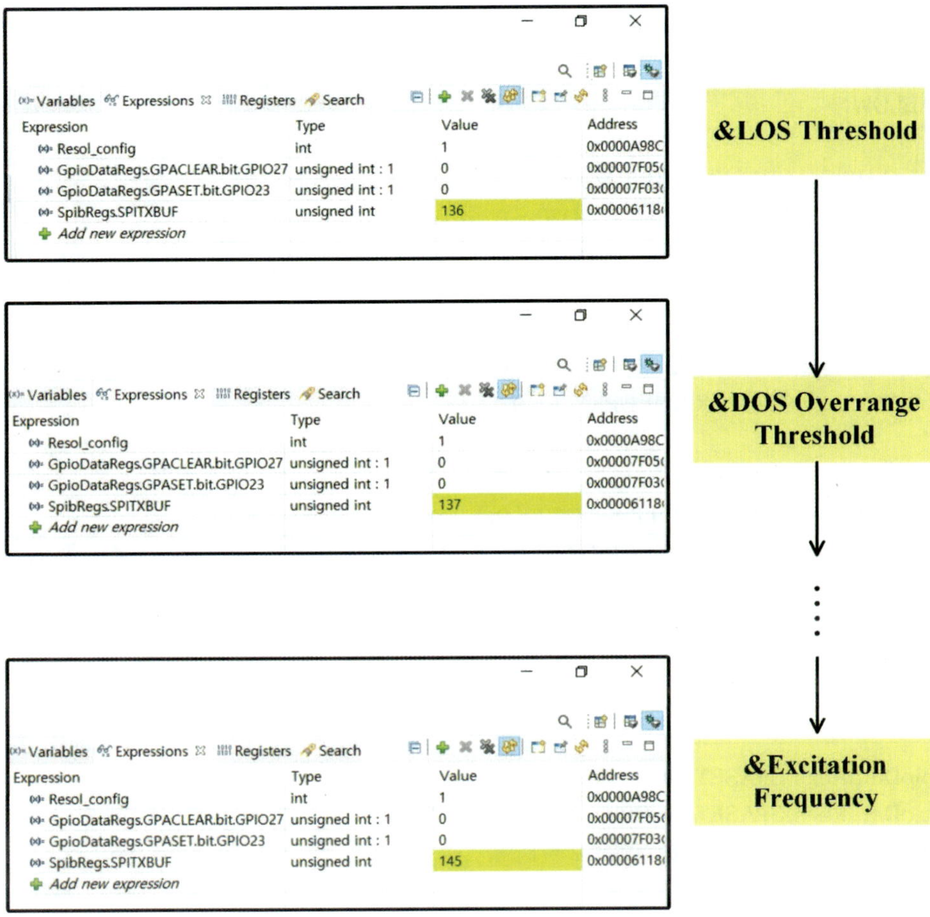

그림 13.29 Configuration Mode(Write) 시 SPITXBUF 변화

[그림 13.29]는 CCS Expressions Window에 나타난 SPITXBUF 내부의 값을 나타낸다. SPITXBUF는 spi_TX 함수 내부 내, temp의 변수를 받아 저장하며 이는 [그림 13.28]의 SDI의 Address 값과 Data 값을 번갈아 가며 송신한다. [그림 13.29]에서는 Address에 해당하는 값만 표현하였으며 각 Address에 해당하는 레지스터를 표기하였다. LOS Threshold에 해당하는 Address는 136이므로 SPITXBUF에서는 이를 송신하며 이후 LOS Threshold에 대한 Data를 송신할 것이다. 이후 그림과 같이 Address 값이 137에 해당하는 DOS Overrange Threshold를 송신하며 해당 레지스터의 Data를 이후에 송신한다. 최종적으로 [그림 13.25]와 [그림 13.26]의 코드 순서대로 송신하며 Address 값이 145에 해당하는 Excitation Frequency 또한 동일한 방법으로 송신된다.

```
void PM_Resol_config_read()
{
    EALLOW;

    GpioCtrlRegs.GPADIR.bit.GPIO20 = 1;
    GpioCtrlRegs.GPAGMUX2.bit.GPIO20 = 0;
    GpioCtrlRegs.GPAMUX2.bit.GPIO20 = 0;

    GpioCtrlRegs.GPADIR.bit.GPIO23 = 1;
    GpioCtrlRegs.GPAGMUX2.bit.GPIO23 = 0;
    GpioCtrlRegs.GPAMUX2.bit.GPIO23 = 0;

    GpioCtrlRegs.GPADIR.bit.GPIO22 = 1;
    GpioCtrlRegs.GPAGMUX2.bit.GPIO22 = 0;
    GpioCtrlRegs.GPAMUX2.bit.GPIO22 = 0;

    EDIS;

    EALLOW;

    GpioDataRegs.GPASET.bit.GPIO20 = 1;
    GpioDataRegs.GPASET.bit.GPIO23 = 1;
    GpioDataRegs.GPASET.bit.GPIO22 = 1;

    EDIS;

    DELAY_US(0.5);
```

그림 13.30 Configuration Mode(Read)을 위한 GPIO 설정

[그림 13.30]은 Configuration Mode(Read)를 위해서 SPAMLE, AO, A1에 해당하는 GPIO를 설정한다. [그림 13.24]과 같이 Configuration Mode(Write)와 동일하게 Pin 설정이 진행되며 동일한 Mode이기 때문에 3개의 GPIO는 모두 SET으로 설정한다.

```
spi_Tx(136); //Address : LOS Threshold, 0x88

    EALLOW;
    SpibRegs.SPIFFRX.bit.RXFIFORESET = 0;
    EDIS;
    rdata = 0x0fff & (SpibRegs.SPIRXBUF >> 8); // 16bit
    Control_bit = rdata;
    rdata = 0;

    EALLOW;
    SpibRegs.SPIFFRX.bit.RXFIFORESET = 1;
    EDIS;
    spi_Tx(137); //Address : DOS Overrange Threshold, 0x89

    EALLOW;
    SpibRegs.SPIFFRX.bit.RXFIFORESET = 0;
    EDIS;
    rdata = 0x0fff & (SpibRegs.SPIRXBUF >> 8); // 16bit
    LOS_Th = rdata;
    rdata = 0;

    EALLOW;
    SpibRegs.SPIFFRX.bit.RXFIFORESET = 1;
    EDIS;
    spi_Tx(138); //Address : DOS Missmatch Threshold, 0x8A

    EALLOW;
    SpibRegs.SPIFFRX.bit.RXFIFORESET = 0;
    EDIS;
    rdata = 0x0fff & (SpibRegs.SPIRXBUF >> 8); // 16bit
    DOS_OVR_Th = rdata;
    rdata = 0x00;

    EALLOW;
    SpibRegs.SPIFFRX.bit.RXFIFORESET = 1;
    EDIS;
```

그림 13.31 Configuration Mode(Read)의 Data 수신 (1)

```
spi_Tx(139); //Address : DOS Reset Max Threshold, 0x8B
    EALLOW;
   SpibRegs.SPIFFRX.bit.RXFIFORESET = 0;
   EDIS;

   rdata = 0x0fff & (SpibRegs.SPIRXBUF >> 8); // 16bit
   DOS_Miss_Th = rdata;
   rdata = 0x00;

   EALLOW;
   SpibRegs.SPIFFRX.bit.RXFIFORESET = 1;
   EDIS;
   spi_Tx(140); //Address : DOS Reset Min Threshold, 0x8C

   EALLOW;
   SpibRegs.SPIFFRX.bit.RXFIFORESET = 0;
   EDIS;

   rdata = 0x0fff & (SpibRegs.SPIRXBUF >> 8); // 16bit
   DOS_ReMax_Th = rdata;
   rdata = 0x00;

   EALLOW;
   SpibRegs.SPIFFRX.bit.RXFIFORESET = 1;
   EDIS;
   spi_Tx(141); //Address : LOT High Threshold, 0x8D

   EALLOW;
   SpibRegs.SPIFFRX.bit.RXFIFORESET = 0;
   EDIS;

   rdata = 0x0fff & (SpibRegs.SPIRXBUF >> 8); // 16bit
   DOS_ReMin_Th = rdata;
   rdata = 0x00;

   EALLOW;
   SpibRegs.SPIFFRX.bit.RXFIFORESET = 1;
   EDIS;
```

그림 13.32 Configuration Mode(Read)의 Data 수신 (2)

```
spi_Tx(142); //Address : LOT Low Threshold, 0x8E
 EALLOW;
SpibRegs.SPIFFRX.bit.RXFIFORESET = 0;
EDIS;

rdata = 0x0fff & (SpibRegs.SPIRXBUF >> 8); // 16bit
LOT_High_Th = rdata;
rdata = 0x00;

EALLOW;
SpibRegs.SPIFFRX.bit.RXFIFORESET = 1;
EDIS;
spi_Tx(145); //Address : Excitation Frequency, 0x91

EALLOW;
SpibRegs.SPIFFRX.bit.RXFIFORESET = 0;
EDIS;

rdata = 0x0fff & (SpibRegs.SPIRXBUF >> 8); // 16bit
LOT_Low_Th = rdata;
rdata = 0x00;

EALLOW;
SpibRegs.SPIFFRX.bit.RXFIFORESET = 1;
EDIS;
spi_Tx(146); //Address : Control, 0x92

EALLOW;
SpibRegs.SPIFFRX.bit.RXFIFORESET = 0;
EDIS;

rdata = 0x0fff & (SpibRegs.SPIRXBUF >> 8); // 16bit
Ex_Fre = rdata;
rdata = 0x00;

EALLOW;
SpibRegs.SPIFFRX.bit.RXFIFORESET = 1;
EDIS;
```

그림 13.33 Configuration Mode(Read)의 Data 수신 (3)

```
EALLOW;

GpioDataRegs.GPASET.bit.GPIO23 = 1;
GpioDataRegs.GPACLEAR.bit.GPIO22 = 1;

EDIS;
```

그림 13.34 Configuration Mode(Read)의 Data 수신 (4)

[그림 13.30]부터 [그림 13.34]은 Configuration Mode(Read)에서 AD2S1210로부터 원하는 Data를 수신한다. 각 Data는 [표 13.5]와 같으며 DSP에서는 AD2S1210로 원하는 Data를 수신하기 위한 Address를 송신한다. 이 때 [그림 13.16]과 같이 수신된 Data 값은 전에 전송된 Address에 해당하는 값이며 코드 내에서도 이를 반영하여 rdata가 변경된다. 예를 들어 [그림 13.29]와 같이 spi_Tx(136)을 나타내는 LOS Threshold의 Address를 DSP에서 송신한다. 그러나 8Bit에서 16Bit로 변경된 rdata는 Control_Bit에 해당하는 값이 적용된다. Control_Bit는 LOS Threshold 이전 Address인 Control 레지스터에 해당하는 Data를 수신한 것이며 rdata를 초기화함으로써 다음 레지스터의 Data 값을 수신할 준비를 한다. 이는 모든 레지스터에서 반복된다. 이후 Configuration Mode(Read)를 종료하기 위해 GPIO23은 SET, GPIO22는 CLEAR하여 Reserved Mode에 돌입한다.

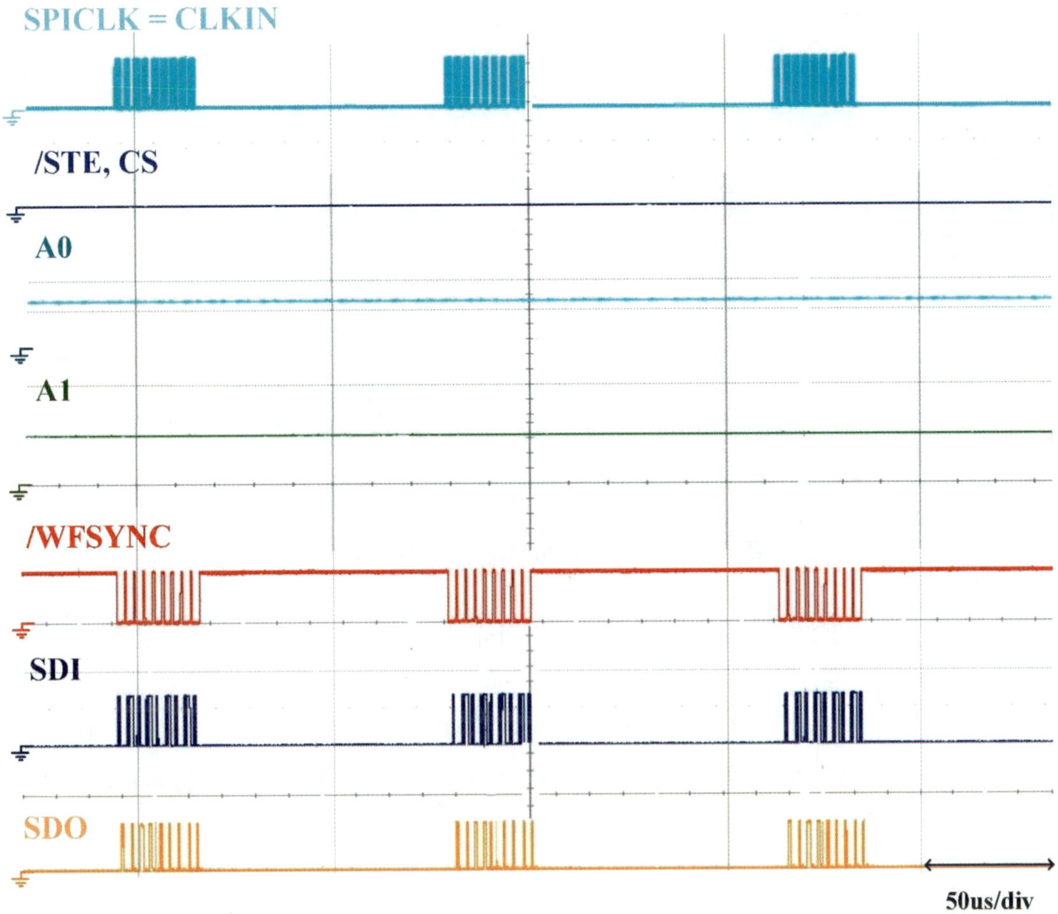

그림 13.35 Configuration Mode(Read) 시 실험파형

[그림 13.35]는 [그림 13.16]의 Configuration Mode(Read) 시퀀스 실험파형을 나타낸다. [그림 13.28]과 같이 Configuration Mode에서 A0과 A1이 모두 SET으로 실험파형 또한 동일하게 나타난다. 또한 CLKIN과 /WFSYNC에 따른 Data가 SDI와 SDO를 통해 나타난다.

이 때 AD2S1210의 SDI는 Address만 수신하며 SDO는 Address에 대한 이전 Data 값을 DSP로 송신한다. 해당 Data 값은 [그림 13.31]부터 [그림 13.34]에 나타나는 rdata 변수를 저장된다. 또한 Address에 따른 Data 송신 순서에 의해 레지스터 이름으로 구성된 변수를 16Bit로 변환 후 Data를 저장한다.

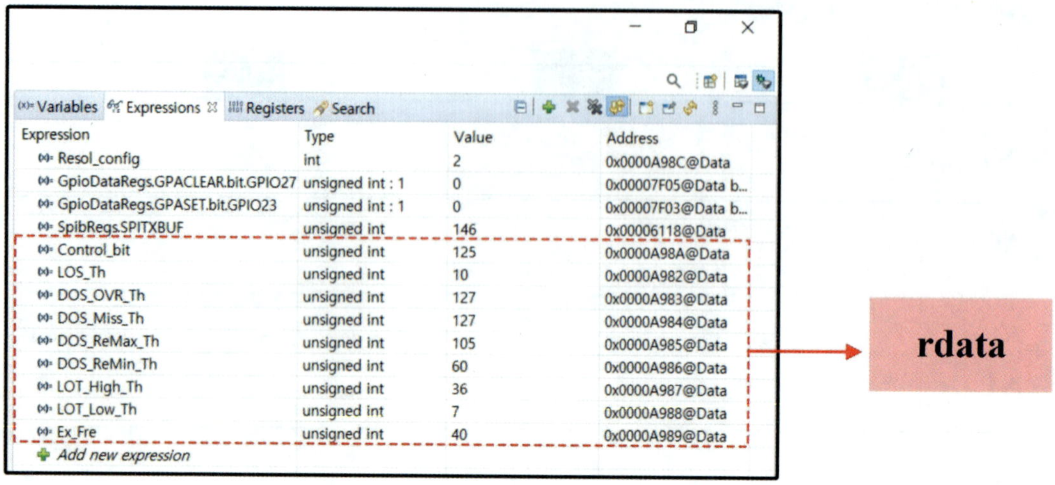

Expression	Type	Value	Address
Resol_config	int	2	0x0000A98C@Data
GpioDataRegs.GPACLEAR.bit.GPIO27	unsigned int : 1	0	0x00007F05@Data b...
GpioDataRegs.GPASET.bit.GPIO23	unsigned int : 1	0	0x00007F03@Data b...
SpibRegs.SPITXBUF	unsigned int	146	0x00006118@Data
Control_bit	unsigned int	125	0x0000A98A@Data
LOS_Th	unsigned int	10	0x0000A982@Data
DOS_OVR_Th	unsigned int	127	0x0000A983@Data
DOS_Miss_Th	unsigned int	127	0x0000A984@Data
DOS_ReMax_Th	unsigned int	105	0x0000A985@Data
DOS_ReMin_Th	unsigned int	60	0x0000A986@Data
LOT_High_Th	unsigned int	36	0x0000A987@Data
LOT_Low_Th	unsigned int	7	0x0000A988@Data
Ex_Fre	unsigned int	40	0x0000A989@Data
Add new expression			

그림 13.36 Configuration Mode(Read) 시 rdata 변화

[그림 13.36]은 CCS Expression Window 내에서 각 레지스터 변수에 해당하는 rdata 값을 나타낸다. rdata 변수는 순서대로 Address에 해당하는 Data 값들을 실시간으로 SPIRXBUF를 통해 수신하고 있다. 또한 저장된 순서에 맞게 레지스터 변수를 정해줌으로써 Configuration Mode(Read)를 통해 전송된 Data 값을 갖는다. 이는 사용자가 직접 설정한 Data 값이며 코드에 표기된 Data 값을 그대로 수신함을 확인할 수 있다.

```
void PM_Resol_data_read()
{   //SAMPLE(GPIO20), A0(GPIO23), A1(GPIO22)
    EALLOW;
    GpioCtrlRegs.GPADIR.bit.GPIO20 = 1;
    GpioCtrlRegs.GPAGMUX2.bit.GPIO20 = 0;
    GpioCtrlRegs.GPAMUX2.bit.GPIO20 = 0;
    GpioDataRegs.GPASET.bit.GPIO20 = 1;

    GpioCtrlRegs.GPADIR.bit.GPIO23 = 1;
    GpioCtrlRegs.GPAGMUX2.bit.GPIO23 = 0;
    GpioCtrlRegs.GPAMUX2.bit.GPIO23 = 0;

    GpioCtrlRegs.GPADIR.bit.GPIO22 = 1;
    GpioCtrlRegs.GPAGMUX2.bit.GPIO22 = 0;
    GpioCtrlRegs.GPAMUX2.bit.GPIO22 = 0;
    EDIS;
```

그림 13.37 Normal Mode를 위한 GPIO 설정

Configuration Mode가 모두 진행된 이후에는 속도와 위치에 대한 Data를 수신해야 한다. 이는 Normal Mode에서 진행되며 기존 Configuration Mode와 동일하게 SAMPLE에 해당하는 GPIO20과 A0, A1에 해당하는 GPIO23과 GPIO22을 초기화하며 [그림 13.37]과 같다.

```
//////////////////////////////Position
  //SAMPLE Low
  EALLOW;

  GpioDataRegs.GPACLEAR.bit.GPIO20 = 1; //SET에서 CLEAR로 전환

  EDIS;

  DELAY_US(0.5);

  //A0(GPIO23) = Low, A1(GPIO22) = Low
  EALLOW;

  GpioDataRegs.GPACLEAR.bit.GPIO23 = 1;
  GpioDataRegs.GPACLEAR.bit.GPIO22 = 1;

  EDIS;

  Spi_Rx_data();
```

그림 13.38 Normal Mode의 위치 Data 수신을 위한 초기 설정

이 때 속도와 위치에 대한 Data는 A0과 A1의 설정을 통해 수신할 수 있다. 해당 코드에서는 위치를 먼저 수신하기 위해 [표 13.6]과 같이 A0과 A1을 둘 다 CLEAR로 설정하며 [그림 13.38]과 같다. 또한 위치와 속도에 대한 Data를 수신하기 위한 SAMPLE의 GPIO20를 통해 SET에서 CLEAR로 전환한다. 이를 통해 위치에 대한 정보를 수신할 준비를 마쳤으며 spi_Rx_data()를 통해 해당 Data를 수신한다. spi_Rx_data()는 [그림 13.18]과 같이 WR/FSYNC와 같은 기능을 통해 Data를 수신하기 위한 조건을 결정하며 [그림 13.39], [그림 13.40]과 같다.

```
void spi_Rx_data()
{
   EALLOW;

   SpibRegs.SPICTL.bit.TALK = 0;
   SpibRegs.SPITXBUF = 0x0001;

   EDIS;

   EALLOW;

   GpioDataRegs.GPACLEAR.bit.GPIO19 = 1; // /WR//FSYNC = SET

   EDIS;

   DELAY_US(3); //16bit

   EALLOW;

   GpioDataRegs.GPASET.bit.GPIO19 = 1; // /WR//FSYNC = CLEAR

   EDIS;

   EALLOW;

   GpioDataRegs.GPACLEAR.bit.GPIO27 = 1; // SPIB /STE = /CS = CLEAR

   EDIS;

   EALLOW;

   SpibRegs.SPIFFRX.bit.RXFIFORESET = 0;

   EDIS;
```

그림 13.39 위치 Data를 수신하기 위한 조건 설정 (1)

```
    if(Resolver_Resbit == 16)
    {
            rdata2 = 0xffff & (SpibRegs.SPIRXBUF); //16bit
    }
    else if(Resolver_Resbit == 14) // 실험에서 적용되는 Resolution 비트
    {
            rdata2 = 0xffff & (SpibRegs.SPIRXBUF >> 2); //14bit → 16bit
    }
    else if(Resolver_Resbit == 12)
    {
        rdata2 = 0xffff & (SpibRegs.SPIRXBUF >> 4); //12bit → 16bit
    }
    else if(Resolver_Resbit == 10)
    {
        rdata2 = 0xffff & (SpibRegs.SPIRXBUF >> 6); //10bit → 16bit
    }

    EALLOW;
    SpibRegs.SPIFFRX.bit.RXFIFORESET = 1;
    EDIS;

}
```

그림 13.40 위치 Data를 수신하기 위한 조건 설정 (2)

위치 Data를 수신하기 위해 먼저 TALK Bit를 0으로 설정함으로써 Data 전송을 비활성화 한다. 이후 WR/FSYNC에 해당하는 GPIO19를 CLEAR함으로써 위치 Data를 수신하며 일정 시간 이후(코딩 상에서는 3us) 다시 SET되어 SDO를 SET-Impedance 상태로 되돌린다. 이후 SPI 통신을 위해 SPISTEB, /CS에 해당하는 GPIO27을 CLEAR로 유지하여 SPIRXBUF의 위치 Data를 rdata2 변수에 적용한다. 해당 실험에서는 Resolution을 14Bit로 설정하였으므로 rdata2는(Resolver_Resbit ==14)의 조건문을 통해 14Bit에서 16Bit로 변경하여 결정된다.

```
Position_1 = rdata2;

    //위치 오차를 상쇄하기 위한 옵셋 설정
    if(CntIniAngle >=25000 && CntIniAngle <= 30000)
    {
        rad_comp = 0.;
        rad_cnt++;
        rad_comp_sum += Theta_Resolver;

    }
    else if(CntIniAngle>30000)
    {
        rad_comp = rad_comp_sum / rad_cnt; // 최종 옵셋 결정
    }

    if(Resolver_Resbit == 16)
    {
        Theta_Resolver = 0.0000872664626 * Position_1
    }
    else if(Resolver_Resbit == 14)
    {
        Theta_Resolver = 0.000383518607 * Position_1- rad_comp;
    }
    else if(Resolver_Resbit == 12)
    {
        Theta_Resolver = 0.001541707506 * Position_1;
    }
    else if(Resolver_Resbit == 10)
    {
        Theta_Resolver = 0.006137741203 * Position_1;
    }

    DELAY_US(0.5);
```

그림 13.41 수신된 위치 Data를 위상(rad)으로 변환

[그림 13.41]은 rdata2에 저장된 위치 Data를 Resolution에 따라 Bit를 결정하여 [rad] 단위의 위상각으로 변환하기 위한 코드이다. Theta_Resolver의 변수는 위치 Data에 해당하는 위상각을 나타내며 계산식은 아래 식 (13.5)와 같다.

$$
\begin{aligned}
&0011\quad 1111\quad 1111\quad 1111 = 16383\\
&16383 : 2\pi = Position\_1 : Theta\_Resolver\\
&Theta\_Resolver = 0.000383518607 \cdot Position\_1
\end{aligned}
\tag{13.5}
$$

2진수로 표현된 14Bit는 10진수로 나타낼 시 16383의 값과 동일하다. 이를 통해 수신된 위치 Data 값을 위상으로 변환할 수 있으며 2π에 대한 비례식을 통해 계산 가능하다. 즉 식 (13.3)을 통해 최종적으로 1Bit 당 0.000383518607rad으로 결정된다. 최종적으로 실제 제어에 사용되는 위상각은 Theta_Resolver이며 이를 통해 모터의 위치에 해당하는 위상각을 얻어낼 수 있다.

```
///////////////////////////////Velocity

  EALLOW;

  GpioDataRegs.GPACLEAR.bit.GPIO23 = 1;
  GpioDataRegs.GPASET.bit.GPIO22 = 1;

  EDIS;

  spi_Rx_data_speed();
```

그림 13.42 Normal Mode의 속도 Data 수신을 위한 초기 설정

[그림 13.42]은 속도 Data를 수신하기 위한 초기 설정 코드이다. 속도 Data를 수신하기 위해서 Normal Mode에서 [표 13.6]과 같이 A0은 CLEAR, A1은 SET로 설정한다. 이후 spi_Rx_data_speed()를 통해 위치 Data와 유사한 방법으로 WR/FSYNC에 대한 GPIO를 설정한다. 또한 Resolution에 대한 Bit를 통해 속도 Data를 [RPM] 단위로 변환하여 모터의 속도를 수신한다.

```
void spi_Rx_data_speed()
{

   EALLOW;

   SpibRegs.SPICTL.bit.TALK = 0;
   SpibRegs.SPITXBUF = 0x0001;

   EDIS;

   EALLOW;

     GpioDataRegs.GPACLEAR.bit.GPIO19 = 1; // /WR//FSYNC = CLEAR

   EDIS;

   DELAY_US(3); //16bit
```

그림 13.43 속도 Data를 수신하기 위한 조건 설정 (1)

```
    GpioDataRegs.GPASET.bit.GPIO19 = 1; // /WR//FSYNC = SET

    EDIS;

    EALLOW;

GpioDataRegs.GPACLEAR.bit.GPIO27 = 1; // SPIB /STE = /CS = CLEAR

    EDIS;

    EALLOW;

    SpibRegs.SPIFFRX.bit.RXFIFORESET = 0;

    EDIS;

    if(Resolver_Resbit == 16)
    {
      ex_resol = 0x8000 & (SpibRegs.SPIRXBUF); //16bit
      if(ex_resol == 0x8000) flag_res = 1;
      else flag_res = 0;

      rdata3 = 0x7FFF & (SpibRegs.SPIRXBUF);

      if(flag_res == 1) rdata4 = -(32767 - (rdata3));
      else rdata4 = rdata3;
    }
    else if(Resolver_Resbit == 14)
    {
          ex_resol = 0x2000 & (SpibRegs.SPIRXBUF); //14bit
      if(ex_resol == 0x2000) flag_res = 1;
      else flag_res = 0;

      rdata3 = 0x1FFF & (SpibRegs.SPIRXBUF);

      if(flag_res == 1) rdata4 = -(8191 -(rdata3));
      else rdata4 = rdata3;
    }
```

그림 13.44 속도 Data를 수신하기 위한 조건 설정 (2)

```
else if(Resolver_Resbit == 12)
    {
        ex_resol = 0x0800 & (SpibRegs.SPIRXBUF); //16bit
        if(ex_resol == 0x0800) flag_res = 1;
        else flag_res = 0;
        rdata3 = 0x07FF & (SpibRegs.SPIRXBUF);

        if(flag_res == 1) rdata4 = -(2047 - (rdata3));
        else rdata4 = rdata3;
    }

else if(Resolver_Resbit == 10)
    {
        ex_resol = 0x03FF & (SpibRegs.SPIRXBUF); //14bit
        if(ex_resol == 0x03FF) flag_res = 1;
        else flag_res = 0;

        rdata3 = 0x01FF & (SpibRegs.SPIRXBUF);

        if(flag_res == 1) rdata4 = -(511 - (rdata3));
        else rdata4 = rdata3;
    }

  EALLOW;

  SpibRegs.SPIFFRX.bit.RXFIFORESET = 1;

  EDIS;
```

그림 13.45 속도 Data를 수신하기 위한 조건 설정 (3)

spi_Rx_data_speed()의 코드는 [그림 13.43]부터 [그림 13.45]와 같다. [그림 13.43]에서는 동일하게 TALK Bit를 0으로 설정하여 송신을 비활성화한다. 또한 WR/FSYNC에 대한 GPIO를 CLEAR로 설정하여 SDO로 속도에 대한 Data를 출력한다. 3us에 해당하는 지연 이후 [그림 13.44]과 같이 WR/FSYNC를 SET로 설정한다. 또한 SPI 통신을 위해 SPISTEB, /CS에 해당하는 GPIO27을 CLEAR로 유지하여 SPIRXBUF의 속도 Data를 rdata3 변수에 적용한다. 마찬가지로 Resolution은 14Bit로 결정하였기 때문에 rdata3은 (Resolver_Resbit

==14)의 조건문을 통해 결정된다. 이 때 속도 Data에 대한 Bit 중 최상위 Bit인 MSB는 방향을 나타내며 14Bit의 MSB를 1로 설정하는 0x2000을 통해 방향에 대한 flag_res를 결정한다. flag_res가 0이면 정방향 1이면 역방향으로 모터가 회전함을 나타내며 MSB를 제외한 나머지 Bit로 구성되는 속도 Data는 SPIRXBUF에 저장된다. 즉, flag_res에 따라 결정되는 최종 속도 Data는 rdata4 변수를 통해 출력된다.

```
if(Resolver_Resbit == 16)
{
     Velocity_1 = rdata4 * 0.004* 7.5;
}
else if(Resolver_Resbit == 14)
{
     Velocity_1 = rdata4 * 0.03* 10;
}
else if(Resolver_Resbit == 12)
{
     Velocity_1 = rdata4 * 0.488* 7.5;
}
else if(Resolver_Resbit == 10)
{
     Velocity_1 = rdata4 * 4.88* 7.5;
}
 //LPF 적용
WcVel = 2. * PI * F_Vel;
LaVel = (2. - WcVel * T_SAMP) / (2. + WcVel * T_SAMP);
LbVel = (WcVel * T_SAMP) / (2. + WcVel * T_SAMP);

 Vel_LPF = LaVel * Vel_LPF + LbVel * (Velocity_1 + Vel_old);
 //제어에 적용되는 실제 속도 변수

Vel_old = Velocity_1;

DELAY_US(0.5);
```

그림 13.46 수신된 속도 Data를 RPM 단위로 변환

[그림 13.45]은 RPS로 수신된 속도 Data를 RPM으로 변환하기 위한 코드이다. 14Bit로 결정되는 Resolution은 1Bit 당 0.03RPS에 해당하므로 이를 통해 계산하면 상수 10의 값을 추가로 곱해주어야 한다. 해당 상수는 레졸버의 극수에 따라 결정되며 다음과 같이 계산된다.

$$1[rpm] = 1[rps] \times 60$$

$$Velocity\_1[rpm] = \frac{1}{\mathrm{Re}olver\_Pole} \times 1[rps] \times 60 \times rdata4 \times 0.03 \tag{13.6}$$

최종적으로 RPM으로 변환된 속도 Data는 Velocity_1로 결정되며 이는 LPF 필터를 적용하여 Vel_LPF의 변수로 실제 제어에 적용된다.

Fault 신호는 위치 Data와 동일한 방식을 통해 Data를 수신하며 추가적인 코드 설명 없이 [그림 13.47]을 통해 나타낸다.

```
//////////////////////////////Fault
   EALLOW;

   GpioDataRegs.GPASET.bit.GPIO23 = 1;
   GpioDataRegs.GPASET.bit.GPIO22 = 1;

   EDIS;

   Spi_Rx_data();
   Fault_1 = rdata2;

   EALLOW;

   GpioDataRegs.GPASET.bit.GPIO23 = 1;
   GpioDataRegs.GPACLEAR.bit.GPIO22 = 1;

   EDIS;

   //SAMPLE Low
   EALLOW;

   GpioDataRegs.GPASET.bit.GPIO20 = 1;

   DELAY_US(0.5);

   EDIS;
}
```

그림 13.47 Fault Data를 수신하기 위한 GPIO 및 조건 설정

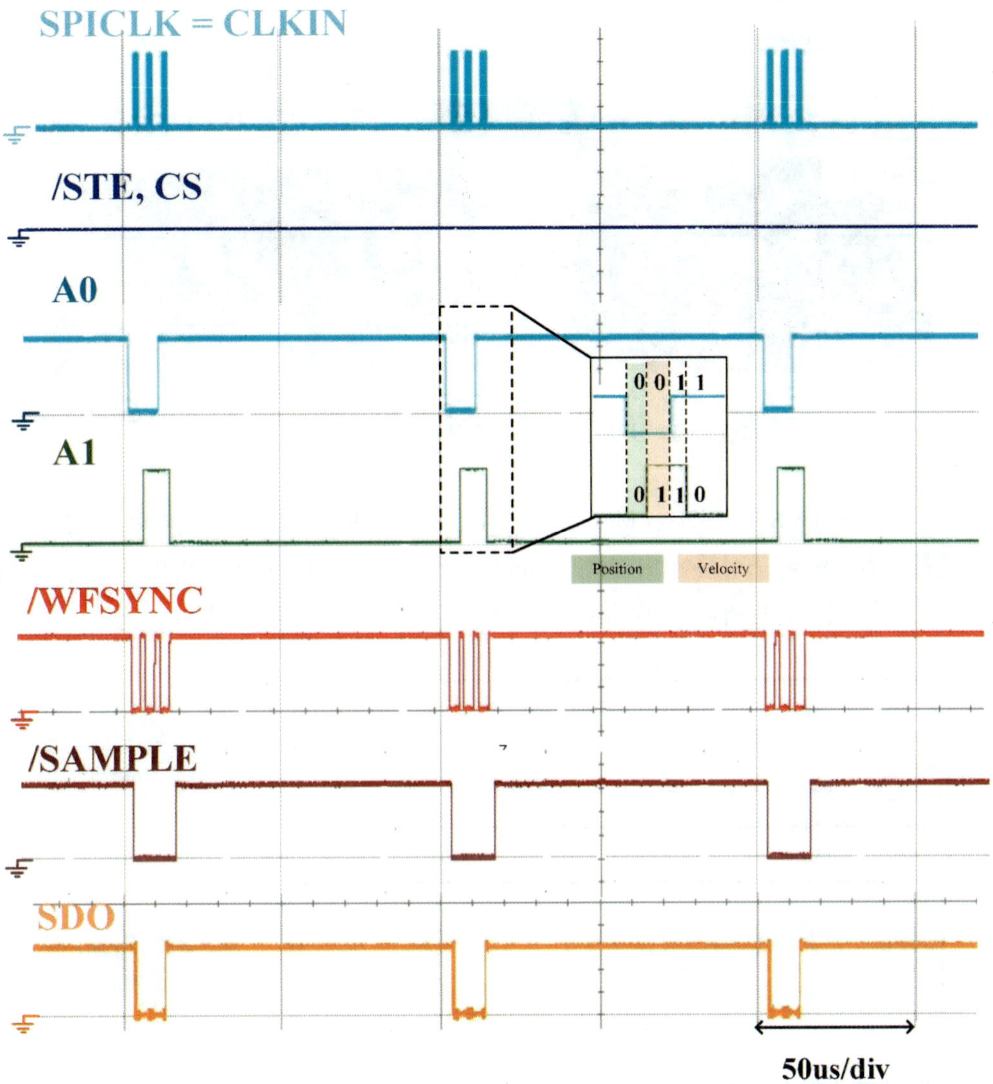

그림 13.48 Normal Mode(Read) 시 실험파형

[그림 13.48]은 [그림 13.18]의 Normal Mode(Read) 시퀀스를 실험파형으로 표현하였다. Normal Mode에서는 A0과 A1에 따라 위치 Data 혹은 속도 Data의 수신이 달라진다. 이에 따라 실제 실험 파형에서도 초록색으로 표기된 위치가 출력되는 구간과 주황색으로 표기된 속도가 출력되는 구간에서 각각 A0와 A1이 00, 01로 결정되며 이에 따른 각 Data가 SDO를 통해 DSP로 송신됨을 확인할 수 있다. 해당 파형에서는 속도와 위치 Data는 모두 0으로 출력된다. 또한 이후의 A0과 A1은 Fault 신호를 위한 출력이며 다음으로 Reserved

Mode로 전환된다. 또한 /SAMPLE 신호를 통해 SET에서 CLEAR 시에 DSP로 Data가 수신됨을 확인할 수 있다.

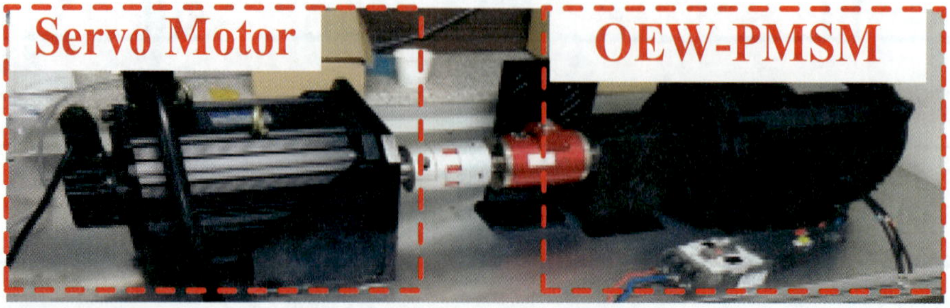

그림 13.49 SPI를 이용한 레졸버 실험을 위한 MG-SET

[그림 13.49]는 PMSM과 Servo Motor로 구성된 M-G세트를 나타낸다. 해당 레졸버는 3X에 해당하며 6극으로 구성되어 있다. 또한 PMSM 역시 6극으로 구성되어 있다. 부하모터를 통해 속도를 제어함으로써 위치와 속도가 정확히 측정되는 것을 확인한다.

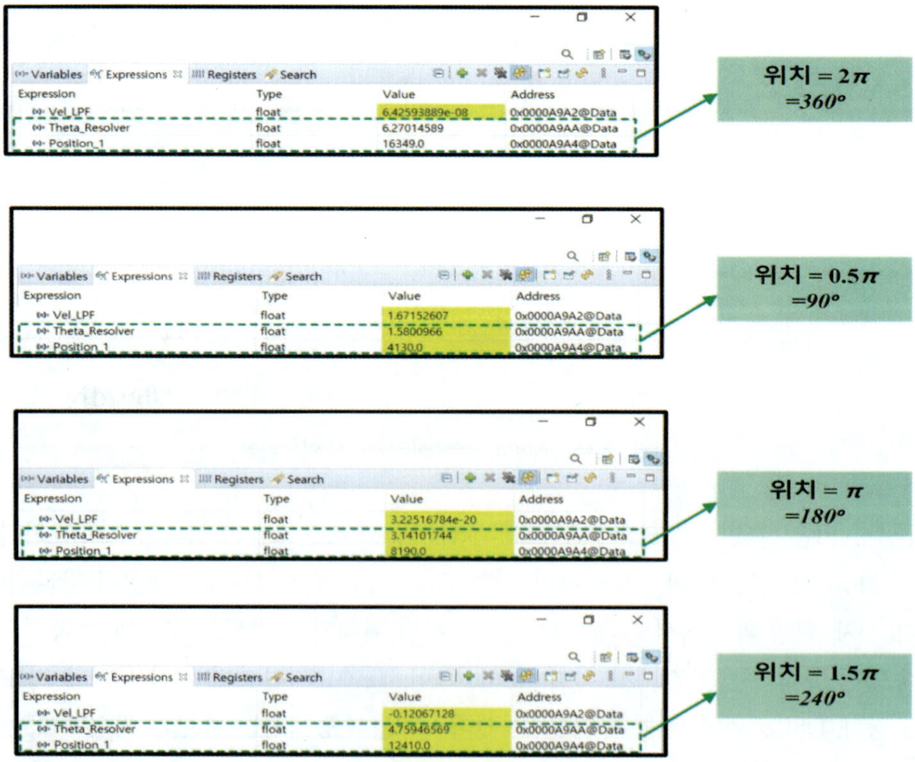

그림 13.50 Normal Mode(Read) 시 위치 Data 수신

[그림 13.50]은 Normal Mode(Read) 시 위치 Data를 수신하여 위상각으로 변환시킨 CCS expression 창을 나타낸다. Theta_Resolver의 변수는 위치에 대해 [rad]으로 변환한 값이며 Position_1은 센싱된 위치 Data에 대한 Bit를 나타낸다. Position_1에 해당하는 Bit를 통해 식 (13.6)을 적용하여 위상각을 도출하였으며 이를 통해 회전자 축이 변화함에 따라 총 0°, 90°, 180°, 270°에 대한 4가지의 위치가 정확히 측정됨을 확인할 수 있다.

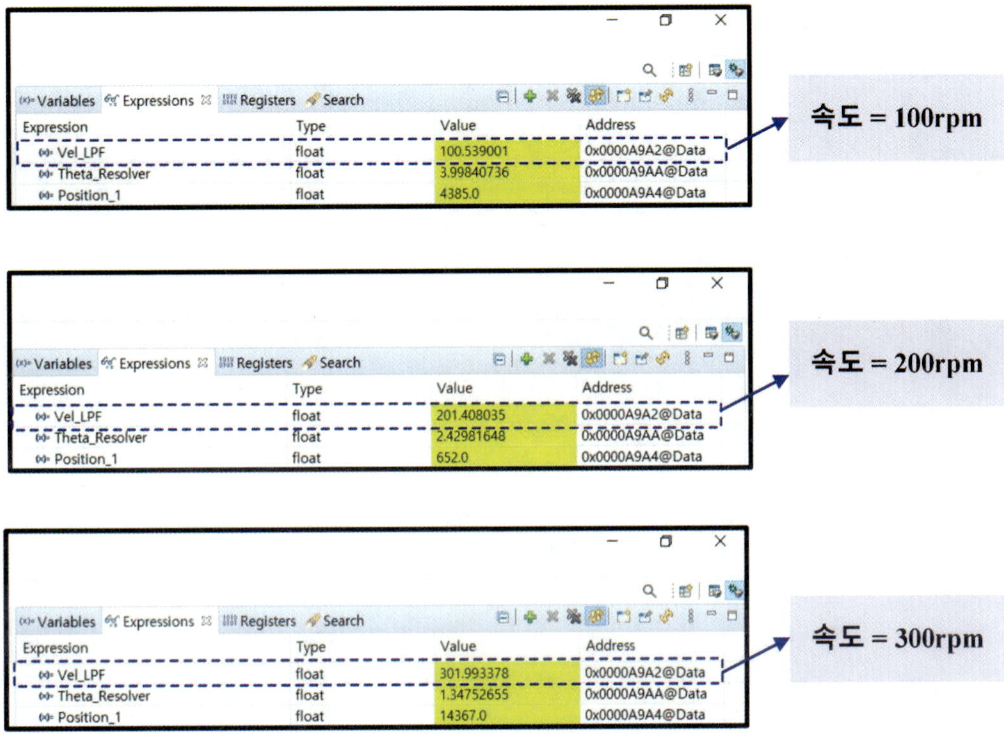

그림 13.51 Normal Mode(Read) 시 속도 Data 수신

[그림 13.51]은 Normal Mode(Read) 시 속도 Data를 수신하여 위상각으로 변환시킨 CCS Expression Window을 나타낸다. Vel_LPF 변수는 속도를 RPM 단위로 변환한 값이며 추가적으로 LPF가 적용된 회전 속도를 나타낸다. 부하모터로부터 속도를 100RPM, 200RPM , 300RPM 순서로 속도를 증가시켰으며 속도 Data도 정확히 수신하는 것을 확인할 수 있다.

CHAPTER

14 Serial Communications Interface(SCI)

14 Serial Communications Interface(SCI)

14.1 SCI 개요

SCI는 일반적으로 UART로 알려진 2선 비동기 직렬 통신을 지원한다. 이 때, 2선은 송신/수신을 다른 선로를 통해 구현하는 것을 의미한다. TMS320F28388에서 SCI 모듈은 표준 NRZ(Non-Return-to-Zero) 형식을 사용하는 CPU와 다른 비동기 주변 장치간 디지털 통신을 제공한다. NRZ 형식은 통신에 사용되는 부호화 방법 중 하나로, Bit 값을 펄스 사이에 일정 기간 동안 0을 유지해 표현함으로써 확실한 구분이 가능한 대신 2배의 Bandwidth가 필요한 RZ(Return-to-Zero) 형식과 달리 신호의 Bit 길이만을 통해 신호를 구분하는 형식이다. 또한 SCI는 비동기 통신이기 때문에 송신/수신시에 상호 장치간 Bit 길이를 맞춰주어야 정상적인 통신이 가능하다. 아래는 SCI의 인터페이스 구성이다.

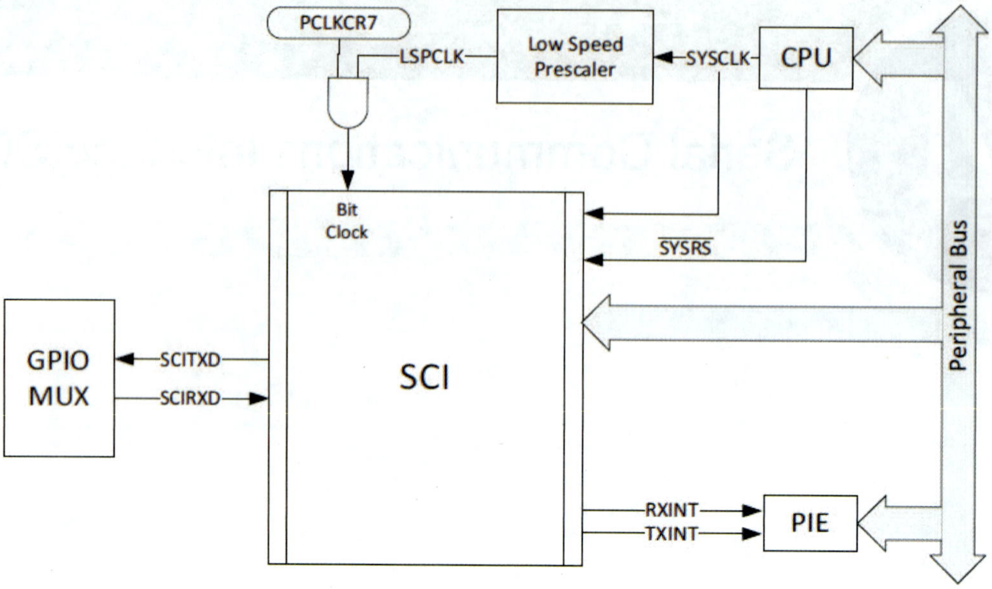

그림 14.1 SCI 인터페이스

14.2 전력전자에서 SCI 사용

SCI는 Data를 직렬로 전송할 수 있는 통신 기법으로, UART(Universal Asynchronous Receive and Transmit)라고도 불린다. 해당 기능과 적절한 트랜시버 IC를 사용하면 범용 컴퓨터와 RS-232C 규격으로 Data 교환이 가능하며, 제어기간(각각의 DSP를 통한) 통신이 가능하다. SCI통신은 SPI통신, eCAN통신과 비교하여 통신속도가 낮기 때문에, 전력변환시스템의 상태 정보를 외부로 전달하는 경우에 주로 사용된다. 또한 PC와 통신방법으로도 자주 사용되며, SCI를 이용하여 PC의 USB를 통해 RS-232C 규격으로 정보를 송신/수신한다. 아래는 범용 컴퓨터와 RS-232C 규격으로 통신하기 위한 RS-232C to USB 연결선과 Master-Slave 관계로 제어기를 사용할 때의 대략적인 개요도이다.

그림 14.2 RS-232C to USB 연결선

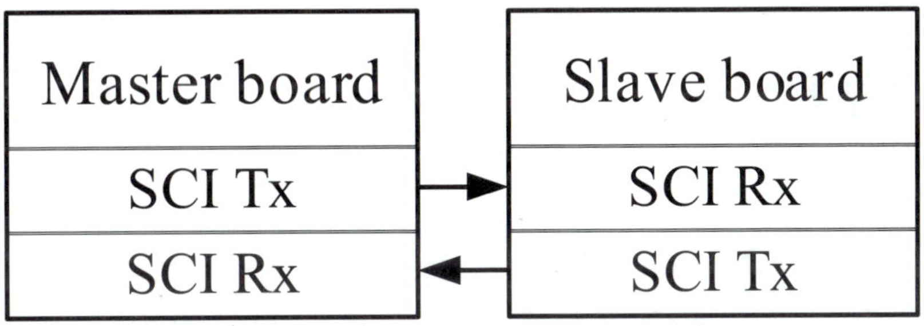

그림 14.3 Master-Slave 제어기간 통신 개요도

14.3 SCI 특징

TMS320F28388에서 SCI 모듈의 특징은 다음과 같다.

- 2선 송/수신 Pin
  - SCITXD: SCI 송신-출력 Pin
  - SCIRXD: SCI 수신-입력 Pin

- 프로그래밍 가능한 Baud Rate(~64K)
- Parity/Overrun/Data Frame 오류/중단 검출에 대한 오류 감지 Flag
- Address Bit 송출/Data가 없는 상태의 multiprocessor 초동 동작 Mode
- Half-duplex/Full-duplex 동작
  - Half-duplex 동작 : 송신/수신 단일 동작, 송신/수신 동작 중 동시 수신/송신 불가능
  - Full -duplex 동작 : 송신/수신 동시 동작, 송신/수신 동작 중 동시 수신/송신 가능
- 송신/수신 기능에 대한 각각의 버퍼
- 상태 Flag를 이용한 Interrupt/Polling을 통한 송신/수신기 동작
- 송신/수신에 대한 각각의 Interrupt 동작
- NRZ 형식

14.4 SCI 구조

14.4.1 SCI 모듈 구조

SCI 모듈의 구조는 크게 송신기와 그에 대한 주요 레지스터, 수신기와 그에 대한 주요 레지스터, Bit 수 발생기, 제어 및 상태 레지스터 4가지로 분류할 수 있으며, 송신/수신기는 독립 동작과 동시 동작을 모두 지원한다. 아래는 SCI 모듈의 블록도이다.

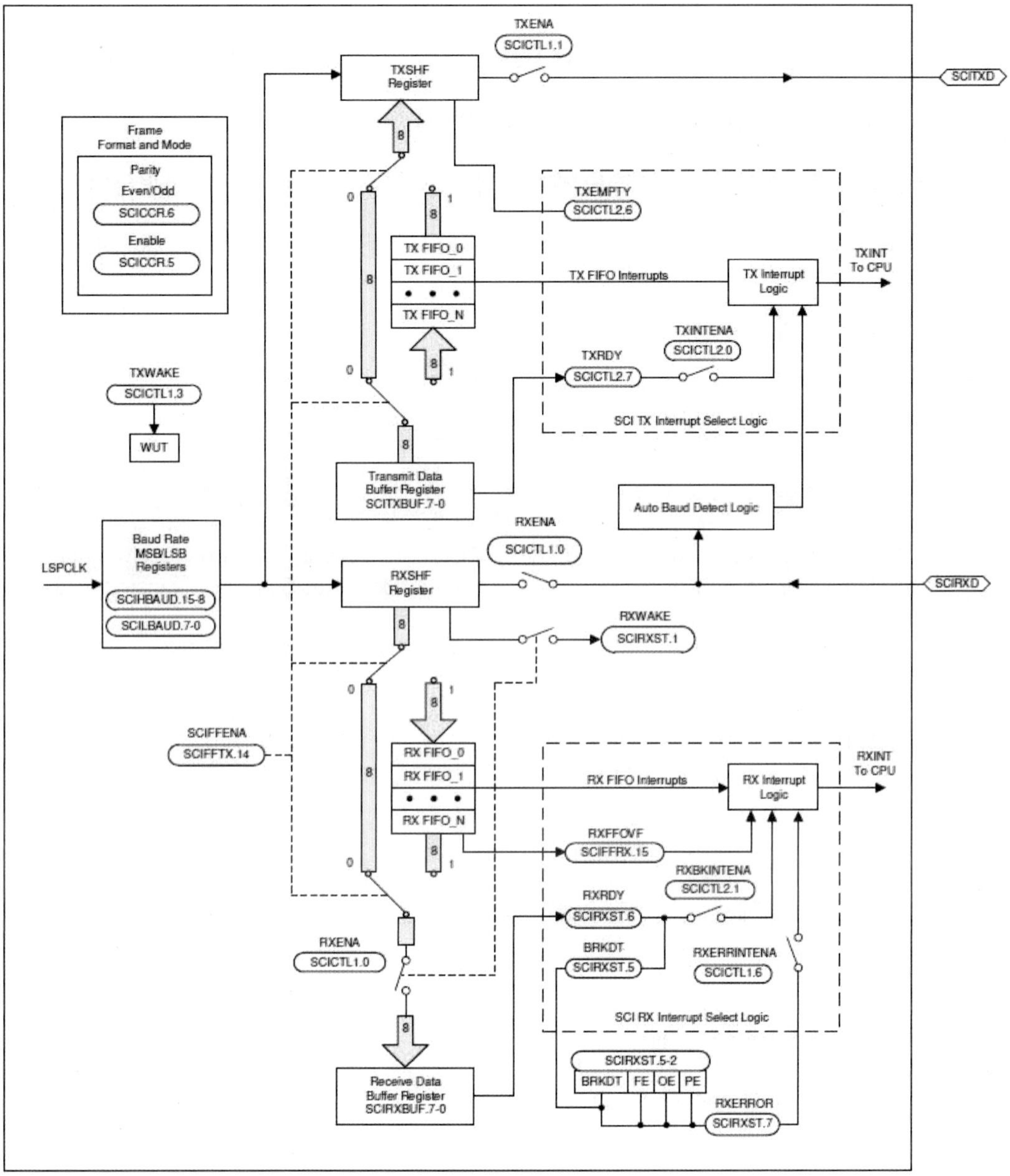

그림 14.4 SCI 모듈의 블록도

송신기와 그에 대한 주요 레지스터 및 수신기와 그에 대한 주요 레지스터는 다음과 같이 정리된다.

- 송신기(Tx) 및 주요 레지스터([그림 14.4]의 상반부)

- SCITXBUF : 송신기 Data 버퍼 레지스터. 전송할 Data(CPU에 의해 갱신) 저장
- TXSHF 레지스터 : 송신기 Shift 레지스터. 버퍼 Data 수신 후 1Bit씩 이동하며 출력

● 수신기(Rx) 및 주요 레지스터([그림 1.4]의 하반부)

- RXSHF 레지스터 : 수신기 Shift 레지스터. 입력받은 Data를 1Bit씩 이동하며 수신
- SCIRXBUF : 수신기 Data 버퍼 레지스터. RXSHF 레지스터에 수신된 Data 저장

전체적인 SCI 신호의 정리는 다음과 같다.

표 14.1 SCI 신호 종합

Signal Name	Description
External signals SCIRXD External signals SCITXD	SCI Asynchronous Serial Port receive data SCI Asynchronous Serial Port transmit data
Control Baud clock	LSPCLK Prescaled clock
Interrupt signals TXINT Interrupt signals RXINT	Transmit Interrupt Receive Interrupt

14.4.2 SCI 통신 구조

TMS320F28388의 SCI에서 사용하는 NRZ 형식의 통신 Data Frame은 아래와 같다.

- 1개의 Start Bit
- 설정가능한 1~8개의 Data Bit
- 짝수/홀수/사용 안함으로 설정 가능한 Parity Bit
- 1/2개의 Stop Bit
- Address/Data 구별 Bit(Address Bi Mode만 해당)

아래는 통신 Data Frame을 그림으로 나타낸 것이다.

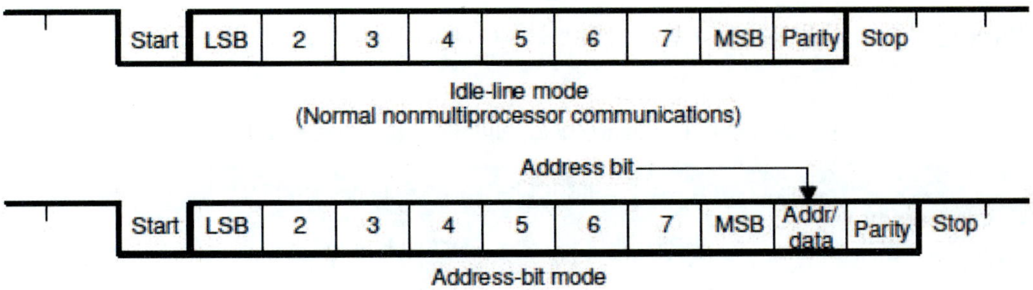

그림 14.5 SCI 통신의 Data Frame

Data 전송 전 상태에서 Data 전송선은 SET 상태를 유지한다. 해당 상태에서 통신이 시작될 경우, Start Bit가 CLEAR로 떨어지며 통신의 시작을 알린다. Data는 최하위 Bit가 먼저 전송되며, Parity에 대한 설정에 따라 Parity Bit를 통해 Data 상태의 짝수/홀수를 결정한다. Stop Bit를 통해 통신이 종료됨과 동시에 Data 전송선을 SET상태로 되돌린다.

아래는 해당 통신 Frame 설정을 위한 레지스터(SCICCR)에 대한 설명이다.

표 14.2 SCICCR 레지스터

Bit(s)	Bit Name	Designation	Functions
2-0	SCICHAR	SCICCR.2:0	Select the character (data) length (one to eight bits).
5	PARITYENA (ENABLE)	SCICCR.5	Enables the parity function if set to 1, or disables the parity function if cleared to 0.
6	PARITY (EVEN/ODD)	SCICCR.6	If parity is enabled, selects odd parity if cleared to 0; even parity if set to 1.
7	STOPBITS	SCICCR.7	Determines the number of stop bits transmitted—one stop bit if cleared to 0 or two stop bits if set to 1.

14.4.3 SCI Baud Rate 계산

SCI 통신의 BPS는 LSPCLK을 기반으로 SCIHBAUD 레지스터와 SCILBAUD 레지스터를 사용하여 결정한다. SCIHBAUD 레지스터가 상위 8Bit를, SCILBAUD 레지스터가 하위 8Bit를 지정한다. 예를 들어, SCIHBAUD=0X05이고, SCILBAUD=0X16인 경우 비트 계산을 위한 BRR=0X0516으로 나타나게 된다. SCI 통신 속도 계산 식은 LSPCLK/((BRR+1)*8)

의 BPS로 나타나며, Baud Rate의 최대값은 LSPCLK/16이다. 즉, 100MHz의 LSPCLK를 사용할 경우, 최대 6.25Mbps의 Baud Rate를 가진다. 아래는 100MHz의 LSPCLK를 사용할 때의 일반적으로 사용하는 SCI 통신의 BPS를 내기위한 BRR의 값을 나타낸 표이다.

표 14.2 LSPCLK=100MHz 일 때, 일반적 SCI 통신 BPS를 위한 BRR

Ideal Baud	LSPCLK Clock Frequency, 100 MHz		
	BRR	Actual Baud	% Error
2400	5207 (1457h)	2400	0
4800	2603 (A2Bh)	4800	0
9600	1301 (515h)	9601	0.01
19200	650 (28Ah)	19201	0.01
38400	324 (144h)	38462	0.16

14.5 SCI 예제

본 절에서는 Polling 방식을 통해 일정 주기로 실행되는 SCI external LoopBack을 구현하여 SCICCR 레지스터 설정에 따른 Data frame 구성을 확인한다. TMS320F28388 모듈에는 SCIA, SCIB, SCIC, SCID로 4개의 SCI 통신 포트가 존재하는데, 본 예제에서는 GPIO 54~55에 연결된 SCIB 포트를 사용하였다. SCIB 포트의 설정을 위한 코드는 다음과 같다.

```
GpioCtrlRegs.GPBPUD.bit.GPIO55 = 0;        // Enable pull-up on GPIO55
GpioCtrlRegs.GPBQSEL2.bit.GPIO55 = 3;      // Asynchronous input
GpioCtrlRegs.GPBGMUX2.bit.GPIO55 = 1;      // Set group MUX
GpioCtrlRegs.GPBMUX2.bit.GPIO55 = 2;       // GPIO55 = SCIRXDB
GpioCtrlRegs.GPBPUD.bit.GPIO54 = 0;        // Enable pull-up on GPIO54
GpioCtrlRegs.GPBGMUX2.bit.GPIO54 = 1;      // Set group MUX
GpioCtrlRegs.GPBMUX2.bit.GPIO54 = 2;       // GPIO54 = SCITXDB
```

그림 14.6 GPIO 54~55를 SCIB통신 포트로 설정

다음은 LSPCLK를 200MHz로 설정한 후, SWRESET Bit를 통해 SCIB를 비활성화 상태로 만들고, Stop Bit 길이 1Bit, Parity Bit 비활성화, Data Bit 길이 8Bit, 송수신기 사용, 9600bps(9596.9bps)로 설정한 후, SCIB를 활성화하는 코드이다.

```
EALLOW;
ClkCfgRegs.LOSPCP.bit.LSPCLKDIV = 0;        // Low-speed peripheral clock = 200MHz
EDIS;
ScibRegs.SCICTL1.bit.SWRESET = 0;           // Reset SCI
ScibRegs.SCICCR.bit.STOPBITS = 0;           // stop bit = 1bit
ScibRegs.SCICCR.bit.PARITY = 0;             // parity = odd type
ScibRegs.SCICCR.bit.PARITYENA = 0;          // parity bit disable
ScibRegs.SCICCR.bit.SCICHAR = 7;            // Character length : 8-Bits
ScibRegs.SCICTL1.bit.RXENA = 1;             // SCI receiver enable
ScibRegs.SCICTL1.bit.TXENA = 1;             // SCI transmitter enable
ScibRegs.SCIHBAUD.bit.BAUD = 0x0A;          // Set SCI Baud-rate : 0x0A2C = 9,596bps
ScibRegs.SCILBAUD.bit.BAUD = 0x2C;          // = 9,600bps, Error (%) : -0.041
ScibRegs.SCICTL1.bit.SWRESET = 1;           // Enable SCI (Exit from reset)
```

그림 14.7 SCIB 설정

다음은 Data 송수신을 위한 코드이다. Polling 방식을 사용하므로, Data 송수신을 반복하는 코드를 작성하였다. 확인의 편의를 위해, 1회의 Data 송수신당 10ms의 간격을 주었다.

```
for(;;)     // Just sit and loop forever
{
     BackTicker++;

    sci_Tx(TxData);                                        // Data 송신
     RxData = sci_Rx();                                    // Data 수신
     DELAY_US(10000);                                      // 10ms delay

}
Uint16 sci_Rx(void)
{
    Uint16    data;

    while(!(ScibRegs.SCIRXST.bit.RXRDY));                 // Rx 리퀘스트 발생 대기
    data = ScibRegs.SCIRXBUF.bit.SAR;                     // 업데이트된 버퍼 값 저장
    data = data & 0x00FF;                                 // 하위 8bit 선별

    return data;                                          // data 값 반환
}

void sci_Tx(Uint16 data)
{
    while(!(ScibRegs.SCICTL2.bit.TXRDY));                 // Tx 리퀘스트 발생 대기
    ScibRegs.SCITXBUF.bit.TXDT = data & 0x00FF;          // 하위 8bit를 Tx 버퍼에 저장
}
```

그림 14.8 SCIB 송신/수신을 위한 코드

다음은 TxData =1일 때의 해당 예제 코드 실행 결과이다.

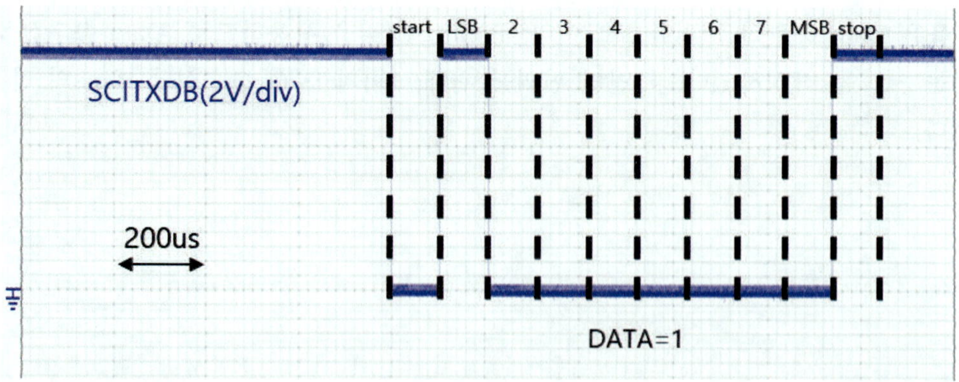

그림 14.9 SCIB 통신 결과(TxData=1, parity disable, 9,600bps, STOPBITS = 0, SCICHAR = 7)

이제 SCI의 설정에 따라 통신 Data Frame의 변화를 확인한다. 아래와 같이 TxData =2, SCICHAR = 3로 설정하여 Data의 길이를 4Bit로 변경하였다.

```
ScibRegs.SCICCR.bit.SCICHAR = 3;          // Character length : 4-Bits
```

그림 14.10 SCI Data=4Bit 설정 코드

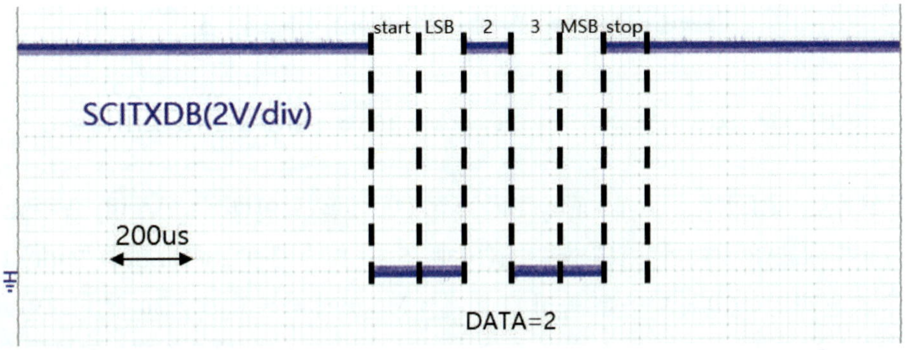

그림 14.11 SCIB 통신 결과(TxData=2, parity disable, 9,600bps, STOPBITS = 0, SCICHAR = 3)

이번에는 Parity Bit로 인한 Data Frame의 변화를 확인한다. 먼저 TxData=0의 상태에서, Parity를 짝수로 설정한 후 비활성화/활성화하여 비교하였다. 다음은 해당 설정을 위한 코드와 PARITYENA을 통해 Parity를 비활성화/활성화 한 실행 결과이다.

```
ScibRegs.SCICCR.bit.PARITY = 1;          // parity = even type
ScibRegs.SCICCR.bit.PARITYENA = 1;      // parity bit enable
```

그림 14.12 SCI even mode parity Bit 설정 코드

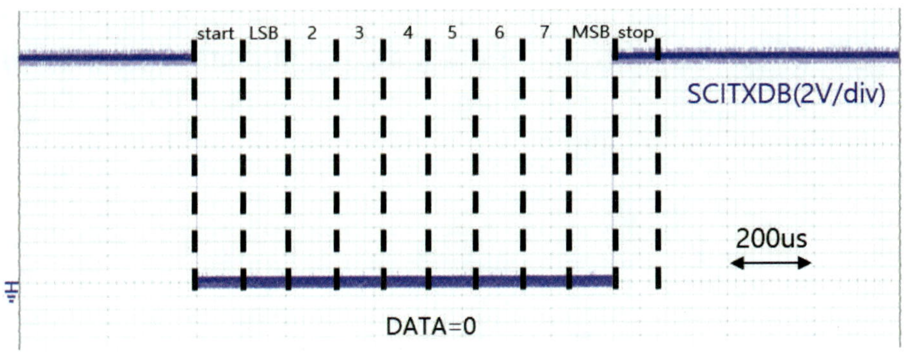

그림 14.13 SCIB 통신 결과(TxData=0, parity disable, 9,600bps, STOPBITS = 0, SCICHAR = 7)

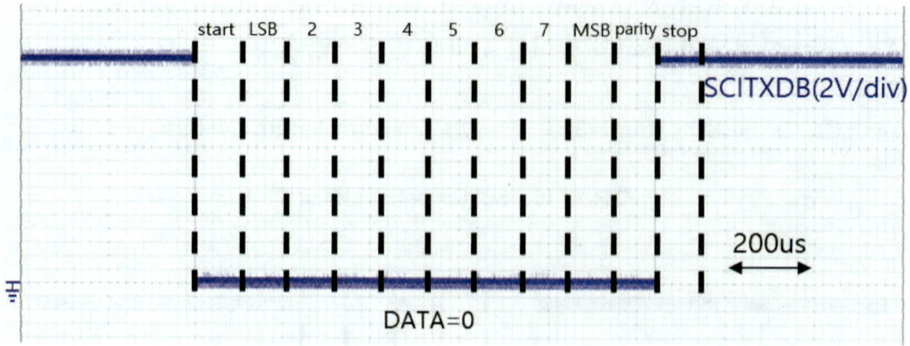

그림 14.14 SCIB 통신 결과(TxData=0, even parity, 9,600bps, STOPBITS = 0, SCICHAR = 7)

해당 결과로, SCI의 Frame에 Parity Bit가 추가된 것을 확인할 수 있으며, 짝수로 설정된 Parity Bit가 CLEAR 상태의 Bit를 짝수 개(10개 : Start Bit 1개+Data Bit 8개+ Parity Bit 1개)로 만든 것을 확인하였다. 다음은 특정 Data에서 Mode에 따른 Parity Bit 값 비교이다. Data가 2일 때와 5일 때 Parity를 홀수와 짝수로 설정하여 Parity Bit 상태를 확인한다. 먼저 아래는 홀수 Parity Bit를 적용했을 때의 실행 결과이다.

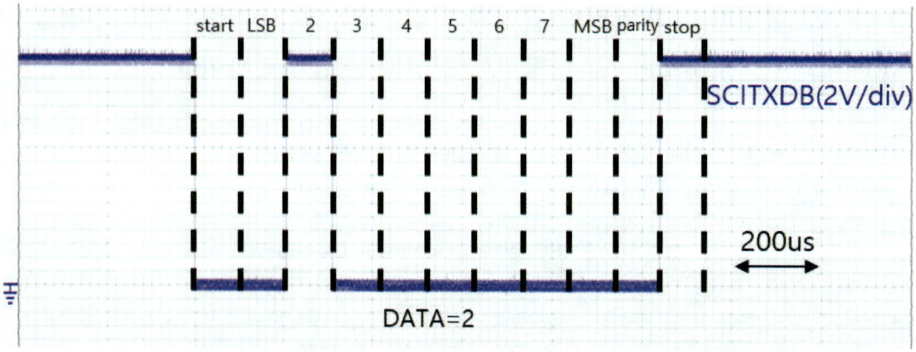

그림 14.15 SCIB 통신 결과(TxData=2, odd parity, 9,600bps, STOPBITS = 0, SCICHAR = 7)

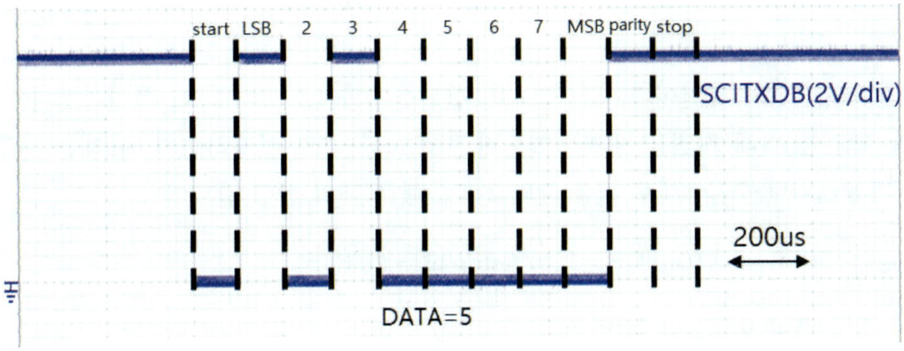

그림 14.16 SCIB 통신 결과(TxData=5, odd parity, 9,600bps, STOPBITS = 0, SCICHAR = 7)

두 결과 파형에서 Parity Bit를 더하여 CLEAR 상태 Bit가 홀수 개가 되는 것을 확인하였다. 아래는 짝수 Parity Bit를 적용한 실행 결과이다.

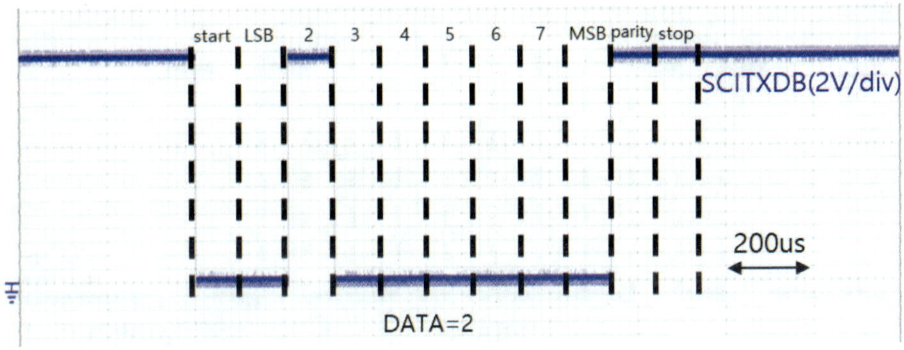

그림 14.17 SCIB 통신 결과(TxData=2, even parity, 9,600bps, STOPBITS = 0, SCICHAR = 7)

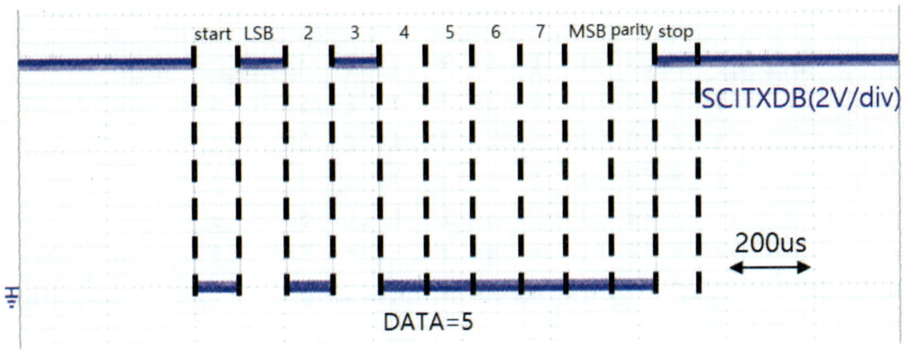

그림 14.18 SCIB 통신 결과(TxData=5, even parity, 9,600bps, STOPBITS = 0, SCICHAR = 7)

두 결과 파형에서 Parity Bit를 더하여 CLEAR 상태 Bit가 짝수 개가 되는 것을 확인하였다.

다음은 Stop Bit의 확인이다. STOPBITS 필드를 0과 1로 변경하여 확인하였다. 용이한 Stop Bit 확인을 위해 지연을 제거하였으며, TxData는 1로 설정하였다. 아래는 변경을 위한 코드와 Stop Bit 수를 1개로 했을 때와 2개로 했을 때의 실행 결과이다.

```
ScibRegs.SCICCR.bit.STOPBITS = 1;  // stop bit = 2bit

for(;;)   // Just sit and loop forever
{
        BackTicker++;
        sci_Tx(TxData);                              // Data 송신
        RxData = sci_Rx();                           // Data 수신
}
```

그림 14.19 Stop Bit 수 확인을 위한 설정 코드

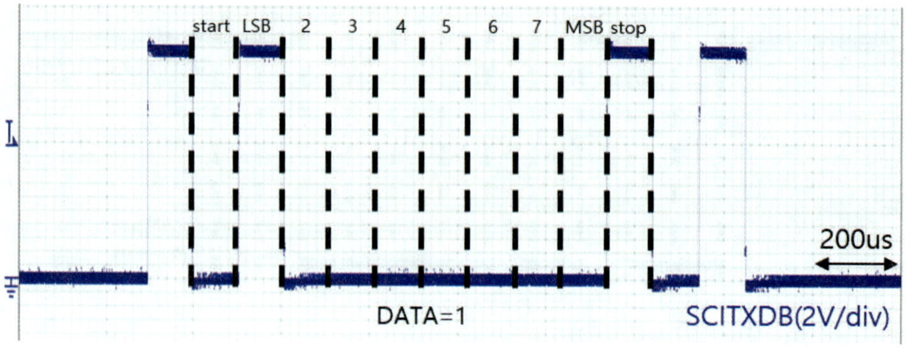

그림 14.20 SCIB 통신 결과(TxData=1, parity disable, 9,600bps, STOPBITS = 0, SCICHAR = 7)

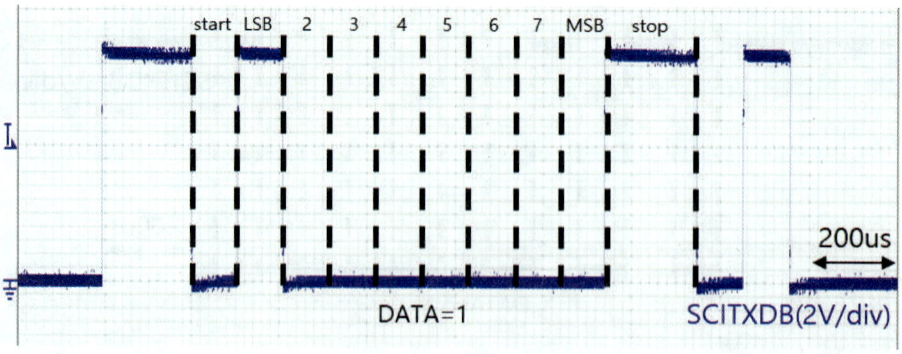

그림 14.21 SCIB 통신 결과(TxData=1, parity disable, 9,600bps, STOPBITS = 1, SCICHAR = 7)

설정에 따라 Stop Bit가 1개~2개로 변경되는 것을 확인하였다.

마지막으로 Baud Rate에 따른 Data 길이 변화를 확인하였다. TxData는 1로 설정한 후, SCIHBAUD에는 0X05, SCILBAUD에는 0X15를 입력하여 BRR을 0X0515로 설정하였다. 이 때, BPS는 계산 공식에 따라 200,000,000/((1301+1)*8)으로 계산하여 근사할 시 19,200이 된다. 아래는 변경을 위한 코드와 그 실행 결과이다.

```
ScibRegs.SCIHBAUD.bit.BAUD = 0x05;          // Set SCI Baud-rate : 0x0515 = 19,201bps
ScibRegs.SCILBAUD.bit.BAUD = 0x15;          // = 19,200bps, Error (%) : 0.06
```

그림 14.22 19,200bps를 위한 설정 코드

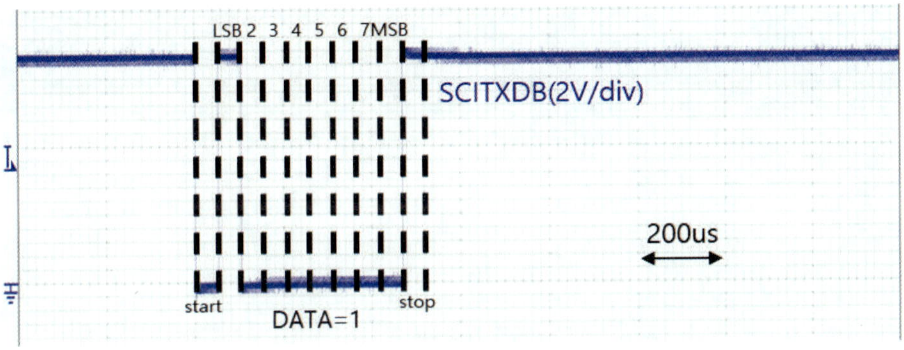

그림 14.23 SCIB 통신 결과(TxData=1, parity disable, 19,200bps, STOPBITS = 1, SCICHAR = 7)

bps가 높아져 Data Frame의 1주기가 기존 결과의 절반으로 줄어든 것을 확인할 수 있다.

CHAPTER

15 Controller Area Network (CAN)

15 Controller Area Network (CAN)

15.1 CAN 정의 및 특징

CAN 통신은 Controller Area Network의 약자로, 1985년 Bosch사에서 개발한 Message 기반 네트워크 프로토콜이다. 기존 Universal Asynchronous Receiver/Transmitter (UART) 통신의 경우, 1:1 통신으로, 모듈이 증가할수록 배선의 수가 증가한다. 그와 반대로 CAN 통신의 경우, [그림 15.1]과 같이 여러 Electronic Control Unit(ECU) 간의 병렬 연결을 통해 하나의 인터페이스로 효율적인 시스템 제어가 가능하다.

위의 특징 외에도 CAN 통신은 여러 특징을 가지고 있다. CAN 통신은 꼬인 두선(Twist pair, CAN H, CAN L)을 이용하여 통신하므로 전기적 잡음에 강한 특징을 보여주며, 자체적으로 오류 검출이 가능하여 네트워크의 신뢰성을 보장한다.

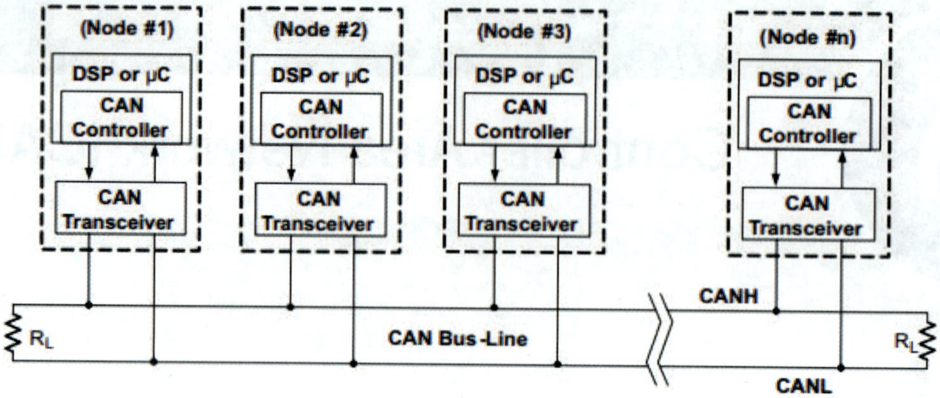

그림 15.1 CAN 통신 구조

15.2 전력전자에서 CAN 활용

최근 기술의 발전으로 하나의 장치 안에 다양한 제어기들이 생겨났고, 이러한 제어기들 간의 상호 통신은 필수적이다. 기존의 1:1 통신은 제어기가 추가될 때 마다 더 많은 연결선이 필요하여 장치의 무게와 원가를 상승시키는 결과를 초래하였다. 반면, 앞서 언급한 바와 같이 CAN 통신은 여러 개의 제어기들을 병렬로 연결하여 Data를 주고받는 구조로, 하나의 CAN 인터페이스로 여러 개의 제어기를 제어할 수 있다. 따라서, 연결선 수의 감소, 무게 및 원가 절감, 효율적인 시스템 제어가 가능하다.

위의 장점들을 활용하여 CAN 통신은 여러 전력전자 분야에서 이용된다. 가장 대표적으로, 자동차의 분산 제어가 있다. [그림 15.2]에 나타나듯, 엔진 및 기어 패널, 배터리 등의 모터 제어 및 전력 제어 간의 정보 전달을 CAN이 담당한다. 이외에도 우주, 항공, 철도 등의 자동화 부분에서 각 기능 별 제어 정보들의 전달에 활용된다.

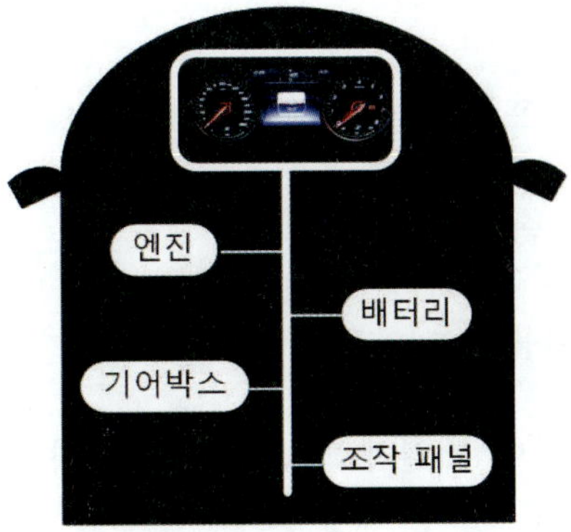

그림 15.2 자동차에서 CAN 활용 예

또한 인버터 및 컨버터 토폴로지 간의 정보 전달에도 CAN 통신이 활용된다. 대표적으로, 대전력을 변환하기 위한 멀티레벨 인버터 시스템이 있다. 멀티레벨의 경우 대전력에 사용되기 때문에 다양한 모듈 및 셀로 구성되며, 전반적인 제어를 담당하는 Master 제어기를 포함한 각 셀 별 독립적인 Slare 제어기가 존재한다. 따라서 [그림 15.3]과 같이 각 셀 간의 빠르고 정확한 정보 전달을 위해 노이즈에 강하고 배선 수가 적은 CAN이 이용된다.

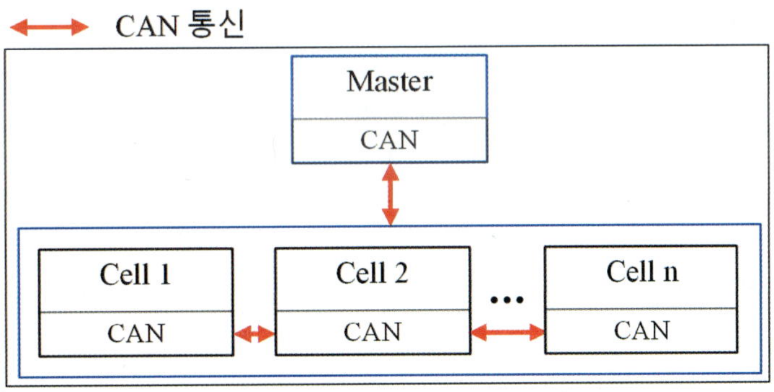

그림 15.3 멀티레벨 토폴로지에서 CAN 활용 예

15.3 CAN 모듈 특징

- 2.0 A 및 2.0 B 버전 CAN 프로토콜과 호환 가능
- 최대 1Mbps의 Data 통신 속도 지원
- Multiple clock sources 이용 가능
- 32개의 메일박스를 보유하며, 메일박스의 특징은 다음과 같음
  - 각 메일박스 별로 송신 또는 수신 설정 가능
  - 표준 11-Bit 또는 확장 29-Bit ID 모두 사용 가능
  - Data Frame 및 Remote Frame 지원
  - 0~8 Byte Data 전송 가능
  - Parity-checked 구성 및 Data RAM
- 각 메일박스 별 ID 마스크
- Self-test 동작을 위한 Loop-back mode 지원
- 메일박스에 대한 FIFO mode 사용 가능
- 32-Bit 타이머를 이용하여, 버스 OFF 상태 이후 자동으로 버스 ON 가능
- DMA를 지원
- 2개의 Interrupt 라인 존재

15.4 CAN 모듈

15.1절에서 설명하였듯이, CAN 통신은 트랜시버에서 송신받은 Data를 CAN Controller에서 처리하도록 전달하거나, 외부로 송신할 Data를 트랜시버에 전달하도록 동작하여 통신한다. CAN Controller는 CAN Core, Message Handler, Message RAM, Registers and Message Object Access(IFx) 등의 하위 모듈로 구성된다.

CAN Core은 CAN Protocol Controller를 포함하며, CAN 통신의 전반적인 처리를 담당한다. 또한 CAN Core 내부의 Rx/Tx Shift 레지스터를 통해 트랜시버에서 전달받는 Data를 복호화(Decode)한다. 마찬가지로, 외부로 전송할 Data를 부호화(Encode)하여 트랜시버에 전달한다.

Message Handler는 CAN Core의 Rx/Tx Shift 레지스터와 Message RAM 사이에서 Data 전송을 제어하는 상태머신이다. 또한 Message Handler는 전달받은 Message의 ID를 미리 설정된 ID 조건과 비교하여 Message의 수신 여부를 결정하는 Acceptance Filtering을 수행한다. 이를 통해 다중 제어기 간의 통신 상황에서, 자신에게 필요한 Message만 수신 받고 나머지는 무시하여 네트워크의 효율성을 높일 수 있다.

Message RAM은 CAN Controller에서 송/수신할 Message Data를 저장하는 데 사용되는 기억장치이다. 이 때, 주고 받을 Message Data를 Message CAN Message object 혹은 메일박스라고 부르고 각 메일박스에는 Message의 ID, Data, 기타 상태 등에 대한 정보가 포함된다. DSP의 Message RAM에는 총 32개의 메일박스가 있으며, 이는 CAN Controller가 동시에 32개의 독립적인 Message를 관리할 수 있음을 의미한다. 이 때, 메일박스의 번호가 작을수록 Interrupt 발생 시 처리하는 우선순위가 높다. 즉, 1번 메일박스의 우선순위가 가장 높고, 32번 메일박스의 우선순위가 가장 낮음을 의미한다. CPU는 Message RAM에 직접적인 접근 권한이 없으며, IFx 레지스터를 통해 간접적인 읽기/쓰기가 가능하다.

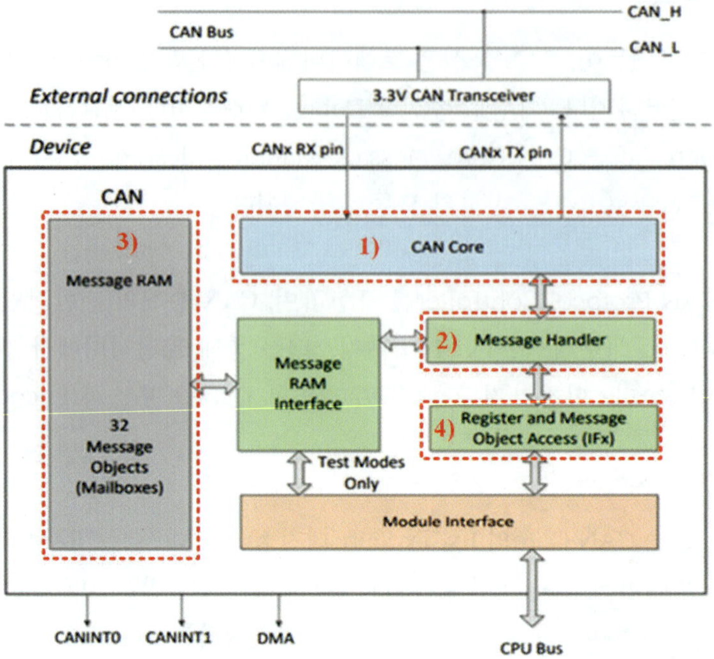

그림 15.4 CAN 모듈 블록 다이어그램

15.5 CAN Message Frame

CAN Message Frame은 CAN 버스를 통해 전송되는 Data 패킷으로 대부분의 통신 프로토콜과 마찬가지로 일정한 구조를 가지며, [그림 15.5]와 같이 나타낸다.

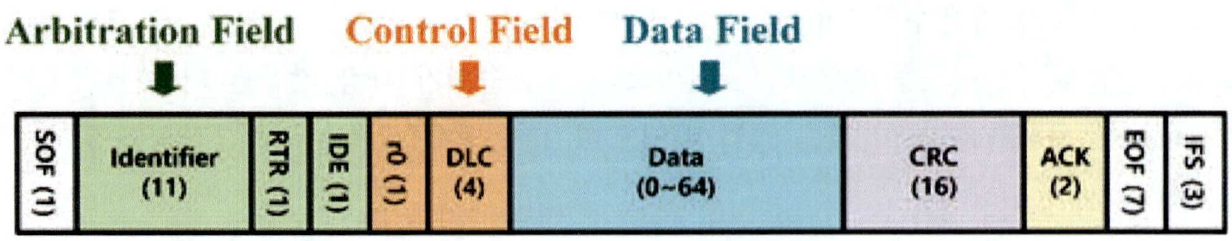

그림 15.5 표준 CAN Message Frame 구조

[그림 15.5]를 통해 CAN Message Frame은 7개의 하위 필드로 구분된다는 사실을 알 수 있다. 하위 필드에 대한 자세한 내용은 아래에 기술한다.

표 15.1 CAN Message Frame의 하위 필드 설명.

Field	Name	Bit	Description
SOF Field	SOF	1	Start of Frame. CAN Message Frame의 시작을 나타내고 디폴트 값으로 0을 가짐
Arbitration Field	Identifier	11, (18)	CAN Message의 식별자(ID)를 표시 표준 ID는 11-Bit, 확장 ID는 29-Bit를 사용
	RTR	1	CAN Data Frame과 Remote Frame을 구분
	IDE	1	표준 Frame과 확장 Frame을 구분
Control Field	r0, r1	1, 1	Reversed Bit
	DLC	4	Data Length Code 전송되는 Data의 길이를 나타냄
Data Field	Data	0~64	CAN 통신을 통해 다른 제어기에 송/수신하고자 하는 Data
CRC Field	CRC	16	CRC 코드를 사용하여 CAN 모듈 자체적인 통신 오류 진단
ACK Field	ACK	2	Acknowledge Field Message의 수신 여부 판단
EOF Field	EOF	7	End of Frame CAN Message Frame의 끝을 나타냄
IFS Field	IFS	3	Inter Frame Space

1) SOF Field

SOF Field는 Start of Frame으로 1-Bit 크기의 CAN Message Frame의 시작을 나타내는 Field이다. 이때, SOF Bit는 항상 0의 값을 가지며 다른 값으로 변경되지 않는다.

2) Arbitration Field

Arbitration Field는 Identifier, RTR, IDE Bit로 구성된다. 우선, Identifier Bit는 CAN Message의 ID를 표시하며, ID의 크기가 작을수록 높은 우선순위를 가진다. 또한, Identifier Bit는 CAN Message의 Frame 형식에 따라 Bit 수가 달라진다. 표준 CAN(Ver. 2.0A)은 11-Bit 크기의 식별자 ID를 사용하고, 확장 CAN(Ver. 2.0B)은 29-Bit 크기의 ID를

사용한다. TMS320F28388의 CAN 모듈은 CAN 2.0B를 지원하기 때문에, 표준 CAN Frame과 확장 CAN Frame 모두 사용 가능하다. 표준 및 확장 Frame의 설정은 동일 Field의 IDE Bit를 이용하여 수행된다. IDE Bit를 0으로 설정할 경우, 표준 Frame을 사용하는 것이고, 1로 설정할 경우, 확장 Frame을 사용하는 것이다. [그림 15.6]은 확장 CAN Message Frame을 나타낸다. RTR Bit란, 수신되는 Message가 Data Frame인지 Remote Frame인지 구분한다. 여기서 Remote Frame이란, Data를 요청하기 위해 송신하는 Frame을 의미한다. CAN Message가 Remote Frame일 경우, RTR Bit은 1이며, Data Field는 없다.

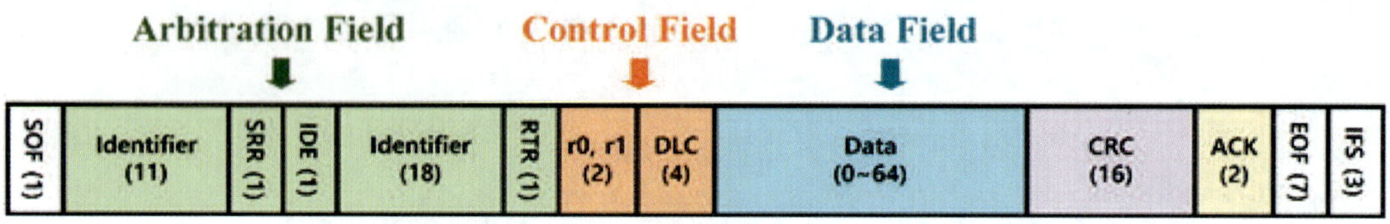

그림 15.6 확장 CAN Message Frame 구조

3) Control Field

Arbitration Field 이후에는, Control Field인 r0, r1 및 DLC Bit가 위치한다. DLC Bit는 Data Length Code로, 송신하는 Data의 길이를 나타낸다. 즉, 전송되는 Data의 Byte 수를 입력한다. CAN 통신의 최대 Data 전송 크기인 8-Byte를 전송할 경우, DLC Bit는 1000(2)가 입력된다. Data Field는 실제 외부 ECU와 통신하고자 하는 Data가 입력된다. CAN 통신의 경우 최대 8-Byte 크기의 Data를 송/수신할 수 있으므로, Data Bit는 최대 64-Bit임을 알 수 있다.

4) CRC Field

CRC Field는 CAN 모듈 내부의 자체적인 오류 검출 알고리즘으로, 16-Bit 크기의 CRC Code가 CRC Bit에 입력된다. 이후, Message의 성공적인 송/수신 여부를 알리는 ACK Field와, CAN Message Frame의 끝을 알리는 EOF Field가 위치한다. IFS는 CAN 통신 프로토콜에서 Frame간 간격을 나타내기 위한 Field로, CAN 모듈에서는 3-Bit 크기를 가진다.

5) Ack Field

Ack Field는 CAN Message가 정상적으로 수신이 되었는지 확인하기 위한 Field이다. 이는 송신 제어기가 아닌 수신 제어기가 응답한다는 것을 의미한다. 수신 측 CAN Controller는 Message를 성공적으로 수신하였다고 판단할 경우, Ack Field의 Ack Bit를 1에서 0으로 변경한다. 만약, 성공적으로 수신하지 못했을 경우 Ack Bit을 그대로 1로 유지하여 수신 오류가 발생했음을 알린다.

6) EOF Field

EOF Field는 Message의 끝을 알리는 Field이고, 총 7개의 Bit로 구성된다. EOF Field의 모든 Bit는 항상 1의 값을 가진다.

15.6 eCAN 동작

15.6.1 CAN Interrupt

CAN 통신의 동작은 DSP의 다른 동작들과 동일하게 반드시 Interrupt를 통해 동작된다. CAN Interrupt는 [그림 15.4]에서 알 수 있듯이, CAN0INT와 CAN1INT 두 개의 회선을 통해 동작한다. 이 때, 두 회선은 CAN Controller 레지스터의 IE0 및 IE1의 Bit을 설정하여 활성화 가능하다. Interrupt 레지스터의 상태를 통해 Interrupt가 수행 중인지 알 수 있는데, 보류중인 Interrupt가 없을 경우 Interrupt 레지스터는 0의 값을 유지한다. 반대로 보류중인 Interrupt가 존재하거나 진행중인 경우, 모든 Interrupt가 완료될 때까지 1의 값을 유지한다.

만약, 다수의 메일박스에서 여러 개의 Interrupt가 동시에 보류 중일 경우, 높은 우선순위를 가진 메일박스의 Interrupt 부터 처리된다. Interrupt의 우선순위는 메일박스의 번호를 통해 결정되며, 1번 메일박스의 Interrupt가 가장 높은 우선순위를 가진다.

CAN Interrupt는 기능에 따라 Message object interrupts, Status change interrupts, Error interrupts로 총 3개로 나눌 수 있다. 각각의 Interrupt는 Interrupt 레지스터의 식별자 ID인 Int0ID, INT1ID를 통해 설정하고 구분할 수 있다. 3종류의 CAN Interrupt에 대해서는 아래에서 자세히 소개한다.

1) Message Object Interrupt

Message Object Interrupt는 Message RAM 내부 메일박스에서 생성하는 Interrupt이다. 자세히 말하자면, 메일박스의 IntPND, TxIE, RxIE와 같은 내부 Flag를 통해 발생된다. 해당

변수들의 동작에 대한 내용은 [표 15.2]에 나타난다. 만약 IntPND Bit가 1일 경우, Interrupt를 요청하는 상태를 의미한다. 그리고 TxIE 및 RxIE Bit는 활성화 Bit로서, 각각 1 상태일 때 IntPND Flag가 유효한 상태라는 것을 의미한다. 따라서, IntPND와 TxIE/RxIE Bit가 모두 1일 경우, 해당 메일박스는 정상적으로 Message Object Interrupt를 요청한 상태라는 것을 알 수 있다.

위와 같이 메일박스에서 발생하는 Message Object Interrupt는 Interrupt Multiplexer 레지스터를 통해 CPU로 전달된다.

표 15.2 IntPND, RxIE, TxIE 변수에 따른 상태

IntPND	Description (Interrupt 요청 상태 결정)
0	해당 메일박스의 Message Object Interrupt를 요청하지 않은 상태
1	해당 메일박스의 Message Object Interrupt를 요청한 상태

RxIE	Description (Receive Interrupt Enable)	TxIE	Description (Transmit Interrupt Enable)
0	Receive Interrupt 비활성화	0	Transmit Interrupt 비활성화
1	Receive Interrupt 활성화	1	Transmit Interrupt 활성화

2) Status Change Interrupt

Status Change Interrupt는 Error and Status 레지스터(CAN_ES 레지스터)의 RxOk, TxOk, LEC 변수의 동작에 따라 실행된다. 해당 변수들의 동작에 대한 내용은 [표 15.3]을 통해 알 수 있다. RxOk 및 TxOk 변수는 Message의 수신 및 송신 상태를 나타내는 변수이다. 만약 RxOk 및 TxOk 변수가 0이라면 마지막으로 CPU가 Message의 수신 및 송신 여부를 확인했을 때, 수신 및 송신된 Message가 없다는 것이고, 반대로 1이라면 Message의 수신 및 송신이 성공적으로 완료되었다는 것을 의미한다.

LEC 변수는 CAN bus에서 발생할 수 있는 다양한 오류의 종류를 나타내는 변수이다. 이 변수는 0~7의 값을 가질 수 있고, CAN 통신이 오류 없이 정상적으로 수행되었다면 LEC 변수는 항상 0의 값을 가진다. 나머지 1~7의 변수는 다양한 오류가 발생했음을 나타내는데, 1의 값은 Stuff Bit 오류가 발생했다는 것이다. Stuff Bit란 동일한 Bit가 5번 연속될 경

우 다음 Bit는 반드시 다른 값을 가지도록 하는 오류 검출 알고리즘에 사용되는 Bit이다. 따라서 수신 받은 Message에서 동일한 Bit가 6번 이상 반복될 경우, Stuff 오류로 판단한다. LEC가 2의 값을 가지면 Form 오류를 의미한다. 이는 수신받은 Message의 형식이 정상적인 Frame과 다르다는 것을 의미한다. LEC가 3이라면, 승인(Acknowledgment) 오류이다. 이는 CAN Core에서 송신한 Message가 외부 다른 노드에서 승인되지 않았음을 의미한다. LEC 4 및 5는 Bit 오류이다. CAN 통신은 CAN_H 및 CAN_L 두 가닥의 선의 전위차를 이용하여 Data를 전송한다. 이 때, CAN_H 와 CAN_L의 전위차가 작다면 열성(Recessive) 상태로 논리적인 "1" 상태를 의미하고, 전위차가 크다면 우성(Dominant)상태로 논리적인 "0" 상태를 의미한다. LEC가 4라면 논리적 열성상태(Recessive, 1)을 출력해야 하지만 우성상태(Donimant, 0)이 출력한 오류이고, LEC가 5라면 논리적 우성상태을 출력해야 하지만 열성상태가 출력한 오류라는 것을 나타낸다. 그 다음으로 LEC가 6이라면 CRC 오류라는 것을 나타낸다. CRC란 CRC Code를 이용한 오류검출 알고리즘에서 오류가 발생했다는 것을 의미한다. 마지막으로 LEC가 7이라면 소프트웨어 오류가 발생했음을 알린다.

표 15.3 RxOk, TxOk, LEC 변수에 따른 상태

RxOk	Description (Reception status Bit)	TxOk	Description (Transmission status Bit)
0	Message 수신 받지 않음	0	Message 송신하지 않음
1	Message 수신 완료	1	Message 송신 완료

LEC	Description (Last Error Code. CAN bus에서 가장 마지막으로 발생한 오류에 대한 정보)
000	No Error
001	Stuff Error
010	Form Error
011	Ack Error
100	Bit1 Error
101	Bit0 Error
110	CRC Error
111	Software Error

이와 같이 RxOk, TxOk, LEC 변수를 통해 발생하는 Error and Status Change Interrupt는 CAN Control 레지스터의 SIE 변수를 통해 Interrupt 발생을 활성화/비활성화 할 수 있다. CAN Control 레지스터의 SIE 변수에 대한 내용은 [표 15.4]와 같다.

표 15.4 SIE 변수에 따른 상태

SIE	Description (Status Change Interrupt Enable)
0	RxOk, TxOk, LEC에 의해 발생하는 Interrupt 비활성화
1	RxOk, TxOk, LEC에 의해 발생하는 Interrupt 활성화

3) Error Interrupt

해당 Interrupt는 Parity Error, Bus-Off 상태, Warning 상태에 의해 발생한다. 이는 CAN_ES 레지스터의 PER, BOff, EWarn 변수에 의해 결정된다. 해당 변수들의 동작은 [표 15.5]에 나타낸다. PER 변수는 Parity Check 결과를 나타낸다. Parity Check란 주고받는 Data의 오류 검출을 위해 Parity Bit을 추가하는 방법이다. 먼저 Even Parity(짝수) 혹은 Odd Parity(홀수)를 설정하고, Message의 Bit 중 1의 개수를 세어 설정한 짝수 혹은 홀수에 맞게 0 또는 1의 Parity Bit를 추가하는 방법이다. 만약, Parity Error가 발생했다면 PER 변수는 1의 값을 갖고, 오류가 발생하지 않았다면 PER은 0의 값을 갖는다.

BOff 변수는 CAN의 Bus-Off 상태를 나타낸다. Bus-Off 상태란, CAN Controller가 너무 많은 Error를 감지하여 CAN 통신을 강제로 중지한 상태를 나타낸다. BOff 변수가 1의 값을 가지면 해당 CAN 모듈은 Bus-Off 상태이고, 0이라면 Bus-Off 상태가 아닌 정상 통신 상태임을 나타낸다.

EWarn 변수는 CAN Controller 내부의 Tx Error Counter 및 Rx Error Counter에서 감지한 Error 개수에 의해 상태가 변한다. EWarn 상태가 0이라면, Tx 및 Rx Error Counter에서 감지한 Error 개수가 모두 96개 미만이라는 상태를 나타낸다. 따라서, EWarn 상태가 1이라면 둘 중 하나의 Counter에서 감지한 Error의 개수가 96이상이라는 사실을 의미한다.

표 15.5 PER, BOff, EWarn 변수에 따른 상태

PER	Description (Parity Error 검출 여부 확인)
0	Parity Error가 발생하지 않음
1	Parity Error가 발생함

BOff	Description (Bus-Off 상태 확인)
0	CAN 모듈은 Bus-Off 상태가 아님
1	CAB 모듈은 Bus-Off 상태임

EWarn	Description (Error Counter 상태 확인)
0	Rx Error Counter 및 Tx Error Counter 모두 96 미만임
1	Rx Error Counter 및 Tx Error Counter 둘 중 하나라도 96 이상임

Error Interrupt는 Status Change Interrupt와 마찬가지로 CAN Controller의 EIE 변수를 통해 Interrupt 발생을 활성화/비활성화 할 수 있다. EIE 변수에 대한 내용은 [표 15.6]와 같다.

표 15.6 EIE 변수에 따른 상태

EIE	Description (Error Interrupt Enable)
0	PER, BOff, EWarn에 의해 발생하는 Interrupt 비활성화
1	PER, BOff, EWarn에 의해 발생하는 Interrupt 활성화

위에서 설명한 3가지 Interrupt 들은 아래의 [그림 15.7]와 [그림 15.8]와 같은 구조를 통해 CPU에 전달된다. 두 그림을 통해 알 수 있듯이, 송/수신을 위해 발생하는 Message Object Interrupt 신호는 CAN0INT와 CAN1INT 회선을 통해 발생할 수 있지만, Status Change Interrupt 및 Error Interrupt 신호는 CAN0INT 회선을 통해서만 발생할 수 있다.

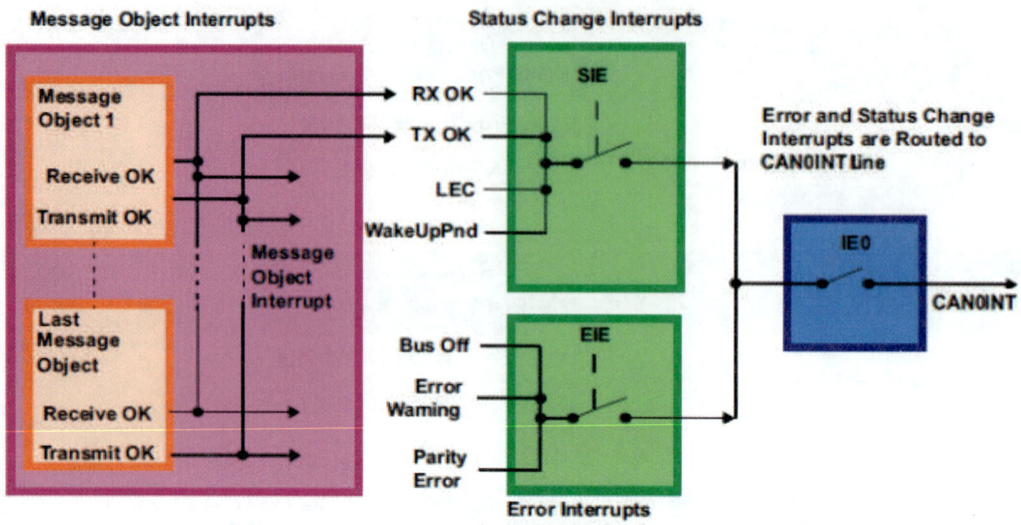

그림 15.7 CAN Interrupt 구조 - (1)

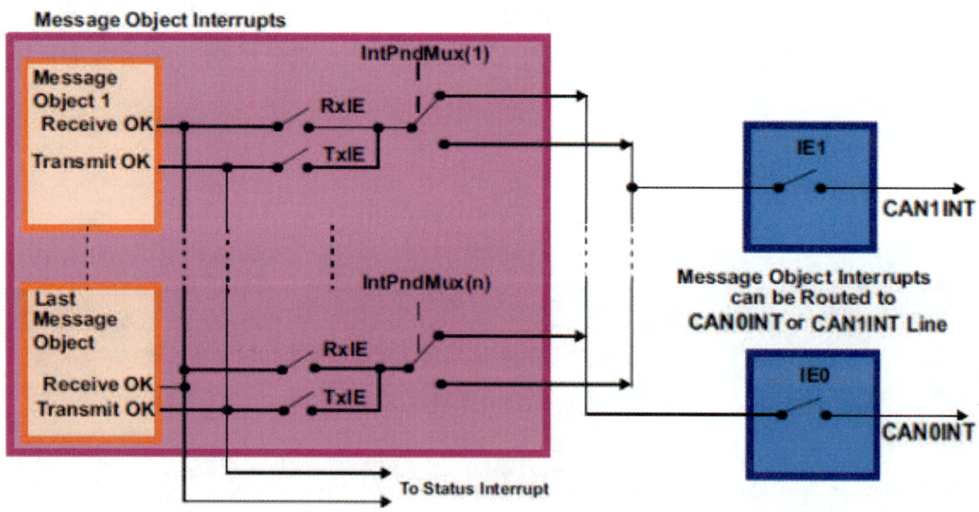

그림 15.8 CAN Interrupt 구조 - (2)

15.6.2 Message 처리

1) 초기화

CAN 통신 시작 전 CAN 모듈의 초기화 동작이 필요하다. 초기화에서는 소프트웨어 설정(CAN_CTL 레지스터의 Init Bit Set), 하드웨어 RESET(하드웨어 RESET 후 Init Bit SET) 또는 Bus-off에 의해 수행된다. Init Bit가 SET인 동안에는 CAN 버스와 Message 전송은 중단되며, CAN_TX의 출력 상태는 1이다. 또한, CAN 에러 Counter는 업데이트되지 않는다. Init Bit를 CLEAR하면 초기화가 끝나며, CAN Protocol Controller의 상태머신과 Message Handler의 상태머신은 CAN 내부의 Data 흐름을 제어하기 시작한다. Bit Stream Processor(BSP)는 버스 활동에 참여하고 Message 전송을 하기 전에 11개의 연속적인 1이 나타날 때까지 기다렸다가 CAN 버스의 Data 전송에 동기화한다. CAN Core와 CAN 버스가 동기화되면 통신할 준비가 완료된다.

2) Message 송신

초기화 이후 CAN 통신을 관리하고 제어하는 어플리케이션은 전송될 Message의 Data를 업데이트하고 전송을 활성화 및 요청해야 한다. 여러 메일박스의 전송을 동시에 요청할 수 있으며, 이 경우에는 내부 우선순위에 따라 순차적으로 전송된다. 전송 중에 Arbitration Field에 오류가 발생하면, CAN Bus가 다시 사용 가능할 때, 중지되었던 Message가 다시 전송된다. 이 과정에서 우선순위가 더 높은 Message의 전송이 요청되면 Message는 우선순위대로 전송된다. 요청된 전송이 아직 보류 중이더라도 Message는 언제든지 업데이트되거나 'not valid'로 설정될 수 있으나, 보류 중인 전송이 시작되기전에 Message가 업데이트 되면 Data Bytes는 삭제된다. Message 송신 과정은 [그림 15.9]와 같다.

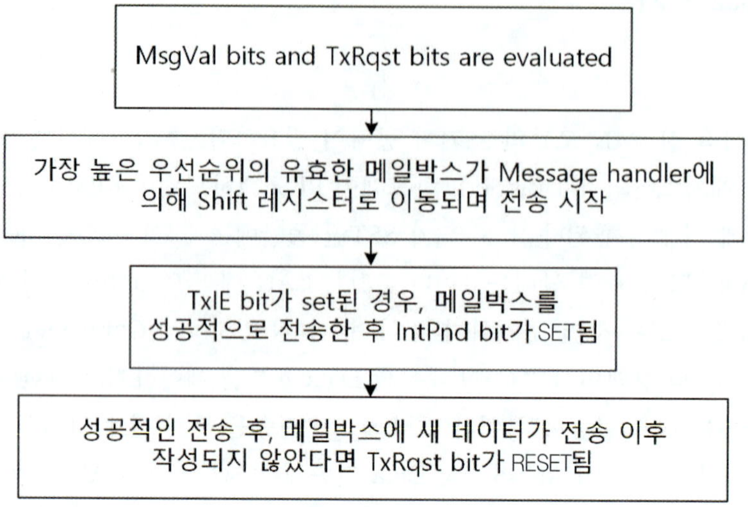

그림 15.9 Message 송신 과정

표 15.7 MsgVal, TxRqst 변수에 따른 상태

MsgVal	Description (Message valid)	TxRqst	Description (Transmit Request)
0	Message handler에 의해 메일박스 무시	0	해당 메일박스는 송신을 대기하지 않음
1	Message handler에 의해 메일박스 사용	1	해당 메일박스의 송신이 요청되었으며, 아직 완료되지 않음

3) Message 수신

초기화가 끝난 후, 수신된 Message에 대해 Acceptance Filtering을 수행하고 수락된 Frame들은 Message RAM의 지정된 메일박스에 저장된다. Message Handler가 메일박스에 Data Frame을 저장할 때, 수신된 Data Length Code와 해당 Data Bytes 수를 저장한다. Data Length Code가 8보다 작으면 메일박스의 나머지 Bytes를 지정되지 않은 값으로 덮어쓸 수 있다. 또한, 동일한 메일박스에 대해 다음 Message가 수락되기 전에 읽히지 않은 Message들은 덮어 쓰여질 수 있다. Message 수신 과정은 [그림 15.10]와 같다.

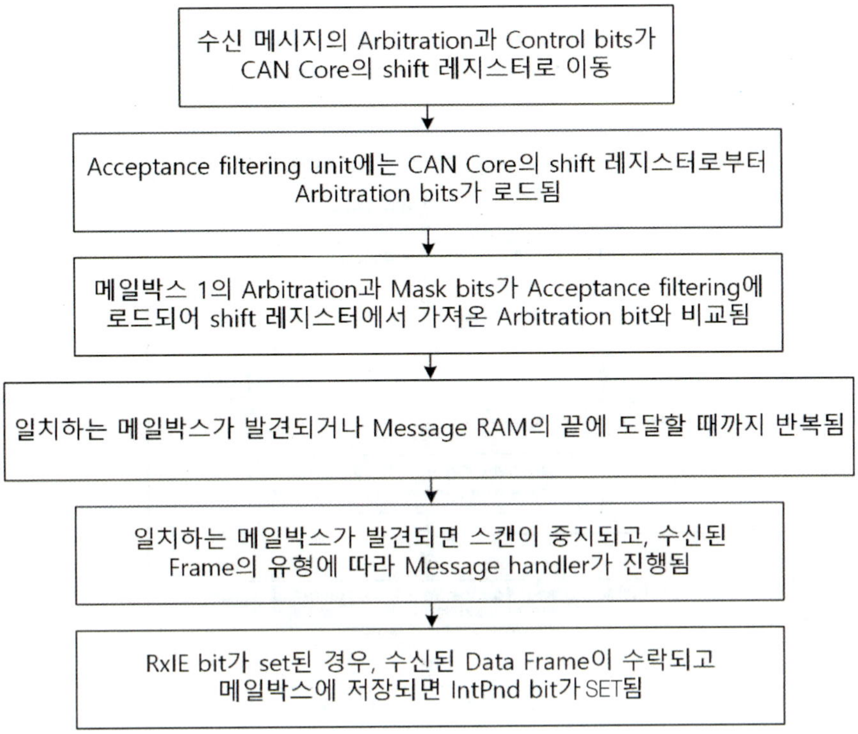

그림 15.10 Message 수신 과정

4) FIFO 버퍼

FIFO는 First-In First-Out의 약자로, 선입 선출로 Data를 저장하고 전달하는 데 사용되는 버퍼의 한 종류이다. CAN 통신에서는 여러 개의 메일박스를 그룹화하여 하나 이상의 FIFO 버퍼를 구성할 수 있으며, 각 FIFO 버퍼는 특정 ID로 수신된 Message를 저장하도록 FIFO 버퍼의 Arbitration과 Mask 레지스터는 동일하게 설정된다. FIFO 버퍼에 속하는 마지막 메일박스를 제외한 모든 메일박스의 EoB Bit는 0으로 설정되어야 하며, FIFO 버퍼의 끝을 나타내기 위해 마지막 메일박스의 EoB Bit는 1로 설정되어야 한다.

FIFO 버퍼와 일치하는 ID를 가진 수신된 Message는 Message Number가 가장 낮은 메일박스부터 FIFO 버퍼에 저장되며, 해당 FIFO 버퍼의 마지막 메일박스에 Message가 저장될 때까지 FIFO 버퍼에 저장된다. 길이가 N인 FIFO 버퍼는 초기화 된 이후로부터 다음 초기화 전까지 (N-1) + (마지막 수신 Message)를 저장한다. FIFO 버퍼의 초기화는

Message Number가 낮은 FIFO 객체부터 시작하여 모든 메일박스의 NewDat Bit를 읽고 RESET 함으로써 초기화된다. FIFO 버퍼의 처리과정은 [그림 15.11]와 같다.

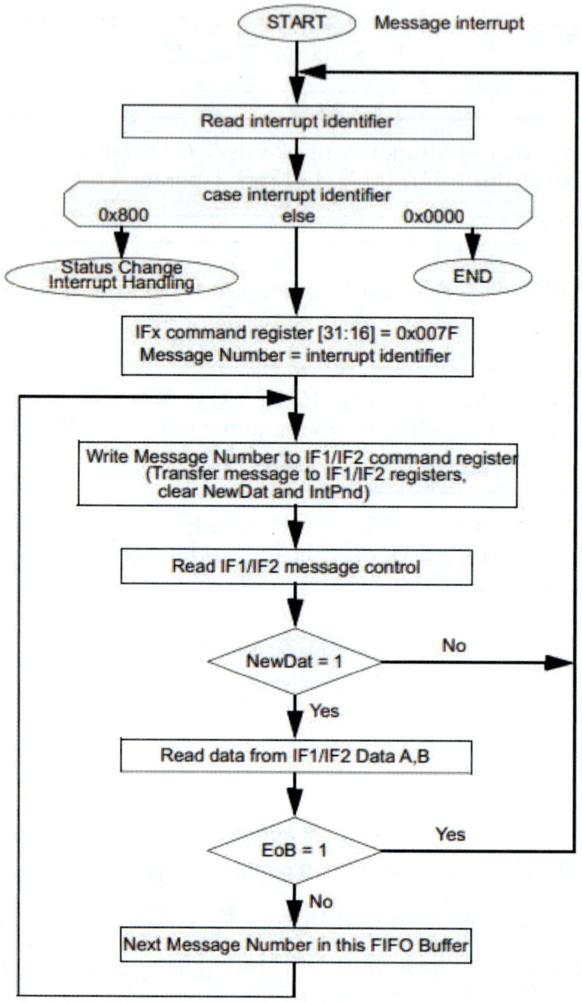

그림 15.11 FIFO 버퍼의 처리 과정

표 15.8 EoB, NewDat 변수에 따른 상태

EoB	Description (End of Block)
0	해당 메일박스가 FIFO 버퍼의 일부이고 마지막 메일박스가 아님
1	해당 메일박스가 FIFO 버퍼의 마지막 메일박스임

NewDat	Description (New Data)
0	CPU에 의해 해당 Flag가 CLEAR 된 이후 Message Handler에 의해 해당 메일박스의 Data Bytes에 새로운 Data가 쓰여지지 않음
1	Message Handler 또는 CPU가 해당 메일박스의 Data Bytes에 새로운 Data를 씀

5) Remote Frame

CAN 통신은 Arbitration Field의 ID 주소 값이 손실되거나, 전송 중 오류로 인해 중단된 Frame을 자동으로 재전송하는 매커니즘을 제공한다. Remote Frame은 Data 전송을 요구하는 Frame으로 CPU는 Remote Frame을 통해 다른 CAN 제어기에 수신 객체에 대한 새 Data를 제공하도록 요청할 수 있다. 예를 들어 [그림 15.12]와 같이 제어기 1에서 제어기 2로 Data를 요청하는 경우 RTR = 1인 Remote Frame을 송신하고, 이후 제어기 2에서는 요청받은 Data Frame을 제어기 1로 송신하며 RTR = 0으로 초기화된다.

Remote Frame 전송을 위해 따로 전송 객체를 구성할 필요는 없다. Data Frame의 수신 객체의 TxRqst Bit를 SET하면, 수신 객체와 동일한 ID를 가진 Remote Frame을 전송하도록 Trigger하여 수신된 Data Frame과 동일한 ID를 가진 Remote Frame을 자동적으로 생성하여 전송한다. 요청된 Data Frame이 수신되었을 때 Remote Frame의 전송을 방지하기 위해 해당 메일박스의 TxRqst Bit가 RESET되며, Remote Frame이 전송되기 전 해당 Data Frame이 수신되는 경우에도 TxRqst Bit는 자동적으로 RESET된다.

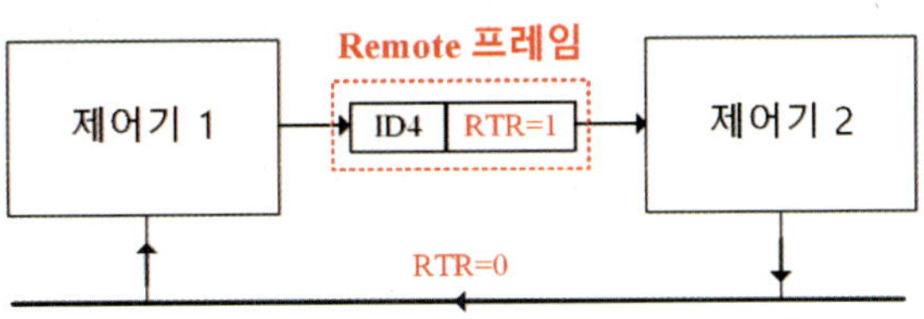

그림 15.12 Remote Frame 구조

15.6.3 CAN Bit Timing

CAN 통신은 여러 개의 제어기가 하나의 CAN Bus로 연결되어 Data를 주고받는 비동기식 통신 방법이다. 그러나 만약 모든 제어기가 서로 비동기로 통신할 경우, CAN Message Frame의 각 Field 및 해당 Bit에 대한 정보를 잘못 읽어 CAN 통신의 성능이 크게 저하될 수 있다. 그러므로 이러한 오류 발생을 방지하기 위해서는 CAN 통신을 수행하는 모든 제어기는 동기화되어야 한다.

노드들이 동기화되기 위해선 Message Frame의 시작 시점과, 각 Bit의 길이에 대한 정보가 필요하다. 먼저 Message Frame의 시작 시점은 SOF Bit의 하강 Edge를 수신하여 알 수 있다. 이를 Hard Synchronization이라 하며, 이 때 모든 제어기는 Message의 시작 시점을 같게 함으로써 최초의 동기화가 수행된다.

그 다음은 Bit의 길이를 동기화 해야 한다. 이때, Bit의 길이는 각각의 제어기에서 분주되어 생성된다. 각각의 제어기는 [그림 15.13]과 같이 각자의 CAN 모듈에서 Crystal Oscillator로부터 CLK을 분주하여 사용한다. 그러나 각 Oscillator의 주파수를 같은 크기로 설정하였다 하더라도, 제어기의 주변 온도나 전압의 변화, 부품의 오류 등에 의해 달라질 수 있다. 이 때, CAN 통신을 수행하는 서로 다른 CAN 모듈들을 동기화하기 위해 Bit Timing을 수행한다. Bit Timing이란, Bit가 1에서 0으로 변하는 하강 Edge에서 서로 다른 노드의 Bit 길이에 오차가 발생할 경우, Synchronization Jump Width(SJW)만큼을 보상하여 오차를 제거하는 동기화 방법이다. 이를 Re-Synchronization이라 하며, 이로써 CAN Bus의 모든 제어기는 안정적으로 동기화될 수 있다. 본 절에서는 Bit Timing에 대한 구체적인 설명을 다룬다.

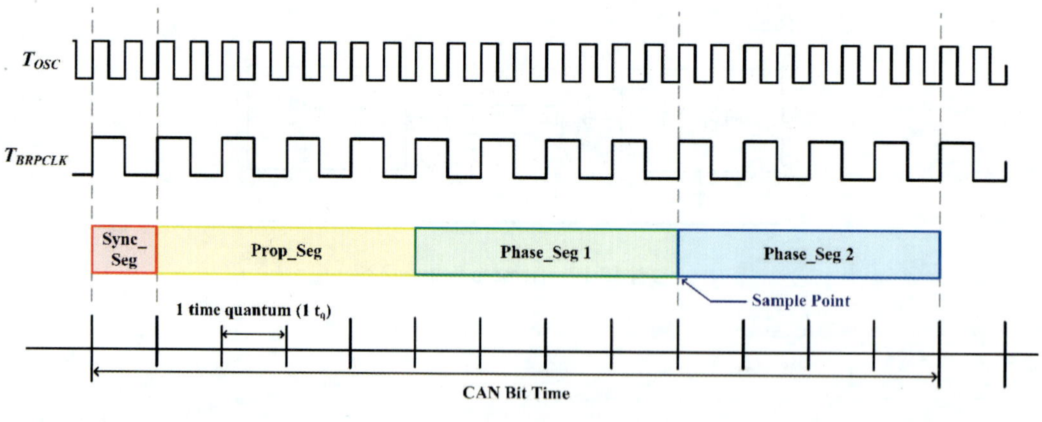

그림 15.13 CAN Bit Timing(1)

Bit Timing의 기본적인 구조는 [그림 15.13] 및 [그림 15.14]와 같이 나타난다. Bit Time은 특성에 따라 총 4가지 세그먼트로 분류되며, 각각 Synchronization Segment(Sync_Seg), Propagation Segment(Prop_Seg), Phase Segment 1(Phase_Seg 1), Phase Segment 2(Phase_Seg 2)라고 부른다. 또한 각각의 세그먼트들은 Bit Time의 가장 기본 단위인 Time quantum으로 구성된다. 각각의 세그먼트들과 Time quantum, 그리고 SJW에 대한 자세한 내용은 아래에 기술한다.

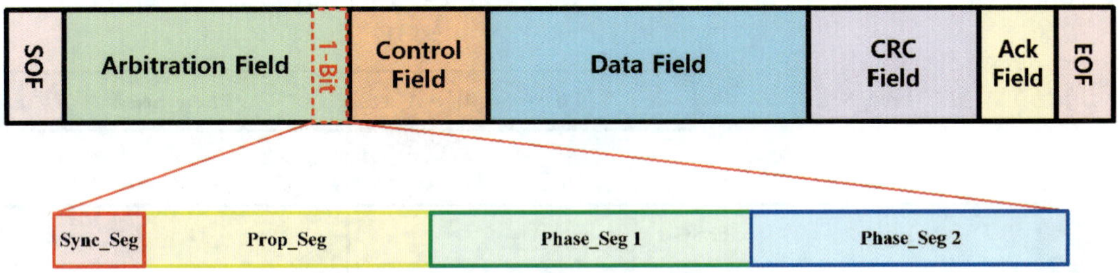

그림 15.14 CAN Bit Timing(2)

1) Time quantum

Time quantum(t_q)이란, 위에서 언급했듯이 각 세그먼트들과 SJW를 구성하는 최소 단위이다. CAN Peripheral의 Oscillator에서 생성하는 CLK와 CAN_BTR 레지스터의 BRP 및 BRPE 변수를 통해 분주되어 나타나고, 이는 식 (15.1)과 같다.

$$t_q = \mathrm{BRP(BRPE)\ /\ CAN\_CLK} \tag{15.1}$$

2) Synchronization Segment(Sync_Seg)

Sync_Seg란, Bit Timing에 제일 앞부분에 위치한 세그먼트이다. 이때, Sync_Seg의 간격 안에서 Bit의 하강 Edge가 발생해야만 수신노드가 송신노드와 동기화되어 있는 상태이다. 만약, 하강 Edge가 Sync_Seg보다 더 빠르거나 느리다면 SJW를 통한 재동기화가 필요하다. Sync_Seg는 다른 세그먼트들과 다르게 1 t_q의 고정 길이를 갖는다.

3) Propagation Segment(Prop_Seg)

CAN Bus를 통한 신호전달과정에서 발생할 수 있는 물리적인 지연을 보상하는 세그먼트이다. Sync_Seg와 달리 세그먼트의 길이를 (1~8)t_q까지 유동적으로 설정할 수 있다.

4) Phase Segment 1/2(Phase_Seg 1/2)

Sync_Seg에 하강 Edge가 탐지되지 않아 각 노드가 서로 비동기라고 판단될 경우, 동기화를 위해 SJW 만큼의 시간 보상이 이루어진다. 이 때 보상이 이루어지는 세그먼트를 Phase_Seg 1/2라고 한다. Phase_Seg 1은 노드의 Bit Timing이 정상 노드보다 빠를 경우에 보상이 이루어지는 세그먼트이고, Phase_Seg 2는 노드의 Bit Timing이 정상 노드보다 느릴 경우에 보상이 이루어지는 세그먼트이다. Phase_Seg 1은 위에 설명한 Prop_Seg와 함께 Time Segment 1(TSEG 1)이라고 부르기도 하며, [그림 15.15]와 같이 나타난다.

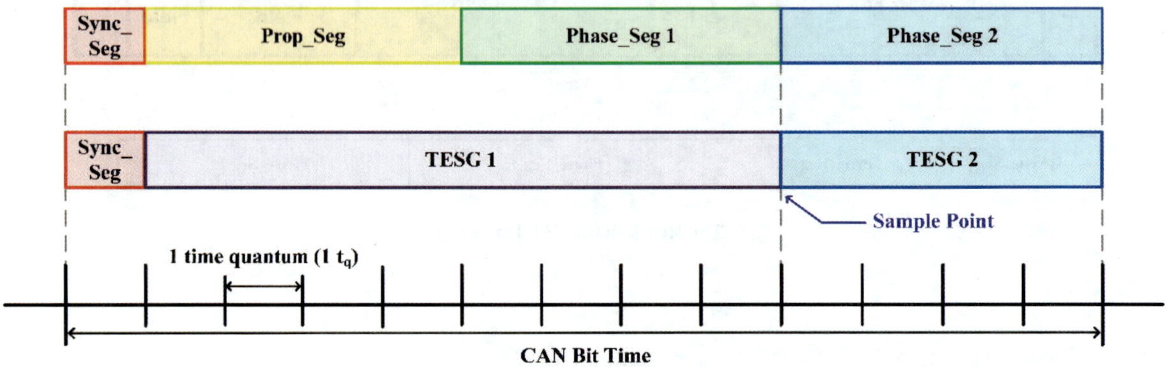

그림 15.15 Prop_Seg와 Phase_Seg 1의 통합(TSEG 1)

5) Synchronization Jump Width(SJW)

CAN Controller는 Phase_Seg 1의 길이를 늘리거나, Phase_Seg 2의 길이를 줄임으로써 CAN Bus를 이용하는 모든 제어기들의 재동기화를 수행한다. 이때, 늘리거나 줄이는 시간을 SJW라고 한다. 이 때 설정한 SJW는 Phase_Seg 1/2의 시간을 늘리거나 줄일 수 있는 최대 시간을 의미하므로, 설정한 SJW 이하의 Time quantum에서 유동적으로 동기화를 수행할 수 있다. SJW의 시간은 CAN_BTR 레지스터의 SJW 변수를 이용하여 설정 가능하다. 해당 레지스터의 변수 설정에 대한 내용은 아래의 [표 15.9]와 같다.

표 15.9 SJW 변수에 따른 상태

SJW	Description (SJW의 길이는 SJW 변수 크기+1.)
0	SJW의 길이 최대 1 t_q 사용 가능
1	SJW의 길이 최대 2 t_q 사용 가능
2	SJW의 길이 최대 3 t_q 사용 가능
3	SJW의 길이 최대 4 t_q 사용 가능

Bit Timing을 통해 CAN Bus의 모든 노드들이 동기화가 이루어지는 과정은 아래의 [그림 15.16]을 통해 나타난다. 만약, Sync_Seg가 CAN Bus의 신호의 하강 Edge보다 앞에 위치할 경우, 이는 해당 노드의 Bit Timing이 정상 노드보다 빠르다는 것을 의미한다. 따라서 Phase_Seg 1에 SJW만큼 더하여 보상한다. 그리고 Sync_Seg가 CAN Bus 신호의 하강 Edge보다 뒤에 위치할 경우, 이는 해당 노드의 Bit Timing이 정상 노드보다 느리다는 것을 의미하므로, Phase_Seg 2에 SJW 만큼 감소하여 다음 Sync_Seg를 정상 범위에 위치하도록 한다.

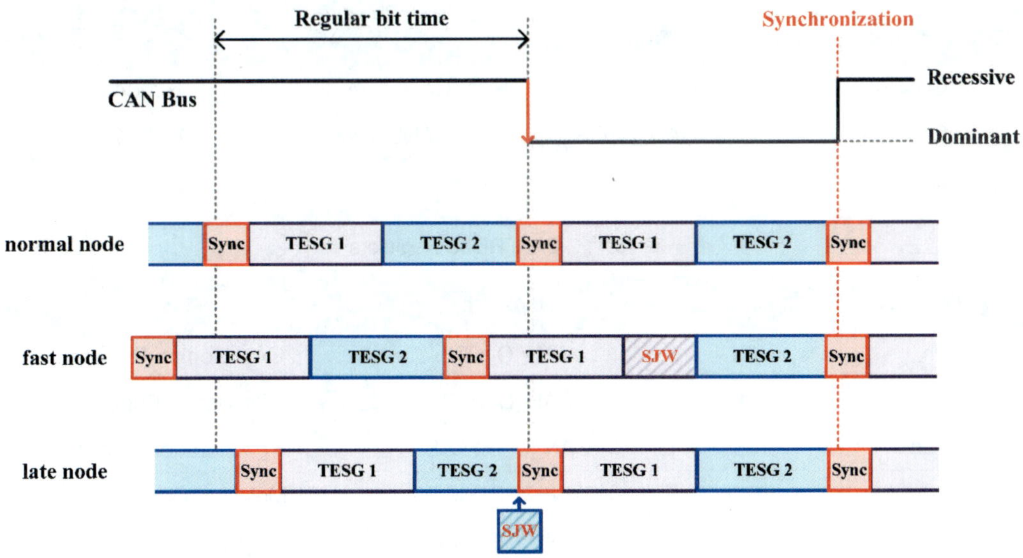

그림 15.16 Bit Timing을 통한 동기화 과정

15.7 CAN 예제

CAN 통신 실습은 TMS320F28388의 보드 1개를 이용한 External Loop-back Mode를 통해 수행한다. 보드 내에서 CANA를 송신 측으로, CANB를 수신 측으로 설정하였으며, 통신 기능 검증은 연결된 CANA와 CANB의 CANH, CANL버스의 신호 파형을 통해 확인한다. 상세한 CAN 통신의 설정 코드 및 파형 분석은 부제목에 맞추어 순차적으로 진행된다.

CAN 통신은 Byte 접속을 지원하기 위해 특별한 주소 지정 체계를 사용하며, CAN 레지스터는 TI의 예제 코드에서 제공하는 매크로 HWREG_BP()와 HWREGH()를 통해서 설정할 수 있다. 이 두 매크로를 통해 CAN 레지스터를 설정할 때는 각각 32-Bit 및 16-Bit로 선언된 Data 유형(uint32_t, uint16_t)을 사용해야 하며, 이는 후술된 예제 코드에서도 확인할 수 있다. 주소 지정을 위한 Base 주소와 Offset은 각각 [표 15.10], [표 15.11]와 같고, 본 교재에서는 해당 표의 DriverLib Name과 Acronym을 변수명으로 사용하였다.

표 15.10 CAN Base Address(C28)

Bit Field Name		DriverLib Name	Base 주소
Instance	Structure		
CanaRegs	CAN_REGS	CANA_BASE	0x0004_8000
CanbRegs	CAN_REGS	CANB_BASE	0x0004_A000

표 15.11 CAN_REGS Regitsers

Offset (x8)	Offset (x16)	Acronym	Register Name
0h	0h	CAN_O_CTL	CAN Control Register
18h	Ch	CAN_O_BTR	Bit Timing Register
210h	108h	CAN_O_IF1ARB	IF1 Arbitration Register
218h	10Ch	CAN_O_IF1MCTL	IF1 Message Control Register
208h	104h	CAN_O_IF1MSK	IF1 Mask Register

15.7.1 초기화 설정

```
//Message 종료
CAN_CTL_INIT = 0x1U;
CAN_INIT_PARITY_DISABLE = 0x1400U;
HWREGH(base + CAN_O_CTL) |= ((uint16_t)CAN_CTL_INIT |
(uint16_t)CAN_INIT_PARITY_DISABLE);

//통신 초기화
CAN_CTL_SWR = 0x8000U;

EALLOW;
HWREGH(base + CAN_O_CTL) |=  CAN_CTL_SWR;
EDIS;

//CPU에서 레지스터 구성 변경 가능 설정
CAN_CTL_CCE = 0x40U;
HWREGH(base + CAN_O_CTL) |= CAN_CTL_CCE;
```

그림 15.17 CAN 초기화 설정 예시

통신의 수행 이전에, 초기화 설정을 통해 모든 통신 정보를 RESET한다. [그림 15.17]은 초기화에 필요한 코드 예시를 나타낸다. [그림 15.17]의 Message 활동 종료 및 패리티 기능 미적용, 통신 초기화는 각 [그림 15.18]의 CTL 레지스터 설정을 통해 수행된다.

15	14	13	12	11	10	9	8
SWR	RESERVED	PMD				ABO	IDS
R-0/W1C-0h	R-0h	R/W-5h				R/W-0h	R/W-0h
7	**6**	**5**	**4**	**3**	**2**	**1**	**0**
Test	CCE	DAR	RESERVED	EIE	SIE	IE0	Init
R/W-0h	R/W-0h	R/W-0h	R-0h	R/W-0h	R/W-0h	R/W-0h	R/W-1h

그림 15.18 CTL 레지스터

15.7.2 Bit 전송률 설정

```
//비트 전송률 설정
#define DEVICE_SYSCLK_FREQ          200000000U     //SYSCLK = 200MHz

prescaler = 9;                  // tq = 10/SYSCLK
prescalerExtension = 0;
sjw = 3;                        // SJW = 4tq
tSync = 1;
tProp = 2;
tSeg1 = 10;                     // TSEG1 = Prog_SEG + Phase_SEG1 = 11tq
tSeg2 = 7;                      // Phase_SEG2 = 8tq ==> 1-bit(=20tq)

bitReg = (uint32_t)((uint32_t)prescaler & 0x3FU);  // BRP = 9
bitReg |= (uint32_t)(((uint32_t)sjw << CAN_BTR_SJW_S) & 0xC0U);
bitReg |= (uint32_t)(((uint32_t)tSeg1 << CAN_BTR_TSEG1_S) & 0xF00U);
bitReg |= (uint32_t)(((uint32_t)tSeg2 << CAN_BTR_TSEG2_S) & 0x7000U);
bitReg |= (uint32_t)(((uint32_t)prescalerExtension << CAN_BTR_BRPE_S) &
                     0xF0000U);

HWREG_BP(CANA_BASE + CAN_O_BTR) = bitReg;
```

그림 15.19 CAN Bit 전송률 설정 예시

23	22	21	20	19	18	17	16
RESERVED				BRPE			
R-0h				R/W-0h			
15	**14**	**13**	**12**	**11**	**10**	**9**	**8**
RESERVED	TSEG2			TSEG1			
R-0h	R/W-2h			R/W-3h			
7	**6**	**5**	**4**	**3**	**2**	**1**	**0**
SJW		BRP					
R/W-0h		R/W-1h					

그림 15.20 CAN_BTR 레지스터

[그림 15.19]는 Bit 전송률 설정에 관한 예시를 보여준다. 각 모듈의 Bit 전송률 값은 BTR 레지스터의 설정에 따라 변경되며, CAN_BTR 레지스터의 구성은 아래의 [그림 15.20]과 같다.

해당 예제에서는 Bit 전송률은 최대값인 1Mbps, 1-Bit를 구성할 Time quantum(t_q)의 개수를 20개로 설정하려고 한다. 이 때, SYSCLK이 200MHz이므로 식 (15.1)을 통해 10 배수로 분주해야 하는 것을 알 수 있다. 따라서 해당 코드에서 BRP 변수에 들어갈 값 (prescaler)은 9, BRPE 변수에 들어갈 값은 0이다. 그 다음은 SJW의 값이 3인것으로 보아, SJW의 길이를 4로 설정한 것을 확인할 수 있다. SJW 변수에 대한 자세한 내용은 [표 15.9]를 참고하자. 그 다음은 TSEG1 및 TSEG2의 길이 설정이다. 위의 코드에서 tSeg1가 10, tSeg2가 7이므로 TSEG1의길이가 11t_q, TSEG 2의 길이가 8t_q인 것을 알 수 있다. 아래의 [표 15.12]는 CAN_BTR 레지스터의 BRP, TSEG1, TSEG2, BRPE 변수 값에 따른 상태를 나타낸다. CANB에 대한 Bit 전송률 설정은 위와 동일하게 수행한다.

표 15.12 BRP, BRPE TESG1, TESG2 변수에 따른 상태

BRP	Description (Time quantum 생성을 위한 분주비 설정)
0 - 63	SYSCLK에 BRP 변수에 해당하는 값+1 만큼 분주
BRPE	**Description (Time quantum 생성을 위한 확장 분주비 설정)**
0 - 15	BRP 변수와 함께 최대 1024배만큼 분주 가능
TSEG1	**Description (Time Segment 1의 길이 설정)**
1 - 15	TSEG1 변수에 해당하는 값+1 만큼의 길이를 가짐
TSEG1	**Description (Time Segment 2의 길이 설정)**
0 - 7	TSEG2 변수에 해당하는 값+1 만큼의 길이를 가짐

15.7.3 CAN_Interrupt 설정

```
//Message 송신 Interrupt 결정
CAN_CTL_ IE0= 0x2U;
HWREGH(CANA_BASE + CAN_O_CTL) |= CAN_CTL_IE0;

//상태 변경 Interrupt 설정
CAN_CTL_ SIE= 0x4U;
HWREGH(CANA_BASE + CAN_O_CTL) |= CAN_CTL_ SIE;

//오류 Interrupt 설정
CAN_CTL_ EIE= 0x8U;
HWREGH(CANA_BASE + CAN_O_CTL) |= CAN_CTL_ EIE;
```

그림 15.21 CAN Interrupt 활성화 예시

본 절에서는 [그림 15.18]의 CAN_CTL 레지스터를 참고하여, Interrupt 활성화를 진행한다. Interrupt 설정에 대한 자세한 설명은 15.6.1절을 참고하자. [그림 15.21]의 예시는 Message 송신을 위해, IE0 변수를 1로 설정하여 CANINT0을 이용하였다. 그 다음은 Status Change Interrupt (RxOK, TxOK, LEC)가 CANINT0에서 동작하도록 SIE를 1로 설정하여 활성화했다. 또한 Error Interrupt (PER, Boff, EWarn)가 CANINT0에서 동작하도록 EIE를 1로 설정하여 활성화했다. CANB 모듈에 대한 Interrupt 설정 시 위의 설정과 동일하게 수행한다.

15.7.4 메일박스 설정

본 절에서는 CAN 모듈의 메일박스 설정을 다룬다. 메일박스 설정이란, 메일박스의 송/수신 및 Remote Frame 설정, 표준 및 확장 ID 설정 과 ID 주소 설정, Data 크기 설정 등을 포함한다. 이해를 돕기 위해 [그림 15.22]의 CAN_setupMessageObject 함수를 해석하며 진행한다.

```
// CAN Module :                        A
// Message Object ID Number :          TX_MSG_OBJ_NO1
// Message Identifier :                0x91111111
// Message Frame :                     Extended
// Message Type :                      Transmit
// Message ID Mask :                   0x0
// Message Object Flags :              None
// Message Data Length :               8 Bytes

TX_MSG_OBJ_NO1 = 1;                    // Message Object ID Number : 1
CAN_MSG_OBJ_NO_FLAGS = 0x00000000;
MSG_DATA_LENTH = 8;

CAN_setupMessageObject( CANA_BASE, TX_MSG_OBJ_NO1, 0X91111111,
        CAN_MSG_FRAME_EXT, CAN_MSG_OBJ_TYPE_TX, 0, CAN_MSG_OBJ_NO_FLAGS,
        _MSG_DATA_LENTH )

                                            ⋮

void
CAN_setupMessageObject (unit32_t base, uint32_t objID, uint32_t msgID,
                        CAN_MsgFrameType frame, CAN_MsgObjType msgType,
                        uint32_t msgIDMask, uint32_t flags, uint16_t msgLen)
{
    //
    // 아래에 자세히 설명
    //
}
```

그림 15.22 CAN 메일박스 설정을 위한 CAN_setupMessageObject 함수

1) 송/수신 및 Remote Frame 설정

```
case CAN_MSG_OBJ_TYPE_TX:              // Transmit 설정

        {
            CAN_IF1ARB_DIR = 0x20000000U;   // Dir = 1, 송신용 메일박스 설정
            arbReg = CAN_IF1ARB_DIR;
            break;
        }
case CAN_MSG_OBJ_TYPE_RXTX_REMOTE:   // Remote Frame 설정

        {
            CAN_IF1ARB_DIR = 0x20000000U;
            CAN_IF1MCTL_RMTEN = 0x200U;     // TxRqst 활성화
            CAN_IF1MCTL_UMASK = 0x1000U;    // Acceptance Mask 사용

            arbReg = CAN_IF1ARB_DIR;
            msgCtrl = (uint32_t)((uint32_t)CAN_IF1MCTL_RMTEN |
                                 (uint32_t)CAN_IF1MCTL_UMASK);
            break;
        }
default:                               // Receive 설정

        {
           arbReg = 0U;       // Dir = 0, 수신용 메일박스로 설정
           break;
        }

HWREG_BP(base + CAN_O_IF1ARB) = arbReg;
```

그림 15.23 CAN 송신 메일박스 설정 예시(1) - 송/수신 및 Remote Frame 설정

우선 메일박스의 송/수신 설정은 [그림 15.24]의 IF1ARB 레지스터의 Dir 설정을 통해 구현 가능하다. Dir 변수가 1인 경우 송신, 0인 경우 수신의 역할을 한다.

Remote Frame 설정은 [그림 15.25]의 IF1MCTL 레지스터를 통해 수행된다. Dir 변수가 1로 송신 상태일 경우, RmtEn 변수를 1로 하여 활성화할 수 있으며, UMask를 1로 설정하여 Acceptance Filtering을 위한 Mask를 활성화한다. 그러나, External Loop-back Mode에서는 Remote Mode는 사용하지 않는다.

<table>
<tr><td>31</td><td>30</td><td>29</td><td>28</td><td>27</td><td>26</td><td>25</td><td>24</td></tr>
<tr><td>MsgVal</td><td>Xtd</td><td>Dir</td><td colspan="5">ID</td></tr>
<tr><td>R/W-0h</td><td>R/W-0h</td><td>R/W-0h</td><td colspan="5">R/W-0h</td></tr>
<tr><td>23</td><td>22</td><td>21</td><td>20</td><td>19</td><td>18</td><td>17</td><td>16</td></tr>
<tr><td colspan="8">ID</td></tr>
<tr><td colspan="8">R/W-0h</td></tr>
<tr><td>15</td><td>14</td><td>13</td><td>12</td><td>11</td><td>10</td><td>9</td><td>8</td></tr>
<tr><td colspan="8">ID</td></tr>
<tr><td colspan="8">R/W-0h</td></tr>
<tr><td>7</td><td>6</td><td>5</td><td>4</td><td>3</td><td>2</td><td>1</td><td>0</td></tr>
<tr><td colspan="8">ID</td></tr>
<tr><td colspan="8">R/W-0h</td></tr>
</table>

그림 15.24 CAN_IF1ARB 레지스터

<table>
<tr><td>15</td><td>14</td><td>13</td><td>12</td><td>11</td><td>10</td><td>9</td><td>8</td></tr>
<tr><td>NewDat</td><td>MsgLst</td><td>IntPnd</td><td>UMask</td><td>TxIE</td><td>RxIE</td><td>RmtEn</td><td>TxRqst</td></tr>
<tr><td>R/W-0h</td><td>R/W-0h</td><td>R/W-0h</td><td>R/W-0h</td><td>R/W-0h</td><td>R/W-0h</td><td>R/W-0h</td><td>R/W-0h</td></tr>
<tr><td>7</td><td>6</td><td>5</td><td>4</td><td>3</td><td>2</td><td>1</td><td>0</td></tr>
<tr><td>EoB</td><td colspan="3">RESERVED</td><td colspan="4">DLC</td></tr>
<tr><td>R/W-0h</td><td colspan="3">R-0h</td><td colspan="4">R/W-0h</td></tr>
</table>

그림 15.25 CAN_IF1MCTL 레지스터

2) 표준 및 확장 ID 설정과 ID 주소 설정

```
CAN_IF1ARB_MSGVAL = 0x80000000;       // MsgVal = 1, 메일박스 활성화
CAN_IF1ARB_XTD = 0x40000000;          // Xtd = 1, 확장 ID Field 사용
msgID = 0x91111111;                   // Message의 ID 값
flags = 0;                            // ID filtering 사용하지 않음

//ID 필드 설정
if(frame == CAN_MSG_FRAME_EXT)        // 확장 ID 사용 (29-Bit)
{
   if((flags & CAN_MSG_OBJ_USE_ID_FILTER) == CAN_MSG_OBJ_USE_ID_FILTER)
   {
      maskReg = msgIDMask & 0x1FFFFFFFU;
   }
   arbReg |= (msgID & 0x1FFFFFFFU) | CAN_IF1ARB_MSGVAL |
              CAN_IF1ARB_XTD;
}

else   // 표준 ID 사용 (11-Bit)
{
   if((flags & CAN_MSG_OBJ_USE_ID_FILTER) == CAN_MSG_OBJ_USE_ID_FILTER)
   {
      maskReg = ((msgIDMask << 18U) & 0x1FFC0000U);
   }
   arbReg |= ((msgID << 18U) & 0x1FFC0000U) | CAN_IF1ARB_MSGVAL;
}

HWREG_BP(base + CAN_O_IF1MSK) = maskReg;
HWREG_BP(base + CAN_O_IF1ARB) = arbReg;
```

그림 15.26 CAN 송신 메일박스 설정 예시(2) - 표준 및 확장 ID 설정과 ID 주소 설정

메일박스의 ID 관련 설정은 [그림 15.24]의 CAN_IF1ARB 레지스터의 Xtd 변수의 설정을 기반으로 [그림 15.26]과 같이 구성될 수 있다. Xtd 변수가 1인 경우 ID의 길이는 확장된 29-Bit를 나타내며, 반대로 Xtd 변수가 0인 경우, ID의 길이는 표준 길이인 11-Bit로 설정되는 것을 나타낸다. [그림 15.26]의 코드에서는 Xtd 변수를 1로 설정하여 확장 ID 형식을 사용하는 것을 알 수 있다. 또한 이때의 ID 주소 값 역시 msgID의 값을 0x91111111로 설정하여 CAN_IF1ARB 레지스터에 대입하는 것을 확인할 수 있다. CAN_IF1ARB 레지스터의 구성은 위의 [그림 15.24]를 참고하자. 표준 ID를 사용할 경우, 위 코드의 else 구문을 활용

하면 된다. 표준 ID를 사용할 경우 Xtd 변수를 0으로 설정하기 때문에 따로 활성화해야 할 필요가 없다. 그러나, ID의 주소 값을 입력할 때, CAN_IF1ARB 레지스터의 [28:18] Bit를 사용하므로 18-Bit만큼 이동할 필요가 있다.

3) Data Field 크기 설정 및 Message Object Interrupt 설정

```
msgLen = 8;            // Data 길이를 8Byte로 설정

//DLC 설정
if((msgType == CAN_MSG_OBJ_TYPE_TX) ||
        (msgType == CAN_MSG_OBJ_TYPE_RXTX_REMOTE))
    {
        msgCtrl |= ((uint32_t)msgLen & 0xFU);
    }

//TxIE 및 RxIE 설정
msgCtrl |= (flags & CAN_MSG_OBJ_TX_INT_ENABLE);     // TxIE 비활성화
msgCtrl |= (flags & CAN_MSG_OBJ_RX_INT_ENABLE);     // RxIE 비활성화

HWREG_BP(base + CAN_O_IF1MCTL) = msgCtrl;
```

그림 15.27 CAN 송신 메일박스 설정 예시(4) - Data Field 크기 설정 및 Message Object Interrupt 설정

Data의 크기 및 길이 설정은 [그림 15.25]의 CAN_IF1MCTL 레지스터를 기반으로 수행된다. [그림 15.27]은 Data Field의 크기를 8Byte로 설정하기 위해 msgLen 변수에 8을 대입 후, 레지스터에 입력하였다. 또한, Message Object Interrupt를 활성화할 수 있는 TxIE 및 RxIE 변수의 값을 0으로 설정하여 Interrupt가 발생하지 않도록 설정하였다. TxIE 및 RxIE의 변수의 값에 따른 상태는 [표 15.2]를 참고하자.

15.7.5 External Loop-back Mode를 통한 Data 송수신

본 절에서는 앞선 코드 예시들을 바탕으로 External Loop-back Mode에서 검증을 수행한다. CANA를 송신 포트로 사용하여 CANB로 수신 받았으며, 자세한 Data Frame내 출력 분석 및 주소 변경, Bit 타이밍 변경, 송신 Data 값 변경 시의 출력 변화를 관측하여 제대로 된 통신이 진행되고 있음을 나타낸다.

Data Frame 분석

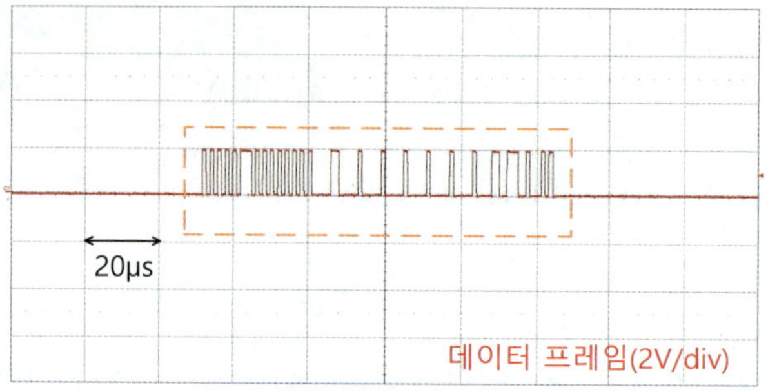

그림 15.28 Data Frame

[그림 15.28]은 CAN 통신 수행시의 전체 Data Frame을 나타낸다. 자세한 Data Frame 내의 구성은 Data Frame의 확대 파형인 [그림 15.29]에서 설명된다.

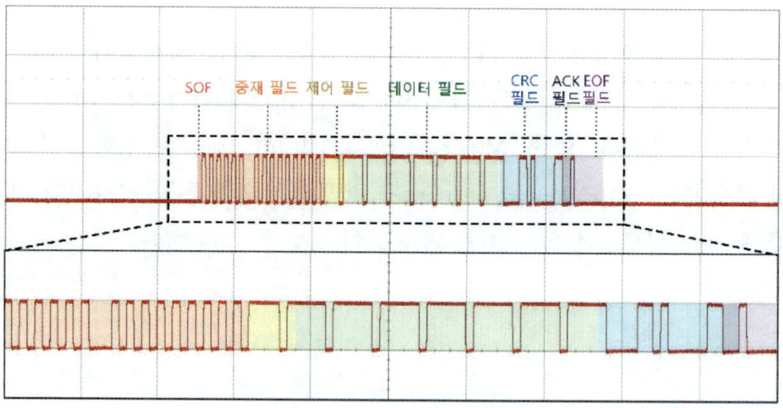

그림 15.29 Data Frame 상세 구조

29-Bit의 확장 ID Field를 적용 중이며 Bit 전송률을 1Mbps로 설정했기 때문에, 1-Bit는 1μs로 설정된다. Data는 0x0000을 전송하는 것을 알 수 있다. 먼저 SOF에서 시작으로 0

를 출력한후 확대된 아래의 그래프를 살펴보면 Arbitration Field에 29-Bit의 확장 ID가 출력하는 것을 확인할 수 있다. 또한 ID 주소 설정은 0x95555555로 10101… 이 출력되는 것을 확인 가능하다. 이때 도중의 0 Bit 2개는 각 SRR 및 IDE Bit의 출력이며, 가장 마지막에는 RTR Bit가 출력한다.

Control Field의 경우, 총 6-Bit로 앞의 IDE와 R0은 1을, 뒤의 DLC Bit는 0x4U를 출력한다. 이후 Data 필드에서는 전송하는 Data 값이 전달되고 있으며, 0Xffff로 모두 1을 출력한다. 이때 Data 필드 사이에 존재하는 0값은 Stuffing Bit임을 알 수 있다.

CRC Field는 총 15-Bit의 CRC와 1-Bit 크기의 DEL로 구성된다. 이때 CRC에서 오류 출력 여부를 알려 주며, 연속적으로 0x7U(=111)이 발생하는 경우 CRC 오류가 발생했음을 나타낸다. 따라서 [그림 15.29]는 오류가 발생하지 않음을 알 수 있다. 또한 ACK 필드에서 첫번째 Bit는 항상 0으로 정상 출력하며, 두번째 Bit 역시 수신 후 0으로 초기화된 것을 확인할 수 있다. 마지막으로 EOF에서 전송하는 Message의 끝을 선언한다.

ID 필드 변경

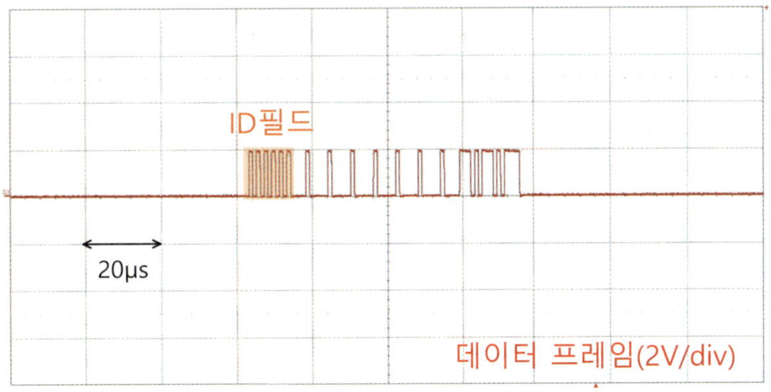

그림 15.30 11-Bit ID 필드 적용 시 Data Frame

[그림 15.30]은 ID 길이를 확장 Frame인 29-Bit에서 표준 Frame인 11-Bit 로 변경한 경우의 출력 파형을 나타낸다. 앞선 [그림 15.28]의 확장 Frame과 비교하여 11-Bit로 감소하는 것을 알 수 있다.

ID 주소 값 변경

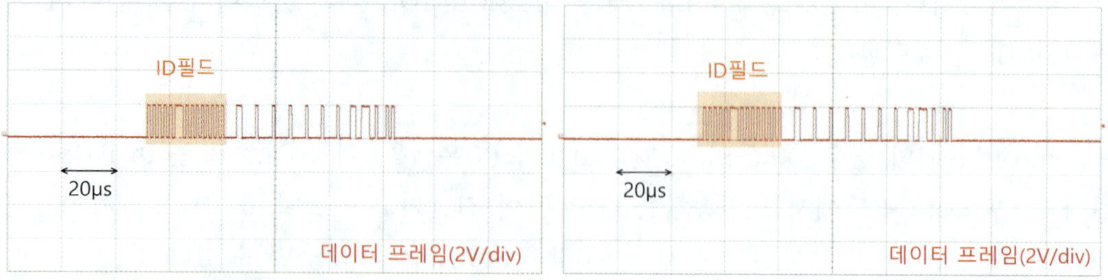

그림 15.31 주소 값 변경(0x0AAAAAAA → 0x15555555) 시 Data Frame

[그림 15.31]은 같은 확장 ID Frame 내에서 주소 값을 0x0AAAAAAA → 0x15555555로 변경 시 ID 필드의 출력을 나타낸다. ID 필드는 중간의 SRR, IDE 필드를 제외하고 2진법으로 변경된 주소값에 따라 01010101… → 10101010… 으로 출력되는 것을 확인 가능하다.

Message Data 변경

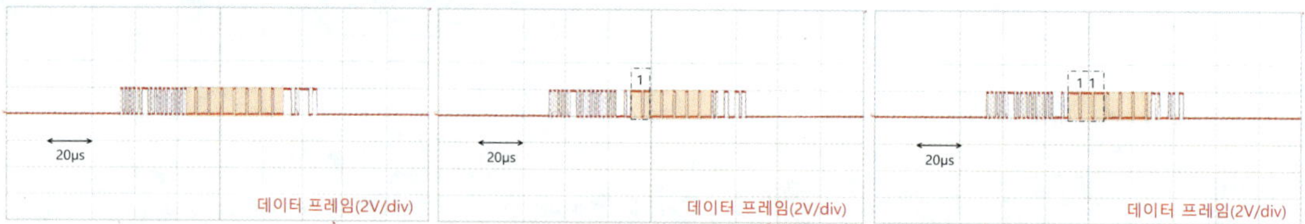

그림 15.32 전송 Message 변경(0x0000 → 0x1000 → 0x1100) 시 Data Frame

[그림 15.32]는 전송 Message를 변경했을 때의 Data Frame 변화를 나타낸다. 각 Message는 왼쪽부터 순서대로 0x0000 → 0x1000 → 0x1100로 변경되었다. Bit Stuffing에 의해 발생하는 펄스를 제외하면, 원하는 Data에 맞추어 Data Frame 출력 파형이 알맞게 변동되는 것을 확인 가능하다.

CHAPTER

16 Direct Memory Access(DMA)

16 Direct Memory Access(DMA)

16.1 DMA 개요

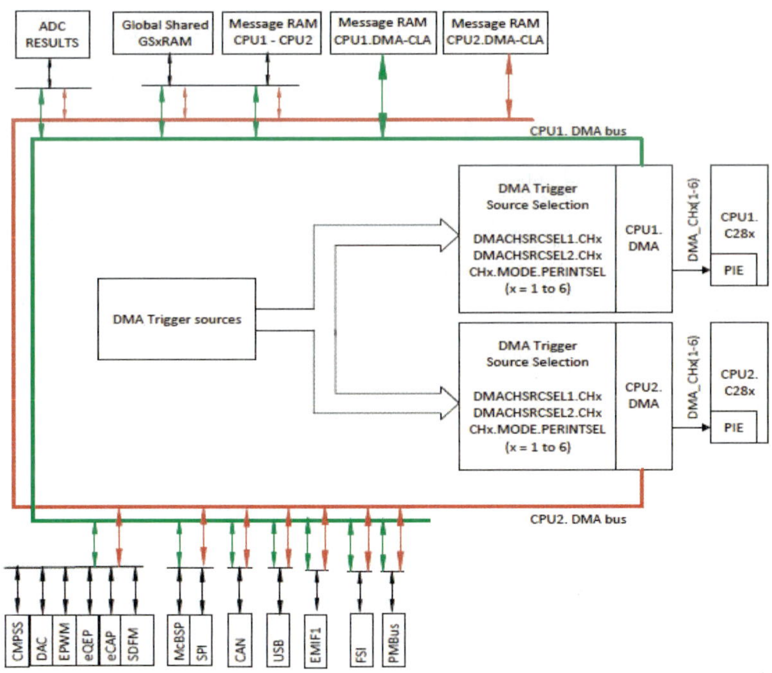

그림 16.1 DMA(Direct Memory Access) 블록 다이어그램

DMA는 CPU의 개입 없이 Data를 전송하는 하드웨어 기반 통신 기법이다. 해당 기법을 적용함에 따라 CPU를 거치면서 발생하는 필연적인 Data 변조를 방지할 수 있으며, Data 전송 시 Data 최적화가 가능할 뿐 아니라, 버퍼 간의 통신이 가능하다. 이러한 기능들은 Data를 구조화하여 추후 최적화된 CPU 처리 과정을 거치는 데에 유리하다.

16.1.1 DMA 모듈 특징

DMA 모듈의 특징은 다음과 같이 정리할 수 있다.

- 독립적인 PIE Interrupt를 포함하고 있는 6개의 채널
- 각각의 DAM 채널은 다수의 주변 모듈로부터 신호를 받아 독립적인 동작 가능
- Data Size는 16Bit or 32Bit (SPI 모듈에 대해서 16Bit 제한)
- Word 당 3 사이클의 Data 처리

DMA 모듈은 Event를 기반으로 동작하며, 이는 주변 모듈로부터 소프트웨어적인 Trigger를 받아야 DMA를 동작할 수 있음을 의미한다. Timer를 DMA의 Trigger 전원으로 활용하여 주기적인 동작을 하는 모듈로 활용할 수 있지만, 이는 Data 송신 기능을 활용하지는 못한다. 앞서 언급했듯 DMA는 6개의 독립적인 동작을 하는 채널을 가지고 있는데, 6개 중 5개의 채널은 거의 동일하며, 채널 1의 경우 다른 채널들보다 높은 우선 순위를 가지고 있다는 특징이 있다. DMA 모듈의 핵심은 해당 모듈이 Address 기반 제어 로직과 긴밀하게 연결된다라는 것이다. 이러한 Address 기반 제어 로직은 구조화 기반 Data 최적화를 가능하게 한다.

16.2 전력전자에서 DMA 활용

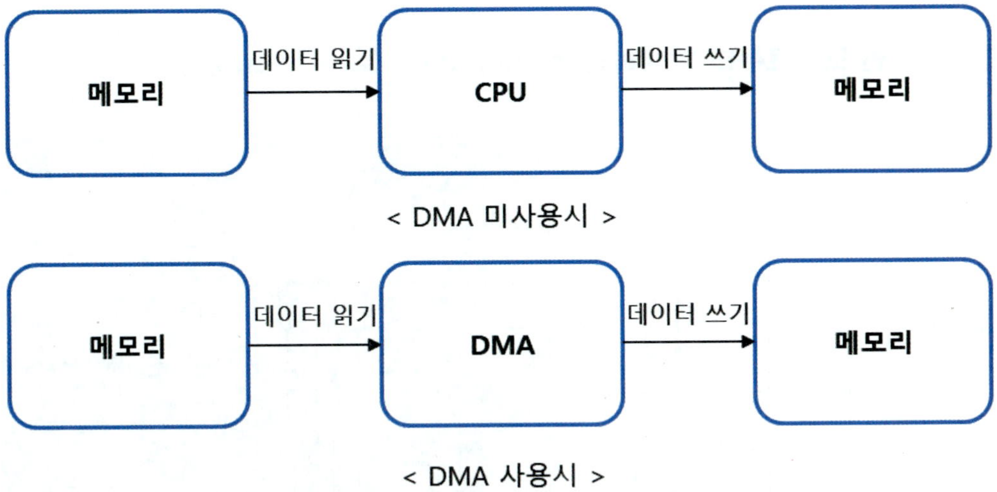

그림 16.2 DMA 통신 적용에 따른 CPU의 시스템 할당량 최적화

TMS320F28388는 200MHz라는 상대적으로 높은 제어 Clock 성능을 보인다. 하지만 디지털 프로세서의 제어 성능은 단순히 제어 속도 뿐 아니라, 시스템에 할당된 제어 총량 또한 크게 영향을 끼치게 된다. 이러한 현상은 다양한 제어기가 포함된 복잡한 시스템 제어 혹은 제한된 시스템 용량으로 제어를 수행해야 할 때 두드러진다. DMA는 이러한 상황에서 해결책으로 제시될 수 있는 모듈이다. ePWM, ADC, CAN 등 대다수의 DSP 기능들은 CPU를 기반으로 동작된다. 이는 달리 말하면 CPU를 거치는 과정에서 상당한 시스템 할당량이 소모된다는 것을 의미한다. DMA 기능을 활용할 경우 이러한 시스템 할당을 최적화하여 연산 시간 최적화에 도움이 될 뿐 아니라, 자체적으로 Data를 최적화/구조화하는 기능을 내장하고 있기 때문에 이러한 효과는 더욱 두드러진다. 뿐만 아니라, DMA를 적용함에 따라 CPU를 거치면서 발생하는 Data 변조 또한 해결할 수 있다.

16.3 DMA 모듈 구조

16.3.1 주변 모듈로부터 발생하는 Interrupt(Peripheral interrupt)

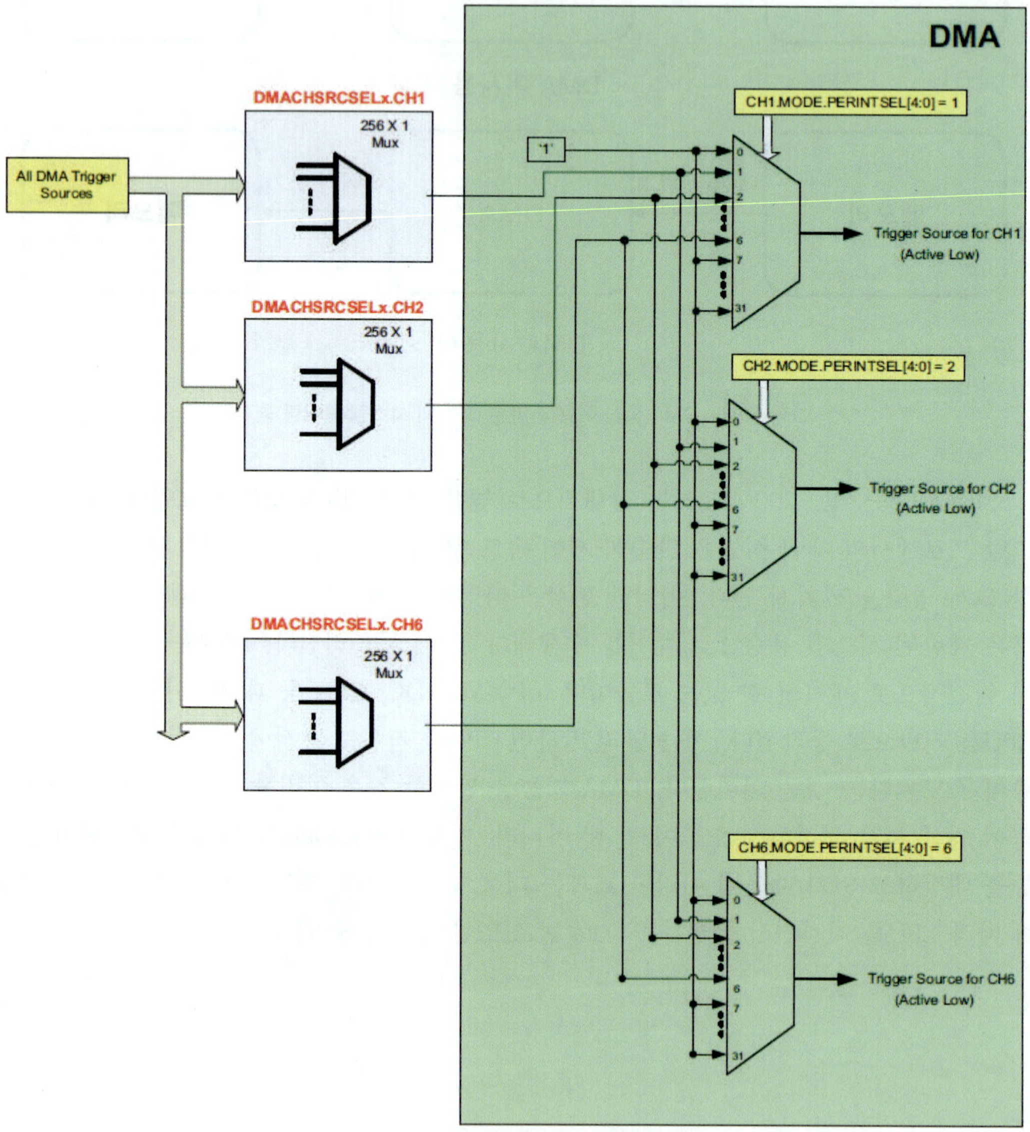

그림 16.3 DMA Trigger 구조

이전에 설명했듯이, 각각의 DMA 채널은 주변 모듈 및 소프트웨어로부터 파생된 Event 동작에 의해 동작한다. DMACHSRCSELx 레지스터는 DMA의 Trigger 전원을 각 DMA 채널에 연결할 때 사용되는 레지스터이다. CHx.MODE.PERINTSEL 레지스터는 각 채널의 번호를 할당시켜주며, 이는 아래의 그림을 통해 확인할 수 있다. DMA Trigger 전원은 GPIO를 통해 외부 신호를 받을 수 있다.

주변 모듈로부터 동작 Interrupt를 받은 후, DMA는 자동으로 CLEAR 신호를 주변 모듈로 송부하여 후속 동작이 이루어질 수 있도록 한다. 이러한 동작은 [그림 16.3]에서 확인할 수 있다.

MODE.CHx[PERINTSEL] 레지스터의 값과 상관없이, 소프트웨어는 CONTROL.CHx.[PERINTSEL] 레지스터를 이용하여 제어 Trigger 신호를 송부할 수 있다. 이와 마찬가지로 소프트웨어는 언제든지 CONTROL.CHx[PERINTCLR] 레지스터를 이용하여 초기화 동작 또한 가능하다.

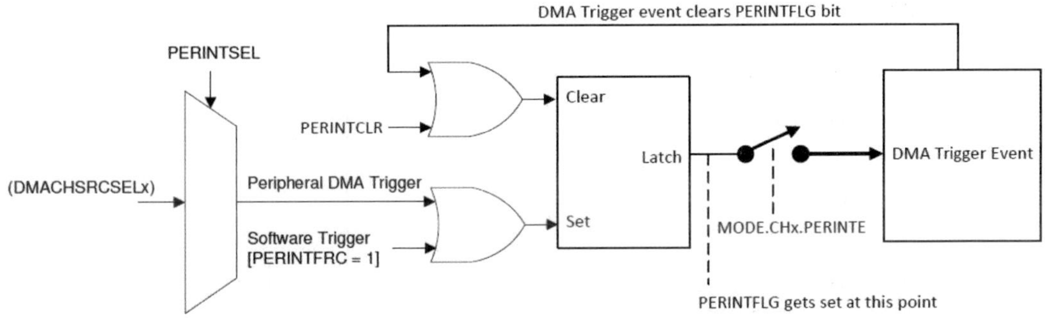

그림 16.4 주변 모듈로부터 발생한 Trigger 신호 입력 다이어그램

주변 모듈로부터 발생한 Interrupt에 의해 채널의 Flag가 설정되면, 우선 순위에 따라 동작 순서가 올 때까지 해당 Bit는 보류 상태로 대기하게 된다. 이 후 동작 순서에 도달하여 송신이 시작되면, Flag는 다시 초기화된다. 만약 Data 통신 중 Trigger가 발생할 시, Trigger에 반응하기 전에 통신이 먼저 완료된다. 이 후 또다시 통신 도중 Trigger가 발생하게 되면, CONTROL.CHx.[OVRFLG]에 값이 설정되면서 에러 Flag가 발생한다. 만약 2개 이상의 Trigger가 동시에 발생하게 되면, 우선 순위에 따라 PERINTFLG에 값이 설정된다. 이러한 동작은 [그림 16.4]에서 확인할 수 있다.

16.3.2 DMA 버스

DMA의 버스 구조는 각각 32개의 Address Bit, 32개의 Read 타입 Bit, 그리고 32개의 Write 타입 Bit로, 총 96개의 Bit로 구성되어 있다. DMA 버스에 연결된 Memory 및 레지스터 위치는 인터페이스를 기반으로 하여 CPU Memory 또는 주변 기기와 Resource를 공유하기도 한다.

16.4 Address 포인터와 통신 제어

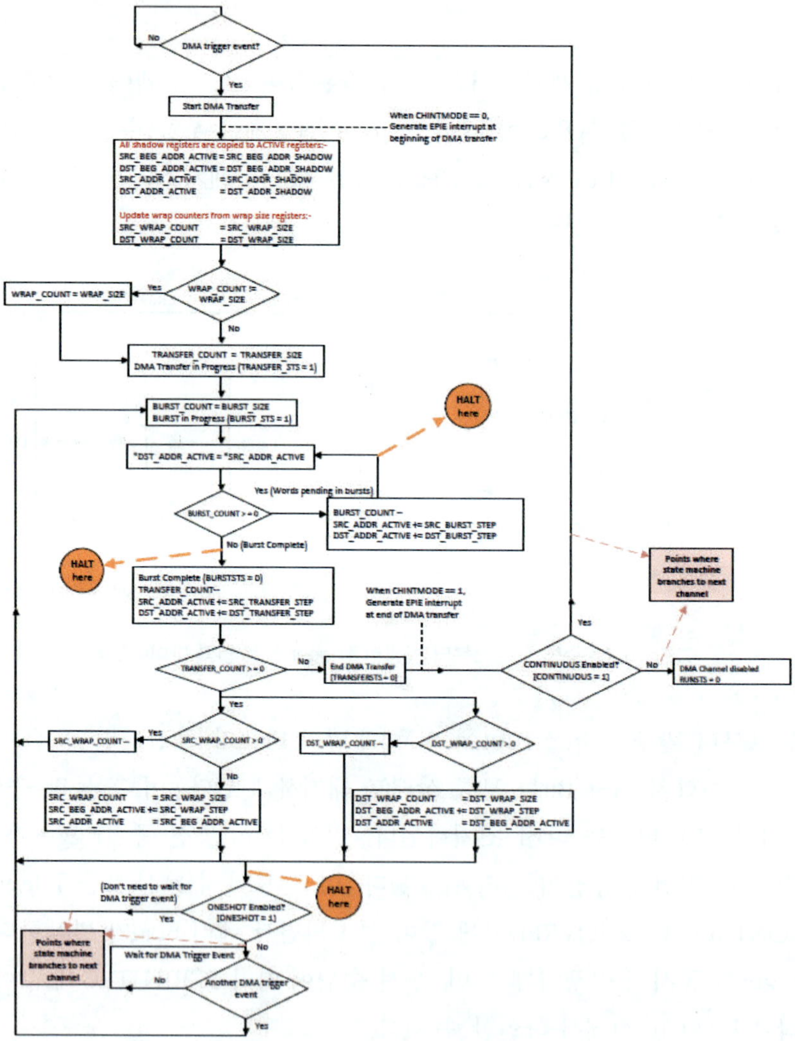

그림 16.5 DMA 상태 다이어그램

DMA의 가장 기본적인 Loop 동작은 2개로 정리할 수 있다.

① Burst(inner) loop

Burst(inner) loop는 DMA 채널이 Trigger 신호를 수신 받았을 때 프로그램화된 Data를 (BURST_SIZE+1) 레지스터를 이용하여 송신하는 방법이다. BURST_SIZE 레지스터는 최대 32개의 16Bit Data를 한 번의 동작에 송신할 수 있다. 각각의 DMA 채널은 16Bit 혹은 32Bit의 Data 통신을 지원하며, 이는 MODE.DATASIZE Bit에 의해 제어된다. 또한 각 DMA 채널은 주변 모듈에 대한 Source Address(SRC_ADDR_SHADOW)와 Position Address(DST_ADDR_SHADOW)에 대한 Shadow Address 포인터를 포함하고 있다. 통신이 시작될 때, Shadow 포인터는 SRC_ADDR_SHADOW / DST_ADDR_SHADOW 레지스터에 값을 기입한다. Burst loop 동작 도중, Data가 송신되면, 적절한 Trigger 전원과 Address에 대한 값이 BURST_STEP 레지스터에 더해지게 된다. 이를 예시로 들면 다음과 같다.

$$\begin{aligned}&\mathrm{SRC\_ADDR\_ACTIVE} = \\ &\mathrm{SRC\_ADDR\_ACTIVE} + \mathrm{SRC\_BURST\_STEP}\end{aligned} \quad (16.1)$$

$$\begin{aligned}&\mathrm{DST\_ADDR\_ACTIVE} = \\ &\mathrm{DST\_ADDR\_ACTIVE} + \mathrm{DST\_BURST\_STEP}\end{aligned} \quad (16.2)$$

Burst loop의 동작은 DMA 채널이 주변 모듈 혹은 소프트웨어로부터 Trigger 신호를 받았을 때 동작하게 된다.

② Transfer(outer) loop

Transfer(outer) loop는 프로그램화된 다수의 Data들을 (TRANSFER_SIZE+1) 레지스터를 이용하여 각각의 채널에 Data를 송신하는 방법이다. 이 때 TRANSFER_SIZE는 16Bit 레지스터로, 송신되는 Data Size가 일반적으로 실제 요구되는 Data보다 훨씬 큰 값을 송부하게 된다. Transfer loop가 동작되는 동안, 각각의 통신이 종료된 Address 저장에 대하여 2가지 방법이 존재하게 된다.

- METHOD 1(default) : Address 재구성이 불가능한 경우 (SRC_WRAP_SIZE / DST_WRAP_SIZE의 값이 TRANSFER_SIZE보다 클 경우), Address 포인터를 아래와 같이 갱신한다.

$$\text{SRC\_ADDR\_ACTIVE} = \text{SRC\_ADDR\_ACTIVE} + \text{SRC\_TRANSFER\_STEP} \tag{16.3}$$

$$\text{DST\_ADDR\_ACTIVE} = \text{DST\_ADDR\_ACTIVE} + \text{DST\_TRANSFER\_STEP} \tag{16.4}$$

- METHOD 2 : SRC_WRAP_SIZE / DST_WRAP_SIZE의 값이 TRANSFER_SIZE보다 작아 Address 재구성이 가능할 때 사용된다. 해당 기법을 적용할 경우 각각의 채널에 단일 Data 송신이 여러 번 가능하다. 다수의 Burst가 (SRC/DST_WRAP_SIZE + 1) 레지스터와 일치할 경우, DMA는 Address 포인터를 아래와 같이 수정한다.

$$\text{SRC\_BEG\_ADDR\_ACTIVE} = \text{SRC\_BEG\_ADDR\_ACTIVE} + \text{SRC\_WRAP\_STEP} \tag{16.5}$$

$$\text{DST\_BEG\_ADDR\_ACTIVE} = \text{DST\_BEG\_ADDR\_ACTIVE} + \text{DST\_WRAP\_STEP} \tag{16.6}$$

$$\text{SRC\_ADDR\_ACTIVE} = \text{SRC\_BEG\_ADDR\_ACTIVE} \tag{16.7}$$

$$\text{DST\_ADDR\_ACTIVE} = \text{DST\_BEG\_ADDR\_ACTIVE} \tag{16.8}$$

DMA 통신이 마무리될 때, DMA는 (BURST_SIZE + 1) × (TRNASFER_SIZE + 1)만큼의 Word를 송신하게 된다.

이 외에도 추가적인 Data 통신 방법으로 One shot mode, continuous mode를 들 수 있다. 각각 MODE.CHx.[ONESHOT] / MODE.CHx[CONTINUOUS] 레지스터에 값을 기입하여 활성화시킬 수 있다. MODE.CHx.[ONESHOT]의 값이 0일 경우, DMA는 (BURST_SIZE + 1)에 해당하는 Data만을 각 Trigger마다 송부할 수 있다. 하지만 MODE.CHx.[ONESHOT]의 값이 1로 활성화될 경우, (BURST_SIZE + 1) × (TRNASFER_SIZE + 1)만큼

의 Data를 한 번의 Trigger에 송부할 수 있게 된다. 하지만 해당 기능은 DMA bandwidth에 크게 영향을 받으므로 사용 시 선제적인 검토가 필요하다. Continuous mode의 경우 MODE.CHx[CONTINUOUS]의 값이 0일 경우 TRANSFER_COUNT의 값이 0이 될 때, 즉 Transfer loop가 끝난 후 채널을 비활성화시킨다. 다시 DMA 동작을 하기 위해선 채널의 활성화가 필요하다. 하지만 MODE.CHx[CONTINUOUS]의 값이 1로 설정될 경우, Loop가 끝난 이후에도 계속 DMA 채널이 활성화된 상태로 남아있게 된다. 언급된 기법들의 동작은 [그림 16.5]를 통해 확인할 수 있다.

16.5 파이프라인 시점 및 정보 처리

파이프라인뿐 아니라 시스템 처리량에 영향을 미치는 DMA의 몇 가지 동작을 다음과 같이 정리할 수 있다.

① 각 Burst의 시작 시점에서 1주기의 지연 추가

② 가장 높은 우선 순위를 가진 CH1의 Interrupt가 초기화될 때 1주기의 지연 추가

③ CPU와 충돌로 인해 지연 슬롯이 추가될 수 있음

④ 32Bit Data 전송의 경우, 16Bit보다 두 배의 속도로 진행되기 때문에 전체 통신 시간은 동일

DMA 모듈의 실제적인 동작은 [그림 16.6]과 [그림 16.7]에서 참조할 수 있다. 두 그림은 DMA 모듈에 내장된 3개의 파이프라인에서 Data 최적화가 어떻게 일어나는지에 대해 그림으로 표현한 것이다.

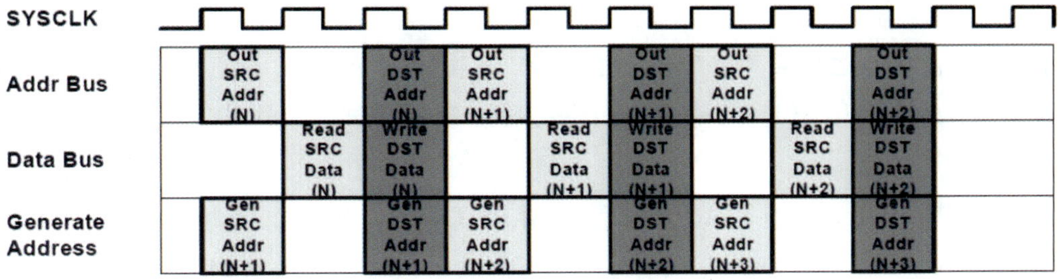

그림 16.6 DMA에서 3개의 파이프라인 Data 상태

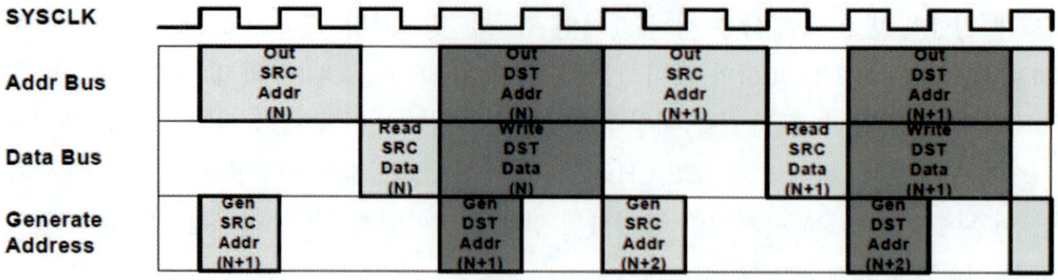

그림 16.7 DMA를 사용하지 않았을 때의 3개의 파이프라인 Data 상태

16.6 CPU / CLA 중재

일반적으로 DMA 동작은 CPU와 CLA에서 각각 이루어진다. 하지만, DMA와 CPU, 혹은 CLA가 동일한 주변 모듈 신호로 인해 동시에 연결되려고 할 때, 모든 상황에서 내부 충돌이 발생하게 된다. 따라서, 이러한 동시적 동작에서 중재 상황이 필요한 경우가 발생한다. 다른 주변 모듈 신호로 인해 동작하나, 버스 인터페이스를 공유할 경우에는 이러한 충돌이 일어날 확률이 더욱 높아지며, 버스를 공유하는 모듈들을 다음과 같이 정리할 수 있다.

① Peripheral frame 1 : ePWM, eCAP, eQEP, SDFM, CMPSS, DAC

② Peripheral frame 2 : PMBus, SPI

충돌 예시로는 DMA와 CLA가 각각 DAC-B / DAC-A에 연결될 때, 혹은 CPU와 DMA가 각각 SPI FIFO / PMBus에 연결되려 할 때를 예시로 들 수 있다. 둘 모두 버스 인터페이스를 공유하는 경우이다. 단 인터페이스를 공유하지 않을 경우, Data 충돌은 발생하지 않는다.

이러한 충돌에서 논외로 적용되는 것은 ADC 모듈이다. ADC의 경우 CPU, CLA, DMA 모두 동시적으로 적용되더라도 충돌 없이 동작하는 것이 가능한 모듈이다.

DMA의 경우 Trigger 전원 Address를 보내고, Trigger 전원의 Address를 읽고, 위치 Address를 보낸 후, 위치 Data를 기입하는 방식으로 동작하게 된다. DMA 통신 중 CPU 연결에 의한 충돌이 발생할 경우, CPU는 DMA의 전체 동작이 아닌 현재 동작이 끝날 때까지 대기하게 된다. 이후 아래와 같은 우선 순위가 적용되어 동작하게 된다.

$$\text{DMA write}>\text{DMA read}>\text{CLA write}>\text{CLA read}>\text{CPU write}>\text{CPU read} \quad (16.9)$$

16.7 채널간 우선순위

채널 간 우선 순위 적용에 대해서는 2가지 Mode가 존재하고, 이를 Round-robin mode, Channel 1 priority mode로 분류할 수 있다.

16.7.1 Round-Robin Mode

해당 Mode로 채널 간의 우선 순위를 적용하게 될 경우, 모든 채널은 동등한 우선 순위를 가지게 되어 순차적으로 적용하게 된다. 이에 대한 동작 순서를 아래와 같이 정리할 수 있다.

$$CH1 \rightarrow CH2 \rightarrow CH3 \rightarrow CH4 \rightarrow CH5 \rightarrow CH6 \rightarrow CH1 \rightarrow CH2 \rightarrow \ldots \quad (16.10)$$

해당 Mode로 DMA를 동작할 경우, 각각의 채널이 Data 송신을 한 후, 그 다음 채널이 동작하게 된다. 만약 채널 6이 동작하고, 이후 보류된 DMA 채널이 없을 경우, DMA 동작은 휴면 상태가 된다. 이 후 다시 DMA가 동작할 경우, 채널 1부터 동작하게 된다. 하지만, DMA가 채널 1이 아닌 다른 채널부터 동작할 경우, 예를 들어 채널 3부터 동작할 경우, 6개의 채널은 모두 동일한 우선 순위를 가지고 있기 때문에 CH1보다 다른 채널들(채널4~6)이 먼저 동작하게 된다.

16.7.2 Channel 1 High Priority Mode

해당 Mode로 채널 간의 우선 순위를 적용하게 될 경우, CH 1이 가장 높은 우선 순위를 가지게 되며, 다른 채널들은 Round-robin mode와 같이 동일한 우선 순위를 가지게 된다. 이에 대한 동작 순서는 아래와 같이 정리할 수 있다.

$$\begin{array}{l}\text{High Priority mode}: CH1 \\ \text{Low priority mode}: CH2 \rightarrow CH3 \rightarrow CH4 \rightarrow CH5 \rightarrow CH6 \rightarrow CH2 \rightarrow CH3 \rightarrow \ldots\end{array} \quad (16.11)$$

만약 CH1, 4, 5가 동작하였으며, CH4가 가장 먼저 연결되었다 하더라도, CH1이 가장 높은 우선 순위를 가지고 있기 때문에 CH1에서 우선적으로 DMA 동작이 발생하게 된다. 이후 CH4와 CH5는 동일한 우선 순위를 가졌기 때문에, 순차적인 동작이 발생하게 된다. CH5까지 동작이 마친 후, 대기중인 채널이 없다면 모든 채널은 휴면 상태에 돌입하게 된다. 해당 Mode는 일반적으로 Data 비중이 높은 ADC 모듈에 일반적으로 활용되나, 모든 모듈에서 활용이 가능하다.

16.8 Overrun 감지 기능

DMA는 Overrun 동작이 발생할 경우, 감지할 수 있는 기능이 있다. 주변 모듈로부터 Trigger가 발생하여 DMA가 이를 수신받을 때, CONTROL 레지스터의 PERINTFLG Bit로 인가되면서, 채널에 할당된 DMA를 보류 상태로 만들 수 있다. 만약 채널에 할당된 Data 통신이 시작되면, PERINTFLG는 초기화된다. 하지만, 만약 PERINTFLG Bit 값이 설정되는 시점과 통신이 시작되어 초기화되는 시점 사이에서 추가적인 Trigger 신호가 발생할 경우, 이러한 추가적인 신호는 유실되게 된다. 이러한 상태는 CONTROL 레지스터의 OVRFLG Bit 값을 설정하게 된다. OVRFLG에 의해 Interrupt가 활성화되면, 이를 통해 채널 Interrupt 또한 발생시킬 수 있다. 이러한 동작을 [그림 16. 8]을 통해 확인할 수 있다.

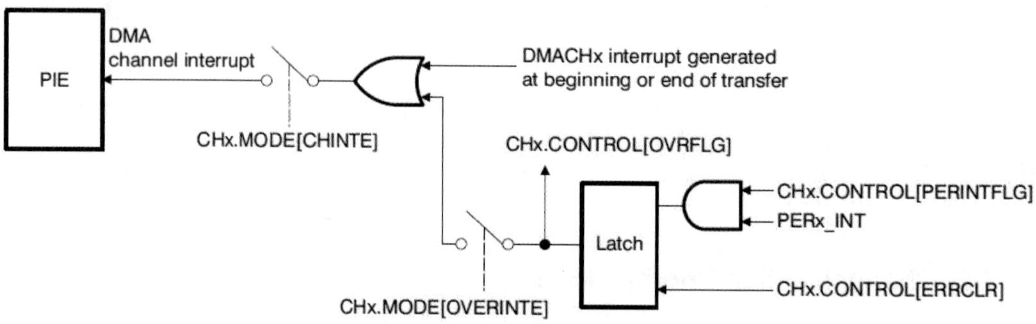

그림 16.8 Overrun 감지 로직 다이어그램

16.9 DMA 예제

다음은 DMA 동작을 위한 설정 코드이다. sData와 rData를 RAMGS0과 RAMGS1의 영역에 위치시킨 후, 해당 Data들을 배열로 정의하여 버퍼로 사용하였다. 또한 DMA Interrupt를 사용하기 위해 DMA Interrupt Trigger를 Data 전송 완료 후 발생하도록 설정하였으며, One Shot Mode와 Continuous Mode를 전부 사용하지 않고 16Bit의 Data를 이동시키도록 설정하였다. 또한 1번의 Burst마다 2개의 Word를 전송하고, 전송 후 시작과 도착 Address를 1씩 증가시키고, Transfer를 통해 3회 전달을 실행하며, Burst 전송 후에 시작과 도착 Address를 1씩 증가시키도록 설정하는 코드이다.

```
#pragma DATA_SECTION(sData, "ramgs0");  // map the TX data to memory
#pragma DATA_SECTION(rData, "ramgs1");  // map the RX data to memory

Uint16 sData[10];                        // Send data buffer
Uint16 rData[10];                        // Receive data buffer

// Mode 설정
    persel = 0;      // Trigger 전원 설절: 사용안함
    perinte = 1;     // Trigger 반응 설정: 사용함
    oneshot = 0;     // One Shot Mode 설정: 사용안함
    cont = 0;        // Continuous Mode 설정: 사용안함
    ovrinte = 0;     // 오버플로우 Interrupt 설정: 사용안함
    datasize = 0;    // Data 이동 설정: 16bit
    chintmode = 1;   // DMA Interrupt Mode 설정:DMA 전송 완료 후 Interrupt 발생
    chinte = 1;      // DMA Interrupt 사용 설정:사용함

    // Burst 설정
    bsize = 2;       // Burst 크기 설정: word(=bsize+1)/Burst
    srcbstep = 1;    // 매 Word 전송 후 시작 주소 증감 단위 설정
    desbstep = 1;    // 매 Word 전송 후 도착 주소 증감 단위 설정

    // Transfer 설정
    tsize = 2;       // transfer 크기 설정: Burst(=tsize+1)/transfer
    srctstep = 2;    // 매 Burst 전송 후 시작 주소 증감 단위 설정
    deststep = 1;    // 매 Burst 전송 후 도착 주소 증감 단위 설정

    // Wrap 설정
    srcwsize = 0xFFFF;  // (srcwsize+1)회  Burst 후 시작 주소 랩핑 크기 설정
    srcwstep = 0;       // 매 Wrapping 후 시작 주소 증감 단위 설정
    deswsize = 0xFFFF;  // (deswsize+1)회  Burst 후 도착 주소 랩핑 크기 설정
    deswstep = 0;       // 매 Wrapping 후 도착 주소 증감 단위 설정

    // 시작 Address 설정
    DMA_Source = &sData[0];

    // Destination Address 설정
    DMA_Dest = &rData[0];

    // Initializes the DMA to a known state
    DMAInitialize();
```

그림 16.9 DMA 동작 설정

다음은 해당 설정을 이용해 레지스터를 설정하며, 레지스터에 따라 DMA를 동작 대기시키는 코드이다. 전송이 완료되면(3번째 Burst 실행 시) Interrupt를 발생시켜 완료 Flag를 유발하며, 해당 Flag가 제거될 때까지 동작을 정지시키는 코드이다.

```
// Configure DMA CH1
    DMACH1ModeConfig(persel, perinte, oneshot, cont, ovrinte, datasize,
    chintmode, chinte);
    DMACH1BurstConfig(bsize, srcbstep, desbstep);
    DMACH1TransferConfig(tsize, srctstep, deststep);
    DMACH1WrapConfig(srcwsize, srcwstep, deswsize, deswstep);
    DMACH1AddrConfig(DMA_Dest, DMA_Source);

    for(i=0;i<10;i++)
    sData[i]=i+1;           // sData에 1~10 저장


// Starts DMA Channel 1
    StartDMACH1();          // CH1 내부의 control의 하위 필드인 RUN 실행

    for(;;)
    {
        BackTicker++;


        if(DMA_end_flag==1)
        {
                while(DMA_end_flag & 0x0001);   // Flag 제거까지 정지
                StartDMACH1();
        }
}
interrupt void local_DINTCH1_ISR(void)  /* DMA Channel 1 */
{

    DMA_end_flag = 1;                           // 전송 완료시 Flag 설정

    PieCtrlRegs.PIEACK.all = PIEACK_GROUP7;     // Acknowledge interrupt to PIE
}
```

그림 16.10 DMA 레지스터 설정 및 동작 설정

해당 예제를 실행한 후, DmaRegs.CH1.CONTROL.bit.PERINTFRC Bit에 1을 인가할 경우 Burst가 일어나 설정한 bsize 만큼의 Word를 sData에서 rData에 전달한다. Burst 중에는 Burst에 설정한 시작 Address와 도착 Address 증감에 따라 해당 Address의 값이 증가하며, Burst가 끝나면 Transfer에서 설정한 시작 Address와 도착 Address 증감에 따라 해당 Address가 증가한다. 다음은 Burst마다 dData의 변화를 나타낸 그림이다. 각각 초기, 1번째 Burst 후, 2번재 Burst 후, 3번째 Burst 후를 나타낸다.

Expression	Type	Value	Address
(x)= DMA_end_flag	unsigned int	0	0x0000A804@Data
∨ sData	unsigned int[10]	[1,2,3,4,5...]	0x0000D000@Data
(x)= [0]	unsigned int	1	0x0000D000@Data
(x)= [1]	unsigned int	2	0x0000D001@Data
(x)= [2]	unsigned int	3	0x0000D002@Data
(x)= [3]	unsigned int	4	0x0000D003@Data
(x)= [4]	unsigned int	5	0x0000D004@Data
(x)= [5]	unsigned int	6	0x0000D005@Data
(x)= [6]	unsigned int	7	0x0000D006@Data
(x)= [7]	unsigned int	8	0x0000D007@Data
(x)= [8]	unsigned int	9	0x0000D008@Data
(x)= [9]	unsigned int	10	0x0000D009@Data
∨ rData	unsigned int[10]	[0,0,0,0,0...]	0x0000E000@Data
(x)= [0]	unsigned int	0	0x0000E000@Data
(x)= [1]	unsigned int	2	0x0000E001@Data
(x)= [2]	unsigned int	0	0x0000E002@Data
(x)= [3]	unsigned int	0	0x0000E003@Data
(x)= [4]	unsigned int	0	0x0000E004@Data
(x)= [5]	unsigned int	0	0x0000E005@Data
(x)= [6]	unsigned int	0	0x0000E006@Data
(x)= [7]	unsigned int	0	0x0000E007@Data
(x)= [8]	unsigned int	0	0x0000E008@Data
(x)= [9]	unsigned int	0	0x0000E009@Data

그림 16.11 DMA 초기 상태(bsize=2)

Expression	Type	Value	Address
(x)= DMA_end_flag	unsigned int	0	0x0000A804@Data
∨ sData	unsigned int[10]	[1,2,3,4,5...]	0x0000D000@Data
(x)= [0]	unsigned int	1	0x0000D000@Data
(x)= [1]	unsigned int	2	0x0000D001@Data
(x)= [2]	unsigned int	3	0x0000D002@Data
(x)= [3]	unsigned int	4	0x0000D003@Data
(x)= [4]	unsigned int	5	0x0000D004@Data
(x)= [5]	unsigned int	6	0x0000D005@Data
(x)= [6]	unsigned int	7	0x0000D006@Data
(x)= [7]	unsigned int	8	0x0000D007@Data
(x)= [8]	unsigned int	9	0x0000D008@Data
(x)= [9]	unsigned int	10	0x0000D009@Data
∨ rData	unsigned int[10]	[1,2,3,0,0...]	0x0000E000@Data
(x)= [0]	unsigned int	1	0x0000E000@Data
(x)= [1]	unsigned int	2	0x0000E001@Data
(x)= [2]	unsigned int	3	0x0000E002@Data
(x)= [3]	unsigned int	0	0x0000E003@Data
(x)= [4]	unsigned int	0	0x0000E004@Data
(x)= [5]	unsigned int	0	0x0000E005@Data
(x)= [6]	unsigned int	0	0x0000E006@Data
(x)= [7]	unsigned int	0	0x0000E007@Data
(x)= [8]	unsigned int	0	0x0000E008@Data
(x)= [9]	unsigned int	0	0x0000E009@Data

그림 16.12 DMA 1번째 Burst 실행(bsize=2)

Expression	Type	Value	Address
DMA_end_flag	unsigned int	0	0x0000A804@Data
sData	unsigned int[10]	[1,2,3,4,5...]	0x0000D000@Data
[0]	unsigned int	1	0x0000D000@Data
[1]	unsigned int	2	0x0000D001@Data
[2]	unsigned int	3	0x0000D002@Data
[3]	unsigned int	4	0x0000D003@Data
[4]	unsigned int	5	0x0000D004@Data
[5]	unsigned int	6	0x0000D005@Data
[6]	unsigned int	7	0x0000D006@Data
[7]	unsigned int	8	0x0000D007@Data
[8]	unsigned int	9	0x0000D008@Data
[9]	unsigned int	10	0x0000D009@Data
rData	unsigned int[10]	[1,2,3,5,6...]	0x0000E000@Data
[0]	unsigned int	1	0x0000E000@Data
[1]	unsigned int	2	0x0000E001@Data
[2]	unsigned int	3	0x0000E002@Data
[3]	unsigned int	5	0x0000E003@Data
[4]	unsigned int	6	0x0000E004@Data
[5]	unsigned int	7	0x0000E005@Data
[6]	unsigned int	0	0x0000E006@Data
[7]	unsigned int	0	0x0000E007@Data
[8]	unsigned int	0	0x0000E008@Data
[9]	unsigned int	0	0x0000E009@Data

그림 16.13 DMA 2번째 Burst 실행(bsize=2)

Expression	Type	Value	Address
DMA_end_flag	unsigned int	1	0x0000A804@Data
sData	unsigned int[10]	[1,2,3,4,5...]	0x0000D000@Data
[0]	unsigned int	1	0x0000D000@Data
[1]	unsigned int	2	0x0000D001@Data
[2]	unsigned int	3	0x0000D002@Data
[3]	unsigned int	4	0x0000D003@Data
[4]	unsigned int	5	0x0000D004@Data
[5]	unsigned int	6	0x0000D005@Data
[6]	unsigned int	7	0x0000D006@Data
[7]	unsigned int	8	0x0000D007@Data
[8]	unsigned int	9	0x0000D008@Data
[9]	unsigned int	10	0x0000D009@Data
rData	unsigned int[10]	[1,2,3,5,6...]	0x0000E000@Data
[0]	unsigned int	1	0x0000E000@Data
[1]	unsigned int	2	0x0000E001@Data
[2]	unsigned int	3	0x0000E002@Data
[3]	unsigned int	5	0x0000E003@Data
[4]	unsigned int	6	0x0000E004@Data
[5]	unsigned int	7	0x0000E005@Data
[6]	unsigned int	9	0x0000E006@Data
[7]	unsigned int	10	0x0000E007@Data
[8]	unsigned int	0	0x0000E008@Data
[9]	unsigned int	0	0x0000E009@Data

그림 16.14 DMA 3번째 Burst 실행(bsize=2)

다음은 Burst 크기를 축소하여 1번의 Burst당 2개의 Word를 전송한 예제이다. bsize=1로 설정하여 진행하였다. 초기 상태는 동일하며, 1번째 Burst 후, 2번째 Burst 후, 3번째 Burst 후를 나타낸다.

Expression	Type	Value	Address
DMA_end_flag	unsigned int	0	0x0000A804@Data
sData	unsigned int[10]	[1,2,3,4,5...]	0x0000D000@Data
[0]	unsigned int	1	0x0000D000@Data
[1]	unsigned int	2	0x0000D001@Data
[2]	unsigned int	3	0x0000D002@Data
[3]	unsigned int	4	0x0000D003@Data
[4]	unsigned int	5	0x0000D004@Data
[5]	unsigned int	6	0x0000D005@Data
[6]	unsigned int	7	0x0000D006@Data
[7]	unsigned int	8	0x0000D007@Data
[8]	unsigned int	9	0x0000D008@Data
[9]	unsigned int	10	0x0000D009@Data
rData	unsigned int[10]	[1,2,0,0,0...]	0x0000E000@Data
[0]	unsigned int	1	0x0000E000@Data
[1]	unsigned int	2	0x0000E001@Data
[2]	unsigned int	0	0x0000E002@Data
[3]	unsigned int	0	0x0000E003@Data
[4]	unsigned int	0	0x0000E004@Data
[5]	unsigned int	0	0x0000E005@Data
[6]	unsigned int	0	0x0000E006@Data
[7]	unsigned int	0	0x0000E007@Data
[8]	unsigned int	0	0x0000E008@Data
[9]	unsigned int	0	0x0000E009@Data

그림 16.15 DMA 1번째 Burst 실행(bsize=1)

Expression	Type	Value	Address
DMA_end_flag	unsigned int	0	0x0000A804@Data
sData	unsigned int[10]	[1,2,3,4,5...]	0x0000D000@Data
[0]	unsigned int	1	0x0000D000@Data
[1]	unsigned int	2	0x0000D001@Data
[2]	unsigned int	3	0x0000D002@Data
[3]	unsigned int	4	0x0000D003@Data
[4]	unsigned int	5	0x0000D004@Data
[5]	unsigned int	6	0x0000D005@Data
[6]	unsigned int	7	0x0000D006@Data
[7]	unsigned int	8	0x0000D007@Data
[8]	unsigned int	9	0x0000D008@Data
[9]	unsigned int	10	0x0000D009@Data
rData	unsigned int[10]	[1,2,4,5,0...]	0x0000E000@Data
[0]	unsigned int	1	0x0000E000@Data
[1]	unsigned int	2	0x0000E001@Data
[2]	unsigned int	4	0x0000E002@Data
[3]	unsigned int	5	0x0000E003@Data
[4]	unsigned int	0	0x0000E004@Data
[5]	unsigned int	0	0x0000E005@Data
[6]	unsigned int	0	0x0000E006@Data
[7]	unsigned int	0	0x0000E007@Data
[8]	unsigned int	0	0x0000E008@Data
[9]	unsigned int	0	0x0000E009@Data

그림 16.16 DMA 2번째 Burst 실행(bsize=1)

Expression	Type	Value	Address
(x)= DMA_end_flag	unsigned int	1	0x0000A804@Data
sData	unsigned int[10]	[1,2,3,4,5...]	0x0000D000@Data
(x)= [0]	unsigned int	1	0x0000D000@Data
(x)= [1]	unsigned int	2	0x0000D001@Data
(x)= [2]	unsigned int	3	0x0000D002@Data
(x)= [3]	unsigned int	4	0x0000D003@Data
(x)= [4]	unsigned int	5	0x0000D004@Data
(x)= [5]	unsigned int	6	0x0000D005@Data
(x)= [6]	unsigned int	7	0x0000D006@Data
(x)= [7]	unsigned int	8	0x0000D007@Data
(x)= [8]	unsigned int	9	0x0000D008@Data
(x)= [9]	unsigned int	10	0x0000D009@Data
rData	unsigned int[10]	[1,2,4,5,7...]	0x0000E000@Data
(x)= [0]	unsigned int	1	0x0000E000@Data
(x)= [1]	unsigned int	2	0x0000E001@Data
(x)= [2]	unsigned int	4	0x0000E002@Data
(x)= [3]	unsigned int	5	0x0000E003@Data
(x)= [4]	unsigned int	7	0x0000E004@Data
(x)= [5]	unsigned int	8	0x0000E005@Data
(x)= [6]	unsigned int	0	0x0000E006@Data
(x)= [7]	unsigned int	0	0x0000E007@Data
(x)= [8]	unsigned int	0	0x0000E008@Data
(x)= [9]	unsigned int	0	0x0000E009@Data

그림 16.17 DMA 3번째 Burst 실행(bsize=1)

다음은 Transfer 수에 따른 전송 완료 주기 확인이다. bsize를 동일하게 설정한 후, 각각 tsize를 1, 2로 인가하여 확인하였으며, Burst를 위한 Trigger 발생 시마다 GPIO23번을 출력하도록 설정하였다.

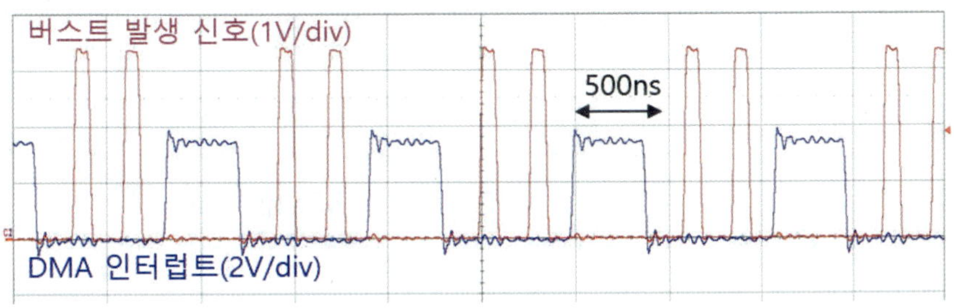

그림 16.18 DMA Transfer 수에 따른 전송 완료 시기(tsize=1)

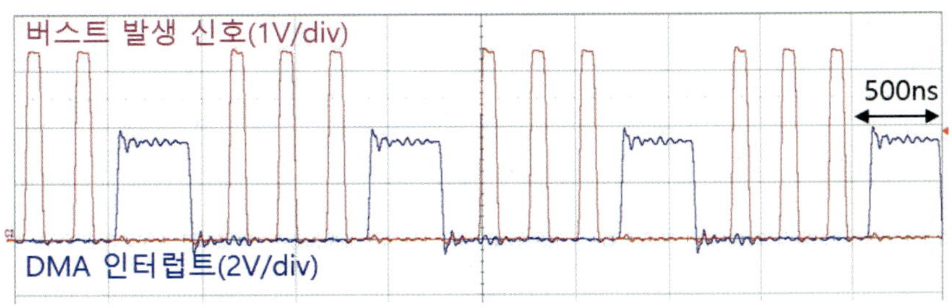

그림 16.19 DMA Transfer 수에 따른 전송 완료 시기(tsize=2)

다음은 Interrupt Data Burst로 전송하는 Word 수가 CPU 연산시간에 미치는 영향을 확인하기 위한 예제의 실행 결과이다. DmaRegs.CH1.CONTROL.bit.PERINTFRCBit를 추가하여 자동적으로 Burst가 진행되도록 설정하였으며, 해당 전송이 끝나면 DMA Interrupt가 발생하도록 하였다. Main loop에서는 GPIO23을 SET, DMA Interrupt에서는 GPIO8을 SET되도록 설정하였으며, 각 구간 종료 시점에는 GPIO23, GPIO8 각각을 CLEAR 하였다.

아래는 1번의 Burst 시 2개의 Word 전송 시의 동작 시간 확인 결과이다.

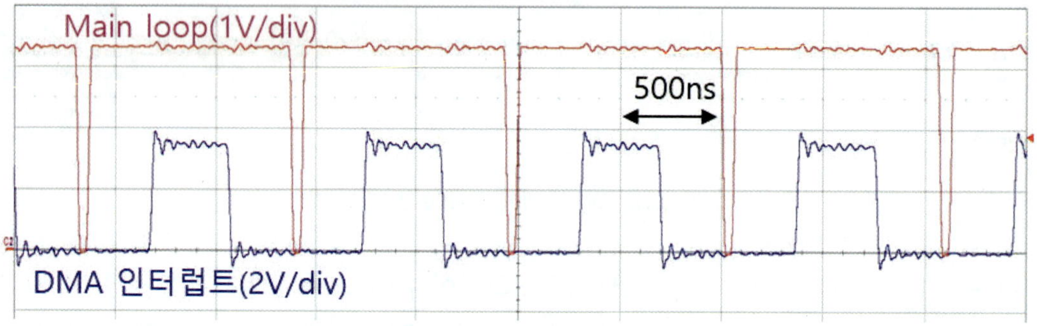

그림 1.20 1번의 Burst에 2개의 Word 전송 시의 동작 시간 확인

아래는 1번의 Burst 시 5개의 Word 전송 시의 동작 시간 확인 결과이다.

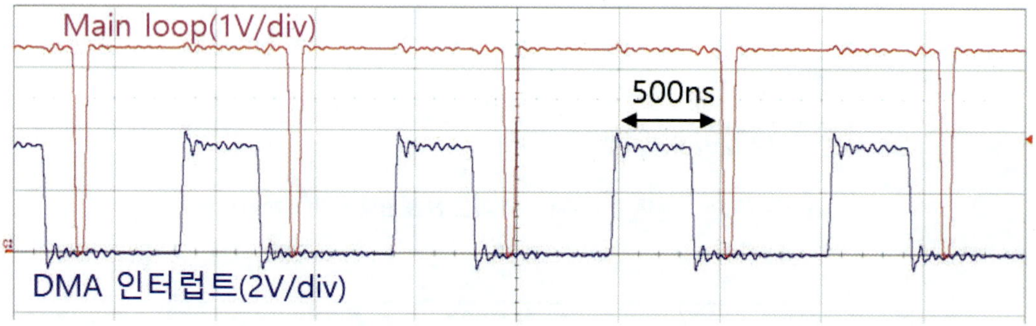

그림 1.21 1번의 Burst에 5개의 Word 전송 시의 동작 시간 확인

Word 전송에 따라 DMA Interrupt 시점이 달라지나, 더 많은 Word를 전송하여도 동작 연산 시간은 변화가 없는 것을 확인할 수 있다.

CHAPTER

17 Flash

17 Flash

17.1 Flash 개요

Flash는 여러 번 프로그래밍이 가능한 비휘발성 메모리이다. 휘발성 메모리인 RAM은 전원이 차단될 경우 내부의 Data가 사라져 전원을 인가할 때마다 메모리에 Data를 저장해 주어야 한다. 그와 반대되는 비휘발성 메모리, Flash는 전원이 꺼져도 메모리에 저장되어 있는 Data가 사라지지 않기 때문에 TMS320F28388에서는 그 장점을 살려 RAM 대신 CPU를 가동하거나, 정적 Data 메모리로 사용하게 된다.

17.2 전력전자에서 Flash

전력전자에서 Flash는 제어 코드를 저장하는 용도로 사용되며, 이를 이용하면 제어기를 Stand-Alone 상태로 동작시킬 수 있다. Flash의 Boot Mode를 통해 DSP를 가동하게 될 경우, 에뮬레이터나 PC와 연결되어 있지 않아도 전원 인가 시 Flash에 저장되어 있는 코드를 동작 시킬 수 있게 되는데, 이를 Stand-Alone이라고 한다. 반복적인 실험 목적으로 항상 파라미터를 확인하며 실시간으로 제어를 진행하기 위해 에뮬레이터, PC를 연결하여 DSP를 가동할 경우, 통상적으로 Flash보다 속도가 빠른 RAM을 사용하게 된다. 그러나 실험용 세트가 아닌 상용 제품에는 항상 실시간으로 파라미터를 확인하거나, 에뮬레이터와 PC를 연결할 수 없다. 그러므로 항상 동일한 동작을 하는 상용 제품에는 일반적으로 비휘발성 메모리인 Flash를 기반으로 동작하게 된다. 일반적으로는 Flash에 저장된 Data를 RAM에 로드하여 Flash의 비휘발성과 RAM의 빠른 속도를 동시에 사용하게 된다. 아래는 Stand-Alone에 대한 설명이다.

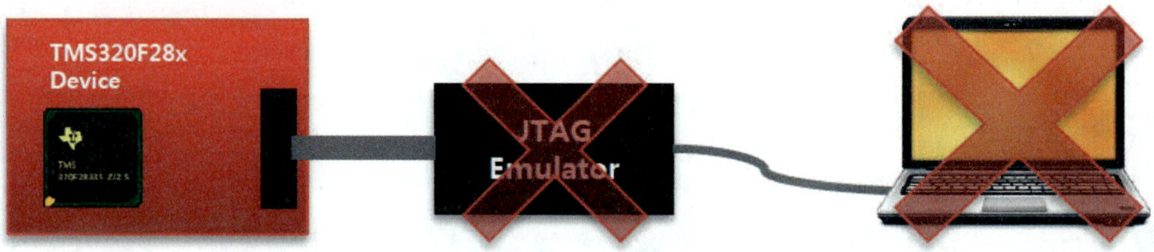

그림 17.1 Stand-Alone 구동

또한, 한 번에 여러 장치를 제어할 경우 여러 개의 제어기가 사용되는데, n 개의 제어기 사용을 위해서 n 개의 PC와 에뮬레이터 연결이 필요하다. 그러나 Flash를 사용할 경우 Master 제어기, 혹은 수정이 필요한 제어기에만 PC와 에뮬레이터를 이용하여 제어할 수 있으므로 상대적으로 환경 구성이 쉬워지게 된다. 아래는 통신을 이용한 Master-Slave 제어기 구조에서 실시간 제어와 Stand-Alone 구동을 나타낸 그림이다.

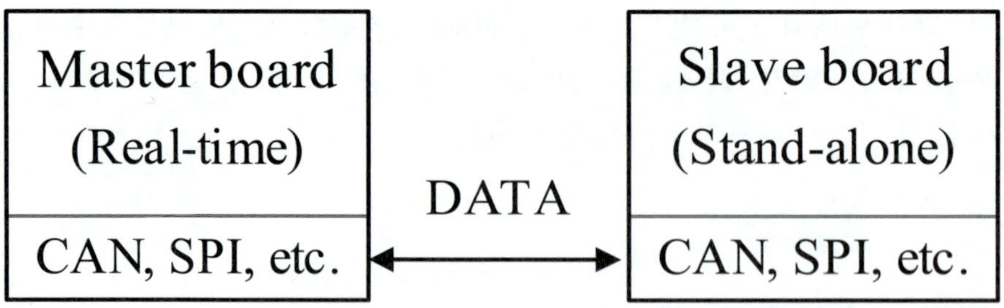

그림 17.2 DSP 멀티 구동에서 실시간 제어와 Stand-Alone

17.3 Flash 특징

17.3.1 Flash 기능

- CPU1 및 CPU2 하위 시스템의 전용 Flash Bank
- Connectivity Manager(CM) 하위 시스템의 전용 Flash Bank
- 각 Bank의 CPU1, CPU2 및 CM 하위 시스템에 있는 전용 Flash 모듈 컨트롤러(FMC)
- ECC를 통한 1회 당 128Bit 프로그래밍
- 섹터마다 따로 Data 유지/제거가 가능한 섹터 구성
- 설정 가능한 Boot Mode 선택 Pin
- CPU1, CPU2 및 CM 하위 시스템에서 공유하는 단일 Flash Pump
- 세 개의 FMC Pump 제어권을 결정하는 하드웨어 Pump 신호
- 코드 프리패치 방법과 Data 캐시를 이용한 CPU-FMC, CM-FMC의 성능 향상
- 실행 속도에 따른 최적의 성능을 위한 대기 상태 구성
- 안전 기능:
  - 3개 FMC 모두에서 지원하는 SECED-단일 오류 수정 및 이중 오류 감지
  - ECC에 포함된 Address Bit
  - ECC 로직 상태 확인용 테스트 Mode
- Flash Bank 및 Pump 저전력 Mode 지원
- 전원 Mode 제어 로직 내장
- 전체 FMC 통합 Flash 프로그램/삭제 상태 시스템(FSM):
  - 간단화 된 Flash API 알고리즘

- 고속 Data 삭제 및 프로그래밍

- 코드 보안 모듈(CSM)

17.3.2 Flash Tools

TI 사에서는 FLASH를 사용하기 위한 툴을 다음과 같이 3가지 제공한다.

- CCS(Code Composer Studio™) IDE - Flash 플러그인이 통합된 개발 환경(권장)
- Flash API Library - Flash를 지우거나 프로그래밍하는 소프트웨어 주변 기능 집합
- UniFlash - JTAG를 통해 Flash 콘텐츠를 삭제/프로그램/검증하는 독립 실행형 Tool(CCS 미사용)

17.3.3 Flash 초기 설정

RESET 직후 Flash 모듈의 구성은 다음과 같다.

- 전용 Flash Bank 절전 Mode
- 공유 Pump 절전 Mode
- ECC 활성화
- 대기 상태 최댓값(0xF) 설정
- 코드 프리패치 방법 및 Data 캐시 모두 비활성화
- Bank 및 Pump 활성 유예 기간 0x0으로 설정

Flash의 Boot 프로세스 동안 Boot ROM은 One-Time Programmable(OTP)에서 CSM 더미 암호를 읽어낸다. 해당 읽기 동작을 통해 암호가 없는 새 장치의 잠금을 해제하고, Flash 프로그래밍이나 CSM를 사용한 보호, SRAM으로 코드 전송을 가능하게 한다. 암호가 있는 장치에서는 장치가 잠긴 상태로 유지되나, 해당 읽기 동작을 통해 Flash가 절전 상태에서 활성화된다. 이 때, 사용자는 FRDNTL 레지스터와 FRD_INTF_CTRL 레지스터를 사용하여 대기 상태, 캐시/프리패치 기능, 시스템 성능 최적화 등이 가능하다. 해당 설정을 구성하

는 소프트웨어는 Flash가 아닌 RAM 메모리에서 실행해야만 하며, 대기 상태 설정 전에는 Data 캐시/프리패치 기능을 비활성화해야 한다.

17.4 Flash Bank, OTP, Pump

CPU1, CPU2, CM에는 각각 전용 Flash Bank와 OTP가 존재한다. OTP는 One-Time Programmable의 약어로 단 한 번만 프로그래밍이 가능한 메모리이다. 해당 OTP 메모리는 TI-OTP와 USER OTP가 존재한다. TI-OTP에는 Flash State Machine(FSM)에서 지우기나 프로그래밍 동작에서 사용하는 설정이나 제조 정보가 포함된 Data가 저장되어 있다. 이미 프로그래밍이 된 상태이기 때문에, 사용자는 TI-OTP에 대해 읽기 동작을 수행할 수 있지만 지우거나 프로그래밍 하는 등의 쓰기 동작을 할 수 없다. USER OTP의 경우에는 해당 메모리를 사용하여 Boot Mode Pin을 변경하는 등의 프로그래밍이 가능하나, 1회의 프로그래밍을 마칠 경우 추가로 프로그래밍이 불가능하기 때문에 프로그래밍에 주의가 필요하다.

CPU1, CPU2, CM의 Flash Bank와 OTP는 공통적으로 Flash Pump를 공유한다, Flash Pump 소유권 신호라 불리는 하드웨어 신호는 각각의 하위 시스템의 Flash Pump access를 제어하기 위해 사용된다. 따라서 한 번에 하나의 CPU만 Flash를 프로그래밍하거나 지울 수 있다. CPU는 Pump 소유권 신호를 통해 다른 CPU가 프로그래밍을 하거나 지울 때에도 Flash에서 Data를 읽고 코드를 실행할 수 있다. 신호의 상태는 다음과 같이 4가지로 나타나며, 신호의 상태를 변경할 때는 00을 경유하여 해당 코어의 제어권을 포기하여야 한다.

- 00 : CPU1이 Pump를 제어, CPU2와 CM 제어권 수령 대기
- 01 : CPU2가 Pump와 소유권 신호 제어, 00 상태로 변경 가능
- 10 : CPU1이 Pump와 소유권 신호 제어, 00 상태로 변경 가능
- 11 : CM이 Pump와 소유권 신호 제어, 00 상태로 변경 가능

다음은 해당 신호의 상태 및 상태 변화를 나타낸다.

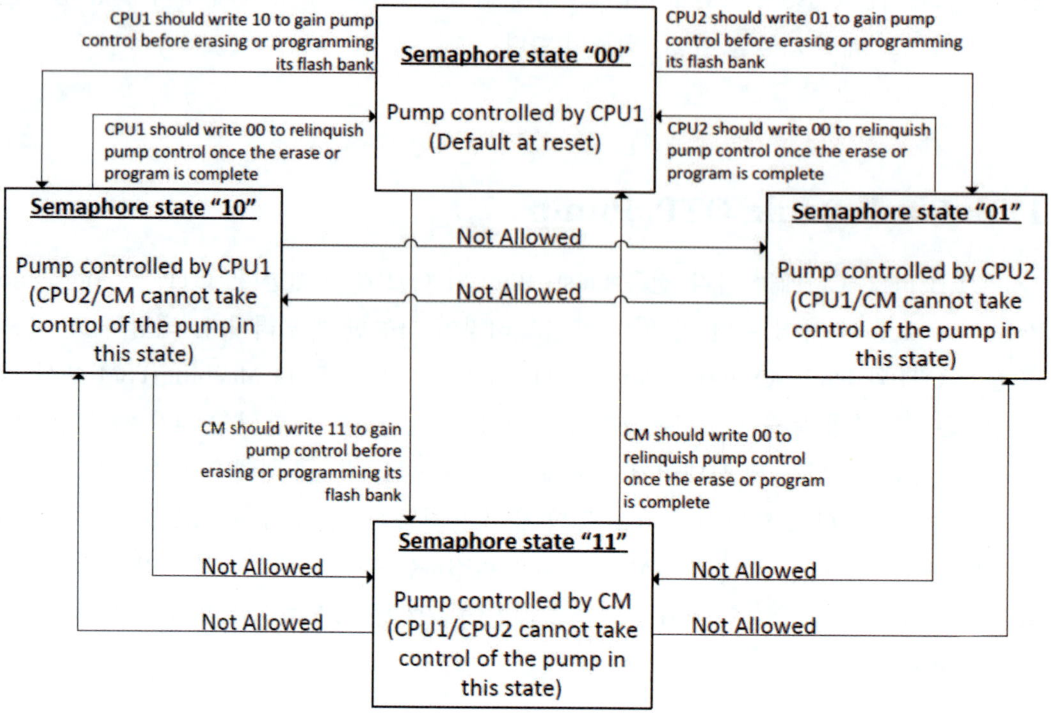

그림 17.3 Flash Pump 소유권 신호의 상태와 상태 변화

17.5 Flash Module Controller(FMC)

CPU1, CPU2, CM에는 각각 전용 Flash Module Controller(FMC)가 존재한다. 해당 FMC를 통해 각각의 코어와 인터페이스 하며, Flash Bank와 공유 Pump를 통해 메모리를 지우거나 프로그래밍을 수행할 수 있고, Flash Bank에서 Data나 실행 코드를 읽을 수 있다. Flash Pump에 대한 제어 신호는 Flash Pump의 하드웨어적 신호를 인가받은 FMC에서 발생하게 된다. 아래는 FMC의 인터페이스이다.

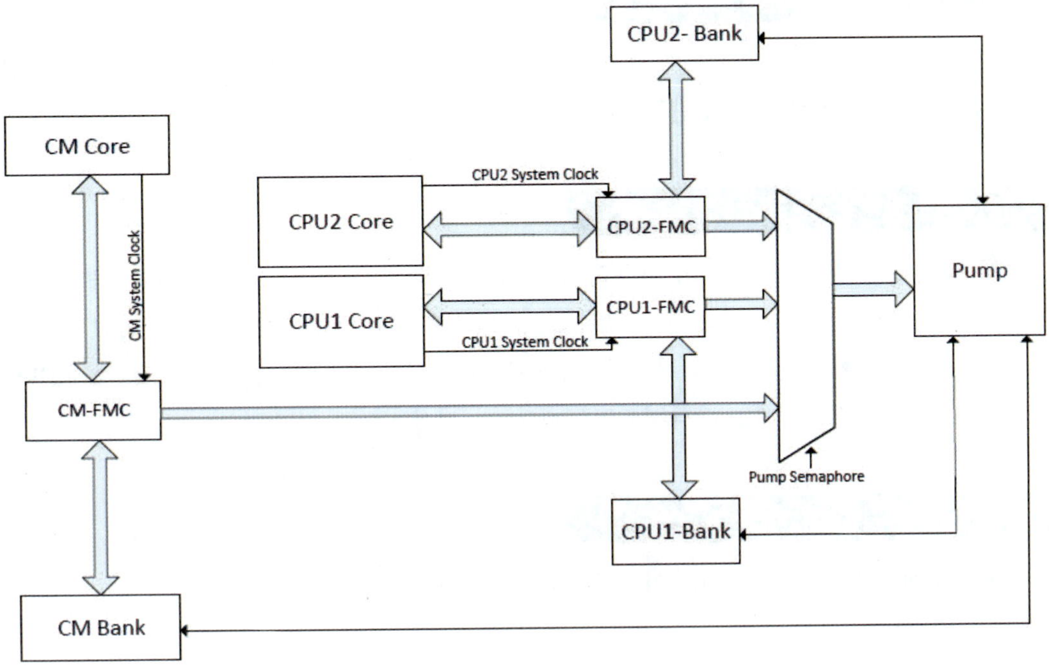

그림 17.4 FMC 인터페이스

17.6 Flash와 OTP 동작

17.6.1 Flash와 OTP 전원 Mode

Flash Bank 및 Pump는 활성 상태일 때 많은 전력을 소비한다. Flash 모듈은 Flash Bank와 Pump의 절전 Mode를 제공한다. 특수 타이머를 통해 각각의 코어에 Flash Bank에 기동 순서를 자동적으로 설정하며, 공유 Pump 모듈에는 자체적인 기동 타이머가 존재한다.

Flash Bank 및 OTP는 절전, 대기, 활성의 세 가지 전원 Mode로 작동한다. 이때, 절전에서는 최저 전력을 소모하며, 대기 및 활성 단계에서는 최대 전력을 소모한다. 다음은 전원 Mode에 따른 설명이다.

절전 상태

RESET 직후의 상태로, 이 상태에서 CPU Data 읽기 또는 opcode 갱신을 통해 자동으로 전원 Mode를 대기 - 활성 상태로 변경한다. 상태가 변경되는 동안 CPU는 자동으로 정지된다.

대기 상태

절전 상태보다 전력을 더 많이 사용하지만 활성 상태 또는 읽기 상태로 전환하는 데 걸리는 시간이 단축된다. 이 상태에서 CPU Data 읽기 또는 opcode 갱신이 실행되면 자동으로 전원 Mode를 활성 상태로 변경한다. 상태가 변경되는 동안 CPU는 자동으로 정지된다. Flash/OTP가 활성 상태에 도달하면 CPU access가 정상적으로 완료된다.

활성 또는 읽기 상태

- 이 상태에서는 Bank 및 Pump가 최고 출력을 내게 된다.
- 차지 Pump는 두 가지 전원 Mode로 작동한다:

절전(최저 전력)

활성(최고 출력)

Flash Bank/OTP에 access 하면 Pump가 절전 Mode인 경우 활성 Mode로 전환된다. 메모리를 지우거나 프로그래밍 할 경우 Pump와 Bank를 활성화한다. Bank가 활성 또는 대기 Mode인 경우, Pump는 Pump 전원 Mode 제어 구성(FPAC1 레지스터의 PMPPWR Bit 필드)과는 별개로 활성 Mode로 설정된다.

Pump를 절전 상태로 전환하지 않고 전원을 끄기 위해서는 각 코어가 access 없이 Pump의 전원을 꺼야만 하며 RAM에서 아래와 같은 절차를 따라야 한다.

1. 전원을 끌 준비를 완료한 후 코어 동기화
2. CM을 통한 Pump 신호 획득
3. CM을 Bank Fall Back Power Mode로 전환(FBFALLBACK.BNKPWR = 0)
4. CM Flash Charge Pump Fall Back Mode로 전환(FBFALLBACK.BNKPWR = 0)

5. CPU2, CPU1 순으로 2-4과정 반복 후 CPU1에서 전원 차단 시퀀스 완료 선언

access 간격이 짧을 때, Flash access 종료 후 즉시 Flash를 절전 Mode로 전환하는 경우 기동에 사용되는 전력이 전원을 켜두는 전력보다 높을 수 있다. 이때, AGP(Active Grace Period)를 사용하여 Flash 모듈의 전력 소비와 access 시간을 최적화할 수 있다. 해당 기능을 레지스터 설정을 통해 사용할 경우 특정 사이클 동안 대기 상태를 유지하여 전력 소모와 access 속도를 최적화할 수 있다.

17.6.2 Flash Read Interface

본 절에서는 Flash의 일반적인 읽기 동작인 스탠다드 읽기 Mode, 성능 향상을 위한 프리패치 Mode, 캐시 Mode와 그 구성에 대해 설명한다.

1. 스탠다드 읽기 Mode : RESET 후 기본 설정 Mode
   - 시스템 주파수가 낮을 때 권장
   - 프리패치 Mode, 캐시 Mode Bypass
   - 모든 access가 고유 Flash Bank access 생성
2. 프리패치 Mode : 선형 코드(연속적인 메모리 Address에서 명령어 수령) 성능 향상
   - FRD_INTF_CTRL 레지스터의 PREFETCH_EN Bit를 통해 활성화
   - 활성화 시 access 당 128Bit의 Address를 수령하여 버퍼에 저장
   - 최대 32Bit 명령어 4개나 16Bit 명령어 8개 저장
   - 명령어 처리 중 백그라운드에서 다음 Address에 대한 access 시작
   - branch, BANZ, call, loop instruction(비선형 코드)에서 중단, 대상 Address/분기에서 다시 시작
3. 캐시 Mode : Address 임시 저장
   - FRD_INTF_CTRL 레지스터의 DATA_CACHE_EN Bit를 통해 활성화
   - 요청 Data Address가 캐시에 저장되어 있지 않을 시 128Bit Data 캐시에 업데이트
   - access 발생 시 CPU에 Data 전송

아래는 프리패치 Mode와 캐시 Mode에 대한 구조도이다.

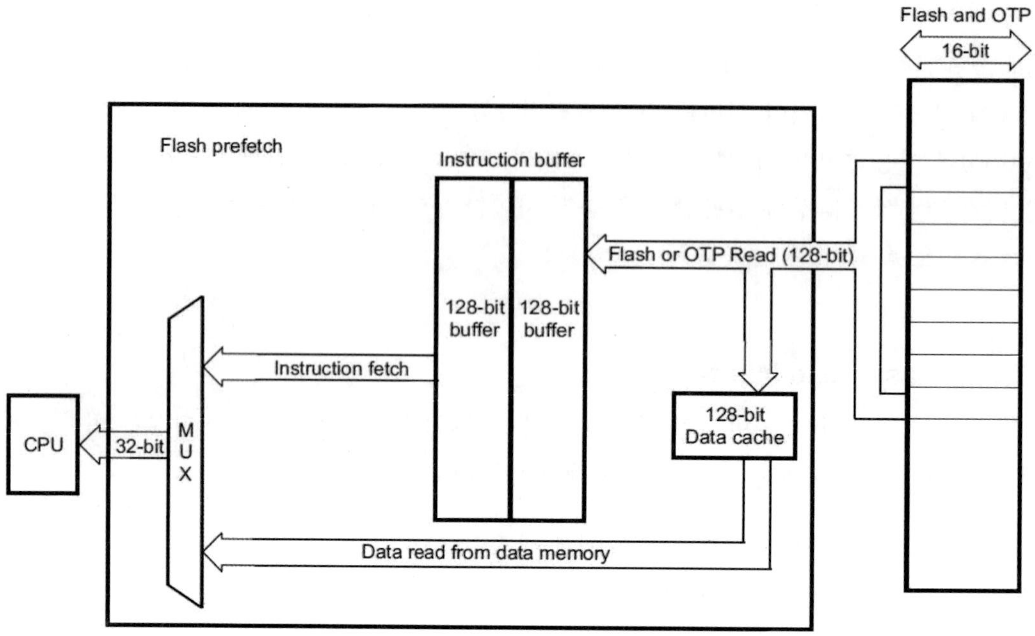

그림 17.5 Flash 프리패치 Mode

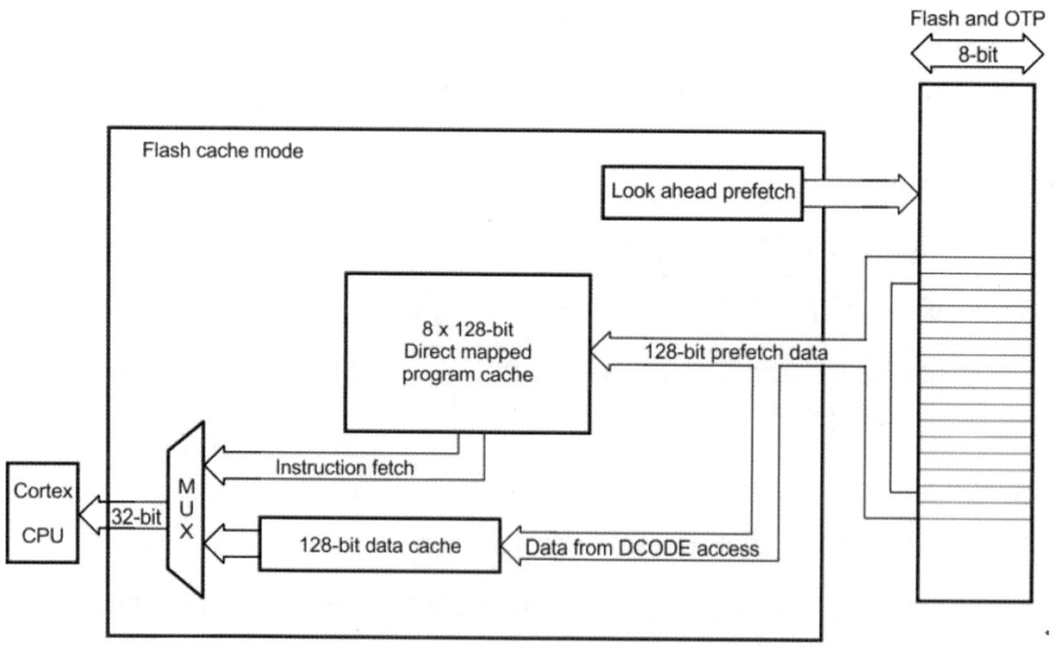

그림 17.6 Flash 캐시 Mode

17.6.3 Flash 지우기/프로그래밍

Flash 모듈에는 프로그램을 수행하고 작업을 지우는 Flash State Machine(FSM)이 존재한다. 일반적으로 Flash 프로그래밍은 지우기-프로그래밍-검증 단계로 진행된다. 다음은 각 단계에 대한 설명이다.

1. Erase
   - 모든 Data를 1로 읽기(blank 상태)
   - 프로그래밍 전에 반드시 실행
2. Program
   - FSM을 통해 USER OTP 및 Flash를 프로그래밍하는 명령 수행
   - 주 배열 프로그래밍의 경우 64Bit Address에 정렬, 각 Word는 1 읽기/쓰기 사이클당 1회 실행
   - DCSM MOTP 프로그래밍의 경우 128Bit Address에 정렬해 각 Word는 1회 프로그래밍 가능
3. Verify
   - 프로그래밍 후 API 함수 Fapi_doVerify()를 사용하여 검증 수행(Data와 Flash 내용 비교)
   - 런타임 동안 정기적으로 Flash 메모리 내용에 대한 CRC 검사 수행

17.7 Flash 예제

Flash는 전원을 꺼도 메모리가 지워지지 않는 장점이 있지만 RAM에 비해 느리다는 단점이 있다. 해당 단점을 해결하기 위해 Flash를 통해 부팅한 후, RAM에 해당 프로그래밍을 업로드해 구동하는 Flash to RAM 방식을 사용할 수 있다.

본 절에서는 RAM 구동과 Flash 구동, 그리고 FALSH to RAM 구동의 실행과 속도 차이를 확인한다. GPIO 64번을 LED와 연결한 후, for 문을 통해 특정 사이클 동안 대기시킨 후 LED를 토글하도록 설정하였다. RAM구동을 위해 TI사에서 제공하는 cmd 파일을 사용하였다. 아래는 그를 위한 코드와 그에 대한 실행 결과이다.

```
for(;;) // Just sit and loop forever
  {
     GpioDataRegs.GPCTOGGLE.bit.GPIO64 =1;  //GPIO64 TOGGLE
     for(i=0;i<1000000;i++);                //1000000사이클 대기
  }
```

그림 17.7 실행 속도 비교를 위한 GPIO64 토글 코드

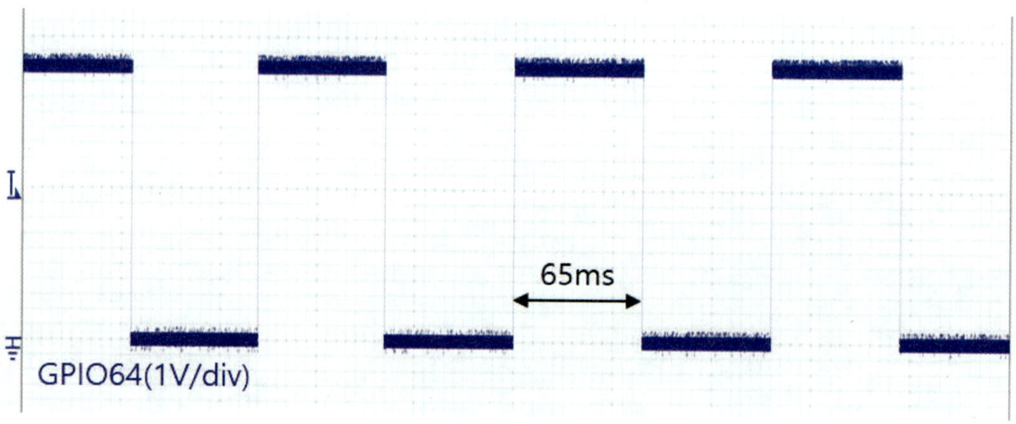

그림 17.8 RAM 구동 실행 결과

1,000,000사이클에 대한 지연 시간이 65ms인 것을 확인하였다.
다음은 Flash를 통한 구동이다. 다음은 해당 구동을 위한 Boot Mode 표이다.

표 17.1 Flash 구동을 위한 Boot Mode

Boot Mode	GPIO72 (Default boot mode select pin 1)	GPIO84 (Default boot mode select pin 0)
Parallel IO	0	0
SCI / Wait Boot	0	1
CAN	1	0
Flash / USB	1	1

Boot Mode를 Flash로 사용하기 위해 GPIO72와 GPIO84를 3.3V와 연결한 후, STAND-ALONE Mode로 구동하였다. 또한 Flash 구동을 위해서는 cmd 파일을 RAM 용에서 TI 사에서 제공하는 Flash 용 파일로 변경할 필요가 있다. 다음은 변경한 결과와 해당 cmd 파일의 차이점이다.

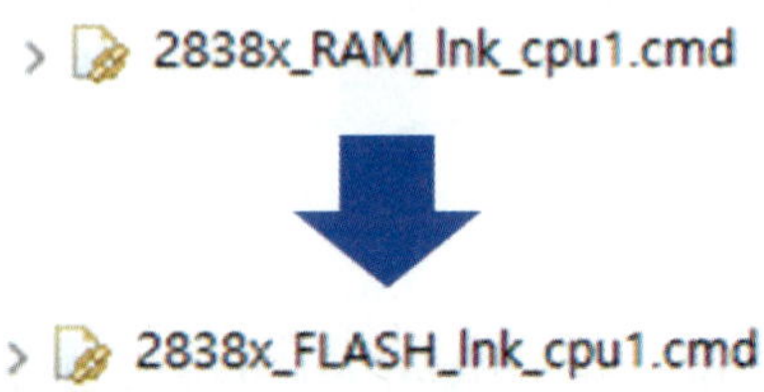

그림 17.9 Flash 구동을 위한 프로젝트 구성 파일 수정

```
MEMORY
{
        /* BEGIN is used for the "boot to SARAM" bootloader mode */
        BEGIN               : origin = 0x000000, length = 0x000002
                                  .
                                  .
                                  .
SECTIONS
{
        codestart           : >        BEGIN
        .text               : >> RAMD0 | RAMD1 | RAMLS0 | RAMLS1 | RAMLS2 | RAMLS3
        .cinit              : > RAMM0
        .switch             : > RAMM0
        .reset              : > RESET, TYPE = DSECT /* not used, */

        .stack              : > RAMM1
        .bss                : > RAMLS5
        .bss:output         : > RAMLS3
        .init_array         : > RAMM0
        .const              : > RAMLS5 | RAMLS6
        .data               : > RAMLS5
        .sysmem                      : > RAMLS4
```

⬇

```
MEMORY
{
        /* BEGIN is used for the "boot to SARAM" bootloader mode */
        BEGIN               : origin = 0x080000, length = 0x000002
                                  .
                                  .
                                  .
SECTIONS
{
        codestart           : > BEGIN, ALIGN(8)
        .text               : >> FLASH1 | FLASH2 | FLASH3 | FLASH4, ALIGN(8)
        .cinit              : > FLASH4, ALIGN(8)
        .switch             : > FLASH1, ALIGN(8)
        .reset              : > RESET, TYPE = DSECT          /* not used, */
        .stack              : > RAMM1
        .init_array         : > FLASH1, ALIGN(8)
        .bss                : > RAMLS5
        .bss:output         : > RAMLS3
        .bss:cio            : > RAMLS5
        .data               : > RAMLS5
        .sysmem                      : > RAMLS5
        /* Initalized sections go in Flash */
        .const              : > FLASH5, ALIGN(8)
```

그림 17.10 Flash 구동을 위한 cmd 파일 수정 코드

RAM Address와 연결된 메모리 시작점을 Flash Address로 변경한 것을 확인할 수 있다. 다음은 그에 대한 실행 결과이다.

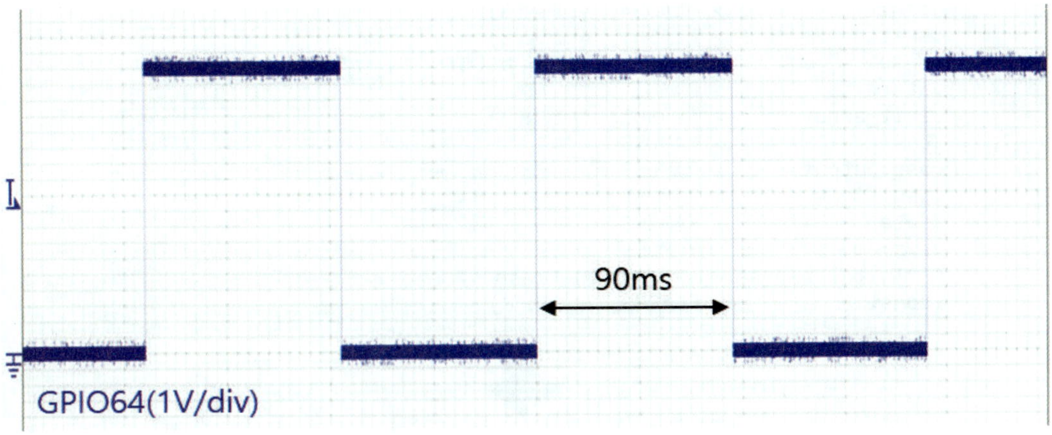

그림 17.11 Flash 구동 실행 결과

RAM 구동과 비교하여 Flash 구동 시 1,000,000사이클에 대한 지연 시간이 65ms에서 90ms로 증가한 것을 확인하였다.

다음은 RAM to Flash 구동을 확인하였다. 해당 구동을 위해 cmd 파일을 수정하고, 코드의 시작 지점을 변경하는 asm(어셈블리어) 파일을 추가하였다. 아래는 프로젝트 수정 결과와 해당 코드들을 각각 정리한 것이다.

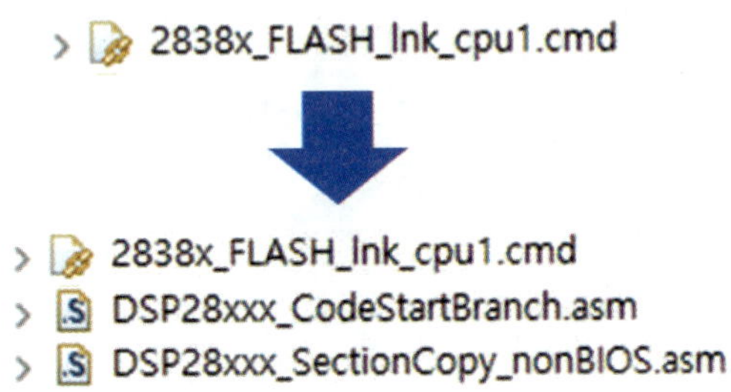

그림 17.12 Flash to RAM 구동을 위한 프로젝트 구성 파일 수정

```
SECTIONS
{
        codestart       : > BEGIN, ALIGN(8)
        .text           : >> FLASH1 | FLASH2 | FLASH3 | FLASH4, ALIGN(8)
        .cinit          : > FLASH4, ALIGN(8)
        .switch         : > FLASH1, ALIGN(8)
        .reset          : > RESET, TYPE = DSECT      /* not used, */
        .stack          : > RAMM1
        .init_array     : > FLASH1, ALIGN(8)
        .bss            : > RAMLS5
        .bss:output     : > RAMLS3
        .bss:cio        : > RAMLS5
        .data           : > RAMLS5
        .sysmem         : > RAMLS5
        /* Initalized sections go in Flash */
        .const          : > FLASH5, ALIGN(8)
```

```
SECTIONS
{
        /*** User Defined Sections ***/
        codestart       : > BEGIN,    ALIGN(8)
        wddisable       : > FLASH6,   ALIGN(8)
        copysections    : > FLASH6,   ALIGN(8)


        rtslib { -l rts2800_fpu64_eabi.lib(.text) } > FLASH6, ALIGN(8)

        .text           : {} LOAD = FLASH1_3,
                        RUN = RAMGS6_11,
                        LOAD_START(text_loadstart),
                        RUN_START(text_runstart),
                        SIZE(text_size),
                        ALIGN(8)

        .cinit          : {} LOAD = FLASH1_3,
                        RUN = RAMGS6_11,
                        LOAD_START(cinit_loadstart),
                        RUN_START(cinit_runstart),
                        SIZE(cinit_size),
                        ALIGN(8)

        .switch         : {} LOAD = FLASH1_3,
                        RUN = RAMGS6_11,

        LOAD_START(switch_loadstart),
                        RUN_START(switch_runstart),
                        SIZE(switch_size),
                        ALIGN(8)

        .reset          : > RESET, TYPE = DSECT      /* not used, */
        .stack          : > RAMM1
```

```
        .init_array     : {} LOAD = FLASH4,
                        RUN = RAMGS12_14,

        LOAD_START(init_array_loadstart),
        RUN_START(init_array_runstart),
                        SIZE(init_array_size),
                        ALIGN(8)

        .bss            : > RAMLS5
        .bss:output     : > RAMLS3
        .bss:cio        : > RAMLS5
        .data           : > RAMLS5
        .sysmem         : > RAMLS5

        /* Initalized sections go in Flash */
        .const          : {} LOAD = FLASH4,
                        RUN = RAMGS12_14,
                        LOAD_START(const_loadstart),
                        RUN_START(const_runstart),
                        SIZE(const_size),
                        ALIGN(8)
```

그림 17.13 Flash to RAM 구동을 위한 cmd 파일 수정 코드

```
WD_DISABLE     .set    1              ; [1 - 왓치독(Watchdog) 타이머 비-활성화] /
[0 - 왓치독 타이머 활성화]

    .ref copy_sections
    .global code_start

**********************************************************************
* codestart 섹션 시작
**********************************************************************

    .sect "codestart"
    .retain

code_start:
    .if WD_DISABLE == 1
        LB wd_disable        ; 왓치독 타이머 비-활성화 코드로 분기
    .else
        LB copy_sections    ; 섹션 복사 코드로 분기 (DSP28xxx_SectionCopy_nonBIOS.asm)
    .endif

; codestart 끝.

**********************************************************************
* wddisable 섹션 시작 (왓치독 타이머 비-활성화 코드)
**********************************************************************
    .if WD_DISABLE == 1
```

```
    .sect "wddisable"
        .retain

wd_disable:
    SETC OBJMODE            ; ST1 레지스터의 OBJMODE 비트를 'C28x Mode'로 설정
    EALLOW                  ; 중요 레지스터 보호 기능 해제
    MOVZ DP, #7029h>>6      ; WDCR 레지스터를 조작하기 위해 Data 포인터 설정
    MOV @7029h, #0068h      ; WDCR 레지스터의 WDDIS 비트를 설정해서 왓치독 타이머 비-활성화
    EDIS                    ; 중요 레지스터 보호 기능 재-설정
    LB copy_sections        ; 섹션 복사 코드로 분기 (DSP28xxx_SectionCopy_nonBIOS.asm)

    .endif

; wd_disable 끝.

        .end

; 파일 끝
```

그림 17.14 Flash to RAM 구동을 위한 DSP28xxx_CodeStartBranch 파일 코드

```
        .ref _c_int00

        .asg cinit_loadstart, _cinit_loadstart
        .asg cinit_runstart, _cinit_runstart
        .asg cinit_size, _cinit_size
        .asg text_loadstart, _text_loadstart
        .asg text_runstart, _text_runstart
        .asg text_size, _text_size
        .asg switch_loadstart, _switch_loadstart
        .asg switch_runstart, _switch_runstart
        .asg switch_size, _switch_size
        .asg ramfuncs_loadstart, _ramfuncs_loadstart
        .asg ramfuncs_runstart, _ramfuncs_runstart
        .asg ramfuncs_size, _ramfuncs_size
        .asg init_array_loadstart, _init_array_loadstart
        .asg init_array_runstart, _init_array_runstart
        .asg init_array_size, _init_array_size
        .asg const_loadstart, _const_loadstart
        .asg const_runstart, _const_runstart
        .asg const_size, _const_size

        .global copy_sections
        .global _cinit_loadstart, _cinit_runstart, _cinit_size
        .global _text_loadstart, _text_runstart, _text_size
        .global _switch_loadstart, _switch_runstart, _switch_size
        .global _ramfuncs_loadstart, _ramfuncs_runstart, _ramfuncs_size


        .global _init_array_loadstart, _init_array_runstart, _init_array_size
        .global _const_loadstart, _const_runstart, _const_size
```

```
        .sect "copysections"
        .retain

copy_sections:

        MOVL XAR5,#_cinit_size          ; XAR5 레지스터에 복사할 섹션 크기 저장
        MOVL ACC,@XAR5                  ; 어큐뮬레이터(ACC)에 복사할 섹션 크기
        MOVL XAR6,#_cinit_loadstart     ; 복사할 섹션의 시작 주소(Flash 메모리)를 XAR6
                                        ; 레지스터에 저장
        MOVL XAR7,#_cinit_runstart      ; XAR7 레지스터에 섹션이 실행될 영역(램) 주소
                                        ;저장
        LCR  copy                       ; 섹션 복사 코드로 분기

        MOVL XAR5,#_text_size           ; XAR5 레지스터에 복사할 섹션 크기 저장
        MOVL ACC,@XAR5                  ; 어큐뮬레이터(ACC)에 복사할 섹션 크기
        MOVL XAR6,#_text_loadstart      ; 복사할 섹션의 시작 주소(Flash 메모리)를 XAR6
                                        ; 레지스터에 저장
        MOVL XAR7,#_text_runstart       ; XAR7 레지스터에 섹션이 실행될 영역(램) 주소
                                        ;저장
        LCR  copy                       ; 섹션 복사 코드로 분기

        MOVL XAR5,#_init_array_size     ; XAR5 레지스터에 복사할 섹션 크기 저장
        MOVL ACC,@XAR5                  ; 어큐뮬레이터(ACC)에 복사할 섹션 크기
        MOVL XAR6,#_init_array_loadstart; 복사할 섹션의 시작 주소(Flash 메모리)를 XAR6
                                        ; 레지스터에 저장
        MOVL XAR7,#_init_array_runstart; XAR7 레지스터에 섹션이 실행될 영역(램)
                                        ; 주소 저장
        LCR  copy                       ; 섹션 복사 코드로 분기

        MOVL XAR5,#_const_size          ; XAR5 레지스터에 복사할 섹션 크기 저장
        MOVL ACC,@XAR5                  ; 어큐뮬레이터(ACC)에 복사할 섹션 크기
        MOVL XAR6,#_const_loadstart     ; 복사할 섹션의 시작 주소(Flash 메모리)를 XAR6
                                        ; 레지스터에 저장

        MOVL XAR7,#_const_runstart      ; XAR7 레지스터에 섹션이 실행될 영역(램) 주소
                                        ;저장

        LCR  copy                       ; 섹션 복사 코드로 분기

        MOVL XAR5,#_switch_size         ; XAR5 레지스터에 복사할 섹션 크기 저장
        MOVL ACC,@XAR5                  ; 어큐뮬레이터(ACC)에 복사할 섹션 크기
        MOVL XAR6,#_switch_loadstart    ; 복사할 섹션의 시작 주소(Flash 메모리)를 XAR6
                                        ; 레지스터에 저장
```

```
        MOVL XAR7,#_switch_runstart     ; XAR7 레지스터에 섹션이 실행될 영역(램) 주소
                                              ;저장
        LCR  copy                       ; 섹션 복사 코드로 분기




        MOVL XAR5,#_ramfuncs_size       ; XAR5 레지스터에 복사할 섹션 크기 저장
        MOVL ACC,@XAR5                  ; 어큐뮬레이터(ACC)에 복사할 섹션 크기
        MOVL XAR6,#_ramfuncs_loadstart; 복사할 섹션의 시작 주소(Flash 메모리)를 XAR6
                                        ; 레지스터에 저장
        MOVL XAR7,#_ramfuncs_runstart   ; XAR7 레지스터에 섹션이 실행될 영역(램) 주소
                                        ;저장
        LCR  copy                       ; 섹션 복사 코드로 분기



         LB _c_int00    ; Run-time Support(RTS) Library 코드 시작 위치로 분기


copy:
        B return,EQ     ; 복사할 섹션 내용이 없으면 Return
        SUBB ACC,#1

        RPT AL          ; 섹션의 내용을 읽어서(Flash 메모리) 실행 영역(램)에 복사
        || PWRITE  *XAR7, *XAR6++
return:
        LRETR           ; Return

; copysections 끝.

        .end
```

그림 17.15 Flash to RAM 구동을 위한 DSP28xxx_SectionCopy_nonBIOS 파일 코드

아래는 해당 코드의 실행 결과이다.

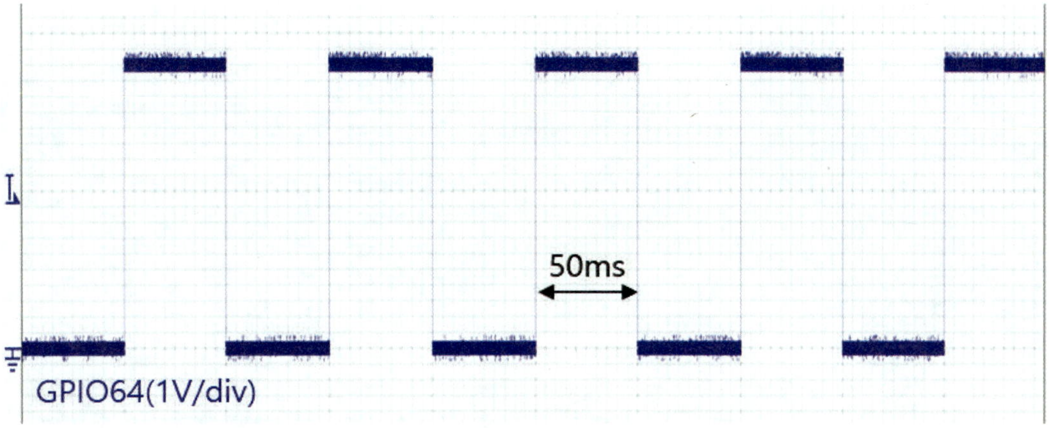

그림 17.16 Flash to RAM 구동 실행 결과

Flash to RAM 구동 시 Flash 구동보다 1,000,000사이클에 대한 지연 시간이 90ms에서 50ms로 확연히 빨라지는 것을 확인하였다.

전력전자DSP 활용

TMS320F28388 편

초판인쇄 | 2024년 12월 10일

초판발행 | 2024년 12월 16일

저　　자 | 이준석 · 박영수

발 행 인 | 이성범

발 행 처 | 문운당

주　　소 | 서울시 종로구 혜화로5길 16(명륜1가 45-3)

전　　화 | (02)762-6010

팩　　스 | 영업 (02)745-0265 / 편집 02)762-8758

이 메 일 | 영업 munun2@daum.net
편집 munundang@naver.com

홈페이지 | http://munundang.co.kr

ISBN 979-11-5692-671-9 93560

정가 48,000원